Marketing

Grundlagen und Instrumente

3. Auflage

VERLAG EUROPA-LEHRMITTEL · Nourney, Vollmer GmbH & Co. KG
Düsselberger Straße 23 · 42781 Haan-Gruiten

Europa-Nr.: 92559

Autoren:

Professor Dr. Wilfried Mödinger, Stuttgart
Professor Dr. Sybille Schmid, Stuttgart
Joachim Beck, Bietigheim-Bissingen

Arbeitskreisleitung:

Joachim Beck, Bietigheim-Bissingen

3. Auflage 2010

Druck 5 4 3 2 1

Alle Drucke derselben Auflage sind parallel einsetzbar, da sie bis auf die Behebung von Druckfehlern untereinander unverändert sind.

Das vorliegende Buch wurde auf der **Grundlage der aktuellen amtlichen Rechtschreibregeln** erstellt.

ISBN 978-3-8085-9257-1

© 2010 by VERLAG EUROPA-LEHRMITTEL, Nourney, Vollmer GmbH & Co. KG, 42781 Haan-Gruiten
http://www.europa-lehrmittel.de

Layout, Grafik, Satz: Punkt für Punkt GmbH · Mediendesign, 40237 Düsseldorf
Druck: B.O.S.S Druck und Medien GmbH, 47574 Goch

Vorwort zur 3. Auflage

Das Ihnen vorliegende Marketingbuch „**Marketing-Grundlagen und Instrumente**" vermittelt die Grundlagen des Marketings unter Darstellung sowohl seit längerem erprobter, aber auch unter Berücksichtigung neuerer Marketingkonzepte. Im **Teil A „Grundlagen"** beschreiben wir Marketing als Triebkraft und Impulsgeber für alle unternehmerischen Bereiche. Im Mittelpunkt unserer Betrachtungen steht vor allem der Kunde und seine Integration in unternehmerische Kernprozesse.

Ihnen als Leserin und Leser wollen wir Möglichkeiten und Wege zeigen, wie durch integratives Marketing eine langanhaltende Kundenzufriedenheit und Kundenbindung generiert werden kann.

Wir sind der festen Überzeugung: In Zeiten, in denen sich unternehmerischer Erfolg nur allzu oft über die Höhe von Kostenreduzierungen definiert, ist für eine nachhaltige unternehmerische Wertschöpfung der maximal zu erreichende Kundennutzen unverzichtbar.

Im **Teil B „Aktivitäten im Markt – Marketinginstrumente und Marketingmix"** haben Sie die Möglichkeit, sich einen umfassenden Ein- und Überblick zu den in der Praxis bewährten Marketinginstrumenten zu verschaffen. Neben den klassischen vier Instrumenten Product, Place, Price und Promotion, die ausführlich dargestellt werden, schlagen neue Instrumente zum Dienstleistungs- und Beziehungsmarketing den Bogen zu einem Marketing des 21. Jahrhunderts, das sich neuen Herausforderungen aus Nachfrager- und Anbietersicht stellen muss. Diese Thematik sowie Marketingstrategien werden in Folgebänden vertieft von uns aufbereitet.

Wir verstehen „**Marketing-Grundlagen und Instrumente**" nicht als Buchstaben- und Zahlenfriedhof. Vielmehr hoffen wir, dass durch die Visualisierung mit einer Vielzahl von Bildern, Schaubildern und Tabellen Ihnen ein leichter Zugang zu einer manchmal spröden Materie ermöglicht wird. Ein besonderes Anliegen ist es uns durch viele praxisnahe Beispiele theoretische Sachverhalte verständlich zu kommunizieren. Zahlreiche Wiederholungs- und Übungsaufgaben bieten Ihnen zudem die Möglichkeit Ihr Wissen zu überprüfen.

„**Marketing-Grundlagen und Instrumente**" eignet sich für Studierende und Schüler sowohl zum Selbststudium, als auch zum Vor- und Nachbereiten von Veranstaltungen und Unterricht. Für den Praktiker ist das Buch ein Nachschlagewerk und Ratgeber, um Marketingkonzepte und ein erfolgreiches Marketingmix für das eigene Unternehmen zu entwickeln.

In der 3. Auflage wurde das Buch durchgesehen, verbessert und aktualisiert.

Wir freuen und auf eine positive Aufnahme dieses Buches, aber auch auf Hinweise, die zu seiner weiteren Verbesserung führen. Ihre Anregungen und Stellungnahmen sind uns sehr willkommen.

Herbst 2010

Das Autorenteam

Joachim Beck
Wilfried Mödinger
Sybille Schmid

Inhaltsverzeichnis

Teil A Grundlagen

Teil B Aktivitäten im Markt
Marketinginstrumente und Marketingmix

4 Die Kommunikation – Kommunikationspolitik

5 Der Preis – Preispolitik

Grundlagen

A Grundlagen

1 Was ist Marketing?

1.1 Marketing, eine grundlegende Aufgabenstellung in Unternehmen und Organisationen

Mitarbeiter und Führungskräfte in Unternehmen und in Organisationen stehen grundsätzlich vor vier **Aufgabenstellungen**, die sie gemeinsam zu bewältigen haben:

Aufgabe 1 → **Beschaffung** der Mittel und Möglichkeiten, mit denen eine Ware oder Dienstleistung produziert werden kann (*Rohmaterial, Arbeitskräfte, technisches Wissen, Rechte*).

Aufgabe 2 → **Produktion** einer Ware oder Erstellung einer Dienstleistung.

Aufgabe 3 → **Leitung** bzw. Führung des Unternehmens (*Planung und Organisation des Betriebes, Führung der Mitarbeiter u. a.*).

Aufgabe 4 → **Verkauf** der hergestellten Produkte oder Dienstleistungen an Kunden.

Um diese vier Aufgaben erfüllen zu können, müssen die Bedürfnisse und Wünsche möglicher Kunden identifiziert und analysiert werden (*Kaufinteresse einer jungen Frau an einem Kleinwagen, Interesse von Studierenden an einer Exkursion*).

Diese Informationen liefern die Erkenntnisse, welche **Kundengruppen** oder **Märkte** bedient werden sollen, durch welche **Aktivitäten** (*Werbung und Kommunikation*) oder **strategischen Entscheidungen** (*Entwicklung von neuen Produkten*) am besten die Zielsetzung erreicht werden kann, Kundenbedürfnisse mit einem hohen Nutzen zu erfüllen. Es ist Aufgabe des Marketings, die oben beschriebenen Zielsetzungen zu verwirklichen. **Marketing** kann wie folgt **definiert** werden:

> „Marketing ist ein Prozess im Wirtschafts- und Sozialgefüge, durch den Einzelpersonen und Gruppen ihre Bedürfnisse und Wünsche befriedigen, indem sie Produkte und andere Dinge von Wert erzeugen, anbieten und miteinander austauschen."

(nach Kotler / Armstrong / Saunders / Wong, S. 39)

Foto: Beck & Co

In vielen Unternehmen wird diese Aufgabenstellung durch eine eigene **Marketingabteilung** bearbeitet. Ihre Aufgabe ist die Entwicklung eines Marketingkonzepts zum erfolgreichen Absatz der Produkte, die Steigerung des Bekanntheitsgrades der Produkte und des Unternehmens sowie eine aktive Gestaltung der Kundenbeziehungen. Ein bekanntes Beispiel ist die langjährige Werbung der Brauerei Beck's mit der Dreimastbark „Alexander von Humboldt" in ihren TV-Werbespots. Das Segelschiff mit den grünen Segeln (Assoziation zur grünen Bierflasche von Beck's) steht für Freiheit und Internationalität und soll die internationale Bedeutung dieser Biermarke, die nach über 120 Ländern exportiert wird, symbolisieren.

1.2 Marketing – mehr als nur eine betriebliche Aufgabenstellung

Die Bewältigung der beschriebenen Marketingaufgaben lässt sich heute aber nicht mehr auf einen in sich abgeschlossenen Funktionsbereich in Unternehmen oder Organisationen beschränken. Ein **modernes** Marketingverständnis betrachtet **Marketing** als eine **Triebkraft** für das **ganze** Unternehmen, die Impulse für alle Bereiche des Unternehmens oder einer Organisation gibt. Das Marketing beschränkt sich damit nicht auf die Ausübung bestimmter Funktionen oder auf die Erfüllung einer Aufgabe, sondern ist zu einer bewussten Denkhaltung, zu einer Grundidee und Handlungsmaxime geworden, durch die das Denken und Handeln im gesamten Unternehmen bestimmt wird.

Die Grundlage dieser Denkhaltung besteht darin, ein Unternehmen oder eine Organisation **„vom Markt her zu führen"**. Das bedeutet: Der **Kunde** steht im **Mittelpunkt**. Alle unternehmerischen Tätigkeiten sollen zu einer lang anhaltenden **Kundenzufriedenheit** und **Kundenbindung** führen, indem der **größtmögliche Nutzen** für den Kunden durch den Einsatz von Marketingaktivitäten erreicht wird (vgl. BRUHN, 2002, S. 13 ff.).

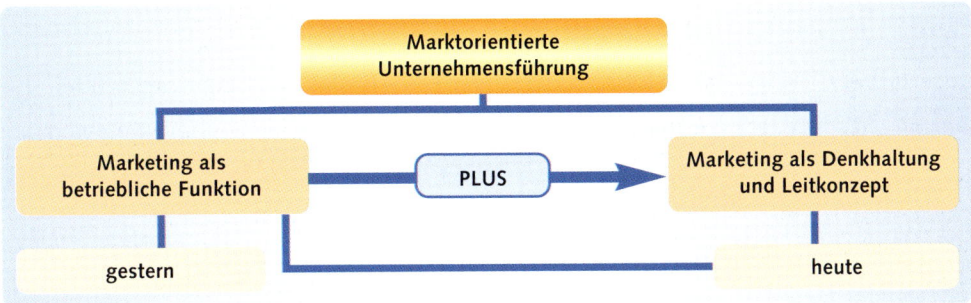

Abb. *Marketing als Aufgabe und Einstellung, Funktion und Denkhaltung*

Viele Menschen nehmen Marketingaktivitäten in Form von Werbung zur Kenntnis. Sie verstehen unter Marketing deshalb vor allem werben und verkaufen. Dieses Marketingverständnis ist aber zu einfach. Mit Marketingaktivitäten wollen Unternehmen in erster Linie die Bedürfnisse der Kunden besser verstehen und mit dem größtmöglichen Nutzen erfüllen.

Dies geschieht z. B. durch die Entwicklung von neuen Produkten mit einem verbesserten Kundennutzen *(radargesteuerter Abstandswarner in der Mercedes S-Klasse)*, durch bequemere Distributionsformen *(Tele-Shopping)* oder einer verbesserten Qualität des gesamten Leistungsangebots *(Trading-Up eines Handelsunternehmens)*.

Fallbeispiel **Wie durch Marketing aus einem Zweimannbetrieb eine Weltfirma wurde**

Die Firma Würth gilt weltweit als der Montageprofi. Aus dem 1954 von seinem Vater als Neunzehnjähriger übernommenen Zweimannbetrieb entwickelte Reinhold Würth ein weltweit tätiges Unternehmen mit heute fast 40.000 Mitarbeiterinnen und Mitarbeitern.

Ein Geheimnis dieses Erfolges liegt in der Kundenorientierung des Unternehmens. Das Sortiment von fast 50.000 Artikeln, wie Schrauben, Schraubenzubehör, Baubeschläge für das Handwerk und die Industrie, „wartet" nicht darauf, bis es Stück für Stück verkauft wird.

Eine perfekte Organisation, modernste Datentechnik, automatisierte Lagersysteme und hohe Einsatzbereitschaft der Würth-Mitarbeiter garantieren, dass Kundenaufträge inner-

Quelle: A. Würth

Abb. *Logistikzentrum von Würth*

halb von 24 Stunden nach Eingang in Künzelsau mit einer Sofortlieferquote (Servicegrad) von mehr als 97 % zur Auslieferung kommen. Damit wird das eigentliche Produktsortiment durch kompetente Leistung und die Nähe zum Kunden ergänzt. Darüber hinaus engagiert sich das Unternehmen als Sponsor in Kunst und Kultur (vgl. dazu www.wuerth.de).

2 Ausgangssituation im Marketing

2.1 Ausgangspunkt Markt

Ausgangspunkt für das Marketing ist der Markt. Der **Markt** ist der Ort, an dem **Nachfrager** (Kunden) und **Anbieter** (Unternehmen) zusammentreffen. Ein Markt kann als realer Ort *(Wochenmarkt, Kaufhaus)* oder virtueller Ort *(Internet)* verstanden werden. Das Zusammentreffen von Anbieter und Nachfrager wird vor allem dadurch bestimmt, dass beide miteinander **tauschen**. Damit dieser Tausch möglichst rationell und effektiv stattfinden kann, bestimmen die Tauschpartner – nach Möglichkeit ohne fremden Einfluss oder Regulierung mit einem hohen Maß an Selbstbestimmung – diesen Tauschprozess.

Ein hohes Maß an **Selbstbestimmung** der Marktpartner bringt **drei** wichtige **Vorteile** mit sich:

Vorteil Nr. 1: Die Tauschpartner versuchen, bei möglichst **geringem Einsatz** an Mitteln *(Geld, Zeit)*, ein **bestimmtes Maß** an **Erfolg** durch ihren Tausch zu erzielen **(ökonomisches Minimalprinzip)**.

Vorteil Nr. 2: Auf diese Weise wird meistens ein **optimales Verhältnis** von **Leistung** und **Gegenleistung** erzielt. Dieses ist dadurch gekennzeichnet, dass der Kunde eine gute Leistung zu einem für ihn optimalen Preis erhält (Preis-Leistungsverhältnis).

Vorteil Nr. 3: In einem Tauschgeschäft, das auf einem **hohem Maß** an **Selbstbestimmung** der Tauschpartner beruht, werden die Ressourcen *(Geld, Finanzierungspotenziale, Zeit)* erfolgreich und für beide Tauschpartner gewinnbringend eingesetzt.

Der **Markt** als Tauschgeschehen zwischen Anbieter und Nachfrager gilt deshalb auch als ein Instrument, mit dem die **Zuteilung** (Distribution) der für die Gestaltung des Lebens benötigten Gütern oder Angeboten am besten geregelt werden kann.

Um den Markt als Austauschprozess oder Austauschbeziehung zwischen Anbieter und Nachfrager besser zu verstehen, gibt es einige wichtige **Orientierungsgrößen**, die man als **Kennzahlen** bezeichnet. Kennzahlen setzt man dazu ein, Aktivitäten im Markt zielorientiert zu steuern. Zu diesen **Orientierungsgrößen** gehören zum Beispiel **Umsatz** und **Marktanteil** eines Unternehmens am Gesamtmarkt.

Die Berechnung dieser Kennzahlen erfolgt auf der Basis, dass der Markt über ein bestimmtes **Potenzial** und **Volumen** verfügt, an dem ein Unternehmen oder eine Organisation einen bestimmten (Markt-)-**Anteil** hat. Eine grundlegende Aufgabe des Marketings besteht daran, erfolgreich an diesen Faktoren des Marktes zu partizipieren.

2.2   Marktpotenzial, Marktvolumen, Marktanteil

2.2.1   Markt- und Absatzpotenzial

Das **Marktpotenzial** ist eine Messgröße, mit der i. d. R. die Anzahl aller (möglichen) Käufer angegeben werden kann. Aus der Sichtweise eines Unternehmens oder einer Organisation wird das Marktpotenzial auch als die Messgröße bezeichnet, die Auskunft darüber gibt, wie hoch die Anzahl an Produkten oder Dienstleistungen ist, die in einem Markt verkauft werden kann. Aus dem Marktpotenzial lässt sich das Absatzpotenzial eines Marktes ermitteln. Das **Absatzpotenzial** eines Marktes ist die gesamte Stückzahl von Produkten oder Dienstleistungen, die ein Unternehmen in diesem Markt absetzen kann.

Das **Markt- bzw. Absatzpotenzial** ist von verschiedenen **Faktoren** bestimmt.

- **Anzahl der potenziellen Nachfrager** → Wie viele Käufer gibt es in einem Markt?
- **Bedarfsintensität** → Wie häufig wird ein Produkt gebraucht?
- **Grad der Marktsättigung** → Wie viele Konsumentenbedürfnisse sind bereits befriedigt?
- **Konkurrenzintensität** → Wie viele Mitbewerber gibt es, und durch welche Aktivitäten greifen Sie auf das Marktgeschehen ein?
- **Rahmenbedingungen** → Wie wirken sich politische Aktivitäten der staatlichen Organe und gesellschaftlichen Gruppen aus?

2.2.2   Markt- und Absatzvolumen

Das **Marktvolumen** ist eine Messgröße, die Auskunft darüber gibt, wie viele Produkte oder Dienstleistungen innerhalb eines bestimmten Zeitabschnittes *(Jahr oder Quartal)* in einem Markt abgesetzt wurden, bzw. abgesetzt werden können. Das Marktvolumen kann deshalb auch die prognostizierte Absatzmenge für einen bestimmten Zeitabschnitt angeben. Aus dem Blickwinkel des Unternehmens lässt sich aus dem Marktvolumen das Absatzvolumen ableiten. Das **Absatzvolumen** bezeichnet die Anzahl von Produkten, die ein einzelnes Unternehmen innerhalb eines bestimmten Zeitraums im Markt absetzen kann.

Für ein Unternehmen ist es wichtig, den sogenannten **Marktsättigungsgrad** zu kennen. Der Marktsättigungsgrad ist eine Orientierungsgröße, die zum Ausdruck bringt, wie stark ein Markt bereits durch den Absatz von Produkten oder Dienstleistungen gesättigt ist bzw. wie viel Potenzial noch zur Verfügung steht. Der Marktsättigungsgrad errechnet sich nach folgender Formel:

$$\text{Marktsättigungsgrad} = \frac{\text{Marktvolumen} \cdot 100}{\text{Marktpotenzial}}$$

2.2.3 Marktanteil

Der **Marktanteil** bezeichnet den prozentualen Anteil, den ein Unternehmen oder eine Organisation prozentual als Absatzmenge im Verhältnis zum Marktvolumen erreicht hat. Die Formel für die Berechnung des Marktanteils lautet:

$$\text{Marktanteil} = \frac{\text{Unternehmensabsatz} \cdot 100}{\text{Marktvolumen}}$$

Fallbeispiel PKW-Zulassungen – Grundlage für Marketingmaßnahmen

Automobilmarkt		
Marke	**Marktanteil in %**	
	Jan. bis Dez. 06	Jan. bis Dez. 05
VW-Konzern	32,7	30,8
– Audi	7,6	7,4
– Seat	1,8	1,7
– Skoda	3,4	3,1
– VW	19,9	18,6
Opel/GM	9,6	10,4
Ford	7,0	7,4
DaimlerChrysler	10,4	10,8
BMW	8,6	8,7
Porsche	0,5	0,5
Importe		
Fiat-Konzern	2,3	1,8
Peugeot-Citroen	5,6	5,7
Renault	4,3	5,0
Mazda	2,2	2,1
Toyota	4,3	4,0

Quelle: Kraftfahrt-Bundesamt, Januar 2007

Der deutsche Automobilmarkt umfasst ein jährliches Volumen von PKW-Zulassungen in der Bandbreite von 3,2 bis 3,4 Millionen Stück. Die aktuellen Marktanteile von 2006 im Vergleich zu 2005 machen deutlich, dass sich die Marktanteile der einzelnen Automobilhersteller nur wenig verändert haben.

VW, der italienische Konzern Fiat sowie Toyota konnten ihre Marktanteile steigern.

DaimlerChrysler und Renault dagegen mussten Marktanteile abgeben. Der deutsche KFZ-Markt bietet ein enormes Volumen. Hierbei handelt es sich vor allem um einen Wachstumsmarkt, der sich auf den Absatz von Neu- und Gebrauchtwagen niederschlägt. Das nachfolgende Schaubild zeigt Ausschnitte aus einer Untersuchung im Südwesten Deutschlands bezogen auf den Motorisierungsgrad.

Wie die Zahl der Autos im Land steigt	
Voraussichtliche Zunahme in den Kreisen von 2002 bis 2020 (Auswahl)	
Biberach	33,4 %
Hohenlohekreis	31,3 %
Schwäbisch Hall	28,0 %
Heilbronn (Kreis)	26,2 %
Ludwigsburg	22,2 %
Karlsruhe (Stadt)	18,8 %
Heilbronn (Stadt)	15,1 %
Stuttgart, Landeshauptstadt	12,9 %
Mannheim (Stadt)	11,6 %
Heidelberg (Stadt)	8,4 %

(Quelle: Statistisches Landesamt Baden-Württemberg, 2004)

Im Südwesten wird die Zahl der Fahrzeuge bis zum Jahr 2020 im Durchschnitt um 21,2 % zunehmen. Diese hohe durchschnittliche Steigerung resultiert hauptsächlich aus der überdurchschnittlichen Erhöhung in den ländlichen Gebieten *(Schwäbische Alb, Hohenlohe)*. Das Stadtgebiet Stuttgart ist dagegen unterdurchschnittlich ausgeprägt; man geht hier von einer Steigerung von nur ca. 12 % aus. Als Hauptursache für diese Entwicklung sieht man den gut ausgebauten öffentlichen Nahverkehr.

Um möglichst viel von diesem prognostiziertem Marktvolumen zu erhalten, hat das Autohaus Hahn in Stuttgart-Fellbach ein Analyseinstrument entwickelt, bei dem das Marktvolumen der einzelnen Verkaufsgebiete mit den statistischen Bezirken der Verkaufsniederlassungen verglichen wird. Das Kraftfahrt-Bundesamt in Flensburg ermittelt jeden Monat die Neuzulassungen aller Marken in Deutschland. Auf der Basis von Ort und Adresse einer PKW-Zulassung, wird das Fahrzeug einem statistischen Bezirk zugeordnet. Diese Informationen werden um fahrzeugspezifische Daten *(Aufbauart, Motorenart, Hubraumgröße, private oder gewerbliche Nutzung)* ergänzt.

Eine wichtige Information für das Marketing ist die Kennung „privat" oder „gewerblich", damit kann die Akquise entsprechend gesteuert werden.
Durch den Vergleich der tatsächlichen Zulassungen mit den tatsächlich verkauften Zahlen der Marke VW und Audi lässt sich je Gebiet ein entsprechendes Marktpotenzial ableiten, das gegenwärtig noch nicht durch das Unternehmen ausgeschöpft ist.

Die Informationen werden in einer weiteren Tabelle hinsichtlich einzelner Modelle und Untermodelle mit der entsprechenden Stückzahl pro Bezirk aufgeschlüsselt. Auf der Basis dieser Erkenntnis entwickelt das Autohaus eine Marketingkonzeption und steuert damit zielorientiert den Einsatz seiner Marketinginstrumente.

(Quelle: Hahn Automobile GmbH + Co., Dr. Thomas Hentschel, Vertiebscontrolling-Marketing, 2004)

2.3 Zahlen des wirtschaftlichen Unternehmenserfolges

Die bisher dargestellten Orientierungsgrößen messen vor allem die Menge bzw. die Stückzahl, die ein Unternehmen in einem Markt absetzen kann (Marktpotenzial) oder abgesetzt hat (Marktvolumen, Marktanteil). Für das unternehmerische Handeln ist aber nicht nur die Menge, sondern vor allem der wirtschaftliche Erfolg entscheidend. Dieser lässt sich u. a. auf der Basis von Umsatz, Rentabilität und der Ermittlung von Cash Flow und Return on Investment (ROI) darstellen.

2.3.1 Umsatz

Der **Umsatz** eines Unternehmens errechnet sich, indem man die im Markt abgesetzte Menge an Waren oder Dienstleistungen mit deren Verkaufspreis multipliziert, der im Markt erzielt werden kann (vgl. dazu Kapitel Preispolitik). Damit ergibt sich für ein Unternehmen eine **Orientierungsgröße**, die durch einen **Geldwert** (monetär) dargestellt werden kann.

Beispiel | mit Lösung
Ein Autohaus in einer Stadt mit 20.000 Einwohner verkauft pro Jahr 1.200 Stück neue Reifen.

In der Preiskategorie A werden 600 Reifen zum Preis von 65,00 €, in der Preiskategorie B werden 400 Reifen zum Preis von 85,00 € und in der Preiskategorie C 200 Reifen zum Preis von 115,00 € je Stück verkauft. Der Umsatz des Autohauses im Bereich Reifenverkauf liegt somit bei 96.000,00 €.

Preiskategorie	Stückzahl · Preis	Umsatz
A	600 · 65,00 €	39.000,00 €
B	400 · 85,00 €	34.000,00 €
C	200 · 115,00 €	23.000,00 €
Gesamtumsatz		96.000,00 €

2.3.2 Rentabilität

Der Umsatz ist aber nicht der Gewinn, den ein Unternehmen für sich verbuchen kann. Innerhalb einer Gewinnrechnung werden vom Umsatz die direkten Kosten *(Einstandspreis der Autoreifen)* und die indirekten Kosten *(Lagerhaltung und Transport, Werbung für die Reifen)* abgezogen.

Durch die Gegenüberstellung des Aufwandes gegenüber den Erträgen, die ein Unternehmen innerhalb eines bestimmten Zeitabschnitts *(Quartal, Jahr)* durch seine Produktivität erwirtschaftet hat, wird der **Gewinn** für diesen Zeitabschnitt als sogenannter **Jahresüberschuss** ermittelt. Liegen die Aufwendungen höher, als die Erträge durch den Verkauf der Produkte, ergibt sich ein **Jahresfehlbetrag** (Verlust).

Beispiel mit Lösung

Die Einstandskosten eines einzelnen Reifens in der Kategorie A betragen 30,00 € (direkte Kosten), die indirekten Kosten für die Lagerhaltung pro Jahr betragen 15,00 € pro Stück, die Kosten für die Werbung *(Druck und Verteilung)* belaufen sich auf 5,00 € pro Stück bei zehn Werbeaussendungen pro Jahr.

Kategorie und Verkaufspreis je Stück	Einstandskosten (direkte Kosten je Stück)	Lagerhaltung plus Werbung (indirekte Kosten je Stück)	Gewinn je Stück	Gewinn je Kategorie
A: 65,00 €	30,00 €	15,00 € + 5,00 €	15,00 €	9.000,00 €
B: 85,00 €	50,00 €	15,00 € + 5,00 €	15,00 €	6.000,00 €
C: 115,00 €	70,00 €	15,00 € + 10,00 €	20,00 €	4.000,00 €

Um die Rentabilität und die aktuelle wirtschaftliche Kraft (Cash-flow) eines Unternehmens zu berechnen, wird der Gewinn (Jahres- oder Monatsüberschuss) in das Verhältnis zu den Investitionen gesetzt, die ein Unternehmen im Voraus tätigen muss. Damit ergibt sich eine weitere Orientierungsgröße wie zum Beispiel die **Umsatzrentabilität.** Sie zeigt dem Unternehmen, wie viel Prozent Gewinn von einer bestimmten Umsatzhöhe (Verkaufserlöse) erwirtschaftet werden. Die Formel lautet:

$$\text{Umsatzrentabilität} = \frac{\text{Gewinn} \cdot 100}{\text{Verkaufserlöse}}$$

Beispiel | mit Lösung

Reifenkategorie	Ausrechnung in €	Umsatzrentabilität (Umsatzrendite)
A: 600 Stück zu 65,00 €	9.000 · 100 / 39.000	23,08 %
B: 400 Stück zu 85,00 €	6.000 · 100 / 34.000	17,65 %
C: 200 Stück zu 115,00 €	4.000 · 100 / 23.000	17,39 %

Aus der dargestellten Tabelle wird deutlich, dass das Reifengeschäft in der Kategorie A am rentabelsten für das Autohaus ist.

2.3.3 Cash-flow

Neben dieser punktuellen Rentabilitätsrechnung ist es für das Marketing zusätzlich interessant, wie viel Geld aus der aktuellen unternehmerischen Aktivität in das Unternehmen zurückfließt. Dieser **Geldfluss**, der sogenannte **Cash-flow**, ist ein Messkriterium dafür, was ein Unternehmen tatsächlich aus eigener Kraft durch seine Produktivität und den Verkauf im Markt erwirtschaftet.
Aus seiner Höhe und Entwicklung lassen sich wichtige Rückschlüsse auf die Finanzierungskraft des Unternehmens ziehen, was z. B. bei Entscheidungen zu geplanten Investitionen von großer Bedeutung ist. Für die Berechnung des Cash-flow gibt es verschiedene Formeln.

Die Grundformel zur Berechnung lautet:

Cash-flow = Gewinn + Abschreibungen + Rückstellungen

Beispiel | Um das Reifengeschäft weiter auszubauen, hat das aus dem Fallbeispiel bekannte Autohaus vor drei Jahren in einen neuen Verkaufsraum 100.000,00 € investiert. Diese Investition kann pro Jahr mit 20 % (= 20.000,00 €) abgeschrieben werden. Aus dem Jahresgewinn von 19.000,00 € werden jeweils 10 % einer Rückstellung (1.900,00 €) für eine Reifengarantie zugeführt. Dieses Kapital steht dem Autohaus für seine unternehmerischen Aktivitäten zur Verfügung. Es wird allerdings dennoch als Fremdkapital bewertet, weil es im Garantiefall an den Kunden ausbezahlt werden muss.
In die Cash-flow Berechnung fließen Abschreibungsbetrag und Rückstellungsbetrag nach der oben dargestellten Formel wie folgt mit ein:

17.100,00 € + 20.000,00 € + 1.900,00 € = **39.000,00 €**

(Cash-flow eines Jahres)

2.3.4 Return on Investment (ROI)

Eine weitere Messgröße ist der Return on Investment (ROI). Der ROI wird nach folgender Formel berechnet:

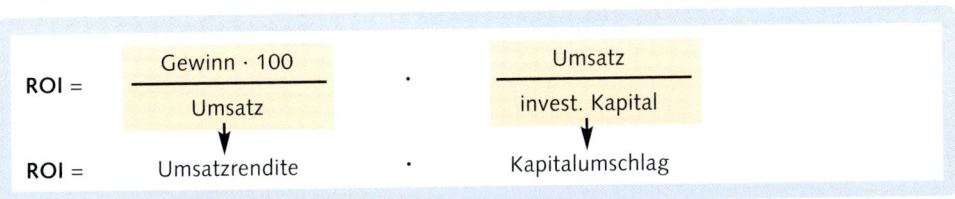

Erläuterung

Das erste Glied des Produktes ROI (Umsatzrendite) gibt Auskunft über die Ertrags- und Aufwandsstruktur des Unternehmens. Der Kapitalumschlag als zweite Faktor des Produktes ROI drückt aus, wie oft das investierte Kapital durch den Umsatzprozess im Lauf einer Rechnungsperiode wieder hereingeholt, d. h. in Umsatz verwandelt wurde. Der ROI zeigt somit nicht nur die Rentabilität eines Unternehmens, die durch seine aktuellen Marketingaktivitäten erwirtschaftet wurde (Umsatzrentabilität), sondern auch den Gewinn, der aus einer Investition abgeleitet werden kann.

> **Beispiel** mit Lösung
>
> $$ROI = \frac{19.000,00 \ € \cdot 100}{96.000,00 \ €} \cdot \frac{96.000,00 \ €}{100.000,00 \ €} = 19 \ \%$$

Im oben beschriebenen Fall (Reifenhaus) beträgt die Rentabilität der Investition von 100.000,00 € in den neuen Verkaufsraum 19 %.

Die dargestellten Orientierungsgrößen geben wichtige Impulse für Entscheidungen im Marketing, wie zum Beispiel:

- Welches Produkt bzw. welche Produktgruppe soll stärker vermarktet werden?
- In welche Marketingaktivitäten soll verstärkt investiert werden?

2.4 Marktposition, Marktstruktur und Marktform

Der Markt als Tauschplatz zwischen Anbieter und Nachfrager wird gleichzeitig von mehreren Unternehmen beeinflusst. Die einzelnen Unternehmen können bestimmte Marktpositionen einnehmen, aus denen sich dann verschiedene Marktstrukturen bzw. Marktformen entwickeln.

2.4.1 Marktposition

Im Blick auf die Marktpositionen lassen sich in vielen Märkten **vier** unterschiedliche Positionen beschreiben: Der **Marktführer,** der **Herausforderer,** der **Mitläufer** und die **Nischenposition.**

Die Marktposition kann durch Messgrößen (*Marktanteil, Umsatz*) verdeutlicht werden.

Positionskämpfe

So könnte z. B. der Marktführer 40 % des Marktes beherrschen, während der Marktanteil beim direkten Herausforderer bei 30 % liegt. Durch konkrete Angriffe auf den Marktführer versucht er seine Marktanteile zu steigern. Weitere 20 % liegen bei einem Unternehmen, das als Mitläufer bezeichnet wird und 10 % Marktanteil hat ein Unternehmen, das eine Nischenposition besetzt. Aus diesen Marktpositionen ergeben sich verschiedene **Marketingaktivitäten,** die in folgenden Beispielen verdeutlicht werden.

Im Markt der brauseartigen Cola-Getränke ist Coca-Cola weltweit der Marktführer mit dem größten Marktanteil, stark gefolgt von Pepsi-Cola. Pepsi als Herausforderer startet immer wieder einen Angriff auf die Marktführerschaft um diese Position zu übernehmen. Dabei wird im Rahmen vergleichender Werbung, die in den USA bei weitem nicht so streng wie in Deutschland reglementiert ist, immer wieder ein „Werbekrieg" der beiden Kontrahenten um die Spitzenposition geführt.
In Deutschland finden solche Marketingaktivitäten nur in abgemilderter Form statt. So weisen z. B. im Telekommunikationsmarkt Herausforderer und Mitläufer gegenüber der Telekom als Marktführer in Anzeigen und Werbespots auf ihre günstigeren Telefontarife hin.
Eine für Nischenanbieter typische Marketingstrategie ist aus dem vermeintlichen Nachteil des geringen Marktanteils einen Vorteil zu generieren, indem sie ihre Produkte als besonders innovativ oder exklusiv *(Glashütte-Uhren, Maserati-Sportwagen)* vermarkten.

2.4.2 Marktstruktur und Marktform

Aus den von den Unternehmen jeweils besetzten Positionen heraus entwickeln sich bestimmte Marktstrukturen. Hat es ein Unternehmen geschafft als Marktführer den Markt zu beherrschen und den Herausforderer weit auf Distanz zu halten, spricht man von einem **Monopol**. Bestimmen Marktführer und Herausforderer nachhaltig das Marktgeschehen, liegt ein **Duopol** vor. Bei einem **Oligopol** sind es mehrere Unternehmen, die den Markt gleichzeitig bestimmen.

Die Struktur oder Form des Marktes hat Auswirkungen auf die Preise, die in der jeweiligen Marktform erzielt werden können.

Die Unternehmen im Markt können auch auf Grund ihrer Positionen bestimmte Absprachen treffen, um eine **Eintrittsbarriere** oder **Austrittsbarriere** für den **Markt** aufzubauen. Eine Eintrittsbarriere erschwert es neuen Unternehmen in einen Markt einzudringen. Eine Marktaustrittsbarriere („Keiner kommt raus!") kann deshalb wichtig sein, damit alle Unternehmen im Markt gehalten werden und kein anderes, neues Unternehmen von außen in den Markt drängen kann.

Das Mineralwasser der über 200 deutschen Mineralbrunnen, die zu fast 100 % im Verband Deutscher Mineralbrunnen organisiert sind, wird zu einem erheblichen Teil in einer genormten Flasche („Perlenflasche") abgefüllt. Diese Flasche darf nur der verwenden, der nach bestimmten Kriterien Mineralwasser abfüllt. Die Verwendung einer besonderen Form soll als Eintrittbarriere für die Wettbewerber aus Frankreich *(Vittel, Volvic)* oder Italien *(Pelegrino)* dienen.

Foto: VDM e. V.

Beispiel 2

Zu Beginn der 1960er Jahre hat der Verband der Möbelhändler eine Markteintrittsbarriere durch die Überzeugung bzw. ein Image aufgebaut, dass Möbel massiv sein müssen und ganzteilig angeboten werden sollten. Für den schwedischen Möbelhersteller und -händler IKEA war dies eine hohe Eintrittsbarriere in den deutschen Möbelmarkt. IKEA umging diese Eintrittsbarriere mit seiner Angebotsform: Die Möbel von IKEA wurden in Einzelteilen angeboten und verkauft. Mit dieser damals für den deutschen Markt neuen Idee durchbrach IKEA die Eintrittsbarriere im deutschen Möbelmarkt und wurde zum Marktführer.

Quelle: IKEA Katalog 1974

2.5   Beschaffungsmarkt und Absatzmarkt

Im **Mittelpunkt** marketingbezogener Aktivitäten steht der **Absatzmarkt**, innerhalb dessen ein Unternehmen seine Produkte oder Dienstleistungen anbieten und absetzen kann.

Als Gegenstück dazu gibt es den **Beschaffungsmarkt**, der ebenfalls Betrachtungs- und Untersuchungsobjekt des Marketings ist.

Auf ihm besorgt sich ein Unternehmen mit Hilfe des **Beschaffungsmarketings** die Faktoren, die es zur Herstellung seiner Produkte bzw. zur Sortimentsbildung benötigt.

Der Zusammenhang zwischen Absatz- und Beschaffungsmarkt wurde lange Zeit vernachlässigt. Um Kosteneffizienz bedachte Unternehmen messen aber inzwischen dem **Beschaffungsmarketing** große Bedeutung bei, weil dadurch erhebliche Einsparungspotenziale bei der Beschaffung der Produktionsfaktoren für die Leistungserstellung genutzt werden können. Diese Kostenvorteile auf der Seite der Beschaffung *(günstige Beschaffungspreise und Konditionen)* zahlen sich im Wettbewerb aus, weil sie an Kunden weitergegeben werden können und somit einen relevanten Faktor für absatzpolitische Marketingmaßnahmen darstellen.

Infobox

Das **Beschaffungsmarketing** ist wie das Absatzmarketing eines der strategischen Instrumente um Informationen über den Markt zu gewinnen, ihn zu analysieren und aktiv zu gestalten.

Mit Beschaffungsmarketing will man Risiken und Fehlleistungen bei der Beschaffung von Produkten vermeiden. Die Abbildung zeigt die wesentlichen Aufgaben, die im Rahmen des Beschaffungsmarketings des Handels zu erfüllen sind.

Aufgaben beim Beschaffungsmarketing

Festlegung der Sortimentsstruktur (Was soll eingekauft werden?)

Bestimmung der Bedarfsmenge (Wie viel soll eingekauft werden?)

Untersuchung des Beschaffungsmarktes (Wo soll eingekauft werden?)

Bestimmung des Lieferzeitpunktes (Wann soll geliefert werden?)

Festlegung der Beschaffungswege (Direkt oder indirekt einkaufen?)

Ermittlung des Bestellzeitpunktes (Wann soll bestellt werden?)

Entscheidung für den geeigneten Lieferanten

Eine enge **Koordination** der Aktivitäten im Beschaffungsmarkt mit den Aktivitäten im Absatzmarkt führt zu einer Reihe von **Vorteilen** für den **Leistungsanbieter**.

Maßnahmen auf dem Beschaffungsmarkt		Auswirkungen auf dem Absatzmarkt
Outpacingstrategien: Geringe Kosten durch Vorteile der Massenproduktion eines Lieferanten und gleichzeitige Qualitätssteigerung.	→	Höhere Qualität des Produktes und gleichzeitig günstige Preise für den Kunden.
Qualitätssicherung: Einführung eines Qualitätsmanagements beim Lieferanten.	→	Gleichbleibend hohe Qualität der Produkte bzw. Qualitätsverbesserung.
Just-in-Time-Prinzip: Geringere Kosten bei der Herstellung eines Produktes, da keine Lagerhaltung notwendig ist; eine flexible Produktion wird möglich.	→	Günstigere Preise für den Kunden.

Wie sich diese **abnehmergerichteten Strategien** zur Erzielung von Wettbewerbsvorteilen im Markt auswirken können, soll an folgenden **drei Beispielen** verdeutlicht werden:

Abb. IKEA Anzeige, die den Outpacementansatz für Werbezwecke nutzt

Beispiel 1   **Hoher Produktnutzen und niedrige Kosten durch Outpacingstrategie**

Als Outpacement bezeichnet man solche Marketingstrategien, bei denen durch ein intelligentes Beschaffungsmarketing die Kosten und damit auch der Preis für den Kunden sich reduzieren und gleichzeitig die Qualität eines Angebotes optimal gesteigert wird. Die Beschaffung und Vermarktung des Kerzenhalters PS von IKEA ist dafür ein Beispiel. Der Kerzenhalter aus Keramik wird von dem Unternehmen produziert, das auch die Keramikteile für die Isolierung an Strommasten in großen Mengen herstellt. Damit kann IKEA die Vorteile nutzen, die ein Hersteller in der Produktion eines Massenartikels hat, wie z. B. gleichbleibende Produktionsqualität, geringe Kosten u. a.

Beispiel 2   **Leistungsvorteile durch Qualitätsmanagement**

Viele Hersteller erwarten von ihren Lieferanten, dass sie die Qualität bei der Herstellung und dem Vertrieb eines Angebotes, das für die eigene Produktion benötigt wird, durch ein Qualitätsmanagement kontrollieren. Das **Qualitätsmanagement** wird mit Hilfe externer Berater durch ein Zertifikat dokumentiert. Damit wird durch den Qualitätsaspekt das Beschaffungsmarketing mit dem Absatzmarketing verbunden. Zu den wichtigsten Institutionen in Deutschland, die solche Zertifizierungen ausstellen, gehört die TÜV-Rheinland Group.

Beispiel 3   **Produktion und Lieferung nach dem Just-in-Time Prinzip**

In vielen **Produktionsunternehmen** wird nach dem Just-in-Time Prinzip gefertigt. Dabei werden die Produktionsfaktoren ohne Lagerhaltung direkt in die Produktionsprozesse eingebracht, in denen sie benötigt werden. Das bedeutet für die Zulieferer, sie bringen die Produktionsfaktoren *(Motor, Reifen, Sitze usw.)* direkt an das Fertigungsband. Im Bereich der **Handelsunternehmen** erfolgt dieser Prozess heutzutage schon vielfach durch eine mit Satelliten gesteuerte Kommunikation. Ist z. B. eine Ware in einem Regal verkauft und nicht mehr verfügbar, dann wird der Artikelcode gescannt und eine automatisierte Bestellung durch eine direkte Kommunikation mit dem Lieferanten durchgeführt, der dann z. B. am nächsten Tag die bestellte Ware liefert.

Infobox

Just-in-Time Belieferung im Einzelhandel

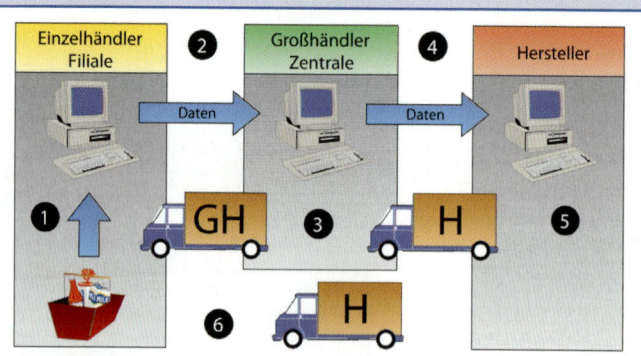

(1) Am P.O.S. (Point of Sale) werden die Verkaufsdaten mit dem Warenwirtschaftssystem erfasst. Das System erstellt Bestellvorschläge und übermittelt diese Daten (2) an den Großhändler bzw. das Zentrallager des Filialunternehmens. Vorhandene Ware wird kommissioniert und (3) unverzüglich an den Händler/Filiale ausgeliefert. Artikel, die nicht sofort lieferbar sind, werden (4) mit Datenübertragung beim Hersteller disponiert. Dieser liefert entweder über den Großhandel / Zentrale (5) an den Einzelhändler / Filiale oder (6) direkt über Strecke.

2.6   Umfeld des Marktes – Marktteilnehmer

Jeder **Markt** ist in ein ihn umgebendes Umfeld eingebettet. Dazu zählen z. B. die nationale Gesellschaft, internationale Gemeinschaften wie die Europäische Union oder die globale Weltgemeinschaft.

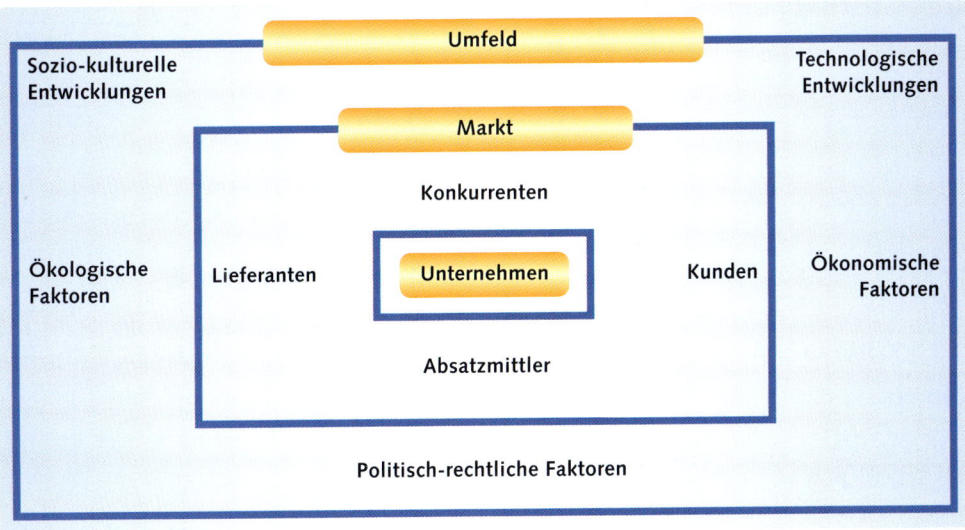

Abb. Der Markt und sein Umfeld

Innerhalb dieses Umfeldes gibt es Entwicklungen oder Entscheidungen von Einzelpersonen bzw. Gruppen, die direkt oder indirekt Einfluss auf die Gestaltung der Prozesse im Markt ausüben. Innerhalb des Marktes beeinflussen Kunden, Lieferanten, Konkurrenten und sogenannte Absatzmittler *(Groß- und Einzelhandel)* den Markt.

Betrachtet man dieses **Umfeld**, sind es folgende **Faktoren**, die den **Markt** nachhaltig beeinflussen können:

Faktoren und Entwicklungen	Beispiele	Auswirkung auf den Markt
sozio-kulturell	Vermehrte Entstehung von Einzel-haushalten (Singles).	Neue Produkte für Einzel-Haushalte *(kleine Gebindegrößen)*.
ökologisch	Klimaveränderungen, Erderwärmung durch CO_2-Abgase.	Technische Veränderungen der Produkte *(KFZ mit geringerem Schadstoffausstoß)*.
politisch-rechtlich	Führerschein ab 17 Jahre, Verbot von bestimmten genmanipulierten Lebensmitteln, Rücknahmepflicht von Verpackungen.	Entstehung von neuen Märkten und Produkten, Verbot für Produkte, Auslistung von Produkten beim Handel *(nicht recyclingfähiges Verpackungsmaterial)*.
technologisch	Entwicklung immer leistungs-fähigerer Computer-Chips.	Entstehung von neuen Produkten und Märkten *(PC-Spielemarkt, drahtlose Kommunikation)*.
ökonomisch	Fusionen von Unternehmen.	Konzentration im Markt auf wenige Anbieter *(Tourismus-branche, Einzelhandel)*.

3   Fünf Bausteine einer Marketingtheorie

Der **Austausch** von **Leistungen** zwischen Anbieter und Nachfrager vollzieht sich in einem Prozess, der sich anhand von fünf **Bausteinen** abbilden lässt. Jeder dieser Bausteine markiert als eine Art Meilenstein einen Zwischenschritt auf dem Weg zu einer in sich schlüssigen **Marketingtheorie** (vgl. ausführlich dazu KOTLER u. a., 2003, S. 39 ff.).

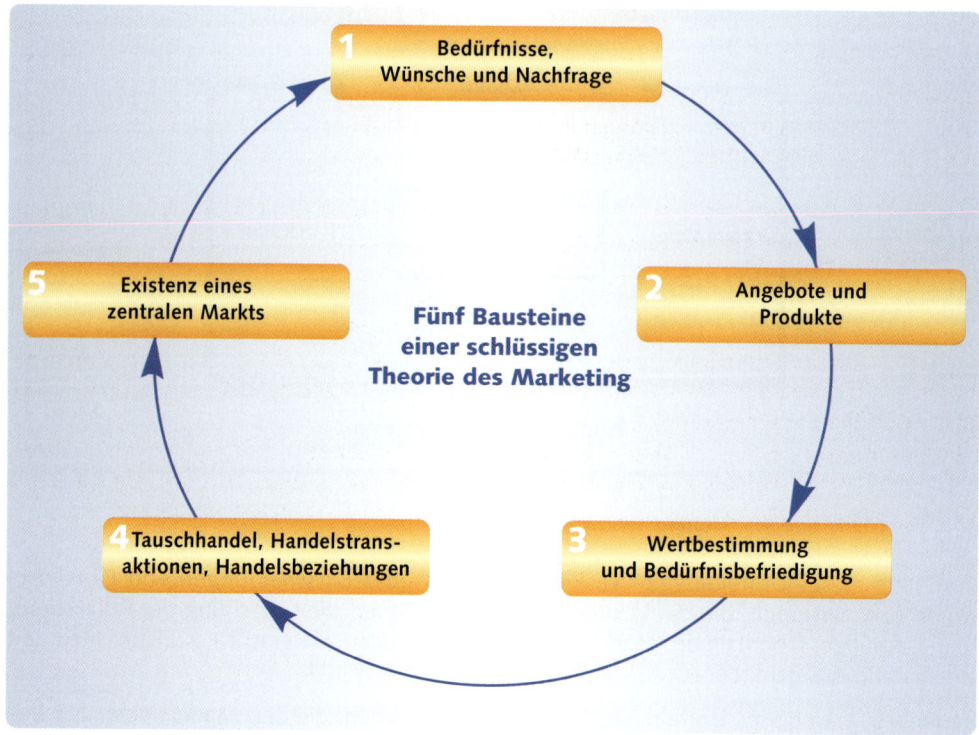

Abb. *Bestandteile einer Marketingtheorie*
(Quelle Kotler / Armstrong / Saunders / Wong, 2003, S. 39)

Ausgangspunkt bei KOTLER sind die **Bedürfnisse** und **Wünsche**, die der Mensch als eine **Nachfrage** nach Produkten oder Angeboten formuliert. Auf der Seite des **Anbieters** kommt es zur Gestaltung von **Angeboten** und **Produkten**, die diese Nachfrage erfüllen können. Ein weiterer Baustein besteht darin, den **Wert (Nutzen)** zu bestimmen, den ein Angebot im Blick auf die Erfüllung eines Bedürfnisses hat. **Tauschaktionen** oder ständige **Tauschbeziehungen** sind Inhalte eines weiteren Bausteins. Der letzte Baustein zur Entwicklung einer schlüssigen Marketingtheorie besteht in der Darstellung der Existenz eines **zentralen Marktes**.

3.1   Baustein Eins: Bedürfnisse, Wünsche und Nachfrage

Die Aktivitäten des Menschen im Hinblick auf seine Versorgung lassen sich durch zwei unterschiedliche Aspekte darstellen: So ist der Mensch **Nachfrager**, wenn er einen Mangel empfindet und damit ein **Bedürfnis** hat. Er ist aber auch **Anbieter**, wenn er die Möglichkeiten besitzt, diesen Mangel zu reduzieren und damit das Bedürfnis zu erfüllen. Aus der Sicht der Betriebswirtschaftslehre wird ein menschliches Bedürfnis als **Mangel** definiert.

Dieser Mangel an zu geringen Möglichkeiten seine Bedürfnisse oder Wünsche zu erfüllen, umfasst die grundlegende Situation des Menschen mit den sogenannten physischen Grundbedürfnissen, wie z. B. Essen, Trinken, Bekleidung, Information oder medizinische Versorgung. Dazu kommen kollektive (soziale) und individuelle Bedürfnisse, wie zum Beispiel Sicherheit, Anerkennung, individuelle Lebensentwicklung, Bildung und Unterhaltung.

Mit den Begriffen „Mangel" oder „Bedürfnis" wird die Ausgangssituation des Menschen grundlegend beschrieben. Der Begriff „Wünsche" kennzeichnet dagegen einzelne kulturspezifische Bedürfnisse, die durch unterschiedliche Erziehung, Kultur, gesellschaftliche Entwicklungen oder technologische Möglichkeiten entstehen.

| **Beispiel** | Besuch eines Konzerts (Unterhaltung), Übertragung einer Parlamentssitzung im Fernsehen (Informationsvermittlung) oder Schreiben und Empfangen einer SMS (Mobilität, Überallerreichbarkeit). |

Der Mensch hat verschiedene Möglichkeiten, um seine Mangel- oder Minussituation selbst oder durch die Unterstützung anderer zu überwinden. So kann er selbst aktiv werden und zur Überwindung dieser Mangel- und Minussituation seine eigenen intellektuellen, körperlichen und seelischen Fähigkeiten einsetzen.
In die Marketinglehre sind dabei auch Erkenntnisse der Psychoanalyse eingeflossen. Im Rückgriff auf den Psychoanalytiker C. G. JUNG unterscheidet man vier grundlegende Möglichkeiten, wie der Mensch seinen Mangel an Gelegenheiten, Bedürfnisse oder Wünsche zu erfüllen, überwinden kann.
MEYER führt dazu aus: [ ] ... „Der Mensch kann instinktiv handeln, er kann denken, er kann Gefühle entscheiden lassen und er kann intuitiv reagieren ... Auslöser menschlichen Verhaltens sind die angeborenen Triebe, die aus Gründen der Lebenserhaltung zur Zwangssteuerung führen ... Ausgangspunkt ist stets eine wahrgenommene Mangelsituation. Dann aktiviert der angesprochene Trieb oder eine Triebkombination die psychischen Funktionen, die in Wechselwirkung zwischen bewusst und unbewusst den Menschen allein oder gemeinsam mit anderen das Problem angehen lassen"... [ ]
(MEYER, P.W. 1990, S. 15).

3.2 Baustein Zwei: Angebote und Produkte

Reichen die eigenen Möglichkeiten des Nachfragers nicht aus, um seine Mangelsituation zu überwinden, dann ist er auf das Angebot von anderen angewiesen. Die Aufgabe des Anbieters besteht darin, seine Möglichkeiten eine Nachfrage zu erfüllen und damit eine Mangelposition zu überwinden, in eine geeignete **Angebots- oder Produktform** zu bringen. Die Angebotsform beschränkt sich dabei nicht ausschließlich auf reale, materielle Objekte, sondern schließt die Möglichkeiten einer immateriellen Leistung *(EDV-Beratung)* mit ein. Ein Produkt bzw. Angebot wird im Sinne der **bestmöglichen Kombination von Nutzen** definiert, die ein Nachfrager beim Erwerb eines Angebotes erhält. Die Aufgabe des Anbieters besteht darin, seine Potenziale in der bestmöglichen Nutzenkombination dem Nachfrager darzustellen und zu vermitteln.

Somit kann die Ausgangssituation des Marketings als eine **Plus- und Minusposition** beschrieben werden. Der **Anbieter** befindet sich in einer **Plusposition**, da er über mehr Möglichkeiten zur Erfüllung von Bedürfnissen oder Wünschen verfügt, als wie er für sich selbst benötigt. Der **Nachfrager** befindet sich in einer **Minusposition**, da er über keine ausreichenden Möglichkeiten verfügt, seine Bedürfnisse oder Wünsche aus eigener Kraft zu erfüllen. Die **Grundfunktion** des **Marketings** besteht somit darin, eine Leistung mit einer Gegenleistung zu tauschen, um damit die Minusposition des Nachfragers zu überwinden. Dieser Austausch wird in der Regel mit einem hohen Maß an Selbstbestimmung der Tauschpartner vollzogen.

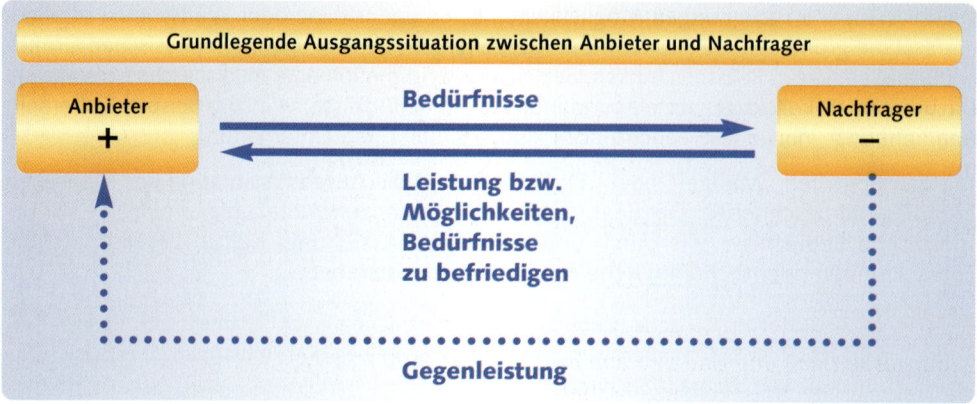

3.3 Baustein Drei: Wertbestimmung und Bedürfniserfüllung

Im dritten Baustein wird der Wert ermittelt, den ein entsprechendes Angebot auf der Skala der Bedürfnisbefriedigung des Nachfragers hat und welchen Gegenwert der Kunde bereit ist, dafür einzubringen *(Geld, Zeit, Image)*.

3.3.1 Wertbestimmung durch Nutzenkombination

Ein Kunde sieht den **Wert** eines Angebotes nicht nur ausschließlich in den Eigenschaften, die ein Produkt oder eine Dienstleistung hat. Aus der Sicht des Nachfragers lassen sich Produkte als Kombinationen von Nutzen betrachten. Die Kunden wählen die Angebote bzw. Produkte, die die beste Nutzenkombination schaffen und damit die Bedürfnisse und Wünsche am besten erfüllen. Aus der Sicht des Unternehmens stellt sich die Aufgabe der Gestaltung von Angeboten und Produkten umfangreicher dar.
Unternehmen müssen nicht nur ihre Produkte als die bestmögliche Nutzenkombination für den Kunden anbieten, sondern auch deren individuelle Situation sowie technische, gesellschaftliche und wirtschaftliche Rahmenbedingungen und Entwicklungen mit berücksichtigen.

Eine wesentliche Aufgabe ist darin zu sehen, dass sich die **Kosten** für Entwicklung, Herstellung und Vertrieb eines Angebotes in einem Preis-Leistungsverhältnis bewegen, das der Kunde ebenfalls als eine für ihn vorteilhafte Kombination aus Preis und Nutzen anerkennt. Darüber hinaus bestimmt der Kunde den Wert eines Angebotes auch im Blick auf den Wert, den ein Produkt innerhalb der Gesellschaft, seiner Familie oder seines Freundeskreises einnimmt.

Die folgende Abbildung verdeutlicht, wie sich durch die **Summe** aus Wert und Kosten der **Wertgewinn** aus Kundensicht ermitteln lässt.

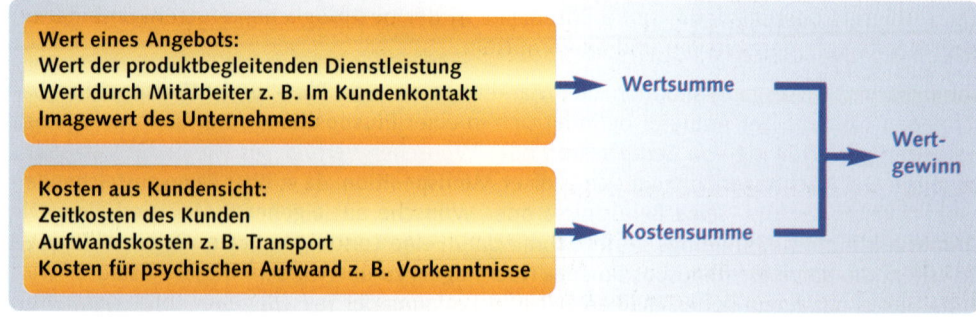

Fallbeispiel Wertgewinn durch Handy und Bier

Fallbeispiel Handy:

Im Bereich der mobilen Kommunikation mit einem Handy entscheiden nicht nur die technischen Eigenschaften eines Telefons oder Netzanbieters über den Kauf, sondern auch das **Image**, das der Kunde durch den Kauf der neuesten Version für sich persönlich erwirbt.

Die Wertbestimmung und der Grad der Bedürfnisbefriedigung sind also abhängig von den technischen Eigenschaften, dem Design, den Anwendungsmöglichkeiten *(i-Mode, UMTS)* und dem **Imagetransfer**, der durch den Kauf beim Kunden geschaffen wird.

Beispiel Franz Beckenbauer und Anke Engelke als Imageträger für O_2. Beckenbauer als „Lichtgestalt" des deutschen Fußballs gilt in der Öffentlichkeit als besonders vertrauenswürdig und wird immer wieder (seit 1967!) als Testimonial von Agenturen eingesetzt. Anke Engelke soll besonders jüngere Konsumenten aus der „Handy-Generation" ansprechen *(Quelle: O_2, München)*.

Fallbeispiel Bier:

Mit dem Slogan „Gute Sache, gutes Bier!" startete Krombacher 2006 eine Spenden-Offensive. Das Projekt lief über mehr als drei Monate. In diesem Zeitraum spendete die Krombacher Brauerei für jede verkaufte Flasche Krombacher einen Cent. Die Verbraucher entscheiden mit ihrer Stimme darüber, zu welchen Anteilen die angestrebte Gesamtsumme von 3 Millionen Euro an das Deutsche Kinderhilfswerk, die Deutsche Knochenmarkspenderdatei und den WWF Deutschland weitergeleitet werden.

Damit bestimmen nicht nur die Eigenschaften des Produktes *(Qualität, Geschmack, Preis)* die Wertigkeit dieses Angebotes, sondern zusätzlich ein ideeller Wert, der für die Gesellschaft von Bedeutung ist *(Quelle: Krombacher Brauerei, Kreuztal)*.

3.3.2 Bedürfnisbefriedigung durch Wert und Gegenwert

Eine weitere Aufgabe, die es gilt durch Marketingaktivitäten zu lösen, ist die Ermittlung des direkten **Gegenwertes**, den ein Nachfrager im Tausch für ein Angebot einbringt. Die klassische Betriebswirtschaftslehre betrachtet den Tausch ausschließlich unter ökonomischen Gesichtspunkten. Das bedeutet: Nimmt der Nachfrager die Ressourcen des Anbieters zur Überwindung seines Mangels in Anspruch, dann müssen diese durch eine Gegenleistung gedeckt werden. Diese Gegenleistung besteht in der Regel in einer monetären Form als direktes oder indirektes Entgelt. Steht hinter den Wünschen und Bedürfnissen die Möglichkeit diese zu bezahlen, spricht man von der **Kaufkraft** (Bedarf) des Kunden. Wünsche und Bedürfnisse sind damit zu einer konkreten Nachfrage geworden.

Auch wenn die monetäre Gegenleistung (Kaufkraft) sehr stark im Mittelpunkt des Marketings und der Betriebswirtschaftslehre steht, so ist sie nicht die einzige Perspektive zur Bestimmung der Werteinschätzung oder Bedürfnisbefriedigung.

In der amerikanischen Marketingliteratur wird der Austausch von Nachfrager und Anbieter nicht ausschließlich auf eine monetäre Wertbestimmung reduziert. Vielmehr fließen Erkenntnisse aus anderen Wissenschaften in das Marketing mit ein. Aus der Sichtweise der Soziologie hat HOMANS schon 1958 darauf hingewiesen, dass der Tausch eine elementare Kategorie des sozialen Verhaltens darstellt. KOTLER hat diese Vorstellung der Soziologie zu Beginn der 1970er Jahre innerhalb seiner grundlegenden Marketingkonzeption aufgenommen (KOTLER, 1969, S. 10–15 und 1972 S. 46–54). Er betont, dass sich Marketing auf die Gestaltung und den Austausch von (monetären und nicht-monetären) Werten bezieht, die Anbieter und Nachfrager ganz allgemein und im besonderen als monetären Wert in die Austauschbeziehung mit einbringen. KOTLER schreibt dazu:

„The core concept of marketing is the transaction. A transaction is the exchange of values between two parties. The things-of-values need not be limited to goods, services and money; they include other resources such as time, energy, and feelings. ... A transaction takes place, for example, when a person decides to watch a television program; he is exchanging his time for entertainment ... Marketing is specifically concerned with how transactions are created, stimulated, facilitated, and valued. This is the generic concept of marketing." (KOTLER,1972, S. 48 f.).

(Übersetzung: „Das Kernkonzept des Marketings ist die Transaktion. Eine Transaktion ist der Werteaustausch zwischen zwei sozialen Einheiten. Dinge, denen ein (Tausch-) Wert beigemessen wird, sind nicht auf Güter, Dienstleistungen und Geld beschränkt; sie schließen andere Mittel, wie Zeit, Energie und Gefühle mit ein. ... Zum Beispiel findet eine Transaktion statt, wenn jemand beschließt ein Fernsehprogramm zu betrachten und er dabei seine Zeit gegen Unterhaltung tauscht. ... Marketing befasst sich speziell damit, wie man Transaktionen erzeugt, anregt, erleichtert und bewertet. Marketing ist somit ein Konzept, das als eine allgemeine Kategorie menschlichen Verhaltens zu verstehen ist".)

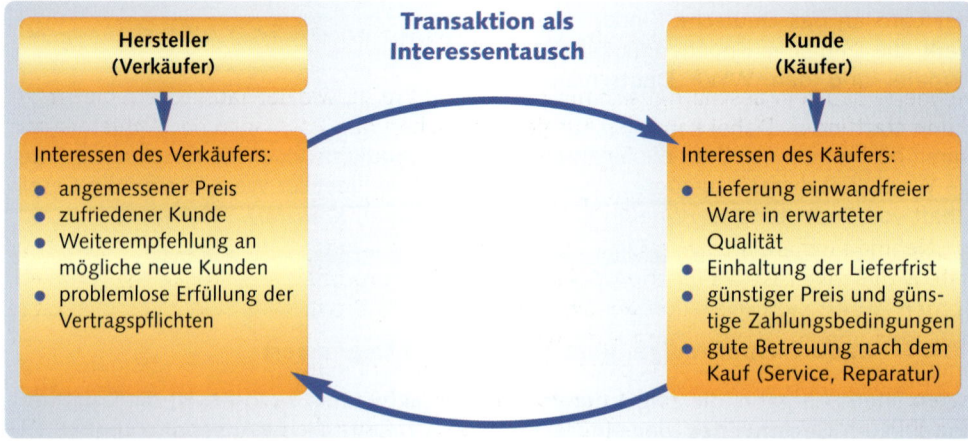

Abb. *Transaktionen zwischen zwei Geschäftspartnern (Parteien)*

Innerhalb der deutschsprachigen Literatur wird die Bestimmung der Wertigkeit eines Angebotes auf der Skala der Bedürfnisbefriedigung des Nachfragers durch die Vorstellung eines **Nutzens** beschrieben. Unternehmen haben die Möglichkeit ihre Angebote in Form einer Nutzenstiftung zu formulieren, die der Nutzenvorstellung des Anbieters entspricht. MEYER schreibt dazu: … „Die seelischen Möglichkeiten des Menschen zur Daseinsbewältigung finden auch in den Nutzenvorstellungen ihren Ausdruck. Der Grundnutzen, den alle Objekte haben, entspricht der Realität wie sie ist, also dem Empfinden, dem Instinkt. Der rationale Nutzen, auch persönlicher Nutzen genannt, weil er aus der Beziehung Individuum zum Objekt entsteht, hat als Basis das kausale, finale und synchrone Denken. Der Geltungsnutzen (Prestige-, Demonstrations- oder soziologischer Nutzen) basiert auf dem Gefühl und der Kommunikation mit anderen Individuen. Und der magisch-ethische Nutzen entspricht der Intuition. Diese Nutzenvorstellungen sind die Antriebe, das Agens wirtschaftlicher Aktivitäten schlechthin" … (MEYER P.W., 1990, S. 18.)

Abb. *Form der Nutzenerwartung und Nutzenstiftung als Grund- und Zusatznutzen*

3.4 **Baustein Vier: Tausch, Transaktionen und Handelsbeziehungen**

Der vierte Baustein beschäftigt sich mit der Art und Weise, wie der Tausch bzw. die Transaktion stattfindet. Dabei kann der Ausgleich zwischen den Positionen des Anbieters und des Nachfragers unter verschiedenen Perspektiven betrachtet werden.

KOTLER beschreibt die **Möglichkeiten** des **Austauschs** mit folgendem Beispiel:

… „Nehmen wir an, dass eine Organisation Brennstoff benötigt, um Büros zu heizen. Eine erste Möglichkeit ist die Eigenproduktion. Von Eigenproduktion kann dann gesprochen werden, wenn die Mitglieder der Organisation solche Brennstoffe selbst aus der Natur gewinnen und zur Verwendung aufbereiten.
Eine zweite Möglichkeit ist Diebstahl. Die Organisation kann einen von anderen angelegten Brennstoffvorrat ausfindig machen und versuchen, ihn sich anzueignen.
Eine dritte Möglichkeit ist Gewalt. Die Organisation kann die Besitzer eines Brennstoffvorrates überwältigen oder bedrohen.

Eine vierte Möglichkeit ist das Betteln. Die Organisation kann bei dem Besitzer des Brennstoffs vorsprechen und um einen Anteil bitten.

Die fünfte Möglichkeit ist der Austausch. Die Organisation kann bei den Besitzern des Brennstoffs vorsprechen und ihnen im Austausch dagegen andere Güter oder Leistungen anbieten … " (KOTLER, 1978, S. 24 und KOTLER, 1999, S. 31).

Auch im Bereich der verschiedenen Märkte sind diese unterschiedlichen Formen eines Ausgleichs zwischen Anbieter und Nachfrager vorstellbar; man denke an den Diebstahl durch Raubkopien im Musik- und Videomarkt.

Eine besondere Bedeutung kommt der **Form** des Austauschs von Leistungen zu. Er ist der zentrale Faktor des Marketings. Dabei steht die grundlegende Überzeugung im Hintergrund, dass unter der freiwilligen Bestimmung von Leistung und Gegenleistung ein Höchstmaß an **ökonomischer** Handlungsweise im Bereich der Zuteilung (Allokation) besteht. Für den Austausch von Leistungen gibt es **drei** Voraussetzungen:

- Existenz mindestens zweier tauschfähiger Partner,
- freiwilliger Tausch einer Leistung mit einer Gegenleistung,
- Ende des Tauschs nach Vollzug.

Die Form des Tauschgeschäftes wird auch heute noch variabel gestaltet. In der Regel geschieht der Leistungstausch in der Form, dass eine Leistung durch ein generelles Tauschmittel, wie z. B. Geld, vollzogen wird. In bestimmten Wirtschaftsbereichen erfolgt der Leistungstausch allerdings nicht-monetär.

> **Beispiel**   Ein PKW-Hersteller liefert Autos in ein Entwicklungsland und erhält im Gegenzug dafür Rohstoffe oder Werkzeuge, die über eine eigene Vertriebsgesellschaft dann vermarktet werden (Kompensations-, Bartergeschäft). Gegenseitiger Anzeigentausch zwischen Verlagen in der Medienbranche.

3.5   Baustein Fünf: Zentraler Markt

Der fünfte Baustein macht die letzte Etappe innerhalb der Entwicklung einer schlüssigen Marketingtheorie deutlich. Diese besteht in der Darstellung der Entwicklung eines **zentralen Marktes**.

Während innerhalb der Selbstversorgung oder der dezentralen Tauschwirtschaft der Leistungstausch nur auf bestimmte Gruppen oder Regionen begrenzt war, entwickelt sich mit dem zentralen Markt die Möglichkeit des Handels. Dabei spielt nicht mehr der einzelne Produzent einer Leistung die dominierende Rolle, sondern der Handel mit diesen Leistungen.

Die **zentrale Tauschwirtschaft** entstand durch die wirtschaftliche, technologische und gesellschaftliche Weiterentwicklung im Bereich der Mobilität und Information. Die folgende Abbildung verdeutlicht am Beispiel des studentischen Lernens die Entwicklung von der Selbstversorgungswirtschaft hin zur zentralen Tauschwirtschaft: Studenten, die nur für sich selbst lernen, erarbeiten sich bestimmten Wissensinhalte durch die Selbstversorgung. Lokale Lerngruppen bilden eine dezentrale Tauschwirtschaft, bei denen bestimmte Ergebnisse auch zwischen den einzelnen Lerngruppen ausgetauscht werden können.

Besteht für die Studierenden die Möglichkeiten auf einen zentralen Wissenspool, wie zum Beispiel auf das Internet, zurückzugreifen, dann entwickelt sich in diesem Fall eine zentrale Tauschwirtschaft.

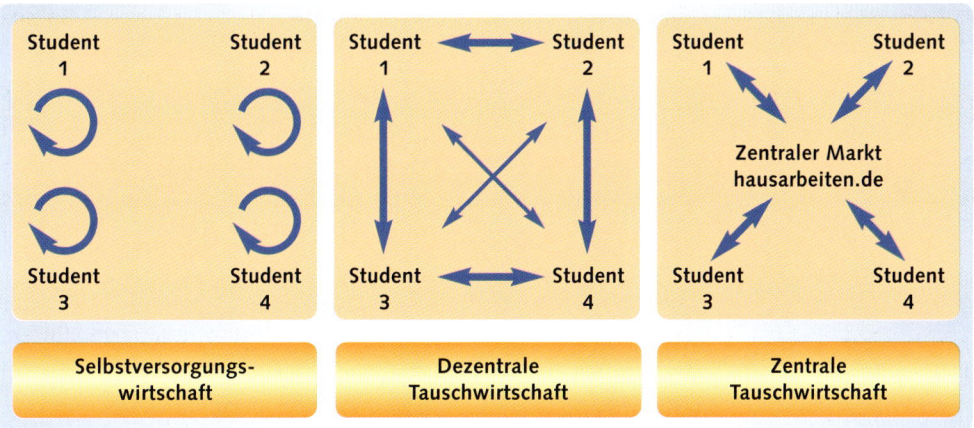

Abb. *Entwicklung des Marktes von der Selbstversorgung zum zentralen Markt*

Beispiel Wissensportal „Hausarbeiten.de" mit über 45.000 Veröffentlichungen, die mithilfe der Portalbetreiber von Autoren ins Netz gestellt werden und von Nutzern unentgeltlich bzw. kostenpflichtig heruntergeladen werden können.

4   Marketingmodelle

Allen Marketingmodellen ist der Kerngedanke gemeinsam, dass durch eine dauerhafte Befriedigung von Kundenbedürfnissen die Ziele der Unternehmung im gesamtwirtschaftlichen Güterprozess verwirklicht werden. Unterschiede zeigen sich allerdings in der Bedeutung, die den Marktpartnern *(Kunde, Unternehmen)* in den jeweiligen Marketingmodellen zugemessen wird.

4.1   Marketing als Absatz für eine produzierte Menge (Grundmodell)

Das **Grundmodell** des Marketings ist das sogenannte **Absatzmarketing-Modell** (NIESCHLAG, DICHTL, HÖRSCHGEN, 2002). Mit Hilfe des Absatzmarketings wird die Menge, beziehungsweise Einheit an Gütern oder Dienstleistungen ermittelt, die im Markt abgesetzt werden kann. Das Absatzmarketing-Modell ist aufgaben- bzw. funktionsorientiert. Das bedeutet, es beschreibt Marketing als Aufgabe bzw. Funktion eine bestimmte Stückzahl oder Menge, die durch ein Unternehmen produziert wird, mit Hilfe von Marketingmaßnahmen im Markt abzusetzen. Absatzmarketing bedient sich dabei vor allem bestimmter Marketinginstrumente, wie z. B. Kommunikations- bzw. Werbemaßnahmen.

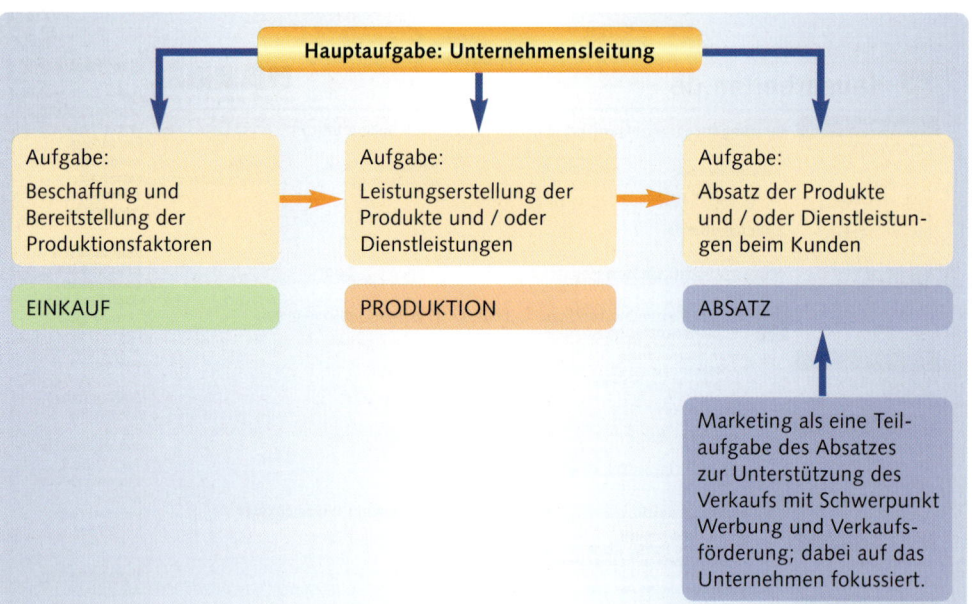

Abb. *„Klassisches" Absatzmarketingmodell*

Mit Hilfe dieser Denkweise im Absatzmarketing wird die Kernaufgabe des Marketings zwar im Großen und Ganzen beschrieben; allerdings werden durch die pointierte Sicht auf den Vertrieb bzw. die Absatzfunktion wichtige Aspekte ausgeblendet, die immer mehr an Bedeutung gewinnen.

So findet der Aspekt einer langfristigen Kundenbindung oder Kundenzufriedenheit innerhalb des Absatzmarketings nur eine geringe Aufmerksamkeit. Auch werden Prozesse, wie das Entscheidungsverhalten, die Gestaltung von Beziehungen zum Kunden und Lieferanten sowie zu weiteren Netzwerkpartnern, zu wenig berücksichtigt.

Weitergehende Denkansätze des Marketings versuchen diese Defizite mit unterschiedlichen Ansatzpunkten auszugleichen:

Modell	Kurzbeschreibung	Vertreter
Denkmodell 1:	Marketing als marktorientiertes Entscheidungsverhalten	BRUHN
Denkmodell 2:	Marketing als konzeptionelles Denken und Handeln	BECKER
Denkmodell 3:	Marketing als Gestaltung von (Austausch-) Beziehungen	KOTLER

4.2 Marketing als marktorientiertes Entscheidungsverhalten (Denkmodell 1)

Ausgangspunkt des ersten Denkmodells ist die Überlegung (BRUHN 2002, S. 23), dass Marketing sich nicht ausschließlich in der Planung und dem Erreichen von Absatzzahlen erschöpft, sondern als kontinuierlicher Prozess zu betrachten ist, innerhalb dessen Entscheidungen getroffen werden.

Abb. *Variablen im Marketing als kontinuierlicher Entscheidungsprozess (Quelle: BRUHN, 2002, S. 24)*

Dieser Entscheidungsprozess ist von der vorgefundenen Marktsituation, den festgelegten Marketingzielen und dem Einsatz von Marketinginstrumenten abhängig. Die Bestimmung der Marketingsituation erfolgt durch die Analyse und die Prognose, wie sich der Markt zukünftig entwickeln kann. Die Wahl und Kombination der Marketinginstrumente, wie zum Beispiel der Werbe- oder Kommunikationsmaßnahmen, erfolgt gemäß einer detaillierten Planung. Der Einsatz der Marketinginstrumente ermöglicht das Erreichen der Marketingziele innerhalb einer bestimmten Zeit, wie sie im Marketingplan festgelegt wurde. Aus der Beziehung von drei Marketingvariablen „Situation – Einsatz von Instrumenten – Ziele" ergibt sich eine **Marktreaktionsfunktion**, die sich formal mit folgender **Formel** darstellen lässt (vgl. ausführlich dazu BRUHN, 2002, S. 23):

Erläuterung:
MZ = Erreichung der Marketingziele (Laufindex z)
MI = Einsatz der Marketinginstrumente (Laufindex i)
MS = Aktuelle Marketingsituation (Laufindex s)
t = Laufindex für die Zeit.

$$MZ_{i,s,z,t} = f(MI_{i,s,z,t}; MS_{i,s,z,t})$$

Um eine analysierte Marktsituation aktiv zu gestalten, muss ein Unternehmen die Marketingziele und den Einsatz der Marketinginstrumente für einen bestimmten Zeitraum festlegen. Die Entscheidung ist also abhängig von der Zielsetzung und dem Einsatz der Instrumente. Das folgende Beispiel zeigt mögliche Fragestellungen.

Beispiel
- Wie wirkt sich ein völliger Verzicht auf Werbung im nächsten Geschäftsjahr auf den Marktanteil aus?
- Wie erhöht sich der Marktanteil, wenn im nächsten Geschäftsjahr das Werbebudget um 25 % erhöht, und die Verkaufspreise um durchschnittlich 5 % gesenkt werden?

4.3   Marketing als konzeptionelles Denken und Handeln (Denkmodell 2)

„**Marketing by Conception**" ist eine Denkweise, die den Einsatz der Marketinginstrumente in eine umfassendere Konzeption des Marketings eines Unternehmens einbindet. Ausgangspunkt ist hierbei die Überlegung, dass die Unternehmensziele in enger Verbindung mit den Marketingzielen stehen.

Grundlage dafür ist eine **Konzeptionspyramide** mit mehreren Ebenen:

Abb. *Der konzeptionelle Marketingansatz (nach Becker, 1998, S. 4)*

Die Konzeptionspyramide beinhaltet an ihrer Spitze (Ebene 1) im Rahmen der Zielformulierung auch Aspekte der **allgemeinen Wertvorstellung** innerhalb eines Unternehmens.

> **Beispiel**   **Auszug aus den Unternehmenszielen der Nestlé AG:**
>
> „... Nestlé strebt die Schaffung eines nachhaltigen und langfristigen Mehrwertes an, indem sie ihren Konsumenten eine große Vielfalt von hochwertigen und sicheren Nahrungsmitteln zu erschwinglichen Preisen anbietet ..."

Ebenso findet sich auf dieser ersten Ebene die **Definition** des **Unternehmenszwecks**.

> **Beispiel**   ... „Die geschäftlichen Ziele von Nestlé, ihres Managements und ihrer Mitarbeiter auf allen Ebenen liegen in der Herstellung und Vermarktung der Produkte des Unternehmens. Dies soll in einer Weise geschehen, dass für die Aktionäre, die Mitarbeiter, die Konsumenten, die Geschäftspartner und die große Zahl der nationalen Volkswirtschaften, in denen Nestlé tätig ist, ein nachhaltiger Wert geschaffen wird; Nestlé strebt nicht nach kurzfristigem Gewinn zu Lasten einer erfolgreichen langfristigen Geschäftsentwicklung, anerkennt jedoch die Notwendigkeit, jedes Jahr einen gesunden Gewinn erwirtschaften zu müssen, um damit die Unterstützung des Unternehmens durch die Aktionäre und Finanzmärkte sicherzustellen und Investitionen zu finanzieren; ..." *(Quelle: Nestlé, Vevey (CH), Unternehmensgrundsätze).*

Die für das Unternehmen geltenden Wertvorstellungen und der definierte Unternehmenszweck bilden den Rahmen für die Formulierung der **speziellen Marketingziele**. Dazu zählen u. a.:

- Umsatzsteigerung und Erhöhung des Marktanteils,
- kostengünstige Distribution,
- Steigerung der Bekanntheit und Imageverbesserung,
- Kundenzufriedenheit und Kundenbindung,
- Neukundengewinnung.

Ziele, Strategien und Maßnahmen münden in ein ganzheitliches und in sich schlüssiges Marketingkonzept, das kundenorientiert auf Grund erhobener Daten aus der Marktforschung umgesetzt wird. Am Beispiel eines großen Einzelhandelsunternehmens soll dieses Marketingmodell verdeutlicht werden.

Fallbeispiel | **Marketing als konzeptionelles Denken und Handeln am Beispiel IKEA**

In über 250 Einrichtungshäusern in 34 Ländern erzielt die schwedische IKEA Gruppe mit über 75.000 Mitarbeitern einen Jahresumsatz von ca. 17 Milliarden €. Deutschland ist mit 46 Häusern und einem Umsatzanteil von ca. 20 % weltweit der wichtigste Markt.

Foto: IKEA, H. Stettin

Maßgeblich am Erfolg dieses Unternehmens ist eine auf allen geschäftlichen Ebenen praktizierte **Marketingkonzeption**, deren oberstes Ziel das Erreichen einer hohen Kundenzufriedenheit ist.

▶ Marketingziele („Wo wollen wir hin, bzw. was wollen wir erreichen?)

Gewinnerzielung bzw. **Rentabilität** sind wie bei jedem Unternehmen festgelegte **Oberziele**, die u. a. mithilfe von daraus abgeleiteten **Marketingzielen** erreicht werden sollen.

▬ Marketingziel → Steigerung von Umsatz und Erhöhung des Marktanteils

Das erste deutsche IKEA Haus wurde 1974 in München eröffnet. Seitdem kommen jährlich meist zwei weitere Häuser dazu.

Der Umsatz liegt in Deutschland etwas über zwei Milliarden € und i. d. R. konnten jedes Jahr erhebliche Umsatzzuwächse realisiert werden. Über das Betriebsergebnis gibt IKEA keine Auskunft, jedoch weist ein jährliches Investitionsvolumen von 150 bis 200 Millionen € auf eine gesunde Ertragslage hin.

▬ Marketingziel → Optimierte und kostengünstige Distribution und Logistik

Foto: IKEA, M. Hildebrand

Die Wege vom Lieferanten zum Kunden müssen möglichst kurz, effizient und umweltgerecht sein. Flache Pakete spielen dabei eine große Rolle. Da sie weniger Platz benötigen, können mehr Pakete gleichzeitig transportiert und effektiver gelagert werden. Eine gut funktionierende Distribution trägt entscheidend zu den niedrigen Verkaufspreisen bei. Transportwege und Logistik werden deshalb kontinuierlich weiterentwickelt. Insgesamt 25 regionale Distributionszentren in 14 Ländern beliefern die IKEA Einrichtungshäuser mit Produkten.

Foto: Inter IKEA Systemns

Der Vertrieb der Produkte zum Endverbraucher erfolgt bei IKEA hauptsächlich durch Selbstabholung. Da die meisten IKEA Produkte in flachen Paketen verpackt sind, kann der Käufer sie leicht transportieren.

Falls der Kofferraum für den Einkauf nicht ausreicht, kann man bei IKEA einen Kleintransporter mieten.

Es gibt aber auch die Möglichkeit, alles kostengünstig nach Hause liefern zu lassen. Dies erfolgt meist über das sogenannte „Homeshopping", d. h. es sind Bestellungen über Telefon, Fax, Post und Internet möglich.

⬤ Marketingziel → Bekanntheit steigern

Foto: IKEA Katalog

IKEA betreibt einen erheblichen Werbeaufwand. Bekannt sind neben Anzeigen vor allem die TV-Werbespots mit den Slogans „Entdecke die Möglichkeiten" und „Wohnst Du noch oder lebst Du schon?" Zur weltweiten Bekanntheit trägt aber in besonderem Maße die Gratisverteilung des jährlich erscheinenden **IKEA-Katalogs** bei, der in einer Auflage von über 130 Millionen Stück in 46 unterschiedlichen Versionen, 28 Sprachen und in 36 Ländern verteilt wird.

Infobox

IKEA steigert seinen Bekanntheitsgrad aber auch ohne sein Zutun. Bei der Neufassung des Schuldrechtes im BGB wurde u. a. auch eine fehlerhafte Montageanleitung als Sachmangel definiert. Diese Bestimmung wird nicht nur umgangssprachlich, sondern auch in seriöser Fachliteratur als „IKEA-Klausel" bezeichnet. Dies zeigt, dass IKEA als Synonym für Selbstbaumöbel verwendet wird. Auch wenn diese Bezeichnung für das Unternehmen nicht besonders schmeichelhaft sein mag, die Werbewirkung ist außerordentlich.

⬤ Marketingziel → Image verbessern

IKEA legt bei der Produktentwicklung und -gestaltung viel Wert auf einen unter Umweltgesichtpunkten verantwortlichen Umgang mit Ressourcen. Auch ist es das Ziel von IKEA sicherzustellen, dass kein Kind an der Herstellung von IKEA Produkten beteiligt ist. Dies gilt für alle Lieferanten von IKEA und deren Sublieferanten weltweit.

IKEA unterstützt soziale Projekte weltweit *(Spenden für Kinder in Dritt-Welt-Ländern und in Kriegs- und Krisengebieten)*.

Quelle: IKEA Katalog

● Marketingziel → Kundenzufriedenheit und Kundenbindung

IKEA möchte den Einkauf als Erlebnis gestalten. Nach dem Motto „Fühlen Sie sich
wie Zuhause" werden die Möbel wie in
echten Zimmern präsentiert und es wird
ausdrücklich zum „Probewohnen" aufgefordert. Für Kinder gibt es das beaufsich-
tigte „Kinderparadies" zum Spielen, während die Eltern in Ruhe einkaufen gehen
können.

Foto: Inter IKEA Systems

Jedes IKEA Haus bietet in seinem Restaurant schwedische, aber auch lokale Speisen an.
Einkaufswagen, Einkaufstaschen und spezielle Kinderwagen erleichtern den Einkauf. Zur
Kundenzufriedenheit trägt nicht unerheblich das 90 Tage Rückgaberecht auf fast alle
Artikel bei.
Wichtigstes Mittel zur Kundenbindung ist die Möglichkeit Mitglied der „IKEA Family" zu
werden. Dabei handelt es sich um einen Kundenklub, der den Besitzern der „IKEA Family
Card" eine Reihe von besonderen Angeboten und exklusiven Vergünstigungen gewährt
(Preisvorteile, kostenlose Transportversicherung, Mitgliedsmagazin, Events).

● Marketingziel → Neukundengewinnung

IKEA arbeitet hier mit anderen Unternehmen zusammen.
So informierte die Bausparkasse Schwäbisch Hall in einer Infobroschüre „Berufsstart Spe-
zial" junge Auszubildende über die Möglichkeiten des Bausparens. Verbunden war diese
Aktion mit einem Gewinnspiel, bei dem es u. a. IKEA-Einrichtungsgutscheine im Wert von
300 € zu gewinnen gab.

▶ Marketingstrategien („Wie kommen wir dahin?")

Um die geplanten Ziele zu erreichen, werden geeignete Strategien eingesetzt. Sie geben
die Richtung und den Weg vor um zu gewährleisten, dass die Marketinginstrumente im
Sinne der Zielerfüllung eingesetzt werden.

● Strategie der kontinuierlichen Neuproduktentwicklung

Jedes Jahr wartet IKEA mit einer Fülle neuer Produkte auf. Dies wird besonders in den
sogenannten „Satellitensortimenten" *(Leuchten, Textilien, Küchenutensilien, Bilder, Glas &
Porzellan u. a.)* deutlich.
Neue Formen und Farben ergänzen die seit Jahren eingeführten Basisartikel. So weist das
Sortiment im Jahr 2006 über 700 Neuheiten auf.

● Strategie des günstigen Preises

IKEA steht für günstige Preise. Seit 1998 sind die
Verkaufspreise nach Unternehmensangaben jährlich im Durchschnitt um 2,5 % gesunken. Allein
im Jahr 2005 wurden tausend Produkte im Preis
gesenkt.

Foto: Inter IKEA Systems

Diese Strategie hat zum einen das eigene Unternehmen im Fokus, denn schon in den ersten
Phasen der Produktentwicklung versuchen die
Designer zusammen mit den Herstellern Möglichkeiten zu finden, wie existierende Produk-

tionsprozesse für die Herstellung der Möbel genutzt werden können. Auch die Einkäufer der für die Produktion benötigten Rohmaterialien sind immer auf der Suche nach dem „besten Preis".

Aber auch die Kunden sind bei IKEA Teil der Strategie des günstigen Preises. Es wird ihnen vermittelt, dass sie selbst aktiv mithelfen die Preise niedrig zu halten, indem sie die Artikel selbst aussuchen, nach Hause transportieren und dort montieren.

● Strategie des einzigartigen Leistungsangebots

Wer bei IKEA Möbel und Wohnungsaccessoires kauft, der kauft auch einen bestimmten Designstil, eben typisch IKEA.

Dazu zählen neben den klassischen Weichholzmöbeln, die schon in den 70er Jahren des vorigen Jahrhunderts den IKEA-Stil prägten, heute besonders an der Funktion orientierte Möbel in einem modernen und zum Teil trendigen Stil.

Eine Besonderheit sind die für deutsche Ohren manchmal seltsam klingenden Namen für die einzelnen Artikel *(Moppe, Bambu, Fakse)*. Sessel oder Couchtische tragen meistens

Foto: IKEA, H. Stettin

schwedische Ortsnamen, Badezimmerartikel sind nach Flüssen und Seen benannt, Stoffe und Gardinen haben weibliche Namen und Stühle und Schreibtische Männernamen.

Zur Strategie der Einzigartigkeit zählt für IKEA auch der Aufbau und die Pflege einer ausgeprägten **Corporate Identity**. Dabei geht es um ein typisches und damit unverwechselbares Erscheinungsbild in der Öffentlichkeit. Ziel der Maßnahmen ist es, dass sich beim Kunden ein bestimmtes „Bild" vom Unternehmen einprägt. So sind z. B. alle Häuser außen und innen einheitlich gestaltet, und die typischen IKEA-Farben blau und gelb (schwedische Nationalfarben) finden sich vom Gebäudeäußeren, über das Logo, bis zur einheitlichen Kleidung der Mitarbeiter wieder.

● Strategie der unterschiedlichen Zielgruppen

Den typischen IKEA Kunden gibt es nicht. Die Zeiten, als IKEA-Kunden mit Studenten gleichgesetzt wurden, sind längst vorbei. Eine wichtige Zielgruppe sind „Ersteinrichter", also vornehmlich junge Menschen, die ihre erste – meist kleine – Wohnung einrichten. Für diese Kunden bietet IKEA z. B. Multi-Möbel (Bettsofa) und flexible Elemente, die sich leicht kombinieren lassen. Zur Erstausstattung sind auch komplette Koch- und Bestecksets im Angebot.

Eine zweite Zielgruppe sind junge Familien mit Kindern. Hier will sich IKEA nicht nur besonders preisbewusst präsentieren, sondern legt auch viel Wert auf eine kindgerechte Produktgestaltung.

Die dritte Zielgruppe ist für IKEA besonders wichtig. Es sind jene Stammkunden aus den 70ern und 80ern des vorigen Jahrhunderts, die jetzt zwischen 40 und 50 Jahre alt sind, über einen überdurchschnittlich hohen Bildungsgrad und ein gutes Einkommen verfügen. Vieler dieser Kunden arbeiten auch zu Hause. IKEA bietet hier z. B. im Wohnbereich integrierte Arbeitsplätze an.

Büromöbel werden in einem speziellen Katalog nicht nur für den Privatkunden angeboten, sondern über einen speziellen Firmenservice wendet sich IKEA auch an Selbstständige und Unternehmen und hat sich damit einer weiteren Zielgruppe zugewandt.

▶ Marketingmix („Was müssen wir dafür einsetzen?")

Um die beschriebenen Ziele zu erreichen und die dazu entwickelten Strategien zu realisieren, sind entsprechende Marketingmaßnahmen zu kombinieren. Am Beispiel der klassischen **„vier P"** (vgl. S. 112) soll gezeigt werden, wie bei IKEA ein Marketingmix praktiziert wird.

Marketing-instrument	Marketing-maßnahmen	Beispiele
Produkt	Entwurf und Gestaltung der Waren, des Sortimentes und eines Angebots von produktbegleitenden Dienstleistungen.	• Eigenständiges und funktionales Design, • mit der IKEA PS Serie (PS = Post Scriptum, also das Aktuellste) wurden Artikel mit einem besonders innovativen Design zu sehr günstigen Preisen in das Sortiment aufgenommen, • Einrichtungsgegenstände für die gesamte Wohnung, ergänzt um eine Vielzahl von Wohnaccessoires, • viele Produktinnovationen pro Jahr, • Angebot eines Transport-, Montage- und Nähservices.
Preis	Gestaltung des Verkaufspreises, der Liefer- und Zahlungsbedingungen.	• In vielen Fällen Niedrigpreispolitik, • keine Gewährung von Rabatten (allerdings viele Sonderaktionen zu besonders günstigen oder reduzierten Preisen kurz vor Katalogwechsel), • Preisgarantie der Katalogartikel für ein Jahr, • mehrere Zahlungsmöglichkeiten: Barzahlung, mit EC-Karte oder der IKEA-ShoppingCard, die einerseits als Bezahlkarte genutzt werden kann und andererseits eine kundenindividuelle gestaltete Ratenzahlung bis zu einem Einkaufsbetrag von 7.500,00 € ermöglicht.
Promotion	Werbung Verkaufsförderung Public-Relations Mitarbeiterkommunikation	• Neben reiner Mediawerbung für das Sortiment, gibt es immer auch Verkaufsförderungsmaßnahmen zu bestimmten Terminen *(Weihnachtsbaumsammelaktion „Knut" und Mittsommerfeier)*, • Angebot spezieller Aktionen in den einzelnen Häusern *(Flohmarkt, Malaktion für Kinder)*, • direkte Kommunikation über Mailings an die Inhaber der Family-Card *(Geburtstagsglückwunsch für Kinder, Clubzeitschrift)*, • Ideen-, Kritik- und Meinungszettel, die überall im Unternehmen ausliegen, fordern die Kunden auf, durch Meinungsäußerungen selbst zur Verbesserung der Kundenzufriedenheit beizutragen, • regelmäßig werden PR-Aktionen *(Spenden für UNICEF durch den Verkauf eines speziellen Stoffbären)* durchgeführt, • IKEA Mitarbeiter sollen sich als große Familie fühlen („Duzzwang"). Typisch sind flache Hierarchien und – ob Marktleiter oder Hilfskraft – alle Mitarbeiter tragen gleiche Kleidung und ihre berufliche Position im Unternehmen ist vom Kunden nicht zu erkennen.

Marketing-instrument	Marketing-maßnahmen	Beispiele
Platz	Standortwahl Bestimmung der Verkaufsform	• Stationärer Verkauf: – IKEA baut großflächige Verkaufshäuser. Die meisten der Häuser in Deutschland verfügen über eine Verkaufsfläche zwischen 20.000 und 30.000 m², sind meist zweigeschossig und verfügen über reichlich Parkmöglichkeiten. – Fast alle Häuser haben ihren Standort in der Nähe einer Autobahnausfahrt. – Der Verkauf erfolgt bis auf ganz wenige Ausnahmen in Selbstbedienung und Selbstabholung. Beratung und Lieferung sind auf Wunsch möglich. • Virtueller Einkauf: – IKEA bietet über seine Website einen virtuellen Einkaufsort mit einem außerordentlich großen Leistungsangebot. Von mehr als 4.000 Produkten, die online bestellt werden können, sind neben bildlichen Darstellungen auch genaue Produktbeschreibungen vorhanden. – Vor einem Kauf ist es möglich die Verfügbarkeit des Artikels in jedem Einrichtungshaus online zu überprüfen.

4.4 Marketing als Gestaltung von (Austausch-) Beziehungen (Denkmodell 3)

Die aktuellste Entwicklung einer Marketingdenkweise, wie sie maßgeblich durch Kotler[1] vertreten wird, baut auf die grundlegenden Erkenntnisse der Gestaltung von Tauschbeziehungen auf und entwickelt diese im Blick auf die gegenwärtigen Voraussetzungen im Kommunikationsverhalten des Kunden weiter.

4.4.1 Wertschöpfung durch Werttreiber

Durch die Möglichkeit, sich mit Hilfe der neuen Informationstechnologien und mit Hilfe neuer digitaler Medien *(Internet)* umfassend zu informieren, werden Kunden sowie andere Marktteilnehmer *(Lieferanten)* zu Werteträgern bzw. Werttreibern, deren Wissen und Informationen für das Marketing aktiv genutzt werden können. Damit wird ein wesentlicher Beitrag zur unternehmerischen Wertschöpfung geleistet.

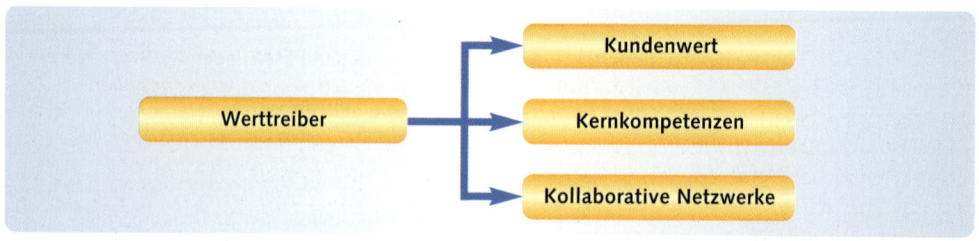

---

[1] Vgl. dazu ausführlich Kotler, Jain, Maesince, 2002

Die Aufgabe des Marketings besteht darin, ein Design für die Informations- und Kommunikationsprozesse zu entwickeln und umzusetzen, bei dem die drei **Werttreiber** (value driver) aktiv mit einbezogen werden: der Kunde, die Kernkompetenz des Unternehmens und die Netzwerkpartner. Für KOTLER stehen immer die Kunden und deren Bedürfnisse im Vordergrund. Sie bilden für ihn den Ausgangspunkt aller Marketingmaßnahmen. So entwickelt er eine **Denk- und Handlungsweise** des Marketings von der alten Maxime des **make and sell** [Produkte herstellen und verkaufen] zu einer neuen Maxime **sense and response** [Kundenbedürfnisse aufspüren und darauf reagieren].

Fallbeispiel **Kundenbindung durch Beziehungsmarketing**

Die Internetbuchhandlung Amazon sieht in der Pflege des Kontakts und der Beziehung zu ihren Kunden eine wichtige Aufgabe für das Marketing. So ermutigt Amazon die Kunden zu Meinungsäußerungen über bestellte Produkte (Bücher, CDs, Videos). Unter dem Motto „Wer

schreibt, gewinnt!" können Kunden eine Rezension über ein Buch schreiben. Wird diese als erste veröffentlicht, dann nimmt der Kunde an der monatlichen Auslosung über einen Warengutschein in Höhe von 50 € teil. Mit der Möglichkeit, seine Meinung über ein Angebot zu äußern, wird der Kunde zu einem aktiven Werteträger im Marketing. Darüber hinaus nutzt Amazon auch das Netzwerk des Kunden.

Im sogenannten Partnerprogramm kann jeder einen Homelink von der eigenen Internet-Seite zu der Internet-Seite von Amazon setzen und erhält dann bis zu 15 % als Werbekostenerstattung für ein Produkt, das Amazon über die Seite eines Partners verkauft hat.

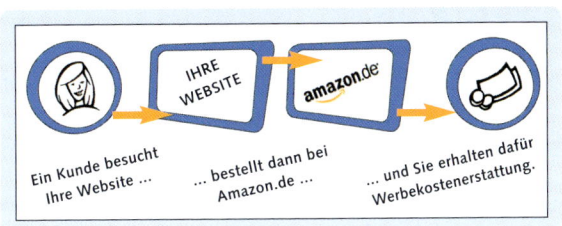

4.4.2 Ganzheitliches Marketingkonzept

Die Umsetzung eines Marketingmodells, wie es KOTLER formuliert, erfolgt durch ein **ganzheitliches Marketingkonzept**, das **erstens** die möglichen **Kundenvorteile** im sogenannten „kognitiven Raum" des Kunden erkennt. Beim „kognitiven Raum" handelt es sich um eine modellhafte Darstellung des Zusammenhangs von Bedürfnissen und Lebensstilen, aus der sich Kundenwünsche ableiten und damit für ein Unternehmen identifizierbar machen (vgl. dazu KOTLER / JAIN / MAESINCEE, 2002, S. 50 ff.).
So soll über die Schaffung von Kundenzufriedenheit eine langfristige Kundenbindung aufgebaut werden. **Zweitens** gilt es die eigenen unternehmerischen **Kernkompetenzen** zu stärken („Was kann ich und wo bin ich besser, als andere?") und um **drittens** durch intensive Zusammenarbeit und Pflege enger Geschäftsbeziehungen mit anderen Unternehmen (**Netzwerkpartner**) zu einer gesteigerten Wertschöpfung des Unternehmens beizutragen.
Die folgende Abbildung zeigt das **ganzheitliche Marketingmodell** von KOTLER. Dieses holistische (ganzheitliche) Modell verdeutlicht, wie sich Verbindungen und Interaktionen zwischen den an der Wertschöpfung beteiligten Kunden (= Nachfragemanagement), Unternehmen (= Ressourcenmanagement) und Geschäftspartnern (= Netzwerkmanagement) gestalten und macht ihre Aktivitäten (Werte erkennen, schaffen, anbieten) sichtbar. Dadurch entstehen neue Wettbewerbsformen, die die Basis zur Entwicklung von neuen und effektiven Geschäftsstrategien bilden.

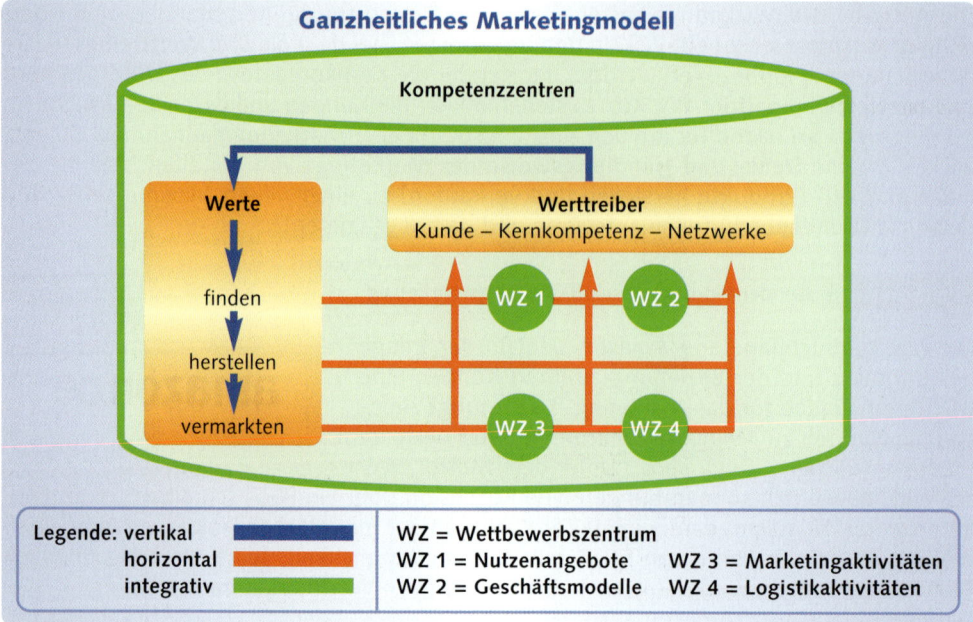

Erläuterung zur Grafik: Durch die Integration von Kompetenz und Potenzial der Werte-
treiber Kunde, Unternehmenskompetenz (Kernkompetenz) und Netzwerkpartner, entstehen in einem Unternehmen Wettbewerbszentren, durch die Werte oder Produkte
erfunden, hergestellt und vermarktet werden.
Der Wettbewerbsvorteil entsteht für Unternehmen durch die integrativen Prozesse, die
sich durch die Verbindung der horizontalen (organisatorisch, kommunikativ) mit den
vertikalen Marketingprozessen ergeben.

5 Marketing innerhalb der Konzeption einer ganzheitlichen Betriebswirtschaftslehre

Marketing ist nicht nur in die individuelle Tauschbeziehung zwischen Nachfrager und
Anbieter eingebettet, sondern in die gesamte Situation, die sich für eine wirtschaftlich
tätige Gesellschaft im Allgemeinen ergibt. Diese gesamtgesellschaftliche Situation lässt
sich durch eine ganzheitliche Betriebswirtschaftslehre darstellen, die alle Aktivitäten des
Menschen im Blick auf seine Versorgung abbildet und reflektiert.

5.1 Bedeutung der Einzelwirtschaft

Grundlagen einer ganzheitlichen Betriebswirtschaftslehre sind nicht nur die Aktivitäten
von Unternehmen und Betrieben, sondern die sogenannte **Einzelwirtschaft** (MEYER, A.,
1990, S. 21). Die Einzelwirtschaft stellt das wirtschaftliche Handeln einzelner Personen
oder Personengruppen *(staatlich, gemeinnützig, gewerblich u. a.)* als **kleinste Einheit
wirtschaftlichen Handelns** dar. Einzelwirtschaften lassen sich in ihrer Gesamtheit in Form
eines Würfels abbilden, der die in der Abbildung dargestellten Bestandteile umfasst.

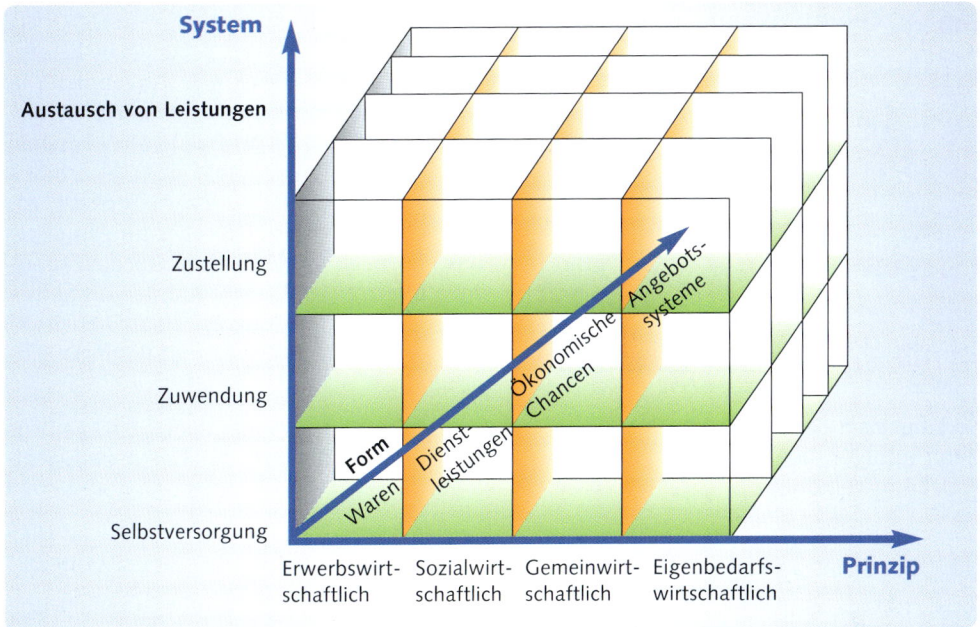

Abb. *Der Würfel als ganzheitliches Abbild der wirtschaftlichen Aktivitäten des Menschen (In Anlehnung an MEYER, A., 1990, S. 36)*

Das wirtschaftliche Handeln des Menschen in Form der Einzelwirtschaft umfasst folgende Dimensionen:

- **Form des Angebotes**: Ware, Dienstleistung, ökonomische Chance oder Angebotssystem.
- **Prinzip des wirtschaftlichen Handelns**: erwerbswirtschaftlich, sozialwirtschaftlich, gemeinwirtschaftlich, eigenbedarfswirtschaftlich.
- **System der Versorgung**: Selbstversorgung, Zuwendung, Zuteilung oder Leistungsaustausch.

5.2 Angebotsformen

Grundlegend können **Angebote** in vier verschiedenen **Formen** unterbreitet werden: als Ware, als Dienstleistung, als ökonomische Chance oder innerhalb eines ganzen Angebotssystems.

5.2.1 Ware

Ein Angebot in Form einer **Ware** ist eine materielle oder immaterielle, abgrenzbare, messbare Einheit.

Dazu zählen z. B. Lebensmittel, eine Zeitschrift, ein Auto; aber auch die Speicherkapazität einer DVD, ein Softwareprogramm oder die Frequenz eines Rundfunksenders.

Foto: Metro-Group

5.2.2   Dienstleistung

Eine **Dienstleistung** ist eine Angebotsform, die überwiegend durch immaterielle Leistungsfähigkeiten (Potenziale) von Menschen *(Beratung bei einer Bank)* oder Maschinen *(Kontoauszugsdrucker)* charakterisiert ist. Dabei wird in einem Dienstleistungsprozess das Potenzial des Anbieters auf die Potenziale übertragen, die der Kunde von außen in den Produktionsprozess einer Dienstleistung als sogenanntes externes Potenzial einbringt.

So kann zum Beispiel eine nebenberufliche Weiterbildung bei einem Bildungsträger nur dann erfolgen, wenn der Kunde sein Interesse an den Bildungsmaßnahmen und seine Freizeit mit einbringt.

5.2.3   Ökonomische Chance

Die Angebotsform einer **ökonomischen Chance** besteht in einem **Versprechen,** das erst in der **Zukunft** realisiert wird. So ist zum Beispiel die Buchung einer Urlaubsreise eine ökonomische Chance. Durch die Buchung wird ein Kaufvertrag über einzelne Leistungen *(Flug, Hotel, Verpflegung u. a.)* abgeschlossen, die erst in Zukunft erfüllt werden, wenn der Kunde die Reise antritt. Das Marketing für eine ökonomische Chance muss die besondere Form, in der ein Angebot vorliegt, durch bestimmte Maßnahmen berücksichtigen. Mit dem Vermarkten einer ökonomischen Chance *(Urlaubsreise)*, ist zum Beispiel in der Regel ein Rücktrittsrecht oder eine Rücktrittsversicherung verbunden. Ein weiterer wichtiger Marketingaspekt für ein Angebot in Form einer ökonomischen Chance besteht darin, ein Angebot für eine gewisse Zeit auf Probe zu nutzen, z. B. bei Vertragsabschluss eines Musik- oder Zeitschriftenabonnements oder bei der Mitgliedschaft in einen Kundenclub *(Buchgemeinschaft, Automobilclub)*.

5.2.4   Angebotssystem

Liegt ein Angebot in einer Form vor, so dass verschiedene Marketingaktivitäten eingesetzt werden müssen, um dieses Angebot zu vermarkten, dann spricht man von einem **Angebotssystem.** Das Marketing für Pay-TV *(Sky)* als Angebotssystem besteht zum Beispiel aus folgenden Aktivitäten: Abonnementwerbung als eine ökonomische Chance, Set-Top-Box oder Chip als Ware, Pay-TV-Programm als Dienstleistung. Das Marketing für ganze Angebotssysteme besteht keineswegs aus einer bloßen Addition von einzelnen Marketingmaßnahmen für Medienangebote in unterschiedlichen Formen. Im Gegenteil, denn gerade das Marketing für ein Angebotssystem bedarf einer professionellen Planung und Durchführung, um als einheitlich und auf das gesamte Angebot bezogen wahrgenommen zu werden.

5.3 Prinzip des wirtschaftlichen Handelns

Die wirtschaftliche Tätigkeit des Menschen erfolgt nicht nur im Blick auf seine Versorgung, sondern auch unter dem Gesichtspunkt einer bestimmten Zielsetzung und dient damit einem bestimmten Zweck. Dieser wird im Wesentlichen davon geprägt, auf welche Weise die wirtschaftliche Tätigkeit **finanziert** werden soll. Hinter der Entscheidung stehen Menschen, die als Subjekte im Rahmen der Zielsetzung und Aufgabenstellung von Versorgungsprozessen darüber entscheiden, ob ein Angebot **erwerbswirtschaftlich, sozialwirtschaftlich, gemeinwirtschaftlich** oder **eigenbedarfswirtschaftlich** vermittelt bzw. finanziert werden soll.

5.3.1 Erwerbswirtschaftliches Prinzip

Zwei Kriterien kennzeichnen die Aufgabenstellung und Zielsetzung des erwerbswirtschaftlichen Prinzips: Ein Unternehmen, das sein **Angebot** nach dem erwerbswirtschaftlichen Prinzip vermarktet, erstellt sein Angebot zugunsten **Dritter**, die ein direktes **Entgelt** dafür bezahlen. Zur Kategorie erwerbswirtschaftlicher Unternehmen gehören alle Unternehmen, die ihr Angebot und ihre Leistung gegen ein direktes Entgelt verkaufen *(Produktions,- Handels- und Dienstleistungsunternehmen)*.

Bei Marketingmaßnahmen wird man bei diesem Prinzip stets das Preis-Leistungsverhältnis mit in den Mittelpunkt stellen.

5.3.2 Sozialwirtschaftliches Prinzip

In voller Absicht hat die Gesellschaft auch die Möglichkeit geschaffen die wirtschaftliche Tätigkeit von Menschen im Rahmen eines so genannten **sozialwirtschaftlichen Prinzips** zu finanzieren. Dabei wird die direkte Entgeltfinanzierung bewusst umgangen. Sie wird deshalb außer Kraft gesetzt, um einerseits eine falsche Abhängigkeit zwischen Anbieter und Nachfrager zu vermeiden (Integritätsprinzip) und andererseits soll dadurch die Möglichkeit geschaffen werden, Menschen, die sich unter Umständen diese Angebote finanziell nicht leisten können, nicht auszugrenzen (Solidaritätsprinzip). Die charakteristischen Merkmale von Unternehmen, die sozialwirtschaftlich handeln, bestehen darin, **kein direktes oder kein leistungsadäquates Entgelt** von ihrem Kunden zu

erhalten. Sozialwirtschaftliche Organisationen *(Rotes Kreuz, B.U.N.D.)* finanzieren sich und ihre Angebote über andere Möglichkeiten, wie z. B. durch Zuschüsse, Spenden und Beiträge.

Im Gegensatz zum gemeinwirtschaftlichen Prinzip schließt das sozialwirtschaftliche Prinzip das „soziale und kommunikative" Engagement von Gruppen oder einzelnen Personen bewusst mit ein, wie zum Beispiel bei der Umweltschutzorganisation Greenpeace. Die Umsetzung des sozialwirtschaftlichen Prinzips erfolgt durch Social-Marketing.

Die wesentliche Auswirkung des sozialwirtschaftlichen Prinzips auf das Marketing besteht darin, dass solche Unternehmen und Organisationen **zwei Marktpartner** haben: erstens den **Kunden**, der ein Angebot in Anspruch nimmt und zweitens den sogenannten **Kostenträger**, der dafür bezahlt.

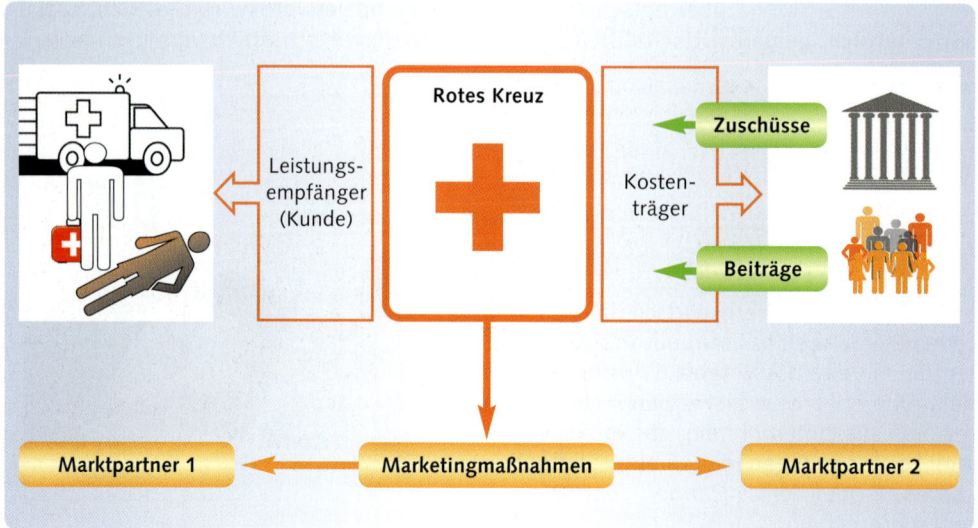

Abb. *Marktpartner und Marketing einer sozialwirtschaftlichen Organisation*

Der **Kostenträger** ist entweder eine andere Institution, die Zuschüsse gewährt, wie z. B. die öffentliche Hand *(Landkreis, Gemeinden)*, eine internationale Institution *(Europäische Union)*, die z. B. durch EU-Mittel bestimmte Umweltprogramme finanziert oder der Kunde selbst. Dieser entrichtet aber nicht direkt, sondern entweder im Voraus oder nachträglich eine allgemeine Gebühr, Steuern, Spenden oder einen Beitrag an eine Organisation bzw. ein Unternehmen.

Diese Konstellation bietet besondere Chancen für das Marketing von sozialwirtschaftlichen Angeboten, weil so Angebote auf der Basis von Solidarität und Gerechtigkeit innerhalb einer Gesellschaft finanziert und damit erst angeboten werden können.

Außerdem kann man mit Hilfe des sozialwirtschaftlichen Prinzips das Potenzial an Investitionen in die Zukunft dadurch nachhaltig erhöhen, indem einzelne gesellschaftliche Gruppen, wie Vereine oder Initiativgruppen *(Greenpeace)*, aktiv werden. Allerdings appelliert wirtschaftliches Handeln nach dem sozialwirtschaftlichen Prinzip an die Selbstverantwortung und Eigeninitiative von Menschen und Gruppen innerhalb der Gesellschaft und ist daher nur erfolgreich, wenn auf diese Appelle eine positive Reaktion erfolgt.

Um dies zu gewährleisten, sind effektive **Marketingkampagnen** unerlässlich, deren Ziel es ist die Akzeptanz sozialer Ideen zum Nutzen und Vorteil der Gesellschaft zu beeinflussen *(Unterstützung von Hilfsorganisationen, Bekämpfung der Umweltzerstörung oder des Drogenmissbrauchs)*. Man spricht dabei von **Social-Marketing**.

5.3.3 Gemeinwirtschaftliches Prinzip

Organisationen, die ihre wirtschaftlichen Tätigkeiten gemeinwirtschaftlich wahrnehmen, tun dies im Auftrag der gesamten Gesellschaft und für deren **Gemeinwohl**, wie z. B. bei der Herstellung und Gewährleistung der inneren oder äußeren Sicherheit, durch die Übernahme einer allgemeinen Informationspflicht für alle Mitglieder einer Gesellschaft *(Pflicht der sogenannten Grundversorgung durch die öffentlich-rechtlichen Rundfunkanstalten)* und im Bereich der Bildung sowie der Entwicklung einer allgemeinen gesellschaftlichen Infra- und Verwaltungsstruktur.

Organisationen, die ihr Angebot nach dem **gemeinwirtschaftlichen** Prinzip vermarkten, sind zum Beispiel **Schulen,** die **Bundeswehr** und die **Polizei**. Im Gegensatz zum sozialwirtschaftlichen Prinzip, bei dem auf einer breiten Basis Einzelinitiativen innerhalb vieler gesellschaftlicher Bereiche ergriffen und organisiert werden können *(gemeinnützige Vereine, Initiativgruppen, Einzelpersonen)*, kommt die Zielsetzung und Finanzierung von gemeinwirtschaftlichen Systemen ausschließlich durch eine gemeinsame politische Willensbildung zustande, bei der ein einzelner Bürger (Kunde) keinen direkten Einfluss ausüben kann.

Geht der Einfluss des Leistungsanbieters im wirtschaftlichen Handeln zurück, dann entstehen neue Risiken, die aktiv verringert werden müssen. Ein solches Risiko besteht in der Wechselwirkung (Interdependenz) zwischen Kostenträger und Kunde.

Quelle: Innenmin. Bad.-Württ.

Beispiel Die Ausgaben für die Polizei sollen gekürzt werden. Damit steigt u. U. das Risiko und die Gefährdung des Bürgers. Um dies zu vermeiden, müssen die Bürger bereit sein, an einer anderen Stelle Einsparungen zu treffen oder als Alternative mehr Steuern zu bezahlen. Damit der „Anbieter" (Polizei) seine Leistungen im bisher gewohnten Umfang aufrechterhalten kann, ist es Aufgabe eines öffentlichen Marketings die Ansprüche des „Kostenträgers" (Bundesland) dem „Kunden" (Bürger) gegenüber zu vermitteln und um sein Einverständnis zu werben.

Stell Dir vor:
Alle Polizisten würden ihren Beruf an den Nagel hängen !

Oder was wäre, wenn es keine Polizei gäbe? Jeder könnte machen, was er will – prima!
Wirklich?
Oder würden nur die Starken ihr Faustrecht ausüben? Nur sie könnten doch machen, was sie wollen, und die Schwächeren hätten das Nachsehen. Jeder kann einmal der Schwächere sein! Deshalb brauchen wir die Polizei – für alle – für unsere Sicherheit.

Die unterschiedlichen Interessen müssen durch ein aktives **Interdependenzmarketing** in Balance gehalten werden, um negative Auswirkungen auf das gesamte Marketing zu verhindern. Das **Marketing** für Angebote, die nach dem gemeinwirtschaftlichen oder sozial-wirtschaftlichen Prinzip vermarktet werden, hat deshalb eine dreifache Dimension: Marketing im Blick auf den Kostenträger oder politischen Entscheidungträger, Marketing im Blick auf den Kunden sowie Marketing im Blick auf die Wechselwirkungen und unterschiedlichen Interessen, die zwischen Kostenträger und Kunde entstehen können.

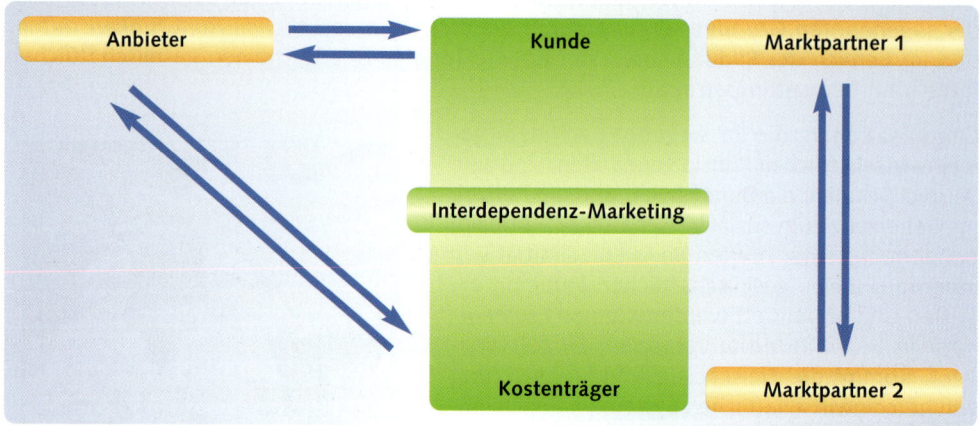

Abb. *Interdependenz-Marketing zur Steuerung der Wechselwirkungen von Anbieter, Kunde und Kostenträger*

5.3.4   Eigenbedarfswirtschaftliches Prinzip

Das wesentliche Definitionskriterium für eine eigenbedarfswirtschaftliche Aktivität besteht darin, dass die Versorgung nicht zugunsten eines **Dritten**, sondern im Blick auf den **Eigenbedarf** eines Unternehmens geschieht. Auch durch die eigenbedarfswirtschaftliche Versorgungstätigkeit entstehen Kosten, die finanziert werden müssen. Als Beispiel für das eigenbedarfswirtschaftliche Handeln kann die Erstellung einer eigenen Internetseite genannt werden, die das Unternehmen für sich selbst durch das eigene Personal entwickelt und gestaltet.

Der wesentliche **Marketingaspekt** im Blick auf das eigenbedarfswirtschaftliche Handeln besteht in der sogenannten „**make or buy**"-Entscheidung. Unter dem Aspekt von Kosten und Kompetenzgewinn stellt sich für ein Unternehmen die Frage, ob es bestimmte Angebote für den Eigenbedarf selbst produziert oder von anderen Unternehmen dazukauft.

5.4   Unterschiedliche Systeme wirtschaftlichen Handelns und ihre Auswirkung auf das Marketing

Die wirtschaftlichen Tätigkeiten einzelner Menschen oder Gruppen finden innerhalb einer bestimmten Systematik statt, die sich wie folgt darstellen lässt.

5.4.1   System der Selbstversorgung

Historisch betrachtet gilt die **Selbstversorgung** als eines der ersten Versorgungssysteme. Kennzeichnend für die Selbstversorgung ist die selbstständige, autarke Gruppe, die sich und ihre Mitglieder mit allen benötigten Versorgungsobjekten selbst versorgt. Organisatorisch stößt eine vollständige Selbstversorgung schnell an Grenzen, wenn die Anzahl ihrer Gruppenmitglieder zu groß, oder der Versorgungsraum für die Gruppe zu klein wird.

Innerhalb der Wirtschaft lässt sich die Selbstversorgung im Bereich der selbstständigen Informationsbeschaffung aber heute noch darstellen. So tragen virtuelle Communities dazu bei, dass sich Menschen selbst mit Informationen versorgen und es zu einer Meinungsbildung oder Kaufentscheidung kommt. Selbstversorgungsprozesse, bei denen der Kunde aktiv wird, sind ein Teil des Gesamtmarketings *(Download von Softwareangeboten)*.

Im Blick auf die Beteiligung des Kunden an den Marketingprozessen eines Unternehmens müssen daher folgende Aspekte beachtet werden:

- Wie hoch kann der Grad der Selbstversorgung sein?
- Wo liegt für den Kunden die Grenze der aufzubringenden Eigenleistungen, die eine Selbstversorgung verursacht *(Zeit, Engagement, Geld)*?
- Wann ist der Selbstversorger auf eine andere Versorgungsform angewiesen?

Beispiel Online-Hilfe für Softwareprodukte mit Download-Möglichkeit

5.4.2 System der Zuwendung

In Ablösung des Selbstversorgungsprinzips entstand die zweite wirtschaftliche Form der Versorgung, das sogenannte Versorgungssystem der **Zuwendung**. Das besondere Merkmal dieses Prinzips besteht darin, dass Versorgungsgüter bereit gestellt und vermarktet werden, ohne dass dabei ein Rechtsanspruch gegenüber dem Anbieter besteht. Die **Zuwendung** entsteht aufgrund **moralischer, ethischer** oder **persönlicher Überlegungen.**

Eine **moderne Variante** der Zuwendung besteht in Form der Schenkung, Spende oder Stiftung, die zwischen einzelnen Personen oder Personengruppen erfolgt.

> **Beispiel** **IKEA Spendenaktion: Spielend helfen!**
>
> Mit Spenden in Höhe von umgerechnet über 128 Mio. Euro ist IKEA international der größte Unternehmenspartner von UNICEF. Das Unternehmen unterstützt seit mehr als zehn Jahren verschiedene UNICEF-Projekte. In allen IKEA-Einrichtungshäusern weltweit verkauft IKEA den Teddybären BRUM. Für jedes verkaufte Stofftier spendet IKEA einen Euro an UNICEF und Save the Children. Seit 2003 hat diese erfolgreiche weltweite Kampagne UNICEF 16 Mio. Euro eingebracht, davon kamen alleine aus Deutschland rund 2,2 Mio. Euro *(Quelle: www.unicef.de, 2010).*
>
>

Eine weitere Form ist die **Subvention**, durch die auf Grund besonderer gesellschaftspolitischer Überlegungen ausgewählte Gruppen begünstigt werden. Auch die schnelle Hilfe im Katastrophenfall *(Flutopfer-, Erdbebenhilfe)*, die durch Hilfsorganisationen erbracht und durch aktuelle Spenden-Aufrufe finanziert wird, gelangt durch das wirtschaftliche Versorgungssystem der Zuwendung zu den betroffenen Menschen.

Unternehmen nutzen das System der Zuwendung z. B. durch Stiftungen oder Sponsoring.

Für Organisationen, die eine Zuwendung erhalten wollen oder stellvertretend eine Zuwendung weiter vermitteln, besteht die große Herausforderung im Marketing darin, sowohl eine wirtschaftliche Effektivität, als auch eine moralisch-ethische Legitimation dafür nachzuweisen. Große Bereiche des Spenden-Marketings und des Social-Sponsorings beschäftigen sich mit diesen Aspekten.

5.4.3 System der Zuteilung

Im Gegensatz zum Versorgungssystem der Zuwendung, muss bei der **Zuteilung** ein **Rechtsanspruch** nachgewiesen werden. Das Versorgungssystem der Zuteilung findet in der allgemeinen Sozialfürsorge ebenso Anwendung, wie bei der Lizenzierung spezieller Berufe. Der Nachweis eines Rechtsanspruchs ist meistens inhaltlich begründet. Als Mitglied einer bestimmten Gesellschaftsform *(Deutscher, Amerikaner, Europäer u. a.)* besteht durch Geburt ein **natürlicher** Rechtsanspruch für die Beteiligten, zum Beispiel auf Information und Meinungsfreiheit.
Ein **künstlicher** Rechtsanspruch kann durch die Mitgliedschaft in Verbänden, Gruppen oder Organisationen geschaffen werden, denen Menschen freiwillig beitreten können.

> **Beispiel** • Gewährung bestimmter Leistungen für einen Autofahrer, wenn er Mitglied in einem Automobilclub ist,
> • bevorzugte Nutzung von Sportanlagen als Vereinsmitglied,
> • Kaufmöglichkeit spezieller Produkte oder Nutzung von Dienstleistungen als Mitglied eines Kundenclubs.

Die besondere **Herausforderung** an das **Marketing** von Unternehmen, die ihre Angebote ganz oder teilweise über das Prinzip der Zuteilung absetzen, liegt vorwiegend darin, den Rechtsanspruch kostengünstig und kundenorientiert zu vermarkten.

Beispiel **Der ADAC – vom reinen Auto-Club zum Multidienstleister**

Deutschlands größter Automobil-club hat das Angebot für seine Mitglieder kontinuierlich erweitert. Galt früher von „A wie Abschleppen bis Z wie Zollberatung" als typisch ADAC, so profitieren die Clubmitglieder heute durch eine Vielzahl von Vergünstigungen, die in Form von Rabatten auf den Erwerb vieler Produkte und Dienstleistungen gewährt werden. So gibt es Preisnachlässe

bei Hotelübernachtungen, Besuch von Theater-, Zirkus- und Sportveranstaltungen, verbilligte Tickets im öffentlichen Nahverkehr als Tourist sowie verbilligtes Einkaufen in ausgewählten Geschäften und Versandunternehmen.

5.4.4 System von Leistungsaustausch oder Markt

Das am weitesten entwickelte Versorgungssystem ist der sogenannte **Leistungsaustausch** oder **Markt.** Eine wichtige Voraussetzung dieses Versorgungssystems besteht darin, dass autonome, selbstständige Partner zusammentreffen und ihre Leistung tauschen.
Prinzipiell bestimmt die selbstständige Kommunikation zweier Partner das Versorgungssystem des Leistungsaustauschs.

Jeweils für sich selbstständig und autonom bestimmen die beiden Austauschpartner (Marktpartner) Form und Inhalt dieser Kommunikation, durch die der Leistungs-

Abb. *Supermarkt als Ort des Leistungsaustausches*

austausch wesentlich charakterisiert wird. Im gegenseitigen Tausch werden angebotene oder nachgefragte Versorgungsgüter (Tausch-Objekte) gegen ein allgemeingültiges Tauschmittel (Geld) ausgetauscht.

Die besondere **Marketingaufgabe** im Versorgungssystem des Marktes bzw. des Leistungsaustauschs zwischen den selbstständigen Austauschpartnern besteht darin, den tauschfähigen Partner zu suchen und zu finden.
Durch Tauschbeziehungen wird die beste Voraussetzung für wirtschaftliches Planen und Handeln geschaffen, da ein Tausch von Leistungen nur nach festgelegten Kriterien erfolgen kann. Im Gegensatz zu den anderen Versorgungsprinzipien der Zuwendung, Zuteilung oder der Selbstversorgung, fordert der Tausch die Tauschpartner heraus, ihre Leistung bzw. Gegenleistung klar zu definieren. Damit wird nicht mehr nach dem Prinzip

einer allgemeinen Bedürftigkeit gehandelt, sondern nach wirtschaftlichen Grundsätzen, die dazu führen Leistungen und Gegenleistungen klar zu bestimmen.

5.5 Vier Zuteilungssysteme

Die Versorgungsaktivitäten bzw. wirtschaftlichen Tätigkeiten der Menschen lassen sich den vier **Zuteilungssystemen** (Allokationssysteme) Selbstversorgung, Staat, Markt und Intermediäre Systeme zuordnen. Jedes dieser **Allokationssysteme** ist durch besondere Merkmale charakterisiert, die jeweils auf das einzelne System bezogen sind. Das macht folgendes Fallbeispiel deutlich:

Fallbeispiel Computerkauf

Ein Kunde kauft nach einem intensiven Vergleich einen Computer einschließlich Software bei einem Computerhändler. Für den Computer und die Software entrichtet er ein direktes Entgelt. Deshalb findet sein wirtschaftliches Handeln innerhalb des Zuteilungssystems Markt statt. Er installiert die Software und lädt über das Internet die frei zugängliche Software, wie z. B. ein Handbuch für ein Zusatzgerät *(Drucker, Scanner)* auf seine Festplatte. Da dieser Kunde sich mit diesen Aktivitäten selbst versorgt, findet dieser Austausch im Zuteilungssystem der Selbstversorgung statt.

Um eine eigene Internetseite zu gestalten, nimmt er an einem Kurs bei der ortsansässigen Medienakademie teil. Diese Medienakademie, die zu einer überregionalen Volkhochschule gehört, erhebt einen Teilnehmerbeitrag für diesen Kurs. Gleichzeitig wird diese Medienakademie durch Zuschüsse des Staates finanziert. Diese Aktivitäten, die sowohl durch den Markt (direkte Kursgebühren), als auch durch den Staat (indirekte Zuschüsse durch den Staat) angeboten werden, finden in einem so genannten „Intermediären System" statt (vgl. dazu ausführlich Kap. 5.5.1).

Die Allokationssysteme Selbstversorgung, Staat, Markt oder Intermediäre Systeme entsprechen jeweils dem Prinzip der Eigenbedarfswirtschaft, Gemein- oder Sozialwirtschaft und der Erwerbswirtschaft.

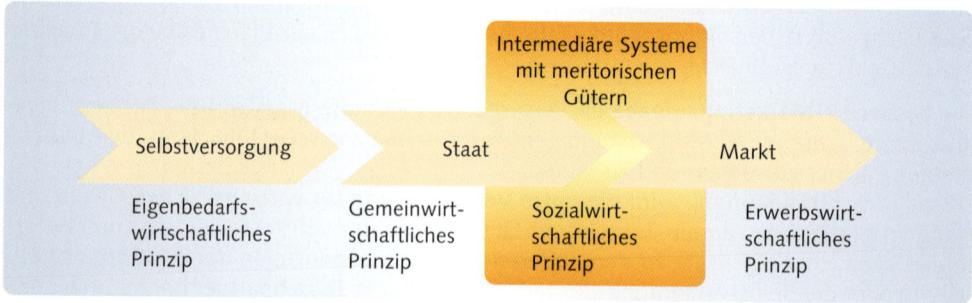

Abb. *Vier Allokations- bzw. Versorgungssysteme*

5.5.1 Zunehmende Bedeutung Intermediärer Systeme

Ergänzend zu den Zuteilungssystemen Selbstversorgung, Staat und Markt gewinnen die sogenannten **Intermediären Systeme** immer mehr an Bedeutung. Die dabei erfolgende Zusammenarbeit der beteiligten Organisationen oder Unternehmen von Gesellschaft und Wirtschaft, wird als **Public Private Partnership** (PPP) bezeichnet. Ein Beispiel für ein PPP ist die Finanzierung der SAP Arena in Mannheim durch eine Besitzgesellschaft der Familie Hopp. Die Besitzgesellschaft hat für rund 80 Mio. € die SAP ARENA errichtet. Die Stadt Mannheim wird über die nächsten 30 Jahre 65 Mio. € an die Familie Hopp zurückbezahlen und wird nach 30 Jahren Eigentümer der Immobilie. Die Kosten für die Infrastruktur (Sraßen, Parkplätze, Ampeln etc.) wurden von der Stadt Mannheim übernommen.

Ein Intermediäres System ist eine Zwischenform der Zuteilungssysteme Staat und Markt und nimmt deshalb eine Art „Zwitterstellung" ein.

Diese besondere Zwitterstellung ergibt sich dadurch, dass diese Güter zwar über das Marktprinzip angeboten und erworben werden, aber gleichzeitig durch das Zuteilungssystem Staat *(Gebühren, Steuern u. a.)* finanziert, bzw. finanziell unterstützt werden. Ein solches Intermediäres System findet dann Anwendung, wenn die Vermarktung von Gütern von großem öffentlichem Interesse ist, diese aber nicht durch den Markt finanziert werden können.

Angebote, die durch Intermediäre Systeme vermarktet und finanziert werden, nennt man auch „**Meritorische Güter**" (MUSGRAVE 1957). Meritorische[1] Güter sind solche Güter, die von einer Gesellschaft erwünscht sind, die aber nicht über ein direktes Entgelt im Markt verkauft bzw. finanziert werden können. Der Auftrag zur Grundversorgung mit Informationen, die Garantie der inneren und äußeren Sicherheit, die Bildung u. a. sind Beispiele für meritorische Güter.

Die **Bedeutung** des **Marketings** für meritorische Güter wird erst langsam erkannt. Ein wichtiger Impuls diesen Prozess zu beschleunigen, wäre ein interdisziplinärer Diskurs über die Bedeutung meritorischer Güter nicht ausschließlich für eine einzelne (nationale) Gesellschaft, sondern für die gesamte Weltgemeinschaft. Dazu muss die wachsende Bedeutung Intermediärer Systeme deutlich gemacht werden. Eine Möglichkeit besteht darin, den Nachweis zu führen, welchen Stellenwert meritorische Güter heute schon im sogenannten „Dritten Sektor" der Versorgungssysteme weltweit innehaben.

> **Infobox**
>
> Im Bereich der Versorgungssysteme werden der Markt als erster und der Staat als zweiter Sektor bezeichnet. Für Organisationen, die jenseits dieser beiden Sektoren bzw. zwischen ihnen angesiedelt sind, wurde der Begriff „dritter Sektor" geprägt. Diese Einteilung darf nicht mit der volkswirtschaftlichen Betrachtungsweise der Wirtschaft in einen primären (Urerzeugung), sekundären (Produktion) und tertiären (Dienstleistungen) Sektor verwechselt werden. Dort zählen der Staat, wie auch die nicht erwerbswirtschaftlich tätigen Unternehmen zum tertiären Sektor.

Durch die internationalen Vergleichsuntersuchungen des John Hopkins Institutes „Comparative Nonprofit Sector Project" (www.jhu.edu; www.wz-berlin.de/sb/fp/fp3.de.htm) in über 20 Ländern, wird die Bedeutung dieses Sektors wissenschaftlich dokumentiert. So werden in Deutschland über 3,5 % des Bruttoinlandsproduktes innerhalb des dritten Sektors

---

[1] mertorisch (lat.) = veraltet für „verdienstlich", hier im Sinne von „ohne Verdienst" = kostenlos.

erwirtschaftet. Weltweit beträgt der Umsatz mehr als eine Billion US $ mit fast 20 Millionen Vollbeschäftigten und einem durchschnittlichen Anteil am Bruttoinlandsprodukt von ca. 5 %.

Dieser dritte Sektor umfasst in Deutschland ein weites Spektrum von Organisationen, Vereinen, Stiftungen, gemeinnützigen GmbHs, staatsbürgerlichen Vereinigungen, Wirtschafts- und Berufsverbänden und Nicht-Regierungsorganisationen. Wissenschaftliche Studien zeigen, dass die Bedeutung dieser Organisationen noch weiter zunehmen wird.

Das Marketing für Angebote in Intermediären Systemen wird auch als **Social Marketing** bezeichnet. Da diese Organisationen, die meritorische Güter in einer Gesellschaft anbieten, zum einem Teil auf eine erhebliche Finanzierung durch öffentliche und private Stellen angewiesen sind, ist es notwendig, Marketing als ein aktives Steuerungselement einzusetzen.

5.6 Marketing in einer veränderten Situation

5.6.1 Grundsituation: Marketing und gesellschaftliche Werte

Die Mischform zweier verschiedener Zuteilungssysteme „Staat" und „Markt" erfordert einen erheblichen Klärungsbedarf. Eine formale Klärung wird zum einen durch die grundlegende Darstellung einer ganzheitlichen Marketingsystematik erreicht. Zum anderen legt eine Gesellschaft durch ihre Verfassung und ihre politische Willensbildung fest, wie das Wirtschaftssystem als Ganzes und das seiner Subsysteme gestaltet und organisiert ist. Die **Gesellschaft** definiert für sich bestimmte **Werte** und **Wertevorstellungen**, die sie für das Zusammenleben als besonders wichtig erachtet. Deshalb kann eine Gesellschaft auch als eine Wertegemeinschaft bezeichnet werden, die ihre besonderen Werte und gemeinsamen Überzeugungen schützt und fördert.
Eine Gesellschaft definiert ihre **Wertevorstellungen** in Form einer **Verfassung** und auf deren Werten basierenden **Gesetzen** oder **Vereinbarungen**.

Beispiel	**Sozialbindung des Privateigentums:**

> Im Grundgesetz der BRD gewährleistet der Staat in Artikel 14, Absatz 1, das Grundrecht auf Eigentum. In Artikel 14, Absatz 2, wird dieses Grundrecht jedoch eingeschränkt: „Eigentum verpflichtet. Sein Gebrauch soll zugleich dem Wohle der Allgemeinheit dienen." Man darf daher mit seinem Eigentum nicht unbeschränkt machen, was man will, sondern muss dabei auch dessen möglichen Nutzen bzw. Schaden für die Allgemeinheit beachten.

Die in der Verfassung und den Gesetzen formulierten **Wertevorstellungen** gelten sowohl für die gesamte Gesellschaft, als auch für besondere gesellschaftliche Bereiche. Im Überblick lassen sich folgende **Bereiche** definieren:

- Verfassung und Gesetze einer Gesellschaft als Wertekern,
- Öffentliche Verwaltung als Organisation zur Umsetzung dieser Werte,
- Markt der Angebote mit privatwirtschaftlichem Interesse,
- Markt der Angebote von öffentlichem und sozialem Interesse.

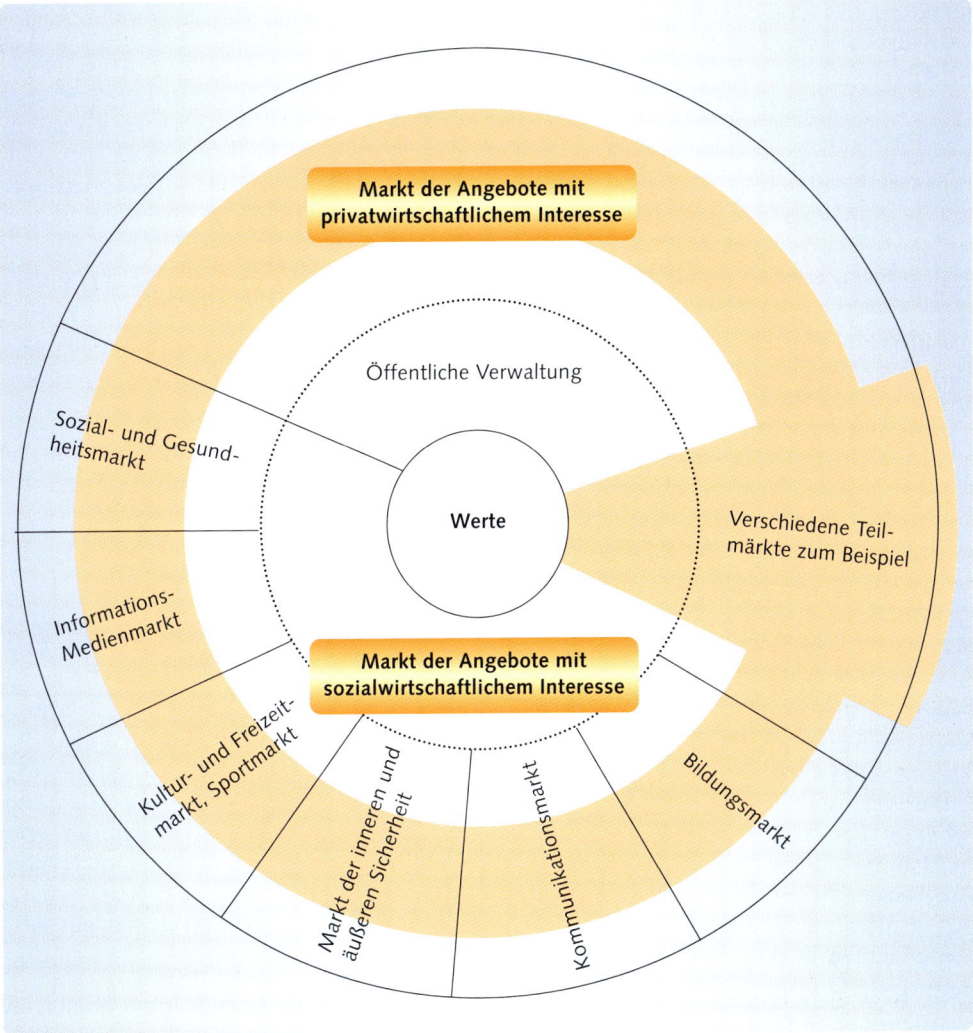

Abb. *Die Gesellschaft als Wertegemeinschaft mit ihren verschiedenen Teilmärkten*

Die Gesellschaft in der Bundesrepublik Deutschland hat für sich verschiedene Bereiche definiert, die von besonderem und damit von öffentlichem, gesellschaftlichem Interesse sind. Dazu gehören **Bereiche** wie zum Beispiel:

- Sozial- und Gesundheitsmarkt → Krankenhäuser, Sozialstationen,
- Informations- und Medienmarkt → öffentlich rechtliche Rundfunksender, Landesmedienanstalten,

- Bildungsmarkt → Schulen, Volkshochschulen,
- Sport- und Freizeitmarkt → Sportvereine, Theater,
- Markt der Wirtschaftsförderung → Industrie- und Handelskammern, Innungen,
- Versorgungs- und Entsorgungsmarkt → Bauhof, Wasserwerk, Recyclinghöfe,
- Markt der inneren und äußeren Sicherheit → Armee, Polizei.

Alle diese Teilmärkte werden dadurch geprägt, dass ihre Bedeutung (Wert) für die Gesellschaft durch eine Gesetzgebung zum Ausdruck *(Sozialgesetzgebung u. a.)* gebracht werden kann, die innerhalb dieser Teilmärkte besonders berücksichtigt werden muss. Die **Ver-**

marktung der Angebote in den einzelnen Teilmärkten kann entweder aufgrund eines privatwirtschaftlichen oder sozialwirtschaftlichen Interesses geschehen.

Marktarten	Markt der Angebote mit privatwirtschaftlichem Interesse	Markt der Angebote mit sozialwirtschaftlichem Interesse
Gesundheitsmarkt	privates Seniorenheim	Seniorenheim in der Trägerschaft einer Kommune oder sozialen Einrichtung wie z. B. AWO u. a.
Informations- und Medienmarkt	private Rundfunksender wie z. B. RTL oder Pro 7	öffentlich-rechtliche Rundfunksender wie z. B. ARD, ZDF, Arte.
Sportmarkt	Fitness-Center	Sportvereine
Sicherheit	Security-Unternehmen	Polizei

Die unterschiedliche Zugehörigkeit zu verschiedenen Märkten hat die Form und das Marketing der Unternehmen mit privatwirtschaftlichen oder sozialwirtschaftlichen Interessen unterschiedlich geprägt.

5.6.2 Unternehmen mit privatwirtschaftlichem und sozialwirtschaftlichem Interesse

Eine klare Definition des Begriffs „Unternehmen" im Rahmen einer Betriebswirtschaftslehre stellt eine besondere Herausforderung dar. Unternehmer und Wissenschaftler aus Theorie und Praxis sehen den eigentlichen Gegenstand der Betriebswirtschaftslehre in der Untersuchung und Beschreibung von Betrieben, die gewinnmaximierend (profitorientiert) arbeiten. Dabei ist mit Gewinn der monetäre Gewinn gemeint. Dieses Prinzip lässt sich nicht ohne weiteres auf die Betriebe im öffentlichen und sozialwirtschaftlichen Sektor übertragen. Zwar besteht für jedes öffentliche Unternehmen die Zielsetzung, wirtschaftlich zu arbeiten. Eine monetäre Gewinnmaximierung ist aber auf Grund rechtlicher oder steuerrechtlicher Vorgaben, z. B. der Anerkennung der Gemeinnützigkeit, nicht möglich.

Diese besondere **Problematik** hat dazu geführt, dass **gewinnbringende** Unternehmen als **Profit-**(Gewinn) Unternehmen und jene Unternehmen, die **keinen** monetären Profit erbringen können, als **Non-Profit-** oder Not for Profit- Unternehmen bezeichnet werden.

▶ Profit- und Non-Profit-Unternehmen

Mit der Einteilung in Profit- und Non-Profit-Unternehmen entstand eine Betriebswirtschaftslehre erster und zweiter Klasse. In der deutschsprachigen Literatur werden die amerikanischen Schlagworte von einem Profit-Unternehmen bzw. Non-Profit-Unternehmen häufig unreflektiert übernommen. Ergänzend dazu wird ein Profit- und ein Non-Profit-Marketing für die jeweils unterschiedlichen Unternehmensformen entwickelt und angewendet. Dabei ist eine unreflektierte Verwendung der amerikanischen Begriffe fragwürdig. Die Definition, dass alle Non-Profit-Unternehmen jene Betriebe seien, deren Ziel nicht in der Gewinnerzielung liege, ist missverständlich und irreführend. Eine solche Abgrenzung ist weder in der Theorie der Wirtschaftswissenschaften, noch innerhalb der betriebswirtschaftlichen Praxis hilfreich, da sie einen wichtigen Tatbestand von Non Profit-Unternehmen verdeckt, anstatt transparent darstellt. Auch ein Non-Profit-Unternehmen muss wirtschaftlich so geführt werden, dass ein Gewinn für das Unternehmen und für die Gesellschaft als den Eigentümer entsteht.

Das Ziel besteht darin, eine Betriebswirtschaftslehre in Theorie und Praxis zu entwerfen, die sowohl für die Unternehmen im Markt mit sozialwirtschaftlichen Interessen, als auch die Unternehmen im Markt mit privatwirtschaftlichen Interessen eine unteilbare Gültigkeit besitzt. Eine steuerrechtliche Vorgabe, wie z. B. das Prinzip der Gemeinnützigkeit, ist dabei kein Hinderungsgrund.

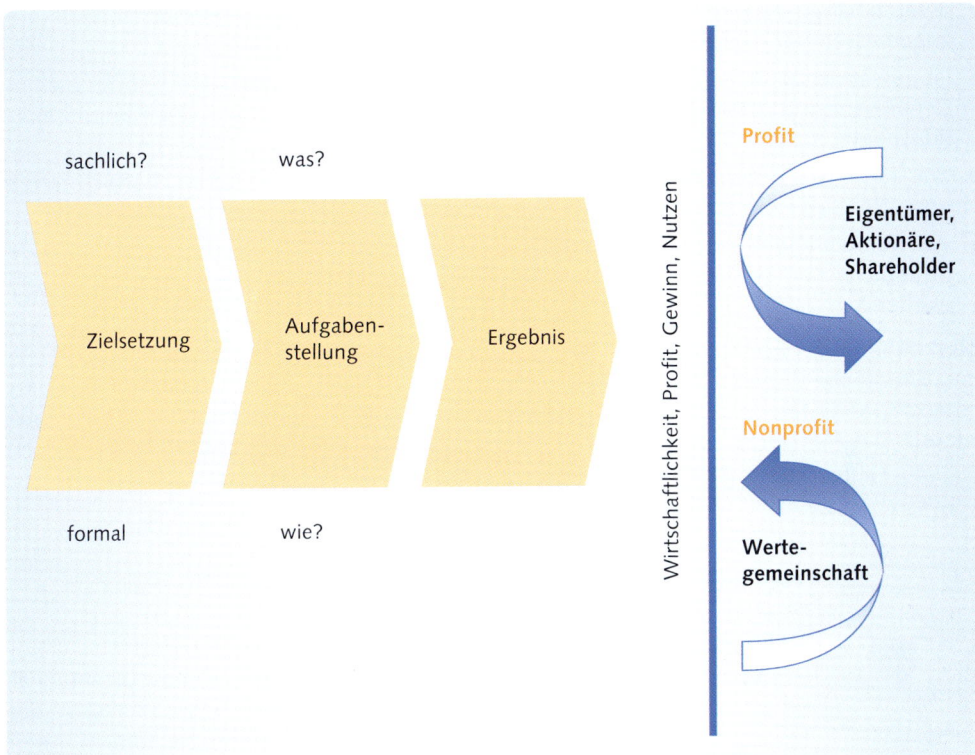

Abb. *Kriterien zur Definition von öffentlichen und privaten Non-Profit- und Profitunternehmen.*

▶ Auf dem Weg zu einer ganzheitlichen Betriebswirtschaftslehre

Gegenstand einer solchen Betriebswirtschaftslehre sind demnach alle **gewinnbringenden** Unternehmungen. Die Gemeinsamkeit besteht darin, dass sich das Prinzip des gewinnbringenden wirtschaftlichen Handelns auf alle Unternehmensformen anwenden lässt.

Dieser Ansatz schließt daher auch jene Unternehmen mit ein, deren Versorgungstätigkeit sozialwirtschaftlich oder nach dem System der Zuteilung durch eine gesellschaftliche Gruppe oder Institution (Versorgungsauftrag) geschieht.

Die Grundintention wirtschaftlichen Handelns besteht darin, dass ein Unternehmen Profit bzw. Gewinn macht, um seine Existenz gegenwärtig und zukünftig zu sichern. Auch ein Non-Profit-Unternehmen muss Gewinne erzielen, um eine Existenzberechtigung bzw. Existenzsicherung zu haben. Das klar definierbare Unterscheidungsmerkmal zwischen Profit- und Non-Profit-Unternehmen besteht in der Entscheidung, was mit dem Profit geschieht: Im privaten, erwerbswirtschaftlichen Sektor fließt der Gewinn als Ergebnis des wirtschaftlichen Handelns *(monetärer Gewinn, Rendite u. a.)* an den privaten Eigentümer *(Aktionäre, Gesellschafter)*; im öffentlichen oder sozialwirtschaftlichen Sektor entscheidet die Gesellschaft und deren politische Institutionen (Wertegemeinschaft) darüber, wie mit dem Ergebnis des wirtschaftlichen Handelns verfahren wird.

▶ Social Marketing für Unternehmen mit sozialwirtschaftlichem Interesse

Wenn man für die Unternehmen mit sozialwirtschaftlichem Interesse ein geeignetes **Marketingkonzept** entwickeln will, dann sind folgende Fragen zu klären:

- Wie können Methoden und Strategien des kommerziellen Marketings auf die besonderen Belange von sozialwirtschaftlichen oder öffentlichen Unternehmen sinnvoll und angemessen übertragen werden?

- Ist gewährleistet, dass es zwischen den Zielen der sozialwirtschaftlich, öffentlichen Organisation und den Methoden einer marktgerechten Leistungs- und Kommunikationspolitik nicht zu Konflikten kommt?

- Wie kann man Kundenorientierung und Kundenbindung für sozialwirtschaftlich tätige und öffentliche Organisationen erreichen?

- Wie können angesichts eines immer stärker werdenden Wettbewerbs um abnehmende öffentliche und private Gelder Niveau, Leistungen und Aktivitäten aufrechterhalten werden?

Marketing in der Form des **Social-Marketings** wird damit auch für sozialwirtschaftliche und öffentliche Organisationen zu einer Überlebensgrundlage. Dazu werden z. B. Kommunikationsstrategien mit und für Bürger oder Mitglieder öffentlicher Einrichtungen entwickelt. Das Marketing auch auf soziale oder gesellschaftliche Organisationen übertragen werden kann, zeigen inzwischen viele erfolgreiche Beispiele, wie die Aufklärungskampagnen der Deutschen Aids-Hilfe.

Fallbeispiel Auch Musikschulen brauchen Marketing!

Foto: I. Beck

Ausgangsituation:

Im Rahmen ständig knapper werdender öffentlicher Mittel und der schlechten finanziellen Haushaltslage der Kommunen, sinken für viele öffentliche Einrichtungen die Ausgaben für Kunst und Kultur.

Problemlösung:

Eine kommunale Musikschule als Non-Profit-Organisation kann durch Marketingmaßnahmen dazu beitragen, das Interesse potenzieller Geldgeber auf die eigene Institution zu lenken, um auch künftig ausreichend finanziell ausgestattet zu sein.

Getreu dem Sprichwort „Klappern (Musizieren) gehört zum Handwerk", könnte eine Marketingkonzeption für die Musikschule wie folgt aussehen:

- **„Offene-Tür-Programme"** Einladung der Öffentlichkeit, um Einblick in die Arbeit der Musikschule zu gewinnen.

- **„Jedermann-Musizieren"** Vorstellung einzelner Instrumente. Ausprobieren erlaubt und erwünscht, kostengünstige oder kostenlose Schnupperkurse.

- **„Rent a Band"** Mieten der Orchester bzw. Gruppen für öffentliche oder private Zwecke *(Betriebs-, Familienfeier)*.

- **Konzerte**

  Media-Werbung für Aufführungen, gezielt Einladungen versenden. Teilnahme an Musikwettbewerben (Imageförderung für die Stadt als Kostenträger!).

- **Zusätzliche Aktivitäten**

  Schaffung von Mitgliederzufriedenheit und -bindung durch gemeinsame Aktivitäten wie z. B. Ausflüge, Weihnachtsfeier, Zeltlager für die Jugendlichen.

- **Sponsoring**

  Finanzielle Unterstützung durch Sponsoren, z. B. durch Aufdruck eines Firmennamens auf der Konzertkleidung bei Auftritten („Trikotwerbung").

- **Merchandising**

  Verkauf von eigenen CDs, T-shirts, Mützen u. a.

- **Förderverein**

  Mitglieder und ihre Angehörigen erhalten z. B. bei Geburtstagen einen musikalischen Glückwunsch zuhause.

- **Mitgliederzeitschrift**

  Berichte über Aktivitäten, Forum für Mitglieder, Freunde und Förderer, Akquirierung von Anzeigen.

- **Internetpräsenz**

  Information über die Musikschule und ihre Angebote, z. B. im Rahmen der städtischen Website.

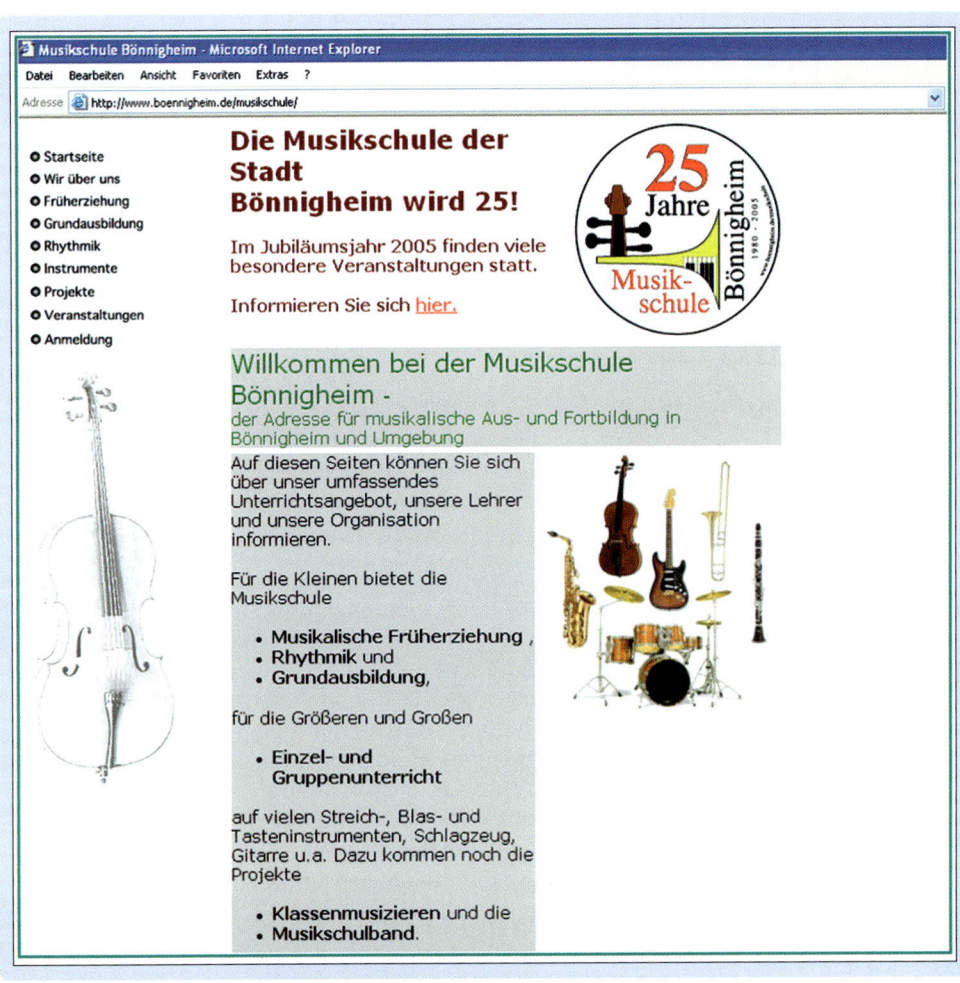

6 Der Kunde

Wer seine Position im Wettbewerb behaupten oder gar verbessern möchte, muss **Marketing** als eine **Unternehmensaufgabe** begreifen, die zu einer hohen **Kundenzufriedenheit** führt. Dazu ist ein unternehmerisches Denken und Handeln notwendig, das den Fokus auf den Kunden und nicht auf die angebotenen Produkte richtet. Eine wichtige Rolle spielt dabei die **Untersuchung** des **Kaufverhaltens** der Kunden. Dabei geht es vor allem um die Beantwortung der Frage: Welche Prozesse beeinflussen das Kundenverhalten, so dass sich beim Kunden konkrete Kaufentscheidungen bilden?

Das **Verhalten** des Kunden im Blick auf seine Kaufentscheidungen lässt sich mit verschiedenen **Modellen** erklären. Die wichtigsten Modelle sind das Black-Box- bzw. das Stimulus-Response-Modell (SR-Modell), das Stimulus-Organismus-Response-Modell (SOR-Modell) und die Werbewirkungspfade.

Mit diesen Modellen kann das Verhalten des Kunden, das zu einer Kaufentscheidung führte, dargestellt werden. Dadurch gewinnt man Erkenntnisse, die zukünftig für die Planung und Durchführung von Marketingprozessen eingesetzt werden können.

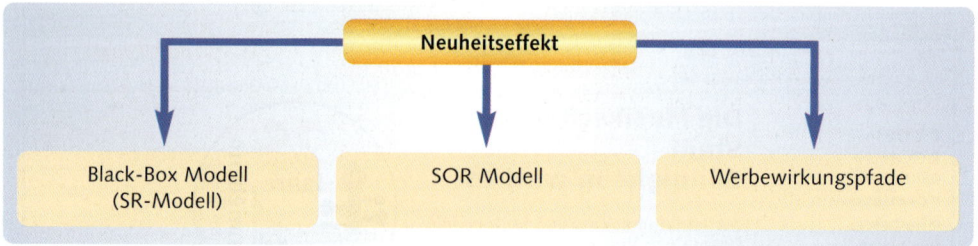

Abb. *Erklärungsmodelle für das Kundenverhalten*

6.1 Black-Box- oder Stimulus-Response-Modell

Ausgangspunkt für das **Black-Box-** oder **Stimulus-Response-Modell** ist die Grundannahme, dass der Kunde auf Reize (Stimulus) des Marketings und der Kommunikation reagiert (Response). Diese Reaktion findet aber in einer so genannten „Black-Box" (Schwarze Kiste = Gehirn des Menschen) statt.

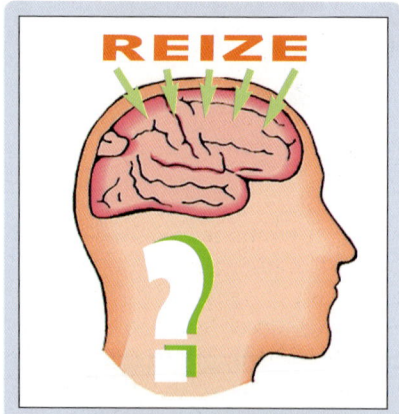

Kaufentscheidungsprozesse sind für den außen stehenden Betrachter nicht einsehbar; sie finden autonom durch die Gefühle oder rationalen Überlegungen des Kunden statt. Reizauslösungen resultieren durch endogene und exogene Einflussfaktoren. **Endogene Einflussfaktoren** sind alle jene Faktoren, die in einem direkten Zusammenhang mit den Voraussetzungen des Kunden stehen, wie zum Beispiel sein Alter, Geschlecht, Bildungsgrad und Familienstand.

Exogene Einflussfaktoren sind jene Faktoren, die von außen dem Kunden einen Impuls geben bzw. einen Reiz auslösen, wie z. B. eine Werbeaktion oder Aktivitäten der Konkurrenz.

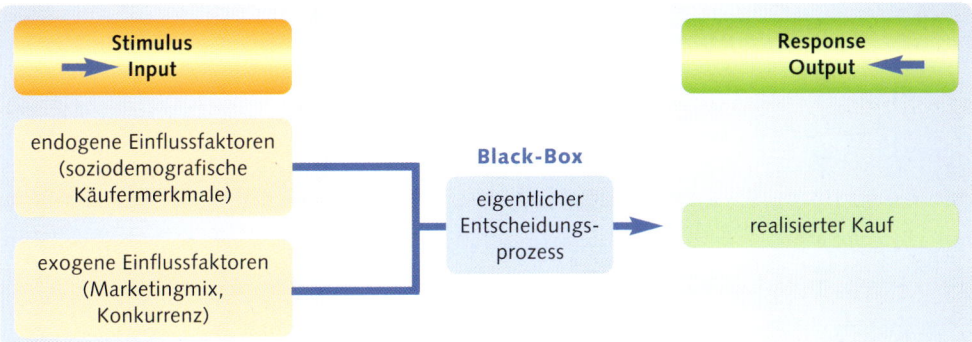

Abb. *Das Stimulus-Response oder Black-Box Modell*

Reize, die als Input für einen Kaufentscheidungsprozess gegeben werden, basieren auf Informationen oder Emotionen. Mit Hilfe von **Informationen** erhält der Kunde einen **Kaufanreiz** im Blick auf die Funktion, den Preis oder die Eigenschaften eines Angebotes. Mit Hilfe von emotionalen **Reizen** wird vor allem die **Aufmerksamkeit** des Kunden gewonnen. Da jeder Kunde gleichzeitig viele Reize wahrnimmt, ist es wichtig, dass mit Hilfe von Emotionen der Reiz für das präsentierte Angebot bei den Kunden ankommt. Dabei spielen Reize, die emotionale Aufmerksamkeit im Bereich von Sexualität, Liebe, Fürsorge, Spaß u. a. wecken, eine besonders große Rolle. Die wichtigste Marketingaussage, die sich mit Hilfe des Stimulus-Response- Modells treffen lässt, lautet: Es muss der Reiz bestimmt und dann zum Kunden transportiert werden, der zur Kaufentscheidung führen soll. Je stärker dieser Informations- bzw. Kaufanreiz ist, desto eher wird der Kaufentscheidungsprozess in Gang gesetzt und es kommt damit zu einer Reaktion des Kunden.

Foto: W. Mödinger

Beispiel Emotionale Ansprache des Kunden auf einem Großplakat für Pons Interaktiv mit der angedeuteten weiblichen Brust und der Aussage: „Für alle, die Englisch nicht mit der Muttermilch aufgenommen haben" (City Light Poster, 2004).

6.2 Stimulus-Organismus-Response-Modell

Das Stimulus-Organismus-Response Modell stellt eine Erweiterung des SR-Modells dar. Im Unterschied zum Black-Box-Prinzip finden die bei der Aufnahme einer Werbebotschaft ablaufenden psychischen Vorgänge Beachtung. Dies bedeutet, man versucht die Aktivitäten und Prozesse zu klären, die im Organismus eines Kunden ablaufen, nachdem er auf einen Reiz reagierte. Dabei lässt sich das Kundenverhalten wie folgt beschreiben: Der Kunde nimmt einen emotionalen oder informativen Reiz wahr. Innerhalb seines Organismus trifft diese Wahrnehmung auf interpersonelle und intrapersonelle Gegebenheiten.

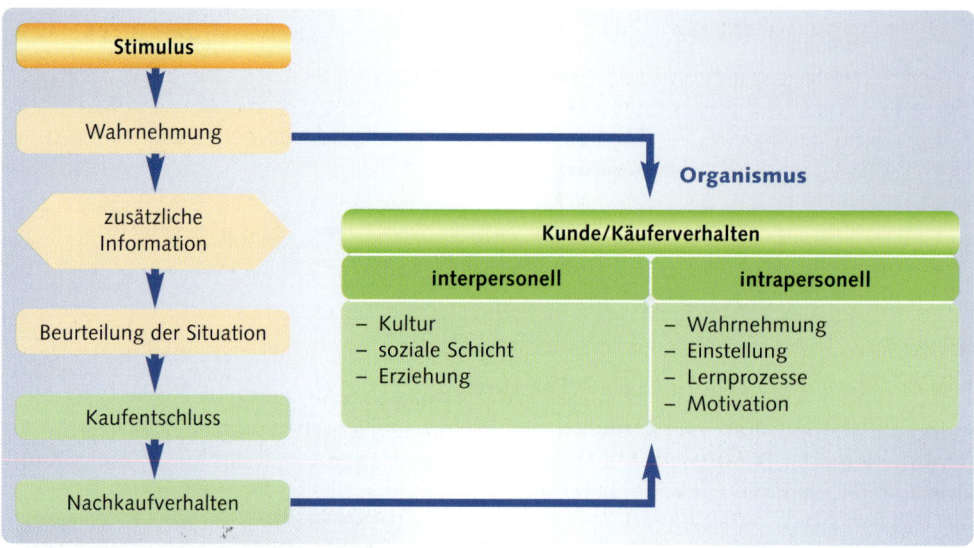

Abb. *Das Stimulus-Organismus-Response Modell*

6.2.1 Inter- und intrapersonelle Gegebenheiten

Das **interpersonelle** Umfeld des Kunden ist maßgeblich durch seine soziale Herkunft und Situation sowie durch die Erziehung und das kulturelle Umfeld geprägt. Die **intrapersonellen** Voraussetzungen beinhalten Einstellungen, Werte und Lernprozesse, die durch die individuellen Voraussetzungen des Kunden geprägt werden. Der Kunde beschafft sich bei Bedarf zusätzliche Informationen über ein Angebot, beurteilt das Risiko der Kaufentscheidung und kommt dann zu einem Kaufentschluss. Hat der Kunde **Vertrauen** in eine Marke oder ein Produkt, zeigt sich dies in einem kontinuierlichen **Nachkaufverhalten**.

Infobox

Markentreue bei Mineralwasser höher als bei Bier

Jeder Dritte (31,2 %) ist auf eine ausgewählte Mineralwassermarke fixiert. Dagegen hat die Mehrheit der Biertrinker zwar eine Anzahl verschiedener Marken in der engeren Wahl, aber nur jeder Fünfte (21,1 %) ist seinem Bier wirklich treu – so das Ergebnis der aktuellen Markenstudie des Hamburger Marktforschungsunternehmens dpm-team. Am stärksten ist das Markenbewusstsein der deutschen Konsumenten bei Zigaretten ausgeprägt: Mehr als die Hälfte der Raucher (57,3 %) sind ihrer einmal gewählten Marke treu. Dabei fühlen sich Frauen mit 63,4 % deutlich stärker ihrer Zigarettenmarke verbunden, als Männer (52,3 %). Sensibel sind Verbraucher auch, wenn es um die richtige Zahnpflege geht. Fast jeder Dritte (30,6 %) bleibt bei der Zahnpasta-Marke seines Vertrauens. Ein spürbar geringerer Treuewert ist bei Shampoo (20,6 %) und Toilettenpapier (16,3 %) zu verzeichnen.

Ein ganz anderes Bild ergibt sich in der Mode: Bei Jeans beispielsweise schwören nur 6,8 % auf eine konkrete Marke. Die Hälfte der Befragten (50,8 %) gibt an, sich spontan im Geschäft aus einer Vielzahl an Möglichkeiten heraus zu entscheiden.

Die wichtigsten Faktoren für Markentreue sind das Preis-Leistungsverhältnis (67,8 %), die persönliche Überzeugung aus eigener Erfahrung (64,9 %) und die Qualität des Produkts (59,0 %). Stimmen diese drei Elemente positiv überein, kann eine hohe Kundenloyalität und Markentreue erzielt werden. Die Studie des dpm-team basiert auf einer bundesweiten Befragung unter 1.050 Personen im Alter von 18 bis 49 Jahren, die im März 2004 über das Umfrageportal meinungspool.de repräsentativ im Internet erhoben wurde (Quelle: dpm-Team GbR, Hamburg, 2004).

Wahrnehmungsprozess

Der erste Schritt auf dem Weg zu einer Kaufentscheidung besteht darin, dass der Kunde die emotionalen und informativen Reize über ein Angebot wahrnimmt. So wird z. B. im Rahmen von Labortests der Prozess analysiert, wie der Kunde einen Reiz durch seine Augenführung wahrnimmt und weiterverarbeitet.

Eine weitere Analyse der Wahrnehmung besteht darin, inwieweit es gelingt, den Kunden durch einen Reiz zu aktivieren. Damit wird der Kunde aktiv in den Wahrnehmungsprozess einbezogen. Durch das so genannte **Involvement** beginnt der Kunde selbstständig über die Informationen und emotionalen Impulse nachzudenken.

> ### Infobox
>
> **Involvement** (= Ich-Beteiligung)
>
> Als Involvement bezeichnet man das innere Engagement einer Person sich mit einem Sachverhalt oder Objekt auseinander zu setzen. Im Rahmen von Kaufentscheidungen lassen sich unterschieden:
>
> Low-Involvement Produkte: Produkte, die ein Käufer als nicht wichtig empfindet, z. B. weil sie alltäglich sind, austauschbar sind und ohne besonderen Aufwand gekauft werden können *(Zahnpasta, Waschmittel, Butter, Batterie)*. Der Kunde trifft bei solchen Produkten meist sehr schnell eine Kaufentscheidung.
>
> High-Involvement Produkte: Produkte, die in der Anschaffung teuer sind, für lange Zeit angeschafft werden oder mit denen sich die Konsumenten stark identifizieren. In solchen Fällen kommt es zu einem langen und gut überlegten Kaufentscheidungsprozess, bei dem eine intensive Informationsbeschaffung vor der Kaufentscheidung typisch ist *(PKW, Küche, Haus)*.

Gerade bei **Low-Involvement** Produkten ist es für ein Unternehmen wichtig das Interesse der Kunden zu wecken. Nur wenn eine starke „Ich-Beteiligung" erzielt wird, kommt es zu einer **Reizstimulierung**, die zur Kaufentscheidung für ein bestimmtes Produkt führt. Dies kann z. B. durch emotionale Ansprache oder besonders humorvolle Werbung geschehen. Eine besondere Bedeutung kommt dabei sogenannten **Schlüsselreizen** zu, auf die Menschen mit starker Erregung und Spontaneität reagieren *(pausbäckiges Baby, weibliche Brust, junge Tiere)*.

Vergleich mit den kundenindividuellen Einstellungen

Ist der Kunde innerhalb eines Wahrnehmungsprozesses aktiv mit einbezogen, wird er in einem nächsten Schritt einen Vergleich anstellen, in wie weit die erhaltenen Informationen seinen eigenen Einstellungen und Werten entsprechen. Die jeweils individuellen Einstellungen basieren auf Wissen und Erfahrungen, verbunden mit emotionalen, intuitiven Gefühlselementen und wirken sich auf das Konsumentenverhalten aus. Für das Marketing stellen sich dabei folgende Fragen:

- Wie entstehen Einstellungen?
- Wie kann man Einstellungen der Konsumenten erkennen und messen?
- Wie können diese Einstellungen gezielt beeinflusst werden?

Auf der Basis von Einstellungen und Werten bildet sich die Persönlichkeit von Menschen als einem ganzheitlichen Zustand, der aus bestimmten Wissens-, Werte- Gefühls- und Motivationsmustern besteht.

Einstellungen

Die Beantwortung der oben genannten Fragen wird allerdings dadurch erschwert, dass Einstellungen keine unmittelbar zu beobachtenden Zustände sind. Vielmehr sind es Haltungen, die z. B. durch Befragungen im Rahmen von Marktforschungsuntersuchungen erschlossen und gedeutet werden können. Um Einstellungen zu messen, bedient man sich verschiedener Skalierungsverfahren (vgl. Kap. Marktforschung) um Einstellungsausprägungen quantitativ darstellen zu können.

Es ist unstrittig, dass Einstellungen das Informationsverhalten, die Wahrnehmung und das Verhalten beeinflussen. Erwiesenermaßen gilt dies aber auch umgekehrt.

Beispiel Konsumenten, die dem Fleischverzehr skeptisch gegenüberstehen, reagieren bei Lebensmittelskandalen besonders stark durch Kaufzurückhaltung, da ihre kritische Einstellung (Fleisch ist ein gesundheitlich umstrittenes Lebensmittel) durch ihr Informations- und Wahrnehmungsverhalten bestätigt wird. Ein Urlaub auf einem ökologisch wirtschaftenden Bauernhof kann aber auf Grund der dort vorgefundenen Produktionsbedingungen die negative Einstellung dem Lebensmittel Fleisch gegenüber ändern.

Werte

Ergänzend zu den Einstellungen bildet das Wertesystem eines Konsumenten eine wichtige Größe beim Vorgang der Kaufentscheidungsfindung.

Werte können als **Normen** und **Überzeugungen** definiert werden, die in einer Gesellschaft **verhaltensprägend** sind. Wertvorstellungen unterliegen einem stetigen Wandel und wirken sich daher auch auf das Verhalten bei der Beschaffung von Waren und Dienstleistungen aus.

Dieser Wandlungsprozess im Lebensgefühl der Menschen wird auch als **Trend** bezeichnet. In den letzen Jahren sind folgende „Megatrends" (mehrjährig anhaltende Trends) festzustellen, die zum Teil erhebliche Auswirkungen auf das Konsumentenverhalten haben und daher bei Marketingentscheidungen zu berücksichtigen sind.

- Trend zur Individualisierung und Selbstinszenierung,
- Trend zum Erlebniskonsum,
- Trend zur Bequemlichkeit,
- Trend zur selektiven Sparsamkeit,
- Trend zum Luxus und zum Besonderen,
- Trend zu einer gesunden und naturnahen Lebensweise,
- Trend zur Sinnsuche.

Infobox

Wie erkennt man eigentlich einen Trend?

Dabei helfen Trendscouts, das sind Szenegänger, die sich in Clubs und Subkulturen auf die Suche nach Trendsettern machen um neue Märkte zu erforschen. Das Scoutsystem kann dazu beitragen, einen Trend bereits bei seiner Entstehung zu erkennen und sich dadurch einen Vorsprung am Markt zu sichern. Ein Trendscout kann aber auch Mitglied der Zielgruppe sein und die Aufgabe haben, zukünftige Trends innerhalb dieser Zielgruppe auszumachen, damit die Anbieter rechtzeitig mit ihren Produkten auf die Kundenwünsche reagieren können. Wenn Trendscouts beispielsweise ermitteln, dass Inline-Skates nicht nur als Sportgerät, sondern auch als Verkehrsmittel benutzt werden, die Nutzer aber ein Problem mit dem Verstauen der Skates haben, sobald sie am Ziel angelangt sind, ist der Weg zu speziellen Rucksäcken oder zu bequemeren Schuhen mit abnehmbaren Rollen nicht mehr weit.

(Quelle: www.advanced-innovation.com, 2005)

▶ Lernprozesse

Lernprozesse dienen der **Informationsspeicherung**. Sie basieren auf den Erkenntnissen, wie Menschen Wissen erwerben und dieses zu ihrem bereits bestehenden Wissen ergänzen. Ein wichtiger Faktor ist dabei die Wiederholung von Wissensinhalten. Die klassischen Lernformen gehen von einer **Konditionierung**, d. h. dem Erlernen von Reaktionsmustern aus (das bekannteste Beispiel ist der berühmte Pawlowsche Hundeversuch). Dabei wird das Lernen als Ergebnis eines gemeinsamen Auftretens von zwei Reizen interpretiert.

Ein neutraler Reiz (Produkt) wird mit einem natürlichen Reiz (positives Empfinden) dem Umworbenen dargeboten. Der Lerneffekt besteht nun darin, dass nach einer bestimmten „Lernzeit" der natürliche Reiz auch dann ausgelöst wird, wenn nur der neutrale Reiz dargeboten wird. Dieser Reiz wurde konditioniert, also erlernt.

Auf das **Marketing** übertragen bedeutet dies: Ziel muss es sein, beim Konsumenten ein positives Empfinden bei der Darbietung eines Produkts oder einer Marke auszulösen (emotionale Konditionierung). Diese Methode findet man häufig bei wenig erklärungsbedürftigen Produkten des täglichen Bedarfs.

> **Beispiel** In einem Werbespot wird für ein neues alkoholisches Getränk geworben. Die Produktvorstellung (erster, neutraler Reiz) erfolgt auf einer tropischen Insel mit weißem Strand, Palmen und strahlendem Sonnenschein (zweiter, natürlicher Reiz).
> Wenn ein Kunde später im Supermarktregal an einem trüben Novembertag dieses Getränk sieht, sollen sich positive Emotionen einstellen, die man mit blauem Himmel, Meer und Strand verbindet.

▶ Motivation

Motive sind **Beweggründe**, die den Kunden zu einer Handlung führen. Im Blick auf das Kundenverhalten, dient die Bedürfnispyramide von MASLOW als Erklärungsmodell für die Beweggründe eines Konsumenten etwas zu kaufen. MASLOW ist der Meinung, dass man die menschlichen Bedürfnisse nach einer Rangordnung einteilen kann. Zur Darstellung verwendet er eine Pyramide mit fünf hierarchisch angeordneten Ebenen.

Abb. Bedürfnispyramide nach MASLOW

Die **Motivationstheorie** von MASLOW besagt, dass Menschen zu Handlungen motiviert werden, wenn sie einen Mangel an Erfüllung dieser in der Pyramide beschriebenen Bedürfnisse spüren. Ist ein Bedürfnis der unteren Stufe erfüllt, dann versucht der Mensch das Bedürfnis der nächsten Stufe zu erfüllen. Die Kenntnis der Motive spielt in der Konsumentenforschung eine außerordentlich wichtige Rolle. Kunden, die einen Mangel an Erfüllung der von MASLOW beschriebenen Bedürfnisse empfinden, werden zu Handlungen (Kaufhandlungen) motiviert, diesen Mangel zu beseitigen.

6.3   Werbewirkungspfad

Die Grunderkenntnis über den Werbewirkungspfad besteht darin, dass der Kunde bei Aufnahme und Verarbeitung von Marketinginformationen emotional und kognitiv einen bestimmten Weg zurücklegt. Wenn dieser Weg bekannt ist, dann lassen sich daraufhin die Maßnahmen der Kommunikation und Werbung abstimmen. Die Untersuchungen gehen auf den Kommunikationsforscher KROEBER-RIEL zurück.

6.3.1   Grundmodell des Werbewirkungspfades

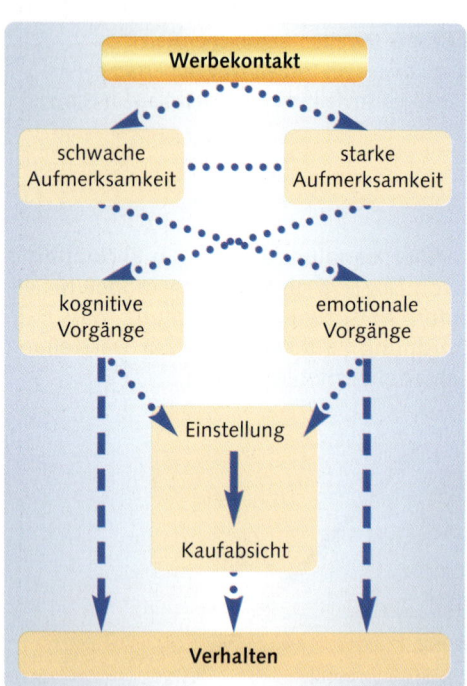

Abb. *Grundmodell der Werbewirkungspfade*

Sein Grundmodell der Werbewirkungspfade basiert auf der Nutzung verschiedener Sozialtechniken (vgl. dazu ausführlich KROEBER-RIEL / ESCH, 2000, S. 127–128 und S. 132–140) KROEBER-RIEL arbeitet, je nach dem Involvement des Umworbenen und dem Charakter der Werbemaßnahmen, sechs unterschiedliche Verläufe heraus, die sich zu sechs möglichen **Wirkungspfaden** zusammenfügen lassen.

Wenn es bei einem potenziellen Käufer zu einem Werbekontakt *(Anzeige, Spot)* kommt, dann wird dadurch in einem bestimmten Maße Aufmerksamkeit erzeugt. Ist das Involvement des Konsumenten schwach ausgeprägt, kommt es zu einer schwachen Aufmerksamkeit; bei starkem Involvement wird starke Aufmerksamkeit erzeugt. Je nachdem, wie die Werbung gestaltet ist, löst sie beim Konsumenten Verhaltensprozesse aus, die den Wirkungsverlauf zu einer möglichen Kaufentscheidung beeinflussen. Eine vorwiegend **informativ** gestaltete Werbung löst beim Umworbenen vor allem **kognitive** (gedankliche) Prozesse aus.

> **Beispiel**   Eine Anzeige mit sachlicher und informativer Beschreibung der Leistungsmerkmale eines neuen PKW in einer Fachzeitschrift für Autointeressierte.

Dagegen löst **emotionale** Werbung beim Umworbenen auch **emotionale** Wirkungen aus.

> **Beispiel**   In einem Fernsehspot wird ein neuer PKW in voller Fahrt in grandioser alpiner Landschaft präsentiert. Eine dem Charakter des Fahrzeuges entsprechende Musik *(dynamisch, kräftig)* unterstützt die emotionale Werbewirkung.

Es ist allerdings zu beachten, dass Werbemaßnahmen in der Praxis meistens sowohl informative, als auch emotionale Elemente enthalten und daher die Modelle von KROEBER-RIEL einen eher idealtypischen Ansatz beschreiben.

6.3.2 Wirkungspfad am Beispiel emotionaler Werbung

Das folgende Beispiel soll verdeutlichen, wie der Wirkungspfad einer vor allem emotional gestalteten Werbung bei einem stark involvierten Konsumenten verläuft: Teenager leiden häufig unter Hautunreinheiten (Akne). In einem Alter, in dem der Umgang mit dem anderen Geschlecht eine herausragende Bedeutung hat, kann bei Werbung für „Anti-Pickel-Produkte" ein hohes Involvement erwartet werden. Wenn nun ein Werbemaßnahme starke emotionale Bezüge aufweist, kann sich dies sehr positiv auf die Beurteilung der beworbenen Marke auswirken. Zusätzlich lösen die starken emotionalen Prozesse auch Wirkungen im kognitiven Bereich des Umworbenen aus. Mit dieser Einstellung und der damit einhergehenden Kaufabsicht kommt es zu einem konkreten Kaufvorgang.

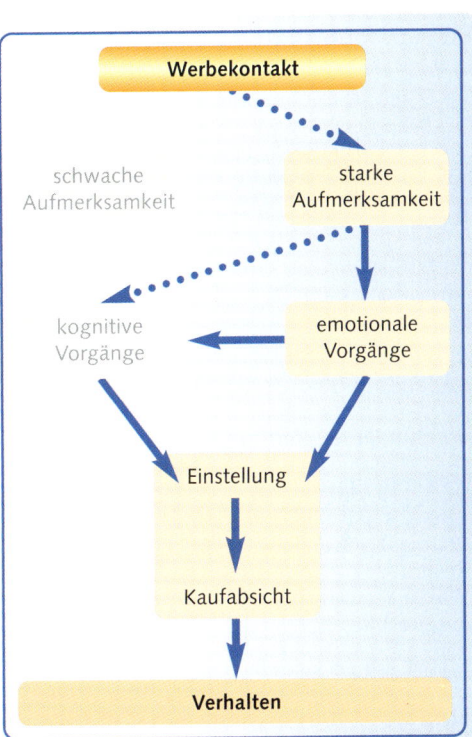

Quelle: Dr. Scheller Cosmetics AG

Abb. *Beispiel für den Werbewirkungspfad für eine emotionale Werbung (Anti-Pickel-Gel) bei starker Kundenbeteiligung*

6.3.3 Werbewirkungspfad und Kommunikation mit Kunden

Auf der Basis der Analyse des Werbewirkungspfades lassen sich bestimmte Empfehlungen geben, wie die Kommunikation mit dem Kunden aufgebaut werden soll.

- Die Präsentation des Produktes oder eines Markennamens muss in der Regel mit (angenehmen) emotionalen Reizen verbunden sein.
- Eine emotionale Konditionierung ist für eine Verhaltensänderung bedeutsam.

- Der Erfolg der emotionalen Konditionierung ist unabhängig von der Informationsmenge über ein Angebot.
- Emotionale Reize brauchen eine bestimmte Mindeststärke und müssen in zeitlicher Nähe erfolgen.
- Emotionale Erlebnisse benötigen eine Stetigkeit und müssen sämtlich vermittelte emotionale Eindrücke harmonisieren.
- Erlebnispositionen dürfen nicht austauschbar mit den Erlebnissen des Wettbewerbs sein (Komparativer Konkurrenzvorteil) und müssen der gewünschten Lebenswelt der Zielgruppe entsprechen.

7 Marktinformation und Marktforschung

7.1 Definition und Methodik der Marktforschung

Aufgabe der **Marktforschung** ist das systematische Erheben, Analysieren und Interpretieren von Daten über den vom Unternehmen ausgewählten und zu untersuchenden Markt. Die **Ergebnisse** der **Marktforschung** bilden die Grundlage für die Marketingstrategie und den Einsatz der Marketinginstrumente.

Eine Grundüberlegung in der Marktforschung besteht darin, dass diese Informationen sich nicht durch direkte Wahrnehmung erschließen lassen, sondern mit Hilfe von wissenschaftlichen Methoden indirekt zu bestimmen sind. Marktforschung besteht also darin, die Wirklichkeit in einem bestimmten Ausschnitt objektiv wahrzunehmen und zu analysieren. Man kann deshalb Marktforschung als eine systematische auf Methoden gestützte Vorgehensweise definieren, durch die Informationen über die tatsächlichen Gegebenheiten eines Marktes und die Möglichkeiten, diese zukünftig zu beeinflussen, gewonnen werden (vgl. KOTLER, BLIEMEL, 1999 S. 188).

Folgende **Fragestellungen** sind für ein Unternehmen von besonderem Interesse:

Fragestellung	Beschreibung und Beispiele
Welche Eigenschaften hat der Kunde? **Wie ist das Verhalten der ausgewählten Zielgruppe?**	• Unterscheidung der Kunden nach Alter, Geschlecht, Familienstand, Wohnort und Einkommen, • Lebens- und Kaufgewohnheiten (Hedonisten, hybrides Kaufverhalten, Smart-Shopper).
Lassen sich die Einstellungs- und Verhaltensaspekte einer Zielgruppe in Marktsegmente zusammenfassen?	• Marktsegmente in einer bestimmten Altersgruppe (Senioren- oder Jugendmarkt), • Marktsegmente für Männer oder Frauen (Leser von Mens Health oder Elle), • Qualitäts- oder Schnäppchenkäufer, • Zielgruppen mit einer bestimmten Einstellung oder Gewohnheit z. B. beim Verzehr von Schokolade (Ritter Sport – knackige Schokolade, Milka – cremige Schokolade).
Welche gesellschaftlichen und individuellen Trends bestimmen das Verhalten des Käufers?	• Verhaltens- und Trendanalyse z. B. beim Buchen einer Fernreise oder Umweltbewusstsein beim Kauf von Lebensmitteln.
Welches Image hat ein Unternehmen bei den Kunden?	• Kunden legen beim Kauf von Möbeln einen besonderen Wert auf eine Marke (Benz-Sofas), oder sie kaufen beim Möbeldiscounter (Möbel-Roller).

Fragestellung	Beschreibung und Beispiele
Welche Wirkung hat die Werbung auf den Kunden?	• Entscheidung, ob eine Werbekampagne durch eine Plakat- oder durch eine Anzeigenwerbung durchgeführt werden soll.
Lassen sich die Vertriebswege optimieren?	• Zum Vertrieb über ein Filialnetz wird ergänzend ein E-Commerce-Shop im Internet aufgebaut.
Wie ist die Marktsituation im Blick auf den Wettbewerb?	• Beschaffung grundlegender Informationen zu den wichtigsten Mitbewerbern, zu ihrer Marketingstrategie und ihren Marketing-aktivitäten *(McDonalds / Burger King)*.

Die **Marktforschung** richtet grundlegend ihr Interesse auf die Gegebenheiten des Marktes und auf das Verhalten der Marktteilnehmer wie Kunden, Konkurrenten oder andere Marktbeeinflusser *(Staat, Medien)*. Die Abbildung zeigt einen Überblick über Formen und Methoden der Marktforschung.

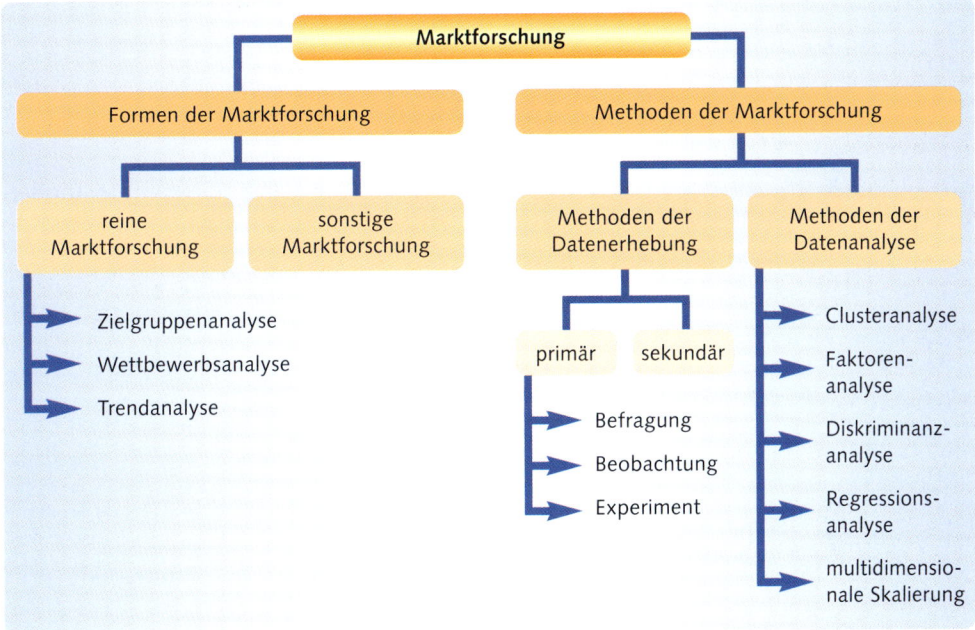

Abb. *Marktforschung im Überblick*

7.2 **Marktforschungsprozess**

Marktforschung vollzieht sich als **Prozess** in **vier** grundlegenden **Schritten**:

1. ■ **Schritt**

Zuerst erfolgt die Umwandlung eines bereits formulierten Marketingproblems zu einem genau definierten Marktforschungsproblem.

Beispiel
Ein Touristikunternehmen stellt fest, dass die Zahl der Teilnehmer an Mittelmeerkreuzfahrten in den letzten drei Jahren um 25 % gesunken ist. Die Unternehmensführung möchte bei einer Befragung von ehemaligen Kreuzfahrtteilnehmern herausfinden, ob sie auf Grund des jetzigen Katalogangebotes wieder eine Kreuzfahrt buchen würden oder nicht.

2. Schritt

Im zweiten Schritt erfolgen Auswahl und Festlegung der Marktforschungs-methoden. Neben der Erhebungsart (Primär- oder Sekundärforschung), erfolgt die Auswahl der anzuwendenden Instrumente.

Beispiel

Das Touristikunternehmen plant eine telefonische Befragung bei 1.500 ehemaligen Teilnehmern an Mittelmeerkreuzfahrten.

3. Schritt

Jetzt erfolgt die eigentliche Durchführung der Marktforschung mit dem Ziel, die dabei gewonnen Daten entsprechend der Aufgabenstellung des Marktforschungsprojekts auszuwerten.

Beispiel

Im Auftrag des Touristikunternehmens führt ein Marktforschungsinstitut die telefonische Befragung durch. Bei der Datenanalyse sind die Gründe zu identifizieren, die bei den Befragten dafür ausschlaggebend waren, nicht nochmals eine Kreuzfahrt zu buchen.

4. Schritt

Die Dokumentation der Marktforschungsergebnisse bildet die Grundlage für das Treffen fundierter Marketingentscheidungen des Unternehmens. Die Dokumentation schließt dabei ein:
- Daten aussagekräftig präsentieren,
- Daten interpretieren und daraus Schlussfolgerungen ableiten,
- Vorschläge zur Lösung des untersuchten Problems den Entscheidern im auftraggebenden Unternehmen unterbreiten.

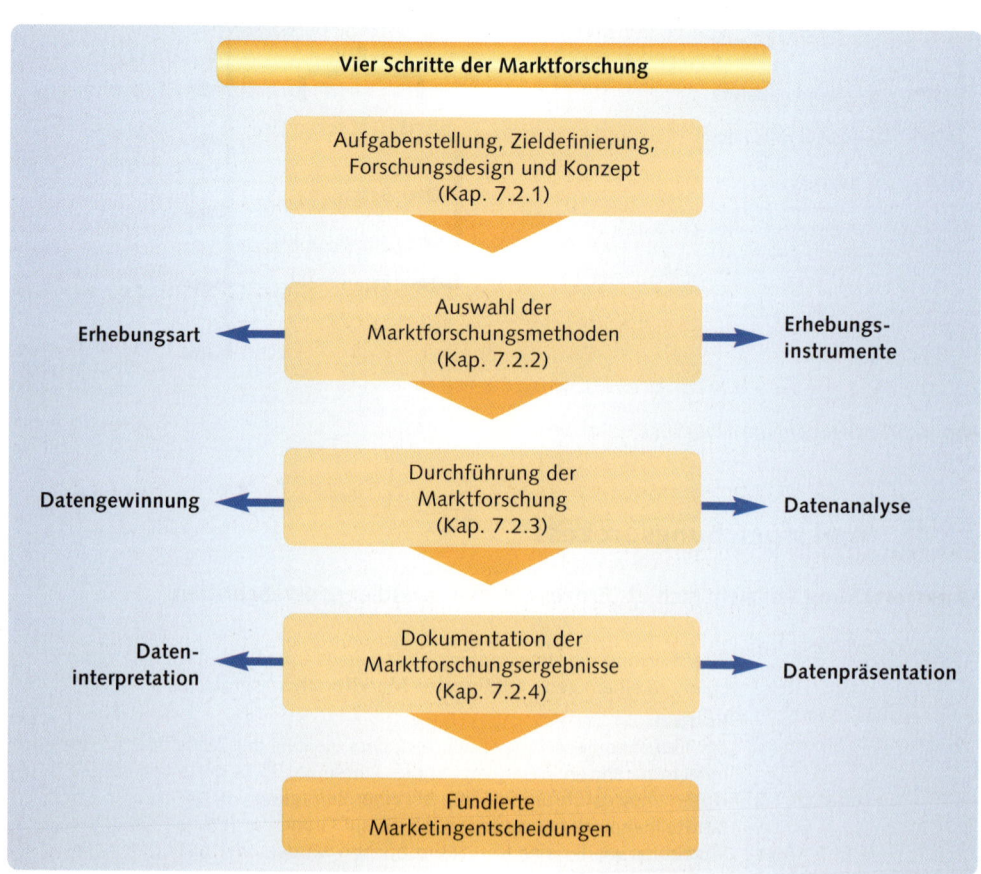

7.2.1 Formulierung von Aufgabenstellung, Zielsetzung und Konzeption der Marktforschung

▶ Aufgabenstellung und Zielsetzung der Marktforschung

Am Anfang eines Marktforschungsprojekts erfolgt die Formulierung der zu lösenden Aufgabe, um das beabsichtigte Ziel mittels einer dafür entwickelten Konzeption zu erreichen. Mithilfe der Marktforschung werden dabei für das Projekt relevante **exogene Faktoren** untersucht. **Beispielhaft** seien genannt:

Zielgruppe →	• Mit welchen Kriterien lässt sich das Verhalten von Zielgruppen beschreiben? • Lassen sich Personen mit gleicher Einstellung und Verhalten in Marktsegmenten zusammenführen? • Führen diese Aspekte zu einer weiteren Segmentierung des Marktes? • Lässt sich daraus ein so genanntes marktpsychologisches Modell entwickeln, das die Positionierung eines Unternehmens im Markt deutlich macht?
Angebot und Unternehmen →	• Welche Erwartungen stellt der Kunde an ein Angebot oder eine Dienstleistung? • Welches Image hat das Unternehmen bei den Kunden? • Wie groß ist der Bekanntheitsgrad eines Unternehmens und seiner Produkte bei einer bestimmten Zielgruppe?
Marktentwicklung →	• Wie hoch ist die Sättigung eines Marktes? • Wie viele Unternehmen können in einen Markt tätig sein? • Welche zukünftigen Marktpotenziale lassen sich noch erschließen? • Welche technischen, gesellschaftlichen oder makroökonomischen Entwicklungen beeinflussen den Markt? • Welche Risiken gibt es gegenwärtig in einem Markt?
Mitbewerber →	• Wie ist das Verhalten der Konkurrenz *(kooperativ, aggressiv)*? • In welchen Bereichen ist ein Konkurrenzunternehmen besser *(Benchmarking)*?

Mit Hilfe der Marktforschung erhält ein Unternehmen Informationen, die als Entscheidungsgrundlage für die zukünftige Marketingstrategie und Unternehmensplanung dienen. Damit verringert sich das Risiko für das unternehmerische Handeln. Die **Marktforschung** hat deshalb auch eine **Frühwarnfunktion**.

▶ Konzeption und Forschungsdesign

Zur Festlegung der **Zielsetzung** und der damit verbundenen **Aufgabenstellung** gehört konkret die **Formulierung** einer **Hypothese** oder **Vermutung**, die mit Hilfe der Marktforschung überprüft werden soll.

Beispiele für Hypothesen zur Überprüfung durch die Marktforschung:

- Die Kunden der Tourismusbranche wünschen sich in Zukunft mehr „All-Inclusive"-Reisen,
- Mountainbike-Fahrräder haben in einem definierten Zeitraum ein Wachstumspotenzial von 20 %,
- die Kundenzufriedenheit eines Unternehmens liegt unter 80 %,
- der Sättigungsgrad einer Zeitschrift ist erreicht,
- Kundenverhalten und Kundenwünsche für ein bestimmtes Freizeitangebot *(Fitness-Center)* lassen sich weiter segmentieren *(Fitness- und Wellnessreisen)*.

Durch die Festlegung der Aufgaben und Ziele lässt sich das **Forschungsdesign** (Art und Weise der Datengewinnung und deren Analyse) für ein Marktforschungsprojekt beschreiben.

Mit Hilfe eines **explorativen** (entdeckenden) Forschungsdesigns werden Vermutungen und Hypothesen im Blick auf die zukünftige Entwicklung und die Gegebenheit eines Marktes erfasst. Explorative Untersuchungen *(Auswertung vorhandenen Datenmaterials, Expertengespräche)* finden häufig dann Anwendung, wenn noch wenig Faktenwissen über den Untersuchungsgegenstand vorhanden ist und die zu beschaffenden Informationen noch nicht eindeutig definiert sind.

Das **deskriptive** (beschreibende) Forschungsdesign stellt die tatsächlichen Zustände eines Marktes dar *(Zielgruppenbeschreibung nach demografischen oder sozioökonomischen Merkmalen)*. Das **kausale** Forschungsdesign überprüft eine Gegebenheit im Markt durch den kausalen Zusammenhang (Zusammenhänge zwischen Variablen) in einem Versuch *(Labor- oder Feldversuch)* oder Experiment. Ziel ist es, die Motive für bestimmtes Kaufverhalten zu identifizieren.

7.2.2   Festlegung der Erhebungsart und Erhebungsinstrumente für die Datenerhebung

Mit Hilfe der **Erhebungsart** und der **Erhebungsinstrumente** legt ein Unternehmen fest, wie es die Marktforschung konkret durchführen will. Im Rahmen der Erhebungsart werden die Größe und Menge der zu untersuchenden Einheiten definiert. Ein Unternehmen hat dabei die Möglichkeit eine **Vollerhebung** oder **Teilerhebung** durchzuführen.

 Vollerhebung

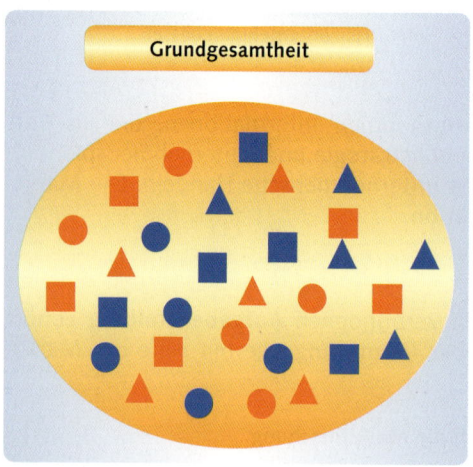

Grundgesamtheit

Bei einer **Vollerhebung** werden alle Teilnehmer einer Untersuchungsmenge (Grundgesamtheit) berücksichtigt. Daher erhält man zuverlässige und genaue Ergebnisse.

Eine Vollerhebung ist unter Kosten- und Zeitaspekten nur dann sinnvoll, wenn die zu untersuchende Grundgesamtheit relativ klein und überschaubar ist.

Beispiel Ein Touristikunternehmen möchte in Erfahrung bringen, wie zufrieden die 50 Teilnehmer mit einer zum ersten Mal durchgeführten Antarktis-Kreuzfahrt waren.

 Teilerhebung

Da die Vollerhebung in der Regel sehr kostspielig ist, wird die Gesamteinheit *(alle Kunden eines Reiseunternehmens)* auf einen Teil reduziert und eine so genannte **Stichprobe** durchgeführt.

Dabei ist entscheidend, dass die Merkmale der Grundgesamtheit (Gesamtmenge) **repräsentativ** in der Teilmenge, die nach bestimmten Kriterien ausgewählt wird, vertreten sind.

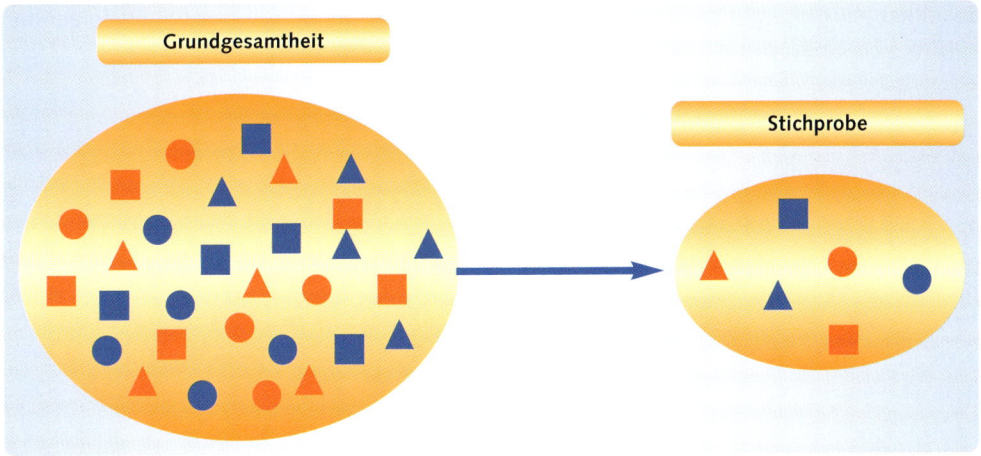

Beispiel Ein Touristikunternehmen möchte die Zufriedenheit seiner über 20.000 Kreuzfahrt-teilnehmer mit dem Verpflegungsangebot auf den Schiffen ermitteln und befragt 400 ehemalige Teilnehmer.

Für die Festlegung der Erhebungsart im Blick auf die Größe und Bestimmung einer **Teil-menge** hat ein Unternehmen mehrere Möglichkeiten.

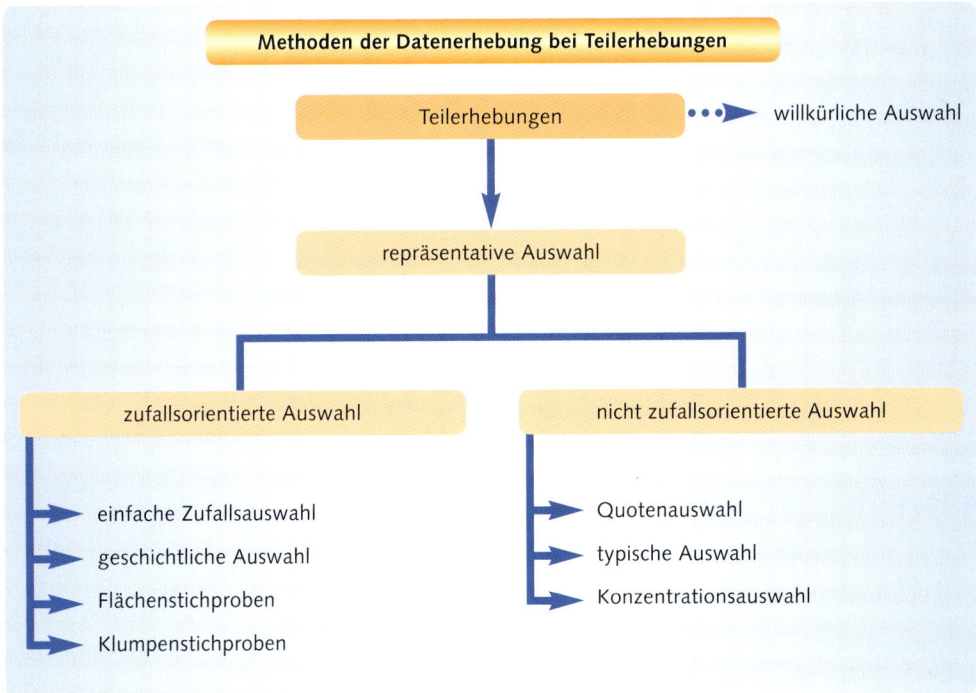

Bestimmung der Größe der Teilmenge (Stichprobe n)

Die Festlegung der **Stichprobengröße „n"** erfolgt in der Regel auf der Basis von heuris-tischen Werten oder durch einen mathematischen Vorgang. Die heuristische Methode beruht auf Erfahrungswerten, die bei der Festlegung der Teilmenge angewendet werden.

Bei einem einfachen Stichprobenverfahren kann die Größe der Stichprobe mit folgender **Formel** berechnet werden (Quelle: WEIS / STEINMETZ, 1991, S. 41):

$n = \dfrac{z^2 \cdot p \cdot q}{e^2}$	Sicherheitsfaktor	Wahrscheinlichkeit in %	Irrtumswahrscheinlichkeit in %
	z = 1,00	68,3	31,7
	z = 1,50	86,6	13,4
n = Stichprobenumfang	z = 1,64	90,0	10,0
z = Sicherheitsfaktor	z = 1,96	95,0	5,0
p = Anteilsmerkmal 1 der	z = 2,00	95,5	4,5
Stichprobe	z = 2,58	99,0	1,0
q= Anteilsmerkmal 2 der	z = 3,00	99,7	0,3
Stichprobe	z = 3,29	99,9	0,1
e = Fehlertoleranz	z = 3,70	99,99	0,0

Erläuterung:

Mit der Wahl des Sicherheitsfaktors „z" wird festgelegt, wie hoch die Wahrscheinlichkeit ist, dass das bei der Teilgesamtheit (Stichprobe) festgestellte Ergebnis mit der tatsächlichen Grundgesamtheit übereinstimmt *(Bei einer Wahrscheinlichkeit von 95,5 % stimmt wahrscheinlich bei 1.000 Befragten die Antwort in 955 Fällen mit der Grundgesamtheit überein).*

Bei den Anteilsmerkmalen „p" (bekannt) und „q" (unbekannt) handelt es sich um Faktoren, die in der Grundgesamtheit bereits eine Rolle spielen. Kann man diese Anteile nicht bestimmen oder schätzen, dann werden sie jeweils mit 50 % in die Formel eingesetzt. *(Wenn auf Grund einer vor einigen Jahren durchgeführten Untersuchung 70 % der Bundesbürger die zu untersuchende Produktgruppe bereits bekannt ist, dann verringert sich die Zahl der an der Stichprobe Beteiligten).*

Die Größe der Fehlertoleranz „e" wirkt sich auf den Umfang der Stichprobe aus. Je höher die akzeptierte Toleranzquote, desto kleiner fällt der Stichprobenumfang aus.

> **Beispiel**   Ein Unternehmen möchte den aktuellen Bekanntheitsgrad für eine Produktgruppe ermitteln. Dabei wird eine Aussagewahrscheinlichkeit von 95,5 % festgelegt. Eine Fehlertoleranz wird von ca. 4 % in Kauf genommen. Das Anteilsmerkmal 1 „bekannt" und Anteilsmerkmal 2 „ unbekannt" kann mit jeweils 50 % gewertet werden. Nach der oben dargestellten Formel berechnet sich die Anzahl der Stichprobe wie folgt:
>
> $$n = \frac{2^2 \cdot 0,5 \cdot 0,5}{0,04^2} = 625$$

Die Bestimmung der Zusammensetzung der Teilmenge

Es gibt mehrere Methoden, die zur Auswahl der Stichprobenmenge führen.

Zufallsorientierte Auswahl

Bei einer **einfachen Zufallsauswahl** müssen alle Dateneinheiten dieselbe Chance haben, in die Stichprobenauswahl zu kommen. Dies wird mit Hilfe der Methode einer einfachen Zufallsauswahl umgesetzt. Beim Zufallsverfahren (Random-Verfahren) wird durch einen Zufallsmechanismus festgelegt, welche Elemente aus einem Grundbestand in eine Stichprobe kommen.

> **Beispiel**   Bei der Ziehung der Lottozahlen hat nach dem Mischen jede Kugel die gleiche Chance in die „Stichprobe" (6 aus 49) zu kommen.

Eine weitere Methode, die eine zufällige Auswahl gewährleistet, ist die Auswahl für die Stichprobe durch die Ermittlung der aus der Grundgesamtheit zu ziehenden Elemente mithilfe eines **Zufallszahlengenerators**. Beim **Schlussziffernverfahren** wird die Grundgesamtheit durchnummeriert. Man wählt nun eine beliebige, z. B. zweistellige Schlussziffer, und alle Elemente mit diesen beiden Schlussziffern in ihrer Nummer kommen in die Stichprobe.

Neben der einfachen Auswahl gibt es die Möglichkeit, durch so genannte **Schichtungsverfahren** eine präzisere Auswahl zu treffen. Für ein geschichtetes zufallsgesteuertes Auswahlverfahren entscheidet man sich dann, wenn eine heterogene Grundgesamtheit vorliegt. Diese teilt man in einzelne, möglichst homogene Subgruppen (= Schichten) auf. Aus ihr gewinnt man dann durch zufällige Auswahl die Gesamtstichprobe. Wenn allerdings proportional geschichtet werden soll, muss die prozentuale Verteilung der betreffenden Merkmale in der Grundgesamtheit bekannt sein. Die folgende Abbildung verdeutlicht dies:

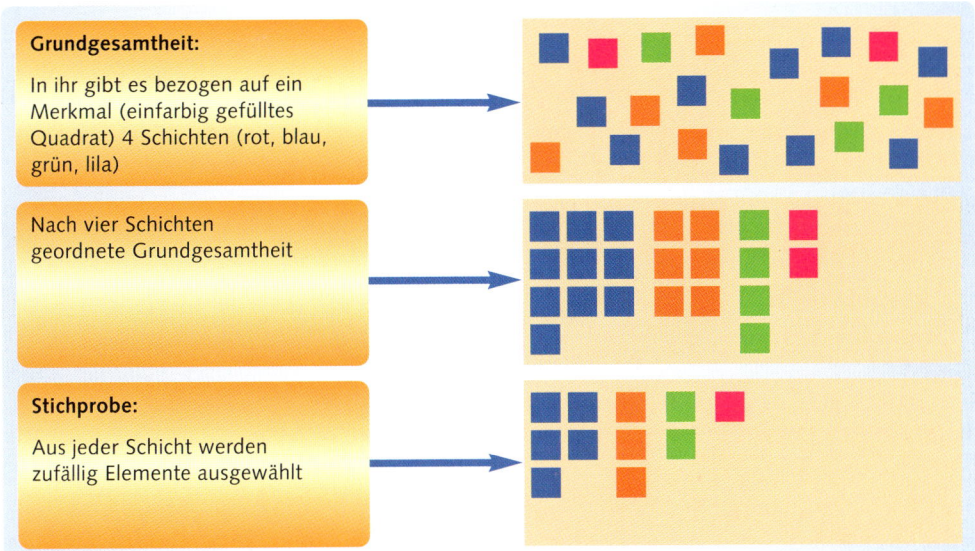

Grundgesamtheit:

In ihr gibt es bezogen auf ein Merkmal (einfarbig gefülltes Quadrat) 4 Schichten (rot, blau, grün, lila)

Nach vier Schichten geordnete Grundgesamtheit

Stichprobe:

Aus jeder Schicht werden zufällig Elemente ausgewählt

Beispiel **Geschichtete proportionale Zufallsauswahl:**

Die Pächter der Mensa einer Medien-Fachhochschule möchten in einer repräsentativen Untersuchung die Zufriedenheit der Studentinnen und Studenten mit dem angebotenen Essen untersuchen. Folgende Zahlen liegen vor:

Fachbereiche					
Medien-wirtschaft	Werbung & Kommunikation	Bibliotheks-management	Druck-technik	Verpackungs-technik	Studierende gesamt
320	460	240	380	260	1.660

Wenn man 5 % der Studierenden (Grundgesamtheit) befragen möchte, dann sind aus jedem Fachbereich (Schicht) die folgende Zahl an Studierenden zu befragen:

Medien-wirtschaft	Werbung & Kommunikation	Bibliotheks-management	Druck-technik	Verpackungs-technik	Studierende gesamt
16	23	12	19	13	83

Neben der einfachen und geschichteten Auswahl finden in der Marktforschungspraxis weitere Verfahren Anwendung. Dazu zählen die **Flächen-** und die **Klumpenstichprobe**.

Flächenstichprobe

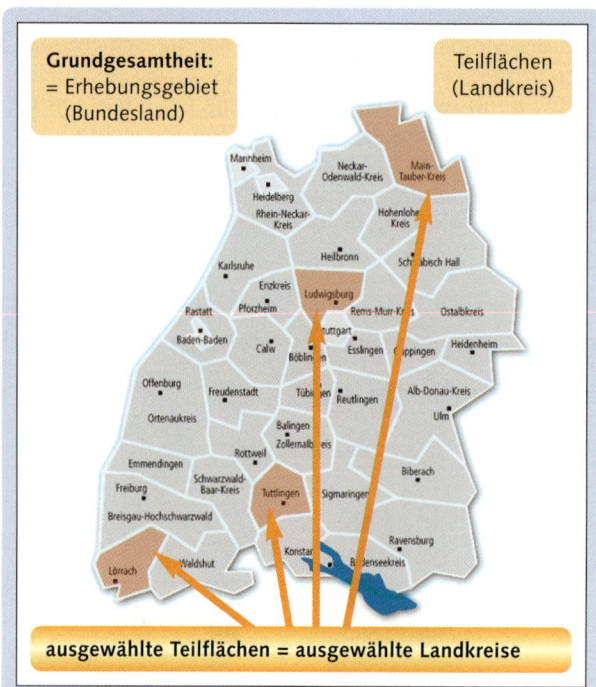

Grundgesamtheit:
= Erhebungsgebiet
(Bundesland)

Teilflächen
(Landkreis)

ausgewählte Teilflächen = ausgewählte Landkreise

Ein geografisches Gebiet *(Bundesländer, Städte, Stadtteile, Postleitzahlenbereiche)* wird in Teilflächen zerlegt.
In den ausgewählten Flächen werden entweder alle Untersuchungsobjekte befragt oder es werden Zufallsauswahlen gezogen.

Beispiel In vier Landkreisen von Baden-Württemberg sollen Familien mit mehr als drei Kindern nach ihren Einkaufsgewohnheiten befragt werden.

Klumpenstichprobe

Bei diesem Verfahren zerlegt man eine heterogene Grundgesamtheit in Klumpen. Aus diesen voneinander abgrenzbaren Untereinheiten zieht man durch Zufallsauswahl eine vorbestimmte Zahl an Klumpen, deren Elemente allesamt in die Stichprobe mit einfließen.

Beispiel Anhänger und Liebhaber des Pferdesports organisieren sich meist in Reit- und Fahrvereinen. In Deutschland sind dies mehr als 750.000 Menschen (Grundgesamtheit) in über 6.500 Vereinen (Klumpen). Für eine Untersuchung wählt man zufällig eine bestimmte Anzahl Klumpen (Vereine) aus und befragt alle Mitglieder dieser Vereine.

Probleme bei zufallsorientierter Auswahl

Durch die Zufallsauswahl können allerdings Untersuchungselemente *(Personen, Personengruppen)* in die Stichprobe gelangen, die für die Grundgesamtheit als nicht repräsentativ anzusehen sind. Durch eine Überrepräsentierung in der Stichprobe kann es somit zu Forschungsergebnissen kommen, die die Aussagefähigkeit einschränken.

Beispiel Bei einer Untersuchung in 50 Reitvereinen sind zufällig 10 Vereine ausgewählt worden, deren Mitglieder vorwiegend zu einer Gesellschaftsschicht gehören („Nobelverein"), bei denen die Einkommensverhältnisse erheblich über dem Bundesdurchschnitt liegen. Fragen, z. B. nach dem Konsum- oder Freizeitverhalten, verzerren u. U. durch die Überrepräsentierung einer bestimmten Gesellschaftsschicht in der Klumpenauswahl das Ergebnis.

Nichtzufallsorientierte Auswahlverfahren

Die nichtzufallsorientierte Auswahl (bewusste Auswahl) besteht im Quotenauswahlverfahren, der typischen Auswahl sowie der Konzentrationsauswahl.

Quotenauswahl

Bei der Quotenauswahl erhält der Interviewer eine Quotenanweisung, die ihm genau vorgibt, wie die zu Befragten auszuwählen sind. Dies ist dadurch möglich, dass schon vor Durchführung der Marktforschungsaufgabe die Verteilung der relevanten Merkmale *(Geschlecht, Beruf, Alter)* in der Grundgesamtheit bekannt sind. Der Interviewer entscheidet selbst, wen er befragt. Dies kann sich allerdings nachteilig auf die Aussagefähigkeit der Befragung auswirken, wenn der Befragte z. B. Personen auswählt, die er problemlos erreichen kann *(Wohnblock, Erdgeschosswohnung)* oder persönlich kennt. Andererseits ist es eines der kostengünstigsten Verfahren und kann schnell durchgeführt werden.

| Beispiel | In der zu untersuchenden Grundgesamtheit seien die für die Befragung von 1.000 Personen relevanten Unterscheidungsmerkmale Geschlecht, Alter und Schulbildung. Die Grundgesamtheit zeigt folgende Struktur: |

Geschlecht	Alter	Schulbildung
45 % Männer	30 % 15–25jährige	30 % Hauptschüler
	40 % 25–40jährige	50 % Realschüler
55 % Frauen	30 % 40–55jährige	20 % Abiturienten

Quotenplan mit Art und Anzahl der zu befragenden Personen:

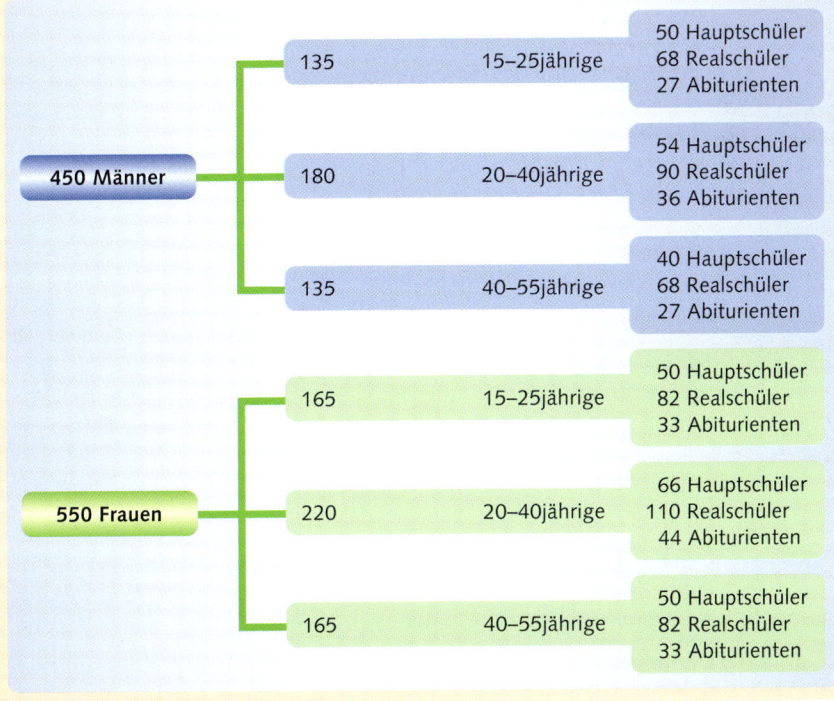

450 Männer	135	15–25jährige	50 Hauptschüler 68 Realschüler 27 Abiturienten
	180	20–40jährige	54 Hauptschüler 90 Realschüler 36 Abiturienten
	135	40–55jährige	40 Hauptschüler 68 Realschüler 27 Abiturienten
550 Frauen	165	15–25jährige	50 Hauptschüler 82 Realschüler 33 Abiturienten
	220	20–40jährige	66 Hauptschüler 110 Realschüler 44 Abiturienten
	165	40–55jährige	50 Hauptschüler 82 Realschüler 33 Abiturienten

Typische Auswahl

Bei der typischen Auswahl konzentriert man sich auf einen Teil der Grundgesamtheit, von dem man annimmt, dass er als typisch oder besonders repräsentativ bezüglich der Grundgesamtheit anzusehen ist.

> **Beispiel** **Mikrotestmarkt der GFK in Hassloch / Pfalz (Handelspanel):**
>
> Im Rahmen von Studien mit dem Ziel Konsumentenverhalten auf längere Sicht hin zu messen, muss dieselbe Stichprobe mehrfach auf die gleichen Merkmale hin untersucht werden. In solchen Fällen ist es ökonomisch sinnvoll, eine regional begrenzte Stichprobe zu verwenden. Das in Hassloch von der GfK betriebene Panel von 3.000 repräsentativ ausgewählten Testhaushalten (Stichprobe) entspricht im Hinblick auf seine demografische Struktur, Kaufkraftkennziffer und seinen Einkaufsgelegenheiten annähernd dem bundesdeutschen Durchschnitt (Grundgesamtheit).

Konzentrationsauswahl

Das Verfahren der Konzentrationsauswahl, bzw. des Cut-off-Verfahrens, schneidet alle Elemente der Grundgesamtheit ab, die das Ergebnis nur unwesentlich verändern können. Zielsetzung ist es durch Verringerung der zu untersuchenden Einheiten und Elemente Kosten zu sparen, ohne die Aussagefähigkeit signifikant einzuschränken.

> **Beispiel** Im Handelsmarketing findet dieses Verfahren z. B. bei der Betrachtung von Umsatzentwicklungen statt. So generieren die 15 größten Unternehmen im Lebensmitteleinzelhandel über 90 % des Umsatzes.
> Bei einer Befragung würde es wenig Sinn machen Tausende kleinere Unternehmen mit einzubeziehen, da ihr Beitrag zum Umfrageergebnis marginal ist und erhebliche zusätzliche Kosten verursachen würde.

7.2.3 Durchführung der Marktforschung

Je nach Aufgabenstellung der Marktforschung wird eine Auswahl der Instrumente und der Vorgehensweise getroffen, durch deren Hilfe eine Erhebung, Analyse und Interpretation der Daten durchgeführt werden soll.

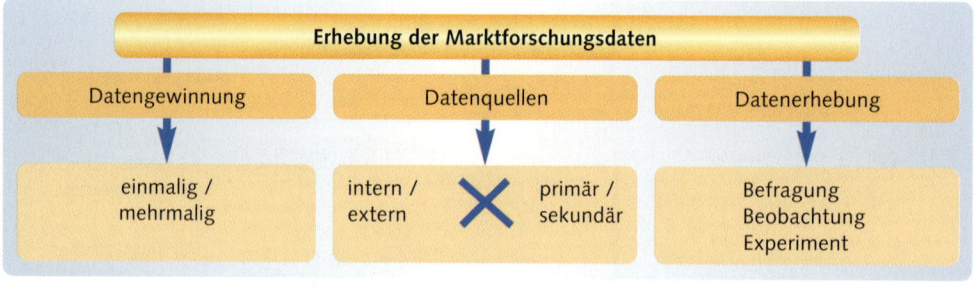

▶ **Datengewinnung**

Einmalige oder mehrmalige Erhebung

Die **einmalige Erhebung** von Marktforschungsdaten wird dann eingesetzt, wenn ein Unternehmen sich im Markt langfristig positionieren und ein Marktsegment intensiv bearbeiten möchte. Mit Hilfe der Marktforschung lassen sich **Kunden** mit ähnlichen Eigenschaften zu **Marktsegmenten** zusammenfassen. Da diese Marktsegmente in der Regel konstant sind, ist eine einmalige Erhebung für die Marktsegmentierung ausreichend. Im Rahmen einer weiteren Segmentierung eines Marktes wird ein Unternehmen weitere Erhebungen durchführen und die frühere Marktsegmentierung überprüfen.

Bei einer **mehrmaligen Befragung** (Panel-Untersuchung) wird ein **gleichbleibender** Personenkreis wiederholt zu ein und demselben Thema befragt. Die Stichprobe kann sich sowohl auf Einzelpersonen und Haushalte (Endverbraucherpanel) oder auf Unternehmen (Einzelhandels- / Großhandelspanel) beziehen.
In Deutschland gibt es verschiedene Paneluntersuchungen, die im Auftrag von unterschiedlichen Unternehmen oder Verbänden durchgeführt werden, wie z. B. das GfK Fernsehpanel zur Ermittlung der Zuschauerquoten, oder das GfK-Haushaltspanel
(GfK = Gesellschaft für Konsumforschung, Nürnberg).

Beispiel	Haushaltspanel: Durch die kontinuierliche Anwendung der Haushaltspanel werden Verbraucherverhalten und Einkaufsgewohnheiten der bundesdeutschen Bevölkerung ermittelt. So untersucht das GFK-Haushaltspanel mithilfe von 14.000 Haushalten u. a.: Was wird gekauft? – Wo wurde gekauft? – Wer hat gekauft? – Welcher Preis wurde bezahlt? Die Aufbereitung und Auswertung der gewonnenen Daten bilden für den Einzelhandel wichtige Entscheidungsgrundlagen für sortiments- und preispolitische Maßnahmen.

▶ Datenquellen

◼ Interne oder externe Informationsbeschaffung

Nach Treffen der Entscheidung, welcher Informationsbedarf zur Lösung des Marketingproblems vorliegt, ist zu prüfen, ob die benötigten Informationen dem Unternehmen bereits vorliegen (interne Informationsbeschaffung) oder von außerhalb (externe Informationsbeschaffung) zu besorgen sind. Die Übersicht zeigt typische interne und externe Datenquellen.

Datenquellen	
intern	**extern**
• Unterlagen der Finanzbuchhaltung *(Bilanz, GuV-Rechnung)*, • Unterlagen der Kostenrechnung (*Absatz- und Vertriebskosten, Deckungsbeitrag*), • Kundendatenbank *(Art, Umsätze, Gebiet, Retourenquote)*, • Meldungen und Berichte des Vertriebs *(Kundenbesuchsberichte)*, • Berichte der eigenen Marketingabteilung, • Scannersysteme im Einzelhandel, • Ergebnisse früherer Primäruntersuchungen.	• Veröffentlichungen von statistischen Ämtern *(Bundes- und Landesämter)*, • Veröffentlichungen von Verbänden und Wirtschaftsinstituten *(Industrie- und Handelskammern, Hauptverband des deutschen Einzelhandels, Institut der deutschen Wirtschaft)*, • Geschäftsberichte anderer Unternehmen, • Daten aus dem Internet, • Fachzeitschriften, • Informationen von Marktforschungsinstituten, Hochschulen, Werbeagenturen.

■ Sekundär- oder Primärforschung

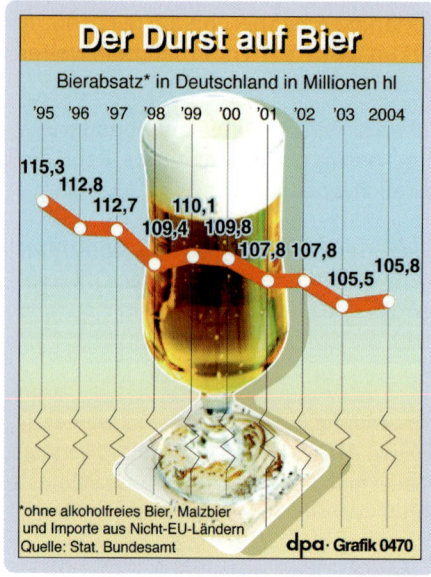

Als **sekundäre Marktforschung** (engl. desk research) werden die Erhebungen bezeichnet, die auf schon vorhandenes Datenmaterial zugreifen und dieses auswerten. Dabei handelt es sich um Daten, die nicht speziell zur Lösung des definierten Marketingproblems erhoben wurden. Mit Hilfe der Sekundärforschung lassen sich einige Marktforschungsaufgaben kostengünstig lösen. Das sekundäre Datenmaterial kommt aus betriebsinternen oder betriebsexternen Quellen, wie zum Beispiel der Verkaufsstatistik, Statistik des Außendienstes, Bevölkerungs- oder Altersstatistik u. a.

Abb. *Statistik zur Entwicklung des Bierabsatzes in Deutschland innerhalb zehn Jahre.*

Im Gegensatz zur Sekundärforschung muss man das Datenmaterial bei der **Primärforschung** (engl. field research) z. B. zuerst in Form einer Befragung oder einer Beobachtung erheben. Dies ist zwar meist mit erheblichen Kosten verbunden, jedoch kann das Datenmaterial passgenau zur Lösung des formulierten Marketingproblems erhoben werden.

| **Beispiel** | Die mittelständische Traditionsbrauerei „Bürgerbräu" braut bisher Vollbier, Pils und Weißbier. Rückläufige Umsätze bereiten der Geschäftsleitung erhebliche Sorgen. Ein Marktforschungsinstitut führt in Lebensmittelmärkten eine Kundenbefragung durch und kommt zum Ergebnis, dass vor allem in der Altersgruppe der 20 bis 30-Jährigen, Biere der Marke „Bürgerbräu" kaum noch nachgefragt werden. „Bürgerbräu" gilt bei der Mehrheit der Befragten als Bier für alte Leute und wird im Geschmack als zu bitter empfunden. Man entschließt sich zur Produktion des Biermischgetränks „Wild-Cherry", das speziell den Geschmack junger Männer und vor allem von Frauen ansprechen soll. |

Primär- versus Sekundärforschung

Zur Ermittlung aussagefähiger Daten über das Konsumentenverhalten ist eine Forschung „vom Schreibtisch aus" nicht ausreichend. Sekundäres Forschungsmaterial ist oft nicht mehr aktuell, wurde nur einmal erhoben und kann somit nicht aktualisiert werden. Die Erhebungsmethoden sind nicht immer bekannt und vor allem fehlt eine Orientierung an

der intendierten Fragestellung. Als erste und grobe Orientierung zum Marktforschungsproblem ist die Sekundärforschung jedoch sinnvoll.

▶ Datenerhebung

Die wichtigsten Erhebungsinstrumente zur einmaligen Gewinnung originärer Daten sind
die Befragung, die Beobachtung oder die Durchführung eines Tests bzw. Experiments.

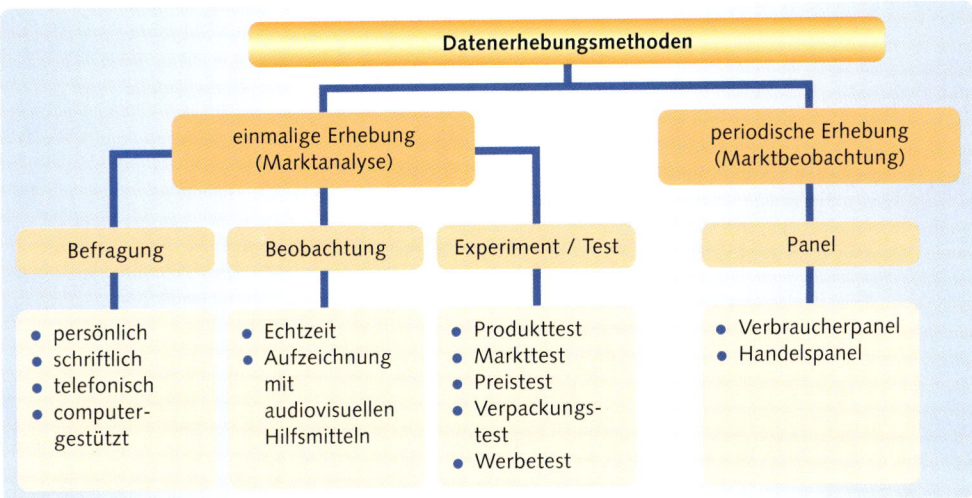

▬ Befragung

Eine Befragung kann in unterschiedlichen Formen durchgeführt werden: persönlich,
telefonisch (Festnetz und mobil), schriftlich oder computerunterstützt. Grundlage für die
direkte mündliche Befragung ist ein Interviewleitbogen, der den Ablauf und die Fragestellung für das Interview beinhaltet. Der Inhalt einer Befragung kann sich auf ein Einzel-
thema oder auf eine Mehrthemenbefragung (Omnibus-Befragung) beziehen.
Der Aufbau eines Fragebogens als Print – oder Online-Medium folgt, je nach Zielsetzung
der Marktforschung, unterschiedlichen Kriterien. Die Festlegung und Auswahl der Fragestellung ist in das gesamte Konzept der Marktforschung eingebunden. Ein Fragebogen
enthält Fragestellungen, deren Antwortmöglichkeiten (Variablen) in der Auswertung unterschiedlich skaliert werden können.
Die folgende Tabelle zeigt Möglichkeiten zur Gestaltung von **Fragebögen** für Einzelinter-
views oder einer **Online-Befragung**.

Methode	Kriterium	Beispiel
Dichotome Frage	Nur ein Auswahlkriterium.	„Haben Sie schon einmal Kinokarten über das Internet reserviert?" ☐ ja ☐ nein
Multiple Choice Fragen	Mehrere Auswahlkriterien.	„Gehen Sie ins Kino …?" ☐ allein ☐ mit Partner ☐ mit Familie ☐ mit Freunden
Likertskala	Eine Aussage, mit der ein Grad der Zustimmung bzw. Ablehnung angegeben wird.	„Der Kinobesuch in einem Kleinkino ist für mich attraktiv!" ☐ stimme zu ☐ stimme nicht zu ☐ unentschieden ☐ lehne ab

Methode	Kriterium	Beispiel
Semantisches Differential	Bipolare Skala mit Gewichtungspaaren	„Der Besuch in einem Multiplexkino ist für mich …" **sehr – weniger – nie – nie – weniger – sehr** ⬅➡ langweilig ┤┼┼┼┼┼┼├ interessant
Ratingskala	Skala mit vorgegebener Bewertung	„Wie beurteilen Sie Ihren letzten Kinobesuch?": ☐ sehr gut ☐ gut ☐ schlecht
Gewichtungs-skala	Skala zur Gewichtung von Eigenschaften	„Das Publikum bei einer Kinovorstellung ist …" ☐ sehr wichtig – ☐ wichtig – ☐ unwichtig

Infobox

Zehn Tipps zur Gestaltung eines Fragebogens

1. Ehe Sie mit der Gestaltung Ihres Fragebogens beginnen, werden Sie sich darüber im Klaren:
   - was will ich konkret erfahren?
   - wie umfangreich sollen die Informationen sein?
   - was will ich mit den Antworten anfangen?

2. Formulieren Sie einfache Fragen, die jeder Proband verstehen kann. Passen Sie sich an das Sprachniveau der Befragten an. Wortschatz, Satzlänge und Satzbau sollten Ihrer Zielgruppe entsprechen.

3. Wenn alle Antwortmöglichkeiten im Voraus bekannt sind, können Sie geschlossene Fragen stellen, die man nur mit „ja" oder „nein" beantworten kann. Die Auswertung vereinfacht sich und ist kostengünstiger (*„Haben Sie schon einmal bei „Superbillig" eingekauft?"*).

4. Bei offenen Fragestellungen gibt es keine festen Antwortkategorien für die Testpersonen. Diese Art der Fragestellungen sollten Sie immer dann wählen, wenn Sie detaillierte Auskünfte erwarten (*„Was gefällt Ihnen am Angebot der Firma „Superbillig" am besten?"*) oder die Befragten nicht durch bereits vorgegebene Antwortmöglichkeiten beeinflusst werden sollen.

5. Erklären Sie Wörter oder Begriffe vor der eigentlichen Befragung, von denen Sie annehmen können, dass sie nicht allen Befragten bekannt sind (*„Ich möchte Sie über die kapitalgedeckte Altersvorsorge befragen. Ist Ihnen dieser Begriff bekannt?"*).

6. Verzichten Sie auf Fragen, die den Befragten die Antwort „in den Mund legen" (Suggestivfragen) und ihn dadurch beeinflussen (*„Sie wollten doch sicher schon immer eine Urlaubsreise ans Mittelmeer unternehmen?"*).

7. Bauen Sie den Fragebogen sachlogisch auf. Fragen zum gleichen Thema sollten Sie zu einem Fragenblock zusammenfassen.

8. Beginnen Sie mit einfachen und motivierenden Fragen, die eine positive Atmosphäre schaffen (Eisbrecherfragen); heikle Fragen sollten Sie erst zum Schluss stellen.

9. Der Fragebogen sollte nicht zu lang sein, da sonst die Rücklaufquote sinkt (bei schriftlichen Befragungen nicht mehr als 10 Seiten).

10. Beenden Sie die Befragung mit einem Dank für das Ausfüllen und die investierte Zeit.

Beobachtung

Bei dieser Methode primärer Datenerhebung geht man von sinnlich wahrnehmbaren Sachverhalten aus. Neben Verhaltensweisen können auch Sachen und Eigenschaften Gegenstand einer Beobachtung sein. Die unterschiedlichen Beobachtungsverfahren kann man nach folgenden Kriterien klassifizieren (in Anlehnung an THEIS, H.J., 1999, S. 183 ff.).

Beobachtungs-gegenstand →	• Kunden- und Passantenbeobachtung, • Werbeempfängerbeobachtung, • Personalbeobachtung, • Mitbewerberbeobachtung.
Standardisierungs-grad →	• Standardisierte Beobachtung, d. h. die Beobachtung erfolgt nach einem festgelegten Beobachtungsschema, • Nichtstandardisierte Beobachtung, d. h. der Beobachter legt autonom die Untersuchungsmerkmale fest.
Beobachtungs-situation →	• offen, d. h. die beobachtete Person ist über die Situation informiert und kennt ihre Rolle, • nicht-durchschaubar, d. h. die beobachtete Person weiß zwar, dass sie beobachtet wird, kennt aber nicht den Zweck der Beobachtung, • biotisch, d. h. bei der beobachteten Person liegt vollkommene Ahnungslosigkeit hinsichtlich Zweck und Rolle innerhalb des Beobachtungsvorganges, vor.
Partizipazionsgrad des Beobachters →	• teilnehmend, d. h. der Beobachter nimmt aktiv am Geschehen teil, z. B. als Testverkäufer oder Testkunde, • nicht-teilnehmend, d. h. der Beobachter verhält sich passiv, z. B. bei einer Personalbeobachtung oder Passantenzählung.
Techniken der Datenerhebung →	• visuell, d. h. die Erfassung der Beobachtungsdaten erfolgt durch den Beobachter selbst und wird von ihm dokumentiert, • apparativ, d. h. elektronische (Video, Scanner) oder mechanische (Zählwerke) Aufzeichnungsgeräte kommen zum Einsatz.
Beobachtungs-umgebung →	• Feldbeobachtung, d. h. der Proband wird in seiner natürlichen Umgebung beobachtet (vor einem Schaufenster, in einem Restaurant), • Laborbeobachtung, d. h. die Beobachtung findet in einer meist bewusst inszenierten künstlichen Umgebung statt (Schlafverhalten beim Testen von Matratzen in einem Schlaflabor).

Infobox

Mystery-Shopping – nicht mysteriös, sondern hoch effizient!

Mystery Shopping ist eine Form der teilnehmenden Beobachtung. Dabei handelt es sich um die Beobachtung von Kunden- und Käuferverhalten in Verkaufsgesprächen (Testkauf). Zusätzlich kann auch das gesamte Leistungsangebot des Unternehmens überprüft werden (Einsatzgebiete sind aber nicht nur der Handel, sondern auch im Hotel- und Gaststättengewerbe sowie der Tourismusbranche bietet sich diese Marktforschungsmethode an).

Im Handel tritt der Mystery Shopper als ein von einem normalen Kunden nicht zu unterscheidender Interessent auf und simuliert, ohne Wissen des Verkaufspersonals, eine reale Kaufsituation. Er handelt meistens im Auftrag eines Marktforschungsinstituts und führt eine standardisierte Beobachtung durch, um dadurch Hinweise auf mögliche Verbesserungen der Leistungserstellung zu erhalten. Die Beobachtungsergebnisse können auf folgende Fragestellungen eine Antwort geben:

• Wo liegen die Stärken und Schwächen des Verkaufspersonals im direkten Kundenkontakt?
• Wie gut ist der Kundenservice in den Filialen und Abteilungen?
• Haben Trainingsmaßnahmen den gewünschten Erfolg bewirkt?
• Wie loyal steht die Belegschaft zum Unternehmen?
• Werden die Standards zur Kundenzufriedenheit eingehalten, wie z. B. Begrüßung, Freundlichkeit und Engagement für den Kunden?
• Wie ist der Eindruck des Outlets hinsichtlich Warenpräsentation, Sauberkeit, Einsatz von Werbemitteln?

Experiment / Test

Mit Hilfe eines Experiments oder Tests sollen im Rahmen der Marktforschung bestimmte **kausale** Zusammenhänge aufgedeckt werden. Die dabei zugrunde liegenden Bedingungen, unter denen das Experiment abläuft, müssen genau festgelegt, kontrollierbar und wiederholbar sein.

Beispiel	Mithilfe von Tests kann ermittelt werden, welche Anzeigenformate und -größen von Lesern präferiert werden. Eine Gruppe von Testpersonen erhält eine Anzeige im DIN A 4 Format quer, eine andere Testgruppe dieselbe Anzeige in einem anderen Format. Mit Hilfe des Tests im Labor werden Erkenntnisse gewonnen, welche Größe oder welches Format einer Anzeige besser bei den Lesern wirkt.

Experimente können als **Feldexperiment** in einer natürlichen Umgebung oder als **Laborexperiment** durchgeführt werden. Bei der Wahl der **Erhebungstechnik** sind grundsätzlich zwei Arten möglich:

Befragungsexperiment → Der Einfluss des Testfaktors (Variable) auf den Wirkfaktor wird durch Befragung ermittelt.	Ein Discounter verändert die inhaltliche Zusammensetzung und das Verpackungsdesign für bestimmte Eigenmarken. Nach den Änderungen ermittelt man die aktuelle Kaufbereitschaft durch eine Kundenbefragung.
Beobachtungsexperiment → Die Auswirkung des Testfaktors auf den Wirkfaktor wird durch Beobachtung erschlossen.	Die Kaufbereitschaft für die geänderten Produkte wird mengenmäßig durch Auswertung der gescannten Abverkäufe ermittelt.

Der große **Vorteil** der Datenerhebungsmethode Experiment liegt darin, dass kausale Zusammenhänge transparent werden. **Hersteller** setzen Experimente häufig im Entwicklungsstadium ihrer Produkte ein. Nach Fertigstellung eines Prototyps wird die Wirkung der anderen absatzpolitischen Instrumente auf die Akzeptanz bei der Zielgruppe untersucht.

Im **Handel** – besonders bei der Verfolgung einer Handelsmarkenpolitik – eignen sich Experimente zum Testen nahezu aller Maßnahmen, die durch die Anwendung marketingpolitischen Instrumente durchgeführt werden, wie die folgenden Beispiele verdeutlichen sollen:

Namenstest	→	Produktpolitik
Verpackungstest	→	Produktpolitik
Geschmackstest	→	Produktpolitik
Preistest	→	Preispolitik
Storetest	→	Distributionspolitik
Werbemitteltest	→	Kommunikationspolitik
Werbeträgertest	→	Kommunikationspolitik
Markttest	→	Marketingmix

7.2.4 Datenanalyse

Durch die konkrete Durchführung der Marktforschung gewinnt das Unternehmen sein gewünschtes **Datenmaterial**. Es liegt in Form von **Variablen** *(Antwortmerkmale)* und / oder **Fällen** *(ausgefüllte Fragebogen)* vor. Die gewonnene Datenmenge muss nun in einem weiteren Schritt aufbereitet und analysiert werden, bevor es zu einer Interpretation kommen kann. Dieser weitere Vorgang lässt sich mit den folgenden Schritten „ordnen und redigieren – skalieren und analysieren" beschreiben:

Schritt 1: Die Datenmenge wird durch die Aufstellung von Datenkategorien *(Einkommensklassen, Altersklassen u. a.)* geordnet und in einer Tabellenform dargestellt.

Schritt 2: Die Daten werden skaliert, indem die mit Zahlen versehenen Merkmale nach einem bestimmten Verhältnis (Skala, Skalierung) einander zugeordnet werden, z. B. in einer Nominalskala, Ordinalskala oder Intervallskala.

Schritt 3: Die Datenmenge wird nach einem univariaten, bivariaten oder multivariaten Verfahren analysiert. Damit werden Informationen mit Hilfe von exakt bestimmbaren wissenschaftlichen Methoden darstellbar.

In der Regel steht der Marktforschung für die Erfassung, Skalierung und Analyse eine spezielle Software zur Verfügung wie z. B. SPSS (Statistical Package for Social Sciences), OSIRIS (Organized Set of Integrated Routines for Investigation in Statistics) oder SAS (Statistical Analysis System). Damit geschieht die Auswertung der Daten maschinell.

Um das Verständnis für die Vorgehensweise zu vermitteln, werden die Schritte der Datenanalyse konkret dargestellt.

▶ Ordnen und redigieren der erhobenen Daten

Die wesentliche Aufgabe besteht in der Aufstellung von Datenkategorien, dem Redigieren und der Übertragung der verschlüsselten Ergebnisse in Tabellen. Die Aufstellung einer Datenkategorie kann zum Beispiel in der Bildung von verschiedenen Einkommensklassen bestehen *(Einkommen bis 1.500 €, Einkommen bis 2.500 €, Einkommen bis 3.500 €).* Die Informationen aller erhobenen Datensätze *(Fragebogen, Interview u. a.)* werden in einer Tabelle diesen Datenkategorien zugeordnet. Auf diese Weise entsteht eine Tabelle, die deutlich macht, wie viele Daten in einer Datenkategorie vorhanden sind.

Beispiel

Datenkategorie Einkommen	Anzahl der genannten Daten
Einkommen bis 1.500 €	12
Einkommen bis 2.500 €	8
Einkommen bis 3.500 €	5
N=25 Stichprobengröße	

Datenkategorie Geschlecht	Anzahl der genannten Daten
Frau	11
Mann	14
N=25 Stichprobengröße	

Datenkategorie Familienstand	Anzahl der genannten Daten
Verheiratet	8
Single	17
N=25 Stichprobengröße	

Die redigierten und kodierten Daten werden in einem weiteren Schritt in eine Ordnung zueinander gebracht. Das **Zuordnen** von Zahlen nennt man **Skalieren**.

▶ **Skalieren von Daten und Durchführung von Skalierungsverfahren**

Die Zuordnung von Zahlen (Skalieren) geschieht in unterschiedlicher Art und Weise.

Nominalskalen

Die Zuordnung von Zahlen in einer Nominalskala ist die einfachste Methode. Die Nominalskala gibt an, ob ein Untersuchungsgegenstand *(Frage eines Fragebogens)* in Besitz oder Nichtbesitz eines bestimmten inhaltlichen Merkmals ist; daraus folgt: Die Ausprägungen eines Merkmales können nur einer Zahl zugeordnet werden.

Beispiel männlich = 1   weiblich = 2

Ordinalskala

Die Zuordnung in einer Ordinalskala gibt eine Rangordnung an.

Beispiel Ich gestalte meine Freizeit aktiv durch Freunde treffen:
☐ häufig   ☐ regelmäßig   ☐ weniger   ☐ nie

Intervallskala

Bei der Zuordnung durch eine Intervallskala wird die Beziehung (Intervall) der Daten zu einem definierten Nullpunkt festgelegt, z. B. durch Jahreszeit oder Geschlecht.

Beispiel Im Sommer gehe ich häufiger ins Fitness-Studio am:
☐ Mo   ☐ Di   ☐ Mi   ☐ Do   ☐ Fr   ☐ Sa   ☐ So

Im Winter gehe ich häufiger ins Fitness-Studio am:
☐ Mo   ☐ Di   ☐ Mi   ☐ Do   ☐ Fr   ☐ Sa   ☐ So

Verhältnisskala

Sie besitzt einen absoluten Nullpunkt und daher sind bei solchen Skalen mathematische Rechenoperationen *(addieren, multiplizieren)* möglich.

Beispiel Die Umsätze eines Unternehmens werden über mehrere Jahre untersucht und es wird der Durchschnittsumsatz berechnet.

Nach Fertigstellung der Skala lässt sich dann innerhalb des Datenergebnisses die Datenlage in die Richtung der zugeordneten Daten ermitteln. Dies geschieht mit Hilfe der Skalierungsverfahren, die

- nominal, ordinal-, intervall- oder verhältnisskalierte Messwerte liefern,
- auf dem Prinzip der Fremdeinstufung beruhen, d. h. nur der Marktforscher interpretiert die Aussagen des Probanden,
- bei denen die Interpretation der erhaltenen Reaktionsmuster objektiv nachvollziehbar und unter empirisch gesicherten Kriterien erfolgt.

Zu den wichtigsten **Skalierungsverfahren** zählen:

Likertskala

Bei einer Likertskala werden mehrere Aussagen („Statements" oder „Items") vorgegeben. Die Probanden geben den Grad Ihrer Zustimmung oder Ablehnung auf einer meist fünf bis sieben Stufen umfassenden Antwortvorgabe in abgestufter Form ab.

Beispiel Wichtigkeit von Werten und Einstellungen:

Wie wichtig sind für Sie die folgenden Dinge?	sehr wichtig			un- wichtig
Achtung und Respektierung von Gesetz und Ordnung	1	2	3	4	5
Sicherung eines hohen Lebensstandards	1	2	3	4	5
Anstreben von Macht und Einfluss	1	2	3	4	5
Entwicklung eigener Kreativität und Fantasie	1	2	3	4	5

Guttmannskala

Sie besteht aus mehreren Items, wobei jedes vorgegebene Item eine stärkere Ausprägung des Merkmals misst, als das zuvor Genannte.

Beispiel Messung des Engagements für den Umweltschutz:

Ich bin für Umweltschutz	ja	nein
Ich spende Geld für Umweltschutzorganisationen	ja	nein
Ich unterstütze Umweltverbände aktiv (Mitarbeit an Infostand, Materialverteilung)	ja	nein
Ich werde für ein Amt in einer Umweltschutzorganisation kandidieren	ja	nein

Analyseverfahren

Die Analyse folgt unterschiedlichen Skalierungsverfahren und bringt je nach Analyseverfahren unterschiedliche Ergebnisse. Die Analyseverfahren lassen sich je nach Anzahl der Betrachtung der Variablen in univariate (eine Variable), bivariate (zwei Variable) und multivariate (drei und mehr Variable) Auswertungsverfahren einteilen.

Die **univariate Auswertung** begrenzt sich auf die Zählung einer eindimensionalen Häufigkeitsverteilung und stellt in der Praxis die Standardauswertung von Datenerhebungen dar. Es können absolute, relative oder kumulierte Häufigkeiten dargestellt werden.

Beispiel Auf die Frage nach dem Alter ihrer Videoausrüstung gaben 20 Befragte folgende Antworten: 1, 2, 5, 1, 3, 6, 2, 2, 3, 1, 2, 4, 5, 2, 4, 3, 3, 2, 1, 3.
Daraus lässt sich folgende Häufigkeitsverteilung ermitteln:

Alter der Videoausrüstung	absolut	relativ (%)	kumuliert (%)
1 Jahr	5	25	25
2 Jahre	6	30	55
3 Jahre	4	20	75
4 Jahre	2	10	85
5 Jahre	2	10	95
6 Jahre	1	5	100

Interpretationsmöglichkeiten:
- 25 % der Befragten besitzen eine Videoausrüstung, die älter als 3 Jahre ist.
- 20 % der Befragten besitzen eine Videoausrüstung, die 3 Jahre alt ist.
- 75 % der Befragten besitzen eine Videoausrüstung, die 3 Jahre oder jünger ist.

Das **bivariate Verfahren** analysiert den Zusammenhang zwischen den Messdaten mit zwei Variablen. Dabei stellt die sogenannte Kreuztabellierung die einfachste Möglichkeit dar, um Zusammenhänge zwischen den beiden Variablen aufzuzeigen

Beispiel Bei einer Stichprobe von 300 befragten Personen ergibt sich eine Kreuztabellierung im Blick auf die Variablen Geschlecht und Sendeformat.

Geschlecht / Sendung	männlich	weiblich	Summe
Sendung Sport	95	20	115
Sendung Soap Opera	25	160	185
Summe	100	200	300

Multivariate Analyseverfahren finden dann Anwendung, wenn **drei** oder **mehr Variablen** untersucht werden sollen. Sie werden eingeteilt in **Dependenzanalysen** (einseitige Abhängigkeit) und **Interdependenzanalysen** (gegenseitige Abhängigkeit der Variablen). Die Dependenzanalyse misst die Abhängigkeit einer Variablen von anderen Variablen. Bei der Interdependenzanalyse wird die Abhängigkeit verschiedener Variablen im gegenseitigen Verhältnis gemessen.

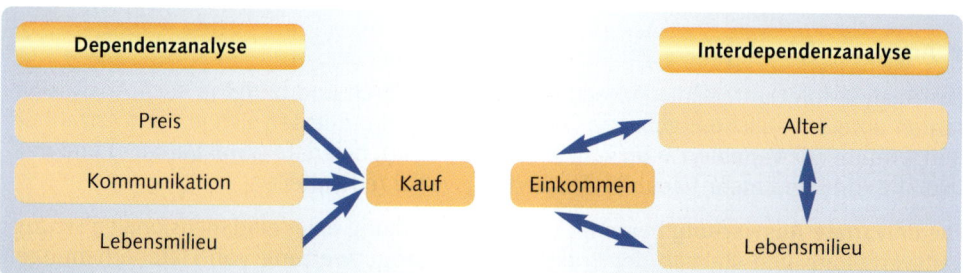

Abb. *Analyseverfahren im Überblick (In Anlehnung an Berekoven, Eckert, Ellenrieder, 2000, S. 204)*

Je nachdem welches Marktforschungsproblem untersucht werden soll, finden die jeweils dazu passenden Analyseverfahren Anwendung.

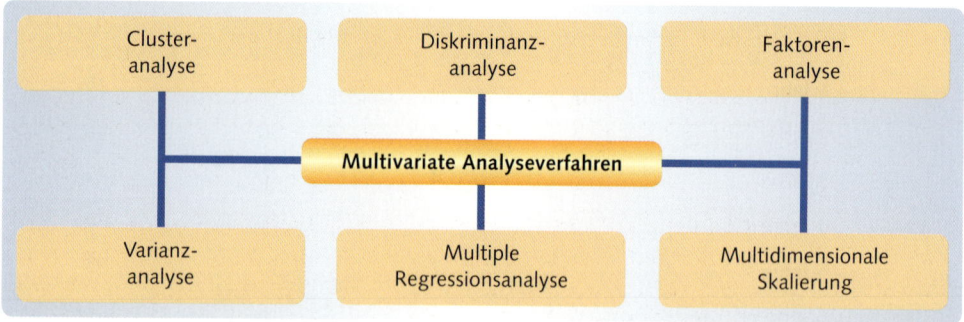

Abb. *Multivariate Analyseverfahren*

Die **Clusteranalyse** reduziert eine große Datenmenge auf eine aussagefähige Größe mit bestimmten Eigenschaften. Dabei werden aus der Vielzahl von verschiedenen Merkmalen die Kriterien definiert, durch die sich eine Zielgruppe in gleichartige, homogene Merkmalsgruppen einteilen lässt.

> **Beispiel** Ein Marktforschungsinstitut führt im Auftrag eines privaten Rundfunksenders eine Clusteranalyse durch, um Werbeinteressenten für deren Zielgruppe geeignete Sendeformate anzubieten. Aus den Variablengruppen „Informationsinteressen" und „Freizeitaktivitäten" entstanden durch Clusterung verschiedene überschneidungsfreie Typen, wie z. B. das „kaufkräftige Bildungscluster", das „aktive Freizeitcluster" oder das „Seniorencluster". Eine Ausrichtung der Sendeformate auf diese Lifestyle-Typen, ermöglicht eine äußerst zielgruppengerechte Werbung.

Bei der **Diskriminanzanlayse** werden die Merkmale so analysiert, als ob sich dabei Personengruppen mit typischen Merkmalen von einander trennen lassen, so dass es möglichst wenige Überschneidungen gibt. Auf dieser Basis lässt sich das Verhalten von Personen, die den jeweiligen Gruppen angehören, prognostizieren.

> **Beispiel** Die Priorität für Fitness von Menschen mit den Freizeitaktivitäten Lesen oder Musizieren ist geringer, als die Priorität von Menschen mit der Freizeitaktivität Freunde treffen und Ausgehen.

Bei Anwendung der **Faktorenanalyse** ist man bestrebt, die Vielzahl von Variablen (Eigenschaften eines Angebotes) auf einige aussagekräftige Faktoren *(Preis, Qualität u. a.)* zu reduzieren (GUCKELSBERGER, UNGER, 1999, S. 263).

> **Beispiel** Ein Wellness-Institut interessiert sich für die Eigenschaften (Faktoren), die von den Nutzern an solch eine Einrichtung gestellt werden. Mithilfe der Datenanalyse wird dabei die Gesamtheit aller Eigenschaften in den Faktoren dargestellt, die für den Kunden möglichst eindeutig von gleich hoher Bedeutung sind:
>
> Ein Wellness-Institut sollte folgende Eigenschaften haben:
> Faktor 1 (weiche Faktoren): Sauberkeit, Hygiene, freundliche Atmosphäre.
> Faktor 2 (harte Faktoren): Ausstattung mit allen notwendigen Einrichtungen
> (Bade-, Sauna-, Massagebereich), großzügige Öffnungszeiten, gutes
> Preis-Leistungsverhältnis.
> Faktor 3 (Sonderfaktor): Sonderangebote wie Getränke und Snacks, Vorträge
> zu einer gesunden Lebensweise, Vermittlung von Wellness-Reisen.

Bei der **Varianzanalyse** wird der Einfluss einer oder mehrerer unabhängiger Variablen auf eine oder mehrere abhängige Variablen ermittelt.

> **Beispiel** Ein bundesweit werbender Musicalveranstalter möchte durch eine experimentelle Wirkungsprognose darüber Informationen, ob das Buchungsaufkommen durch das Versenden von speziell gestaltetem Werbematerial an ausgewählte Haushalte signifikant steigt. Mithilfe der Varianzanalyse wird eine Untersuchung mit und ohne Einsatz einer speziellen Mailinggestaltung an über 100.000 Haushalte durchgeführt.

Die **Regressionsanalyse** ermöglicht es allgemeine Rückschlüsse im Verhältnis von mehreren Variablen zueinander darzustellen. Bei Anwendung dieser Analysemethode reduziert man bestimmte Merkmale im Verhältnis der Variablen zueinander. Damit kann der Einfluss verschiedener unabhängiger Variablen auf eine abhängige Variable gemessen werden.

Beispiel • Welchen Einfluss hat die Freizeitgestaltung auf die Fitness-Priorität,
  • gibt es einen Einfluss der Eigenschaften eines Fitness-Studios auf
    die Anzahl der jährlichen Besuche?

Im Gegensatz zur **einfachen** Regression, die nur die Abhängigkeit einer Variablen von einer anderen untersucht, ermittelt die **multiple** Regressionsanalyse die Abhängigkeit einer abhängigen Variablen von mehreren unabhängigen Variabeln.

Beispiel Man untersucht die Fragestellung, wie sich zum Beispiel eine Preiserhöhung und die gleichzeitige Reduzierung von Werbeausgaben auf das Kaufverhalten auswirken.

Bei der **Multidimensionalen Skalierung** besteht der Grundgedanke darin, eine bestimmte Anzahl von Elementen und deren Beziehung zueinander in einem Raum darzustellen. Dabei wird dieser Raum durch Dimensionen geprägt, durch die ein so genanntes marktpsychologisches Modell entsteht.

Beispiel Die folgende Abbildung zeigt die Positionierung der Marken verschiedener Automobilhersteller positioniert nach den unterschiedlichen Kriterien von Preis, Technik, Funktion und Design.

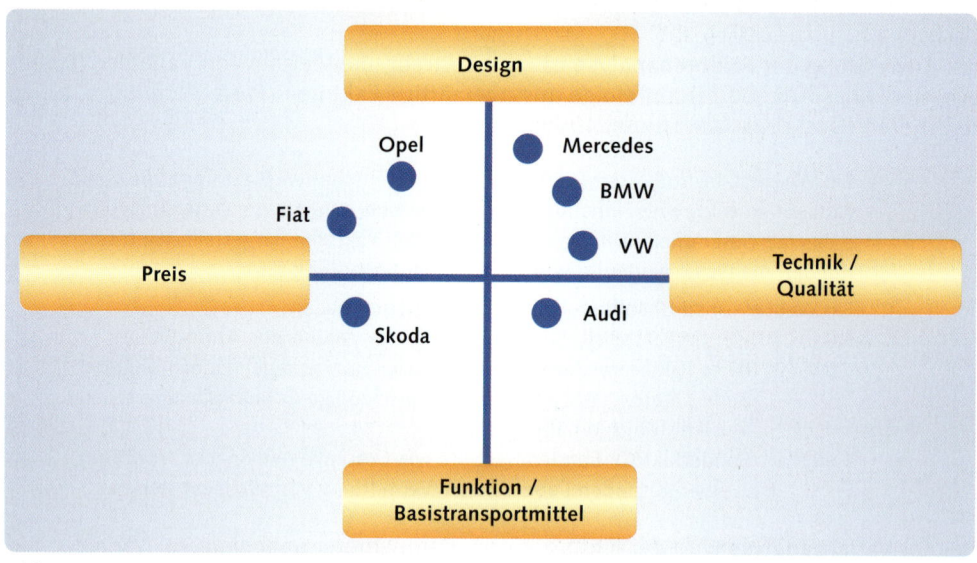

Abb. *Multidimensionale Skalierung*

7.2.5 Präsentation und Interpretation der Daten

Nach der Auswertung der Marktforschungsergebnisse erfolgt die **Zusammenfassung** in einem **Bericht** (Report), der den letzten Schritt im Marktforschungsprozess darstellt. Dieser Bericht beinhaltet die Darstellung und Interpretation der Marktforschungsergebnisse. Die **Darstellungsform** hängt im Wesentlichen von der Zielgruppe ab, die die Ergebnisse der Marktforschung zur Kenntnis nehmen soll. Maßnahmen zur Darstellung umfassen neben umfassenden oder verdichteten Berichten (Abstract) in Textform, prägnante Formen von Tabellen oder Grafiken. Grafische Darstellungen sind besonders anschaulich und können mithilfe einer Präsentationssoftware leicht erstellt werden.

Säulendiagramm

Es ist besonders gut zur Darstellung von Häufigkeitsverteilungen oder Zeitreihen geeignet.

Beispiel Häufigkeit, mit der Prominente einer Marke zugeordnet werden.
(Quelle: Horizont 40 / 04)

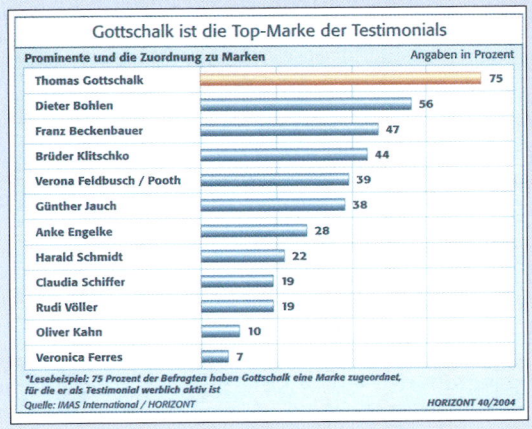

Liniendiagramm

Es eignet sich besonders für die Visualisierung zeitabhängiger Daten. Allerdings lassen sich nur wenige Dateneinheiten und relativ einfache Sachverhalte übersichtlich abbilden.

Beispiel Auflagenentwicklung von TV-Zeitschriften über mehrere Jahre
(Quelle: Horizont 43 / 04)

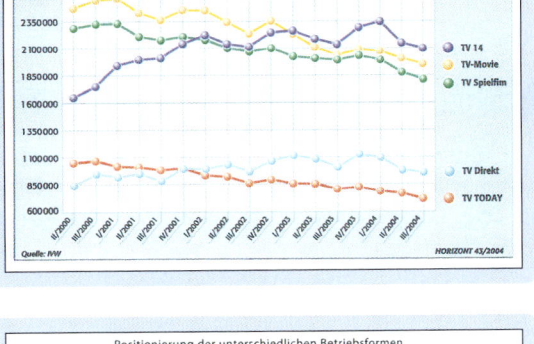

Positionierungsdiagramm

In einem zwei- oder mehrdimensionalen Raum werden bestimmte Tatbestände verdeutlicht.

Beispiel Zukünftige Wachstumschancen von Einzelhandelsbetriebsformen.
(Quelle: Kompetenz Einzelhandel, 2004, S. 86)

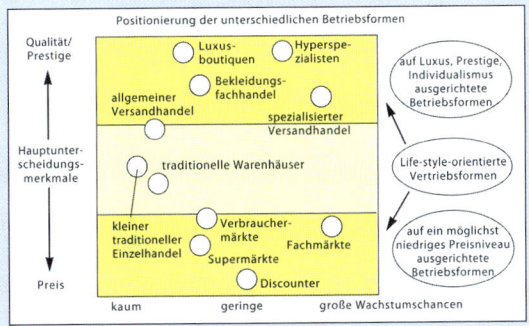

Kartogramme

Bei dieser Darstellung können Ergebnisse einer Marktuntersuchung geografisch zugeordnet werden.

Beispiel Präsenz öffentlicher und privater Rundfunksender in den österreichischen Bundesländern.
(Quelle: Horizont 42 / 04)

7.3 Bestimmung der Zielgruppen

Die am Ende eines Marktforschungsprozesses zu treffende Entscheidung für eine Marketingstrategie wird nur dann die gewünschte Wirkung zeigen, wenn **Eigenschaften** und **Verhalten** der ausgewählten **Zielgruppe** möglichst umfassend **identifiziert** werden konnten. Darauf bauen dann die zu planenden und zu realisierenden Marketingmaßnahmen mithilfe ausgewählter Marketinginstrumente auf.

7.3.1 Merkmale von Zielgruppen

Die **Merkmale** von Zielgruppen lassen sich in vier große Kategorien einteilen:

Demografisch → Alter, Geschlecht, Einkommen, Haushaltsgröße, Beruf, Ausbildung, Konfession.

Geografisch → Gebiet, Region, Bevölkerungsdichte, Klima, Sprache.

Psychografisch → Persönlichkeit, Lebensstil, Kommunikation, Wertehaltung, Einstellung.

Verhalten → Freizeitgestaltung, Urlaub, Mediennutzung, Mitgliedschaft in Organisationen sowie Kaufverhalten.

Fallbeispiel „Geomarketing mit Schober – eine gute Adresse für Marktforscher"

Mit fünfzig Millionen Privatadressen und vier Millionen Firmenadressen unterstützt die Schober Information Group aus Ditzingen bei Stuttgart Unternehmen bei der Marktforschung. Diese Adressen werden aus verschiedenen Quellen zusammengefasst (*Schober*

Abb. Einteilung mit geografischen Merkmalen

Marktforschung durch Hausbewertung, Lifestyle-Befragung, Versandhandelsdaten, amtliche Statistik, Kraftfahrt-Bundesamt, Daten der Gesellschaft für Konsumforschung). Schober hat sich für eine geografische Einteilung entschieden: 9 Nielsengebiete, 16 Bundesländer, 439 Kreise, 8.277 Postleiträume, 14.362 Gemeinden, 32.4000 statistische Bezirke, 75.000 Wohnquartiere, 1.150.000 Straßen, 38 Millionen Haushalte, 82 Millionen Einwohner. Dabei wurden 19 Millionen Gebäude erfasst und nach mehreren Kriterien (*Gebäudecharakteristik, Gartengröße, Altersklasse des Gebäudes, Bauweise, Wohngegend, Lage des Hauses, Straße u. a.*) persönlich vor Ort bewertet.

Diese Informationen der Marktforschung lassen sich für das Marketing (Geomarketing) nutzen, indem bestimmte Merkmale, die an die geografische Aufteilung gebunden sind, ausgewählt werden. Dazu zählen beispielsweise:

- Selektion einer Zielgruppe *(Männer, ledig, im Alter von 35–45 Jahren)*, die im Umkreis von zehn Kilometern eines geografisch definierten Standortes wohnen,
- Selektion alle Haushalte, die vom Standort aus in 15, 30, 45 oder 60 Minuten beliefert werden können,
- Bestimmung des optimalen Standortes für Verkaufsfilialen,
- Selektion alle Firmen, die an vorgegebenen Fahrtrouten liegen.

Neben den an geografischen Merkmalen zu definierenden Eigenschaften einer Zielgruppe, hat Schober Zielgruppen mit einem bestimmten Lebensstil bestimmt, wie zum Beispiel Personen, die einen Neuwagen kaufen wollen, Personen die beabsichtigen ein Gebäude aus- oder umzubauen, Haustierbesitzer, Vielflieger, Homebanking-Nutzer u. a. Die Merkmale der Lifestyle-Zielgruppen (vgl. dazu Kap. 7.3.2) sind in zehn Profilen zusammengefasst. Die Profilbildung geschieht in einer Matrix mit den Ausprägungen jung – alt und hohe oder niedrige Bildung.

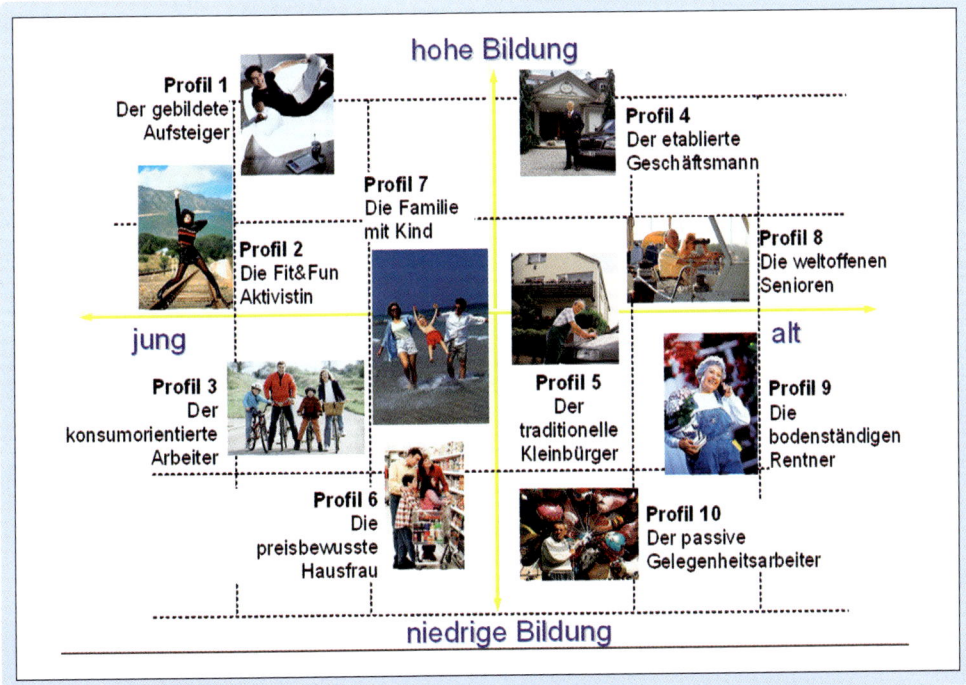

Abb. *Lifestyle-Profile von Schober*

7.3.2 Zielgruppenverhalten und Erlebniswelten

Marktforschung von heute zeigt nicht nur Interesse am Status oder den Verhaltens-
aspekten einer Zielgruppe, sondern berücksichtigt auch die individuellen **Einstellungen** und
Werte von Menschen. Diese Aufgabe übernimmt die sogenannte **Lifestyle-Forschung**.
Der hierbei zugrunde liegende Forschungsansatz versucht die Persönlichkeit der Verbraucher mithilfe von typologisierenden Segmentierungen zu charakterisieren, ohne sich ausschließlich auf soziodemografische Faktoren zu stützen.

Zu den bekanntesten Lifestyle-Typologien dieser Art gehören die Untersuchungen des
Heidelberger Sinus Instituts mit seiner Milieu-Studie.

▶ Sinus-Milieus – Zielgruppenbestimmung nach Lebensstil und sozialer Schichtung

Die **Zielgruppenbestimmung** durch die Sinus Sociovision GmbH orientiert sich an einer
Lebensweltanalyse der Gesellschaft.

▬ Forschungsansatz

Die Sinus-Milieus gruppieren Menschen, die sich in ihrer Lebensauffassung und Lebensweise ähneln. In die Analyse gehen sowohl grundlegende Wertorientierungen, als auch
Alltagseinstellungen ein *(Arbeit, Familie, Freizeit, Geld, Konsum)*. Damit unterscheidet
sich dieser Forschungsansatz von anderen, die hauptsächlich Zielgruppen nach soziodemografischen Kriterien definieren. Die Sinus-Milieu-Studie will nachweisen, dass Sym-
pathien für bestimmte Marken und der Konsum bestimmter Produkte nicht nur von
soziodemografischen Merkmalen, sondern auch vom **Lifestyle** der jeweiligen Gruppe, von
Wertorientierungen und **ästhetischen Präferenzen** beeinflusst werden. Daher nutzen viele
Markenartikel-Hersteller und Dienstleistungsunternehmen diese Typologisierung für ihr
strategisches Marketing, für Produktentwicklung und Kommunikation.

Die Position der Milieus in der Gesellschaft nach sozialer Lage und Grundorientierung
veranschaulicht die folgende Grafik: Je höher ein Milieu in dieser Grafik angesiedelt ist,

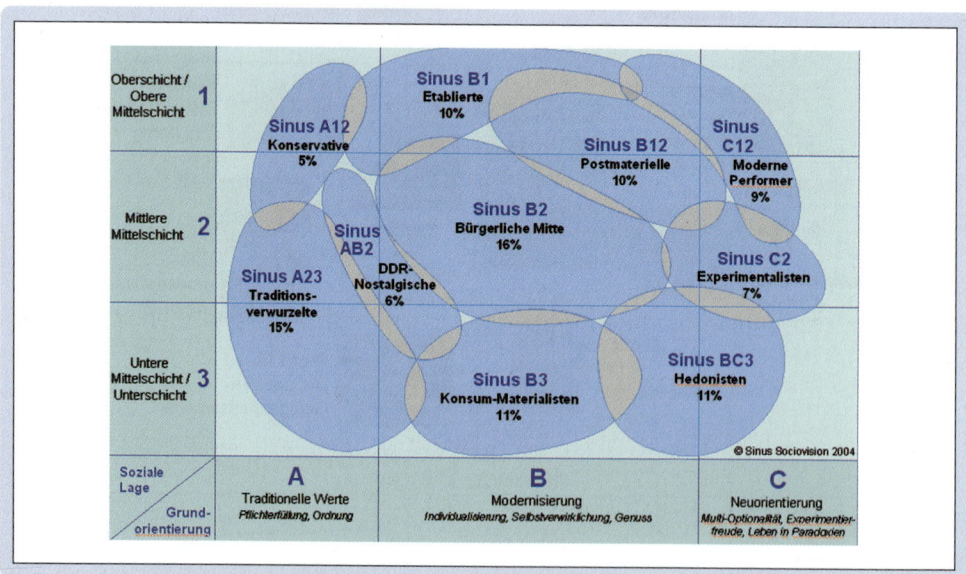

Abb. *Sinus Milieus in Deutschland 2004*

desto gehobener sind Bildung, Einkommen und Berufsgruppe; je weiter rechts es positioniert ist, desto moderner ist die Grundorientierung. In dieser **„strategischen Landkarte"** können Produkte, Marken, Medien usw. positioniert werden.
(Quelle: Sinus Sociovision GmbH, Heidelberg, 2004).

Charakterisierung der Lebenswelt-Segmente

Aus der Zuordnung der sozialen **Schichtzugehörigkeit** und der wertemäßigen **Grundorientierung** ergeben sich zehn **Milieus**, die sich wie folgt kurz charakterisieren lassen:

Milieu	Charakteristik
Etablierte (10 %)	**Das selbstbewusste Establishment:** Erfolgs-Ethik, Machbarkeitsdenken und ausgeprägte Exklusivitätsansprüche.
Postmaterielle (10 %)	**Das aufgeklärte Nach-68er-Milieu:** Liberale Grundhaltung, postmaterielle Werte und intellektuelle Interessen.
Moderne Performer (8 %)	**Die junge unkonventionelle Leistungselite:** Intensives Leben – beruflich und privat, Multioptionalität, Flexibilität und Multimedia-Begeisterung.
Konservative (5 %)	**Das alte deutsche Bildungsbürgertum:** Konservative Kulturkritik, humanistisch geprägte Pflichtauffassung und gepflegte Umgangsformen.
Traditionsverwurzelte (15 %)	**Die Sicherheit und Ordnung liebende Kriegsgeneration:** Verwurzelt in der kleinbürgerlichen Welt bzw. in der traditionellen Arbeiterkultur.
DDR-Nostalgische (6 %)	**Die resignierten Wende-Verlierer:** Festhalten an preußischen Tugenden und altsozialistischen Vorstellungen von Gerechtigkeit und Solidarität.
Bürgerliche Mitte (16 %)	**Der statusorientierte moderne Mainstream:** Streben nach beruflicher und sozialer Etablierung, nach gesicherten und harmonischen Verhältnissen.
Konsum-Materialisten (11 %)	**Die stark materialistisch geprägte Unterschicht:** Anschluss halten an die Konsum-Standards der breiten Mitte als Kompensationsversuch sozialer Benachteiligungen.
Experimentalisten (7 %)	**Die extrem individualistische neue Bohème:** Ungehinderte Spontaneität, Leben in Widersprüchen, Selbstverständnis als Lifestyle-Avantgarde.
Hedonisten (7 %)	**Die spaßorientierte moderne Unterschicht / untere Mittelschicht:** Verweigerung von Konventionen und Verhaltenserwartungen der Leistungsgesellschaft

(Quelle: Focus-Medialine, 2004)

Exemplarisch für diese zehn Milieubeschreibungen sei das der **Bürgerlichen Mitte** (Sinus B2) beschrieben.

Lebenswelt:

- Lebensziel der bürgerlichen Mitte ist es, in gut gesicherten, harmonischen Verhältnissen zu leben. Cocooning[1] im gepflegten Ambiente, umgeben von gleichgesinnten und gleichsituierten Freunden prägt ihren Lebensrahmen.

---

[1] cocooning (engl. = sich einspinnen) Modebegriff für das häusliche Wohn-Wohlgefühl, Rückzug in die eigenen vier Wände.

- Sie zeigt Leistung und Zielstrebigkeit. Beruflicher Erfolg, eine gesicherte Position und die Etablierung in der Mitte der Gesellschaft sind ihnen wichtig.
- Sie will sich einen angemessenen Wohlstand erarbeiten, sich leisten können, worauf sie Lust hat. Dabei bleibt sie aber flexibel und realistisch.
- Ein angenehmes, komfortables Leben, Harmonie im familiären Umfeld und im Freundeskreis charakterisieren den Lebensstil der Bürgerlichen Mitte. Dazu gehört Gäste einladen, gemeinsames Kochen, Vereinsengagement, sportliche Betätigung in der Gruppe oder im Verein ebenso wie die intensive Beschäftigung mit den Kindern.
- Sie konsumiert gerne und mit Genuss, ist convenienceorientiert[1] und hat ein ausgeprägtes Selbstbewusstsein als Verbraucher (Smart-Shopper). Sie investiert viel in die Ausstattung ihrer Wohnung oder ihres Hauses und lässt dabei aber auch nicht ihr eigenes Outfit zu kurz kommen.

Soziale Lage:

- Altersschwerpunkt: 30 bis 50 Jahre, oft Mehr-Personen-Haushalte, kinderfreundliches Milieu,
- Qualifizierte mittlere Bildungsabschlüsse,
- Einfache / mittlere Angestellte, Beamte oder Facharbeiter,
- Mittlere Einkommensklassen.

Fallbeispiel Marktforschungsprozess „Fit für die Zukunft"

Das Fitness-Center „Fit for ever" ist ein Sportstudio in einer Stadt mit ca. 30.000 Einwohnern. Bisher gibt es noch keinen direkten Wettbewerber. Dennoch ist im Blick auf die zunehmende Konkurrenz mit anderen Freizeitangeboten der Wettbewerb um die Kunden spürbar härter geworden.

Stagnierende Mitgliederzahlen und ein zurückgehender Umsatz veranlassen den Besitzer zu einer Marktforschungsmaßnahme.

Dabei nimmt er die professionelle Unterstützung eines Marktforschungsinstitutes in Anspruch.

---

[1] Convenience = Konsumentenstreben nach Bequemlichkeit und Komfort

Schritt 1: Festlegung der Zielsetzung, Konzeption und Hypothesenbildung

In einem ersten Schritt werden die Ziele und die Konzeption der Marktforschung diskutiert. Als Ergebnis dieser Diskussion wird als Zielsetzung festgelegt, das Nutzerprofil der Zielgruppe genauer zu definieren um zukünftige Marktpotenziale besser erschließen zu können. Dabei geht man von der Hypothese aus, dass bei einer älteren Zielgruppe (29–45 Jahre) aktives Gesundheitsbewusstsein mehr ausgebildet ist, als bei einer jüngeren Zielgruppe (18–28 Jahre).

Schritt 2: Festlegung der Erhebungsart und Erhebungsinstrumente

In einem zweiten Schritt werden die Erhebungsart und die Erhebungsinstrumente diskutiert. Zunächst soll bereits vorhandenes Datenmaterial im Rahmen der sekundären Marktforschung ausgewertet werden.

Dieses Datenmaterial basiert auf:

- Informationen des Veranstaltungskalenders der örtlichen Vereine sowie des Kulturamtes der Stadt,
- Informationen aus der Mitgliederkartei des Fitness-Centers,
- Angaben zur Einwohnerzahl und Altersstruktur der Bevölkerung,
- Zahl der Arbeitsplätze am Ort,
- Verkehrsanbindung,
- Parkplatzmöglichkeiten u. a.

Ergänzend dazu soll eine primäre Marktforschung durchgeführt werden. Mit Hilfe der primären Marktforschung sollen vor allem Einstellungen und Werthaltungen erfragt werden und damit eine weitere Kundensegmentierung erfolgen. Die primäre Marktforschung wird mit Hilfe einer repräsentativen Befragung durchgeführt.

Stichprobenauswahl

Bei den 30.000 Einwohnern wird eine repräsentative Stichprobe durchgeführt. Aus Erfahrung wird eine Anzahl von 500 Personen als ausreichend angesehen. Es wird ein geschichtetes Auswahlverfahren mit folgenden Vorgaben vorgeschlagen: 300 Adressen der Altersgruppe 18–28 und 200 Adressen der Altersgruppe von 29–45. Die Adressen werden durch ein Zufallsverfahren von dem Verlag gekauft, der das Telefonbuch für diese Stadt verlegt. Auf eine qualitative Erhebung durch Interviews mit Hilfe eines Interviewleitbogens wird verzichtet. Die Befragung wird mithilfe von Fragebogen durchgeführt. Der Zeitraum für die Befragung wird im Mai / Juni festgelegt, denn dies ist der Zeitraum, in dem eine hohe Konkurrenz um die Freizeitgestaltung der Probanden stattfindet.

Konzept der Befragung

Die Fragebögen sollen per Post bzw. Hauswurfsendung an die Adressen der Stichprobenempfänger geschickt werden. Sie erhalten einen frankierten Rückantwortschein mit der Adresse des Marktforschungsinstitutes. Unter allen Einsender werden zehn Jahresabonnements der Zeitschrift „Forever Fit" verlost. Dafür wird ein separates Antwortschreiben beigelegt.

Fragebogen

Im Blick auf die Entwicklung des Fragebogens herrscht zunächst eine große Unsicherheit.

- Welche Fragen sollen gestellt werden?
- Welche Fragearten sind zu wählen?
- Wie soll die Beantwortung durch die Probanden erfolgen?
- Welche Auswertungsmöglichkeiten sollen genutzt werden?

Das Marktforschungsinstitut schlägt vor, den Fragebogen so aufzubauen, dass die Fragen mit ihren Antwortmöglichkeiten (Variablen) möglichst unterschiedlich skalierbar sind und legt folgenden Fragebogen vor:

Fragebogen

1. Mich für meine Fitness aktiv einzusetzen, hat für mich hohe Priorität	ja ☐ nein ☐ keine Aussage ☐
2. Um mich fit zu halten setze ich mich aktiv pro Woche dafür ein	30 Min. ☐ 1 Std. ☐ 2 Std. ☐ 3 Std. ☐ 5 Std. ☐ mehr als 5 Stunden ☐

3. Ich gestalte gerne meine Freizeit aktiv durch folgende Aktivitäten:

	häufig	regelmäßig	weniger
Feste veranstalten	☐	☐	☐
Freunde treffen	☐	☐	☐
Ausgehen (Kneipe, Konzert)	☐	☐	☐
Engagement in der Gesellschaft	☐	☐	☐
Verreisen	☐	☐	☐
Gartenarbeit	☐	☐	☐
Joggen	☐	☐	☐

4. Ein attraktives Fitness-Studio hat folgende Eigenschaften:

	trifft stark zu	trifft zu	trifft weniger zu
Gut zu erreichen	☐	☐	☐
Ausgefallene Fitnessgeräte	☐	☐	☐
Gute Atmosphäre	☐	☐	☐
Betreuungsangebot durch qualifiziertes Personal (Fitness-Trainer)	☐	☐	☐
Hygienisch	☐	☐	☐
Sauna	☐	☐	☐
Angebot von Fitnessgetränken	☐	☐	☐

5. Ich bin bereit, im Monat für Fitnessaktivitäten in einem Club auszugeben:	30 € ☐ 70 € ☐ 150 € ☐ mehr als 150 € ☐
6. Geschlecht	männlich ☐ weiblich ☐
7. Alter	18–24 Jahre ☐ 25–28 Jahre ☐ 29–34 Jahre ☐ 35–39 Jahre ☐ 40–49 Jahre ☐

Auswertung

Ein erster Schritt im Blick auf die Auswertung ist die Darstellung der Häufigkeit. Das bedeutet: In der Auswertung wird dargestellt, wie häufig eine bestimmte Antwort (Variable) auf eine Fragestellung gegeben wurde.

Die jeweilige Antwort wird dabei mit Hilfe einer speziellen Analyse-Software in einer Tabelle als Merkmal oder Variable dargestellt und ausgewertet.

Im Blick auf die Darstellung der Tendenz einer Häufigkeitsverteilung gibt es bestimmte Kennzahlen, wie zum Beispiel den Modalwert, den Median oder das arithmetische Mittel.

Der Modalwert gibt den Wert einer Verteilung an, die am häufigsten vorkommt. Der Median stellt den Wert einer Verteilung dar, von dem alle anderen Werte im Durchschnitt am weitesten abweichen. Das arithmetische Mittel ist der Mittelwert aller dargestellten Variablen.

	V1	V2	V3.1	V3.2	V3.3	V3.4	V3.5
32	nein	1 Stunden	weniger	regelmäßig	häufig	weniger	häufig
33	nein	0,5 Stunden	regelmäßig	weniger	weniger	weniger	weniger
34	ja	1 Stunden	sehr	häufig	weniger	regelmäßig	häufig
35	nein	1 Stunden	weniger	regelmäßig	weniger	regelmäßig	regelmäßig
36	nein	1 Stunden	weniger	regelmäßig	weniger	regelmäßig	regelmäßig
37	nein	1 Stunden	weniger	regelmäßig	häufig	weniger	häufig
38	nein	1 Stunden	regelmäßig	häufig	regelmäßig	regelmäßig	weniger
39	ja	1 Stunden	sehr	regelmäßig	weniger	häufig	weniger
40	ja	1 Stunden	sehr	regelmäßig	weniger	häufig	weniger
41	ja	5 Stunden	sehr	häufig	weniger	regelmäßig	häufig
42	nein	1 Stunden	weniger	regelmäßig	häufig	weniger	häufig
43	nein	1 Stunden	regelmäßig	häufig	regelmäßig	regelmäßig	weniger
44	ja	5 Stunden	sehr	häufig	weniger	regelmäßig	häufig
45	ja	5 Stunden	weniger	weniger	weniger	häufig	häufig
46	nein	1 Stunden	weniger	regelmäßig	häufig	weniger	häufig
47	ja	5 Stunden	sehr	häufig	weniger	regelmäßig	häufig
48	ja	5 Stunden	weniger	weniger	weniger	häufig	häufig
49	nein	1 Stunden	regelmäßig	häufig	regelmäßig	regelmäßig	weniger

Abb. *Auswertung der Fälle 32–49 (Fragebogen) mit den verschiedenen Antwortmerkmalen (Variablen)*

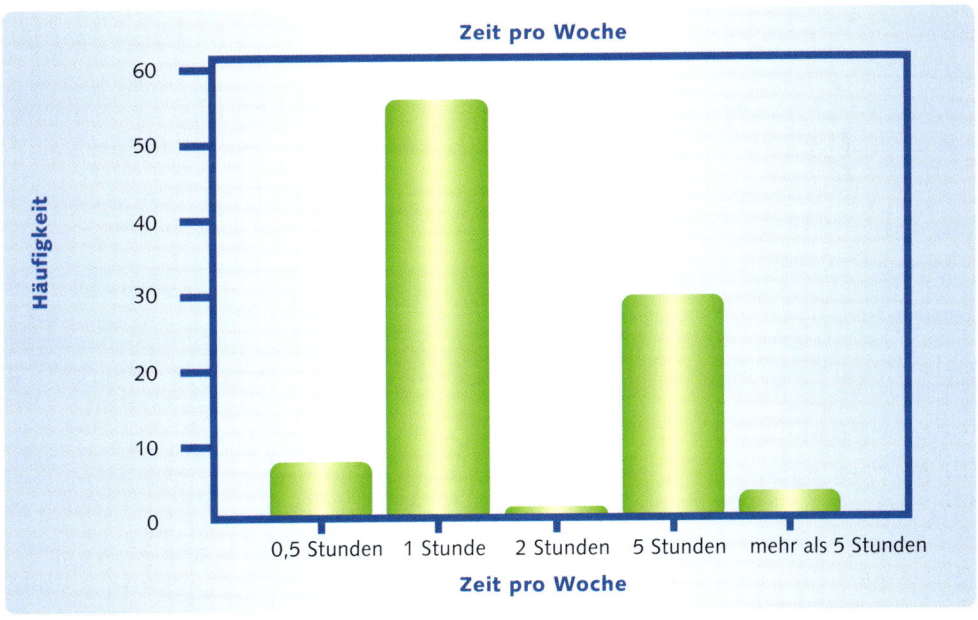

Die Auswertung der Häufigkeitsverteilung, wie sie die obenstehende Tabelle grafisch zeigt, gibt Auskunft darüber, dass mehr als 50 % der Befragten eine Stunde Zeit für ihre Fitness pro Woche investieren.

Aus der Darstellung der Häufigkeit verschiedener Antworten bzw. Variablen, lassen sich jedoch jeweils nur solche Rückschlüsse ziehen, die isoliert für eine Variable gelten. Damit kann kein möglicher Zusammenhang zwischen verschiedenen Variablen, wie zum Beispiel „Männer gehen öfters ins Fitness-Center als Frauen", dargestellt werden.

Für die weitere Interpretation im Rahmen der Marktforschung ist deshalb das Verhältnis der Variablen zueinander von Bedeutung.

Das bivariate Auswertungsverfahren wird in Form einer Kreuztabellierung vorgenommen. Das bedeutet: Im Rahmen einer Kreuztabelle (Matrix) werden die Häufigkeiten zweier Variablen in ein Verhältnis zueinander gebracht.

Beispiel Wird die Häufigkeitsverteilung der Variablen Alter und Priorität in einer Kreuztabelle dargestellt, dann kann man eine Aussage treffen, welche Altersgruppe das höchste Gesundheitsbewusstsein hat.

			Alter					Gesamt
			18–24 Jahre	25–28 Jahre	29–34 Jahre	35–39 Jahre	40–49 Jahre	
Priorität	ja	Anzahl	29	2	11	0	1	43
		% von Priorität	67,4 %	4,7 %	25,6 %	0,0 %	2,3 %	100,0 %
		% der Gesamtzahl	29,3 %	2,0 %	11,1 %	0,0 %	1,0 %	43,4 %
	nein	Anzahl	6	45	0	3	2	56
		% von Priorität	10,7 %	80,4 %	0,0 %	5,4 %	3,6 %	100,0 %
		% der Gesamtzahl	6,1 %	45,5 %	0,0 %	3,0 %	2,0 %	56,6 %
Gesamt		Anzahl	35	47	11	3	3	99
		% von Priorität	35,4 %	47,5 %	11,1 %	3,0 %	3,0 %	100,0 %
		% der Gesamtzahl	35,4 %	47,5 %	11,1 %	3,0 %	3,0 %	100,0 %

Abb. *Kreuztabelle Priorität / Gesundheitsbewusstsein in Bezug auf verschiedene Altersgruppen*

Beispiel Die Erkenntnis, dass die Priorität für Fitness bei Männern höher ist (58,6 %) als bei Frauen (41,4 %), wird ebenfalls durch eine Kreuztabellierung deutlich.

			Geschlecht		
			weiblich	männlich	gesamt
Priorität	ja	Anzahl	10	33	43
		% von Priorität % der Gesamtzahl	23,3 % 10,1 %	76,7 % 33,3 %	100,0 % 43,4 %
	nein	Anzahl	31	25	56
		% von Priorität % der Gesamtzahl	55,4 % 31,3 %	44,6 % 25,3 %	100,0 % 56,6 %
Gesamt		Anzahl	41	58	99
		% von Priorität % der Gesamtzahl	41,4 % 41,4 %	58,6 % 58,6 %	100,0 % 100,0 %

Abb. *Kreuztabelle Priorität Fitness bei Männern und Frauen*

Das Marktforschungsinstitut schlägt weitere Analyseverfahren vor:

Um die Einstellung / Motive u. a. von Kunden besser zu erfassen, ist an eine multivariate Auswertung des Fragebogens gedacht.

> **Beispiel** Messung der Einstellung zu „Ausstattung des Fitness-Centers" in Abhängigkeit zu den variablen „Geschlecht", „Alter" und „Zeitaufwand für Fitness."

Als mögliche multivariate Analysemethoden empfiehlt das Marktforschungsinstitut:

Methode	Beispiel
Regressionsanalyse	• Welchen Einfluss hat die Freizeitgestaltung auf die Fitness-Priorität, • Gibt es einen Einfluss der Eigenschaften eines Fitness-Studios auf den monatlichen Beitrag?
Clusteranalyse	• Können Nutzergruppen mit gemeinsamen Interessen identifiziert werden *(Frauen, die bestimmte Eigenschaften und Angebote eines Fitnessstudios bevorzugen)?*

Schritt 3: Durchführung der Befragung

Nachdem die Inhaber des Fitness-Centers den Vorschlägen des Marktforschungsinstituts zugestimmt haben, wird die Befragung durchgeführt.

Schritt 4: Interpretation, Auswertung und Entscheidung

Die Auswertung der Befragung hat u. a. ergeben, dass für Männer und Frauen unterschiedlich hohe Prioritäten für einen Besuch in einem Fitnessstudio existieren.
Die Betreiber entschließen sich daher spezielle auf Frauen zugeschnittene Angebote zu kreieren, um den Besuch im Studio für sie attraktiver zu gestalten:

- Besonders günstige Preisgestaltung an Vormittagen,
- Aerobic Kurse für Gruppen,
- Einstellung einer weiblichen Trainerin,
- Informationsveranstaltung zu gesunder Ernährung,
- Angebot kosmetischer Behandlungen,
- Einrichtung einer Kinderecke mit Betreuung.

8 Umsetzung des Marketings durch Marketing-Management

Die Umsetzung des Marketings in konkretes unternehmerisches Handeln besteht darin, möglichst alle Aktivitäten auf den Markt hin auszurichten. Dabei bedarf es einer Organisationsstruktur, die diesen Anspruch mit erfüllen kann. Zusätzlich – und von zunehmender Bedeutung – ist eine Orientierung und Fokussierung auf die im Unternehmen geltende **Unternehmenskultur** und die damit verbundenen **Unternehmenswerte**. Unternehmenskultur und Unternehmenswerte bringen die Überzeugung und Werte zum Ausdruck, für die ein Unternehmen steht. Diese lassen sich in den Leitgedanken darstellen, mit deren Hilfe alle Aktivitäten und Maßnahmen auf eine spezifische Unternehmensphilosophie hingesteuert werden. Dabei ist es entscheidend, dass ein Unternehmen in der Umsetzung des Marketings eine unangreifbare Glaubwürdigkeit erhält. Das bedeutet: Die Aktivitäten und Handlungsmaßnahmen eines Unternehmens entsprechen den Werten und Überzeugungen, die ein Unternehmen mit allen Partnern *(Kunde, Lieferanten, Mitarbeiter, Gesellschaft u. a.)* vorgibt zu leben. Diese Glaubwürdigkeit bildet die Grundlagen für alle Maßnahmen für die Umsetzung des Marketings und wird mit Hilfe des **Marketing-Managements** umgesetzt.

8.1 Marketing-Organisation – Strukturen und Prozesse

Die **Aufgabe** des **Marketing-Managements** besteht darin, Organisationsstrukturen und Organisationsprozesse so zu optimieren, dass die Marketingziele wirkungsvoll erreicht werden.

Die Organisationsstruktur einer Marketingabteilung kann unter folgenden Gesichtspunkten errichtet werden:

- funktionsorientiert,
- produktorientiert,
- kunden- oder prozessorientiert,
- gebietsorientiert,
- matrixorientiert.

▶ Funktionsorientierte Marketingabteilung

Bei einer **funktionsorientierten** Marketingabteilung übernimmt das Marketing eine der Hauptfunktionen innerhalb der Unternehmung. Jeder Mitarbeiter ist in dieser Organisationsstruktur in eine **Linie** integriert. Er übernimmt in seiner Stellung bestimmte Aufgaben und Verantwortung im Rahmen der gesamten unternehmerischen Funktion des Marketings, der Beschaffung, der Produktion usw.

Diese **Linienstruktur** lässt sich auch um Stabsstellen ergänzen, die ausschließlich beratende Funktion haben *(Mathematiker in der Marktforschung)*.

Eine funktionsorientierte Marketingabteilung wird vor allem bei standardisierten Marketingaktivitäten eingesetzt.

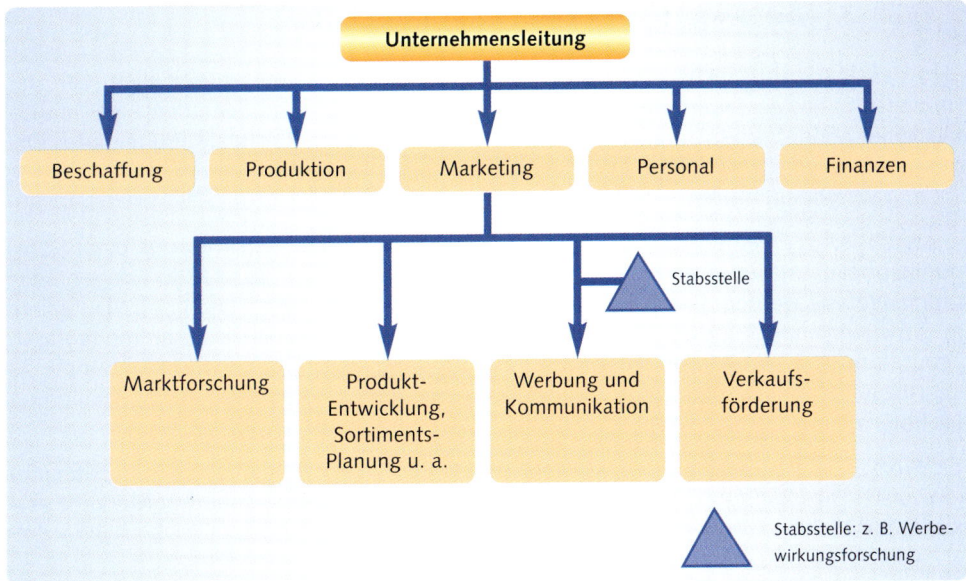

Abb. *Organisationsaufbau einer funktionsorientierten Marketingabteilung*

▶ Produktorientierte Marketingabteilung

Bei einer produktorientierten Marketingabteilung spielt der **Produktmanager** eine wichtige Rolle. Der Produktmanager ist der Verantwortliche, der alle unternehmerischen Funktionen *(Produktentwicklung, Verkauf, Marketing u. a.)* auf ein Produkt bezogen koordiniert. Damit findet ein einzelnes Produkt oder eine ganze Produktlinie größere Aufmerksamkeit.

Bei vielen Produkten hat sich der Lebenszyklus in den letzten Jahren verkürzt. Der **Vorteil** einer **produktorientierten** Marketingorganisation liegt darin, dass der verantwortliche Produktmanager schnell auf Entwicklungen am Markt durch neue Produkte oder durch Anpassung bestehender Produkte an die geänderten Markterfordernisse reagieren kann.

Eine Mischung von produkt- und funktionsorientierter Marketingabteilung besteht darin, den Produktmanager als Stabsstelle in die Organisationslinie einzufügen.

Dies bringt allerdings den Nachteil mit sich, dass die Stelle des Produktmanagers als Stabsstelle mit geringer Entscheidungskompetenz ausgerüstet ist. Eine klare Entscheidung zu Gunsten einer produktorientierten Marketingstruktur ist deshalb vorteilhaft.

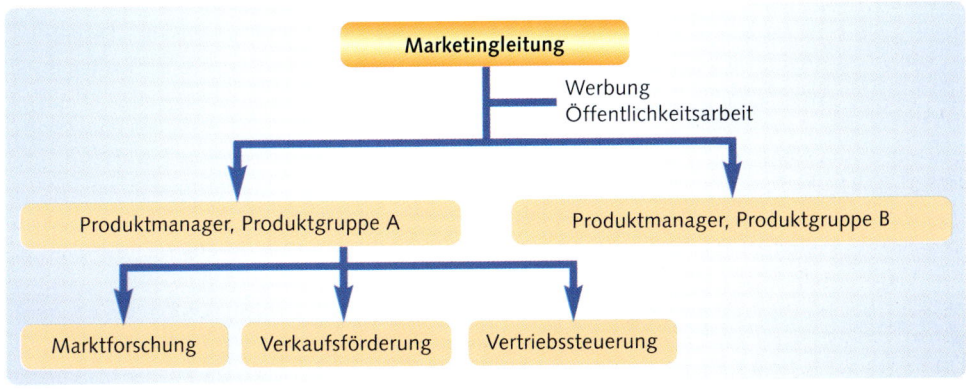

Abb. *Organisationsaufbau einer produktorientierten Marketingabteilung*

▶ Kunden- oder projektorientierte Marketingabteilung

Wird das **Marketing** nicht ausschließlich von Produktseite, sondern vor allem von der **Kundenseite** aus gesteuert, dann kommt diese Organisationsform dem Ideal einer markt- und kundenorientierten Unternehmensführung am nächsten. Zur Realisierung dieses Organisationsansatzes nutzt man in der Praxis häufig das Know-how externer Dienstleister, wie z. B. Werbeagenturen.

So organisiert z. B. eine Werbeagentur das Marketing und die Durchführung einer Kommunikationsberatung in einer Art und Weise, dass bestimmte Kunden in Gruppen zusammengefasst werden. Damit werden alle Informations-, Planungs- und Kontrollaufgaben im Blick auf einen Kunden oder eine Kundengruppe in einer Stelle zusammengefasst. Damit kommt es zu einer individuellen Betreuung der Kunden oder Kundengruppe, zu einer besseren Ausschöpfung des Marktpotenzials und zu einer besseren Koordinierung der Potenziale eines Unternehmens.

In der Regel sind kundenorientierte Marketingabteilungen als eigenständige **Profitcenter** konzipiert. Dies bedeutet, dass das Management einer kundenorientierten Marketingorganisation für den Gewinn und die Kosten selbst verantwortlich ist.

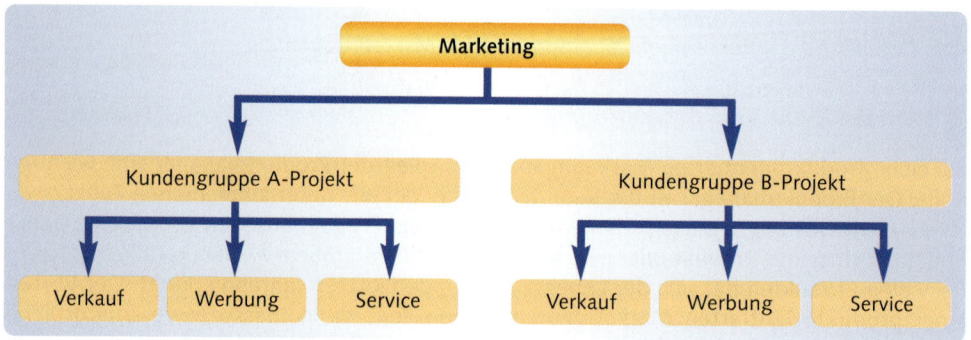

Abb. *Organisationsaufbau einer kundenorientierten Marketingabteilung*

▶ Gebietsorientierte Marketingorganisation

Für bestimmte Unternehmen und ihre Produkte ist eine **gebietsorientierte** Marketingorganisation vorteilhaft. Dabei lässt sich diese Einteilung an inhaltlichen *(Sprache, Rechtsnormen)* oder geografischen Merkmalen *(Ballungsräume, Stadt, Ländlicher Raum, Regionen u. a.)* durchführen.

> **Beispiel** ● Für eine Presseagentur, wie zum Beispiel Reuters, ist es entscheidend, nicht nur zentral in Berlin vertreten zu sein, sondern in allen anderen größeren Städten in Deutschland.
> ● Je nach Absatzgebiet werden unterschiedliche Marketingkonzeptionen entwickelt. Während in westlichen Kulturen ganz oder teilweise unbekleidete Frauen in TV-Spots für kosmetische Produkte keine Seltenheit sind, muss für den Verkauf derselben Produkte in muslimischen Ländern eine an die dort geltenden Sitten und Gebräuche angepasste Werbekonzeption entwickelt werden.

▶ Matrixorientierte Marketingabteilung

Die Vorteile einer **matrixorientierten** Marketingabteilung bestehen darin, die funktionsorientierte *(Produktentwicklung, Vertrieb, Werbung u. a.)* und die produktorientierte *(Pro-*

dukt A, B, C usw.) Organisationsstruktur miteinander zu kombinieren. Auf diese Weise werden zum einen Ressourcen eines Unternehmens sinnvoll genutzt und andererseits die Marktpotenziale erfolgreich bearbeitet.

Eine besondere Herausforderung entsteht aber an den Schnittstellen der Matrix. Für eine **Matrixorganisation** ist deshalb eine klare **Kompetenzabstimmung** von großer Bedeutung. In der Regel wird dem Produktmanager zugestanden, durch alle Funktionsbereiche hinweg *(Produktentwicklung, Vertrieb, Werbung u. a.)* eigenständig festzulegen, welche Aufgaben, in welchem Zeitraum für die von ihm zu betreuenden Produkte zu erfüllen sind.

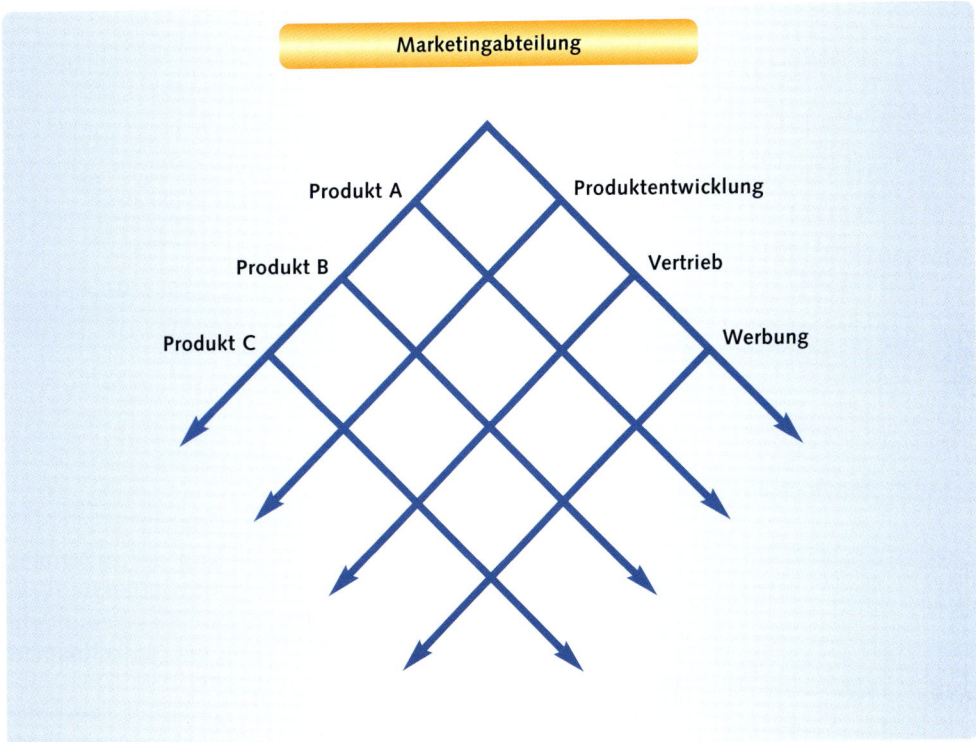

Abb. *Organisationsaufbau der Marketingabteilung in einer Matrixorganisation*

▶ Optimierung der Marketingprozesse durch Benchmarking

Ergänzend zu den Organisationsstrukturen müssen auch die Organisationsprozesse des Marketings kontinuierlich verbessert werden. Hinsichtlich dieser **Verbesserung** der **Marketingprozesse** hat sich das **Benchmarking** durchgesetzt.

Infobox

Unter Benchmarking versteht man das systematische Vergleichen von Prozessen, Methoden, Praktiken und Dienstleistungen um Stärken und Schwächen in einem Unternehmen aufzuspüren. Bei Benchmarking handelt sich sowohl um ein Analyseinstrument, als auch um einen fortdauernden Prozess, bei dem man verschiedene Messgrößen *(Kundenzufriedenheit, Marktanteil, Umsatz, Ertragssituation)* eines einzelnen oder mehrerer Unternehmen miteinander vergleicht. Es werden so Unterschiede offen gelegt und Möglichkeiten zur Verbesserung aufgezeigt. Die Ergebnisse sollen dazu führen, dass das Unternehmen zu den Besten der Besten (best practice) gehört.

Mit Hilfe des Benchmarkings wird zuerst eine Markierung als Ausgangspunkt für den Vergleich gesetzt, wie gut ein Marketingprozess erbracht wird und wer diesen Marketingprozess noch besser erbringen kann.

Die Prozesse einer Marketingabteilung lassen sich dann an unterschiedlichen Vergleichsmaßstäben messen:

- Vergleich der gegenwärtigen Leistung zur erbrachten zurückliegenden,
- Vergleich mit anderen, orientiert an den Angeboten (produktorientiert),
- Vergleich mit dem Durchschnitt der Branche (Branchendurchschnitt) oder dem Branchenbesten,
- Vergleich mit den weltbesten Mitbewerbern.

Abb. *Prozess des Benchmarking*

8.2 Marketingplan

Die **Steuerung** der unternehmerischen **Aktivitäten** ist in ein Planungssystem eingebunden. Dabei spielt der **Marketingplan** eine wichtige Rolle. Der Marketingplan beinhaltet die schriftliche Festlegung für einen überschaubaren Zeitraum, welche Ziele durch das Marketing erreicht werden sollen (*Imageverbesserung, Markenaufbau, Marktanteile gewinnen u. a.*) und welche Marketingmaßnahmen in welchem Zeitraum eingesetzt werden. Daher bildet der Marketingplan das **Kernstück** aller **Marketingaktivitäten** und stellt gewissermaßen den „Fahrplan" dar, nach dem das Unternehmen erfolgreich in die Zukunft „fährt".

Marketingpläne können sich auf alle Ebenen des Unternehmens beziehen, z. B. auf das Gesamtunternehmen, einzelne Unternehmensbereiche, Produktbereiche oder Produkte bzw. Dienstleistungen. Ein wichtiger Bestandteil ist der **Absatzplan**. In ihm werden die Zahlen und Fakten festgeschrieben, wie viele Produkte oder Dienstleistungen in welchem Zeitraum im Markt abgesetzt werden können.

Aufbauend auf den Vorgaben des Absatzplanes werden die Daten und Fakten im Blick z. B. auf Beschaffung, Produktion, Lagerhaltung und Personalbedarf festgelegt. Die Aktivitäten des Marketings und der Produktion sind in die Planung der Finanzen, Investitionen sowie in den Ertrags-, Erfolgs- und Kostenplan eingebunden (vgl. Abbildung).

Abb. *Das Planungs- und Steuerungssystem unternehmerischer Aktivitäten*

Der Marketingplan ist ein schriftlich fixiertes Dokument, das möglichst alle Aspekte der Marktsituation, der Planung und der konkreten Handlungsweise für einen bestimmten Zeitraum kurz- oder mittelfristig beschreibt.

Die **Formulierung** eines Marketingplans beinhaltet folgende konkrete Schritte:

Arbeitsschritte	Zweck
1. Informationen beschaffen zum Aufbau des Marketingplans	• Gesamtüberblick über den vorgesehenen Plan und die vorgesehen Planungsschritte.
2. Aktuelle Marktsituation und potenzielle Marktentwicklung analysieren	• Information über wichtige Marktdaten *(Marktpotenzial, Marktvolumen, Marktanteil)* • Konkurrenzverhalten, • Chancen und Risiken der Entwicklung, • globaler und gesellschaftlicher Einfluss aus dem Makroumfeld des Marktes.
3. Planziele formulieren	• Festlegung und Formulierung der Planungsziele z. B. für den angestrebten Umsatz, Marktanteil und / oder Gewinn.
4. Strategie entwickeln	• Schriftliche Fixierung der Marketingstrategie z. B. Einführung neuer Produkte, Erschließung neuer Zielgruppen oder Marktsegmente u. a.
5. Aktionsprogramm gestalten	• Formulierung der Aktivitäten im Marketing z. B. Kommunikationskampagnen.
6. Prognosen erstellen und Planungskontrolle durchführen	• Darstellung der voraussichtlich zu erreichenden Ergebnisse sowie der Maßnahmen der Planungsüberwachung *(Ergebniskontrollbericht einmal im Monat).*

Aufgaben und Übungen

1. Was versteht man unter Marketing? Beschreiben Sie diesen Begriff mit einer Definition.

2. Erläutern Sie die Eigenschaften des Marktes an einem Beispiel aus der Alltagswelt.

3. Erklären Sie die Begriffe Marktpotenzial, Marktvolumen, Marktanteil.

4. Was versteht man unter dem Begriff Marktsättigung? Wie lässt sie sich berechnen? Weisen Sie anhand von drei Beispielen aus dem Konsumgüterbereich eine Marktsättigung nach.

5. Nennen Sie drei Kennzahlen, die im Marketing eine wichtige Messgröße bilden.

6. Erklären Sie die Begriffe Marktposition, Marktstruktur, Marktform.

7. Stellen Sie die Bedeutung des Beschaffungsmarketings im Rahmen der betrieblichen Leistungserstellung dar.

8. Was versteht man unter dem Begriff Outpacement-Marketing?

9. Wie lässt sich das Umfeld, in dem ein Unternehmen mit seinem Marketing steht, beschreiben?

10. Erläutern Sie die fünf Bausteine der Marketingtheorie nach Kotler.

11. Erklären Sie die Begriffe Bedürfnisse, Wünsche, Nachfrage und grenzen Sie sie gegeneinander ab.

12. Wie lässt sich der Begriff Angebot definieren?

13. Auf welche Weise bestimmt der Kunde den Wert bzw. den Nutzen eines Angebotes?

14. Erklären Sie die Begriffe Tausch, Transaktion, und Handelsbeziehung.

15. Erläutern Sie den Unterschied zwischen einer dezentralen und zentralen Tauschwirtschaft?

16. Beschreiben Sie das Marketingmodell, das vorwiegend Marketing im Sinne einer Funktion bzw. Aufgabe für das Unternehmen versteht.

17. Beschreiben Sie das Marketingmodell, bei dem Marketing als Konzeption für das Unternehmen gesehen wird.

18. Beschreiben Sie das Marketingmodell, das auf der ganzheitlichen Gestaltung von Beziehungen mit dem Kunden und Lieferanten beruht.

19. Wie lässt sich ein Marketing darstellen, das alle Aktivitäten des Menschen im Blick auf seine Versorgung berücksichtigt?

20. Definieren Sie die Begriffe Ware, Dienstleistung, ökonomische Chance, Angebotssystem mithilfe von Beispielen aus der Medienbranche.

21. Erklären Sie die Begriffe erwerbwirtschaftliches, sozialwirtschaftliches, gemeinwirtschaftliches und eigenbedarfswirtschaftliches Handeln.

22. Erklären Sie an einem Beispiel die Begriffe Leistungsaustausch, Zuteilung, Zuwendung, Selbstversorgung.

23. Beschreiben Sie die vier Zuteilungssysteme, die innerhalb einer Wirtschaft existieren.

24. Welche Teilmärkte existieren innerhalb der Gesellschaft der Bundesrepublik Deutschland. Unterscheiden Sie nach privat- und sozialwirtschaftlichen Interessen und nennen Sie dazu je ein Beispiel.

Aufgaben und Übungen

25 Erläutern Sie den Begriff Marktsegmentierung und beschreiben Sie drei verschiedene Formen.

26 Worin besteht der Unterschied zwischen einem Unternehmen mit privatwirtschaftlichem und sozialwirtschaftlichem Interesse?

27 Erklären Sie den Begriff des Social Marketing an einem Beispiel.

28 Stellen Sie den Unterschied des SR-Modells im Gegensatz zum SOR-Modell dar.

29 Beschreiben Sie die interpersonellen Einflussfaktoren bei der Kaufentscheidung des Kunden.

30 Beschreiben Sie die intrapersonellen Einflussfaktoren bei der Kaufentscheidung eines Kunden.

31 Erklären Sie den Werbewirkungspfad und seine Bedeutung für das Marketing.

32 Welche Aufgabe übernimmt die Marktforschung für das Marketing?

33 Erklären Sie den Begriff Marktforschung mit Hilfe einer Definition.

34 Beschreiben Sie die vier Schritte eines Marktforschungsprozesses.

35 Für ein erfolgreiches Marketing sind Informationen aus unterschiedlichen Bereich notwendig. Mit Hilfe der Marktforschung kann man diese Informationen gewinnen.
a) Wie unterscheidet sich die Primär- von der Sekundärforschung?
b) Nennen Sie fünf Informationsquellen für die Sekundärforschung.
c) Beschreiben Sie drei Methoden, die man bei der Primärforschung anwendet.

36 Sie sind in einem mitteständischen Unternehmen beschäftigt, welches eine Marktforschungsuntersuchung zum Thema Kundenzufriedenheit plant. Entscheiden Sie sich zunächst für die Primär- oder Sekundärforschung? Begründen Sie Ihre Antwort.

37 Formulieren Sie an einem Beispiel Aufgabenstellung, Zielsetzung und Konzeption einer Marktforschung.

38 Stellen Sie die Vorgehensweise dar, wie eine repräsentative Stichprobe gebildet werden kann.

39 Stellen Sie die Begriffe einmalige und mehrmalige Erhebung an einem Beispiel dar.

40 Welche Erhebungsinstrumente können in der Marktforschung eingesetzt werden?

41 Damit eine Stichprobe als repräsentativ gilt, kann man die Zufallsauswahl oder das Quotenverfahren anwenden. Beschreiben Sie in Stichworten die Vorgehensweise bei beiden Methoden.

42 Was versteht man unter einem Panel? Geben Sie zusätzlich an, welche Probleme bei einer Panel-Erhebung auftreten können.

43 Beschreiben Sie die Methode der Datenanalyse.

44 Erklären Sie die Begriffe univariate, bivariate und multivariate Datenanlyse.

45 Erklären Sie die Begriffe demographische, geographische, psychographische und verhaltensbezogene Merkmale einer Zielgruppe an einem Beispiel.

46 Wie lassen sich bestimmte Einstellungen und Werte einer Zielgruppe beschreiben?

47 Welche Aufgaben müssen gelöst werden, wenn es um die Umsetzung des Marketings geht?

Aufgaben und Übungen

48 Beschreiben Sie, wie die Aufgaben des Marketings in einem Unternehmen organisiert und strukturiert werden können

49 Erklären Sie den Begriff Benchmark.

50 Welche Bedeutung hat ein Marketingplan und in welchen Schritten vollzieht sich seine Umsetzung?

Teil B

Aktivitäten im Markt
Marketinginstrumente und Marketingmix

B Aktivitäten im Markt
Marketinginstrumente und Marketingmix

1 Vom Marketinginstrument zum Marketingmix

1.1 Die vier klassischen Marketinginstrumente

Die Aktivitäten von Unternehmen im Markt lassen sich konkret durch die sogenannten **Marketinginstrumente** steuern. Diese sind als **Werkzeuge** zu verstehen, mit denen der Markt beeinflusst und gestaltet werden kann. Unter einer Vielzahl von Modellen, die versuchen die Wirkung eines absatzpolitischen Instrumentariums zu beschreiben, hat sich eine Einteilung in vier Bereiche innerhalb der Marketingliteratur und in der Marketingpraxis durchgesetzt (MCCARTHY 1960, KOTLER 1988).

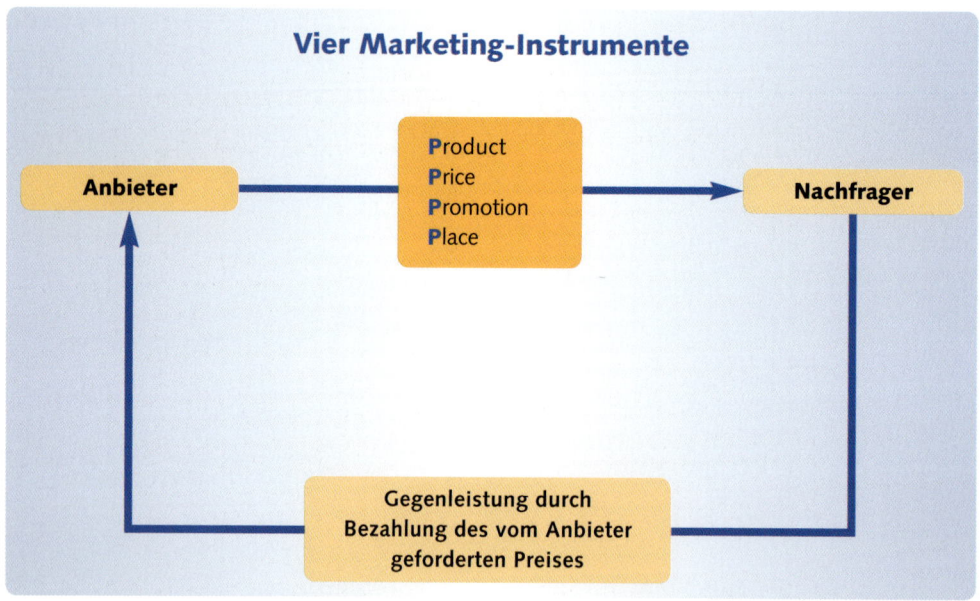

Abb. Die vier Marketinginstrumente nach McCarthy

Diese Einteilung geht auf den amerikanischen Wissenschaftler MCCARTHY zurück. Alle Aktivitäten und Handlungsweisen im Marketing können nach MCCARTHY auf die sogenannten **vier P** zurückgeführt werden: Das „**P**roduct" und seine Eigenschaften, den „**P**rice", die „**P**romotion" (Werbung und Kommunikation) und den „**P**lace" (Ort, an dem ein Produkt vertrieben wird).

Innerhalb der deutschen Sprache wird die Wirkungsweise der Marketinginstrumente mit dem Begriff „Politik" beschrieben. Dieser Begriff umfasst die Entscheidungen und Handlungsweisen eines Unternehmens, die zu einem gewünschten Ergebnis führen sollen.

Ein Unternehmen vermittelt nach dieser Betrachtungsweise sein Angebot durch die sogenannte **Produktpolitik** (Product), durch die **Preispolitik** (Price), durch die **Kommunikationspolitik** (Promotion) und durch die **Vertriebs- oder Distributionspolitik** (Place).

Die folgende **Übersicht** zeigt beispielhaft, wie Handelsunternehmen diese Marketinginstrumente einsetzen können:

Marketing-instrument	Marketingmaßnahmen	Beispiele
Produkt-politik (Product)	Dazu gehören die Marketingentscheidungen des Unternehmens, die die Gestaltung einer Ware oder des gesamten Sortiments betreffen.	Bildung von Eigenmarken (Handelsmarken), die preislich unter den Markenartikeln positioniert werden („Erlenhof" von REWE).
Preispolitik (Price)	Durch sie schafft sich ein Unternehmen verschiedene Möglichkeiten, auf welche Weise und in welchem Umfang ein Kunde für das Leistungsangebot *(Ware, Serviceleistung)* bezahlt.	Bei Benutzung der unternehmenseigenen Kundenkarte wird ein Preisnachlass von 3 % ab einem bestimmten Umsatz gewährt.
Kommunika-tionspolitik (Promotion)	Sie umfasst alle Kommunikationsmaßnahmen, durch die das Handelsunternehmen im Markt auf sein Angebot aufmerksam macht. Dazu zählt vorwiegend die Werbung in ihrer unterschiedlichen Ausprägung *(Massenwerbung, Direktwerbung, Verkaufsförderung, Sponsoring, Events)* sowie die Öffentlichkeitsarbeit *(Public-Relations)*, deren Ziel es ist, das Unternehmen in der Öffentlichkeit positiv darzustellen.	Ein Verbrauchermarkt verteilt wöchentlich seine Kundenzeitschrift mit Aktionsangeboten an alle Haushaltungen; ein Textilkaufhaus veranstaltet zu Beginn der neuen Modesaison eine Modenschau mit großem Gewinnspiel; in einem Sportfachmarkt gibt ein berühmter Fußballer eine Autogrammstunde.
Distributions-politik (Place)	Innerhalb der Distributionspolitik steht der Ort (Place) bzw. der Vertriebsweg im Mittelpunkt, durch den das Leistungsangebot zum Kunden gelangt.	Die Artikel einer Möbelfachmarktkette können entweder direkt im Markt oder über Katalogbestellung erworben werden *(IKEA)*.

Die einzelnen **Aktivitäten** und Maßnahmen innerhalb dieser vier Bereiche werden **kombiniert** und aufeinander **abgestimmt**. Sie wirken jeweils für sich als sogenanntes

- **Produktmix,**
- **Preismix,**
- **Kommunikationsmix und**
- **Vertriebsmix.**

Das Zusammenwirken dieser vier Bereiche erfolgt im **Marketingmix** (vgl. dazu ausf. Kap. 6, Funktion und Wirkungsweise des Marketingmix). Die Entscheidung, welches Marketinginstrument und welche Marketingaktivität im Marketingmix zum Einsatz kommt, orientiert sich an der strategischen Entscheidung eines Unternehmens, welche Kundengruppen oder Teilmärkte von ihm erreicht werden sollen.

Abb. *Das Zusammenwirken der vier Marketinginstrumente im Marketingmix (Quelle: BRUHN, 2002, S. 31)*

1.2   Vom Produktmarketing zum Dienstleistungs- und Medienmarketing

Die Grunderkenntnis von McCARTHY stand immer wieder zur Diskussion und wurde infolge neuer wissenschaftlicher Erkenntnisse abgewandelt und ergänzt.

Im Hintergrund dieser Modifizierungen steht der Versuch, neue Erkenntnisse über die Wirkung der Marketinginstrumente zu publizieren und das Konzept von McCARTHY der Weiterentwicklung des Marketings anzupassen[1].

Ein wichtiger Impuls, Inhalt und Begrifflichkeit dieser vier Marketinginstrumente zu verändern kommt durch die Weiterentwicklung des Marketings selbst. Grundlegend lassen sich **drei** unterschiedliche **Etappen** feststellen:

Erste Etappe:

McCARTHY ordnete alle Marketingaktivitäten den vier Marketinginstrumenten Product, Price, Promotion und Place zu. Die sogenannten vier P's beziehen sich dabei hauptsächlich auf das **Marketing** von **Produkten** im Industrie- und Konsumgüterbereich ohne besondere Berücksichtigung von Dienstleistungen.

Zweite Etappe:

Die weiteren Erkenntnisse des Marketings im Blick auf **Dienstleistungen** machen eine andere inhaltliche Gewichtung der vier Marketinginstrumente deutlich: Innerhalb einer

---

[1]   Kollat, Blackwell, Robeson, 1972

Dienstleistung steht nicht nur das eigentliche Angebot im Mittelpunkt, sondern zusätzlich der Kunde (**Customer**) und seine Zufriedenheit mit der nachgefragten Leistung. Bei einer Dienstleistung bezahlt der Kunde nicht nur einen monetären Preis, sondern hat weitere Kosten (**Cost**) z. B. durch notwendige Kenntnisse bei der Nutzung oder Installation einer vorprogrammierten Software. Im Rahmen einer Dienstleistung möchte der Kunde auch die Möglichkeit zur Kommunikation haben und nutzen (**Communication**), wie zum Beispiel durch eine Hotline oder Servicenummer. Das Marketinginstrument der Distribution stellt bei einer Dienstleistung vor allem den Aspekt der Bequemlichkeit (**Convenience**) in den Mittelpunkt, d. h. wie mühelos der Kunde in den Besitz eines Angebotes kommen kann.

> **Beispiel** Ein bequemer Vertriebsweg aus der Sicht des Kunden ist eine Online-Bestellung eines Buches und die direkte Zustellung z. B. beim Onlinebuchhändler „amazon" oder die Buchung einer Ferienreise mittels Internet.

Durch diese Erkenntnisse im Bereich des Dienstleistungsmarketings wurden die vier P um vier dienstleistungsbezogene C (Customer, Cost, Communication, Convenience) verändert und erweitert.

Dritte Etappe:

Das **Internet** mit seinen neuen Formen des Marketings (*Online-Marketing, E-Commerce u. a.*) brachte neue Impulse zur Weiterentwicklung der vier Marketinginstrumente.

Dabei werden die vier **P** wiederum durch vier **C**, allerdings mit anderem Bedeutungsgehalt, erweitert und verändert. Der Begriff **Content** steht für den attraktiv aufbereiteten

> **Beispiel** Webseite der Firma Maggi mit interaktiven Features.

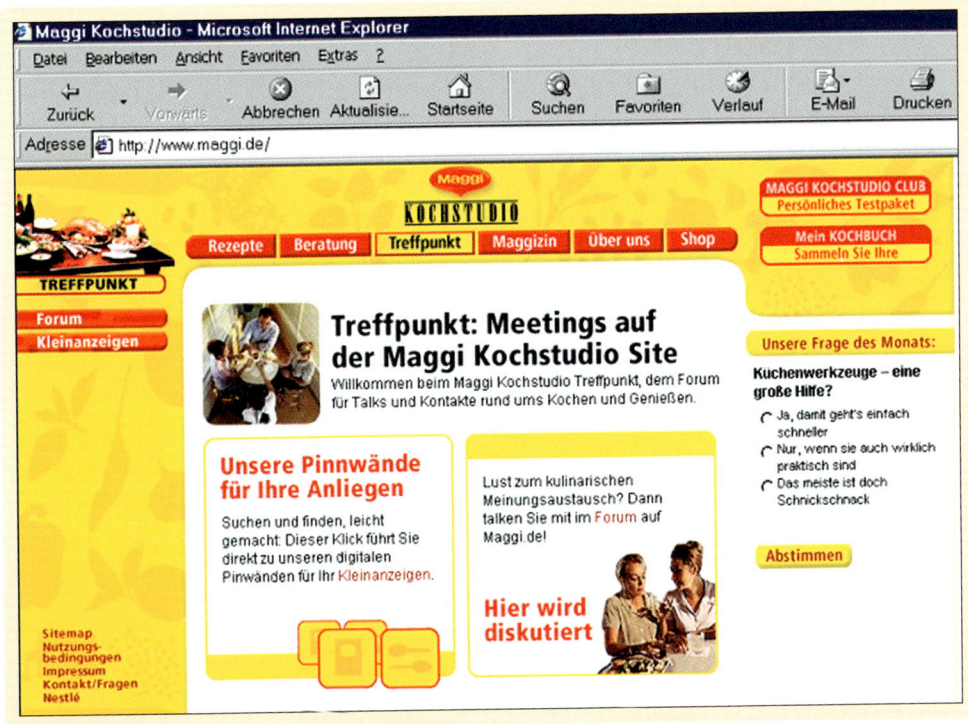

Inhalt einer Website, der Begriff **Commerce** umfasst nicht nur die Entgeltpolitik, sondern umfasst alle Geschäftsmodelle, die zur Finanzierung von Internetangeboten nötig sind. Der Begriff **Communication** macht die Interaktivität deutlich, mit der die Kommunikation im Internet stattfindet, und der Begriff **Community** verdeutlicht, dass zu dem Vertriebsweg im Internet auch die Community von Internetusern gehört *(Chats, virtuelle Communities)*, durch die Produkte weiterempfohlen werden.

1.3 Besonderheiten beim Dienstleistungs- und Beziehungsmarketing

Durch die **kundenorientierte** Entwicklung des Marketings in den 90er Jahren des vorigen Jahrhunderts entstanden weitere Modifikationen der klassischen Marketinginstrumente. Dabei stehen die Aspekte des **Dienstleistungs- und Beziehungsmarketings** im Mittelpunkt.

▶ **Neue Instrumente im Dienstleistungsmarketing**

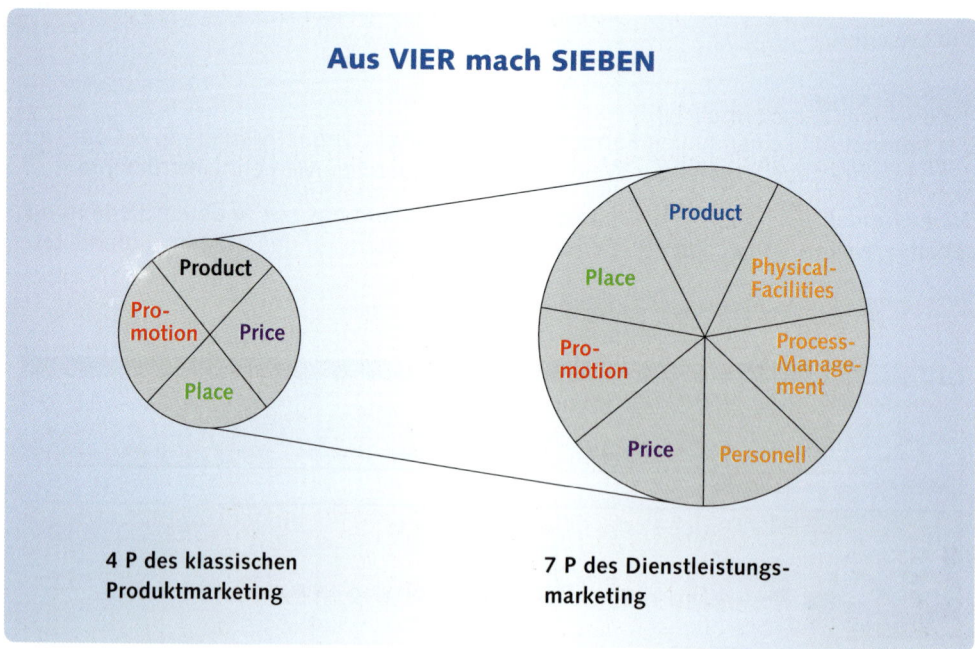

Aus VIER mach SIEBEN

Product
Place
Physical-Facilities
Pro-motion
Process-Management
Price
Personell

Product
Pro-motion
Price
Place

4 P des klassischen Produktmarketing

7 P des Dienstleistungs-marketing

Abb. *Erweitertes Marketingmix (Quelle: MAGRATH 1986)*

Die aus dem Konsumgütermarketing bekannten vier klassischen Mix-Bereiche werden um **drei** weitere Bereiche ergänzt[1]:

● **Physical-Facilities (Ausstattungspolitik)**

Kunden sind vor dem Erwerb einer Dienstleistung häufig verunsichert, da man die Qualität einer Dienstleistung erst nach deren Nutzung einschätzen kann. Für den Anbieter einer Dienstleistung ist es daher notwendig „Zeichen" zu setzen, die bei Kunden auf eine bestimmte Dienstleistungsqualität hindeuten.

---

[1] MAGRATH A.J. 1986 When Marketing Services, 4Ps are Not Enough, in: Business Horizons Vol. 29 May / June 1986 S. 44–50

> **Beispiel** Sauberkeit und Hygiene: Die Toiletten in einem Fastfood-Restaurant werden alle 30 Minuten kontrolliert und gereinigt, Verschmutzungen im Gästebereich werden sofort beseitigt.
> Modern und kompetent: Eine Bankfiliale ist mit den neuesten Computern und Kundenterminals sowie modernen Büromöbeln ausgestattet.

Process-Management (Prozesspolitik)

Durch eine geplante Einwirkung auf betriebliche Prozesse werden diese effizient gestaltet. Dazu zählt eine entsprechende Organisationsstruktur, die neben einer eindeutigen Kompetenzverteilung auch einen reibungslosen Informationsfluss sicherstellt.

> **Beispiel** Einführung eines Beschwerdemanagements bei einem Hersteller von Praxisausstattungen für Ärzte. Die Ärzte werden telefonisch nach der Zufriedenheit mit der Installation, dem Auftreten des Servicetechnikers und nach ihrer Zufriedenheit mit dem gekauften Produkt befragt. Sollten bereits hier Anregungen oder Beschwerden auftauchen, wird der zuständige Fachhändler informiert und es wird eine Kontaktaufnahme mit dem Arzt zur Beseitigung der Beschwerden vorgenommen.

Personell (Personalpolitik)

Dienstleistungen werden meist von Personen erbracht. Durch Auswahl, Aus- und Weiterbildung der Mitarbeiter sowie eine motivationsfördernde Personalführung wird die Kundenzufriedenheit gefördert. Ebenso zählt dazu auch eine an den Bedürfnissen der Kunden ausgerichtete Personalpolitik.

> **Beispiel** Der Personaleinsatzplan eines Warenhauses orientiert sich an der am Tage unterschiedlichen Kundenfrequenz. Damit soll einerseits sichergestellt werden, dass bei hoher Kundenfrequenz ausreichend Verkaufspersonal zur Verfügung steht (Kundenorientierung), andererseits bei geringer Kundenfrequenz durch weniger Personaleinsatz Kosten gespart werden können.

▶ Neue Instrumente durch Beziehungsmarketing

Mithilfe von **Beziehungsmarketing (Relationship-Marketing)** werden die Ansprüche der Kunden mit ihren zum Teil sehr speziellen Wünschen und Erwartungen besser berücksichtigt, als mit Marketingaktivitäten, die vornehmlich nur aus der Perspektive des anbietenden Unternehmens entwickelt werden. Dies erreicht man durch eine systematische und genaue Beobachtung der geschäftlichen Beziehungen zwischen Kunden und dem Unternehmen. Ziel ist es aus der Analyse dieser Beziehungen gewissermaßen passgenaue Maßnahmen zu ergreifen, um eine erfolgreiche und langfristige Kundenbeziehung aufzubauen.

Durch die Vertreter des Relationship Marketing[1] wurde der Vorschlag gemacht, der Weiterentwicklung des Marketings dadurch gerecht zu werden, dass die **4 P** als die Grundaktivitäten des Marketings um die **3 R** des Beziehungsmarketings in einer Matrix ergänzt werden. Die drei **R** stehen für **Recruitment, Retention** und **Recovery**.

---

[1] GUMMESSON 1997, GORDON 1998

Recruitment bedeutet neue Kunden zu gewinnen und mit ihnen einen Dialog zu führen. Im Marketing werden in diesem Fall verstärkt solche Instrumente eingesetzt, die den Dialog fördern und zu Interaktionen mit den Kunden führen *(Servicenummer eines Computerherstellers)*.

Retention beschreibt die Marketinginstrumente, die zu einer intensiven und dauerhaften Kundenbindung führen sollen *(Kundenclubs, Kundenkarten, Kundenzeitschrift)*.

Recovery umfasst die Marketingmaßnahmen, die dann zum Einsatz kommen, wenn die Kundenbeziehung gefährdet ist. Durch besondere Marketinginstrumente, wie z. B. individuelle Kundenbetreuung *(After-Sales-Service nach einem Autokauf)* oder Sonderkonditionen *(Einkaufsgutschein nach einer Reklamation)*, soll der Kunde wieder zurückgewonnen werden.

Mit den zusätzlichen **3R** des Relationship-Marketings werden die klassischen Instrumente nicht überflüssig, sondern unter besonderer Beachtung der Kundenansprüche erweitert und erhalten so eine neue Qualität.

3 R / 4 P	Recruitment → Kundengewinnung Focus: Kundendialog	Retention → Kundenbindung Focus: Kundenzufriedenheit	Recovery → Kundenrückgewinnung Focus: Kundentreue
Product	– Produktinnovation – Produktzusatznutzen – Produktverbesserung	– Produktzufriedenheit – Servicestandards – Garantien	– Produktverbesserung – Value-Added Service – individuelle Leistungen
Price	– Niedrigpreis – Sonderpreis – Aktionen	– Optimales Preis-Leistungsverhältnis – Leistungsgarantien – Preisbündel	– Rabatte / Boni – einmalige Zahlung bei Wiederaufnahme der Geschäftsbeziehung – Sonderkonditionen
Promotion	– Aktives Direkt-Marketing – Massenkommunikation mit Dialogfunktionen – Multimedia-Kommunikation	– Kundenzeitschriften – Direct-Mail – Kundenclubs – Couponing	– Telefonmarketing – Persönliches Gespräch – Einladungen / Events
Place	– Aktionen am POS – Kostproben – neue Vertriebsstellen	– Online Shopping – Direktvertrieb – Lieferservice	– Exklusivvertrieb – Außendiensteinsatz – zusätzliche Vertriebswege

(Quelle: nach BRUHN, 2002, S. 33; GORDON, 1998, S. 12 ff.)

▶ Vom Marketingmix zum ganzheitlichen Marketing

Mit Hilfe der **Marketinginstrumente** lassen sich vor allem die Wirkungen darstellen, die bestimmte Aktivitäten und Handlungsmaßnahmen für sich und innerhalb eines bestimmten Zusammenwirkens **(Marketingmix)** haben. Diese **Aktivitäten im Markt** sind eingebunden in die **strategischen Entscheidungen** eines Unternehmens. Impulse und Auswirkungen von Marketingstrategie und Marketingaktivitäten müssen innerhalb eines **ganzheitlichen Rahmens (Framework)** aktiv gesteuert werden. Dieser Rahmen bringt die **Marketingsystematik** zum Ausdruck, mit deren Hilfe die unterschiedlichen Wechselwirkungen zwischen Unternehmen, Kunden und weiteren Partnern gesteuert werden können. Auf der Basis dieser Überlegungen kommt es dann zum Einsatz der Marketinginstrumente.

Dabei stellen die Anforderungen der einzelnen Kunden den Ausgangspunkt der Entscheidungsfindung dar. **Ziel** aller **Marketingaktivitäten** ist es durch den Aufbau langfristiger Kundenbeziehungen unternehmerisches **Wachstum** zu generieren.

▶ **Die Entwicklung der Marketinginstrumente**

Die **Übersicht** zeigt die Entwicklung der Marketinginstrumente in den letzten 40 Jahren.

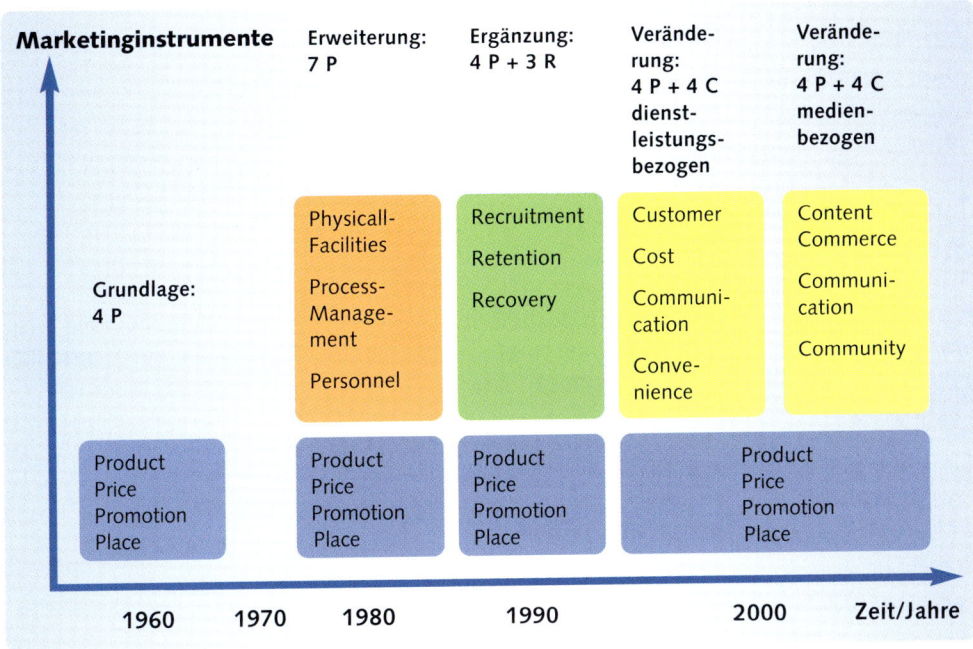

2 Das Angebot – Produktpolitik

2.1 Grundlagen

2.1.1 Gegenstand und Begriffsdefinition

Produktpolitik ist die marktgerechte Gestaltung des Leistungsprogramms eines Anbieters und somit ein zentraler Bestandteil **operativen Marketings**. Durch systematische und planmäßige Einwirkung auf die Märkte möchte jedes Unternehmen seine Ziele verwirklichen. Als „Herz des Marketings" kann in diesem Zusammenhang die Produktpolitik bezeichnet werden (vgl. BECKER, 2009, S. 490). Zentrale Aufgabe der Produktpolitik ist die Herausarbeitung des **Produktnutzens** für den Kunden, der durch den Erwerb der Produkte seine individuellen Probleme bzw. Bedürfnisse lösen will.

Eine an den Kundenbedürfnissen ausgerichtete **Produktdefinition** gibt KOTLER. Er erklärt wie folgt: „Ein Produkt ist jedes Objekt, das auf einem Markt zur Beachtung oder Wahl, zum Kauf, zur Benutzung oder zum Verbrauch oder Verzehr angeboten wird und geeignet ist, damit Wünsche oder Bedürfnisse zu befriedigen" (KOTLER / ARMSTRONG / SAUNDERS / WONG, 2003, S. 526).

Die folgende **Tabelle** gibt einen **Überblick** über Objekte, die als **Produkt** definiert werden können.

Produktarten	Beispiele
Waren	Lebensmittel, Textilien, PKW, Möbel, Computer.
Dienstleistungen	Haarschnitt beim Frisör, Beratung bei der Bank, Reiseleitung bei Urlaubsreise.
Personen	Schauspieler, Pop-Star, Politiker.
Orte / Räumlichkeiten	Ferienwohnung, gepachtete Gaststätte, Hotelzimmer.
Organisationen und Ideen	Politische Parteien, Kirchen, Rotes Kreuz, B.U.N.D.

2.1.2   Ziele der Produktpolitik

Die von der Unternehmensführung postulierten strategischen Unternehmensziele *(Gewinn, Image, Marktmacht, Bekanntheitsgrad, Umweltschutz)* werden auch durch produktpolitische Entscheidungen angestrebt.

Ziele	Beispiele für die Umsetzung
Wachstum des Unternehmens	Produktgestaltung orientiert an den Kundenbedürfnissen, hoher Innovationsgrad.
Gewinnerzielung	Erzielung von positiven Deckungsbeiträgen.
Minimierung des unternehmerischen Risikos	Ausgewogene Programmgestaltung in Breite und Tiefe.
Förderung des Unternehmensimages	Modernes Design, hohe Produktqualität, sozialverträgliche Herstellung und ökologische Unbedenklichkeit.

2.1.3   Produktklassifikationen

Die Entwicklung einer **Marketingstrategie** hängt wesentlich vom „Produktcharakter" ab. Produkte können z. B. über einen längeren Zeitraum genutzt *(elektrische Zahnbürste)* oder in relativ kurzer Zeit verbraucht werden *(Zahnpasta)*. Je nachdem wer die potenziellen Käufer sind *(Unternehmen, Endverbraucher)*, ergeben sich unterschiedliche Marketingstrategien.

Die folgende Abbildung zeigt eine mögliche **Produktklassifizierung:**

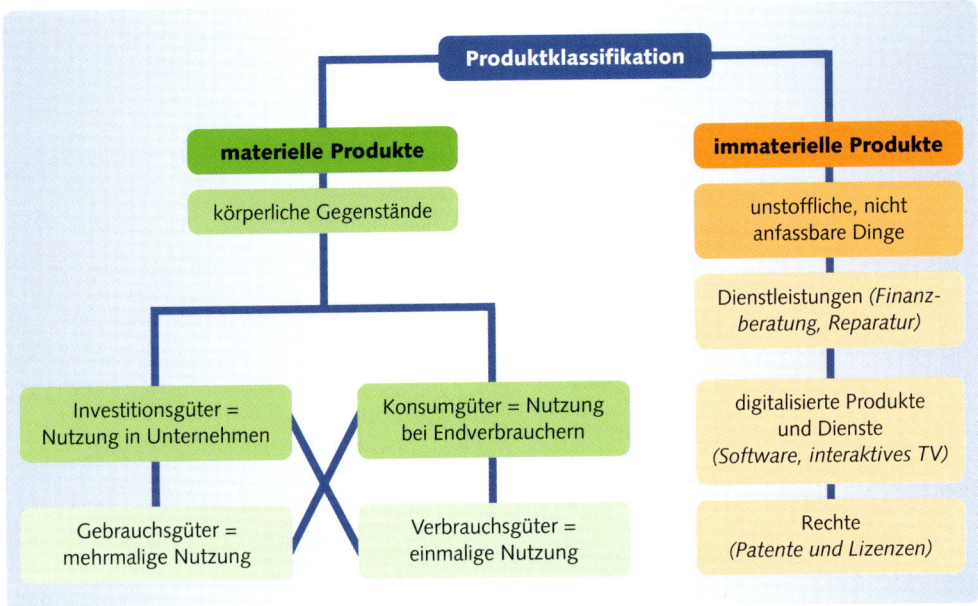

Abb. *Produktklassen*

▶ **Investitionsgüter**

Werden Produkte zur Nutzung in Betrieben beschafft, um damit andere Produkte zur Fremdbedarfsdeckung zu erstellen, dann bezeichnet man sie als **Investitions-** bzw. **Industriegüter**. Sie lassen sich in drei Kategorien einteilen.

Investitionsgüter		
Anlagen und Ausstattung	**Rohstoffe / fertige Bestandteile**	**Betriebsmittel und Dienstleistungen**
↓	↓	↓
Mit ihnen wird der Produktionsprozess erst ermöglicht.	Sie sind die Komponenten, aus denen die Produkte bestehen.	Sie sichern den Herstellungsprozess und gehen nicht in das Produkt ein.
Beispiele	**Beispiele**	**Beispiele**
Gebäude, Produktionsanlagen, Fuhrpark.	Rohmaterial, von anderen Herstellern bezogene Zulieferteile.	Betriebs- und Hilfsstoffe, Verbrauchsmaterial, Energie, Betriebsberatung.

▶ **Konsumgüter**

Wenn ein **Endverbraucher** zur Deckung seiner Bedürfnisse Gebrauchs- und / oder Verbrauchsgüter kauft, spricht man von **Konsumgütern**. Ausgehend vom Kaufverhalten der Verbraucher, lässt sich folgende **Produkttypologisierung** vornehmen:

Begriff[1]	Beschreibung	Beispiele
Convenience goods	**Verbrauchsgüterkauf** ohne großen Beschaffungsaufwand, Güter des täglichen Bedarfs in großer Auswahl und meist niedrigem Preis. Man unterscheidet:	Lebensmittel, Kosmetikartikel, Zeitschriften;
	– **Plankäufe** → Kaufentscheidung erfolgt meist nach vorausgegangener Überlegung	Kaffee, Bier, Brot, Lippenstift, Waschmittel;
	– **Impulskäufe** → spontane Kaufentscheidung	Süßigkeiten, CD, Illustrierte;
	– **Notfallkäufe** → Kauf erfolgt aufgrund einer unerwarteten Notsituation	Regenschirm, Schneeschaufel, Kopfschmerztablette.
Shopping goods	**Gebrauchsgüterkauf**, bei dem der Käufer viel Zeit investiert, da er das Angebot hinsichtlich Qualität, Preis und Ausstattung genau prüft und vergleicht.	Textilien, Schuhe, Möbel, Waschmaschine, Fernseher.
Speciality goods	**Gebrauchsgüterkauf**, der in größeren Zeitabständen erfolgt. Es sind meist hochwertige Produkte, die über einen längeren Zeitraum genutzt werden. Für diese Spezialprodukte nimmt der Käufer einen hohen Beschaffungsaufwand in Kauf.	PKW, Antiquitäten, Videoanlage, Maßkleidung, echter Schmuck.
Unsought goods	Diese „**nicht gesuchten**" Güter kauft der Verbraucher nur dann, wenn er z. B. durch Werbung auf sie aufmerksam gemacht wird oder er sie aufgrund besonderer Umstände erwerben muss.	Neues PC-Betriebssystem, Brille, Hörgerät, Alarmanlage.

Infobox

Je nach Güterart gestalten die Hersteller ihre Marketingaktivitäten. Bei Investitionsgütern stehen dem Anbieter professionell organisierte Beschaffungsorgane der Nachfrager gegenüber. Technische Aspekte und die Beachtung ökonomischer Vorgaben sowie eine meist nachfrageindividuelle Produktspezifikation bestimmen in großem Maße die Marketingaktivitäten. Bei Konsumgütern müssen besonders bei „problemlosen" Waren Marketingaktivitäten entwickelt werden, die die Selbstverkäuflichkeit dieser Produkte im SB-Bereich unterstützen und fördern. Dazu zählen vor allem Merchandising-Maßnahmen wie Displays, Regalpflege, Ladenfunk, Prospekte, Aufklärungsvideos (Pull-Strategie).

Bei „problemhaften" Produkten wie Textilien, Möbel oder hochwertigen technischen Geräten, ist eine z. T. erhebliche Beratungsleistung zu vollbringen. Hier unterstützt der Hersteller die Verkaufsberater durch Verkaufsförderungsmaßnahmen (Sales promotions). Dazu zählen z. B. Verkäuferschulungen, Einsatz von Propagandisten *(Warenvorführung, Verkostung)* oder spezielle Verkaufsaktionen wie z. B. in einem Baumarkt die Durchführung eines Tapezierseminars oder in einem Haushaltwarengeschäft eine Koch- und Backveranstaltung (Push-Strategie).

---

[1]   Im Deutschen existieren zu diesen Begriffen keine adäquaten Entsprechungen. Daher wird auf eine 1:1 Übersetzung verzichtet.

2.1.4 Produktdimensionen

Bei der Entwicklung und Gestaltung von Produkten muss stets die Frage beantwortet werden: „**Was will ein Kunde kaufen?**"

Beispiel Ein Kunde möchte eine neue Armbanduhr. Wie die Abbildung zeigt, können seine Kaufmotive sehr unterschiedlich bzw. vielfältig sein[1].

Ich brauche eine neue Uhr ...

... weil meine alte defekt ist!

... weil die alte ungenau geht!

... weil meine Freunde auch eine neue haben!

... weil damit mein Selbstwertgefühl steigt!

Ein Produkt ist daher mehr als nur ein einfacher Gegenstand. Für seinen Nutzer bietet es Vorteile und Problemlösungen, die sich aus seinen Erwartungen an das Produkt ergeben. Schon bei der eigentlichen Produktentwicklung sollte drauf geachtet werden, dass sich die Nutzenerwartungen eines potenziellen Kunden auf unterschiedliche Produktdimensionen beziehen können.

Diese **Produktdimensionen** umfassen
- Grundnutzen,
- Zusatznutzen,
- Zusatzleistungen.

Aus Anbietersicht handelt es sich dabei um die Gestaltungselemente und Leistungsmerkmale des Produkts. Ziel der Produktentwicklung muss sein, dass bei einem Käufer zwischen den objektiven Produkteigenschaften und den subjektiven Nutzenerwartungen des Kunden ein hohes Maß an Kongruenz entsteht (Produkteigenschaften = Nutzenerwartungen).

▶ Produktkern

Jedes Produkt bietet einen **Grundnutzen**, den man auch als **Produktkern** bezeichnet. Durch den Grundnutzen wird die Produktleistung beschrieben, die vom Käufer als grundlegende Nutzenerwartung an das Produkt gestellt wird.

Beispiel
- Eine Uhr dient zur Zeitangabe und -messung,
- eine Flasche Mineralwasser stillt den Durst und erfrischt,
- ein Schirm schützt vor Regen oder Sonne,
- eine CNC-Fräsmaschine der neuesten Generation dient zur Werkstückbearbeitung.

---

[1] vgl. Kompetenz Einzelhandel, 2005, S. 164 ff.

▶ **Zusatznutzen**

Mithilfe von Marketingmaßnahmen kann **ergänzend** zum Grundnutzen ein **Zusatznutzen** geschaffen werden. So lassen sich z. B. mit dem Produktdesign Mode oder Prestige „mit-verkaufen". Funktionale Aspekte wie Handlichkeit oder Verpackung schaffen ebenso Zusatznutzen, wie die Qualität eines Produktes. Neben der objektiven Qualität *(Abrieb-festigkeit einer Bodenfliese)* spielt auch die subjektive Qualität bei der Kaufentscheidung eine wichtige Rolle *(Farbe der Fliese passt zur Einrichtung)*.

Eine besondere Bedeutung kommt Produkten bei ihrer **Kennzeichnung** mit Produkt-, Firmennamen oder Symbolen zu. Durch diese „Markierung" wird ein Produkt zum Mar-kenartikel (vgl. dazu S. 177).

Beispiel	• Eine Markenuhr mit hoher Präzision oder einzigartigem Design bedeutet für den Träger Ansehen, Prestige und Selbstdarstellung,
	• einfaches Mineralwasser, ergänzt um Vitamine oder Mineralstoffe, wird zum „Functional-Drink" *(Fitness, Wellness)*,
	• ein Schirm kann auch als Geh- und Stützhilfe Verwendung finden,
	• die CNC-Maschine signalisiert Kunden, dass dieser Betrieb mit modernster Technik arbeitet,
	• Textilien, Schuhe und Kosmetikartikel werden oft erst durch den Namen (Marke) zum Erfolgsprodukt *(Nike, Boss, Joop)*.

▶ **Zusatzleistungen**

Neben dem eigentlichen Produkt kann ein Bündel **zusätzlicher Leistungen** angeboten werden. Bei technisch anspruchsvollen oder wartungsintensiven Geräten sind Beratung und Schulungen oftmals Bestandteil des Angebotes.

Eine permanente Erreichbarkeit des Herstellers oder Händlers z. B. über Service-Nummern oder die Einrichtung von Kundenclubs mit entsprechenden Leistungen **erhöhen** zusätzlich den **Produktnutzen.**

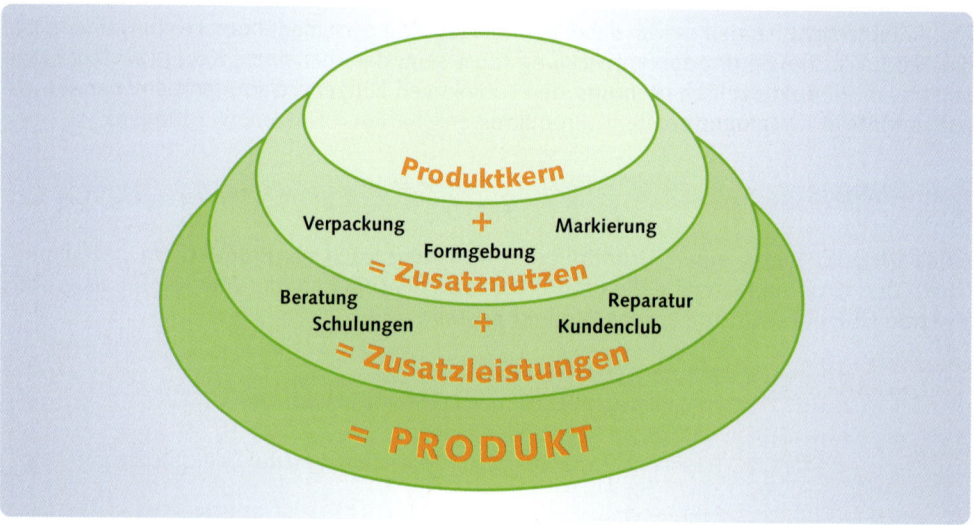

Abb. *Produktdimensionen*

Produkte und ihr Nutzen – Ein Blick ins Jahr 2020

Szenario: Klarheit vor Überfluss

Auch der Konsum, Anfang des Jahrtausends noch von zahlreichen Krisenerscheinungen wie allgemeine Kaufunlust, weitgehend gesättigten Märkten und Rabatt-Orgien gekennzeichnet, hat einen deutlichen Bedeutungswandel erfahren. Auch das Wirrwarr aus Happy Digits, verschiedensten Basis- bis Premium-Stufen, unübersichtlichen Paket-Geschäften, immer neuen Handy-Features ist inzwischen wieder im Orkus gescheiterter Marketing-Ideen verschwunden.

Vor dem Hintergrund gesunkener öffentlicher und beitragsfinanzierter Leistungen steht Konsum zwar immer stärker in Konkurrenz zu privaten Ausgaben für Gesundheit und Bildung, doch im Unterschied zu früher wird darüber nicht mehr lamentiert. Vielmehr konzentrieren sich immer mehr Menschen auf die wirklich wichtigen Dinge und Werte: Klarheit, reeller Nutzen und individuelle Zeitsouveränität.

Die Wirtschaft hat – unabhängig von aller Marktforschung – dabei viel gelernt. Produkt-Individualisierung und die Einbindung des Käufers in den Produktionsprozess (personal fabbing) haben sich in vielen Bereichen durchgesetzt.

Aber die Hersteller wissen, dass sie damit nur dann erfolgreich sein können, wenn sie den Verbraucher nicht mit übermäßiger Komplexität behelligen. Langlebige Waren mit ansprechender Produktgeschichte und zeitlosem Design finden ebenso Absatz wie immaterielle Nutzen-statt-Kaufen-Services. Am erfolgreichsten sind Produkte und Dienstleistungen, die sich klar am Konsumentennutzen orientieren und ein Maximum an angenehm und sinnvoll verbrachter Lebenszeit garantieren.

(Quelle: brand eins, Januar 2004)

2.1.5 Instrumente der Produktpolitik

Im **Mittelpunkt** der **Produktpolitik** steht das Bemühen eines Unternehmens sein Leistungsangebot (Produkte plus Dienstleistungen) an den Kundenerwartungen und am Kundennutzen auszurichten.

Dieser **Kundennutzen** sollte so definiert werden, dass sich das Produkt von den Angeboten der Mitbewerber unterscheidet, es soll sich gewissermaßen „einzigartig" präsentieren (USP = unique selling proposition). Um dieses Ziel zu erreichen, stehen verschiedene Instrumente zur Verfügung.

Instrumente der Produktpolitik	
Produktinnovation →	Völlige Neugestaltung eines Produktes oder Veränderungen, die vom Hersteller und / oder vom Kunden als neu angesehen werden.
Produktvariation →	Bestimmte Ausprägungen und Eigenschaften eines bestehendes Produkts werden verändert.
Produktdifferenzierung →	Zum bestehenden Produkt werden zusätzliche Produktvarianten entwickelt.
Produktdiversifikation →	Erweiterung des Produktprogramms mit ähnlichen oder völlig anderen Produkten.
Produktelimination →	Herausnahme von Produkten aus dem Leistungsangebot.

2.2   Produktinnovationen

Ohne die Entwicklung neuer Produkte könnten Unternehmen nur schwerlich am Markt existieren, denn in einem für viele Branchen globalen Wettbewerb gefährdet ein Unternehmen seine Existenz, wenn es sich nicht ständig den ändernden Marktbedürfnissen anpasst.

> **Infobox**
>
> Produktpolitik im Sinne von „Produktherstellungspolitik" findet vor allem in der Industrie statt. Handelsbetriebe haben nur dann größeren Einfluss auf die Produktentwicklung, wenn sie über eine entsprechende Marktmacht verfügen und dem Hersteller genaue Spezifikationen vorgeben können *(C&A, ALDI, IKEA)*.
> Produktpolitik im Handel ist vor allem „Produktgestaltungspolitik". Dazu zählen u. a. die Veredelung und Pflege industriell erzeugter Waren, die Entwicklung von Eigenmarken *(Handelsmarken, No-names)* und die Verpackungsgestaltung.

2.2.1   Produktinnovationsarten

Innovationen reichen von einfachen **Verbesserungen** an bereits bestehenden Produkten, Techniken und Verfahren bis zur echten **Weltneuheit**. Die **Innovationsintensität** eines Unternehmens ist nicht nur von den bei der Entwicklung und Realisierung anfallenden Kosten abhängig, sondern auch von den Bedingungen, die in der entsprechenden Branche herrschen. So sind bei Schreibgeräten wie Füller und Kugelschreiber kaum noch echte Verbesserungsmöglichkeiten in Handhabung und Technik zu erwarten, während im Automobilbau auch zukünftig noch mit einer Vielzahl von Innovationen zur Verbesserung der Fahrsicherheit zu rechnen ist.

▶ Produktneuheit

Abb. *Weltneuheit: Kabelloser Stabmixer mit Lithium-Ionen Akku von Bosch Hausgeräte*

Unter einem **neuen Produkt** sind all jene Erzeugnisse zu verstehen, die entweder für einen potenziellen Käufer, als auch für die herstellende Unternehmung neu sind. Dabei sind verschiedene **Abstufungen** hinsichtlich einer tatsächlichen oder vermeintlichen Neuheit zu unterscheiden[1]:

Echte Neuprodukte: Es handelt sich dabei um Produkte, die es vor ihrer Entwicklung nicht gab *(Compact-Disc, Margarine, synthetische Fasern)*.

Scheinbare Neuprodukte: Sie knüpfen an bereits bestehende Produkte an *(Diät-Margarine, Spültabs, TV-Flachbildschirme)*.

Nachgeahmte Produkte: Diese auch als „Me-too-Produkte" bezeichneten Erzeugnisse sind Imitationsprodukte, die ohne bestimmte Produktvorteile gegenüber bereits bestehenden und i. d. R. erfolgreich eingeführten Artikeln eines anderen Herstellers auf den Markt gebracht werden *(Waschmittel, Zahnpasta, Fertiggerichte)*.

---

[1] Vgl. BECKER, 2009, S. 156–157

Beispiel	• Völlig neues Produkt: digitale Foto-Kamera,

Beispiel
- Völlig neues Produkt: digitale Foto-Kamera,
- verbessertes Produkt: digitale Foto-Kamera mit mehr Pixel als bisherige Modelle,
- Abwandlung eines vorhandenen Produkts: Mineralwasser mit Fruchtauszügen,
- neue Marke auf Basis bestehender Produkte: Neue Eiskremsorte (*Eiskrem des Jahres*),
- im Markt bekannt, aber für den Hersteller neu:
PKW-Hersteller aus dem Mittelklassensegment bietet ein Modell in der Oberklasse an.

▶ Innovationsmerkmale

Damit ein neues Produkt von den Käufern als solches eingestuft wird, ist es notwendig die **Innovationsmerkmale** darzustellen. Dies geschieht vor allem dadurch, dass ein gegenüber anderen Produkten **erhöhter** Produktnutzen im Rahmen kommunikativer Maßnahmen verdeutlicht wird.

Beispiel   **Aspirin Effect der Bayer Vital GmbH**

Neuheitseffekt	Höherer Grundnutzen
Neuartige Darreichungsform für ein Schmerzmittel	Medikament löst sich bereits im Mund auf, rasche Aufnahme ins Blut
Aufnahme des Medikaments ohne Wasser	Angenehmer Geschmack nach Cola-Orange und zuckerfrei
Erleichterte Anwendbarkeit	Höherer Zusatznutzen

▶ Realisierung von Produktneuheiten

Die **Innovationskraft** eines Unternehmens ist der **entscheidende** Erfolgsfaktor für nachhaltiges **Wachstum** und **Ertragskraft**. Gerade für kleine und mittlere Unternehmen stellt sich dabei oft die Frage, ob die unternehmensinternen Kompetenzen und Ressourcen ausreichen. Wenn ja, dann können neue Produkte selbst entwickelt werden bzw. man beauftragt z. B. ein Consulting- und Engineering-Unternehmen damit. Eine Alternative stellt die Akquirierung neuer Produkte dar. Dies ist z. B. durch den Kauf von Patenten, Lizenzen oder anderer Unternehmen möglich.

2.2.2 Produktentwicklungsprozess

Der **Produktentwicklungsprozess** sollte immer damit beginnen, dass eine **strategische Entscheidung** getroffen wird, die die Richtung angibt. Eine mögliche Strategie wäre die vorhandenen Zielgruppen durch neue Produkte weiter an das Unternehmen zu binden. Eine andere Strategie zielt auf die Gewinnung völlig neuer Kundengruppen durch bisher nicht im Leistungsangebot geführte Produkte ab. Wenn von der Unternehmensleitung die „Suchfelder" abgesteckt worden sind, wird die Gefahr, unrealistische Ideen weiterzuverfolgen oder sich bei der Ideenfindung zu verzetteln, minimiert.

Bei der Neu-Produkt-Entwicklung **erfolgreiche** Unternehmen zeichnen sich u. a. dadurch aus, dass sie

- die Kundenmeinung frühzeitig erfassen und sich sicher sind, dass das Produkt dem Nutzer einen tatsächlichen Mehrwert bringt,
- wirksame Methoden zur Auswahl der richtigen Produkte anwenden,
- mit eigenverantwortlichen und personell sowie finanziell ausreichend ausgestatteten Teams arbeiten, die fachübergreifend zusammengesetzt sind,
- einem klar definierten Entwicklungsprozess folgen, der es der Unternehmensleitung ermöglicht, während des Prozesses steuernd und kontrollierend einzugreifen.

▶ **Stufen des Produktentwicklungsprozesses**

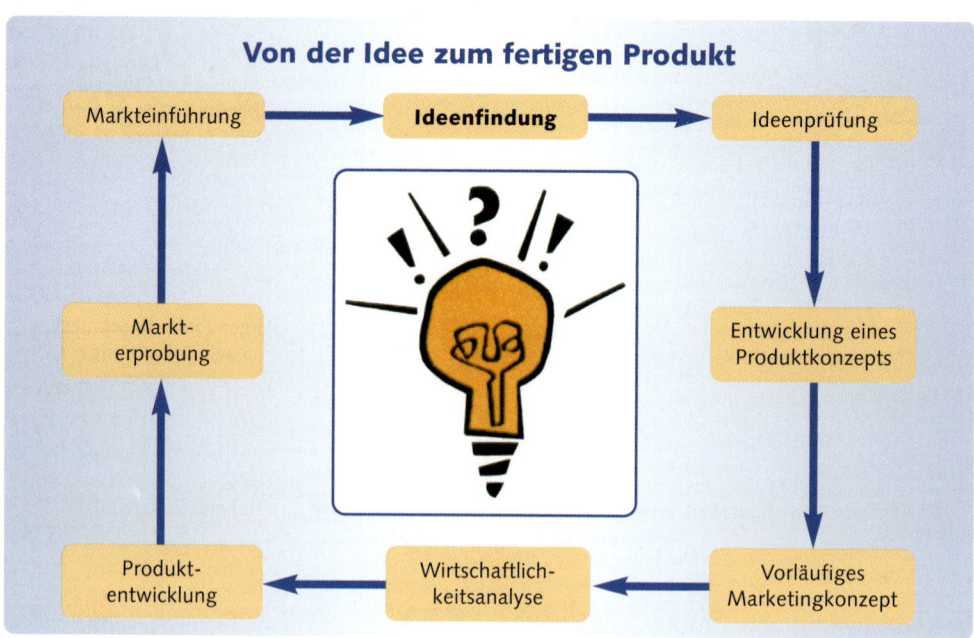

Von der Idee zum fertigen Produkt

Markteinführung → Ideenfindung → Ideenprüfung

Markterprobung

Entwicklung eines Produktkonzepts

Produktentwicklung ← Wirtschaftlichkeitsanalyse ← Vorläufiges Marketingkonzept

Erste Stufe: Ideenfindung

Um Ideen zu finden und zu sammeln, werden unternehmensinterne und unternehmensexterne **Quellen** genutzt. Wer im Wettbewerb auf Dauer Vorteile erzielen will, sollte vor allem die internen Quellen nutzen, da externe Quellen natürlich auch Mitbewerbern zur Verfügung stehen. **Ziel** der **Ideenfindung** ist es möglichst viele Ideen für neue Produkte zu entwickeln.

Quellen für Neuproduktideen	
unternehmensintern	**unternehmensextern**
• betriebliches Vorschlagswesen, • Forschungs- und Entwicklungsabteilung, • Rechtsabteilung (Patente, Lizenzen), • Marketingabteilung (Marktforschung), • Außendienstmitarbeiter, • Mitarbeiter im Servicebereich (Kunden-Hotline), • Informationen aus Kundenbeschwerden.	• Groß- und Einzelhandel, • Kunden (Befragung, Anregungen), • Hochschulen und Forschungsinstitute, • Lieferanten, • Konkurrenzunternehmen, • Messen, Ausstellungen und Kongresse, • Kammern und Verbände, • Fachpublikationen.

Fallbeispiel Ideensammlung mithilfe von Trendscouting

Da die Zeit von der Produktidee bis zur tatsächlichen Markteinführung u. U. sehr lang sein kann, müssen die Wünsche und Bedürfnisse der Verbraucher von morgen frühzeitig „aufgespürt" werden. Dazu leistet die **Trendforschung** einen wesentlichen Beitrag. Ein **Trend** ist – vereinfacht ausgedrückt – **„etwas was vielleicht kommt, oder auch nicht, jedenfalls ist es noch nicht ganz da!"** Durch einen Trend werden aufkommende Veränderungen in der Gesellschaft identifiziert und beschrieben. Davon können Werte, Lebensstile und auch das Kaufverhalten berührt werden. Eine **Forschungsmethode** zum Aufspüren eines Trends ist das **„Trendscouting"**. Der „Scout" (eine Art „Pfadfinder") beobachtet dabei neue Ideen und Entwicklungen in der realen und / oder virtuellen Welt. Aufgrund dieser Erkenntnisse werden dann Prognosen erstellt, die z. B. darüber Auskunft geben, welche Trends im Konsumentenverhalten in den nächsten Jahren zu erwarten sind. Danach können sich Hersteller und Handel bei der Produkt- bzw. Sortimentsgestaltung sowie anzubietenden Dienstleistungen orientieren.

Beispiel Ausgewählte Trends, die das Konsumverhalten beeinflussen[1]:

Trend	Umsetzung in Produkt- und Sortimentsgestaltung von Herstellern und Einzelhandel
Individualisierung	Waren und Dienstleistung, die die eigene Persönlichkeit betonen und unterstreichen. **Beispiel** Maßanfertigung von Bekleidung durch Bodyscanning, Anfertigung einer CD mit Wunschtiteln.
Erlebniskauf	Einkaufen nicht nur notwendige Versorgungsaufgabe, sondern lustvolle Freizeitaktivität. **Beispiel** Ausstattung von Buchhandlungen mit Leseecke und Cafeteria, Gestaltung von Events in Warenhäusern und Einkaufszentren.
Bequemlichkeit	Waren und Dienstleistungen, die jederzeit verfügbar sind und deren Nutzung mit wenig zeitlichem Aufwand verbunden ist. **Beispiel** Fertig- und Tiefkühlkost, Babynahrung, Verpackungsservice, Hausanlieferung, Preisfindungsagentur.

[1] Quelle: Institut für Strukturpolitik und Wirtschaftsförderung Halle-Leipzig e.V., Studie zu Trendqualifikationen im Einzelhandel, Halle / München 2002.

Trend	Umsetzung in Produkt- und Sortimentsgestaltung von Herstellern und Einzelhandel
Gesunde Lebensweise („Wellness")	Ziel ist es einen Zustand des körperlichen, geistigen und seelischen Wohlbefindens zu erreichen und auch dauerhaft zu erhalten. **Beispiel** Naturkost, Bioprodukte, Kosmetik- und Pharmaprodukte, spezielle Wellness-Literatur, Fitness-Center, Wellnessreiseangebote *(Fitness, Sport, Kuren)*.
Sinnsuche (Retro-Konsum)	Rückbesinnung auf alte und möglichst zeitlose Werte. Funktionalität, Langlebigkeit und Mehrfachnutzung sind wichtige Kriterien für die Kaufentscheidung. **Beispiel** Im Lebensmittelbereich weitgehender Verzicht auf industriell Hergestelltes. Im Nonfood-Bereich handwerklich Gefertigtes, Nostalgie-produkte *(Warenangebot des Versandhauses Manufactum mit dem Slogan „Es gibt sie noch die guten Dinge!")*.
Besonderes und Luxus	Luxuskonsum ist ein Zeichen für die Pflege eines hedonistischen Lebensstiles. Dieser Zielgruppe macht es einfach Spaß, sich mit teuren und kostbaren Gegenständen zu umgeben, teure Geschenke zu machen und Luxusrestaurants zu besuchen. **Beispiel** Spezielle Abteilungen in Warenhäusern mit vorwiegend exklusiven Marken und besonders gut geschultem Verkaufspersonal, das eine typ-gerechte und Lifestyle-Beratung bieten kann. Vermietung luxuriöser Autos *(Stretchlimousine für die Hochzeit)*.
Älter werdende Gesellschaft	Das Kaufkraftpotenzial dieser immer wichtiger werdenden Zielgruppe ist durch eine Veränderung des Angebots an Waren und Dienstleistungen zu erschließen. **Beispiel** Gesundheitsprodukte jeglicher Art, Anpassung vieler Produkte an die speziellen Bedürfnisse älterer Menschen *(altersgerechte Gestaltung von Möbeln)*.

Eine Möglichkeit zur **Ideenfindung** besteht in der Anwendung **systematisch-logischer Verfahren** wie z. B. der **Problemanalyse**. Sie eignet sich besonders zur Verbesserung bereits bestehender Produkte. Dabei werden im Rahmen einer standardisierten Befragung mögliche Nutzer nach ihren Problemen mit bestimmten Waren um Auskunft gebeten und so bereits bei der Ideenfindung in den Entwicklungsprozess mit einbezogen. Auf Grund der Auswertung der Ergebnisse kann man dann Ideen ableiten, die bei einem neuen Produkt zu Eigenschaften führen, wie sie von den möglichen Verwendern gewünscht werden.

> **Beispiel** Über 60 % der Kunden eines Produzenten von Fertigbackmischungen berichten anlässlich einer Befragung in Verbrauchermärkten von Problemen bei der Teig-herstellung für Pfannkuchen. Sie wünschen sich eine problemlose und einfache Möglichkeit Pfannkuchenteig herzustellen.
> Die Lösung des Unternehmens: Eine fertige Flüssigteigmischung zur Zubereitung von Pfannkuchen. Die nur zur Hälfte mit Flüssigteig gefüllte Flasche wird mit Milch aufgefüllt, kräftig geschüttelt und der Pfannkuchenteig ist fertig und kann in die Pfanne gegossen werden.

Große Bedeutung kommt im Prozess der Ideenfindung **kreativ-intuitiven Verfahren** zu. Zu diesen Methoden zählen **Brainwriting** und **Brainstorming**. Was zuerst sprunghaft, spontan und unstrukturiert wirkt, kann zu echten Innovationen führen, an die vor der Durchführung solcher „Ideenproduktions-Sitzungen" niemand gedacht hatte.

Infobox

Kreativität zur Ideenfindung kann man lernen !

Die **Ideenfindung im Unternehmen** ist ein vornehmlich kreativer Prozess. Mithilfe von **Kreativitätstechniken** soll das schöpferische Denken gefördert werden. Denkblockaden („Scheuklappendenken, Betriebsblindheit") sollen abgebaut und möglicht optimale Problemlösungen erarbeitet werden. Kreativitätstechniken können von einer einzelnen Person oder von Gruppen angewendet werden.

Untersuchungen haben gezeigt, dass Gruppen oft innovativere Ideen entwickeln als Einzelpersonen, da sie einen unterschiedlichen Hintergrund mitbringen. Aus Platzgründen wird auf eine ausführliche Darstellung der Kreativitätstechniken verzichtet. **(TIPP!** Ausführliche Informationen zu diesem Thema in „Das ABC der Kurs- und Seminargestaltung, Verlag Europa-Lehrmittel ISBN 3-8085-7776-2.)

Zwei **Beispiele**, die ohne großen Aufwand erlernt und praktiziert werden können, seien hier vorgestellt:

Brainwriting und Brainstorming

Wichtigste Regel bei der Anwendung:
- Die Phase der Ideenfindung ist von der Phase der Ideenbewertung strikt zu trennen, also keine „Killerphrasen" wie etwa „Das ist zu teuer" oder „Seien Sie erst mal einige Jahre hier" usw.
- Jeder Teilnehmer lässt seinen Gedanken freien Lauf.
- Jeder Teilnehmer greift die Ideen der anderen auf und entwickelt sie weiter.

Für Neulinge auf diesem Gebiet empfiehlt sich der Start mit der **Brainwriting-Methode**, die auch „**Methode 6–3–5**" genannt wird. **6** Teilnehmer schreiben in **3** vorgegebene Felder je eine Idee. Dafür haben sie **5** Minuten Zeit.

So gehen Sie vor:	Problemstellung:		
1. Tragen Sie hier die Problemstellung ein. 2. Notieren Sie spontan drei Ideen. 3. Tauschen Sie nach 5 Minuten die Formulare	....		
4. Schreiben Sie in die zweite Zeile weitere drei Ideen nieder. Ergänzen oder variieren Sie die Ideen Ihrer Vorgänger, oder notieren Sie völlig neue Ideen.			
5. Nach weiteren 5 Minuten tauschen Sie erneut bis die letzte Zeile des Formulars ausgefüllt ist.			
6. Werten Sie das Formular durch Ankreuzen der drei originellsten Ideen aus und stellen diese in der Gruppe zur Diskussion.			

Abb. Muster für ein Brainwriting Formular (Quelle: Beck *u. a., 2009, S. 26)*

Das **Brainstorming** verzichtet auf ein Formular, für das Festhalten der Ideen braucht man einen Protokollant. Ideal sind 5–7 Teilnehmer, die aus unterschiedlichen Abteilungen kommen (Synergieeffekt). Vom zu bearbeitenden Problem ist es abhängig, ob Vorgesetzte dabei sein sollten.

Infobox

Ein **Moderator** kann hilfreich sein, den Ideenfindungsprozess zu befördern, in dem er dominante Teilnehmer dämpft, stille aktiviert und auf die Einhaltung der Regeln (s.o.) achtet. Nach Ende der Brainwriting- oder Brainstorming-Sitzung werden in einer Grobauswahl solche Ideen ausgefiltert, die erkennbar unrealistisch sind.

Zur Beurteilung der Brauchbarkeit von Ideen werden in einem weiteren Schritt Kriterien *(Kosten, Bedarfsschätzung usw.)* gesucht, an denen die einzelnen Vorschläge gemessen werden. In einer Feinauswahl werden die Ideen von den jeweils betroffenen Experten auf ihre Realisierbarkeit geprüft, bevor eine Entscheidung fällt.

TIPP! 6 Regeln für einen erfolgreichen Ideenfindungsprozess

1. Nutze Deine Wissensressourcen und suche ständig nach neuen Informationen.	→ Neue Ideen fallen nur selten vom Himmel, sondern sie entstehen sehr oft aus einer Neukombination vorhandenen Wissens.
2. Die Menge macht's.	→ Je größer die Zahl der alternativen Ideen, desto besser sind die Chancen eine noch bessere Idee zu finden (In der Praxis werden von ursprünglich 300 Ideen gerade mal 10 verwirklicht!).
3. Wechsle deine Betrachtungsweise.	→ Nicht nur neue, sondern auch völlig andere Ideen entstehen, wenn man von verschiedenen Seiten an ein Problem herangeht. Daher ist es auch von Vorteil, wenn sich mehrere Personen mit der Ideenfindung beschäftigen.
4. Nimm Abstand zu Deinen Ideen.	→ Wenn man nicht mehr weiterkommt, dann ist eine „schöpferische Pause" hilfreich. Nicht nur zeitliche, sondern sogar auch räumliche Distanz unterstützen die Gewinnung neuer Einsichten.
5. Urteile nicht vorschnell und vermeide „Killerphrasen".	→ Nicht zu schnell „die Flinte ins Korn werfen". Was auf den ersten Blick als unmöglich erscheint, ist u. U. nach einer längeren Beschäftigung damit durchaus brauchbar. Ideenvorschläge sollten nicht mit Bemerkungen wie „Das ist nicht machbar, Dafür fehlt Ihnen die Erfahrung", usw. zu früh verworfen werden.
6. Schaffe ein positives und anregendes Umfeld.	→ Ein „Kreativitätsambiente" ist essentiell für eine erfolgreiche Ideenproduktion. Raus aus der gewohnten Umgebung und rein ins „schöpferische Vergnügen" z. B. durch ein Wochenende in einem besonders schönen Tagungshotel in einer den Geist stimulierenden Landschaft.

Zweite Stufe: Ideenprüfung

Aus der Vielzahl der gefundenen Ideen sind diejenigen herauszufiltern, bei denen sich eine weitere Entwicklung lohnt. Bei diesem Reduzierungsvorgang **(Ideenscreening)** erfolgt zuerst eine **Vorauswahl** (Negativauswahl) jener Ideen, die dem vom Unternehmen aufgestellten Kriterienkatalog zur Prüfung von Produktideen nicht genügen.

In einer sich daran anschließenden zweiten Phase wird in Form einer Positivauswahl eine **Feinauswahl** jener Produktideen getroffen, die dann in konkrete Erzeugnisse umgesetzt werden und deren Markteinführung geplant ist.

Bewertungsverfahren

Die Durchführung des **Ideenscreeeenings** erfolgt mithilfe geeigneter Auswahlverfahren. Dazu zählt die Checklistmethode und das Punktbewertungsverfahren (Scoringverfahren).

Checklistverfahren

Checklisten stammen ursprünglich aus dem technischen Bereich *(Checkliste der Piloten vor einem Start)*. Die Fragestellung kann entweder in geschlossener Form (ja-nein) oder in offener Form erfolgen. Checklisten eignen sich vor allem für eine Grobauswahl der Ideen.

> **Beispiel** für eine **Checkliste** zur Auswahl von Produktideen:
> 1. Ist das neue Produkt wirklich für die Verbraucher und für die Gesellschaft nützlich?
> 2. Passt das Produkt zu unseren Unternehmensrichtlinien?
> 3. Verfügen wir über die notwendigen Mitarbeiter, das Know-how und die finanziellen Möglichkeiten, damit das neue Produkt zu einem Erfolg wird?
> 4. Wie gestaltet sich die wahrscheinliche Umsatzerwartung und wann wird der Break-Even erreicht?
> 5. Entsteht durch die Produkteinführung ein Kannibalisierungseffekt gegenüber anderen Produkten unseres Hauses?
> 6. Können die bestehenden Vertriebsnetze und -organisationen genutzt werden?
> 7. Sind die Produktvorteile gegenüber gleichen oder ähnlichen Produkten der Konkurrenz ausreichend?
> 8. Welche Produktlebensdauer ist zu erwarten?
> 9. Sind umweltfreundliche Produktion, Gebrauch und Entsorgung der Produkte gewährleistet?
> 10. Sind Werbung und Markteinführung leicht durchzuführen?

Punktbewertungsverfahren

Die für eine mögliche Realisierung ins Auge gefassten **Ideen** werden anschließend **bewertet**. Im Gegensatz zur Checklistentechnik, die jedes Entscheidungskriterium gleich stark gewichtet, bieten andere Bewertungstechniken die Möglichkeit Kriterien je nach ihrer Bedeutung für das Unternehmen unterschiedlich zu gewichten.

> **Beispiel** Für ein Möbelhandelsunternehmen wie „Habitat" spielt das Design eine besonders wichtige Rolle. Eine spezielle für dieses Unternehmen gültige Designphilosophie bildet die Grundlage zur Entwicklung innovativer Produkte[1]. Daher kommt hier bei einer Beurteilung neuer Produktideen dem Kriterium „Design" eine größere Bedeutung zu als z. B. die Kriterien konjunkturelle Einflüsse oder das benötigte Investitionsvolumen.

Zu den unbestrittenen **Vorteilen** eines standardisierten Bewertungsmodells zählen:
- Erstellung eines einheitlichen Bewertungsprofils,
- gute Vergleichbarkeit mehrerer Alternativen,
- leichte Nachvollziehbarkeit des Bewertungsprozesses für die Entscheider.

Nachteilig sind aber stark subjektive Elemente dieses Verfahrens *(Festlegung der Kriterien und der Gewichtung sowie der Punktevergabe)*.

---

[1] Vgl. dazu die Website www.habitat.de mit einer ausführlichen Beschreibung der Designphilosophie des Unternehmens.

Fallbeispiel **Grobauswahl von drei Produktideen**

Ein Kosmetikhersteller plant die Einführung einer neuen Herrenpflegeserie. Dazu wurden drei unterschiedliche Produktkonzeptionen (rot, blau und grün) entwickelt.

Mit dem **Scoringverfahren** soll die am meisten Erfolg versprechende Konzeption ermittelt werden. Die Beurteilungskriterien sind von ihrer Bedeutung nach von 1 (nur sehr geringe Bedeutung) bis 6 (sehr große Bedeutung) gewichtet. Mit den Punkten aus den Bewertungsstufen multipliziert ergibt sich die Gesamtpunktzahl der zu beurteilenden Produktkonzeption.

Die Unternehmensleitung gibt vor, dass eine Konzeption unter 50 Punkten nicht weiter verfolgt wird.

Beurteilungskriterien	Bewertungsstufen			
	Gewichtung	sehr gut (6 Punkte)	gut (4 Punkte)	durchschn. (2 Punkte)	schlecht (0 Punkte)
geplantes Umsatzvolumen	2				
Konkurrenzfähigkeit	2				
Qualität	5				
Verpackungsgestaltung	4				
Produktimage	6				
Ähnlichkeit mit vorhandenen Produkten	3				
Deckungsbeitrag	4				
Erschließung neuer Käuferschicht	2				
Investitionsvolumen	3				
Umweltverträglichkeit	3				

Leseprobe für diese Grafik: Die blaue Pflegeserie ist von sehr guter Qualität (6 Punkte), hat aber große Ähnlichkeit mit einem bereits sich auf dem Markt befindenden Produkt (schlecht, daher 0 Punkte) und ist von durchschnittlicher Umweltverträglichkeit (2 Punkte).

Dritte Stufe: Entwicklung eines Produktkonzepts

Nach dem Ideenscreening ausgewählte Produktideen müssen nun zu einem **Produktkonzept** entwickelt werden. Im Gegensatz zur rein **warenbezogenen Produktidee** (Rohstoffe, Machart, Eigenschaften und Funktionen eines Produkts) schließt die **kundenbezogene Produktkonzeption** die Zielgruppe, deren Ansprüche und Nutzenvorstellungen mit ein.

Aus einer Produktidee können sich sehr unterschiedliche Produktkonzepte entwickeln. KOTLER (vgl. KOTLER / ARMSTRONG / SAUNDERS / WONG, 2003, S. 687 ff.) weist darauf hin, dass der Verbraucher keine Produktidee kauft, sondern er bestellt und kauft ein Produktkonzept. Aufgabe des Marketings ist es eine Produktidee in alternative Konzepte umzusetzen und durch Testen bei potenziellen Verwendern das beste Konzept zu identifizieren.

Fallbeispiel Produktkonzepte für eine Notebooktasche

Ein Hersteller von Businesstaschen plant die Produktion einer speziell für **Frauen** gedachten **Notebooktasche.**

Konzept I „LadyTrend":

Notebookrucksack aus Polyester mit atmungsaktiver Rückenpolsterung und gepolsterten Schultergurten; in klassischem Schwarz und fünf bunten Trendfarben für junge, sportliche Frauen, die eine bequeme und preisgünstige Transportmöglichkeit für ihr Notebook suchen.

Konzept II „LadyExecutive":

Elegante Businesstasche aus hochwertigem Nappaleder mit Handgriff und Tragegurt; lieferbar in schwarz und bordeaux; besonders hochwertig verarbeitet mit silber- oder goldfarbenen Beschlägen; für die Frau in Führungspositionen; integrierte und herausnehmbarer Minishopper; Vorrichtung zur Befestigung am Teleskopbügel eines Trolleys.

Konzept III „LadySelect":

Laptoptasche fürs Büro oder zum Shopping; ein Kombiprodukt mit dem Aussehen einer Umhängetasche und im Inneren mit großem Dehnfach für ein Notebook; für Frauen, die eine elegante, zeitlose Form – gepaart mit hoher Funktionalität – bevorzugen. Wertvolles englisches Vollrindleder mit mattsilbernen Magnetverschlüssen.

Nach der Entwicklung verschiedener Produktkonzepte erfolgt die Entwicklung eines Modells oder eine verbale und / oder visuelle Beschreibung des ins Auge gefassten Produkts. Ausgewählte Testpersonen (mögliche Käufer und die in Frage kommenden Absatzmittler) prüfen und bewerten die Konzepte. Dabei nutzt man das Befragungsinstrumentarium aus der Marktforschung. Mithilfe solcher **Tests** werden wichtige Erkenntnisse über mögliche Produktverbesserungen gewonnen, die dann noch in der weiteren Produktentwicklung Berücksichtigung finden können.

Vierte Stufe: Vorläufiges Marketingkonzept

Nach Abschluss der Testphase wird die Entscheidung für das erfolgversprechendste Produktkonzept getroffen. Es schließt sich nun die Entwicklung eines vorläufigen **Marketingkonzepts** an. Damit werden die Weichen für Positionierung und Vermarktung des neuen Produkts gestellt.

Vorläufiges Marketingkonzept

Marketinganalyse

Untersuchung von:
- Marktvolumen
- Wettbewerbsumfeld
- Zahl der Verbraucher
- Einkaufsverhalten
- Kaufmotivation
- Absatzmittler
- Eignung vorhandener Medien

Marketingstrategie

Entscheidung über:
- Zielgruppe
- Produktart
- Produktqualität
- Produkteigenschaften
- Preislage
- Konditionen
- Vertriebssystem
- Werbung
- Verkaufsförderung

Die Zeiten, in denen es ausreichte mit einer technisch interessanten Innovation entscheidende Markterfolge zu erzielen, sind seit dem Entstehen wettbewerbsintensiver Käufermärkte endgültig vorbei.

Damit eine Produktinnovation zum nachhaltigen Markterfolg wird, muss ein auf das Produkt zugeschnittenes Marketingkonzept generiert werden.

Grundlagen eines solchen **Konzepts** sind:
1. eine umfassende **Marketinganalyse** und
2. ein sich anschließender **Strategieplanungsprozess** mit den Schwerpunkten Produktpositionierung, Produktgestaltung sowie Planung der Vertriebs- und Kommunikationsstrategie.

Bei der Festlegung des Marketingkonzepts orientiert man sich am ausgewählten Produktkonzept. Auf seiner Grundlage werden die Strategien entwickelt, die das Produktimage aufbauen, welches als „Vorstellungsbild" beim zukünftigen Nutzer erzeugt werden soll. Von diesem Produktimage hängt es letztlich ab, ob Kunden dieses Produkt dann auch kaufen.

Fallbeispiel   **Auf das Image kommt es an!**

Auf den ersten Blick scheinen sich Süßwaren als Produkte für Verbraucher, die bewusst gesund leben und sich dementsprechend ernähren wollen, nicht gerade anzubieten. Wenn also Hersteller[1] im Zeichen eines ungebrochenen „Wohlfühltrends" Wellnessprodukte anbieten wollen, dann muss, neben dem Genuss, der Aspekt einer gesunden Ernährung eine sichtbare Rolle spielen.
Das Problem dabei: Wie vermittle ich dem Verbraucher, dass ein neues Gebäck, das genau so aussieht wie herkömmliche Kekse, mit Vollkornmehl gebacken und mit Vitaminen und Mineralstoffen angereichert, genau seinen Bedürfnissen nach „gesunden" Süßigkeiten entspricht? Um das gewünschte Produktimage (gesunder Keks) aufzubauen, muss die Wellness-Botschaft deshalb über die Produktgestaltung, Markierung und Verpackung transportiert werden.

---

[1]   Quelle: Otten GmbH, Erkelenz

So weckt im Beispiel „Vital-gebäck" die Gestaltung des Kekses Assoziationen mit Müsli-produkten und der Markennamen steht für Lebensfreude. Die Sonnenblume als Bild-element steht für Energie und Natürlichkeit, und die naturnahe Farbgebung der Schrift signalisiert zusätzlich den „gesunden" Charakter des Gebäcks.

Das vorläufige **Marketingkonzept** gibt auch Aufschlüsse darüber, wie das Produkt im Markt zu positionieren ist. Je näher ein Produkt den Vorstellungen der Kunden entspricht, desto besser ist es positioniert. Dazu wird eine **Positionierungsanalyse** durchgeführt. Ihre **Ergebnisse** helfen:

- Das Produkt auf dem richtigen Zielmarkt zu platzieren,
- die optimalen Vertriebswege und Absatzmittler zu nutzen,
- die Produkteigenschaften zu kommunizieren,
- die wichtigsten Mitbewerber zu kennen.

Eine **Positionierungsanalyse** ist deshalb von so großer Bedeutung für einen späteren Markterfolg, weil die Produkteigenschaften nicht aus der Sicht des Herstellers, sondern durch Befragungen bei der anvisierten Zielgruppe eingeschätzt und bewertet werden.

Fünfte Stufe: Wirtschaftlichkeitsanalyse

Mit einer **Wirtschaftlichkeitsanalyse** wird nun das Unternehmen die zu erwartenden Kosten und voraussichtlichen Gewinne abschätzen. Dabei sind vor allem **zwei Fragen** zu beantworten:

1. Wie groß muss die Absatzmenge sein, damit die Kosten für Entwicklung, Produktion und Absatz gedeckt sind?

Antwort auf diese Frage gibt u. a. die **Break-Even-Analyse**. Durch sie wird der Break-Even-Point oder die Gewinnschwelle ermittelt. An diesem Punkt sind die Kosten gleich den Erlösen bei einem vorgegebenen Preis. Liegt der Absatz über diesem Punkt, über-steigen die Erlöse die Kosten.

Die **grafische Darstellung** verdeutlicht diesen Zusammenhang.

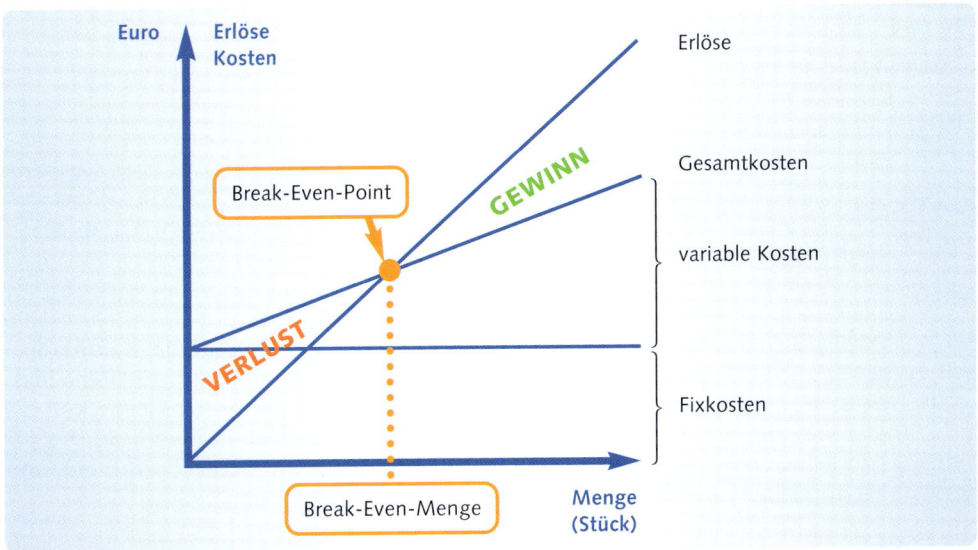

Abb. *Beziehung zwischen Kosten und Erlösen*

Ableitung der **Formel** zur Berechnung des Break-Even-Point (BEP):

Gewinn bzw. Verlust am BEP: $G = x \cdot p - (F_k + x \cdot vS) = 0$

$$x \cdot p = F_k + x \cdot vS \rightarrow \qquad x = \frac{F_k}{p - vS}$$

Es ist dabei: x = Break-Even-Menge (Schwellenmenge)
                p = geplanter Verkaufspreis des Produkts
                F_k = Fixkosten
                vS = variable Stückkosten/Produkt

Beispiel   Eine Notebooktasche soll zu einem Verkaufspreis von 50 € und einem geplanten Absatz von 8.000 Stück am Markt platziert werden. Der erwartete Verkaufserlös beträgt 400.000 €. Die Fixkosten betragen pro Jahr 40.000 € und die variablen Stückkosten liegen bei 40 €.
Die Gewinnschwelle wird bei 4.000 Taschen erreicht.
Ergebnis: Ab einem Absatz über 4.000 Taschen erzielt das Unternehmen einen Gewinn.

Mit der **Break-Even-Analyse** lassen sich unterschiedliche Kosten- und Umsatzverläufe simulieren. So kann z. B. der Parameter Fixkosten durch Einrechnung zusätzlicher Werbemaßnahmen verändert werden. Dadurch ergibt sich dann eine höhere Gewinnschwelle.

Trotz einer Reihe von Kritikpunkten an dieser Methode der Wirtschaftlichkeitsanalyse *(Annahme von konstanten Verkaufspreisen, kontinuierlicher Abverkauf ohne Lagerproblematik, eindeutige Trennung der fixen und variablen Kosten, keine Berücksichtigung im Mitbewerberverhalten)*, ist diese Methode in der Praxis häufig anzutreffen, da sie auf einfache Weise zumindest grobe Hinweise für die Prognostizierung von Absatzmengen bei gegebenen Preisen gibt.

Die Ermittlung der Gewinnschwelle ist allerdings nur auf das Unternehmen selbst bezogen. Ob die im Markt abzusetzende Menge tatsächlich über der Break-Even-Menge liegt, kann nur nach Beantwortung der **zweiten Frage** entschieden werden:

2. Wie hoch sind Markt- und Absatzpotenzial sowie Markt- und Absatzvolumen?

Infobox

Unter einem **Marktpotenzial** versteht man die maximale Aufnahmefähigkeit des Marktes für ein Produkt. Das **Marktvolumen** ist die prognostizierte oder realisierte Absatzmenge einer Güterart in einem Markt. Das **Absatzpotenzial** beschreibt den möglichen Anteil des eigenen Produkts, welcher maximal am Markt erreicht werden könnte. Das **Absatzvolumen** ist die prognostizierte oder tatsächliche Absatzmenge des Unternehmens in einer Rechnungsperiode.

Bei einer **Umsatzschätzung** ist zu beachten, wie beim geplanten Produkt die **Kaufhäufigkeit** zu bewerten ist. So gibt es Güter, die man i. d. R. nur einmal kauft *(Brillantring)*, solche mit einer langen Lebensdauer, die dann aber ersetzt werden müssen *(Waschmaschine, Kühlschrank)* und Güter, die man regelmäßig verbraucht *(Lebensmittel, Kosmetika)*. Je nach Güterart sind der Erstumsatz, der Umsatz aus Ersatzbeschaffungen und der Umsatz aufgrund regelmäßiger Wiederholungskäufe zu schätzen.

Die Höhe des **Erstumsatzes** lässt sich aufgrund des Markt- und Absatzpotenzials relativ leicht schätzen. Schwieriger ist eine Ermittlung der **Ersatzkaufrate**, da diese von mehreren oft schwer voraussehbaren Faktoren abhängt *(durchschnittliche Lebensdauer des Produkts, Einfluss von Trends, Wettbewerbsveränderungen, wirtschaftliche Lage der Käufer, mögliche Veränderungen der Gesetzeslage).* Auch die Anzahl von **Wiederholungskäufen** ist schwer prognostizierbar, da diese sehr stark vom Grad der Zufriedenheit der Käufer mit diesem Produkt abhängen. Ziel der Umsatzschätzungen ist letztlich die Bestimmung eines möglichen **Marktanteils** für das Produkt. Die dafür notwendige Datenbasis wird durch die Analyse von Testmarktdaten gewonnen.

Sechste Stufe: Produktentwicklung

Nachdem das geplante neue Produkt alle Auswahl-, Prüf-, und Bewertungsverfahren bestanden hat, folgt die eigentliche Produktentwicklung[1]. Dafür ist im Unternehmen die **Forschungs- und Entwicklungsabteilung (F&E)** zuständig.

Bei der Herstellung erster **Prototypen** sind mehrere **Rahmenbedingungen** zu beachten:
- Gestaltung des Produkts unter Berücksichtigung der ermittelten Kundenanforderungen,
- Berücksichtigung möglicher Anforderungen beim Transport und des Handels,
- Einhaltung der vorgegebenen Produktionskosten,
- Sicherstellung eines kontinuierlichen und fehlerfreien Produktionsprozesses.

Nach der Fertigstellung des Prototypen erfolgt ein **hausinterner Produkttest** durch ausgewählte Testpersonen unter Laborbedingungen. Dabei kann man entweder das gesamte Produkt oder ausgewählte Produktmerkmale testen. Solche Tests weisen auf mögliche Schwachpunkte des Produkts hin *(Sicherheitsmängel)* und geben letzte Hinweise zu einer Optimierung des Produktkonzepts. Nachteilig ist allerdings, dass Laborbedingungen nicht realen Kauf- und Gebrauchssituationen entsprechen.

Siebte Stufe: Markterprobung

Handelt es sich vorzugsweise um **Konsumgüter**, die man breiten Käuferschichten anbietet, überprüft man auf einem Testmarkt, wie Käufer und Handel auf das Produkt tatsächlich reagieren. Häufig handelt es sich um regionale Märkte, aber auch ein elektronischer Testmarkt ist denkbar. Bei einem Markttest wird nicht nur das Produkt selbst getestet, sondern auch Einsatz und Kombination der geplanten Marketinginstrumente kommen auf den Prüfstand.

> **Infobox**
>
> Die **GfK** (Gesellschaft für Konsumforschung) bietet mit ihrem **Mikrotestmarkt** „GfK-BehaviorScan" die Möglichkeit auf der Basis einer Volldistribution den gesamten Marketing-Mix zu überprüfen. Standort des Testsystems ist der Ort Haßloch im Rhein-Neckar-Raum. Dort können die 3.000 mit der GfK unter Vertrag stehenden Testhaushalte bei den örtlichen Einzelhandelsgeschäften einkaufen. Die Testprodukte werden von Mitarbeitern der GFK nach den Vorstellungen des Herstellers platziert und es ist dafür gesorgt, dass die neue Ware ständig verfügbar ist. Die Einkäufe der Testpersonen werden mittels Scanning gekennzeichnet und ausgewertet.
>
> Das Besondere an diesem Testmarkt ist, dass in 2.000 Testhaushalten ein an die TV-Geräte angeschlossener Computer (GfK-Box) den Empfang von Testwerbung ermöglicht. Jede Box kann individuell angesteuert werden und ganz gezielt Spots innerhalb des regulären Werbeblocks durch Testspots gleicher Länge ersetzen, ohne dass es der Zuschauer bemerkt.
>
> Durch die Identifizierungsmöglichkeit der Kunden beim Kauf im Geschäft kann die Wirkung der Fernsehwerbung auf das Kaufverhalten ermittelt werden.
>
> *(Quelle: GFK Nürnberg, 2010)*

---

[1] Eine ausführliche Darstellung der Produktgestaltung erfolgt im Kapitel 2.5

Durch die Erprobung auf einem **Testmarkt** lassen sich z. B. folgende Fragen beantworten:

- Wie viele Erstkäufer, Wiederkäufer und Neukunden können gewonnen werden?
- Welche Produktvariante und welche Packungsgröße verkaufen sich am besten?
- Wie wirkt sich die Fernsehwerbung auf den Kauf aus?
- Welche Platzierung ist optimal?
- Welcher Marktanteil ist mit dem neuen Produkt zu erreichen?

Ein Markttest bietet zwar die Möglichkeit vor der endgültigen Einführung des neuen Produkts nochmals Änderungen und Verbesserungen vorzunehmen, allerdings ist er mit sehr hohen Kosten verbunden. Außerdem können Mitbewerber frühzeitig Informationen zum neuen Produkt erhalten und ihrerseits die eigene Produktpolitik darauf abstimmen. Kostengünstiger ist der sogenannte **Storetest**. In bestimmten Geschäften wird das neue Produkt probeweise in das Sortiment aufgenommen. Ausgewählte Versuchspersonen werden mithilfe von Werbemaßnahmen über das neue und möglichst ähnliche Produkte von Mitbewerbern informiert. Die Probanten sollen nun im ausgewählten Geschäft eines der beworbenen Produkte kaufen. Die Marktforscher halten fest, wer das neue Produkt oder Produkte der Mitbewerber gekauft hat. Anschließend erfolgt eine Befragung der Testkäufer, warum sie bestimmte Produkte gekauft oder nicht gekauft haben. Auch wenn solche Tests nicht als repräsentativ einzuschätzen sind, kann man bei sehr positiver Aufnahme das Produkt ohne weitere Tests auf dem Markt einführen oder bei einem sehr negativen Ergebnis das Produkt völlig neu konzipieren bzw. ganz aufgeben.

Für **Industriegüter** ist eine Markterprobung auf Testmärkten nicht die übliche Vorgehensweise. Hier bieten sich z. B. folgende **Möglichkeiten** an.

Präsentation auf Messen und Ausstellungen	Präsentation bei Großhändlern	Kundentests
Hier trifft der Hersteller mögliche Käufer in großer Zahl innerhalb eines kurzen Zeitraums. Durch Gespräche mit einem fachkundigen Publikum erfährt der Anbieter, wie sein Produkt gesehen und beurteilt wird.	In den Ausstellungsräumen wird das neue Produkt möglichen Kunden vorgestellt. Meist erfolgt die Präsentation zusammen mit bereits eingeführten eigenen oder Produkten der Konkurrenz. Eine besondere Bedeutung kommt hierbei den Hausmessen der Großhändler bei.	Der Hersteller überlässt das neue Produkt möglichen Kunden für eine bestimmte Zeit zur Erprobung und Verwendung. Testkunde und Hersteller sind dabei in engem Kontakt.

Achte Stufe: Markteinführung

Letzter Schritt im Produktentwicklungsprozess ist die endgültige Einführung in den Markt. Damit dies möglichst reibungslos vonstatten geht, empfiehlt sich die Aufstellung eines **Einführungsplanes**. Dazu verwendet man in der Praxis häufig die Netzplantechnik. So können alle notwendigen Tätigkeiten, Vorgänge und ihre Dauer sowie die beteiligten Stellen und Abteilungen im Unternehmen aufeinander abgestimmt werden. In dieser Phase fallen besonders hohe Kosten an, denn das Produkt wird nun im Regelfall in großen Mengen produziert.

Ohne eine präzise **Markteinführungsstrategie** kann sich die Einführung des neuen Produkts allerdings schnell zu einem Fehlschlag entwickeln. Orientierungspunkte für eine solche Strategie können die in der Abbildung formulierten Fragestellungen sein.

Der **Zeitpunkt der Produkteinführung** ist sorgfältig zu wählen. Beim **Timing** der Markteinführung wird zwischen **drei** grundlegenden **Strategiealternativen** unterschieden:

- der Pionier-Strategie („First-to-Market"),
- der Strategie des frühen Folgers („Second-to-Market") sowie
- der Strategie des späten Folgers („Later-to-Market").

Als **Pionier** ist das Unternehmen der erste Anbieter auf einem Markt. Für einen bestimmten Zeitraum hat es als Alleinanbieter den großen Vorteil quasi als Angebotsmonopolist die Preise für das neue Produkt festzusetzen (Refinanzierung hoher Investitionskosten). Auch gewinnt es durch seine Innovation neue Kunden und erzielt einen Imagezuwachs als innovatives Unternehmen. Allerdings stehen diesen Vorteilen auch Nachteile gegenüber. Wurde der Markt nicht ausreichend erforscht, kann es Akzeptanzprobleme geben. Bei einer u. U. überstürzten Produkteinführung sind Fehler im Produkt nicht auszuschließen, was zu einem dauerhaften Imageschaden für das gesamte Unternehmen werden kann.

Tritt das Unternehmen als **früher Folger** in den Markt, dann hat es mit Sicherheit erhebliche Entwicklungskosten gespart und versucht über den Preis in den Wettbewerb einzusteigen. Schwierig wird es u. U. als **später Folger** mit seinem Produkt in das Marktgeschehen einzugreifen. Als „Newcomer" auf oft bereits nahezu gesättigten Märkten kann es sehr schwer werden sich erfolgreich zu positionieren. Welche Timing-Strategie richtig ist, hängt in erheblichem Maß vom Innovationsgrad des neuen Produkts ab.

Die Frage nach der **Zielgruppe** wurde bereits bei der Festlegung der vorläufigen Marketingkonzeption beantwortet. Jetzt bei der tatsächlichen Markteinführung geht es in erster Linie darum das neue Produkt schnell bei den potenziellen Nachfragern bekannt zu machen, die Innovationen gegenüber sehr aufgeschlossen sind. Besonders wichtig sind **Nachfrager**, die man als „**Meinungsführer**" bezeichnet. Ihnen kommt eine wichtige **Multiplikatorenfunktion** zu, denn sie bewegen andere zunächst noch zurückhaltende Verbraucher zum Kauf des neuen Produkts. Im Bereich der Investitionsgüter sind dies häufig in der jeweiligen Branche die Marktführer. Wenn sich z. B. ein Weltkonzern wie Bosch entschieden hat ein neuartiges Lötwerkzeug unternehmensweit einzuführen, werden viele andere Unternehmen folgen. Bei Konsumgütern werden zunehmend durch die Medien bekannte Personen als Multiplikatoren eingesetzt *(Werbung mit Schauspielern, Moderatoren, Pop-Stars)*.

Die mit der Einführung einhergehenden **Marketingmaßnahmen** sind eng auf die Zielgruppe abzustimmen. Dabei handelt es sich in erster Linie um Werbekampagnen *(TV-Spot)* und Maßnahmen zur Verkaufsförderung *(Verkostung eines neuen Lebensmittels am POS)*. In bestimmten Fällen müssen neben den Käufern auch Meinungsbildner für die Innovation begeistert werden. Dazu wird eine intensive Öffentlichkeitsarbeit betrieben. So präsentiert z. B. fast jeder Autohersteller mit hohem Aufwand seine neuen Modelle vor der Markteinführung fachkundigen Journalisten. Eine wohlwollende Besprechung des neuen Modells in einer der Fachpublikationen kann sich außerordentlich positiv auf die Erstkäufe auswirken.

Schließlich ist die Frage zu beantworten, auf **welchen Märkten** das Produkt eingeführt werden soll. Dies kann ein regionaler Markt sein *(neue Biersorte einer regionalen Brauerei)* oder das Produkt wird national bzw. international eingeführt. Neben den dabei entstehenden Kosten, die z. B. für eine weltweite Einführung sehr hoch sein können, sind auch die Besonderheiten ausländischer Märkte zu beachten, die u. U. Anpassungen des Produkts an dortige Marktverhältnisse *(Kultur, Gesetze)* erforderlich machen.

Infobox

Top oder Flop?

Nur etwa 20 % aller neu eingeführten Produkte im Konsumgüterbereich findet ein Kunde nach einem Jahr noch in den Geschäften. Zum echten Renner werden gerade mal 5 % der Innovationen. Warum es zu so vielen Produkt-Versagern kommen kann, hat u. a. folgende Ursachen:

- kein ausreichender Verwendernutzen (Consumer Benefit),
- es fehlt ein eindeutiger Vorteil gegenüber Konkurrenzprodukten (USP),
- der Verkaufspreis ist zu hoch,
- das Design spricht die Kunden nicht an,
- Produktfehler z. B. wegen Entwicklung unter Zeitdruck,
- Fehler in der Marketingplanung,
- Missachtung länderspezifischer Besonderheiten *(Coca-Cola floppte bei der Markteinführung der 2-Liter-Flasche in Spanien. Niemand hatte bedacht, dass die meisten Spanier nur kleine Kühlschränke besaßen, in denen die Flasche nicht hineinpasste)*,
- ungeschickte Wahl des Produktnamens *(Der Mitsubishi Pajero heißt in spanischsprachigen Ländern eben nicht Pajero, das bedeutet dort nämlich soviel wie Selbstbefriedigung)*.

2.3   Produktlebensdauer

2.3.1   Produktlebenszyklus

Mit der erfolgten Markteinführung erhofft sich jedes Unternehmen, dass sein neues Produkt für lange Zeit erfolgreich am Markt bestehen kann und zum wirtschaftlichen Erfolg einen nachhaltigen Beitrag leistet. Zur Abschätzung der Gewinn- und Umsatzchancen wäre es hilfreich darüber Kenntnis zu haben, wie lange die Lebensdauer des neuen Produkts anzusetzen ist. Unter der **Lebensdauer** eines Produkts ist die Zeitspanne zu verstehen, in der es im Markt **unverändert** zur Verfügung steht.

Die **Lebensdauer** ist u. a. dadurch **begrenzt**, dass:

- der technische Fortschritt zu neuen Produkten führt *(Ablösung des Videorecorders und der VHS-Kassette durch den DVD-Player aufgrund neuer Aufzeichnungs- und Wiedergabetechnologien)*,

- ein Wandel in gesellschaftspolitischen Werteauffassungen vonstatten ging *(Verzicht auf Tropenholz, Ablehnung von Produkten, die durch Kinderarbeit hergestellt werden)*, oder
- kurzlebige Trends *(bestimmte Spiel- und Sportgeräte)*

zum schnellen oder langsamen Aussterben des Produkts führen.

Mit dem Modell des **Produktlebenszyklusses** wird versucht den Lebensweg eines Produktes von seiner Markteinführung bis zum Ausscheiden aus dem Markt darzustellen, wobei die Umsatz- und Gewinnentwicklung die zu betrachtenden Messgrößen darstellen.

▶ Grundmodell des Produktlebenszyklus

Diesem Modell liegt die Annahme zu Grunde, dass ein Produkt während seiner Marktperiode zuerst steigende und zum Schluss sinkende Umsätze erzielt. Dabei erfolgt eine Einteilung in verschiedene **„Lebensphasen"**, die nach der Entwicklungsperiode beginnen.

Die folgende **Abbildung** zeigt die in der Literatur weitverbreitete **Fünf-Phasen-Zyklusdarstellung** des Umsatz- und Gewinnverlaufes. Der dabei dargestellte S-förmige Verlauf der Umsatzkurve ist allerdings eine idealtypische Darstellung. Es gibt kein Naturgesetz, nach dem sich die Lebensdauer eines Produkts richtet. Neben den eigenen unternehmerischen Aktivitäten *(Marketingmaßnahmen)* sind es vor allem die Einflüsse des Marktes selbst, die ganz entscheidend den Verlauf bestimmen.

Die Praxis kennt Zyklen, die nur sehr kurz sind *(modische Artikel, kurzlebige Trends)* oder nahezu unendlich, wie das bei seit vielen Jahrzehnten erfolgreichen Produkten der Fall ist *(Maggi, Nivea, Persil)*.

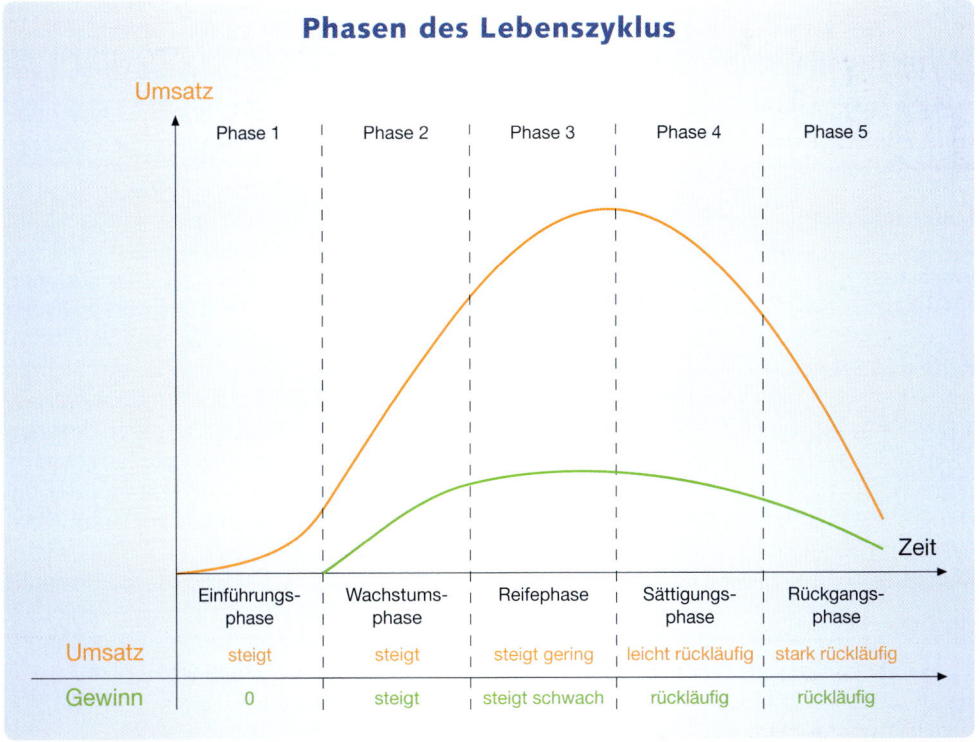

Phasen des Lebenszyklus

	Einführungs-phase	Wachstums-phase	Reifephase	Sättigungs-phase	Rückgangs-phase
Umsatz	steigt	steigt	steigt gering	leicht rückläufig	stark rückläufig
Gewinn	0	steigt	steigt schwach	rückläufig	rückläufig

Phasen des Produktlebenszyklus

Im Rahmen des Lebenszyklusmodells unterscheidet man die folgenden **fünf Phasen**:

Phase	Beschreibung
Einführungsphase	Das Produkt ist neu auf dem Markt, folglich werden anfänglich relativ geringe Umsätze getätigt. Gewinne sind noch marginal oder gar negativ. Um den Marktdurchbruch zu schaffen sind kommunikationspolitische Maßnahmen *(Werbung, PR, Verkaufsförderung)* in dieser Phase von größter Wichtigkeit. Das Produkt ist noch „konkurrenzlos" und kann je nach Strategie zu einem hohen oder niedrigen Preis angeboten werden.
Wachstumsphase	Sie beginnt mit der Erreichung der Gewinnschwelle. Es erfolgt ein starker Umsatzanstieg. Das Produkt ist bekannt und im Markt akzeptiert. Die Kosten für den Vertrieb können reduziert werden. Bei sehr kurzlebigen Verbrauchsgütern kann es schon zu Ersatzbeschaffungen kommen. Es treten erste Mitbewerber mit Nachahmerprodukten auf.
Reifephase	Bezeichnend für diese Phase ist das Nachlassen der Umsatzzuwächse. Die Gewinnmargen sinken, ebenso wie aufgrund verstärkter Konkurrenz die Preise. Der Wettbewerb wird härter. Der Produktpolitik kommt eine verstärkte Rolle zu.
Sättigungsphase	Sie beginnt mit dem Erreichen des maximalen Umsatzes, der von nun an sinkt. Auch die Gewinne gehen zurück. Das Produkt beginnt zu „veralten". Viele Kunden wenden sich anderen Produkten zu. Durch den Einsatz produktpolitischer Instrumente wird versucht dem drohenden Niedergang gegenzusteuern.
Rückgangsphase	Das nun „veraltete" Produkt findet immer weniger Käufer. Die Umsatzverluste gestalten sich dramatisch und es kommt zu Verlusten. Die Preise sind auf einem Tiefstand. In vielen Fällen wird das Produkt aus dem Markt genommen.

 Lebenszyklusanalyse und Produktpolitik

Für die alltägliche Marketingpraxis bietet das Modell des Produktlebenszyklusses eine wirksame Hilfe und Orientierung bei der Entwicklung von produktpolitischen Marketingstrategien. KOTLER[1] gibt dazu folgende Empfehlungen:

Markteinführung → Nur Angebot der Basisversion, das Produkt muss erst bekannt gemacht werden, daher Verzicht auf Produktvarianten.

Wachstum → Damit die Wachstumsphase möglichst lange anhält, bemüht man sich die Produktqualität zu erhöhen. Das Produkt wird z. B. um neue bzw. zusätzlichen Eigenschaften ergänzt (Produktvariation).

Reife und Sättigung → Durch Modifizierung der Produkte können neue Käuferschichten gewonnen und die bisherigen Verwender zu Wiederholungskäufen angehalten werden. Die Produktänderungen können sich auf Qualitätsverbesserungen, Funktionsergänzungen und Neuerungen bezüglich Aussehen, Design, Verpackung oder bei Lebensmitteln in neuen Geschmacksrichtungen beziehen (Produktvariation, Produktdifferenzierung).

Rückgang → Die Unternehmensführung muss entscheiden, ob das Produkt aus dem Markt genommen (Produktelimination), unverändert weitergeführt wird oder durch eine Repositionierung nochmals in die Wachstumsphase eintreten kann (Relaunch).

---

[1] Vgl. KOTLER / ARMSTRONG / SAUNDERS / WONG, 2003, S. 709 ff.

Kritik am Produktlebenszyklusmodell

Wie bei allen idealtypischen Modellen zeigt sich eine Übertragung in die Praxis problematisch. Wesentliche **Kritikpunkte** am Produktlebenszyklusmodell sind:

1. Die realen Umsatzentwicklungen stimmen häufig nicht mit den theoretisch geforderten Phasen im Produktlebenszyklusmodell-Konzept überein.
2. Die Länge und Dauer einzelner Phasen im Produktlebenszyklus kann nicht prognostiziert werden.
3. Das Modell eignet sich weniger für einzelne Produkte *(Clausthaler alkoholfrei)*, sondern
eher für ganze Produktgattungen *(alkoholfreie Biere)*.
4. Plötzliche Veränderungen in der Umwelt können nicht in das Modell integriert werden
*(Umweltskandale im Lebensmittelbereich führen zu einer nicht vorhergesehenen
Änderung im Verbraucherverhalten)*.

Ungeachtet der Kritik an diesem Modell, erleichtert die Analyse eines Produktlebenszyklusses die Planung von Marketingmaßnahmen im Einsatz produktpolitischer Instrumente.

2.3.2 Vierphasiger Produktlebenszyklus mit der Portfolio-Analyse

Eine weitere Möglichkeit Produkte in ihren Lebensabschnitten darzustellen und zu bewerten ist die **„Portfolio-Analyse"**. Dabei handelt es sich um eine Vier-Felder-Matrix, in der
einzelne Produkte bzw. Produktgruppen positioniert werden.

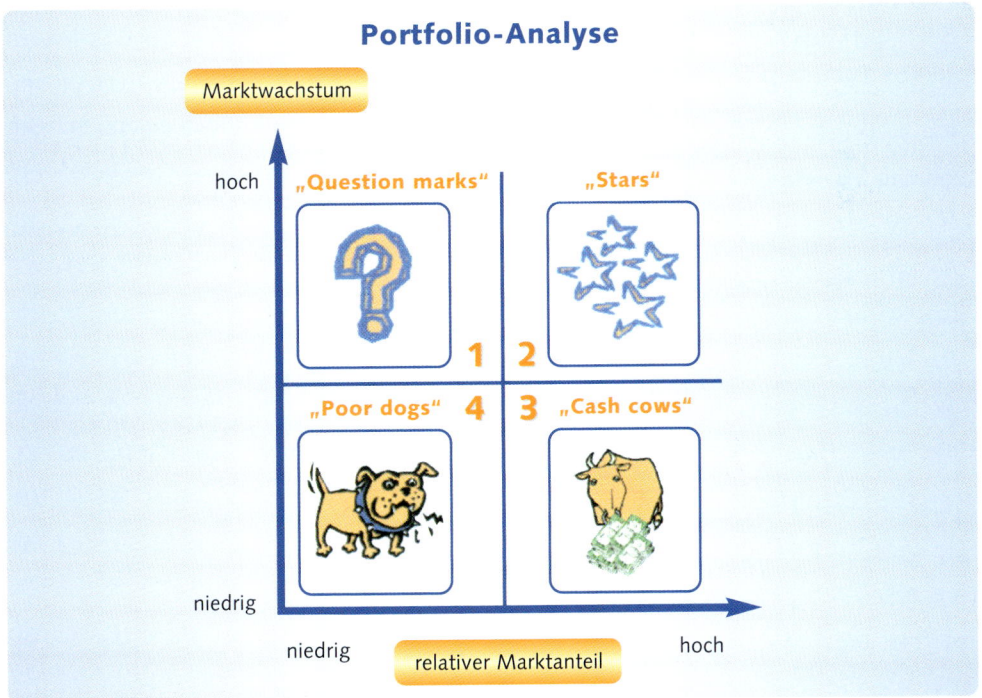

Verglichen werden das Marktwachstum bzw. erwartete Wachstums-Chancen (exogener Umweltfaktor) mit dem relativen Marktanteil der Produkte (endogener Unternehmensfaktor).

Der Portfolio-Analyse liegt die Überlegung zugrunde, dass der Erfolg eines Unternehmens von den Chancen und Risiken der Umwelt (Markt) und den eigenen Stärken und Schwächen bestimmt wird.

Für jedes Produkt wird entsprechend der Positionierung in der Matrix eine spezielle Führungsstrategie empfohlen.

Die **vier Felder** der Portfolio-Matrix bedeuten:

Feld 1 → Question marks (Fragezeichen):

Hier werden Nachwuchsprodukte positioniert, die sich in der Einführungsphase bzw. am Anfang des Wachstums befinden. Sie bedürfen einer besonderen hohen finanziellen Förderung. Sollten diese Produkte nicht im gewünschten Maß angenommen werden, erfolgt der Ausstieg (Elimination).

Feld 2 → Stars (Sterne):

Durch hohe Wachstumsraten werden die Nachwuchsprodukte zu „Stars". Sie werfen bereits z. T. hohe Gewinne ab, Umsatz und Marktanteile können noch weiter gesteigert werden.

Feld 3 → Cash cows (Milchkühe):

Diese Produkte werden „gemolken", da sie einen hohen Cashflow („Zahlmeister" des Unternehmens) erwirtschaften. Ihr Umsatz und Marktanteil sind hoch. Ziel ist es den Marktanteil möglichst lange zu halten.

Feld 4 → Poor dogs (arme Hunde):

Diese Produkte sind schon längere Zeit auf dem Markt, haben nur noch einen geringen Umsatzanteil und sollten aufgrund schlechter Zukunftsperspektiven aus dem Markt genommen werden.

Beispiel zur **Portfolio-Positionierung** von fünf Artikeln eines Herstellers von Wasch- und Reinigungsmitteln.

Produkt	geschätztes Marktwachstum	Marktanteil
A = „Softwash": Weichspüler für Buntwäsche	5 %	15 %
B = „Frische Brise": Textilerfrischer	10 %	25 %
C = „Simplex": Bügelwasser	3 %	8 %
D = „BabyTex": Spezialwaschmittel für Babytextilien	25 %	5 %
E = „Cleanblaxx": Waschmittel für schwarze und dunkle Textilien	40 %	30 %

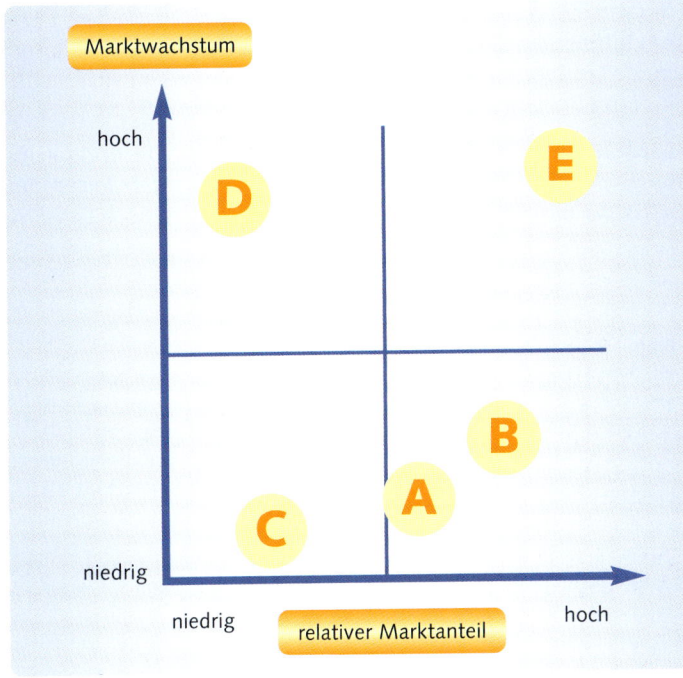

Ergebnis:

Das Unternehmen wird versuchen die Produkte „B" und „E" möglichst lange in den gewinnträchtigen Phasen zu halten. Bei „C" ist zu überlegen, ob es eliminiert werden soll oder weiter angeboten wird, was u. U. sinnvoll ist, wenn das Produkt zum Standardsortiment gehört. Wenn es aufgrund der günstigen Wachstumsprognose bei „D" gelingt den Marktanteil zu erhöhen, kann sich dieses Produkt zu einem „Star" entwickeln.

2.4 Produktveränderungen

Produktveränderungen beziehen sich auf Produkte, die im Markt bereits eingeführt wurden. Man unterscheidet:

Produktvariation	→	Veränderung eines oder mehrerer materieller bzw. immaterieller Produktelemente.
Produktdifferenzierung	→	Veränderung der Anzahl der Produkte.
Produktdiversifikation	→	Erweiterung des Leistungsangebotes um Produkte, die bisher noch nicht im Programm enthalten sind.

2.4.1 Produktvariation

Man spricht von einer **Produktvariation**, wenn Eigenschaften von bereits vorhandenen Produkten verändert werden. Produktvariationen werden dann **notwendig**, wenn sich

Kundenanforderungen ändern *(Verzicht auf Rindfleisch in Fertiggerichten nach dem BSE-Skandal)*, der **Druck** durch Konkurrenzprodukte zunimmt und man sich gegenüber diesen abheben muss *(Tarifgestaltung der Anbieter im Mobilfunkbereich)* oder wenn sich rechtliche **Rahmenbedingungen** ändern *(Deklarationsvorschriften auf der Verpackung)*.

Auch der **technische Fortschritt** zwingt zur Variation vieler Produkte. Besonders im elektronischen Bereich ist dies der Fall *(verlängerte Gesprächs- und Stand-by-Zeiten bei Handys durch stetige Weiterentwicklung im Akku-Bereich)*.

Bei Produktvariationen können sowohl einzelne Produktelemente oder das Produkt in seiner Gesamtheit geändert werden.

Beispiel

• **Veränderung der Produkteigenschaften**:
  Das Vollwaschmittel „Persil" wurde in den 100 Jahren, in denen es auf dem Markt ist, immer wieder variiert. Mit Einführung der synthetischen Gewebe wurden optische Aufheller zugesetzt („Persil mit Weißmacher"), zur Schonung der Umwelt eine phosphatfreie Rezeptur entwickelt („Persil phosphatfrei") und durch Verbesserung der bleichenden Substanzen wurde die Waschkraft optimiert („Persil mit Multi-Aktiv-Kraft").

• **Änderung der Markierung**:
  Aus „EUROCARD" wurde bis 2006 „MasterCard". Der Grund: Die Marke MasterCard genießt im Gegensatz zu EUROCARD weltweit eine ungleich höhere Akzeptanz als EUROCARD. So war beispielsweise die Markenbezeichnung EUROCARD auf dem wichtigen amerikanischen Markt gänzlich unbekannt.

• **Gewährung von Zusatzleistungen (value added service)**:
  Beim Kauf einer Tennisausrüstung erhält der Kunde einige Tennisstunden gratis.

Erste Produktvariationen führt man u. U. schon in der Wachstumsphase, aber meist während oder am Ende der Sättigungsphase des Produktlebenszyklusses, durch. Es kann sich dabei um **geringe** Produktaufwertungen handeln *(Face-lifting bei einem Automobil durch neues Design bei Kühlergrill und Blinkleuchten)* oder um **erhebliche** Veränderungen der Produkteigenschaften, die zudem durch einen verstärkten Einsatz der Marketinginstrumente kommuniziert werden; in diesem Fall spricht man von einem **Relaunch**.

Ein Relaunch wird aber nur dann erfolgreich verlaufen, wenn das variierte Produkt von den Nachfragern als hinlänglich neu empfunden wird.

Infobox

Einmal Relaunch und zurück! Nicht immer ein Erfolgsrezept!
Nicht alle Relaunchmaßnahmen sind erfolgreich. Dies musste die Hamburger Verlagsgruppe Milchstraße mit ihrem Trend- und Lifestyle-Magazin „Max" erleben. Ursprünglich präsentierte sich das Magazin monatlich in einer sehr aufwändigen und edlen Machart. Ab Februar 2001 wurde die Erscheinungsweise auf vierzehntägig umgestellt, das Format und Design in Richtung „normaler" Zeitschrift geändert. Ziel war es eine „junge Illustrierte" für junge Leute zu machen. Verstärkt wurden aktuelle Themen ins Heft aufgenommen und das Heft um einen TV-Teil ergänzt. Steigende Verkaufszahlen schienen den Blattmachern Recht zu geben. Durch diese Neupositionierung verlor Max allerdings seine bisher ziemlich einzigartige Stellung als „gehobenes" Lifestyle-Magazin. Die seit Ende 2001 sich abschwächende Konjunktur und die Euro-Einführung führten nicht nur zu einer starken Verbraucherzurückhaltung, sondern auch zu einer Zurückhaltung im Werbebereich.
Die Konsequenz: Max erschien seit Januar 2003 wieder monatlich im vergrößerten Heftformat, mit Klebebindung und auf hochwertigem Papier. Konzeptionell wurde auf betont aktuelle Themen und den TV-Teil verzichtet und man wechselte vom Illustriertenkonzept wieder zum Trend-Magazin. Ohne Erfolg, denn im Januar 2008 wurde wegen ständig rückläufiger Absatzzahlen das Magazin eingestellt.

2.4.2 Produktdifferenzierung

Bei einer **Produktdifferenzierung** werden zu bereits auf dem Markt vorhandenen Produkten zusätzliche Produktvarianten entwickelt und vermarktet.

Der **Grundgedanke** der Produktdifferenzierung ist die Schaffung der Möglichkeit, bisher noch nicht erreichte Käuferschichten durch Einführung der Produktvarianten anzusprechen. So kann beispielsweise ein Automobilhersteller, durch Differenzierung zwischen Standard- und Luxusausstattung, sich die unterschiedliche Kaufkraft bestimmter Käuferschichten zu Nutze machen.

Die Produktvarianten weisen oftmals unterschiedliche Qualitäten auf.

Außerdem werden für sie verschiedene Marketingstrategien *(unterschiedliche Verpackung oder Preislagen)*, geplant.

Beispiele für Produktdifferenzierung

Neue Produkteigenschaft durch Geschmacksveränderung

Zusätzliche Sorten und neue Verpackung zum bequemen Dosieren.

Neue Zielgruppe:
Kunden, die beim Baden und Duschen Wert auf Entspannung und „Wohlfühlen" legen (Wellness-Trend).

(Quelle: Lebensmittelpraxis)

▶ Differenzierungsstrategien

Wenn man im Hinblick auf die eigenen Produkte differenziert, spricht man von **programmbezogener** Differenzierung. Bei der **marktbezogenen** Differenzierung richtet sich der Focus auf die Angebote der Mitbewerber. Weitere Differenzierungsstrategien orientieren sich an den **Kundenerwartungen** und **Kundenbedürfnissen**.

■ Programmbezogene Differenzierung

Differenzierung nach: ...	Beschreibung	Beispiele
Markennamen	Produkte des eigenen Unternehmens werden unter verschiedenen Markennamen angeboten. Oftmals handelt es sich dabei um unterschiedliche Qualitätsausprägungen um bestimmte Zielgruppen damit zu erreichen.	• Der japanische Elektronikkonzern Matsushita bietet seine Produkte unter den Marken Panasonic und der Premiummarke Technics an. • Für das Topmodell aus dem DaimlerChrysler Konzern wurde die Marke Maybach wiederbelebt.
Produkteigenschaften	Produkte können mit unterschiedlichen Eigenschaften ausgestattet werden. Sie existieren dann nebeneinander im Markt. Eine andere Variante sind zeitlich begrenzte Angebote von Sondermodellen.	• Das Geschirrspülmittel Somat von Henkel wird in drei Varianten angeboten: nur Reiniger, Reiniger inklusive Klarspüler und als Reiniger, Klarspüler und Salzersatz. • Sondermodelle der Automobilindustrie mit zusätzlichen Ausstattungsmerkmalen.
Verpackung	Durch verschiedene Packungsgrößen werden unterschiedliche Käufergruppen angesprochen oder man verwendet verschiedene Verpackungsmaterialien für ein und dasselbe Produkt.	• Coca-Cola von der 0,25 l bis zur 2-Literflasche, Angebot in Dosen, Glas- und PET-Flaschen. • Unterschiedliche Packungsgrößen vieler Lebensmittel (Konfitüre, Margarine) für Singles, Familien oder Großverbraucher.
Service	Die Differenzierung erfolgt durch das Anbieten optionaler Dienstleistungen. Der Convenience-Aspekt spielt dabei eine wesentliche Rolle.	• Installationsservice beim Computerkauf, Mitarbeiterschulung, • Lieferung und Aufbau von Möbeln, • Urlaubsangebote von „nur Übernachtung" bis zu „all inclusive".

■ Marktbezogene Differenzierung

Differenzierung nach: ...	Beschreibung	Beispiele
Absatzgebiete	Eine Reihe von Produkten wird je nach Absatzgebiet in einer anderen Ausprägung am Markt positioniert. Dabei sind regionale, nationale und internationale Aspekte zu berücksichtigen. Diese können sich z. B. auf spezifische Verbraucheransprüche oder gesetzliche Auflagen in den jeweiligen Ländern beziehen.	• Im Norden Deutschlands wird Bier mit herberem Geschmack als in Süddeutschland bevorzugt. • Porsche liefert in die USA seine Modelle mit anderer Ausstattung. So wird durch eine veränderte Auspuffanlage für den US-Markt ein noch „sportlicherer" Motorsound erzeugt.

Differenzierung nach: ...	Beschreibung	Beispiele
spezifische Kundenansprüche	Für Personen mit bestimmten Krankheiten (Diabetes) werden spezielle Produktvarianten angeboten. Produkte für Kinder sind meist auffällig verpackt und häufig (zu) stark gesüßt. Zunehmend führen auch Wertvorstellungen bestimmter Kundenkreise zu Differenzierungen. Dies zeigt sich besonders durch die Schaffung von Produktlinien, die in besonderem Maße Umweltgesichtspunkte berücksichtigen.	• Diät-Schokolade und Pralinen von Lindt, • „Kinder"-produkte von Ferrero, Fruchtzwerge von Danone. • Die REWE Eigenmarke Füllhorn bietet Lebensmittel aus kontrolliert ökologischem Anbau, • Textilien aus Ökobaumwolle im Angebot des Otto-Versands und der dm-Drogeriemarktkette.
Einkommensverhältnisse	Für die Zielgruppe „Besserverdienende" werden in vielen Bereichen neben den üblichen Basisversionen Premium-Ausführungen angeboten.	• Der VW Geländewagen „Tuareg" kostet in der Basisversion knapp 40.000 €, das Top-Modell dagegen ca. 80.000 €. • Mont Blanc Füllhalter von 50 bis über 500 €.

Emotionale Produktdifferenzierung

Viele der heutzutage angebotenen Produkte unterscheiden sich kaum hinsichtlich ihrer funktionalen, sachlichen bzw. technischen Beschaffenheit und Qualität. Um sich gegenüber den Mitbewerbern unterscheiden zu können, benutzt man an das Produkt gebundene Vorstellungen und kann so spezielle Zielgruppen und deren **Emotionen** ansprechen. So erfolgt bei Parfum die Produktdifferenzierung nahezu ausschließlich über solche emotionalen Bindungen.

Beispiel Auszug aus der Produktbeschreibung für „Hugo Deep Red" von Boss:
„Provozierend weiblich – Rot, die Farbe, neben der alles andere verblasst: energiegeladen, unkonventionell, verführerisch und sinnlich zugleich. [ ] ...
In der Tiefe schenken erotische Noten aus Zeder, Mysore-Holz, Moschus und Vanilletönen dem scheinbar widersprüchlichen Duft seine freche Sinnlichkeit. ..."

Emotionale Produktdifferenzierung ist eine zentrale Marketingstrategie, um das für die Zielgruppe gewünschte **Produktimage** zu kreieren. Diese Maßnahmen gehen in vielen Fällen weit über bloße Produktbeschreibungen verbaler Art hinaus und finden auch im Produktdesign, der Verpackungsgestaltung und der Markierung ihren Niederschlag.

Beispiel Parfumflakons von Jean Paul Gaultier in der Form eines weiblichen Torsos.

Sind bei Erzeugnissen die funktionale und technische Beschaffenheit ein wichtiges Merkmal, erfolgt die Profilierung oft dadurch, dass die Produkte in ihren Eigenschaften besonders innovativ dargestellt werden. Dazu wird in den Produktbeschreibungen eine besonders **„technologische"** Sprache mit vielen Anglizismen (Englisch als Sprache der Technik) benutzt.

Beispiel • In der Produktbeschreibung der Braun Oral-B Elektrozahnbürste ist z. B. die Rede von „Memory-Timer", „sensitiver Andruckkontrolle" und „Flexisoft Bifilament-Borsten".
• Ein Jogging-Schuh verfügt über das „Impact Guidance System und ist mit einem „Twist-Gel-Dämpfungssystem" ausgestattet.

Differenzierung durch neue Nutzenangebote an die Kunden

Produktdifferenzierungen sind besonders dann sinnvoll und erfolgreich, wenn sie **käuferspezifisch** erfolgen. Der potenzielle Käufer muss für sich den **zusätzlichen Nutzen** der neuen Produktvariante erkennen.

> **Beispiel** Mineralwasserproduzenten haben durch Differenzierung ihren Absatz erheblich steigern können, indem sie ein letztlich einfaches Produkt wie natürliches Mineralwasser um Zusatznutzen stiftende Ergänzungen für neue Käuferschichten attraktiv machten.

Quelle: Ensinger Mineral-Heilquellen

In einer Zeit, in der auf Grund globaler Überkapazitäten nicht Produkte, sondern Kunden knapp sind (vgl. dazu KOTLER / JAIN / MAESINCEE, 2003, S. 12 ff.) entsteht ein Wettbewerb, in dem die Unternehmen mit zu vielen Waren um die Gunst zu weniger Kunden konkurrieren. Um heute und in der Zukunft wettbewerbsfähig bleiben zu können, müssen sich Unternehmen nach KOTLER'S Ansicht von ihrer reinen Produktorientierung lösen und ihre Geschäftsaktivitäten an einer vollständigen Kundenorientierung ausrichten.

Für die **Entwicklung neuer Produkte** heißt dies:

1. Vom konkreten Produktangebot zum Angebot von Unternehmens- und Kundenlösungen

Unternehmen sehen sich in erster Linie als Bereitsteller von Produkten und Dienstleistungen, während der Verbraucher als Nutzer im Sinne von „Aktivitäten" denkt. Für den Kunden steht meist nicht die Erfüllung eines einzelnen Bedürfnisses im Vordergrund, sondern es geht um die Lösung ganzer Bedürfniskomplexe.

Fallbeispiel Bücherkauf und mehr

In der Buchhandelsbranche hat man erkannt, dass das „Produkt" Buch allein nicht mehr ausreicht, um am Markt zu bestehen, da per Internet Bücher auf eine sehr einfache und bequeme Art zu jeder Zeit erworben werden können. Der Besuch in der Buchhandlung soll zum Erlebnis werden, indem zusätzliche Leistungen rund um das Buch angeboten werden, die dazu führen, dass der Kunde sich nicht nur wohlfühlt, sondern durch die

(Quelle: Douglas HOLDING AG, Hagen

zusätzlichen Angebote einen Nutzengewinn geboten bekommt. Da viele Kunden vor dem Kauf erst mal in den Büchern „schmökern" möchten, gibt es in immer mehr Buchhandlungen bequeme Leseecken, die zum ungestörten „Probelesen" einladen.

Noch einen Schritt weiter geht man im Berliner Medienkaufhaus „KulturKaufhaus" der Dussmann-Gruppe in der Friedrichstraße.

Dort kann man nicht nur Medien jeder Art *(Bücher, CDs, DVDs, Software, Noten)* kaufen, sondern durch zusätzliche Angebote wird auf die vielfältigen Bedürfnisse der Kunden eingegangen: Terminals zum Surfen im Internet, Abhörstationen für CDs, einem internationalen Zeitschriften-Shop mit Theaterkasse, einer Brillenausleihe und ausleihbaren CD-Playern für die Zeit des Aufenthalts im KulturKaufhaus. Sämtliche Bücher und CDs können überall im KulturKaufhaus und in den Restaurants im Dussmann-Haus angeschaut bzw. angehört werden. Das ganze zu kundenfreundlichen Öffnungszeiten von 10 bis 22 Uhr. Zusätzlich sollen Veranstaltungen und Aktionen jeden Einkauf für die Kunden zu einem Erlebnis machen. So finden zum Beispiel im Durchschnitt 10 Lesungen im Monat statt; Weihnachtsmänner verteilen Geschenke und ein Rezensionswettbewerb wird im Internet durchgeführt. Aber auch Aktionen in Kooperation mit benachbarten Händlern *(am Muttertag kostenlose Blumen vom Händler nebenan)* oder Verlagen bieten sich an. Eine Besonderheit bei Dussmann ist auch die Zusammenarbeit mit verschiedenen Theatern, die weit über das Auslegen von Flyern hinausgeht. Das Theaterensemble spielt beispielsweise als Premierenwerbung im Kultur-Kaufhaus Auszüge aus neuen Stücken. Die meisten Veranstaltungen bei Dussmann sind kostenlos, da man keine Schwelle zur Kultur aufbauen möchte.

(Quelle: www.Kulturkaufhaus.de)

So wie im obigen Fallbeispiel, neben dem eigentlichen Produkt „Buch", als Zusatzleistungen Erlebnis und Kommunikation angeboten werden, sollte jeder Anbieter Lösungen definieren, die für seine Zielgruppe von Bedeutung sind. Es zeigt sich, dass dabei gebündelte Angebote einen höheren Kundennutzen stiften. Zunehmend nutzen dabei viele Anbieter auch die Möglichkeiten digitaler Angebote über das Internet. So bietet z. B. der Babywindelhersteller Pampers auf seiner Website eine Fülle von Informationen zur Säuglingspflege, gibt altersgerechte Spieltipps und bietet Eltern ein Forum sich auszutauschen. Solche produktbegleitenden Information stellen zunehmend ein unverzichtbares Instrument zur Kundenbindung dar.

2. Von den Produkteigenschaften zur antizipierten Kundenerfahrung

Für viele Kunden steht nicht das konkrete Produktmerkmal im Vordergrund der Kaufentscheidung, sondern sie treffen sie nach den in Aussicht gestellten Nutzenerfahrungen, die sie mit dem Produkt haben werden.

> **Beispiel**
> - Jugendliche geben viel Geld für den Kauf von Markenartikeln aus. Sie sind weniger an den eigentlichen Produkteigenschaften, wie Qualität, Verarbeitung oder dem Preis interessiert, sondern für sie ist die Wirkung auf andere, z. B. in ihrem Freundeskreis, das entscheidende Kaufkriterium.
> - Wer regelmäßig in einem renommierten Hotel übernachtet, erwartet eine besondere Betreuung mit Berücksichtigung der individuellen Vorlieben *(Nichtraucherzimmer nach Süden, zweites Kopfkissen, spezieller Obstkorb auf dem Zimmer, Drei-Minuten Ei zum Frühstück)*. Dies wird dadurch ermöglicht, dass in solchen Hotels die Eigenheiten und Vorlieben der Gäste in einer Datenbank gespeichert werden.

Damit ein Hersteller Werte, Vorteile und Nutzen für sein Produkt anbieten kann, muss er möglichst viel über seine Kunden in Erfahrung bringen. Eine intensive Marktforschung ist daher von größter Bedeutung.

3. Vom standardisierten Massenprodukt zur individuellen Produktanpassung und -gestaltung

Die ausgeprägteste Form der kundenorientierten Produktgestaltung ist die Möglichkeit für den Kunden ein für sich „maßgeschneidertes" Produkt zu erwerben. Diese als **„Mass Customization"** bezeichnete Strategie umschreibt eine Produktionsart, die eine individualisierte Herstellung von Produkten ermöglicht. Dabei kann der Kunde Artikel nach seinen Wünschen gestalten und produzieren lassen.

> **Beispiel**
> - Computer werden nach Kundenwunsch zusammengebaut und konfiguriert.
> - Individuelle Gestaltung von Schuhen; zur Auswahl stehen mehrere Arten von Schuhen, deren Design gestaltet werden kann.
> - Bei der „Personal CD" kann der Kunde sich Musiktitel aus einem Sortiment heraussuchen und bekommt die individuell zusammengestellten Titel auf einer für ihn gebrannten CD geliefert.

▶ Probleme bei der Differenzierung

Die größte **Gefahr** bei der **Produktdifferenzierung** liegt darin, dass sich die verschiedenen Produkte und Dienstleistungen eines Unternehmens gegenseitig **„kannibalisieren"**. Es entsteht kein Umsatzzuwachs, nur eine Umsatzverschiebung. Dies jedoch bei höheren Kosten, denn jede Differenzierung ist mit zusätzlichen Kosten verbunden. Neben der Beschaffung zusätzlicher Materialien kommt es zu einem komplexeren Produktionsprozess, der wiederum einen erhöhten Controllingaufwand bedeutet. Um alle Produkte im Markt bekannt zu machen sind zum Teil erhebliche Aufwendungen für Kommunikationsmaßnahmen vorzunehmen.

Eine weitere Gefahr besteht darin, dass durch zu viele Varianten die Kunden verunsichert werden und zu Konkurrenzprodukten wechseln. Eine zu große und zu ähnliche Produktpalette verwischt auch das „Bild", das die Verbraucher vom Angebot eines Unternehmens besitzen. Es entsteht u. U. ein „Tante-Emma-Laden-Image" anstelle eines klar profilierten Programm- und Sortimentsbildes.

2.4.3   Produktdiversifikation

Mit **Diversifikation** bezeichnet man die Einführung weiterer Produktlinien innerhalb eines Produktprogramms. Meist erfolgt eine Aufnahme von art- und bedarfsverwandten Produkten, die die Angebotspalette sinnvoll ergänzen und abrunden. Die Diversifikation kann sich aber auch auf Produkte und Dienstleistungen erstrecken, die in keinerlei Zusammenhang zum bisherigen Leistungsangebot des Unternehmens gehören.

▶ Ziele und Gründe für Diversifikationen

Zu den Zielen[1] von Diversifikationsmaßnahmen zählen:

- **Rendite- und Gewinnsteigerung**, indem man aus stagnierenden in neue, rentablere Märkte investiert, Unternehmensressourcen effizienter nutzt und dadurch Synergieeffekte in den Bereichen Forschung, Beschaffung, Produktion und Absatz realisiert.
- **Risikosenkung** mit dem Ziel die unternehmerische Existenz zu sichern, Abhängigkeiten von den Stammkunden zu reduzieren und um Nachfrageschwankungen besser begegnen zu können.
- **Wachstum** zu generieren *(Umsatz, Marktanteil, Mitarbeiter)*.
- **Persönliche Ziele** als Eigentümer oder Manager zu verfolgen *(Macht, Prestige, Hobby)*.

Diversifikationen können auf **unterschiedliche** Weise in der Praxis realisiert werden. Dazu gibt die folgende Abbildung einen Überblick.

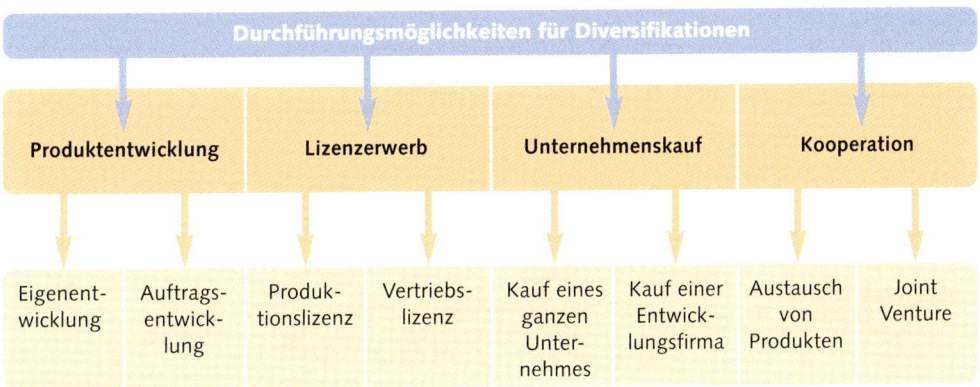

(Quelle: In Anlehnung an: WEIS, Marketing, 2009)

Fallbeispiel   **Diversifikationen durch Unternehmenskauf und Kooperation**

Beispiel 1   **Die Douglas Holding AG**

Aus der im Jahre 1949 gegründeten Hussel Süßwarenfilialbetrieb GmbH entwickelte sich durch Zukauf von Unternehmen innerhalb 30 Jahre ein europäischer „Lifestyle-Konzern" mit über 1.500 Fachgeschäften in unterschiedlichen Handelsbranchen.
Die Douglas-Gruppe verfolgt keine ausgesprochene Mischkonzern-Strategie, wie z. B. der japanische YAMAHA-Konzern, sondern konzentriert sich ausschließlich auf Einzelhandelsaktivitäten. Dabei wird konsequent das Ziel verfolgt, die Gesellschaften als eigenständige und unverwechselbare Marken und überdies als Qualitäts- und Serviceführer in ihren Branchen zu positionieren.

---

[1]   (Quelle: M. HÖSCHL, Diversifizierungsprojekte mittelständischer Unternehmen, 1994, S. 104)

Beispiel 1

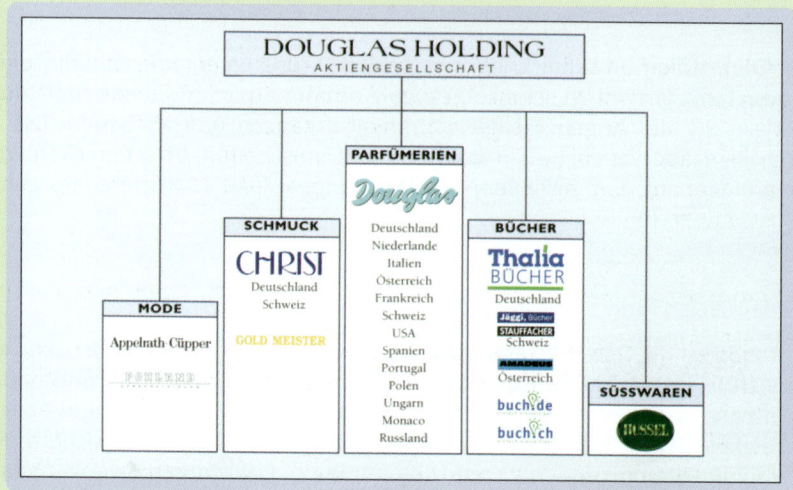

Quelle: Douglas AG

Beispiel 2

Kooperation OTTO-Versand und Hagebau

Baumarkt direkt, ein 2007 gegründetes Joint Venture der Otto Group und Hagebau, ist der marktführende Do-it-Yourself-Distanzhändler in Deutschland. Grundidee des Joint Ventures ist es, die hohe Kompetenz der Hagebau im Stationärgeschäft mit den Erfahrungen der Otto Group im Distanzhandel zu bündeln. Als Multichannel-Anbieter verknüpft die Marke „hagebau direkt" die vertrieblichen Möglichkeiten von Internet- und Katalogbestellung mit dem Stationärgeschäft. So bietet das Unternehmen seinen Kunden seit Juli 2007 zu der Einkaufsmöglichkeit im Hagebaumarkt eigene Kataloge sowie einen Online-Shop. Der Hauptkatalog erscheint zweimal im Jahr und bildet einen Ausschnitt des Internet-Sortimentes ab. Zusätzliche Spezialkataloge greifen über das ganze Jahr interessante Einzelthemen auf. Das Angebot im Internet erweitert zudem das in den Hagebaumärkten verfügbare Sortiment. Wer sich im Internet über Produkte erkundigt, kann sich im Hagebaumarkt beraten lassen und die Ware ebenso dort bestellen.

▶ Unternehmensstrategie und Diversifikation

Produktpolitische Maßnahmen sind stets im Zusammenhang mit **strategischen Marketingentscheidungen** zu sehen. Diese wiederum leiten sich aus der im Unternehmen geltenden **Unternehmensstrategie** ab. Diversifikationsstrategien als Substrategien haben zum Ziel neue Produkte auf bestehenden und neuen Märkten anzubieten. Dabei ist „neu" nicht absolut zu sehen, sondern Produkt und Markt sind nur für das jeweilige Unternehmen neu.

Ein Unternehmen wird Diversifizierungsstrategien immer dann wählen, wenn es einen für sich besonders attraktiven Markt entdeckt mit dem Ziel weiter zu wachsen.

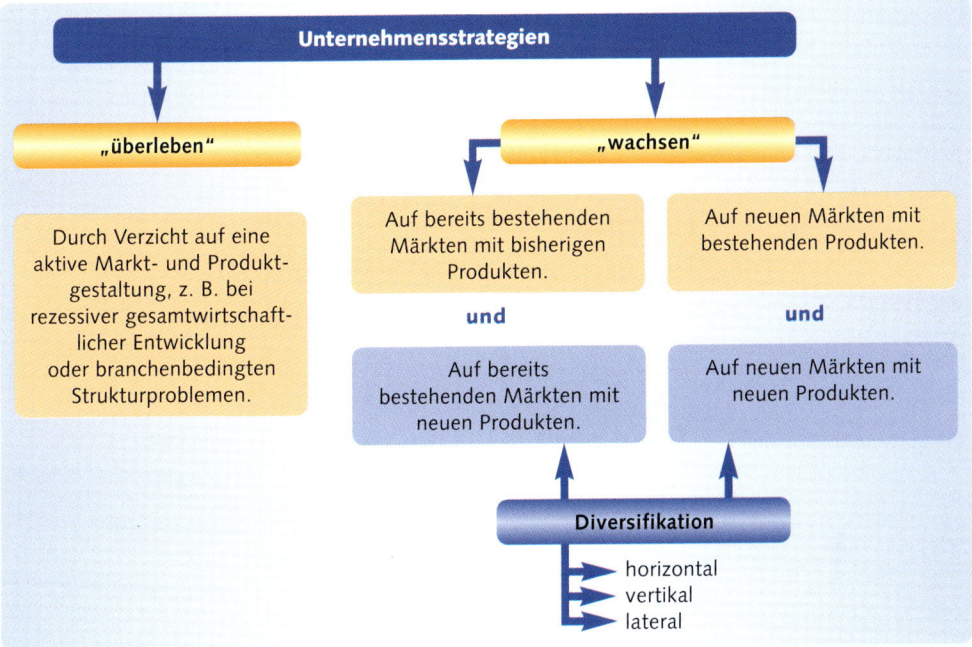

▶ Diversifikationsarten

Grundsätzlich lassen sich **drei** Arten der **Diversifikation** unterscheiden.

Art	Beschreibung	Beispiele
horizontale Diversifikation	Für das Unternehmen neue Produkte werden in das Leistungsangebot aufgenommen und auf einem für das Unternehmen bereits bestehenden Markt angeboten.	• Ein Süßwarenhersteller bietet zusätzlich Snack-Artikel an, • eine Brauerei ergänzt ihr Angebot um Erfrischungsgetränke, • ein Textildiscounter ergänzt sein Sortiment um passende Artikel (*Taschen, Schirme, Schuhe*).
vertikale Diversifikation	Das Unternehmen nimmt neue Artikel einer vor- oder nachgelagerten Wirtschaftsstufe auf. Das Angebot erfolgt auf bestehenden oder neuen Märkten.	• Ein Möbelhaus kauft einen Möbelhersteller, • ein Kaffeehersteller eröffnet in Großstädten Kaffeebars, • ein Textilfachgeschäft nimmt Wolle und Stoffe in sein Sortiment auf.

Art	Beschreibung	Beispiele
laterale Diversifikation	Die neuen Produkte des Leistungsangebots stehen in keinem ursächlichen oder direkt erkennbaren Zusammenhang zu den bisherigen Produkten.	• Ein Textilunternehmen kauft eine Fluglinie, • ein Stahlunternehmen erwirbt die Aktienmehrheit bei einem Touristikkonzern, • ein Lebensmitteldiscounter bietet Computer und Zubehör an.

▶ Probleme bei Diversifikationen

Wer bei Produkten und Dienstleistungen diversifiziert, muss auch die „**Schattenseiten**" dieser Unternehmensstrategie in Betracht ziehen.

Mögliche Probleme für ein Unternehmen bei		
horizontaler Diversifikation	**vertikaler Diversifikation**	**lateraler Diversifikation**
Die vom Unternehmen angenommene Akzeptanz eines neuen Produkts durch die bisherigen Abnehmer der alten Produkte, stellt sich als Fehleinschätzung heraus.	Bei einer nach vorne gerichteten Diversifikation macht man eigenen Kunden Konkurrenz und es bleibt eine mögliche Branchenabhängigkeit weiter bestehen.	Bei einer sehr ausgeprägten Misch-Konzern-Strategie kann es zu gravierenden Fehlern der Konzernleitung mangels ausreichender Kompetenz auf sehr heterogenen Märkten kommen.
Beispiel	**Beispiel**	**Beispiel**
Ein Softwareunternehmen scheitert mit der Einführung einer eigenen PC-Produktlinie.	Ein Textilhersteller will sein Sortiment auch in eigenen Outlets anbieten und verliert dadurch bisherige Wiederverkäufer.	Ein aus einem PKW-Hersteller hervorgegangener Mischkonzern konzentriert sich wieder auf sein Kerngeschäft.

2.4.4   Produktelimination

Unter **Produktelimination** versteht man die **Herausnahme** eines **Produkts** aus dem Angebotsprogramm eines Unternehmens. Diese Leistungsbereinigung erfolgt keinesfalls nur in der Degenerationsphase eines Produkts, sondern es können eine Vielzahl von **Faktoren** zur **Eliminierung** führen:

- Der Deckungsbeitrag sinkt oder ist negativ,
- die Produktionskosten übersteigen die Erlöse,
- das Produkt ist überaltert, eigene Neuerungen oder verbesserte Produkte der Mitbewerber sind bereits auf dem Markt,
- das Produkt befindet sich in der Degenerationsphase und weist nur noch geringe Umsätze auf,
- neuen gesetzlichen Regelungen (*Umweltschutz*) kann das Produkt nicht mehr gerecht werden,
- das Produkt passt nicht mehr zur Unternehmensstrategie,
- das Produkt gefährdet das Image der Unternehmung und damit die anderen Produkte,
- ein relativ neues Produkt war ein „Flop", d. h., es wird auf dem Markt nicht angenommen.

Die Produktelimination ist eine der schwierigsten unternehmenspolitischen Entscheidungen. Allein aufgrund einer Wirtschaftlichkeitsanalyse das Produkt aufzugeben kann sich als schädlich erweisen, wenn das Produkt ganz wesentlich das Image eines Unternehmens mitbestimmt. So wäre es z. B. undenkbar, dass Unternehmen Produkte, mit denen sie in einer breiten Öffentlichkeit bekannt sind *(Jacobs Krönung, 4711 Echt Kölnisch Wasser)*, eliminieren und damit auf wertvolle Imageträger verzichteten.

2.5 Produktgestaltung

Unter einem **Produkt** versteht man die Zusammenfassung aller materiellen und immateriellen Eigenschaften einer Ware oder Dienstleistung mit denen Menschen Wünsche und Bedürfnisse befriedigen können.

Das einzelne Produkt entsteht aus einer **Kombination** unterschiedlicher **Gestaltungselemente.**

Die folgende Abbildung zeigt wesentliche **Produktelemente**, die, je nach Kundenansprüchen und deren Umsetzung in der Produktentwicklung, das fertige Produkt ergeben.

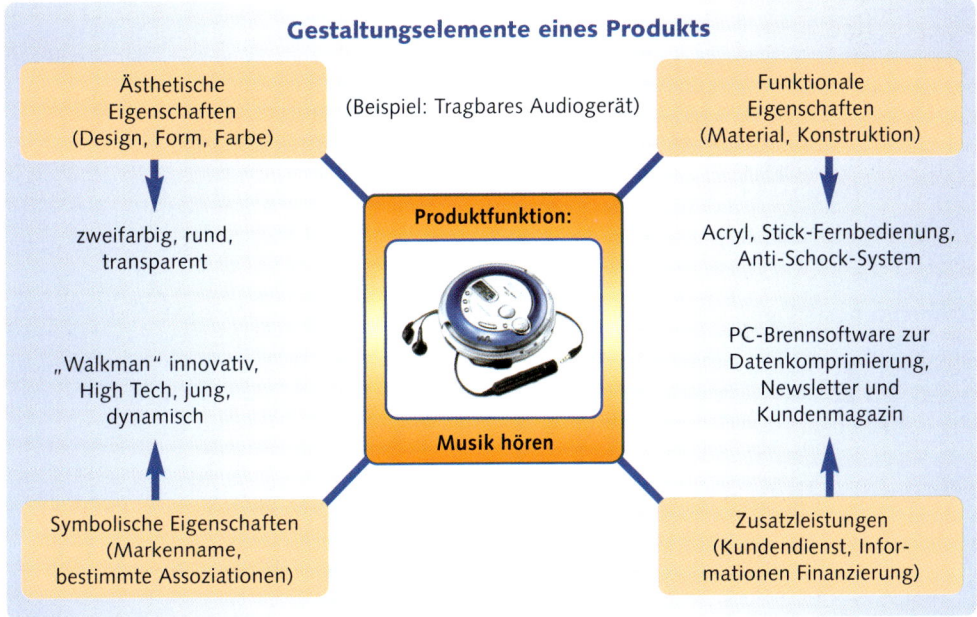

Abb. Produktelemente (Quelle: in Anlehnung an MEFFERT, 2003, S. 437)

Beim fertigen Produkt sollten Material, Funktion, Form und Optik harmonisch aufeinander abgestimmt sein, damit es so zur bestmöglichen Einheit von funktionaler und ästhetischer Qualität kommt. Für eine „gute" Produktgestaltung heißt dies, es muss gelingen funktionsgerechte, attraktive Produkte zu entwickeln, die für ihre Verwender ein erkennbares und akzeptiertes Unterscheidungsmerkmal auf immer gleichförmiger werdenden Märkten darstellen.

2.5.1 Funktionale Eigenschaften

Die **funktionalen** Eigenschaften eines Produkts werden durch verwendete Materialien, technische Konstruktion, Einsatzbereich, Ergonomie, Verlässlichkeit und Qualität beschrieben.

Material

Bei der **Wahl** des Materials, aus dem das Produkt hergestellt werden soll, spielen sehr unterschiedliche **Aspekte** eine Rolle:

> **Beispiel**
> - technische Aspekte *(Haltbarkeit, Gewicht, Festigkeit, Verarbeitungsmöglichkeit)*,
> - ökonomische Aspekte *(Rohstoffpreise, Beschaffungsmöglichkeiten, Verarbeitungskosten, Nutzungskosten)*,
> - rechtliche Aspekte *(gesetzliche Beschränkungen bei Einfuhr bzw. Verarbeitung)*,
> - ökologische Aspekte *(Einsatz von umweltfreundlichen Materialien und Technologien, Ressourcenschonung, Recyclingfähigkeit)*.

Von besonderer Bedeutung ist aber auch die **Wirkung**, die das Material auf die Kunden ausübt. Daher sind bei der Materialauswahl individuelle Lebensstile, Moden und Trends zu berücksichtigen.

> **Beispiel**
> - Da Wolltextilien in den Augen vieler Verbraucher nicht für sommerliche heiße Tage geeignet zu sein scheinen, wurde für leichte Kammgarngewebe der Begriff „Cool Wool" kreiert, aus dem leichte und luftdurchlässige Sommeranzüge produziert werden.
> - Umweltbewusste Verbraucher werden Materialien unter dem Aspekt der Umweltverträglichkeit und Nachhaltigkeit bevorzugen.
> - Im Zeichen des „Retro-Looks" werden zunehmend wieder Einrichtungsgegenstände aus Kunststoffen angeboten und gekauft.

Anmutungsleistung von Materialien

Eine besondere Bedeutung kommt der **Anmutungsleistung** eines Materials zu. Dabei ist zu beachten, dass das Anmutungsprofil der Ware oder Dienstleistung möglichst mit den kundenspezifischen Geschmacks- und Stilvorstellungen übereinstimmt.

> **Infobox**
>
> Anmutung ist ein Fachbegriff aus der Ganzheits- und Gestaltpsychologie. Man versteht darunter positive und negative Empfindungen, die ein Gegenstand insbesondere in der Anfangsphase der Wahrnehmung auslöst, wobei keine rationalen Gründe genannt werden. Die Anmutung wird im Rahmen der Produktgestaltung als Entscheidungsgrundlage für oder gegen die Wahl eines Produkts verstanden. Die Anmutungsleistung eines Produkts wird umso wichtiger, je ähnlicher sich die Produkte im Grundnutzen sind *(Waschmittel, Zigaretten, Bier)*.

Materialien – dazu zählen auch Roh- und Inhaltsstoffe z. B. von Lebensmitteln und Kosmetikartikeln – üben auf die Nutzer höchst unterschiedliche positive bzw. negative Wirkungen aus:

- Bei Produkten, bei denen Geruch und Geschmack eine wesentliche Rolle spielen, kann durch die Auswahl der verwendeten Inhaltsstoffe eine beabsichtigte spezielle Wirkung erzeugt werden *(sportlich, frisch, schwülstig, natürlich, künstlich)*.
- Ein Stoff kann rau oder glatt, künstlich oder natürlich, weich oder fest sein und erzeugt so sehr unterschiedliche Wirkungen *(hautsympathisch, kratzig, klebrig)*.
- Stahl wird als kalt, glatt, glänzend und stabil empfunden; Holz dagegen wirkt natürlich, warm, weich und wohlig und Kunststoff häufig „billig".

Beispiel Die folgenden Abbildungen zeigen, wie bei ein und demselben Produkt (Haushalts-
waagen) durch Verwendung verschiedener Materialien unterschiedliche Wirkungen
erzielt werden.

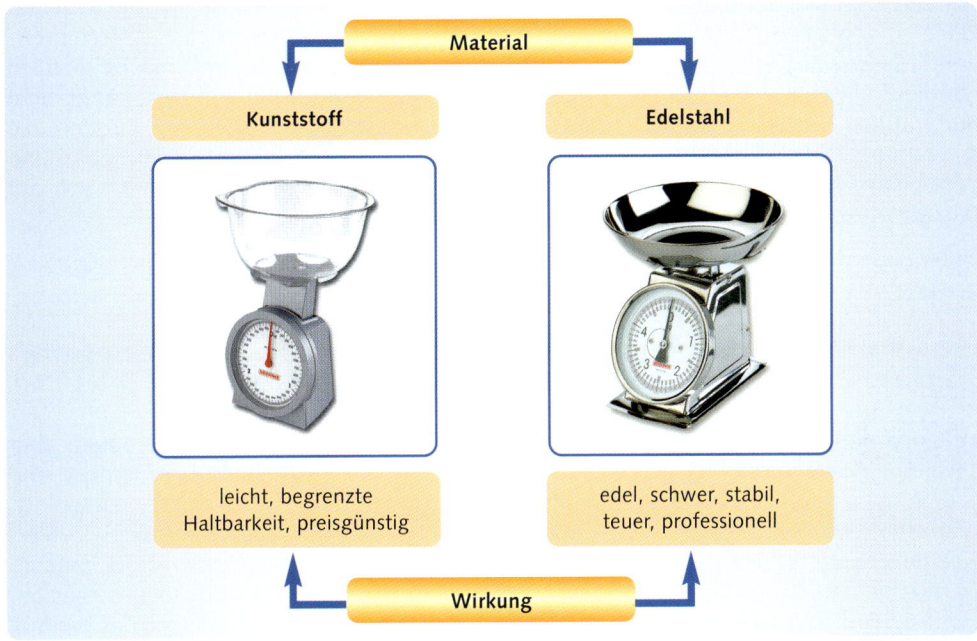

(Quelle: Produktkatalog der Fa. Soehnle-Waagen Gmbh)

Bei vielen Produkten ist die **Materialauswahl** aufgrund der angestrebten physikalischen
Eigenschaften und der vom Kunden gewünschten Spezifikationen allerdings vorgegeben
und Anmutungsleistungen spielen keine so große Rolle, denn bestimmte Funktionen
können nur mit bestimmten Materialien erreicht werden. So wird ein Hersteller von
Surfer- und Taucheranzügen gegen Wasser und Unterkühlung Elastomerkunststoffe
(Neopren) oder Gummi verwenden und keinesfalls Baumwollgewebe.

▶ Technische Konstruktion

Die **technische Konstruktion** des Produkts erfolgt entweder intern durch die **F&E-Abtei-
lung** oder durch einen **externen Dienstleister**, wie z. B. durch ein Engineering-Unternehmen. Das Ziel muss dabei sein sowohl die Produkte serienmäßig herstellen zu können
als das auch die räumliche Anordnung der Einzelteile und ihr Zusammenwirken dem
angestrebten Kundennutzen entsprechen. Den Konsumenten sollten nur Produkte angeboten werden, deren Gebrauch zuverlässig, sicher, leicht und bequem ist.

Aber auch Auswirkungen wirtschaftspolitisch-ökologisch bedingter Entscheidungen der
Politik finden in der Produktgestaltung ihren Niederschlag. Ohne stark gestiegene Kraft-
stoffpreise wäre es beispielsweise sicher nicht so schnell zur Entwicklung verbrauchsarmer
Motoren und aerodynamisch günstiger Karosserieformen gekommen.

Da Wünschbares (Kundennutzen) und Machbares (technische Realisierbarkeit, Kosten-
rahmen) oftmals nicht deckungsgleich sind, empfiehlt sich schon in einem sehr frühen
Stadium alle an der Produktentwicklung beteiligten Abteilungen einzubinden. Für diese
Zusammenarbeit bietet sich das **Projektmanagement** mit einem Produktmanager als Pro-
jektleiter an.

▶ Qualität

Die **Qualität** eines Produkts lässt sich durch seinen **Grundnutzen** (technischer, funktioneller Nutzen) und seinen **Zusatznutzen** (Design, Anmutung, Verpackung, Markierung) beschreiben. In der betriebswirtschaftlichen Literatur gibt es für den Begriff der Qualität keine eindeutige Definition. Dem **Begriff** nach bedeutet **Qualität** lediglich „Beschaffenheit". Diese wird von den jeweiligen Produkteigenschaften bestimmt und ist letztlich wertneutral. Ob ein Produkt eine „gute" oder „schlechte" Qualität aufweist, hängt nicht nur von den Eigenschaften ab, sondern vor allem von den Ansprüchen der Kunden, die diese an das Produkt haben. Diese Ansprüche werden u. a. vom Lebensstil der Käufer und dem beabsichtigten Verwendungszweck der Ware bestimmt[1]. Somit orientiert sich der **Qualitätsbegriff** an der angestrebten **Produktnutzung**.

Unter diesem Gesichtspunkt hat man sich weltweit auf eine **Qualitätsdefinition** (ISO 8402) geeignet:

> **„Qualität ist die Gesamtheit von Merkmalen einer Einheit bezüglich ihrer Eignung festgelegte und vorausgesetzte Erfordernisse zu erfüllen".**

Im Sinne dieser Definition kann eine Einheit ein Zwischenprodukt, ein Endprodukt, aber auch eine Person, eine Organisation oder ein Prozess sein. **Festgelegte** Erfordernisse sind z. B. Vorgaben, die in Gesetzen und Verordnungen definiert sind *(Gerätessicherheitsgesetz, Lebensmittelrecht)*, während es sich bei den **vorausgesetzten** Erfordernissen um vom Verwender erwartete Eigenschaften *(Haltbarkeit, Geschmack, Funktionsfähigkeit)* handelt. Da sich bei der Produktgestaltung alle Anbieter an die festgelegten Erfordernisse halten müssen, wird es vor allem darauf ankommen sich durch den Zusatznutzen, den das Produkt für den Verwender bietet, von den Mitbewerbern zu differenzieren. Aber nicht nur der **Endverbraucher** stellt bestimmte Qualitätsanforderungen an ein Produkt, sondern auch der **Hersteller** selbst und der **Handel** haben z. T. sehr spezifische **Qualitätsanforderungen**.

Die folgende Abbildung zeigt am Beispiel von Lebensmitteln die unterschiedlichen Anforderungen verschiedener Interessengruppen an die Produktqualität.

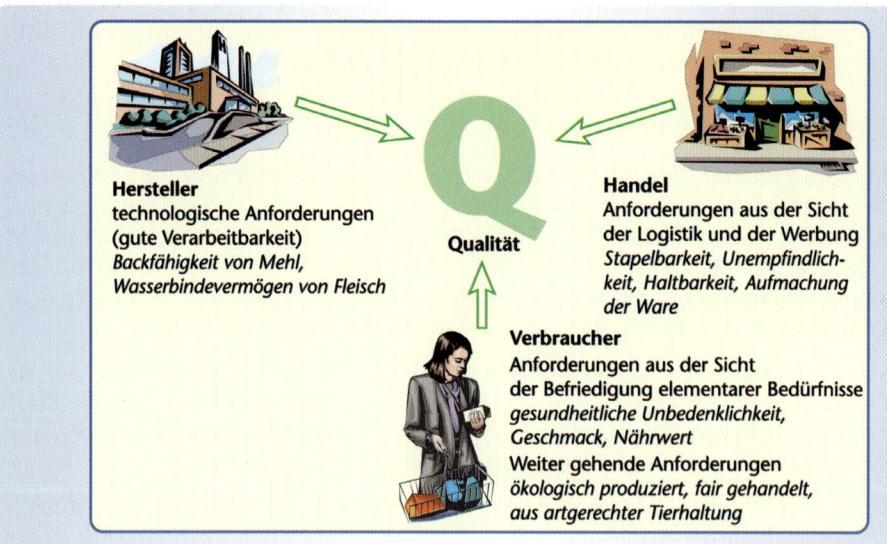

(Quelle: LÖBBERT u. a. 2009, S. 55)

---

[1]   Vgl. dazu LÖBBERT. u. a. 2009, S. 49 ff.

Unter **Marketinggesichtspunkten** stellen die **Qualitätsanforderungen** der Verbraucher den Maßstab für die Produktgestaltung dar, an denen sich demzufolge die vorgelagerten Stufen im Herstellungs- und Distributionsprozess orientieren sollten.

2.5.2 Ästhetische Eigenschaften

Um sein **Produk**t von anderen abzuheben, ist es von Vorteil, wenn es ein **unverwechsel-bares Aussehen** besitzt. Dazu zählen das **Design** (Formgebung), die **Farbe** des Produkts sowie die **Packungsgestaltung**. Auch der **Geruch** eines Produkts bestimmt seine ästhetischen Eigenschaften.

▶ Design

Unter **Design** versteht man die **Gestaltung** des **Produktäußeren**. Design beschränkt sich nicht nur auf materielle Produkte, sondern auch auf immaterielle, wie z. B. die Gestaltung einer Website (Webdesign).

⬤ Designbegriff

Umgangssprachlich versteht man unter **Design** eine meist im Trend liegende, besonders ansprechende **Gestaltung** eines Produkts. Gelungenes Design ist mehr als nur eine schöne Hülle. Es ist immer zugleich Form und Funktion. Das Design sollte den **Produktfunktionen** angepasst sein und sie optimieren („Form follows function").

Quelle: ASU BJU News

Ein erfolgversprechendes Produktdesign stellt einen entscheidenden Wettbewerbsvorteil für das Unternehmen dar, weil sich so seine Produkte in ihrem Erscheinungsbild für die Kunden einzigartig und unverwechselbar im Sinne einer USP auf dem Zielmarkt präsentieren.

Nur wenigen Produkten gelingt es über viele Jahre hindurch mit einem unverwechselbaren Design erfolgreich am Markt zu bestehen. Ein Beispiel ist die seit über 70 Jahren fast unverändert produzierte Espressomaschine „Moka Express" des italienischen Designers Bialetti (s. Abb.).

Infobox

Prof. Klaus Lehmann, ehem. Leiter der staatl. Akademie für Bildende Künste, Stuttgart, über den Weg zu anspruchsvoller Formgebung:

Ist Design messbar?

[ ] … Der Design-Begriff heute ist recht ausgefranst. Die einen meinen eher das Schild am Anzug, die schnell wechselnde Mode, Exklusivität, teure Produkte. Design ist für die meisten ein schillernder Begriff, der nur mit der Verschönerung, mit Styling oder Oberflächengestaltung zu tun hat. Diese Definition ist eher schädlich für das Design oder die Designer. Zudem widerspricht das geradezu der ursprünglichen Idee der frühen Formgeber von Werkbund und Bauhaus. Denen ging es vor allem darum, Dinge des Alltags zu verschönern. Langlebige, qualitativ hochwertige Produkte zu bezahlbaren Preisen für eine möglichst breite Käuferschicht sollten entstehen. [ ] … Für die Gebrauchstauglichkeit, also den praktischen Gebrauch, gibt es Kriterien – etwa, wie ein Gegenstand beschaffen sein muss, damit er seine Aufgaben erfüllt, sinnfällig im Gebrauch ist und

Infobox

dem Nutzer keinen Schaden zufügt. Schwieriger ist es, die ästhetische Seite eines Gegenstandes zu fassen, wo es um Anmutung, Ausdruck und Schönheit geht. Hier sind es die vom Gestalter formulierten sinnstiftenden Optionen für Konsumenten. Sie unterliegen dem Zeitgeist, werden immer wieder neu interpretiert. In den 50er Jahren war man der Meinung, geschmacksbildend werden zu müssen. Man hatte Kriterien für guten Geschmack entwickelt und wollte fortan Produkte daran messen. Aber alle Versuche, Design messbar machen zu wollen, sind fehlgeschlagen. Vergleichbar und bewertbar sind Dinge wie Gebrauchsfähigkeit, Funktionalität, Material, Verarbeitung. Das ist genau das, was auch die Testzeitschriften machen. Doch auch die Gebrauchstauglichkeit hat so ihre Tücken, denn ehrlicherweise sind 98 % der Dinge, die man kauft, Sachen, die man nicht wirklich braucht. Der Mensch kauft eben auch, weil er emotional entscheidet. Gerade deshalb sind die emotionalen und sehr subjektiven Komponenten des Designs nicht zu unterschätzen.

(Quelle: NEWS, Ausgabe 1–2 / 2003)

Design-Ziele

Im Vordergrund des Produkt-Designs steht, ein Produkt so zu gestalten, dass es den Kundenansprüchen hinsichtlich Funktion, Handhabung, Lebensdauer, Ästhetik usw. möglichst optimal entspricht. Aus diesem **Hauptziel** lassen sich folgende **Teilziele** für eine Wettbewerbsvorteile sicherndere Produktgestaltung ableiten:

1. Alleinstellung

Ein neues Produkt sollte sich am Möglichen und nicht am Gewohnten orientieren. Es soll sich von Konkurrenzprodukten, neben innovativen technischen, auch durch neuartige gestalterische Lösungen, abheben. Das Produkt soll als einzigartige und unverwechselbare Produktpersönlichkeit den Markt mit formen.

Beispiel   Seit 1949 wurden über 200 Milliarden LEGO® Steine produziert. Heute werden rund 2.800 verschiedene Elemente in unterschiedlichsten Farb- und Materialkombinationen angeboten. Es wurde immer wieder versucht dieses „Spielzeug des Jahrhunderts" erfolgreich zu kopieren.
Alle Versuche sind jedoch gescheitert. LEGO® steht weltweit als Synonym für kreative Spielsysteme.

Quelle: ASU BJU News

2. Hohe Gebrauchsqualität

Das Produkt muss **einwandfrei funktionieren** und die versprochenen Eigenschaften aufweisen. Grundsätzlich sind **zwei Design-Strategien** möglich: Zum einen eine **„Longlife-Strategie",** d. h. die Produkte werden so konzipiert, dass sie, was Lebensdauer und Gestaltung betrifft, über einen längeren Zeitraum im Markt positioniert werden können *(HEWI Baubeschläge)* oder zum anderen für eine relative **kurze Gebrauchszeit** ausgelegt sind *(jährlich wechselnde Uhrenkollektion von SWATCH)*. Beide Strategien können sich als erfolgreich erweisen. Dazu ist es allerdings notwendig, durch ein professionelles Design-Management, bei den jeweiligen Käufergruppen im Bewusstsein eine durchgehend gültige Designidentität für die entsprechende Produktlinie aufzubauen.

Beispiel Türgriff der Fa. HEWI in einem für dieses Unternehmen typischen sachlich und funktional anmutenden Design, das Qualität und Langlebigkeit vermittelt und über einen langen Zeitraum modern wirkt.

Quelle: ASU BJU News

3. Hohes Maß an Gestaltungsqualität

Der **Produktnutzen** sollte sich in der Produktgestaltung wiederfinden. Zwischen Gebrauch, Form und Material ist eine gemeinsame „**Produktsprache**" anzustreben, d. h. die Beschaffenheit eines Produkts *(Funktion, Technik, Material)* wird in eine ästhetisch attraktive Form umgesetzt, die den erwünschten Anspruch an Technik und Qualität kommuniziert (vgl. dazu Fallbeispiel „Braun-Design").

4. Bedienungsfreundlichkeit

Das Design sollte den **Gebrauch** des Produkts unterstützen, z. B. durch ausreichend große Bedienungselemente *(Hebel, Tasten, Knöpfe)* und sich ergonomisch an die physischen Gegebenheiten des Nutzers anpassen *(ermüdungsfreie Sitzposition und kurze Greifweite zu den Bedienungselementen sowie gut ablesbare Instrumente).*

Beispiel Der Aufsitzmäher „Concord" der Fa. Al-Ko Geräte GmbH wurde zum Vorbild vieler anderer Rasenmäher. Neben einem für solche Geräte ungewöhnlich futuristischen Design, ist der tiefe und dadurch bequeme Durchstieg mit übersichtlicher Sitzposition für leichtes Erreichen aller Bedienelemente eine gestalterische Besonderheit.

Quelle: ASU BJU News

5. Sicherheit und richtigen Gebrauch gewährleisten

Es muss die Einhaltung, der für das Produkt geltenden Sicherheitsvorschriften und ein Schutz vor fehlerhaftem Gebrauch, sichergestellt werden. Um Letzteres zu vermeiden, sind oft Schulungsunterlagen für die Distribution und Gebrauchsanleitungen für die Verwender zu erstellen. Ihre Gestaltung sollte auf das Erscheinungsbild des Produkts abgestimmt werden.

Beispiel Die Gebrauchsanleitung für einen echt goldenen Chronometer zu 15.000 € wird aufwändig gestaltet und auf hochwertigem Hochglanzpapier gedruckt, während für eine Uhr zu 9,99 € aus dem Angebot eines Discounters ein einfacher Beipackzettel genügt.

Da in der **Europäischen Union** ein einheitlicher **Sicherheitsstandard** für Konsumgüter gilt (Produktsicherheitsgesetz), sind die Hersteller verpflichtet die entsprechenden Anforderungen einzuhalten und die Produkte entsprechend zu kennzeichnen. Dazu dient die **CE-Kennzeichnung** (CE: Communité Européen).

Das **CE-Zeichen** garantiert dem Verbraucher, dass die Mindestanforderung an Leistung und Sicherheit des Produkts in vorgeschriebenem Umfang erfüllt sind. Das **CE-Zeichen** wird vom Hersteller gut sichtbar und dauerhaft auf dem Produkt oder der Verpackung angebracht. Ein Produkt gilt als sicher, wenn auf mögliche Gefährdungen hingewiesen wird, die sich vom Auspacken, während der Nutzung und bis zur Entsorgung ergeben könnten. In Deutschland sind, je nach Branche, zusätzlich zahlreiche weitere gesetzliche Bestimmungen zu beachten *(Lebensmittel- und Bedarfsgegenständegesetz, Hygienegesetze, Kennzeichnungspflicht von Inhaltsstoffen bei Lebensmitteln usw.)* Außerdem erhöht die Vergabe von **Sicherheitszeichen** den Produktwert.

Beispiel für nationale Sicherheitszeichen:

Das **GS-Zeichen** (geprüfte Sicherheit) wird nach deutschem Recht auf einem Produkt oder seiner Verpackung angebracht, wenn eine zugelassene Stelle *(TÜV)* festgestellt hat, dass die vorgeschriebenen sicherheitstechnischen Anforderungen erfüllt sind.

Dieses Zeichen wird vom **VDE** (Verband der Elektrotechnik, Elektronik, Informationstechnik e. V.) für solche Produkte vergeben, die den vom VDE aufgestellten Sicherheitsvorschriften entsprechen (elektrische Geräte).

6. Vermittlung einer Produktbotschaft

Jedes **Produkt** ist auch ein **Informationsträger** und vermittelt jedem seiner künftigen Nutzer eine **Botschaft**. Die angestrebte Positionierung im Markt sollte auch über das Design bezüglich Zielgruppe, Preislage und Qualität kommuniziert werden.

Beispiel Der finnische Glashersteller Iittala ist für seine klare und einfache Formgebung bekannt. Bei der preisgekrönten Glaserie „Essence" des Schweizer Designers A. Häberli wird das für Iittala Produkte typische Design besonders deutlich: Ein schlichter, reduzierter Stil, der auf alles Überflüssige verzichtet. Es wird nur eine Form in vier verschiedenen Größen angeboten. Damit gelingt dem Designer eine Kombination aus Tradition und Moderne, Eleganz und Alltag. Genau dies ist die Produktbotschaft, die Iittala vermitteln möchte.

Quelle: ASU BJU News

▬ Design und Unternehmen

Ein neues Produkt will durch Form und technische Qualität das Image des herstellenden Unternehmens stützen und verbessern. Daher soll die Gestaltung von neuen Produkten möglichst mit dem Erscheinungsbild des Unternehmens in der Öffentlichkeit abgestimmt werden. Es entsteht somit für alle Produkte eine gemeinsame **Designidentität**, die für die Prägung der **Corporate Identity** von grundsätzlicher Bedeutung ist, denn über das Produktäußere wird auch die jeweilige **Unternehmensphilosophie** vermittelt.

Fallbeispiel Braun: „Designed to make a difference"

Wenn man von gelungenem Produktdesign spricht, dann wird mit Sicherheit stets die Firma Braun, Hersteller von Elektrokleingeräten, an vorderer Stelle genannt. Schon das Motto „designed to make a difference" gibt einen deutlichen Hinweis auf den hohen Stellenwert des Produktdesigns in diesem Unternehmen.

Braun beschreibt in seinen „Kern-Werten" die Bedeutung des Designs als unverzichtbaren, Bestandteil der Firmenphilosophie:

„Wir streben danach, die wahren Bedürfnisse der Verbraucher mit Produkten zu erfüllen, die sich durch innovative Produkteigenschaften und sinnvolle Gebrauchsvorteile auszeichnen, durch ausgezeichnete Qualität bei Produktleistung und Lebensdauer und durch ergonomisches, unverwechselbares und ästhetisches Design. Braun Design war 1955 für einen kleinen Kreis von designorientierten Kunden bedeutend. Das Produktdesign war geprägt durch die gestalterische Durchgängigkeit, durch Merkmale wie geometrische Formen, klare Gliederung und zurückhaltende Farbgebung. Die durchgängige Corporate Identity und die Weiterentwicklung der Produkte bezogen auf ihre Funktionalität, ihre Brauchbarkeit und Verständlichkeit, aber auch ihre Ästhetik und Sensorik, sind die Merkmale des neuen Braun Designs. Damals wie heute folgt es dabei einem konsistenten Wertekatalog. Braun Design steht für funktionales und eigenständiges Produktdesign von hoher Designqualität und Ästhetik. Es steht für innovatives Design und signalisiert, dass Braun bestrebt ist, im Einklang mit den Designwerten Neues zu schaffen.

Braun Design ist:

- innovativ → Es ist zukunftsweisend und visualisiert technische und funktionale Produktentwicklung.
- funktionsgerecht → Brauchbarkeit und Einfachheit sind wesentliche Produktwerte.
- eigenständig → Es setzt Maßstäbe von hoher Designqualität und eigenständiger Ausstrahlung.
- ansprechend → Es orientiert sich an Verbraucherbedürfnissen; es ist freundlich, sympathisch und natürlich.
- klar → Eine klare Formgebung und sinnvolle Ordnung macht Produkte selbsterklärend.
- ehrlich → Es ist offen, nachvollziehbar und selbstbewusst.
- ästhetisch → Es ist ausgewogen und harmonisch in der Gesamtanmutung."

Beispiel für typisches „Braun-Design":

(Quelle: www.braun.com, 2007 und Braun-Katalog, 2007)

Design und Kundenorientierung

Wer heute ein Produkt oder eine Leistung verkaufen möchte, kann dies nur mit Kunden-orientierung, auch bei der Produktgestaltung, erfolgreich bewerkstelligen. Design ist dabei ein wesentlicher Teil echter Kundenorientierung, d. h. es muss gelingen die Leistungsan-gebote so zu gestalten, dass sie den aktuellen Anforderungen des Marktes und den Bedürfnissen der Kunden entsprechen. Es ist daher Aufgabe des Marketings diese Bedürf-nisse der Kunden zu erkennen, was diese z. B. an gestalterischen, sensorischen und hap-tischen Ansprüchen an das Produkt stellen.

Beispiel **Design eines Schulfüllers von Lamy**

Der Schreiblernfüller von Lamy „Lamy abc" orientiert sich in seiner Form und den Ausstattungsmerkmalen ganz an den Bedürfnissen von jungen Schreibanfängern und an den pädagogischen Anforderungen der Lehrerinnen und Lehrer.
Die Kombination von Ahornholz und rotem Kunststoff stellt Bezüge zu Spielzeug her. Tief ausgeformte Griffstücke geben den Kinderhänden einen sicheren Halt und verhindern eine verkrampfte und ermündende Schreibhaltung. Würfelförmige Abschlüsse dienen als Wegrollbremse.

(Quelle: www.lamy.de, 2007)

▶ Farbe

Zwar besitzt jedes Material eine stoffliche Eigenfarbe, aber es ist in den meisten Fällen möglich Materialien nach Wunsch einzufärben. Die **Farbgebung** ist für die Produktgestal-tung ein ebenso wichtiges Element, wie Material und Form.

Farbwirkungen

Farben üben psychische Wirkungen aus. Sie lösen **emotionale** Empfindungen, wie Glück oder Trauer aus; wirken aktivierend oder beruhigend und lassen Produkte als schwer oder leicht, warm oder kalt, rein oder verschmutzt erscheinen.

So symbolisiert Weiß Sauberkeit und Reinheit *(„Weißer Riese")* und wirkt erfrischend *(Zahnpasta)*. Weiß steht aber auch für künstlich und substanzlos *(weißes Mehl, weißer Zucker)*.

Schwarz wird je nach Produkt eine unterschiedliche Wirkung zugesprochen: Bei Kleidung ist es ein Zeichen der Individualität, Würde und Eleganz. Bei Produkten im High-Tech-Design vermittelt es Sachlichkeit und Objektivität.

Rot ist die Farbe für Leidenschaft, Sinnlichkeit, Aktivität und Energie *(rote Coca-Cola-Dose)*, während Blau kühl, hygienisch, sachlich und ruhig wirkt *(blaue Einfärbung flüssi-ger Wasch- und Reinigungsmittel, Getränke in blauer Färbung vermitteln Kühle und*

Leichtigkeit). Grün und Braun sind Farben der Natürlichkeit *(Reinigungs-Produkte der Fa. Frosch)* und Gelb- und Orangetöne symbolisieren Wärme *(yello-Strom)* und Heiterkeit *(Das Gelb der kosmetischen Sonnenschutzprodukte wie „Delial" vermittelt Fun und Aktivität)*.

Farbe und Produkt

Welche Farbe für welches Produkt als geeignet erscheint, hängt in einem hohem Maß von den jeweiligen Modeströmungen ab. Was heute in einem schlichten Weiß produziert wird, kann morgen schon in grellen Neonfarben auf den Markt kommen. Jenseits aller Modeströmungen werden zunehmend über die Farbgebung **Produktbotschaften** vermittelt. Dies geschieht vor allem im Bereich der Produktvariation. Durch die Wahl verschiedener Farben kommt es bei sonst gleichartigen Produkten zu völlig unterschiedlichen Wirkungen, und es werden dadurch auch unterschiedliche Zielgruppen angesprochen.

Beispiel Farbe spielte bei der Produktgestaltung eines PC lange Zeit keine Rolle. Erst als der Apple iMac in verfremdeten Fruchtfarben auf den Markt kam, wurde Farbe als Gestaltungselement bei Computern ein Thema. Durch die an Lollis erinnernde Farbgebung wandelte sich der nüchterne Büro-PC zum Freizeit-PC, mit dem man nun lustvoll im Internet surfte.
Heute allerdings präsentieren sich die Apple-Produkte in einem zwar nach wie vor ungewöhnlichen Design, aber wieder in zurückhaltender grau-silberner Farbgebung, die für Kompetenz, Sachlichkeit und Funktionalität steht.

Fallbeispiel Mit Farben Botschaften gestalten

Beispiel Alkoholische Getränke

Im stagnierenden Spirituosenmarkt gelang es der Firma Dr. Demuth GmbH, Deutschlands größtem Fruchtwein-Hersteller, mit dem Frucht-Cocktail „Cool-up" eine sehr erfolgreiche Produktinnovation zu platzieren. Dem Verbraucherbedürfnis nach leichten und fruchtigen Drinks in der warmen Jahreszeit entspricht „Cool-up" nicht nur durch seinen Geschmack, sondern auch die Farbgebung des Getränkes unterstreicht die Werbebotschaft des Herstellers: „Holen Sie sich mit Cool up Sommer, Sonne, Samba auf Ihre Party und genießen Sie mit Ihren Freunden diesen fruchtig-frechen Fun-Drink."
Der blaue Schriftzug auf der Flasche symbolisiert „Kälte", und die intensive Farbgebung des Getränks in typisch knalligen Sommerfarben, soll den exotisch-fruchtigen Geschmack schon beim Betrachten der Flasche ahnen lassen.

Beispiel Mobiltelefon

Die Hersteller von Mobiltelefonen stehen zunehmend vor dem Problem, dass über die funktionalen Eigenschaften kaum noch eine Differenzierung am Markt möglich ist. Das Leistungsangebot der großen Hersteller unterscheidet sich kaum. Daher werden auch bei diesem Produkt gestalterische Merkmale zunehmend zu einem relevanten Wettbewerbsfaktor. Nicht nur das Design, sondern auch die Farbgebung transportiert eine auf die Zielgruppe ausgerichtete Botschaft. Beim Siemens SL 55 werden bei der Produktbotschaft Technik und Funktion nachrangig transportiert. Im Vordergrund steht die emotionale Botschaft „Designed for desire, das neue SL55. Sehen, fühlen, lieben". Visualisiert wird diese Botschaft durch eine kirschrote Farbgebung – die sich auch in Werbeanzeigen und der entsprechenden Website wiederfindet –, die Gefühl und Sinnlichkeit vermitteln soll.

Quelle: Siemens AG / BenQCorp.

Beispiel Elektrogeräte

Die Farbkombination Schwarz-Chrom dieser Krups Elektrokleingeräte signalisiert einerseits hohe Qualität („expect the best") und andererseits schlichte Eleganz.
Das stilvolle und funktionale Design wird durch diese Farbgebung wirkungsvoll betont und unterstützt.

 Geruch

Gerüche und **Düfte** stellen einen wesentlichen Bestandteil im Alltag dar. Man nimmt sie mehr oder minder bewusst wahr, und sie haben durch Ihre Stimulierung einen Einfluss auf das Kaufverhalten des Konsumenten. Ein angenehmer Duft ruft auch angenehme Gefühle hervor *(Lebensfreude, Abenteuer, Spaß)*, während unangenehme Düfte zu Atemnot, Übelkeit oder gar Angst und Aggressivität führen können. Düfte sind – neben dem Design – zu einem wichtigen Marketinginstrument geworden, um sich gegenüber den Mitbewerbern zu profilieren. Sie befriedigen besonders **emotionale Zusatzbedürfnisse** der Verbraucher, die, aufgrund der weitgehenden Angleichung vieler Produkte in ihren Eigenschaften, zu einem immer wichtiger werdenden Produkt-Gestaltungsmittel werden.

Aufgabe der Duft-Designer ist es die entsprechenden Produkte so zu „beduften", dass ihre Kaufattraktivität gesteigert wird. Dabei geht es nicht nur um „wohlige Gerüche", sondern durch den Duft sollen ganz bestimmte Lebenssituationen positiv erlebt und erfolgreich gemeistert werden (vgl. dazu „erlebnisorientierte Produktgestaltung" in BECKER, 2002, S. 622 ff.).

Infobox

Parfums sind in ihrem Duft auch Ausdruck einer bestimmten Zeit und Spiegelbild der jeweils herrschenden Mode. Das Angebot an verschiedensten Düften wird immer größer, doch nicht nur die Auswahl an Düften ist gegenüber früher sehr viel größer geworden, auch der Umgang mit ihnen hat sich verändert. Vor zwanzig Jahren hielt man dem einmal gewählten Parfum monate-, wenn nicht jahrelang die Treue. Heute stehen bei vielen Leuten ganze Batterien von Fläschchen im Badezimmer. Benutzt werden sie je nach Lust und Laune, meist rein intuitiv, manchmal aber durchaus mit Berechnung. Einmal dienen sie der persönlichen Stimulierung, ein andermal als Manifestation der eigenen Persönlichkeit, dann wieder der gezielten Beeinflussung der Umgebung. Bei der Besprechung mit dem Steuerberater will man schließlich eine andere Ausstrahlung haben als beim Essen bei Kerzenlicht zu zweit. Und der Hauch von Freiheit, mit dem man sich gerne in den Ferien besprüht, passt nicht zum Vorstellungsgespräch. Ganz abwegig ist deshalb der Gedanke nicht: „Sage mir, welchen Duft du trägst, und ich sage dir, wer du bist". In vielen Fällen wird zum jeweiligen Duft vom Hersteller gleich noch eine „Duftphilosophie" mitgeliefert, die dem Verwender durch den Gebrauch bestimmte Eigenschaften zuschreibt.

Beispiel Produktbeschreibung des Herrendufts „Echo" von Davidoff: „The Echo of your personality! – Davidoff Echo ist das urbane Eau de Toilette für den Mann, der Abwechslung und Freiheit liebt. Der Duft besticht durch einen reinen, klaren Akkord. Eine ungewöhnliche metallische Note erinnert an glänzenden Stahl und das Glas der Großstadt. Hölzer, Gewürze und weiches Wildleder verleihen dem Duft Wärme und Tiefe."

(Quellen: www.seniorweb.ch und www.douglas.de)

Außer bei Parfums spielt die Beduftung bei **Wasch- und Reinigungsmitteln** eine wesentliche Rolle. Konsumforscher haben herausgefunden, dass der Verbraucher bei der Wahl eines Waschmittels auf die tatsächliche Reinigungskraft weniger Wert legt, als auf den Geruch, den das Mittel in der gewaschenen Wäsche hinterlässt. Bei Haushaltsreinigern, die unangenehm riechende Säuren enthalten, werden diese z. B. durch nach Zitronen oder Apfel riechende Duftsubtanzen mit dem typischen „Frische-Geruch" überlagert.

Neben der Kosmetik- und Waschmittelindustrie haben auch andere Industriezweige die Bedeutung von Duftdesign erkannt. Besonders bei der **Automobilentwicklung** sind professionelle „Spürnasen" im Einsatz. Ziel deren Arbeit ist es, unangenehmen und störenden Gerüchen von Bauteilen – besonders im Innenraum- auf die Spur zu kommen. Die Arbeit dieser Olfaktorik-Experten (Olfaktorik = Lehre von den Gerüchen) soll zu einem möglichst geruchsneutralen Auto führen.

Die Bedeutung des Geruchs bei der Produktgestaltung wird weiter zunehmen. Die Hersteller von Duft- und Aromastoffen sind in der Lage nahezu jeden gewünschten Geruch für fast jedes Produkt zu designen. Ob dies der Kunststoffgürtel ist, der nach edlem Leder riecht, Verpackungen, die nach ihrem Inhalt duften oder eine Glasduftleuchte, die als moderne Form des Räucherstäbchens für jede gewünschte Raumbeduftung sorgt.

▶ Verpackung

Die **Bedeutung** der **Verpackung** (Umhüllung eines Produkts) für ein Produkt hängt sehr von der jeweiligen Produktart ab. Je bedeutender die geschmackliche und ästhetische Produkt-Dimension ist, desto größerer Wert sollte auch auf die Verpackungsgestaltung gelegt werden.

Funktion und Bedeutung der Verpackung

Der Erfolg eines Produkts resultiert aus einer Mischung von kundenadäquaten Eigenschaften und einer wirkungsvollen Präsentation am Markt. Mithilfe einer interessanten

Verpackungsgestaltung kann ein erheblicher Teil der „**Produktpersönlichkeit**" kreiert und transportiert werden. Somit besitzt eine Verpackung neben einer rein funktionalen Bedeutung auch eine starke emotionale Komponente. Eine attraktive oder originelle Verpackung kann einen ausschlaggebenden Einfluss auf die Kaufentscheidung haben *(kosmetische Produkte, Geschenkartikel)*. Besonders wichtig ist die Verpackung bei Waren, die sich im Handel am POS selbst „präsentieren" und verkaufen müssen (SB-Ware).

■ Basis- und Zusatzfunktionen des Verpackungsdesign

Alle Ansprüche, die Hersteller, Handel und Verbraucher an Produkte hinsichtlich ihres Transportes, der Lagerung, des Gebrauchs und der Entsorgung stellen, werden durch die **Basisfunktionen** der Verpackung erfüllt.

Basisfunktionen der Verpackung		
Verpackungsfunktion	**Bedeutung / Erläuterung**	**Beispiele**
● **Schutz- und Aufbewahrungs-funktion**	Schutz der Waren vor Beschädigungen, äußeren Einflüssen und Qualitätsverlust *(mechanische Schäden bei der Distribution, klimatische Einflüsse, Verderben durch Mikroorganismen, Korrosion)*.	Kartonagen, Flaschen, Metalldosen, Kunststoffe, *(Aromasichernde Verpackung von frisch geröstetem Kaffee in Vakuumverpackungen, Milch und Säfte im Tetra Pak, Medikamente in Blisterpackungen)*.
● **Rationalisierungs-funktion**		
– **Distributions-Funktion**	Erleichterung von Transport, Lagerung und Abverkauf der Waren.	Stapelbarkeit, standardisierte Packungsgrößen, Palettenfähigkeit, geringes Verpackungsgewicht *(PET-Flasche)*.
– **Convenience-Funktion**	Verbraucherfreundlicher Umgang mit der Verpackung durch einfaches Entfernen, Öffnen, Wiederverschließen, Dosieren oder Portionieren.	Aufreißlaschen, mehrfach nutzbare Verschließelemente *(Klapp- und Drehverschlüsse)*, Spender *(Flüssigseife)*, Einzelportionspackungen *(Spültabs)*.
● **Ökologische Funktion**	Bei der Verpackungsgestaltung wird auf Umweltverträglichkeit, Recyclingfähigkeit und Materialreduzierung geachtet.	Holz für Kartons aus nachhaltig bewirtschafteten Nutzwäldern, Mehrwegsystem der Getränkeindustrie, Nachfüllpackungen bei Wasch- und Reinigungsmitteln.

Mithilfe des **Packungsdesigns** erhalten viele Waren erst ihr „Gesicht". So bleiben sie dem Verbraucher durch eine unverwechselbare Packungsgestaltung in Erinnerung. Dazu leisten besonders die **Zusatzfunktionen** der Verpackung einen wesentlichen Beitrag, indem sie eine **Anmutungswirkung,** z. B. durch besondere Formen und eine besondere Farbgestaltung, auf den Käufer erzeugen.

Zusatzfunktionen der Verpackung		
Verpackungsfunktion	**Bedeutung / Erläuterung**	**Beispiele**
● **Informations-funktion**	Unterrichtung des Kunden über die Einsatzmöglichkeiten, den Inhalt, Zubereitung und Pflege.	Lebensmittelkennzeichnung, Abdruck von Rezepten, Pflegetipps auf Waschmittelkarton.

Zusatzfunktionen der Verpackung		
Verpackungsfunktion	**Bedeutung / Erläuterung**	**Beispiele**
• **Kommunikations-funktion**	Wiedererkennbarkeit des Produkts, Schaffung von optischen Kaufanreizen, Unterstützung bei der Bildung eines spezifischen Produktimages.	Typische Flaschenform bei Maggi, Coca-Cola oder Odol-Mundwasser, Produktaufwertung durch hochwertige Verpackung *(Parfümflakon, Goldfolie bei Ferrero-Rocher)*, Zusatzkennzeichnung bei Lebensmitteln *(„Bio", „ohne Konservierungsstoffe")*.

Beispiel für die gestalterische Umsetzung der **Zusatzfunktionen** beim Verpackungsdesign von Lebensmitteln:

Bei dieser Verpackung, die so in ähnlicher Weise von der Grundgestaltung her auch bei den Mitbewerbern erfolgt, erhält der Käufer neben den Informationen zu Hersteller und Produktart und durch die Visualisierung des fertigen Gerichts sowie weiterer Informationen auf der Verpackungsrückseite, einen zusätzlichen Anreiz dieses Soßenprodukt auf Stärkebasis zu kaufen.

Bei der **Verpackungsgestaltung** ist darauf zu achten, dass der Verpackungsinhalt mit dem vom Kunden erwarteten **Produktbild** übereinstimmt. Niemand wird vom „Verzehr" einer Kopfschmerztablette einen geschmacklichen Genuss erwarten, daher dominieren bei solchen Artikeln sachliche und um Information bemühte Verpackungen. Anders bei Süßwaren *(Pralinen, Schokolade, Bonbons)*. Hier sollen allein schon durch das Betrachten der Verpackung die Geschmacksnerven gereizt werden und lustvollen Genuss versprechen.

Im **Kosmetikbereich** versucht man in besonderem Maß durch schöne, edle und exklusiv wirkende Behältnisse das Besondere und Wertvolle zu kommunizieren. Die Form der

Flakons verdeutlicht den Charakter des Parfums und so erhält jedes Produkt seine individuelle Note. Dabei orientiert man sich auch an der Zielgruppe und deren typischen Designgeschmack.

Flakon in Form eines Diamanten	Flakon in Form einer antiken Säule	Flakon in Form einer Trinkflasche
Wirkung: • wertvoll, • exklusiv, • facettenreich	**Wirkung:** • klassisch, • unvergänglich, • sinnlich	**Wirkung:** • sportlich, • jung, • dynamisch, • frisch

Fotos: Douglas AG

Abb. Zielgruppenorientierte Gestaltung von Parfumflakons

Quelle: Nestlé AG

■ **Selbstpräsentation durch Verpackung**

Einen anderen Weg die Kunden über die Verpackung für ein Produkt zu interessieren und sie daran zu binden, sind Aufbau und Pflege einer **Verpackungstradition.**

So hat sich z. B. das Äußere der Maggi-Flasche in Form und Farbgestaltung in über 100 Jahren nicht wesentlich geändert. Der **Wiedererkennungswert** dieses Produkts ist auf Grund seiner markanten Verpackungsgestaltung sehr hoch.

Foto: J. Beck

Erst durch eine **produktgerechte** Verpackung wird der Verkauf vieler Waren in Selbstbedienung möglich (*Frischeprodukte, Kleinteile*). Durch die Verpackung wird es möglich, vorgeschriebene Hygienevorschriften einzuhalten (SB-Fleisch) oder mögliche Verletzungen zu vermeiden (Sägeblätter, Nägel, Rasierklingen). Oft ist es die Verpackung, die den letzen und entscheidenden Anstoß zum Kauf am POS gibt.

Deshalb müssen an die **Verpackung** bei **SB-fähiger** Ware ganz besondere **Anforderungen** gestellt werden (in Anlehnung an OEHME, 2001, S. 235):

- Der Verpackung müssen die Informationen, die bei Vollbedienung sonst das Verkaufspersonal geben würde, gut lesbar aufgedruckt werden.
- Die Verpackung muss stapelfähig sein, damit die Ware platzsparend und rationell in den Warenträgern präsentiert werden kann.
- Die Verpackungsgrößen müssen kunden- und marktgerecht sein *(verschiedene Packungsgrößen, z. B. für Singles oder Familien).*
- Die Verpackung soll das Profil des Artikels unterstreichen und ihn von anderen Artikeln unterscheiden.
- Die Verpackungen sollten vor allem durch ihre Farben die Optik der Warenpräsentation im Verkaufsraum beleben.
- Die Oberfläche der Verpackung muss so beschaffen sein, dass sie sich angenehm anfühlt.

Verpackung und Umwelt

Für viele Unternehmen sind **ökologische** Gesichtspunkte ein wichtiger Bestandteil innerhalb ihres Produktkonzepts. Diese werden auch bei der Verpackungsgestaltung berücksichtigt. Maßnahmen des Gesetzgebers haben das Bemühen um umweltgerechte Verpackungen verstärkt.

Mit dem **Kreislaufwirtschaftsgesetz / Abfallgesetz** und der **Verpackungsverordnung** ist die Grundlage für ein nachhaltiges Wirtschaften zur Schonung natürlicher Ressourcen geschaffen worden. Hersteller, Handel und Verbraucher sollen sich bereits bei ihren Entscheidungen über Produktion, Sortiment und Konsum mit der Frage der Entsorgung von möglicherweise anfallenden Abfällen beschäftigen.

Das **Gesetz** regelt den Umgang mit Abfällen. Hauptziel ist es natürliche Ressourcen zu schonen und die Beseitigung von Abfällen auf eine umweltverträgliche Art zu gewährleisten. Das Gesetz gibt der Vermeidung von Abfällen den Vorrang vor Verwertung oder Beseitigung. Von besonderer Bedeutung ist der Grundsatz der **Produktverantwortung**, den jeder, der Erzeugnisse herstellt oder vertreibt, zu beachten hat. **Produktverantwortung** für Verpackungen bedeutet:

- Das Material sollte mehrfach verwendbar sein,
- vorrangiger Einsatz von sekundären Rohstoffen *(Recyclingpapier)*,
- Rückgabe und Pfandkennzeichnung,
- Rücknahme von Abfällen.

Die **Verpackungsverordnung** kennt **drei** Arten der Verpackung, für die jeweils bestimmte Rücknahmepflichten bestehen.

– Verpackungsarten

Verkaufsverpackungen	Umweltverpackungen	Transportverpackungen
Verpackungen, die als eine Verkaufseinheit angeboten werden und beim Endverbraucher anfallen. Verkaufsverpackungen im Sinne der Verordnung sind auch Verpackungen des Handels, der Gastronomie und anderer Dienstleister, die die Übergabe von Waren an den Endverbraucher ermöglichen oder unterstützen (Serviceverpackungen).	Verpackungen, die als zusätzliche Verpackungen zu Verkaufsverpackungen verwendet werden und nicht aus Gründen der Hygiene, der Haltbarkeit oder des Schutzes der Ware vor Beschädigung oder Verschmutzung für die Abgabe an den Endverbraucher erforderlich sind.	Verpackungen, die den Transport von Waren erleichtern, die Waren auf dem Transport vor Schäden bewahren oder die aus Gründen der Sicherheit des Transports verwendet werden und beim Vertreiber anfallen.

Rücknahmepflicht	Rücknahmepflicht	Rücknahmepflicht
Ja, sie entfällt aber bei Teilnahme an einem System, das eine regelmäßige Abholung gebrauchter **Verkaufsverpackungen** beim privaten Endverbraucher gewährleistet („Duales System").	Ja, Vertreiber, die Waren in Umverpackungen anbieten, sind verpflichtet, bei der Abgabe der Waren an Endverbraucher die **Umverpackungen** zu entfernen oder dem Endverbraucher in der Verkaufsstelle Gelegenheit zum Entfernen und zur unentgeltlichen Rückgabe der Umverpackung zu geben.	Ja, Hersteller und Vertreiber sind verpflichtet, **Transportverpackungen** zurückzunehmen. Die zurückgenommenen Transportverpackungen sind einer erneuten Verwendung oder einer stofflichen Verwertung zuzuführen, soweit dies technisch möglich und wirtschaftlich zumutbar ist.

– Umweltorientierte Verpackung

Gerade im Selbstbedienungshandel spielen Verpackungen eine wichtige Rolle, denn sie sind oft unverzichtbar. Ist der Inhalt jedoch aufgebraucht, sind sie überflüssig und lästig, weil sie entsorgt werden müssen. Unter den möglichen Verpackungsvarianten, welche den Ansprüchen des Marketings, des Produkt-Schutzes, der Logistik, der Convenience und natürlich auch der Wirtschaftlichkeit entsprechen, sollte die ökologisch verträglichste gewählt werden.

Die folgenden **Grundsätze** sind zu beachten, wenn man eine umweltorientierte Verpackung für seine Produkte sicherstellen möchte:

- Zur Schonung der Ressourcen geringstmöglicher Rohstoff- und Energieverbrauch *(Verpackung aus nachwachsenden Rohstoffen wie Holz, Maisstärke, Stroh)*,
- wenig Luft- und Wasserbelastung bei der Produktion, Distribution, Gebrauch und Entsorgung *(verstärkter Transport mit Schiff und Bahn)*,
- Gewichtsreduzierung zur Einsparung von Transportenergie *(Verzicht auf unnötige Mehrfachverpackung)*,
- Änderung der Packguteinheiten *(weitgehender Verzicht auf Portions- und Miniverpackungen)*,
- Reduzierung des Litterproblems *(Einführung des Dosenpfandes)*,
- Wiederverwendbarkeit *(Nachfüllflaschen und -packungen, Mehrwegflaschen)*,
- Wiederverwertbarkeit oder unproblematische Entsorgbarkeit *(Recyclingprodukte, abbaubare Kunststoffe)*.

Fallbeispiel **Umweltleitbild der Migros-Unternehmensgruppe (Schweiz)**

Der Schweizer Migros-Konzern formuliert seine Umweltaktivitäten in einem „Umweltleitbild" in dem es u. a. heißt: „Wir unterstützen wirksame Maßnahmen zur Verminderung der Umweltbelastung. Ziel unserer Umweltpolitik ist es, Produktion, Handel und Dienstleitung konsequent ökologisch auszurichten und auch als Wettbewerbsvorteil weiterzuentwickeln". Zu den Zielen und Maßnahmen bei der Verpackung gelten bei der Migros AG folgende Richtlinien:

Grundhaltungen
- Bei Massenverpackungen wird die Einführung von Mehrwegsystemen gefördert wo dies ökologisch sinnvoll und seitens der Logistik, der Kosten und des Kundennutzens tragbar ist.
- Kein Verpackungsmaterial kann grundsätzlich abgelehnt werden. Entscheidend ist die integrale ökologische Beurteilung eines Verpackungssystems (Verpackung und Logistik).

Ziele

- Gemäss unserem Verpackungs-Leitbild soll die Verpackung den Produkteschutz garantieren und ein Maximum an Effizienz auf den Stufen Produktion, Logistik, Verkauf, Konsum und Entsorgung erbringen, und zwar mit einem Minimum an ökologischer Belastung und ökonomischem Aufwand.
- Wir verfügen über aussagekräftige Daten zu Quantität und ökologischer Qualität der Verpackungen, die wir auf den Markt bringen.

Maßnahmen

- Jährlich wird eine Packmaterialstatistik erstellt.
- Als Instrument zur Beurteilung der Umweltbelastung unserer Verpackungen verwenden wir eine Ökobilanz, die sich auf offizielle, vom BUWAL (Bundesamt für Umwelt, Wald und Landschaft) publizierte Basisdaten abstützt.
- Wir fördern den Einsatz von rezyklierten Packstoffen wo dies möglich und ökologisch sinnvoll ist.
- Verpackungsmaterialien werden – wo möglich und sinnvoll – deklariert; sie tragen nötigenfalls Hinweise zur Entsorgung.
- Mehrfach- und Portionenpackungen bieten wir an, wenn ein klarer Kundennutzen vorhanden ist und der Verpackungsmehraufwand minimal und ökologisch vertretbar ist.
- Wir entwickeln Instrumente, die eine Beurteilung der Entwicklung der ökologischen Qualität der Gesamtheit unserer Verpackungen ermöglichen.

(Quelle: Pressestelle der Migros AG, Zürich)

2.5.3 Symbolische Eigenschaften

Es ist eine der zentralen Aufgaben des Marketings, die eigenen Produkte in einem Umfeld häufig ähnlicher oder gleichartiger Angebote im Gedächtnis des Konsumenten zu „verankern". Durch den Einsatz von **Symbolen** *(Zeichen, Zeichenketten, Bilder oder deren Kombination)* soll ein hoher **Wiedererkennungseffekt** generiert werden, der zum Kaufakt führt. Damit stellt die **Markierung** eines Produkts (Branding) ein **zentrales** Mittel der Produktgestaltung dar.

▶ Markenbegriff

Marken sind Kennzeichen für Waren oder Dienstleistungen eines Unternehmens und dienen zur Unterscheidung von Waren oder Dienstleistungen anderer Unternehmen. Erst durch die „Markierung" wird aus einem Produkt ein **Markenartikel.**

Markenschutz

Gesetzliche Grundlage zum Schutz einer Marke ist das **Markengesetz.**
Nationale Markenanmeldungen erfolgen beim **Deutschen Patent- und Markenamt** in München.

In der Jenaer Außenstelle des Deutschen Patent- und Markenamtes werden in mehr als 700.000 Hängemappen, die gestapelt einen Turm von 10 km Höhe ergeben würden, die geschützten Marken registriert. Der Markenschutz begann in Deutschland schon 1894. Als wertvollste deutsche Marke gilt „Mercedes" mit einem Markenwert von ca. 21 Mrd. €. Um die teuerste Marke der Welt „Coca-Cola" zu kaufen, müssten zz. über 70 Mrd. € bezahlt werden.

Durch Registrierung beim **Europäischen Markenamt** (Harmonisierungsamt für den Binnenmarkt) im spanischen Alicante gilt der Markenschutz innerhalb der Europäischen Union. Eine internationale Registrierung, die in etwa fünfzig Ländern der Welt anerkannt wird, ist bei der Weltorganisation für geistiges Eigentum (WIPO) in Genf möglich.

Die **Schutzdauer** beträgt in allen Fällen **zehn Jahre** und kann danach um jeweils zehn weitere Jahre verlängert werden. Durch das Zeichen ® (= registriert) wird eine Marke als geschützt gekennzeichnet.

Die folgende **Übersicht** zeigt die unterschiedlichen Elemente bzw. die Kombination dieser Elemente einer Marke (nach § 4 Abs.1 Marken-Gesetz), die dann zum Schutz angemeldet werden kann.

Markenelemente			
Element	**Beispiele**	**Element**	**Beispiele**
Wort / Wörter	Ariel, Nivea, Coca-Cola	**Grafik**	Mercedesstern, Adidasstreifen
Namen	Dr. Oetker, Bosch, Otto	**Bild**	Bär von Bärenmarke, Biber von OBI
Buchstaben	AEG, C&A, BMW, DHL	**Farben**	Lila für Milka, Rot-Gelb für Maggi
Slogan	„Wohnst Du noch, oder lebst Du schon?" (IKEA)	**Tonfolgen**	Intel-Pentium, T-online, Sparkasse
Zahlen	4711, 8x4, 1881	**Warenform**	Odol-Flasche, Coca-Cola-Flasche

Beispiel   für Markenzeichen

Merkmale und Nutzen einer Marke

Der **Markenartikel** ist ein Produkt, das die **Marke** des **Herstellers** trägt und folgende **Merkmale** aufweist:

- Markierte Fertigware,
- gleichbleibende oder verbesserte Qualität,
- gleichbleibende Mengen,
- gleichbleibende Aufmachung,
- überall erhältlich (Ubiquität),
- hoher Bekanntheitsgrad,
- Verbraucherwerbung.

Markenartikel bringen für Anbieter und Kunden **Vorteile**, die sich in dem in der folgenden Tabelle beschriebenen **Nutzenpotenzial** ausdrücken.

Markennutzen für	
Kunde	**Anbieter**
• Leichte Identifikation, • Orientierungshilfe, • Zeichen für Kompetenz und Sicherheit, • Qualitätsvermutung, • Image- und Prestigefunktion, • schafft Vertrauensbasis.	• Differenzierung und Profilierung gegenüber den Mitbewerbern, • Absatzförderung, • Präferenzbildung bei den Kunden, • Stärkung der Verhandlungsposition gegenüber dem Handel.

Markenführung

Von besonderer Bedeutung für den Hersteller ist der hohe **Wiedererkennungswert** einer Marke, der nicht zuletzt durch ständige Werbemaßnahmen gewährleistet wird. Es genügt nicht ein Produkt mit einem Namen oder Zeichen zu versehen. Marken werden gemacht, indem man sie zu einer **Markenpersönlichkeit** entwickelt. Dies ist Aufgabe des Marketings mithilfe einer effektiven **Markenführung**, die das Ziel verfolgt Marken stark, bekannt und erfolgreich zu machen. Dabei ist zu berücksichtigen, dass Marken ihr eigenes, unverwechselbares Image erhalten. Einem Käufer wird also neben dem rational fassbaren Produkt zusätzlich ein Erlebniswert offeriert, der sich an seinen Vorstellungen, Werten und Wünschen orientiert. Nicht die Marke, sondern die Vorstellung von der Marke prägt die Markenpersönlichkeit.

> **Beispiel** Die Marken Porsche und BMW stehen für Leistung, Sportlichkeit, Sicherheit und Prestige, während Opel trotz vielfacher Anstrengungen des Marketings („Frisches Denken für bessere Autos") in den letzten Jahren zu den Imageverlieren zählt („biederes Familienauto", „Opa-Auto").

Zu einer erfolgreichen Markenführung gehört es, dass der Kunde über **Schlüsselreize** bestimmte Produkte bzw. deren Eigenschaften assoziiert.

> **Beispiel** Die Farbe Lila wird mit Milka assoziiert; bei Sätzen wie „nicht immer, aber immer öfter" oder „Nichts ist unmöglich" denkt man sofort an Clausthaler bzw. Toyota. Bei der Komposition „Also sprach Zarathustra" denkt kaum noch jemand an den Komponisten Richard Strauss, sondern an Warsteiner Biere. Wenn man im Bereich der Unterhaltungselektronik von innovativen und qualitativ hochwertigen Produkten spricht, dann wird mit großer Wahrscheinlichkeit Sony assoziiert.

Je größer die Übereinstimmung zwischen kommunizierter Markenpersönlichkeit durch den Anbieter und wahrgenommener Markenpersönlichkeit durch den Nutzer ist, desto erfolgreicher wurde die Marke geführt und im Markt positioniert.

Marke und Marken-Bild

Damit die (geistige) Vorstellung von einer Marke beim Käufer eines Markenprodukts entstehen kann, müssen zur Generierung des gewünschten Marken-Bildes alle fünf Sinne angesprochen werden („Authentic-Branding"). Man kann sagen: "Marken erhalten ihren Sinn allein durch die Sinne". Die folgende Übersicht[1] zeigt, wie durch das Ansprechen der fünf Sinne bei der Produktgestaltung ein Marken-Bild in der Vorstellung des Kunden entstehen kann:

---

[1] Quelle: In Anlehnung an „Strategisches Markenmanagement", Frick & Partner GmbH, Zürich, 2003 (www.marketingkommunikation.ch)

Authentic Branding zur Schaffung eines Marken-Bildes		
Sinne	**Bedeutung**	**Beispiel**
Riechen (olfaktorisch) und **Schmecken** (gustatorisch)	Eine Marke zeigt besondere Energie in ihrem Duft und in ihrem Geschmack. Geruch und Geschmack sind wichtige Komponenten bei der Prägung einer unverwechselbaren Markenpersönlichkeit.	• Der typische Geruch von Kosmetik- und Pflegeprodukten *(NIVEA, Atrix)*, • der individuelle Geschmack eines Getränks *(Kaba, Fanta, Beck's Bier, Asbach Uralt)*.
Berühren (taktil)	Berühren ist sinnhaftdeutendes Erkennen. Die Reaktion auf Formen und Oberflächen fördert die Produktzufriedenheit.	• Verpackung der Underberg-Flasche, • Flauschigkeit eines Handtuches nach Benutzung eines Weich-spülers.
Hören (akustisch)	Mit Klängen verbundene Produkt-Markierung schafft Wahrnehmungszusammenhänge. Akustische Markenzeichen (Corporate Acoustics) werden zunehmend eingesetzt.	• Tonfolgen *(Intel, t-online)*, • gesungene Slogans oder Markennamen *(„wenn's um Geld geht Sparkasse", „ich will so bleiben wie ich bin – du darfst", „Nichts geht über Bären-Marke, Bären-Marke zum Kaffee!")*.
Sehen (visuell)	Die meisten Menschen bevorzugen bei der Informationsaufnahme Bilder. Als „Schlüsselbild" stellen sie den visuellen Extrakt der Produktbotschaft dar.	• Markenzeichen *(Shell-Muschel, Lacoste-Krokodil, Mercedes-Stern)*, • Produktfarbe *(Rot für Coca-Cola, Vodafone, Ferrari; Blau für HP, IBM, Pepsi)*, • Fotos *(Cowboy von Marlboro, Kindergesicht bei Brandt-Zwieback)*.

Wahl des Markennamens (Branding)

Der **zentrale** Bestandteil einer Markierung ist der **Markenname** und stellt für ein Produkt das wichtigste Erkennungsmerkmal dar.

Der Markenname ist der verbale Teil einer Markierung und gibt oftmals Hinweise auf Funktion und Einsatzbereich des Produkts. Der Name kann aber auch Hinweise auf die anzusprechende Zielgruppe und das ins Auge gefasste Marktsegment geben *(Hochwertiger Kugelschreiber „Diplomat" für anspruchsvolle Kunden, die etwas Besonderes haben wollen)*.

Bei der **Konzeption** des Namens sollten folgende Gestaltungsaspekte Beachtung finden:

1. Vermittlung des Produktnutzens →
- Nesquick (schnell lösliches Kakaopulver)
- Mildessa (mildes Sauerkraut)
- Bellfrutta (Qualitätskonfitüre)
- Knirps (kleiner Taschenschirm)
- Du darfst (kalorienreduzierte Lebensmittel)

2. Positives Produktimage →
- Sanostol (Gesundheit),
- Securitas (Sicherheit)
- Smart (klein und pfiffig)

3. Verwendung sofort erkennbar →
- Leicht & Cross (Knabberartikel)
- Meister Proper (Reinigungsmittel)
- Bruzzler (Grillwurst)

4. Leicht einprägsam und einfach auszusprechen →
- Golf (PKW)
- Ariel (Waschmittel)
- Puma (Sportschuhe)

5. Produkttypisch →
- TV-Movie (Fernsehzeitung)
- Süßer Moment (Pudding)
- Blend-a-med (Zahnpasta)

Typologien von Markennamen

Die verschiedenen **Markennamen** lassen sich in vier **Kategorien** einteilen:

- Eigennamen
- beschreibende Namen
- assoziative Namen
- artifizielle Namen

– Eigennamen

Wenn Marken einen **Eigennamen** tragen, handelt es sich meist um Produkte aus der frühen Industrialisierungsphase. Damals war es üblich Erfinder- oder Herstellernamen zur Markierung zu verwenden *(Daimler, Ford, Siemens, Maggi, Knorr)*. Es gibt auch eine Reihe von Produkten, die nach historischen Persönlichkeiten (oft aus der Mythologie) benannt sind. Deren Eigenschaften und Besonderheiten sollen vor allem den emotionalen Nutzen der Produkte verdeutlichen *(Nike, Siegesgöttin der Griechen für Sportartikel; Anaïs Anaïs, das Parfum von Cacharel, ist nach der persischen Liebesgöttin benannt und das Katzenfutter SHEBA erinnert an die als Katzenliebhaberin bekannte Königin von Saba (engl. = Sheba)).*

– beschreibende Namen

Sie geben **konkret** über das Produkt oder die Produktleistung Auskunft. Dazu zählen z. B. Klare Fleischsuppe, Schokomüsli, der Kaffee Frische Ernte, die Küchenrolle Dick & Durstig oder die Pflegeprodukte Wash&Go und Head & Shoulders. Der große Vorteil beschreibender Namen besteht darin, dass sofort der Verwendungszweck des Produkts über die Marke erkennbar ist. Deutsche beschreibende Namen sind allerdings auf internationalen Märkten kaum verständlich. Weitere Nachteile bestehen darin, dass ihr Schutz oft problematisch ist und Nachahmerprodukte mit ähnlichen Namen auf dem Markt positioniert werden können *(nach „Fruchtzauber" folgt vom Mitbewerber „Früchtetraum")*.

– assoziative Namen

Sie sollen mehr oder weniger direkt das **Produktkonzept** vermitteln, ohne kommunikative Maßnahmen ergreifen zu müssen. Die Produktbotschaft ist im Namen enthalten, ohne sie unmittelbar zu beschreiben, d. h. der Konsument verbindet über den Namen bestimmte Eigenschaften mit dem Produkt.

Bekannte Beispiele sind Weißer Riese, Schauma, Cool Water, BONAQA, Aquarel oder aus dem PKW-Bereich Jaguar und Viper.

Aber auch der Mobilfunkanbieter O_2 will mit dem chemischen Zeichen für Sauerstoff als Marke Assoziationen wecken („O_2 – unser Name ist Programm. Denn O_2 ist das Zeichen für Sauerstoff, ein äußerst aktives Element. So verstehen auch wir unsere Aufgabe: als der aktive Partner im Bereich der mobilen Kommunikation. Technologisch, wirtschaftlich und gesellschaftlich." Quelle: www.o2online.de).

Ein **Problem** assoziativer Namen besteht aber darin, wenn ein Mitbewerber einen Namen aus demselben Assoziationsbereich wählt: Sowohl im Markennamen des Tafelwassers „BONAQA" der Coca-Cola Company, als auch bei dem später auf dem Markt angebotenen Konkurrenzprodukt „Aquarel" von Nestlè wird das lateinische Wort für Wasser „aqua" assoziiert. So können Marken relativ leicht imitiert und von den Verbrauchern verwechselt werden.

– artifizielle Namen

Es handelt sich dabei um frei erfundene reine **Kunstnamen**, die weder eine offensichtliche noch versteckte Bedeutung haben. Zu solch bedeutungsleeren Markenbezeichnungen zählen Zafira, Yaris, Arcor, Kitkat und Sensodyne. Ohne erklärenden Zusatz wie Auto, Mobilfunkanbieter, Riegelprodukt oder Zahnpasta, wüsste allerdings niemand, worum es sich bei diesen Marken handelt. Der große Vorteil artifizieller Namen gegenüber anderen Namenstypologien besteht darin, dass sie nur schwer mit anderen Namen zu verwechseln sind; außerdem ist die Nachahmung erschwert und sie sind gut schützbar. Von ebenso großer Bedeutung ist, dass artifizielle Namen auch international einsetzbar sind, was in Zeiten zunehmender Internationalisierung unverzichtbar ist.

▶ Markenpolitik

Damit Marken stark werden und bleiben, müssen sie sich entwickeln können und gepflegt werden. Dazu bedarf es einer strategischen Markenführung durch das Unternehmen. Der **Markenwert** eines Unternehmens und seiner Produkte und Leistungen wird von immer mehr Unternehmen als **werttreibender** Faktor erkannt.

Markenführung und Positionierung am Markt ist eine **strategische** Aufgabe, weil auf dieser Grundlage preis-, distributions- und kommunikationspolitische Konzepte aufbauen. Wer sein Unternehmen konsequent kunden- und wettbewerbsorientiert aufstellt, der kommt ohne eine profilierte Markenpolitik nicht aus.

Abb. Marken der Beiersdorf AG (Quelle: Geschäftsbericht Beiersdorf AG, 2004)

■ Markenstrategische Optionen

Zum Nutzen einer Marke für den Anbieter gehört nicht nur der Aufbau einer dauerhaften Kundenbindung und eine den Absatz fördernde Wirkung, sondern vor allem die Möglichkeit einer differenzierten **Marktbearbeitung**. Dazu stehen einem Unternehmen eine Reihe von **strategischen Optionen** zur Verfügung[1].

---

[1] In Anlehnung an Meffert, 2003, S. 856 ff.

 **Einzelmarkenstrategie**

Für jedes Produkt wird eine eigene Marke generiert, die jeweils nur ein Marktsegment besetzt. Jede Marke erhält eine eigene „Persönlichkeit" und ist auf dem entsprechenden Markt der Unternehmensrepräsentant.

Beispiel	Produkte der Firma Henkel ...

... zum Waschen:	Persil (Vollwaschmittel), dato (Gardinenwaschmittel), fewa (Feinwaschmittel);
... zum Reinigen:	Der General (Allzweck-Reiniger), biff (Bad-Reiniger), Sidolin (Glasreiniger);
... zum Spülen:	Pril (zum Handspülen), Somat (für die Spülmaschine).

Vorteile	Nachteile
• Jede Marke erhält ein unverwechselbares Profil und Image, • bestmögliche Abstimmung zwischen Kundenbedürfnis und Produktnutzen, • leichte Markenführung, da auf andere Marken des gleichen Absenders keine Rücksicht genommen werden muss, • geringe Gefahr negativer Ausstrahlungseffekte.	• Während des gesamten Lebenszyklusses trägt das Produkt alleine die Marketingkosten, • keine Unterstützung durch benachbarte Marken, daher auch keine Synergieeffekte, • wird die Marke zum Gattungsbegriff, kann dies zur Folge haben, dass sie als eigenständige Marke nicht mehr wahrgenommen wird *(Tempo = Papiertaschentuch, Tesa = Klebeband)*.

 **Mehrmarkenstrategie**

Innerhalb eines Produktsegments werden zwei und mehr Marken nebeneinander geführt. Bei der **Mehrmarkenstrategie** findet der Wettbewerb gewissermaßen „im eigenen Haus" statt.

Beispiel	• Margarinesortiment von Unilever: Rama, Sanella, Lätta, Du darfst und Becel, • Schokoriegelprodukte von Masterfoods: Mars, Twix, Snickers, Milky Way und Bounty; • Weinbrandmarken von Eckes: Attaché, Chantrè, Mariacron, Stock V.S.O.P., Bouchet.

Vorteile	Nachteile
• Bessere Marktausschöpfung, • Markenwechsler werden durch differenziertes Produktangebot im Unternehmen gebunden, • erhöhte Markteintrittsbarrieren dank einer breiten Regalflächenabdeckung, • durch Einführung einer preisaggressiven „Kampfmarke" Schutz der übrigen Produkte.	• Unter Umständen keine ausreichende Unternehmensressourcen (personell, finanziell) zur mehrfachen und gleichzeitigen Markenführung und -pflege, • Gefahr der Übersegmentierung (zu viele kleine Teilmärkte mit zu wenig Kaufkraftpotenzial), • Kannibalisierung der eigenen Einzelmarken durch eine gegenseitige Substitution der Marktanteile.

 Markenfamilienstrategie

Bei dieser Strategie, die auch als **Rangemarkenstrategie** bezeichnet wird, werden mehrere verwandte Produkte unter einer Marke ohne einen direkten Bezug zum Namen des Gesamtunternehmens geführt. Die einzelnen Markenfamilien stehen nebeneinander. Die einzelnen Produkte der jeweiligen Range sollten in allen Ausprägungen und Versionen über ein gleichwertiges Qualitätsniveau verfügen und das gleiche Nutzenversprechen der Markenfamilie erfüllen *(Nivea = Pflege und Milde)*.

Beispiel

- Die Produktlinie „Nivea" umfasst: Nivea-Creme (Allzweckcreme), Nivea Visage (Gesichtspflege), Nivea Beauté (dekorative Kosmetik), Nivea Hair Care (Haarpflege und Haarstyling), Nivea Body (Körperpflege), Nivea Sun (Sonnenpflege), Nivea Men (Männerpflege), Nivea Hand (Handpflege), Nivea Deodorant (Anti-Transpirant), Nivea Vital (Pflege für die reife Haut), Nivea Bath Care (Körperreinigung).

- Im Zeitschriftenbereich wurde vom Axel Springer Verlag die Bildzeitung konsequent zu einer Rangemarke ausgebaut. Neben den „Klassikern" Bild und Bild am Sonntag, gibt der Verlag eine Reihe sehr stark zielgruppenorientierter „Bildzeitungen" heraus: Bildwoche (wöchentliche Programmzeitschrift und Freizeit-Illustrierte), Sport-Bild (wöchentliche Sportzeitschrift), Auto-Bild (Wochenzeitschrift „rund ums Auto"), Bild der Frau (wöchentliche Frauenzeitschrift), Computer-Bild (vierzehntägige Computerzeitschrift) und Computer Bild Spiele (Zeitschrift für die Fans von PC- und Konsolenspiele).

Vorteile	Nachteile
• Gegenseitige Stärkung der Marken („Familienbande"), • geringeres Floprisiko, • Übertragung des Markenimages auf neue Produkte, • Verjüngung der Muttermarke möglich durch Arrondierung neuer Varianten, • Kostenvorteile der Markenbildung bei Nutzung von Synergien, • Starthilfe für neue Produkte (Good-Will).	• Gefahr einer „Markenverzettelung" durch zu viele Einzelmarken innerhalb der Familie, dadurch kann das gesamte Markenprofil beim Konsumenten unscharf werden, • der Markenkern *(Pflege, Unterhaltung)* setzt Innovationen Grenzen, • entspricht ein neues Produkt nicht dem der Range adäquaten Markenbild, kann es zu negativen Auswirkungen auf die ganze Produktfamilie kommen (Bad-Will-Transfer).

 Dachmarkenstrategie

Sämtliche Produkte eines Unternehmens sind unter **einer** Marke zusammengefasst, das bedeutet: der **Firmenname** wird zur **Marke** *(BMW, Microsoft, Boss, Lagnese, Bosch)*. Diese Strategie wird dann bevorzugt, wenn das Angebot an Produkten oder Dienstleistungen sehr vielfältig ist.

Beispiel   Unter der Firmenmarke Dr. Oetker werden ca. 400 verschiedene Produkte angeboten. In der Produktgruppe Pizza kann der Kunde unter fast 40 verschiedenen Sorten wählen.

Die mit der Marke verbundene Nutzenerwartung und die vom Kunden damit verbundene Kompetenz muss von allen Produkten und Leistungen der Dachmarke gewährleistet werden. Bei Dienstleistungsmarken stellen ca. 80 % Dachmarken dar *(Deutsche Bank, Allianz, Ibis-Hotels, UPS).*

Vorteile	Nachteile
• Ansprache neuer Zielgruppen durch Marktausweitung (brand extension), • alle Produkte tragen zur Profilierung der Dachmarke bei, • Zusammenfassung von Produkten mit niedrigem Marktvolumen, • Senkung des Floprisikos bei Neueinführung, • Aktualisierung des Firmenimages durch innovative Neuprodukte (Imagetransfer), • hohe Akzeptanz im Handel.	• Eindeutige Markenprofilierung wird erschwert, • zwischen einzelnen Artikeln kann es zu negativen Ausstrahlungseffekten kommen, • hoher Koordinationsbedarf, • Gefahr der Markenerosion, wenn Konsumenten den Kompetenzanspruch des Gesamtunternehmens nicht mehr für alle Marken akzeptieren.

2.5.4 Zusatzleistungen (Value-Added-Service)

▶ **Zusatzleistungen bei materiellen Produkten (Sachgüter)**

Damit ein neues Produkt sich beim Konsumenten als einzigartig präsentieren kann, ist es bei der in vielen Fällen stetig zunehmenden Homogenisierung – vor allem im Bereich der technischen Produkteigenschaften – notwendig Instrumente und Maßnahmen zu entwickeln, um sich vom Konkurrenten zu unterscheiden und eigenständig zu profilieren. Eine Möglichkeit um **Wettbewerbsvorteile** zu erreichen, ist das Schaffen eines für die Konsumenten nachvollziehbaren und akzeptierten **Mehrwertes**, der über die originären Eigenschaften des Produkts hinausgeht, d. h. die **Kernleistung** des Produkts wird durch die **Zusatzleistungen wertsteigernd** angereichert. Die Gewährung der Zusatzdienste kann kostenlos (im Kaufpreis eingeschlossen) oder kostenpflichtig sein.

Beispiel	• Gewährung eines Vor-Ort-Reparaturservice beim Computerkauf, • Stellung eines Ersatzgerätes, wenn Reparatur vor Ort nicht möglich, • Mobilitätsgarantie bei PKW's, • Hotline bei Problemen bei der Nutzung des Produkts *(Mobilfunkgeräte, Drucker),* • Ersatzteillieferung innerhalb 24 Stunden.

Sind im Kaufpreis Zusatzleistungen eingeschlossen, vergrößert sich nicht nur die Chance auf Nachfrage, sondern es wird in vielen Fällen zu einer Erhöhung der Kundenzufriedenheit und einer verstärkten Kundenbindung kommen.

Immer mehr Unternehmen nutzen das **Internet**, um **Zusatzleistungen** für ihre Produkte oder Leistungen anzubieten. Da die Nutzung dieser Angebote nicht an den Kauf des Produkts gebunden ist (Ausnahme bei geschütztem Zugang über Passwort), kann das Angebot von jedermann genutzt werden. Weit verbreitet sind **Ratgeber**, die entweder direkt zu den Produkten Informationen liefern, aber auch zunehmend auf Fragen und Probleme der „Produkt-Nutzer" eingehen. Diese Angebote sind in erster Linie unter dem Aspekt der **Imageverbesserung** zu sehen.

Beispiel   Ausschnitt aus dem Internetangebot von Nestlé-Alete, der nicht unmittelbar mit der Ernährung von Babys und Kleinkindern zu tun hat *(Quelle: www.alete.de, 2004)*.

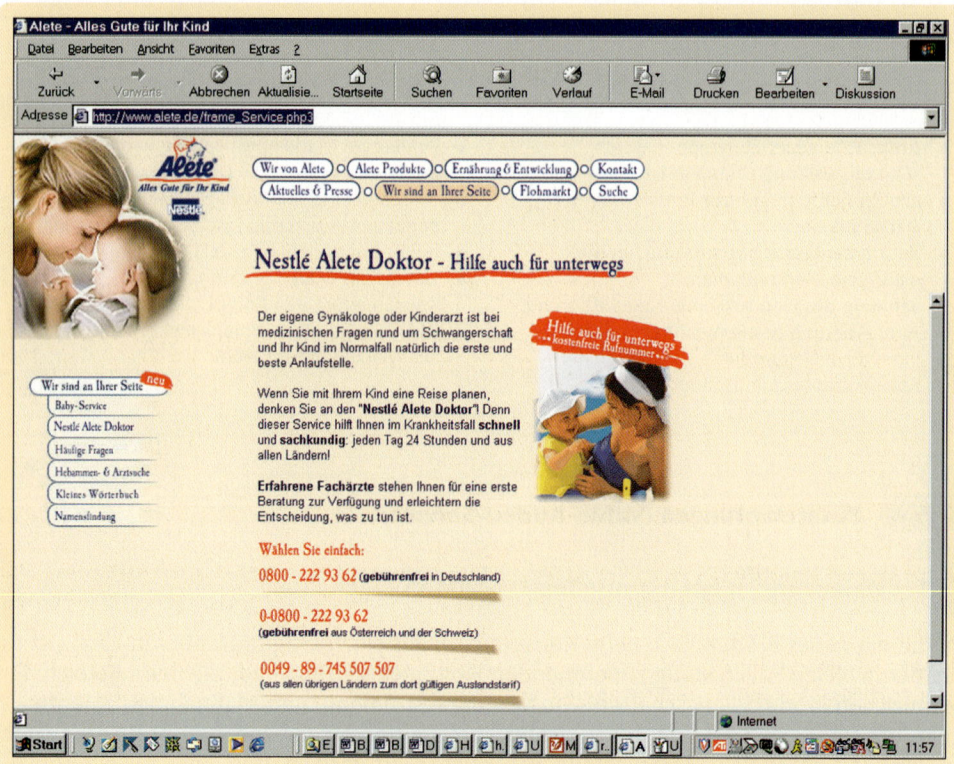

▶ Zusatzleistungen bei immateriellen Produkten (Dienstleistungen)

Wie im Sachgüterbereich, können auch bei **Dienstleistungen** ergänzende **Zusatzleistungen** angeboten werden. Auch hier wird durch sie die Hauptleistung des Anbieters aufgewertet und kann zum entscheidenden Kriterium bei der Wahl eines Interessenten werden. Da **Dienstleistungen** als **immaterielle Produkte** nicht „greifbar" und „fassbar" sind, ist es von grundsätzlicher Bedeutung zwischen Anbieter und Kunde ein enges **Vertrauensverhältnis** aufzubauen. Dies geschieht vor allem durch personale Beziehungen, aber auch Name und Image des Anbieters sowie das „Ambiente" (Raum, Einrichtung und Ausstattung) in denen die Dienstleistung angeboten wird, sind qualitätsstiftende Merkmale.

Fallbeispiel   Mehrwert durch mehr Leistung!

Unternehmen, die in der Fort- und Weiterbildung tätig sind, sehen sich einem immer stärker werdenden Wettbewerb ausgesetzt. Monopolstellungen, wie die der Volkshochschulen in den vergangenen Jahrzehnten, gibt es nicht mehr.

Das Beispiel soll zeigen, wie neben dem Angebot der Hauptleistung „Existenzgründung-ich mache mich selbstständig" zusätzliche Leistungen zu einem Wettbewerbsvorteil gegenüber anderen Bildungsträgern führen:

2.6 Programm- und Sortimentspolitik

Das **Produktprogramm** (Industriebetrieb) oder **Sortiment** (Handelsbetrieb) umfasst alle Produkte / Waren sowie sämtliche Dienst- und Zusatzleistungen, die ein Unternehmen auf seinen Märkten anbietet. Programm- und sortimentspolitische Entscheidungen beinhalten alle **Maßnahmen**, die sich mit der Zusammensetzung, Überprüfung und Veränderungen des unternehmerischen Leistungsgebotes beschäftigen.

2.6.1 Produktprogramm im Industriebetrieb

Mit seinem Programm präsentiert sich ein Unternehmen am Markt. Aufbau und Struktur bestimmen wesentlich mit, ob ein Kunde seine Kaufentscheidung zugunsten dieses Unternehmens fällt.

▶ **Programmaufbau**

Das **Produktprogramm** zeigt in seinem Aufbau die strukturierte Gesamtheit aller Produkte eines Unternehmens. Das Leistungsangebot kann nicht nur Erzeugnisse aus Eigen- oder Fremdfertigung umfassen, sondern auch das Anbieten von Dienstleistungen gehört dazu. Die umseitige Abbildung zeigt den hierarchischen Aufbau des Produktprogramms bei einem Automobilhersteller.

Die **kleinste Einheit** im Programmaufbau stellt die **Produktvariante** dar, die als konkretes Einzelprodukt dem Käufer angeboten wird.

Mehrere Varianten werden zu **Produkttypen** zusammengefasst. Sie bilden eine **Produktgruppe**, die häufig unter einem für alle Typen und Varianten gemeinsamen Namen kommuniziert wird *(Marken der Volkswagengruppe)*.

Produktgruppen, die sich in Nutzung, Funktion und Zielgruppe ähneln, bilden eine **Produktlinie**.

Bei der Volkswagen AG sind dies die Personenkraftwagen, bei einem Mischkonzern wie Procter & Gamble u. a. die Produktlinie Lebensmittel und Getränke. Alle Produktlinien zusammen bilden das **Gesamtprogramm** des Unternehmens.

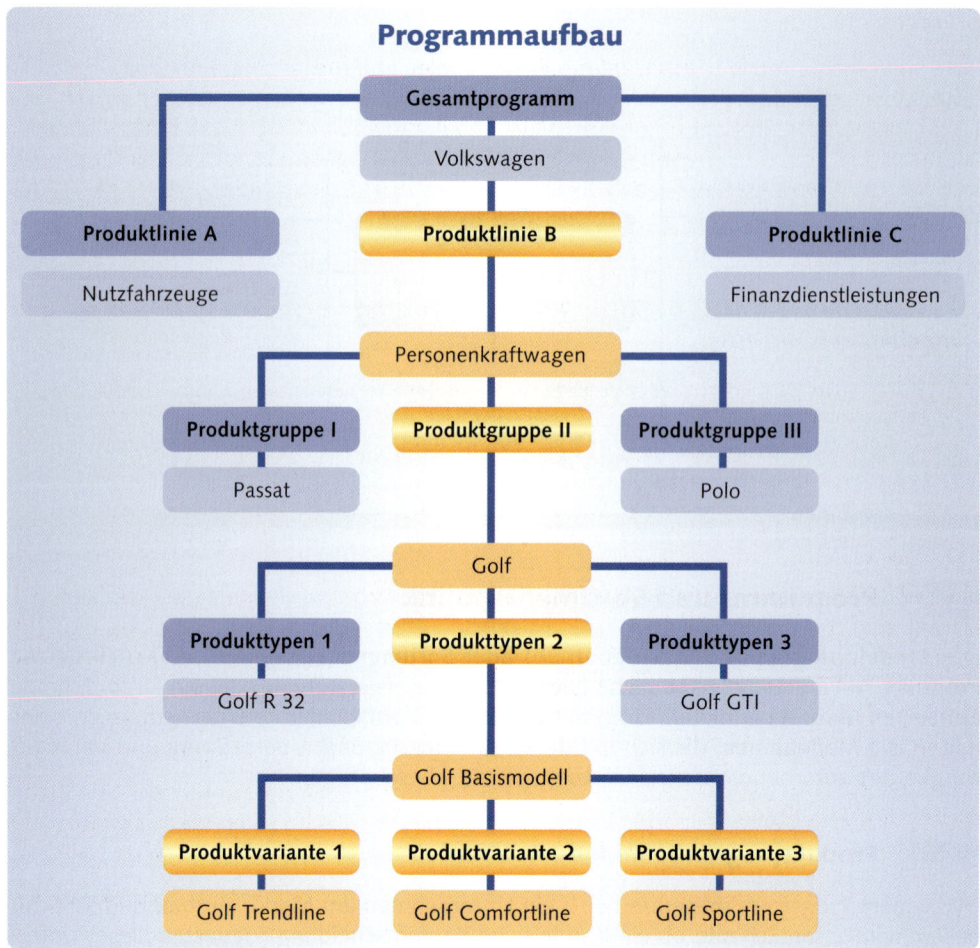

Produktlinie

Die **Bildung** von Produktlinien orientiert sich zunehmend an den **Bedürfnissen** der Kunden. Bei einer solchen kundenorientierten Programmausrichtung werden Produkte zusammengefasst, die der Kunde in einem Verwendungszusammenhang sieht.

Die Unternehmen bilden sogenannte **„Categories"** (Warengruppen), die aus sehr unterschiedlichen Produkten bestehen können.

> **Beispiel**
> - Angebote der Firma Hewlett-Packard zur digitalen Fotografie *(PC, Drucker, Scanner, Kameras, Bearbeitungssoftware)*.
> - Unter dem Stichwort „Kaffeegenuss" bietet Melitta Kaffeepulver, Filtertüten und Kaffeemaschinen an.
> - Von der Gillette Company Rasierer für die Nassrasur, Klingen, Pflegeprodukte *(Rasiergels und -schäume, Lotion, Duftwasser, Deodorants)*.

▶ Programmgestaltung

Die **Gestaltung** des Produktprogramms erfolgt vornehmlich unter den **drei** Gesichtspunkten **Programmbreite**, **Programmtiefe** und **Programmart**.

Programmbreite

Die **Programmbreite** gibt die **Anzahl** der **Produktlinien** im Produktprogramm an. Ein Unternehmen wie der japanische YAMAHA-Konzern ist ein Beispiel für Unternehmen mit einem sehr breiten Produktprogramm (Motorräder, Roller, Bootsmotoren, Schlauchboote, Stromgeneratoren, Musikinstrumente, Musikschule, Audiogeräte für private Nutzung und professionelle Musikproduktionen, Hard- und Software). Eine andere Strategie ist die Konzentration auf eine oder wenige Produktlinien (Eierlikör Verpoorten).

Programmtiefe

Die Programmtiefe gibt Auskunft zur **Anzahl** der einzelnen **Produktgruppen, -typen und -varianten.**

Beispiel
- Der Eierlikörhersteller Verpoorten bietet sein Produkt in sieben verschiedenen Flaschengrößen an,
- das Waschmittel Persil gibt es in elf unterschiedlichen Produktvarianten,
- der VW-Passat wird in sieben Ausstattungslinien und fünf Sondermodellen angeboten. Es kann unter zwölf Benzin- und sieben Dieselmotoren gewählt werden.

Die folgende Abbildung stellt **Breite** und **Tiefe** beispielhaft dar. Die Zahl der Produktlinien beträgt acht. Bei der Produktlinie „✩" liegt eine tiefe Gliederung vor, da dieses Produkt in fünf verschiedenen Varianten angeboten wird. Anders bei der Produktlinie „⇧", dort kann man nur zwischen zwei Varianten wählen.
Würde ein Unternehmen nur die Produktlinie „⇧" anbieten, spräche man von einem schmalen Produktprogramm.

Grundsätzlich gilt, dass mit zunehmender Programmtiefe die Vollständigkeit des Angebots zunimmt, während eine größere Programmbreite sich minimierend auf das unternehmerische Risiko auswirkt.

Ob ein Produktprogramm „breit", „tief", „schmal" oder „flach" ist, hängt von den in der Branche üblichen Definitionen ab.

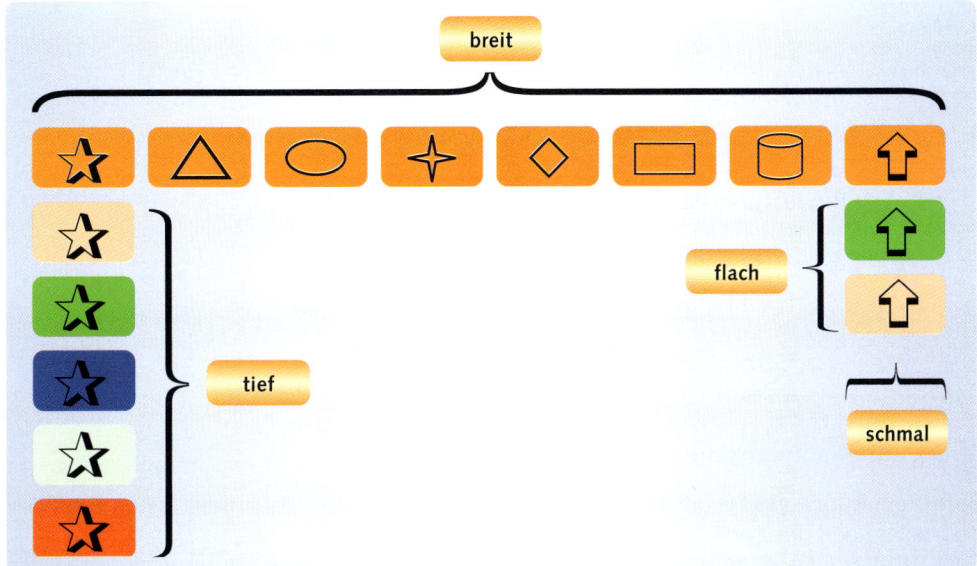

Abb. Programmdimensionen

▬ Programmart

In der Programmart zeigen sich die Intentionen, die das Unternehmen bei der Gestaltung seines Produktprogramms leiten. Dabei können z. B. folgende **Einflussgrößen** wirksam geworden sein:

- **Herkunftsorientierung:** Material und materielle Eigenschaften bestimmen die Programmzusammenstellung *(Textilien aus Naturfasern oder Chemiefasern)*.
- **Preislage:** Das angestrebte Preisniveau bestimmt die Angebotsausrichtung *(Niedrigpreis- oder Premiumprodukte bei Kaffee)*.
- **Nutzung privat oder gewerblich:** Das Programm eignet sich z. B. für Heimwerker oder Handwerker *(Bohrmaschinen, Sägen und Schleifer)*.
- **Grad der Selbstverkäuflichkeit:** Das Programm richtet sich danach aus, wie intensiv Bedienung und Beratung notwendig sind *(SB-fähige Artikel)*.
- **Kundengruppe:** Das Programm wird nach der ins Auge gefassten Zielgruppe ausgerichtet *(Alter, Geschlecht, Kaufkraft)*.

2.6.2 Sortimentsbildung im Handelsbetrieb

Die Beschreibung von Sortimenten kann über die **Zahl** der geführten Wareneinheiten und die **Verschiedenartigkeit** der **Waren** erfolgen.

▶ Sortimentsebenen

Der Aufbau eines Sortiments ergibt sich einerseits durch die **Sortimentsgliederung** in Warengruppen, Artikel, Warenarten und Sorten. Andererseits erfolgt eine weitere Differenzierung durch die **Anzahl** der verschiedenen Warengruppen, Artikel und Sorten, die zunimmt, je weiter nach unten gegliedert wird **(Sortimentspyramide)**. Das Schaubild zeigt, wie bestimmte Sorten im Sortimentsaufbau verankert sind. Die **Sorte** stellt die unterste Ebene der Sortimentspyramide dar und ist damit die kleinste Einheit innerhalb des Sortiments. Der Kunde kommt mit ihr unmittelbar in Kontakt und daher prägt sie entscheidend sein Bild vom Unternehmen und dessen Warenangebot.

Abb. *Sortimentspyramide*

▶ Sortimentsdimensionen

Betritt ein Kunde ein Einzelhandelsgeschäft, wird er es häufig nach dem ersten Eindruck beurteilen, den das Sortiment auf ihn gemacht hat.
Sein Bild vom Warenangebot wird beim Kunden in besonderem Maß von der **Zahl** der verschiedenen **Artikel** und **Sorten** geprägt.

Die **Breite** eines Sortiments wird durch das Angebot an unterschiedlichen Kaufmöglich-keiten gekennzeichnet. Sie reicht von einer bzw. wenigen Warengruppen **(schmales Sortiment)** bis zu vielen Warengruppen **(breites Sortiment)**.

Das Angebot an **alternativen** Kaufmöglichkeiten gibt die **Tiefe** eines Sortiments an und be-stimmt damit die Auswahl innerhalb einer Warengruppe, einer Warenart oder eines Artikels. Ist die Zahl der Artikel und Sorten gering, spricht man von einem **flachen Sortiment**; bie-tet sich dem Kunden eine große Auswahl, dann handelt es sich um ein **tiefes Sortiment**.

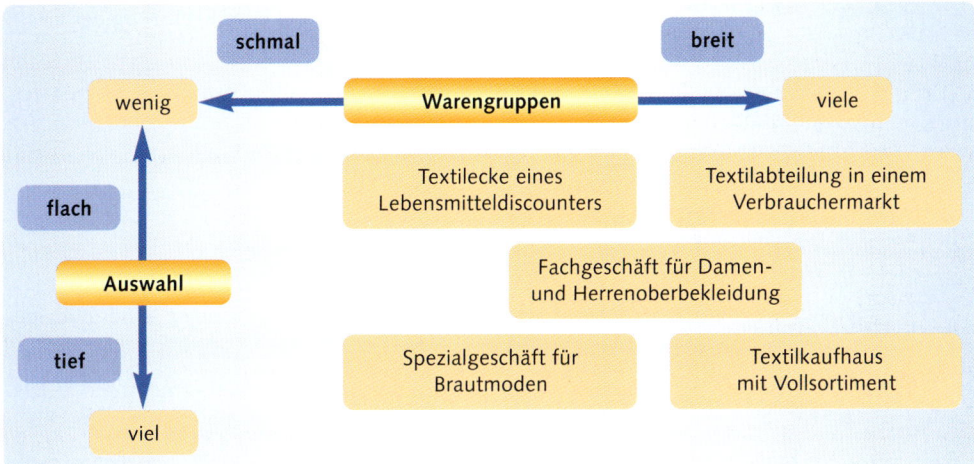

Abb. *Positionierung von Betriebsformen nach der Sortimentsdimension*

▶ Sortimentsstrukturen

Die **Sortimentsstruktur** gibt darüber Auskunft, welche **Bedeutung** bestimmte Waren-gruppen, Warenarten und Artikel für den **Gesamtumsatz** haben, und wie lange ihre **Ver-weildauer** im Sortiment ist.

Präsenzsortiment: Artikel, die ständig im Verkaufsraum angeboten werden (Verkaufssortiment) oder sich im Lager befinden (Lagersortiment).

Randsortiment:	**Kernsortiment:**
Selten verlangte Waren sowohl aus dem Kern-, als auch dem Zusatzsortiment, z. B.: Sondergrößen bei Textilien, Brillantbesetzte Armbanduhr.	Es besteht aus allen Waren, die angeboten werden müssen, damit das Geschäft von den Kunden überhaupt angenommen wird. Die Artikel des Kernsortiments werden unabhängig von Saisoneinflüssen das ganze Jahr über den Kunden angeboten. Mit dem Kernsortiment wird der Hauptumsatz des Unternehmens erzielt. **Beispiel:** Lebensmittel, Textilien, Schuhe, Möbel.
	Zusatzsortiment: Ergänzung des Kernsortiments, z. B.: Lebensmittel → Feinkost (Aufwertung) Lebensmittel → Schreibwaren (Erweiterung)

Saisonsortiment:	**Aktionssortiment:**
Waren, die zu bestimmten Jahreszeiten angeboten werden *(Osterhasen, Lebkuchen, Skibekleidung, Schultüten).*	Waren, die bei Verkaufsaktionen angeboten werden *(italienische Spezialitäten anlässlich einer Italienischen Woche).*

Abb. *Sortimentsteile*

Aufgaben und Übungen

1 Zeigen Sie am Beispiel eines Autoherstellers, wie er die vier klassischen Marketinginstrumente im Rahmen seiner Absatzpolitik einsetzen kann.

2 Worin besteht das Hauptziel im Beziehungsmarketing?

3 Beschreiben Sie die Instrumente des Beziehungsmarketings anhand eines Beispieles aus dem Handelsbereich.

4 Worin sehen Sie die Ursachen für eine Weiterentwicklung bzw. Ergänzung der klassischen vier Marketinginstrumente in den letzten 30 Jahren?

5 Beschreiben Sie für die folgenden Produkte den Grund- und möglichen Zusatznutzen:
a) Motorrad
b) Studienreise
c) Lebensversicherung
d) DVD-Redorder
e) Designer-Anzug
f) Skikurs.

6 Erläutern Sie den Unterschied zwischen Convenience goods, Shopping goods und Speciality goods anhand von drei Beispielen Ihrer Wahl.

7 Beschreiben Sie mithilfe von Ihnen bekannten Beispielen die unternehmerischen Zielsetzungen, die man durch Produktinnovationen und Produktvariationen erreichen möchte.

8 Ein führender Hersteller für Gesundheits- und Bequemschuhe stellt u. a. Winterstiefel her. Ihnen als dem verantwortlichen Produktmanager wird die Aufgabe übertragen einen Sicherheitsschuh zu entwickeln, damit vor allem ältere Menschen möglichst gefahrlos bei Eis und Schnee auf die Straße gehen können. – Machen Sie mithilfe eines Ihnen bekannten Ideenfindungsverfahrens einen Produktvorschlag.

9 Fast jedes Unternehmen betreibt Diversifikation.
a) Was ist darunter zu verstehen?
b) Unterscheiden Sie die verschiedenen Arten der Diversifikation.
c) Welche Ziele verfolgen Unternehmen mit der Diversifikation?

10 Ein Unternehmen hat sich bei der Einführung eines neuen Produkts für die „First-to-Market" Strategie entschieden. – Welche Vor- und Nachteile sind mit dieser Strategie verbunden?

11 Erläutern Sie vier mögliche Gründe für Fehlschläge bei einer Einführung eines neuen Produkts.

12 Welche Strategie soll mit „Mass-Customization" verfolgt werden?

13 Beschreiben Sie die fünf Phasen des Produktlebenszyklusses und zeigen Sie dabei mögliche Schwachstellen dieses Modells auf.

14 Mit welchem Instrumentarium des Marketingmix können die verschiedenen Phasen des Produktlebenszyklusses beeinflusst werden?

15 Ein Hersteller von Tierfutter bietet seit mehr als 15 Jahren sein Katzen-Trockenfutter „Cat-Smack" an. In den letzten Jahren fiel dessen Marktanteil aufgrund eines starken Umsatzrückganges von einstmals 8 % auf jetzt noch 3 %. Seit zwei Jahren ist allerdings das verbesserte Nachfolgeprodukt „Cat's friend" auf dem Markt und hat dort einen Marktanteil von knapp 2 % erreicht. – Die Unternehmensleitung möchte vom verantwortlichen Produktmanager wissen, warum er sich bis jetzt noch zu keiner Elimination von „Cat-Smack" entscheiden konnte.

a) Welche Gründe kann der Produktmanager für sein Verhalten anführen?

b) Welche Indikatoren sprechen im Allgemeinen für eine Produktelimination?

c) Mit welchen Nachteilen hat ein Unternehmen zu rechnen, wenn eine Produktelimination zu lange hinausgezögert wird?

16 Für ein Waschmittel ist eine neue Verpackung geplant. Welche Basis- und Zusatzfunktionen sind dabei zu beachten?

17 Zeigen Sie an drei Beispielen, wie durch die Wahl von Form und Material eine bestimmte Anmutung bei einer Produktneuentwicklung erreicht werden kann.

18 Wie gelingt es Markenartikelherstellern über das Design ihrer Erzeugnisse eine Produktbotschaft zu kommunizieren? Nennen Sie Beispiele!

19 Zeigen Sie an fünf Merkmalen, was man unter einem Markenartikel versteht.

20 Erläutern Sie mithilfe von Beispielen aus dem Konsumgüterbereich, was man unter einer erfolgreichen Markenführung versteht.

21 Welche Gestaltungsaspekte sollten bei der Wahl und Konzeption eines Produktnamens besonders beachtet werden?

22 Unterscheiden Sie die verschiedenen Markenstrategien und nennen Sie zu jeder je zwei Vor- und Nachteile.

23 Bei einem Test schneidet ein Haarpflegeprodukt eines Herstellers, der Kosmetikprodukte unter einer Dachmarke vertreibt, sehr schlecht ab. Der Grund: Es konnten gesundheitsgefährdende Substanzen nachgewiesen werden. – Mit welchen Folgen muss der Markenhersteller u. U. rechnen?

24 Die Gewährung von Zusatzleistungen spielt sowohl bei materiellen, als auch immateriellen Produkten eine wichtige Rolle um sich gegenüber dem Wettbewerb positiv zu positionieren. – Entwickeln Sie für ein Versandunternehmen, das Bekleidung für Sport- und Outdooraktivitäten anbietet, Zusatzleistungen, die über die unternehmenseigene Homepage angeboten werden.

25 Welche positiven und negativen Auswirkungen hat eine Vertiefung des Sortiments bei einem Handelsbetrieb?

26 Worüber gibt die Sortimentsstruktur eines Handelsunternehmens Auskunft?

3   Die Platzierung – Distributionspolitik

3.1   Grundlagen

3.1.1   Gegenstand der Distributionspolitik

In Kapitel 3 steht das **dritte „P"** der vier klassischen Marketinginstrumente – der **„Platz"** – im Mittelpunkt der Betrachtung. Es geht dabei um die Darstellung und Erläuterung der unternehmerischen Strategien, Entscheidungen und Aufgaben, um das Leistungsangebot – seien es Produkte, Dienstleistungen oder beides – für die Kunden zugänglich und verfügbar zu machen. Im Gegensatz zu den anderen Marketinginstrumenten ist allerdings die begriffliche und inhaltliche Definition des Instrumentes „Place" nicht eindeutig.

In der **deutschen** Marketingliteratur wird dieser Teil des Marketingmix entweder als **„Distributionspolitik"** oder **„Vertriebspolitik"** bezeichnet. Einige Autoren verwenden beide Begriffe synonym, andere versuchen darzulegen, dass hinter diesen Begriffen unterschiedliche Inhalte subsumiert werden. In diesem Buch werden „Vertrieb" und „Distribution" synonym verwendet, weil sie letztlich beide den Weg von Produkten und Dienstleistungen vom Anbieter zum Nachfrager beschreiben.

Damit ist allerdings ein gravierendes **Problem** in der Betrachtung vertriebsspezifischer Sachverhalte nicht gelöst: Zählt der **Verkauf** als Tätigkeit der Kontaktanbahnung zum Kunden, der Durchführung einer Verkaufshandlung und schließlich der Abwicklung der erzielten Aufträge zum **Vertrieb** oder ist die sogenannte **Verkaufspolitik** im Rahmen der **Kommunikationspolitik** zu untersuchen, wie dies in vielen Marketingbüchern der Fall ist (MEFFERT, BRUHN, WEIS)?

In diesem Buch wird der „Verkauf" nicht nur als ein wesentlicher Teil der Distribution gesehen und bewertet, sondern schlechthin als die „Quelle" jeglicher Distribution gesehen, denn ohne den Verkauf als wesentlichen Faktor der Umsatzgenerierung, kann es auch keine Distribution von Produkten oder Dienstleistungen geben (vgl. dazu WINKELMANN, 2000, S. 32).

3.1.2   Definition der Distributionspolitik

Die **Distributionspolitik** nimmt Einfluss auf die Gestaltung der Prozeßkette vom Anbieter zum Abnehmer und umfasst damit die Ausgestaltung des Weges von den Angebotsleistungen des Herstellers, bis zum letzten Käufer, der diese Leistung dann nutzt. Distribution geht weit über bloße Raum- und Zeitüberbrückung hinaus. Sie umfasst **alle** Entscheidungen, die mit der **Leistungsverteilung** zu treffen sind. Dazu zählen:

- **wirtschaftliche Entscheidungen**   → wie z. B. die Bestimmung der Partner im Vertriebsprozess.

- **juristische Entscheidungen**   → wie z. B. die Ausgestaltung der Geschäftsbedingungen mit den Vertragspartnern.

- **verkaufskommunikative Entscheidungen**   → wie z. B. Ablauf und Führung von Verkaufsgesprächen.
- **logistische Entscheidungen**   → wie z. B. die Art der Lagerung und des Transports.

3.1.3 Funktionen und Ziele der Distributionspolitik

Distributionspolitik aus der Sicht der Hersteller erfüllt **zwei** Funktionen.

Zum einen sind sogenannte „**akquisitorische" Maßnahmen** zu treffen. Dazu zählt man alle Handlungen um Kunden für das eigene Leistungsangebot zu gewinnen. Dies geschieht z. B. durch die Unterbreitung von Angeboten, die z. T., je nach Produktart, für den Interessenten noch speziell konfiguriert werden müssen. Mit dem Führen des Verkaufsgesprächs und dem sich anschließenden Kaufvertragsabschluss enden die akquisitorischen Aufgaben. Dieser Prozess spielt sich natürlich nicht in einem „luftleeren Raum" ab, sondern innerhalb aktiv gestalteter Strukturen, deren Festlegung und Ausprägung ebenfalls zu den akquisitorischen Aufgabenstellungen im Vertriebsprozess gezählt werden.

Die **physische Distribution** (Marketinglogistik) als zweite Funktion umfasst alle logistischen Aufgaben, die innerhalb des Distributionsprozesses zu erfüllen sind. Dazu zählen z. B. die Lagerung der Produkte und ihr Transport zu den Kunden.

Die folgende Abbildung zeigt die **Stellung** der **Distributionspolitik** im Kontext der anderen Marketinginstrumente.

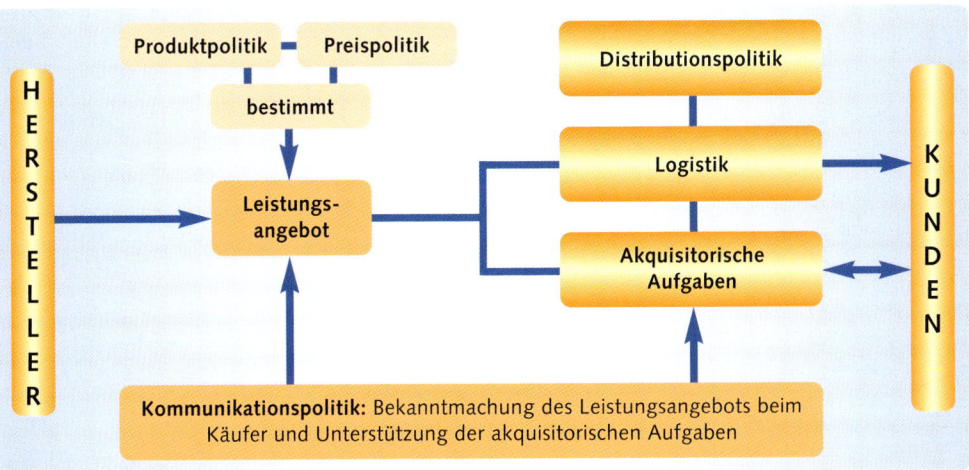

3.1.4 Basisentscheidungen zur Strukturierung eines Distributionssystems

Im Rahmen **strategischer** Marketingplanung sind mehrere **Basisentscheidungen** von der Unternehmensleitung zu treffen, die das gesamte Vertriebssystem des Unternehmens strukturieren.

infobox

„Was haben wir, was die Konkurrenz nicht hat?"

Um sich von der Konkurrenz zu unterscheiden, genügt es heutzutage oft nicht mehr im Bereich der Produktpolitik Differenzierungsmaßnahmen vorzunehmen. Mitbewerber bieten in vielen Fällen Produkte in gleicher Aufmachung, Qualität und zu ähnlichen Preisen an. Daher muss man versuchen sich in anderen Bereichen von der Konkurrenz zu unterscheiden. Dies ist z. B. über den Dienstleistungsbereich, aber auch in besonderem Maße durch das betriebseigene Vertriebssystem möglich. Es ist Aufgabe der Distributionspolitik für ein Unternehmen, ein optimales und leistungsfähiges Distributionssystem zu schaffen, zu gestalten und ständig im Sinne kontinuierlicher Verbesserungsprozesse im Hinblick auf Kundenzufriedenheit und -bindung weiterzuentwickeln. Dabei ist aber stets zu beachten, dass Entscheidungen im Rahmen distributiver Maßnahmen oft auf Dauer angelegt sind und daher nicht schnell revidiert werden können. Preise oder Werbemaßnahmen können sehr schnell an sich wechselnde Marktgegebenheiten angepasst werden. Die Änderung einer Vertriebsstruktur, die z. B. aufgrund langfristiger vertraglicher Bindungen mit einem Distributionspartner geschaffen wurde, ist aber nicht ohne weiteres möglich.

▶ Ausprägungsmöglichkeiten vertriebspolitischer Basisentscheidungen

Die folgende **Übersicht** zeigt die **Ausprägungsmöglichkeiten** vertriebspolitischer Basisentscheidungen.

Basisentscheidungen mit langfristiger marketingstrategischer Bedeutung	
Strategie	**Ausprägungsmöglichkeiten**
Wahl des Vertriebssystems	Direktvertrieb ⬌ Indirekter Vertrieb Einwegabsatz ⬌ Mehrwegabsatz
Verhaltensstrategie	ausweichen, kooperieren, anpassen, kämpfen
Selektionsstrategie	Zahl der Handelspartner (exklusiv, selektiv, intensiv, ubiquitär)
Vertraglich gestaltete Vertriebssysteme	Vertriebsbindungssystem, Alleinvertriebssystem, Vertragshändlersystem, Franchisesystem.

(Quelle: In Anlehnung an CZECH-WINKELMANN, *2002, S. 29).*

Je nachdem welche langfristige strategische Entscheidung getroffen wird, gestaltet sich die Struktur des Vertriebssystems.

▶ Wirkungsfaktoren auf die Wahl eines Distributionssystems

Das unternehmenseigene Distributionssystem wird durch eine Reihe von leistungsbezogenen (Produkte), unternehmensinternen sowie unternehmensexternen Wirkungsfaktoren determiniert (vgl. dazu BRUHN, 2002, S. 259).

Wirkungsfaktoren	Beispiele
Produktbezogene Wirkungsfaktoren	• Beratungsintensität der Produkte *(Bedienung und Wartung eines Benzinrasenmähers sprechen für Verkauf in einem Fachhandelsunternehmen),* • Physikalische Eigenschaften *(Einbau einer Sauna durch den Hersteller aufgrund der Größe und Komplexität),* • Exklusivität *(hochwertige Markenartikel werden von den Herstellern in eigenen Outlets angeboten).*
Unternehmensinterne Wirkungsfaktoren	• Größe des Unternehmens *(kleine Unternehmen nutzen Handelspartner und damit deren Kundenkreis),* • Marketingkonzeption *(Firmenphilosophie: Kein Vertrieb über den institutionellen Handel).*
Kundenbezogene Wirkungsfaktoren	• Einkaufsverhalten *(regelmäßig oder selten, sofort lieferbar oder Akzeptanz einer Wartezeit, räumliche Nähe Voraussetzung für den Kauf),*

Wirkungsfaktoren	Beispiele
Kundenbezogene Wirkungsfaktoren	• Dienstleistungsintensität *(Kunden wünschen zum Kauf ein Angebot zusätzlicher Dienstleistungen wie Beratung, Wartung und Reparatur)*, • Kaufambiente *(Kunden wünschen eine stimulierende und angenehme Einkaufsatmosphäre z. B. in exklusiven Verkaufsräumen).*
Vertriebspartnerbezogene Wirkungsfaktoren	• Grad der Unterstützung *(eigene bzw. fremde Absatzhelfer)*, • Handelsunternehmen als Partner *(Größe, Erfahrung, Standort, Kooperationsinteresse)*, • Leistungspotenziale *(Qualität der Organisation und der Mitarbeiter, Zuverlässigkeit, finanzielle Möglichkeiten, Kosten).*
Wettbewerbsbezogene Wirkungsfaktoren	• Standortpositionierung *(räumliche Nähe oder Ferne zum Mitbewerber)*, • Wahl der Absatzkanäle *(Direktvertrieb der Produkte, damit keine Platzierung in Handelsunternehmen neben Konkurrenzprodukten erfolgt)*, • Wahl neuer Absatzkanäle *(bisher nur Lieferung an den Großhandel, nun auch Direktbelieferung des Einzelhandels).*
Umfeldbezogene Wirkungsfaktoren	• Entwicklungen im Multimedia-Bereich *(Teleshopping, Internethandel)*, • Auswirkungen legalistischer Maßnahmen *(Änderungen im Kaufvertragsrecht oder der Wettbewerbsgesetzgebung)*, • Ökologiebewusstsein *(Direktvermarktung durch Landwirte, besonders im ökologischen Landbau).*

3.2 Wahl der Distributionswege (Distributionskanäle)

Durch die **Entscheidung** für einen bestimmten Distributionsweg (in der Literatur auch als Absatzweg, Absatzkanal, Vertriebsweg und Vertriebskanal bezeichnet) legt der Hersteller fest, ob er **selbst** und in eigener Verantwortung sich an seine Kunden wendet, oder ob er **andere** Institutionen damit beauftragt für ihn seine Produkte zu verkaufen.

Das Unternehmen trifft hierbei eine grundsätzliche Entscheidung: **Direktvertrieb** oder **indirekter Vertrieb**.

Mit dieser Entscheidung ist auch die Wahl der **Distributionskanäle** verbunden.

KOTLER nennt als **Definition** für einen Distributionskanal:

„Darunter versteht man das Zusammenwirken voneinander unabhängiger Organisationen mit dem gemeinsamen Ziel, das Produkt eines Herstellers einer Vielzahl von Verbrauchern oder gewerblichen Nutzern zum Verbrauch oder Gebrauch verfügbar zu machen. Ein Distributionskanal ist daher die Gesamtheit der Organisationen, die ein Produkt zwischen der Abgabe aus dem Produktionsprozess bis hin zu Verwendung oder Verbrauch durchläuft." (vgl. KOTLER / ARMSTRONG, SAUNDERS, WONG, 2003, S. 1012)

3.2.1   Vor- und Nachteile von direktem und indirektem Vertrieb

Vor der **Wahl** des Absatzweges sollten u. a. auch die Vor- bzw. Nachteile der beiden Vertriebsgrundformen gegeneinander abgewogen werden.

Absatzweg	Vorteile	Nachteile
Direkter Absatz	<ul><li>Unmittelbare Steuerung und Kontrolle des Marktgeschehens,</li><li>direkte Umsetzung der Vertriebsstrategien,</li><li>Preisgestaltung verbleibt beim Anbieter,</li><li>Sicherstellung einer direkten und zuverlässigen Kundenberatung,</li><li>ungefilterte Informationen über die Kundenwünsche,</li><li>Chance für After-Sales-Service.</li></ul>	<ul><li>Kosten- und zeitaufwändiger Aufbau eines eigenen Vertriebssystems *(hoher Fixkostenanteil, Lager- und Kreditrisiko)*,</li><li>Probleme bei einer flächendeckenden Mengendistribution,</li><li>Imagenachteil, da Kunden bei unternehmenseigenen Vertriebsmitarbeitern Parteilichkeit befürchten.</li></ul>
Indirekter Absatz	<ul><li>Keine große und teuere Vertriebsorganisation erforderlich,</li><li>Zugang zu einem kundennahen Verteilungsnetz,</li><li>geringe Kapitalbindung,</li><li>Reduzierung der Vertriebs- und Logistikkosten,</li><li>durch Sortimentsverbund im Handel erhöht sich die Attraktivität der eigenen Produkte,</li><li>erhöhte und schnellere Anpassungsfähigkeit an den Markt.</li></ul>	<ul><li>Fehlender Kontakt zu den Endabnehmern, daher fehlendes Feed-back mit der Folge einer erschwerten Informationsgewinnung,</li><li>meist nur geringer Einfluss auf den eigenen Marktauftritt hinsichtlich Preisgestaltung und Präsentation am POS,</li><li>häufig auf Marketingaktivitäten des Handels angewiesen.</li></ul>

Während bei **Investitionsgütern** der **Direktabsatz** dominiert, findet man bei **Konsumgütern** vornehmlich den **indirekten Absatz**. Eine Reihe von Herstellern (mit zunehmender Tendenz) bevorzugen auch bei Konsumgütern den direkten Vertriebsweg *(Vorwerk, Avon, Tupper, AMC)*. Nicht zuletzt durch die rasant verlaufende Entwicklung bei elektronischen Medien und den daraus für einen Verbraucher resultierenden Kaufmöglichkeiten, wächst der Anteil direktvertreibender Unternehmen.

Unternehmen, die sowohl gewerbliche, als auch private Kunden beliefern, nutzen meist beide Absatzgrundformen.

> **Beispiel**   Bosch beliefert als Erstausrüster die Autoindustrie mit Batterien, Wischblättern, Zündkerzen u. a. direkt und vertreibt diese Produkte zusätzlich indirekt über den Fachhandel als Ersatzbeschaffungsartikel für die Autofahrer.

3.3   Direktvertrieb (direkter Absatz)

Direktvertrieb, auch als direkter Absatz bezeichnet, ist der **Absatz** durch Hersteller an gewerbliche Verwender und private Haushalte, ohne dass rechtlich und wirtschaftlich selbstständige Handelsunternehmen eingeschaltet werden. Finanzdienstleitungen *(Versicherungen, Finanzierungen, Geldanlage)* nehmen mit deutlichem Abstand den größten Anteil am Marktvolumen des Direktvertriebs ein; es folgen Konsumgüter, Lebensmittel, Tiefkühlheimdienste und mobile Verkaufsstellen.

▶ Direktvertrieb aus Anbieter- und Nachfragersicht

Je nach der Sicht des Anbieters bzw. des Endverbrauchers ergeben sich unterschiedliche Betrachtungsweisen für einen Direktvertrieb.

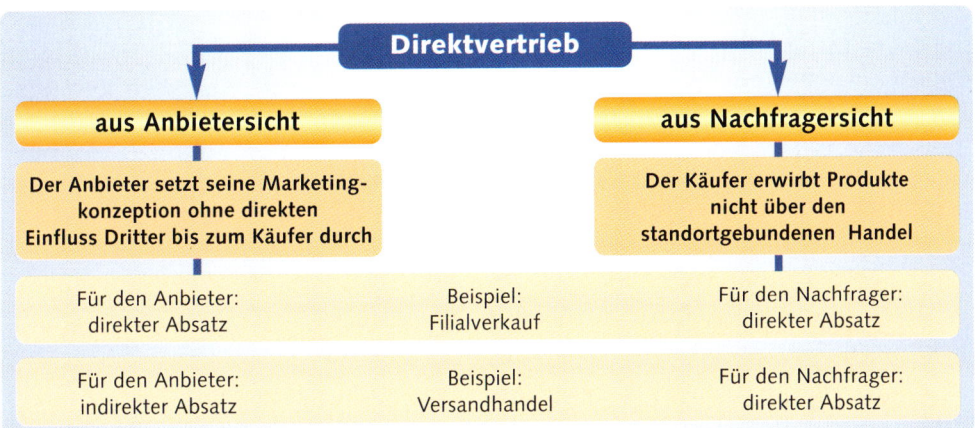

Direktvertrieb

aus Anbietersicht		aus Nachfragersicht
Der Anbieter setzt seine Marketing-konzeption ohne direkten Einfluss Dritter bis zum Käufer durch		Der Käufer erwirbt Produkte nicht über den standortgebundenen Handel
Für den Anbieter: direkter Absatz	Beispiel: Filialverkauf	Für den Nachfrager: direkter Absatz
Für den Anbieter: indirekter Absatz	Beispiel: Versandhandel	Für den Nachfrager: direkter Absatz

Infobox

Schon das Beispiel Versandhandel zeigt, dass eine trennscharfe Definition, was man unter direktem bzw. indirektem Vertrieb versteht, schwierig ist. So ist ein Unternehmen, das Frisör-bedarf ausschließlich über Kataloge und das Internet seinen Kunden anbietet eindeutig dem Direktvertrieb zuzuordnen, während ein Großversandhaus mit Millionen Endverbraucher-kunden sowohl Produkte anbietet, die nur über den Versand, aber auch solche, die ebenso im stationären Handel erworben werden können. Auch beim TV-Shopping verwischen sich die Grenzen zwischen direktem und indirektem Vertrieb. Für den Kunden macht es keinen Unterschied, ob ein Produkt vom Hersteller selbst in einem TV-Spot präsentiert und auch bei ihm direkt bestellt wird, oder ob sein Produkt nach einer Präsentation in einem Shopping-Kanal bei diesem bestellt wird und damit aus Herstellersicht ein indirekter Absatz vorliegt. In diesem Buch wird unter Direktverkauf der direkte Absatz von Herstellern an gewerbliche und private Verwender ohne Einschaltung von Handelsbetrieben verstanden. Außerdem der Verkauf von Waren und / oder Dienstleistungen in der Wohnung, sowie in wohnungsnaher oder ähnlicher Umgebung eines Letztverbrauchers durch eine persönliche (Vertreter) oder nicht-persönliche Angebotsunterbereitung (Katalog, Fernsehen, Internet).

▶ Arten des Direktvertriebs

Aus der Sicht des Anbieters kann der Verkaufabschluss grundsätzlich auf drei Arten er-folgen[1], die sich ihrerseits wiederum in eine Vielzahl von Ausprägungen auffächern.

Stationäre Distribution	Mobile Distribution	Distribution über Medien
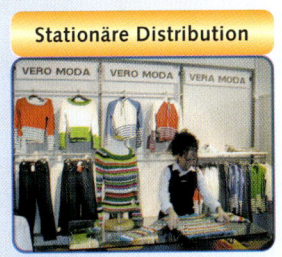		

[1] in Anlehnung an CZECH-WINKELMANN, 2002, S. 33

3.3.1 Stationäre Distribution (Kunde zum Anbieter)

Um bei der stationären Distribution Produkte zu erwerben, müssen die Kunden Verkaufsstellen des Anbieters aufsuchen. Stationäre Distribution erfolgt, je nach Branche, in sehr unterschiedlichen Formen.

Beispiel Die Abbildung zeigt Deutschlands größtes Factory Outlet Center in Zweibrücken mit über 60 Fabrikläden.

Form	Kennzeichen	Beispiele
Fabrikverkauf	Die Produkte werden direkt ab Fabrik bzw. in räumlicher Nähe zum Herstellungsort den Kunden zum Kauf angeboten.	• Hugo Boss (Metzingen bei Stuttgart), • Jill Sander (Ellerau bei Hamburg), • Rosenthal (Selb).
FOC (Factory Outlet Center)	Räumliche Bündelung mehrerer Fabrikverkaufsläden in einem dafür speziell gebauten Einkaufszentrum.	• OCI – Designer Outlet (Zweibrücken), • B5-Center (Wustermark bei Berlin).
Filialverkauf bzw. Verkaufsniederlassungen	Räumlich getrennte Verkaufsstellen, die nach den Vorgaben des Anbieters gestaltet und geführt werden.	• Tschibo Verkaufsstellen, • WMF Filialen, • BMW-Niederlassung.
Shop-in Shop bzw. Store-in-Store System	Verkaufsflächen von Handelsunternehmen werden an Hersteller vermietet.	• Tschibo Depots, • Esprit-Shops.

3.3.2 Mobile Distribution (Anbieter zum Kunden)

Bei dieser Vertriebsform treffen sich die Marktpartner an von beiden vorbestimmten Orten. Diese Treffen können z. B. im Geschäftslokal eines Kunden, bei ihm zuhause oder an anderen Orten (Messebesuch, Hotel) stattfinden. Zu den wichtigsten Formen zählen, neben dem Messeverkauf, der Verkauf über Außendienstmitarbeiter, Verkaufsfahrer, Party-Verkauf sowie Werbefahrten.

▶ **Messeverkauf**

Messen zählen zu den im Allgemeinen regelmäßig wiederkehrenden Marktveranstaltungen, sind zeitlich begrenzt und wenden sich i. d. R. an gewerbliche Wiederverkäufer, gewerbliche Verwender oder Großabnehmer. In beschränktem Umfang können auch Endverbraucher zum Kauf zugelassen werden. Die Messe als Marketinginstrument hat trotz Internet und Cyberspace nicht an Bedeutung verloren. Gegenüber modernen Kommunikationstechnologien und anderen Verkaufs-, Präsentations- und Informationsformen bieten **Messen** den großen **Vorteil**, dass Produkte und Dienstleistungen praxisnah und im

Foto: Messe Friedrichshafen

Maßstab eins zu eins präsentiert und in Aktion vorgeführt werden. Messen fördern darüber hinaus sehr wirkungsvoll die Image- und Kontaktpflege. Neben der Beobachtung der Konkurrenz, können Anbieter an Messen nicht zuletzt einen umfassenden Überblick über die gesamte Marktlage in ihrer Branche gewinnen, der in der Regel günstiger zu stehen kommt, als andere Marktanalysen.

▶ Verkauf durch Außendienstmitarbeiter

Der Verkauf über einen **Außendienst** bietet sich immer dann an, wenn bei der Entscheidung für eine direkte Distribution die räumliche Distanz zu den Kunden eine Verkauf ab Werk nicht zulässt. Nicht nur in Industrie und Großhandel erfolgt die Verkaufsorganisation zu einem erheblichen Teil über Außendienstmitarbeiter, sondern auch bei Direktverkauf an Endverbraucher haben sich bedeutende Konsumgüterhersteller für diese Vertriebsart entschieden *(Vorwerk, Avon, Tupperware)*.

Fallbeispiel **Ein Kobold sorgt für Sauberkeit – Direktvertrieb von Vorwerk**

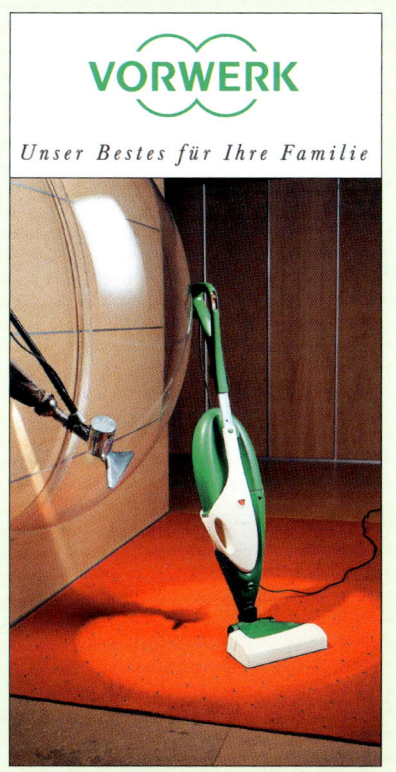

Foto: Vorwerk u. Co KG

Das Wuppertaler Unternehmen Vorwerk gehört zu den Pionieren des Direktvertriebs in Deutschland und ist weltweit tätig. Über 60 % des Konzernumsatzes von über 1,5 Milliarden Euro entfällt auf den Direktvertrieb. Den größten Anteil haben daran die Raumpflegegeräte der Marke „Kobold". Hier ist Vorwerk in Deutschland mit fast 60 % Marktführer bei den Handstaubsaugern. Außerdem bietet das Unternehmen Küchenmaschinen, Bügelstationen, Einbauküchen und Wasserfilter im Direktvertrieb an. Für Vorwerk-Produkte sind fast 30.000 Berater im Außendienst tätig. Die Kunden werden entweder durch Fachberaterbesuche in regelmäßigen Abständen ohne besondere Vorankündigung, durch Besuch nach Voranmeldung oder im Rahmen einer Einladungsparty angesprochen. Vorwerk sieht im Direktvertrieb eine Vertriebsform, die wie keine andere Kunden- und Praxisnähe ermöglicht.

Das Unternehmen gehört zu den Gründern des Bundesverbands des Direktvertriebs Deutschland (www.bundesverband-direktvertrieb.de). Aus der Sicht dieses Verbandes spricht viel für den „Einkauf zu Hause", sowohl für die anbietenden Unternehmen, als auch für die Kaufinteressenten:

Vorteile des Kaufs zu Hause	
Aus der Sicht des Kunden	**Aus der Sicht des Unternehmens**
• Bequemer Einkauf, keine langen Wege, • kein Zeitverlust und Stress durch Anfahrt und Parkplatzsuche, • Beratung und Erprobung von Produkten zu Hause ohne Zeitdruck, • unmittelbare Testerfahrung des Kunden mit den Angebot, • individuelle, persönliche und fachkundige Beratung.	• Vertriebssystem bleibt in eigener Hand, • Erschließung neuer Märkte, • gute Möglichkeiten der Differenzierung von Angeboten gegenüber dem stationären Handel, verbunden mit der Schaffung von Kundenpräferenzen, • direkte Information aus dem Markt über den Außendienst, • gute Voraussetzung für den Aufbau einer Stammkundschaft, • Möglichkeit für eine rasche Marktbesetzung und -durchdringung.

Vertreterverkauf

Der **Verkauf** an **gewerbliche Anbieter** erfolgt meist in der Form des **Vertreterverkaufs**.
Der Außendienstmitarbeiter besucht seine Kunden entweder in regelmäßigen Zeitabständen, auf Bestellung oder aus eigener Initiative. Je nach Branche präsentiert er sein Angebot über Kataloge, Preislisten oder durch Präsentation der Waren *(Musterungen in der Textil-, Schuh- oder Schmuckbranche).*

– Reisender und / oder Handelsvertreter

Ein **Vertreter** kann rechtlich betrachtet entweder als **Reisender**, und damit als ein Angestellter des anbietenden Unternehmens, oder als **Handelsvertreter** und damit selbstständiger Gewerbetreibender für ein Unternehmen tätig werden. Die in der Literatur weitverbreitete Zuordnung des Handelsvertreters als Absatzmittler zum indirekten Absatz, macht bei einer kundenorientierten Betrachtungsweise wenig Sinn. Aus Sicht der Kunden sind die rechtlichen Unterschiede zwischen angestelltem Reisenden und selbstständigem Handelsvertreter von marginaler Bedeutung, denn beide repräsentieren für den Kunden direkt das vertretene Unternehmen.

Aus Sicht des Unternehmens stellt sich allerdings die Frage „Reisender oder Handelsvertreter?" u. U. unter Beachtung von **Kostengesichtspunkten**.

> **Beispiel** **Handelsvertreter oder Reisender? – Was ist kostengünstiger?**
>
> Ein Unternehmen rechnet auf Grund einer Umsatzprognose mit einem Jahresumsatz von 540.000 € für einen bestimmten Verkaufsbezirk.
> Bei Einsatz eines unternehmenseigenen Reisenden fallen ein monatliches Fixum von 4.000 € und eine Umsatzprovision von 4 % an.
> Ein Handelsvertreter erhielte eine Umsatzprovision von 12 %.
> **Frage 1:** Welche Entscheidung ist bei dem prognostizierten Jahresumsatz zu treffen?
> **Frage 2:** Ab welcher Umsatzhöhe ist der Einsatz eines angestellten Reisenden günstiger?
> **Lösung zu Frage 1:**
> Reisender: Fixum 48.000 € plus Provision 21.600   =   69.600 €
> Handelsvertreter: Provision 12 % von 540.000 €   =   64.800 €
> Der Einsatz eines Handelsvertreters ist bei diesem Umsatz günstiger.

Beispiel **Lösung zu Frage 2:**
Ermittlung des „kritischen Umsatzes":
$48.000 + 0{,}04\ x = 0{,}12\ x \rightarrow 48.000 = 0{,}08\ x \rightarrow$
$x = 48.000 / 0{,}08 = 600.000\ €$
Bei einem Umsatz über 600.000 € ist der Einsatz eines Reisenden günstiger.

Neben dem Kostenaspekt spielt aber auch die **Einflussmöglichkeit** des Unternehmens auf seinen Außendienst eine wichtige Rolle. Hier spricht vieles für den angestellten Reisenden, denn er ist generell leichter zu kontrollieren und zu steuern, da er weisungsgebunden und nur für einen Arbeitgeber tätig ist und deshalb eine enge Bindung zum Unternehmen hat.

– Berechnung der Zahl der Außendienstmitarbeiter

Die personelle Stärke des Außendienstes hängt nicht nur von der Zahl der zu betreuenden Kunden ab, sondern ist auch produktabhängig. So wird z. B. ein Anbieter von Software für Flugsicherungssysteme mit weitaus weniger Verkäufern auskommen, als ein global agierendes Pharmaunternehmen. Ebenso ist der Zielkonflikt zwischen optimaler Kundenbetreuung (so viele Außendienstler wie möglich) und einer kostenorientierten Personalplanung (so viele Außendienstler wie nötig) im Sinne eines für alle Beteiligten befriedigenden Ergebnisses zu lösen.

Bei der **Berechnung** der notwendigen **Zahl** der Außendienstmitarbeiter sind eine Reihe von Ausgangsdaten zu berücksichtigen.

- Zahl der Neukunden; sie sind zu den bisher zu betreuenden Kunden hinzuzuzählen.
- Jährliche Besuchsfrequenz der Kunden.
- Durchschnittliche Zahl der Außendienstbesuche pro Tag (Tagesbesuchsrate).
- Zahl der tatsächlichen Arbeitstage pro Jahr.

Mithilfe der oben erwähnten Daten lässt sich die Zahl der benötigten Außendienstmitarbeiter (Z_{AD})nach folgender Formel errechnen:

$$Z_{AD} = \frac{\text{Summe aus (Zahl der Kunden} \cdot \text{Besucherfrequenz)}}{\text{Tagesbesuchsrate} \cdot \text{Zahl der Arbeitstage}}$$

Beispiel Mithilfe einer ABC-Analyse hat ein Unternehmen seine Kunden in drei Gruppen plus Neukunden eingeteilt und die entsprechenden Besucherfrequenzen festgelegt:

Kundengruppe	Zahl der Kunden	Besucherfrequenz
A	500	16
B	400	12
C	200	8
NEU	50	12

Pro Tag kann ein Außendienstmitarbeiter 5 Besuche vornehmen und es ist mit 200 Arbeitstagen im Jahr zu rechnen.
Lösung:

$$Z_{AD} = \frac{(500 \cdot 16) + (400 \cdot 12) + (200 \cdot 8) + (50 \cdot 12)}{5 \cdot 200} = \textbf{15 Mitarbeiter}$$

– Key-Account-Management

Bei diesem Marketingkonzept wird die Vertriebsstruktur auf wenige, aber für das Unternehmen besonders wichtige, Großkunden ausgerichtet. Mit diesen „**Schlüsselkunden**" („Key-Accounts") werden oft zwischen 80 und 90 % des Gesamtumsatzes erzielt. Für jeden dieser Kunden steht ein exklusiver Betreuer (Key-Account-Manager) zur Verfügung, der für sämtliche anfallenden Verkaufsaufgaben zuständig ist. Durch die weltweit stattfindenden Konzentrations-, und Zentralisierungsprozesse nimmt der Anteil an Schlüsselkunden kontinuierlich zu, und eine intensive Zusammenarbeit mit Großkunden ist für viele Unternehmen zu einer elementaren Marketingstrategie geworden.

Zu den **Hauptaufgaben** des Key-Account-Managers gehören:

- Entwicklung neuer Produkte gemeinsam mit dem Schlüsselkunden,
- Führen von Preis- und Konditionenverhandlungen,
- Planung und Realisierung gemeinsamer Marketingaktivitäten,
- Optimierung gemeinsamer Geschäftsprozesse *(Auftragsabwicklung, Logistik)*,
- Entwicklung von gemeinsamen Kostensenkungsprogrammen,
- Kontrolle aller Kundenbeziehungen.

Damit der Key-Account-Manager die aktuellen und zukünftigen Bedürfnisse seines Kunden kennt, ist es notwendig durch die Durchführung von Kundendiagnosen und Aufstellung von Kundenentwicklungsplänen ein professionelles und aktives **Kundenmarketing** zu betreiben. Dabei sollte stets ein betont partnerschaftliches Verhältnis zum Großkunden im Vordergrund aller Aktivitäten stehen.

▬ Partyvertrieb

Foto: Tupperware

Bei dieser Vertriebsform lädt eine Gastgeberin oder ein Gastgeber mehrere Freunde bzw. Bekannte zu sich nach Hause ein. Dort werden ihnen von einer Beraterin bzw. einem Berater Produkte präsentiert, die gleich bestellt werden können und dann später entweder von den Gastgebern oder einem Lieferservice den Käufern nach Hause gebracht werden. Das Angebot auf solchen „**Home-Parties**" reicht von Haushaltswaren *(Tupperware)*, über Kosmetik- und Pflegeprodukte, bis zu Textilien *(Desouss-Party)*. Der Erfolg dieser Betriebsform beruht vor allem auf einer Präsentation in vertrauter Umgebung gemeinsam mit Freunden und Bekannten. Die Gastgeber stellen nicht nur ihre Wohnung zur Verfügung, sondern bieten auch etwas zum Trinken und Essen an. Als Gegenleistung sind die Gastgeber häufig an den Verkaufserlösen beteiligt.

▬ Heimservice

Beim Heimservice werden Kunden durch **Verkaufsfahrer** regelmäßig besucht. Die Ware wird über einen Katalog angeboten und mit Hilfe eines Fahrzeugs frei Haus ausgeliefert.

Heimservice gibt es vor allem bei Tiefkühlkost. Die bedeutendsten Unternehmen sind in Deutschland Eismann und Bofrost, die zusammen mit über 6.000 Verkaufsfahrzeugen mehrere Millionen Kunden betreuen.

Das dieses Vertriebskonzept so erfolgreich werden konnte, lag nicht nur am bequemen Einkauf von zu Hause aus, sondern viele Verbraucher befürchteten, dass beim Kauf von Tiefkühlkost im stationären Handel, die Produkte auf dem Transport nach Hause durch Auftauen Schaden nehmen könnten.

3.3.3 Direktvertrieb über Medien

Ein **Vertrieb** über **Medien** liegt dann vor, wenn das anbietende Unternehmen nicht „face to face" mittels Personen, sondern durch zwischengeschaltete Medien den Kontakt zum potenziellen Kunden sucht.

▶ Vertrieb über Printmedien

Die Verkaufsanbahnung der Hersteller geschieht durch eine schriftliche Kontaktaufnahme mit den Kunden.

Direct Mailing-Verkauf

Von Direct Mailing spricht man, wenn adressierte **Werbesendungen** meist per Post an eine selektierte Zielgruppe versendet werden um zum Kauf von Produkten oder Dienstleistungen anzuregen. Während im B-to-B Bereich diese Vertriebsform weite Verbreitung gefunden hat, kommt sie im B-to-C Bereich noch sehr wenig zum Einsatz. Vielmehr dominiert dort das Mailing als Werbemittel. Erst in einem zweiten Schritt, z. B. nach Einsenden eines einem Flyer oder Werbebriefs beigefügten Coupons, kommt es zu einer ernsthaften Verkaufsanbahnung. Dies kann z. B. ein Vertreterbesuch oder eine telefonische Information sein.

Katalogverkauf

Nur wenige Hersteller bieten ihre Produkte ausschließlich über einen Katalogverkauf an. Der Verkauf über Kataloge ist in erster Linie eine Domäne des Handels. Die Produkte werden dabei den Kunden in Katalogen in Bild und Wort präsentiert. Nach Erhebungen und Schätzungen des Bundesverbandes des Deutschen Versandhandels (BVH) verbreitet der Versandhandel über 450 Millionen Kataloge im Jahr. Am Einzelhandelsumsatz sind die über 5.000 Versandhandelsunternehmen mit rund 5 % beteiligt. Fast 70 % davon beträgt der Marktanteil der **Universalversender** *(Otto, Quelle, Neckermann)*. In ihren Katalogen mit mehr als tausend Seiten führen sie bis zu 60.000 Artikel-Positionen auf und ähneln vom Sortiment den großen Warenhäusern. Die **Spezialversender** haben einen Marktanteil von ca. 30 %. Zu den bekanntesten gehören: Bertelsmann *(Bücher)*, IKEA *(Möbel)* und Tschibo *(Kaffee, Haushaltwaren)*. Elektronische Bauteile, Naturtextilien, Geschenk- und Werbeartikel werden ebenso angeboten, wie exklusive Weine und Lebensmittelspezialitäten aus aller Welt sowie Münzen und Briefmarken.

▶ Vertrieb über elektronische Medien

Die in den letzten Jahren stark zugenommene Nutzung elektronischer Medien hat für den Direktvertrieb zu starken Wachstumsimpulsen geführt. Die stärksten Wachstumspotenziale zeigen sich beim **Teleshopping** und dem **elektronischen Bestellhandel** über das Internet.

Telefon- und Faxverkauf

Telefonmarketing ist in Deutschland im Gegensatz zu anderen Ländern der EU erheblichen Beschränkungen unterworfen. So sind nach einem Grundsatzurteil des Bundesgerichtshofes von 1970 Maßnahmen zur Kundengewinnung gegenüber Verbrauchern ausnahmslos ohne die vorherige Zustimmung des Angerufenen unzulässig. Telefonwerbung, telefonische Bedarfsnachfragen und sogar telefonische Terminabsprachen wegen eines Vertreterbesuch, werden bei Fehlen einer Einwilligung des Umworbenen als sittenwidrig angesehen. Diese Regelungen gelten auch für Kaufangebote, die per Fax zugestellt werden. Die Verbotsregelungen werden allerdings häufig unterlaufen; beispielsweise dadurch, dass bei Gewinnspielen durch Ankreuzen eine Einverständnis für ein anbieterinitiertes Verkaufsgespräch am Telefon eingeholt wird.

Unter **Geschäftsleuten** spielt der **Telefonverkauf** ein **bedeutende** Rolle. So stellt der Telefonverkauf ein wichtiges Instrument zur Verkaufsförderung dar. In speziellen Aktionen werden gezielt Kunden angerufen und über die im Rahmen der Aktion angebotenen Produkte informiert; dabei werden als Anreiz z. B. besonders günstige Konditionen bei einer sofortigen Bestellung gewährt.

Infobox

Beim Telefonverkauf spielen **Call Center** eine bedeutende Rolle. Produkte und Dienstleistungen werden immer vergleichbarer und austauschbarer. Für Unternehmen ist es dadurch immer wichtiger, sich durch besseren Kundenservice positiv von der Konkurrenz abzuheben. Kunden erwarten Erreichbarkeit, Kompetenz und Zuverlässigkeit. Das Telefon als kurzer Weg zum Kunden gewinnt für viele Unternehmen an Bedeu-

tung, denn Call Center bilden die direkte Schnittstelle zwischen Kunde und Unternehmen. Einige Unternehmen betreiben eigene Call Center, andere übertragen diese Dienstleistung externen Call Centern. Die Aufgabenschwerpunkte können recht unterschiedlich sein.

Grundsätzlich werden bei Call Centern zwei Arten der Auftragsabwicklung unterschieden:

- **Inbound** – der Telefonagent hat nur Anrufe der Kunden entgegenzunehmen, z. B. Bestellungen, Fragen, Reklamationen über eine kostenlose Hotline-Nummer (Customer Service).
- **Outbound** – der Telefonagent ruft die Kunden oder Interessenten aktiv an, um z. B. ein Produkt oder eine Dienstleistung zu verkaufen (Telesales). Dabei gibt es rechtliche Beschränkungen: Privatpersonen müssen Ihre Zustimmung gegeben haben oder es müssen bereits Geschäftsbeziehungen existieren.

Call-Center haben im Direktvertrieb über das Medium Fernsehen eine besondere Bedeutung, da sie beim Ein-Weg-Shopping (vgl. dazu Abschnitt „TV-Shopping) den Rückmeldekanal zum Kaufabschluss bilden.

TV-Shopping

TV-Shopping ist eine **Direktvertriebsform**, die im B-to-C Bereich anzusiedeln ist. Die Warenpräsentation erfolgt über ein Fernsehgerät, wobei der Sender als Präsentationsplattform der anbietenden Hersteller und Händler fungiert und sich in erster Linie als Dienstleister für seine anbietenden Kunden sieht (und sich das natürlich entsprechend honorieren lässt!).

Je nach dem **Grad der Interaktivität** der Präsentation sind zwei Arten des TV-Shoppings zu unterscheiden.

– Ein-Weg TV-Shopping

Den Zuschauern werden beim Fernsehen Waren bzw. Dienstleistungen durch Verkaufsspots oder in speziellen Verkaufsshows präsentiert. Die Bestellung der angebotenen

Leistungen erfolgt über eine eingeblendete Telefonnummer bzw. eine Postadresse. Eine Online-Bestellung ist nicht möglich; es muss über ein weiteres Medium zum Kaufabschluss kommen.

Beim **Ein-Weg TV-Shopping** lassen sich drei **Grundformen** unterscheiden:

Direct Response Televisions-Spots (DRTV-Spots)	Infomercials	Shoppingsender
Innerhalb der regulären Werbeblöcke der Sender wird i. d. R. ein Produkt in einem längeren Spot von ca. einer bis zwei Minuten präsentiert. DRTV-Spots verlieren aufgrund der zunehmenden Bedeutung der TV-Shoppingsender an Bedeutung.	Bis zu 30 Minuten lange vom Auftraggeber vorproduzierte Werbefilme (Dauerwerbesendung), meist in Form einer unterhaltsamen Verkaufsshow mit Moderation, um für den Kauf von Produkten zu werben, die telefonisch bestellt werden können.	Hierbei handelt es sich um Spartenkanäle, die rund um die Uhr Produkte und Dienstleistungen zum Kauf anbieten. Das Angebot wird von Moderatoren in Verkaufsshows präsentiert. Die Länge dieser Shows variiert, kann aber bis zu einer Stunde dauern. Die Ausstrahlung erfolgt häufig als Livesendung.
Beispiel:	**Beispiel:**	**Beispiel:**
CD-Angebote oder Download von Handy-Klingeltönen bei Musiksendern.	Haushaltsgeräte (Kochtopfset, Entsafter) werden in den Privatsendern zwischen regulären Programmblöcken präsentiert.	Home Shopping Europe (HSE 24), QVC, RTL-Shop, Sonnenklar TV.

Fallbeispiel QVC – Erfolg mit „Quality", „Value" und „Convenience" (Qualität, Wert und Bequemlichkeit)

Der Düsseldorfer Shoppingkanal „QVC" bietet seinen Kunden mehr als 18.000 unterschiedliche Artikel.

Das Sortiment umfasst Erzeugnisse aus den Bereichen Schmuck, Fitness, Mode, Kosmetik, Freizeit, Haushalt, Sport, Elektronik, Autozubehör sowie Heimwerker- und Gartenbedarf.

Bei der Auswahl der Artikel werden an die Lieferanten strenge Qualitätsanforderungen gestellt. Erst nach ausführlichen Tests wird entschieden, ob das Produkt in das Sortiment aufgenommen wird. Die meisten Artikel stammen aus Deutschland, ein kleinerer Teil aus dem europäischen Ausland und der Rest von Herstellern aus aller Welt.

21 Moderatoren bieten in 24 Stunden live die Produkte an. Pro Themensendung werden ca. 10 verschiedene Artikel angeboten. Über 40 % der Artikel gehören zum Bereich Wohnen, es folgen Schmuckartikel mit ca. 30 %. Der Umsatz belief sich 2008 auf 650 Millionen Euro. QVC erhält durchschnittlich 75.000 Anrufe pro Tag. Im Jahr 2008 wurden fast 28 Millionen Anrufe abgewickelt und über 14 Millionen Pakete an die rund vier Millionen Kunden versendet.

Quelle: QVC

QVC bietet für Hersteller die Möglichkeit ihre Waren ohne Zwischenhandel direkt den potenziellen Kunden zu präsentieren. Unter Marketinggesichtspunkten bedeutet dies für den Anbieter:

- Man kann ca. 34 Millionen Haushalte im deutschsprachigen Raum erreichen, wobei es sich bei den regelmäßigen Programmnutzern um eine ausgesprochen aufgeschlossene und konsumfreudige Zielgruppe handelt.

- Das Produkt wird authentisch und werbewirksam in Szene gesetzt.

- Die Verkaufssendungen garantieren, auf Grund der pro Produkt reichlich zur Verfügung stehenden Präsentationszeit, eine ausführliche und informative Demonstration. Insbesondere Neueinführungen und erklärungsbedürftige Produkte lassen sich so besonders wirksam vermarkten.

- Der Hersteller profitiert von der Beliebtheit und Verkaufskompetenz der Moderatoren.

- Der wirtschaftliche Erfolg ist leicht und schnell messbar, da die Produkte im Fernsehen live vorgestellt und direkt verkauft werden.

- Die Hersteller und Lieferanten gestalten die Verkaufspräsentation ihrer Produkte aktiv mit und können in vielen Fällen eigene Mitarbeiter als Experten in den Sendungen auftreten lassen.

– Zwei-Weg TV-Shopping

Dabei handelt es sich um ein echtes **interaktives** TV-Shopping, das auf der technischen Basis digitalen Fernsehens angeboten wird. Dazu sind beim Konsumenten eine Breitbandverkabelung mit einem Rückkanal sowie ein Decoder (Set-Top-Box) Voraussetzung. Die Auswahl und Bestellung der Produkte und Dienstleistungen erfolgt mithilfe des gleichen Mediums, über das auch die Angebote erfolgten. Nachdem sich Hardwarehersteller und Fernsehsender auf einen einheitlichen Standard (MHP) geeinigt haben, liegen gute Voraussetzungen für interaktives Fernsehen vor. Allerdings ist nach Meinung von Experten damit zu rechnen, dass es erst zum Ende des Jahrzehnts zu einer breiten Nutzung dieser Angebote kommt.

● E-Commerce (Onlinevertrieb)

Unter Electronic Commerce (E-Commerce) versteht man Transaktionen auf einem Markt, die durch den Austausch von Wirtschaftsgütern gegen Entgelt begründet werden und bei denen sowohl das Angebot und die Bestellung elektronisch unter Verwendung eines computergestützten Netzwerkes (Internet) erfolgt.

Ob im **B-to-B** oder **B-to-C** Bereich, die Angebote sind außerordentlich vielfältig und nehmen ständig zu. Ein ausschließlicher Direktvertrieb von Herstellern über das Internet kommt jedoch sehr selten vor (amazon.de). Die meisten Unternehmen nutzen den direkten elektronischen Verkauf als einen unter mehreren Vertriebswegen.

Die Bedeutung des Direktvertriebs über digitale Medien nimmt besonders im Bereich der Dienstleistungen zu. So ist z. B. bei der Vermittlung und dem Abschluss von Versicherungen und Baufinanzierungen eine starke Zunahme der Abschlüsse über Online-Anbieter zu verzeichnen. Besonders eignen sich Angebote in Form digitalisierter Produkte (*Software, Books-on-Demand, E-Learning-Programme*), da hier das Internet auch das Medium für die „Lieferung" des Produktes darstellt und somit logistische Leistungen, wie sie bei jedem realen Produkt von Nöten sind, entfallen.

Fallbeispiel **Bücher und Dokumente aus dem Internet direkt auf den heimischen PC**

Die Symposion Publishing GmbH aus Düsseldorf bietet ihre Verlagsprodukte nicht nur als „normales" Buch an, sondern es ist möglich einzelne Kapitel über das Internet herunterzuladen.

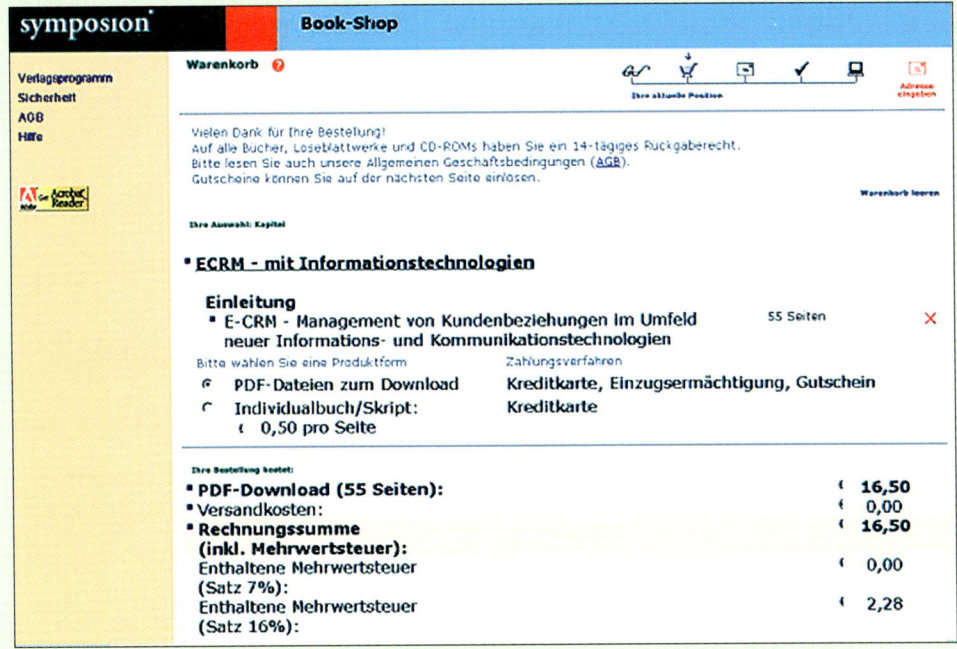

Die ausgewählten Kapitel können als PDF-Download gekauft werden, wobei der Seitenpreis 0,30 € beträgt. Das Unternehmen bietet zu den meisten seiner Verlagserzeugnisse kostenlose Leseproben an. Bezahlt wird mit Kreditkarte oder Bankeinzug.

Unmittelbar nach dem Zahlungsvorgang gelangt man auf eine Seite, von der die bestellten Kapitel bequem herunter geladen werden können.

Zusätzlich wird ein Online-Fachdienst angeboten, der kostenpflichtige Informationen u. a. aus den Unternehmensbereichen Personalführung, Qualitätsmanagement und Verkauf zum Download bereitstellt.

3.4 Indirekter Vertrieb (indirekter Absatz)

Ein **indirekter Vertrieb** liegt vor, wenn Vertriebsaufgaben durch unternehmensfremde, rechtlich selbstständige Geschäftspartner übernommen werden. Diese Aufgaben übernehmen vorzugsweise der Großhandel, der Einzelhandel und Handelskooperationen. Zum indirekten Vertrieb zählt man auch die Absatzmittler, die zwar eine enge vertragliche Bindung an das herstellende Unternehmen haben *(Franchise-Systempartner, Vertragshändler)*, jedoch im Gegensatz zu den dem Direktabsatz zugeordneten Absatzhelfern *(Handelsvertreter, Makler, Kommissionäre)*, Eigentum an den Waren, die sie verkaufen, erwerben.

3.4.1 Entscheidungsgründe für indirekten Vertrieb

Durch die Entscheidung den Vertrieb des Leistungsangebotes ganz oder teilweise von unternehmensexternen Partnern vornehmen zu lassen, gibt ein Hersteller einen Teil seiner unternehmerischen Gestaltungsmöglichkeiten in fremde Hände. Dies bedeutet nicht nur eine Schmälerung der Handelsspanne, sondern auch eine meist nur schwer revidierbare Grundsatzentscheidung über den Vertriebskanal mit allen für das Unternehmen u. U. negativen Folgen.

Für die **Wahl** des **indirekten Absatzweges** spricht unter anderem:

- Damit Produkte von stark spezialisierten Herstellern ihr akquisatorisches Potenzial zur Geltung bringen können, ist es sinnvoll sie in Sortimente des Handels einzuordnen.

> **Beispiel**   Ein Hersteller von Spezialschuhen, wie z. B. Arbeitsschuhe mit Stahlkappe, platziert diese in einem Baumarkt zusammen mit anderen der Arbeitssicherheit dienenden Produkten.

- Wenn die eigenen Produkte im Sortiment von Handelsbetrieben gelistet werden, erhöht sich oft ihre Attraktivität.

> **Beispiel**   Hersteller mit geringem Marktanteil oder noch weitgehend unbekannten Produkten, profitieren durch die Präsentation ihrer Artikel im Handel gemeinsam mit Konkurrenzprodukten bedeutender und im Markt bekannter Anbieter. Der damit erreichte „Mitzieheffekt" schlägt sich häufig in steigenden Absatzzahlen nieder.

- Oft ist es aus räumlichen Gründen nicht möglich, die Endverbraucher aus Kosten- oder anderen Gründen mit den Produkten direkt zu beliefern.

> **Beispiel**   In Bereichen, in denen der Faktor „Zeit" eine wichtige Rolle spielt, ist es notwendig Handelsunternehmen einzuschalten.
> Ohne den Pharmagroßhandel könnte die mehrmals täglich stattfindende Belieferung von Apotheken mit den benötigten Medikamenten nicht realisiert werden. Ähnliches gilt für den Vertrieb von Büchern, Zeitungen und Zeitschriften, die durch Einschaltung spezieller Großhändler in weniger als 24 Stunden für den Endkunden verfügbar sind.

- Einige Hersteller sind entweder nicht oder nur bedingt in der Lage ihre Produkte selbst zu vermarkten.

> **Beispiel**   Ein kleiner Winzer verzichtet auf die Direktvermarktung und überlässt dies seiner Winzergenossenschaft.

- Durch die Einschaltung von unternehmensfremden Distributoren kommt es zu Kostenvorteilen, da sich die Anzahl der Kontakte zu den Endverbrauchern deutlich verringert und damit **Transaktionskosten** *(Kosten für Anbahnung, Durchführung und Überwachung von Verträgen)* eingespart werden.

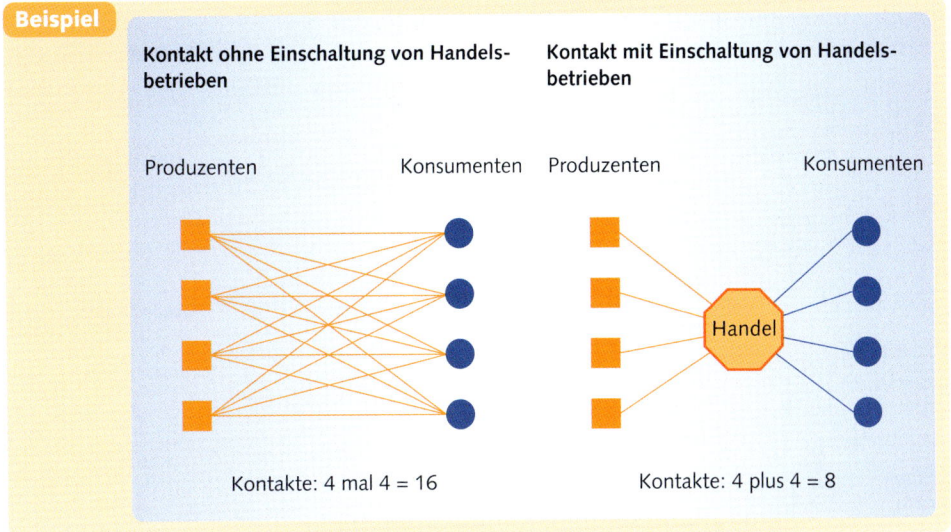

Beispiel

Kontakt ohne Einschaltung von Handelsbetrieben

Kontakt mit Einschaltung von Handelsbetrieben

Produzenten Konsumenten Produzenten Konsumenten

Handel

Kontakte: 4 mal 4 = 16

Kontakte: 4 plus 4 = 8

3.4.2 Absatzkanäle bei indirektem Vertrieb

Der Produzent kann bei indirektem Vertrieb sich für ein ein- oder mehrstufiges Distributionssystem entscheiden. Jedes Distributionsorgan bildet eine Stufe innerhalb des Absatzkanals. Jeder dieser Kanäle beginnt mit dem Produzenten und endet beim Konsumenten als Endabnehmer des Leistungsangebotes. Die Anzahl der zwischengeschalteten Stufen bestimmt die **Länge** des **Absatzkanals**.

Infobox

Die Gestaltung der Vertriebswege bei Industriegütern

Die nachfolgenden Erläuterungen zu den Absatz- bzw. Distributionskanälen beziehen sich hauptsächlich auf den Konsumgüterbereich.
Im Industriegüterbereich wählen Großunternehmen für ihre wichtigsten Märkte eher den Direktvertrieb, während kleine Produzenten aufgrund geringer Ressourcen sich für den indirekten Absatz entscheiden.
Dies gilt nicht nur für Einzelunternehmen, sondern auch für ganze nationale Industriezweige. So ist z. B. die Werkzeugindustrie eines kleinen osteuropäischen Staates im gesamteuropäischen Vergleich sehr klein und nutzt daher bereits vorhandene Händlernetze, die verwandte Produkte vertreiben.
Aber auch finanzstarke Unternehmen geben häufig dann dem indirekten Vertrieb ihrer Produkte den Vorzug, wenn für den ins Auge gefassten Markt die notwendigen Kenntnisse fehlen bzw. sich erst mühsam eine entsprechende Markt- und Kundenkompetenz angeeignet werden müsste. Dies ist besonders auf asiatischen und afrikanischen Märkten der Fall, da es wegen der dort starken kulturellen Unterschiede zu westlichen Staaten sinnvoll ist, auf landeskundige Vertriebspartner zu setzen.

▶ **Vertriebssystemstufen**

Die folgende Abbildung zeigt am Beispiel **Konsumgüter** die unterschiedliche **Länge** einzelner **Absatzkanäle**.

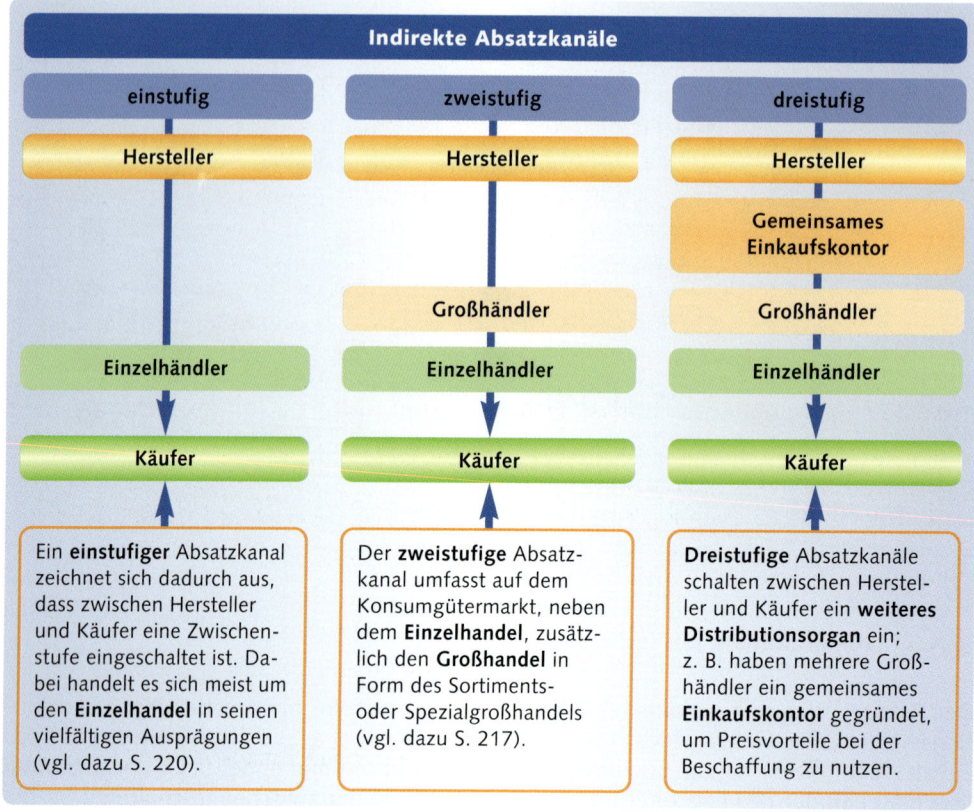

Indirekte Absatzkanäle

einstufig	zweistufig	dreistufig
Hersteller	Hersteller	Hersteller
		Gemeinsames Einkaufskontor
	Großhändler	Großhändler
Einzelhändler	Einzelhändler	Einzelhändler
Käufer	Käufer	Käufer

Ein **einstufiger** Absatzkanal zeichnet sich dadurch aus, dass zwischen Hersteller und Käufer eine Zwischenstufe eingeschaltet ist. Dabei handelt es sich meist um den **Einzelhandel** in seinen vielfältigen Ausprägungen (vgl. dazu S. 220).

Der **zweistufige** Absatzkanal umfasst auf dem Konsumgütermarkt, neben dem **Einzelhandel**, zusätzlich den **Großhandel** in Form des Sortiments- oder Spezialgroßhandels (vgl. dazu S. 217).

Dreistufige Absatzkanäle schalten zwischen Hersteller und Käufer ein **weiteres Distributionsorgan** ein; z. B. haben mehrere Großhändler ein gemeinsames **Einkaufskontor** gegründet, um Preisvorteile bei der Beschaffung zu nutzen.

▶ Gestaltung der Absatzkanäle

Bei der Gestaltung der Absatzkanäle ist für ein Unternehmen zu klären, wie viele Stufen soll der Absatzkanal beinhalten und wie stark kann der Hersteller seinen Einfluss auf die einzelnen Distributionspartner geltend machen. Beide Fragestellungen sind eng miteinander verknüpft, denn je länger der Vertriebsweg, desto geringer wird der Anbietereinfluss auf nachgelagerte Vertriebsstufen.

▬ Länge der Absatzkanäle

Die Länge des zu wählenden Absatzkanals wird von einer Reihe von Faktoren beeinflusst. Ein **kurzer Absatzweg** empfiehlt sich bei wenigen Großkunden und solchen Kunden, die stark spezialisierte Produkte nachfragen. Ebenso bei hoher Marktkompetenz, hohen Preisen und hohem Markenimage (Premiumprodukte) sowie selten gekauften Produkten.

Auch speziell bei Dienstleistungsangeboten, die sehr oft einen hohen Beratungsaufwand von Seiten des Anbieters erforderlich machen, ist der kurze Absatzweg vorzuziehen, ebenso beim Verkauf von leicht verderblichen Gütern *(Obst, Gemüse, Molkereiprodukte)*.

Einen eher **mehrstufigen Absatzkanal** sollte man bei Kunden wählen, die standardisierte Produkte nachfragen; außerdem bei einer großen Zahl von Endkunden mit relativ geringem Auftragsvolumen und niedrigen Produktpreisen. Bei Konsumgütern, die beim Käufer installiert werden müssen und bei denen evtl. Wartungs- und Reparaturarbeiten anfallen, ist ein Distributionspartner, der diese Zusatzleistungen erbringt, für den Hersteller vorteilhaft.

Einflussmöglichkeiten des Anbieters

Mit zunehmender Länge des Absatzkanals verringert sich u. U. der Einfluss des Anbieters. Dies kann so weit gehen, dass er z. B. keine Möglichkeit hat die Endverkaufspreise zu beeinflussen. Hier kann eine **vertraglich** festgelegte **Vertriebsgestaltung** vor unliebsamen Überraschungen schützen (vgl. dazu S. 230).

Grundsätzlich lässt sich feststellen: Ein starker Einfluss und damit auch eine wirksame Kontrollmöglichkeit auf die Distributionspartner, empfiehlt sich bei Produkten, die beim Kunden einen „Namen" haben. Dies ist besonders bei Markenartikeln der Fall, bei denen der Kunde eine bestimmte Qualität, Aufmachung, Präsentation und Serviceleistung erwartet. Um dies zu gewährleisten, unternehmen Anbieter solcher Produkte große Anstrengungen, z. B. durch intensive Schulungen der Mitarbeiter ihrer Absatzpartner oder durch das Angebot bei der Warenpräsentation *(Shop-in-shop Systeme von Textilherstellern im Einzelhandel)* unterstützend zu wirken.

Kommt es dem Produzenten allerdings in erster Linie auf eine Kostenführerschaft im Wettbewerb an, liegt sein Hauptinteresse darin, dass seine Produkte möglichst viele Unternehmen anbieten, die wiederum untereinander im Wettbewerb stehen. Bei dieser Strategie ist der Einfluss des Herstellers auf seine Distributionspartner von sekundärer Bedeutung.

3.4.3 Mehrkanalvertrieb (Multi-Channel-Marketing)

Wenn Hersteller für ihre Produkte unterschiedliche Distributionswege oder Distributionsorgane wählen, spricht man von einem **Mehrkanalvertrieb**. Die Abbildung zeigt, wie Hersteller ihr Leistungsangebot ihren Kunden über unterschiedliche Kanäle präsentieren können.

Bedeutung zusätzlicher Vertriebswege

Die Gründe für viele Unternehmen ihre bisherigen Vertriebswege zu ändern bzw. zu erweitern sind unterschiedlicher Natur. Zum einen zeigen sich bei vielen Kunden aufgrund geänderter gesellschaftlicher Rahmenbedingungen andere Kaufgewohnheiten, zum anderen zwingt ein verschärfter und z. T. internationaler Wettbewerb viele Unternehmen durch neue Vertriebskanäle Wachstum zu generieren, um so am Markt erfolgreich bestehen zu können. So sind z. B. in der Zwischenzeit klassische Direktanbieter, wie Avon und Tupperware, von ihrer lange praktizierten Einkanal-Absatzstrategie abgegangen. Beide bieten jetzt die Möglichkeit die jeweiligen Produkte über Online-Shops zu beziehen. Tupper geht sogar einen Schritt weiter und vertreibt in ausgewählten Einkaufszentren und Ladenpassagen seine Produkte.

Ein **Mehrkanalvertrieb** findet nicht nur bei Produkten und / oder Dienstleistungen inner- halb einer Einmarkenstrategie statt. Unternehmen, die zusätzlich zu den Hauptmarken, die sie als Markenartikel im Handel anbieten, Lieferanten von Handelsmarken, speziell bei Discountern, sind, bedienen sich ebenfalls eines Multichannel-Vertriebs. Dabei handelt es sich entweder um die gleichen Produkte nur unter anderem Namen, anderer Gestaltung oder Verpackung oder um speziell für den Handelspartner hergestellte Produkte mit einem i. d. R. etwas niedrigeren Qualitätsniveau.

| **Beispiel** | Aldiprodukte sollen u. a. von Campina, Müller, Zott, Bahlsen, Procter & Gamble sowie Schöller und Nestlé produziert werden. |

Infobox

Mehrkanalvertrieb ist keine neue Marketingstrategie. So nutzen Zigarettenhersteller schon seit langem bis zu sechs verschiedene Absatzkanäle *(Tabakgeschäfte, Kioske, Gaststätten, Tankstellen, Lebensmittelhandel, Automaten)*. Auch im Getränkevertrieb *(Mineralwasser)* hat sich die Distribution über mehrere Kanäle bewährt. Neben einem Heimlieferdienst für Kunden in räumlicher Nähe des Herstellers, erfolgt der Vertrieb entweder über den Getränkegroßhandel zum Getränkehändler am Ort bzw. über Gast- stätten und über den Lebensmitteleinzelhandel.

▶ Vor- und Nachteile eines Mehrkanalsystems

Die unternehmerische Entscheidung, für oder gegen einen Mehrkanalabsatz, sollte stets unter dem Gesichtspunkt der Kundenorientierung gefällt werden. Daher gilt es **Vor-** und **Nachteile** unter diesem Gesichtspunkt abzuwägen.

▬ Vorteile des Mehrkanalsatzes

Verbesserte Marktabdeckung	→	Mehrkanalabsatz hilft das vorhandene Marktpotenzial optimal zu erschließen.
		Beispiel: Bei der Entscheidung für nur einen Absatzkanal *(Direktvertrieb)* bleibt z. B. der gesamte Teilmarkt „stationärer Einzelhandel" außen vor.
Erhöhung des Kundennutzens	→	• Kunden nutzen je nach ihrer jeweiligen Bedürfnissituation unterschied- liche Vertriebskanäle.
		Beispiel: Schneller Kauf eines Buches als Reiselektüre im Bahnhofskiosk oder das zeitintensive „Schmökern" bei einem Espresso im Lesecafé einer Buchhandlung.
		• Nicht jede Kundengruppe stellt an die Produkte des Lieferanten die gleichen Ansprüche. Mit Mehrkanalvertrieb kann das Angebot zielgruppengenau positioniert und präsentiert werden.
		Beispiel: Ein Computerhersteller bietet im B-to-C Bereich seine Produkte über den Fachhandel und im B-to-B Bereich über speziell geschulte Fachverkäufer direkt an.
Verringerung des unternehmerischen Risikos	→	Im einzelnen Absatzkanal können sehr starke Abhängigkeiten sowohl von Kunden, aber besonders gegenüber den Absatzmittlern entstehen. Eine Mehrkanalstrategie kann die damit verbundenen Risiken senken.
		Beispiel: Ein Hersteller wählte bisher den indirekten Vertrieb über den Einzelhandel. Bei für den Hersteller ungünstigen Marktseitenverhältnissen könnte ein zusätzlicher Verkauf über ein eigens geschaffenes Filialnetz zu mehr Freiraum führen.

Nachteile des Mehrkanalabsatzes

Verlust der Corporate Identity	→	Wenn es nicht gelingt in den verschiedenen Kanälen ein einheitliches Sortiments- bzw. Markenbild zu erhalten, droht der Verlust der Unternehmensidentität.
		Beispiel: Ein Hersteller hochwertiger Bequemschuhe bietet bisher seine Schuhe in ausgewählten Fachgeschäften an. Als zusätzlichen Vertriebskanal nutzt er nun die Kooperation mit einem Textildiscounter und präsentiert in dessen Outlets seine Produkte in einem Shop-in-Shop System.
Verunsicherung der Kunden	→	Wird eine bestimmte Kundenzielgruppe über mehrere Absatzkanäle angesprochen, kann dies zu einer Verunsicherung führen. Dies ist besonders dann der Fall, wenn in den unterschiedlichen Vertriebsschienen auch unterschiedliche Leistungen angeboten werden.
		Beispiel: Unterschiedliche Zahlungs- und Lieferungsbedingungen in verschiedenen Vertriebskanälen.
Konflikte innerhalb der Vertriebskanäle	→	Durch die Einführung eines neuen Vertriebskanals kann es zu „Kannibalisierungseffekten" kommen.
		Beispiel: Die Implementierung eines Online-Shops führt zu Umsatzverlusten im Katalogversandhandel eines Anbieters für Elektronikbauteile.

▶ Erfolgreiches Multi-Channel-Management

Damit ein **Mehrkanalvertrieb** für ein Unternehmen mehr Chancen als Risiken bietet, ist es notwendig die verschiedenen Absatzkanäle so zu gestalten, dass sie den jeweiligen Kundenansprüchen entsprechen. Dabei sind zwei an sich unterschiedliche **Strategien** möglich:

1. Vernetzung der Kanäle

Dabei werden die einzelnen Kanäle aufeinander abgestimmt und miteinander verknüpft. Das **Ziel** ist bei bisherigen und potenziellen Kunden ein **einheitliches** Unternehmensbild im Sinne einer **Corporate Identity** entstehen zu lassen. Die unterschiedlichen Absatzkanäle dürfen nicht isoliert nebeneinander existieren, sondern müssen sinnvolle Verknüpfungen aufweisen.

Beispiel Ein Handelsunternehmen bietet seine Produkte sowohl in eigenen Filialen und zusätzlich über das Internet an. So können online bestellte Artikel auf Wunsch vom Kunden in den Filialen abgeholt oder bei Reklamationen dort wieder abgegeben werden. Über das Online-Angebot des Händlers kann man die Verfügbarkeit bestimmter Artikel in den Filialen erfragen und nach erfolgter Bestellung ist jederzeit eine Abfrage des Auftragsstatuses möglich.

2. Strikte Trennung der Absatzkanäle

Diese Strategie ist dann sinnvoll, wenn unterschiedliche Zielgruppen mit ihren jeweiligen Bedürfnissen und Nutzenvorstellungen angesprochen werden sollen. Für jede Kundengruppe wird im entsprechenden Kanal ein „maßgeschneidertes" Angebot präsentiert.

Beispiel Die folgende Übersicht zeigt, wie der Haarpflege- und Kosmetikkonzern Wella seine Produkte über verschiedene Vertriebskanäle an unterschiedliche Zielgruppen distribuiert.

eBay – neuer Vertriebsweg für den Einzelhandel

Immer mehr Einzelhändler nutzen eBay als zusätzlichen Vertriebsweg, bietet sich hier doch dem stationären Einzelhändler eine Möglichkeit, auch ohne eigenen Online-Shop Waren über das Internet anzubieten.

Für diesen Vertriebsweg spricht die enorme Reichweite von eBay. Alleine in Deutschland ist die Hälfte der „Online-Bevölkerung" auf diesem ursprünglich als „elektronischem Flohmarkt" von vielen belächelten Marktplatz aktiv. Die rund 160.000 gewerblichen Händler bei eBay Deutschland erzielten von April 2008 bis März 2009 ein Handelsvolumen von 3,1 Milliarden Euro, davon machten Exporte rund 435 Millionen Euro aus. Mit dem Handel bei eBay erschließen sich dem Einzelhandel neue Absatzpotenziale, die dazu führen können den gesamten Produktlebenszyklus besser auszunutzen, denn der Vertriebsweg auf dem Online-Marktplatz eignet sich sowohl für Produkteinführungen und Promotionen, als auch für Restposten, Lagerbestände und Retouren.

3.4.4 Handelspartner Groß- und Einzelhandel

Für die **indirekte Distribution** von Konsumgütern übertragen die Hersteller einen erheblichen Teil der Vertriebsaufgaben auf **Groß und / oder Einzelhandelsbetriebe**. Als Absatzmittler erwerben sie an den bei den Herstellern erworbenen Waren das Eigentum und tragen das volle Absatzrisiko.

Fallbeispiel **Von der Fabrik bis in die Einkaufstüte – Absatzkanäle von Textilien und Bekleidung in der Bundesrepublik Deutschland**

Etwa 3.000 Unternehmen der Textil- und Bekleidungsindustrie sowie Importe versorgen den deutschen Markt jährlich mit Textilien im Marktwert von ca. 60 Mrd. €.

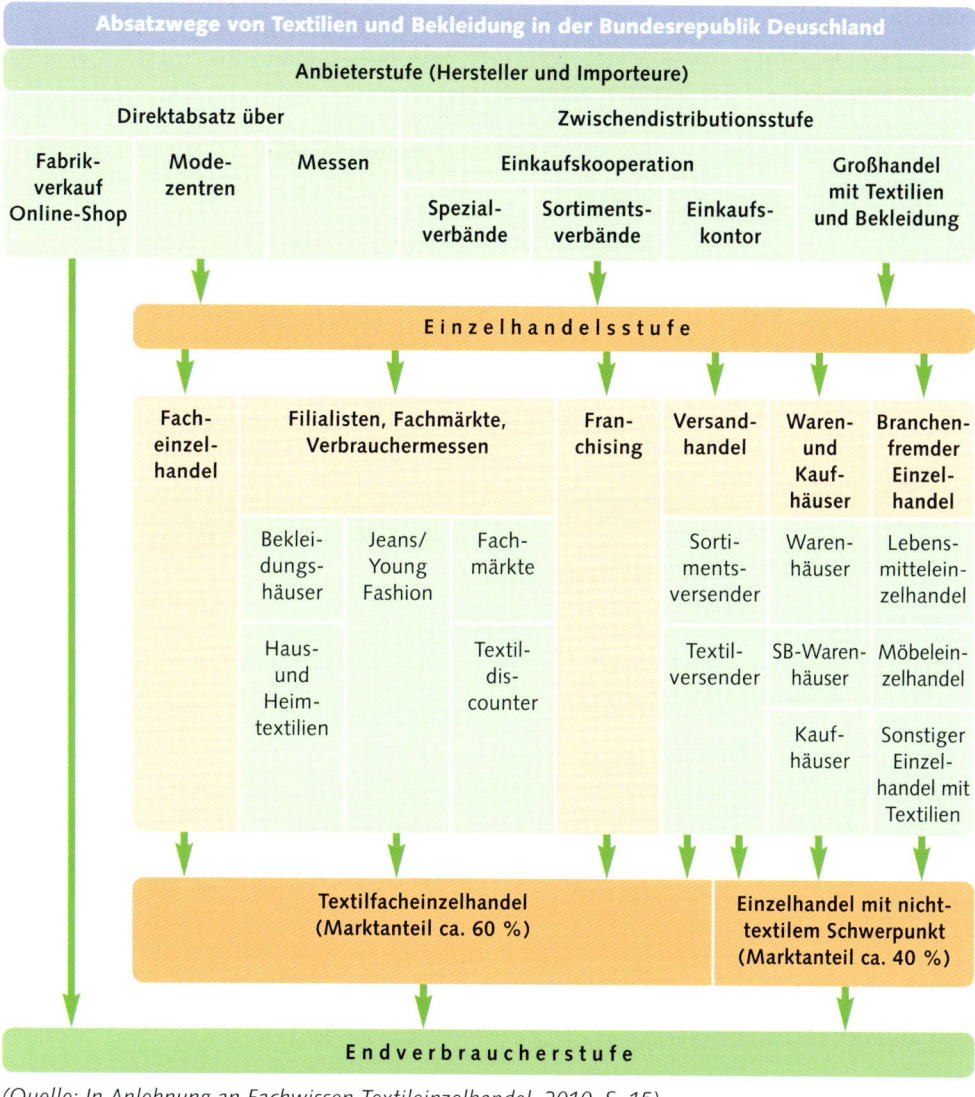

Absatzwege von Textilien und Bekleidung in der Bundesrepublik Deuschland

Anbieterstufe (Hersteller und Importeure)

(Quelle: In Anlehnung an Fachwissen Textileinzelhandel, 2010, S. 15)

▶ Großhandel

Großhandel im funktionellen Sinne liegt vor, wenn Marktteilnehmer Güter, die sie in der Regel nicht selbst be- oder verarbeiten, vom Hersteller oder anderen Lieferanten beschaffen und an Wiederverkäufer, Weiterverarbeiter, gewerbliche Verwender oder an sonstige Institutionen , soweit es sich nicht um private Haushalte handelt, absetzen *(Quelle: Katalog E, 2006, S. 35)*. Grundsätzlich lässt sich der Großhandel in den **Produktionsverbindungshandel** und den **Konsumgütergroßhandel** unterscheiden. Im Produktionsverbindungshandel werden neben Investitionsgütern vor allem Roh- Hilfs- und Betriebsstoffe sowie Halbfabrikate an solche Unternehmen geliefert, die ihrerseits Güter herstellen. Die folgenden Betrachtungen beziehen sich vornehmlich auf den Konsumgütergroßhandel als Zwischendistributionsstufe von Herstellern zum Endverbraucher.

▇ Basisvertriebsformen im Großhandel mit Konsumgütern

Im Großhandel mit Konsumgütern lassen sich unter der Berücksichtigung der Gesichtspunkte **Transport** und **Sortiment** vier **Grundtypen** unterscheiden.

Übernahme des Transports zum Kunden	Sortimentsumfang:	
	breit:	**schmal:**
ja	Sortiments-Zustellgroßhandel	Spezial-Zustellgroßhandel
nein	Sortiments-Abholgroßhandel	Spezial-Abholgroßhandel

– Sortimentsgroßhandel und Spezialgroßhandel

Sortimentsgroßhändler bieten ihren Kunden ein sehr breites Sortiment. Besonders im Lebensmittelhandel, mit den entsprechenden Rand- und Zusatzsortimenten, findet sich diese Vertriebsform.

> **Beispiel**   Der Rewe-Sortiments-Zustellgroßhandel beliefert die selbstständigen Rewe-Einzelhändler mit dem kompletten Sortiment. Insgesamt werden gut 3.450 Geschäfte aus 30 Lagern in ganz Deutschland beliefert.
> Zu den Sortimentsgroßhändlern zählt auch die Metro mit einem Food-Sortiment von über 17.000 Artikeln mit dem Schwerpunkt im Frische-Bereich. Ihr Nonfood-Bereich umfasst mehr als 30.000 Artikel mit den Schwerpunkten Gastronomie, Haushaltswaren, Bürobedarf und Multimedia.

Spezialgroßhändler führen meist ein schmales und tiefes Sortiment. Bezogen auf die Branche ist jedoch das Sortiment vieler Spezialgroßhändler als breit und tief zu bezeichnen.

> **Beispiel**   Pharmagroßhändler wie die ANZAG (Andreae-Noris Zahn AG, Frankfurt) bieten ihren Kunden Zugriff auf über 130.000 Artikel. Mit 23 Niederlassungen verfügt die ANZAG über eines der dichtesten Niederlassungsnetze aller pharmazeutischen Großhändler in Deutschland. Durch diese flächendeckende Präsenz erfolgt die Auslieferung im Regelfall innerhalb von zwei Stunden. Der ANZAG-Kunde wird mehrmals am Tag beliefert, auch außerhalb der normalen Arbeits- und Geschäftszeiten und am Samstag.

– Zustellgroßhandel und Abholgroßhandel

Der **Zustellgroßhandel** übernimmt den Transport der vom Kunden georderten Waren und liefert sie meist nach einem regelmäßigen Tourenplan an ihn aus. Damit fallen eine Vielzahl logistischer Aufgaben für den Großhändler an. So ist ein eigener Fuhrpark zu unterhalten bzw. werden die Transporte an Speditionen oder Subunternehmer mit eigenen Fahrzeugen vergeben. Auch die Kommissionierung erfolgt durch den Großhändler, wobei modernste Lager- und Kommissioniertechnik zum Einsatz kommt, um einen hohen Servicegrad und eine schnelle Auftragsbearbeitung zu gewährleisten.

Sowohl Sortimentsgroßhändler *(EDEKA, REWE)*, als auch Spezialgroßhändler *(Pharma- und Zeitschriftengroßhandel)* beliefern ihre Kunden direkt.

Beim **Abholgroßhandel**, auch als „Cash- und Carry-Großhandel" bzw. „C&C" bezeichnet, kommt es vor allem auf eine kundengerechte Warenplatzierung an. „Cash & Carry" bedeutet, dass die Kunden ihre Kommission selbst zusammenstellen, bar bzw. mit Karte bezahlen und die Waren mit eigenen Fahrzeugen abtransportieren. Durch den Wegfall logistischer Aufgaben für den Großhändler, besteht häufig ein Preisvorteil gegenüber dem

Foto: Metro Group

Abb. *C&C Markt*

traditionellen Zustellhandel. Zu den weiteren Vorteilen zählen die sofortige Warenverfügbarkeit und lange Öffnungszeiten.

Der Abholgroßhandel bietet sein Sortiment speziellen Zielgruppen an, die vornehmlich aus kleineren Einzelhandelsbetrieben, der Gastronomie und dem Nahrungsmittelhandwerk stammen. Marktführer im Selbstbedienungsgroßhandel ist die METRO Cash & Carry International GmbH, eine Vertriebslinie der METRO Group, dem drittgrößten Handelskonzern Europas.

Sonderformen des Großhandels

Zu den Sonderformen des Großhandels zählt der **Streckengroßhandel.** Dabei handelt es sich um Unternehmen, die Großhandelsfunktionen erfüllen, jedoch dabei auf eine eigene Lagerhaltung verzichten. Sie werden als Vermittler zwischen Herstellern und Abnehmern tätig, allerdings erwerben sie das Eigentum an den gehandelten Waren. Am Transportprozess vom Lieferanten zum Abnehmer sind diese Großhandelsunternehmen aber nicht beteiligt. Der Lieferant des Großhändlers bringt die Ware direkt zum Kunden des Großhändlers. Die Verrechnung erfolgt ausschließlich über den Streckengroßhändler.

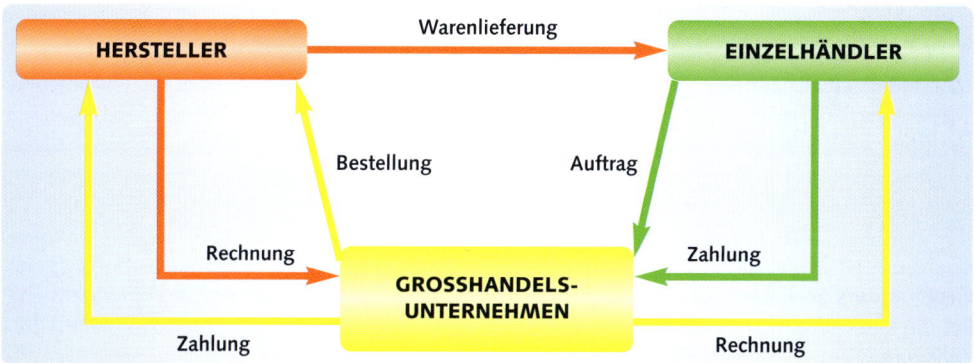

Abb. *Ablauf eines Streckengeschäfts*

Eine Sonderform des Sortimentszustellgroßhandels ist der **Großverbraucher-Zustellservice**. Abnehmer dieser Lieferanten sind Großverbraucher *(Gastronomie und Hotellerie, soziale Einrichtungen und Betriebsverpflegung)*.

> **Beispiel** Der REWE-Großverbraucher-Service beliefert seine Systemkunden nicht nur mit einem umfassenden Lebensmittelsortiment, sondern auch zusätzlich mit allen zum Standard gehörenden Gebrauchs- und Verbrauchsgütern. Über Außendienstmitarbeiter werden vor Ort Beratungen „rund um die Küche" sowie Schulungen zu aktuellen Themen der Speisezubereitung durchgeführt.

Der **Rack-Jobber** (Regal-Großhändler) ist eine weitere **Sonderform** des **Sortimentszustellgroßhandels**. Einem Rack-Jobber wird innerhalb eines Handelshauses Verkaufsraum oder Regalfläche zur Verfügung gestellt. Er kann dort auf eigene Rechnung Waren verkaufen, die im Regelfall das angebotene Sortiment des Handelshauses ergänzen. Der Einzelhändler erhält für die Bereitstellung der Verkaufsfläche eine Vergütung, die auch das Inkasso mit einschließt. Der Regal-Großhändler kann in erheblichem Maß sein Marketingkonzept, ohne Einfluss anderer Vertriebspartner, bis zum Endverbraucher durchsetzen. Er bestimmt das Sortiment, die Präsentation und die Preise. Zu seinen Aufgaben gehört auch die Pflege der Sortimente in den Regalen.

> **Beispiel**   Eine der größten Rack-Jobber ist die Firma WENCO aus Mettmann. Das WENCO-Sortiment ist in die Warengruppen Haushaltwaren, Kurzwaren, Haarschmuck, Schreib- und Papierwaren und Spielwaren unterteilt. WENCO beliefert (außer Aldi) die wichtigsten und größten Handelsunternehmen in Deutschland.
> Eine bedeutende Rolle spielen Rack-Jobber auch im Buchhandel. Sie bestücken Regale in Waren- und Kaufhäusern sowie in Super- und Verbrauchermärkten mit Büchern, meist als Taschenbuch aus den Bereichen Unterhaltungsliteratur, Koch- und Kinderbücher.

Bedeutung des Großhandels als Distributionspartner

Für Hersteller und Abnehmer wird die **Einschaltung** des Großhandels im Distributionsprozess immer dann vorteilhaft sein, wenn eine Eigenerstellung der Distributionsleistungen mit einem zu großen Aufwand an Zeit, Personen und Kosten verbunden ist.

Die folgende Übersicht beschreibt die **Vorteile**, die Hersteller und Abnehmer im Großhandel als Zwischendistributionsstufe sehen.

Leistungen des Großhandels für	
Hersteller	**Abnehmer**
• Übernahme logistischer Aufgaben, • größere Kundennähe, • umfassende Marktbearbeitung, • Übernahme von Serviceaufgaben, • Kostenreduzierung durch höhere Absatzmengen als an Endkunden.	• Bedarfsgerechte Vorsortimentierung, • Sortimentsberatung, • Risikoübernahme durch Gewährung längerer Zahlungsziele, • hohe Lieferbereitschaft durch umfangreiche Lagerhaltung.

Allerdings ist branchenübergreifend seit mehreren Jahren ein **Trend** zur **Ausschaltung** des **Großhandels** als Distributionsstufe zu bemerken. Die Hersteller übernehmen in vielen Fällen die klassischen Großhandelsfunktionen, um durch die eingesparte Handelsspanne des Zwischenhändlers einen höheren Ertrag erzielen zu können. Viele Großhandelsunternehmen haben aber auch deshalb aufgeben müssen, weil in bestimmten Branchen die Zahl ihrer Kunden dramatisch abgenommen hat. So haben z. B. im Textilhandel Tausende von kleinen Händlern in den letzten Jahren ihre Betriebe aufgegeben. Gerade diese Kleinbetriebe bezogen aber zum größten Teil ihre Ware über regionale Großhändler. Dieses Ladensterben blieb nicht ohne Auswirkung auf die Zahl der Textilgroßhändler. Eine nach wie vor **große Bedeutung** spielt der **Großhandel** als Partner des Handwerks *(Baustoff-, Sanitär-, Elektrogroßhandel)*.

▶ Einzelhandel

Einzelhandel im funktionellen Sinne liegt vor, wenn Marktteilnehmer Güter, die sie in der Regel nicht selbst be- oder verarbeiten (Handelswaren) von anderen Marktteilnehmern beschaffen und an private Haushalte absetzen *(Quelle: Katalog E, 2006, S. 41)*.

Der **Einzelhandel** ist die klassische **letzte Distributionsstufe** im Bereich der Konsumgüter zwischen Hersteller und Endverbraucher und nimmt im Distributionsprozess eine herausragende Stellung ein. Eine aus Sicht der Hersteller vorteilhafte Gestaltung der Hersteller-Händler-Beziehung macht es notwendig Marketingaktivitäten zu entwickeln und zu gestalten, damit die eigene Position im Absatzkanal nachhaltig verbessert und gestärkt wird.

Solche Marketingstrategien sind für Hersteller in Zeiten eines sich stetig verschärfenden horizontalen Wettbewerbs von existenzieller Bedeutung; kommt es doch darauf an, sich gegenüber den Mitbewerbern so zu positionieren, dass man von den Handelspartnern als „bevorzugter Lieferant" eingestuft wird.

Ohne genaue Kenntnisse der Handelsstrukturen und der jeweils aktuellen Entwicklungen und Tendenzen, ist ein erfolgreiches Marketing im Rahmen der Vertriebspolitik unmöglich. **Vertriebsstrategien,** wie intensive, selektive oder exklusive Distribution oder umfangreiche Schulungsmaßnahmen der Verkäufer vor Ort, sind gestalterische Elemente eines handelsbezogenen Marketings.

Infobox

Im Handel liegt der Wandel, oder die „Dynamik der Betriebsformen"

Wie kaum ein anderer Wirtschaftszweig unterliegt der Einzelhandel einem ständigen Wandel (Dynamik der Betriebsformen). Um sich den sich veränderten Marktgebenheiten anzupassen, entstehen innerhalb kurzer Zeit immer wieder neue Formen und Vertriebskonzepte im Einzelhandel.

Mit **Trading Up** Maßnahmen **(Focus: Image)** kommt es einer qualitativen Verbesserung des Leistungsangebotes durch Anheben der Standards beim Sortiment, der Ausstattung, des Personals und durch das Anbieten zusätzlicher Serviceleistungen *(Galeria-Konzept von Kaufhof)*.

Beim **Trading-Down (Focus: Preis)** sollen vor allem Kosten reduziert werden *(kostengünstige Standortwahl, einfachere Geschäftsausstattung, weniger Verkaufsberater, schlichtere Warenpräsentation, geringere Sortimentsbreite und / oder -tiefe, reduzierte Warenqualität)*. Ein auf eine ganze Branche bezogenes Trading-Down fand z. B. in der Drogeriebranche statt. Die traditionelle klassische Drogerie wurde nahezu völlig durch Drogeriemärkte *(Schlecker)* verdrängt.

Ein dritter, seit längerem festzustellender Trend, ist das **Side-Trading (Focus: Kundenorientierung).** Dabei passt sich der Handel an sich verändernde Bedürfnisse einer Zielgruppe an, gewissermaßen „entwickelt" man sich mit dieser Kundengruppe. Ein Beispiel ist die Professionalisierung bei der Ausrüstung *(Material, Kleidung, Zubehör)* im Fahrradhandel. Viele Kunden orientieren sich bei ihren Kaufabsichten an den Profirennfahren und wünschen ein entsprechendes Angebot.

Ein weiteres Beispiel sind die gestiegenen Ansprüche von „Heimwerkern" an Qualität und Leistung. Gab man sich zu Anfang der „Do-it-yourself Bewegung" noch mit relativ einfachen und preisgünstigen Geräten zufrieden, sind heute semiprofessionelle Geräte Standard. Hersteller und Handel haben auf diese Wünsche durch Schaffung und Vertrieb neuer Produktlinien reagiert.

Ein vierter Trend, der die Handelslandschaft maßgeblich prägt, ist die **Zweiteilung** in **Versorgungshandel** einerseits und **Erlebnishandel** andererseits. Der Versorgungshandel zeichnet sich durch ein Angebot an problemlosen, selbsterklärenden Produkten mit dem Preis als Hauptargument für den Verkauf aus. Beim Erlebnishandel ist die gesamte Geschäftspolitik darauf ausgerichtet, das Sortiment als etwas Besonderes darzustellen und durch das Anbieten zusätzlicher Serviceleistungen eine einzigartige Stellung zu erlangen. Im Mittelpunkt der Verkaufspolitik stehen Qualität und Image als Hauptargumente sowie die Vermittlung von Freude am Einkauf durch ein anregendes Verkaufsumfeld mit einer attraktiven Warenpräsentation und hoher Verkaufskompetenz der Verkaufsberater.

Vertriebsformen des Einzelhandels

Die unterschiedlichen **Ausprägungen** der Handelsunternehmen lassen sich nach der Sortimentsdimension (breit / eng und tief / flach) sowie der Sortimentstruktur, Verkaufsform und der Verkaufsfläche systematisieren[1].

– Gruppe I → Merkmal Sortimentsdimension

Fachgeschäft und Spezialgeschäft

Foto: J. Beck

Fachgeschäfte sind Betriebe mit einem breit und tief gegliederten Sortiment einer bestimmten Branche oder Bedarfsgruppe. Sie bieten in vielen Branchen häufig noch eine Fremdbedienung und profilieren sich durch umfangreiche Dienst- und Serviceleistungen. Sie zeichnen sich durch ein mittleres bis gehobenes, in manchen Fällen auch hohes, Preisniveau aus. Der Standort befindet sich in vor- und innerstädtischen Zentren sowie in Einkaufszentren. Die Ladeneinrichtung wird oft sehr individuell gestaltet und reicht von einfach, bis zu modernstem und luxuriösestem Design *(Textilfachgeschäft, Sportfachgeschäft, Feinkostgeschäft)*. Das **Spezialgeschäft** ist eine Sonderform des Fachgeschäfts und beschränkt sein Sortiment auf einen Ausschnitt eines Fachgeschäfts, ist aber tiefer als jenes gegliedert *(„Die Käsetheke",* *„Surf and Snow")*.

Waren- und Kaufhaus

Foto: Metro Group

Warenhäuser sind Großbetriebe, die, insbesondere in Citylagen, Waren aus mehreren Branchen – neben Textilien, Bekleidung und Schuhen – fast immer auch Lebensmittel anbieten *(Karstadt, Kaufhof)*. Der bevorzugte Standort waren lange Zeit die Stadtkerne von Großstädten. Aber auch in kleineren Städten gibt es Filialen dieser Handelskonzerne, die aber nicht die Sortimentsbreite und -tiefe, wie die großen „Flaggschiffe" erreichen. Große Warenhäuser haben ein Sortiment, das bis zu 300.000 Artikel umfassen kann. Die Zusammenfassung des Warenangebotes unter einem Dach und dessen attraktive und zum Teil luxuriöse Präsentation übt eine starke Anziehungskraft auf große Teile der Bevölkerung aus. Allerdings wird die einst starke Marktposition der Warenhäuser durch das vermehrte Auftreten von Verbrauchermärkten, SB-Warenhäusern und Einkaufszentren angegriffen. Daher versuchen die Warenhauskonzerne sich nicht in erster Linie über den Preis, sondern durch große Auswahl in zahlreichen Fachabteilungen, moderne und anziehende Ladengestaltung sowie ein reichhaltiges Serviceangebot *(Gastronomie, Frisör, Reise)* zu profilieren. Einkaufen soll so zum Erlebnis werden *(Themenhauskonzept der Karstadt AG, Galeria-Konzept bei Kaufhof)*.

---

[1] vgl. dazu ausführlich OEHME, 2001, S. 328 ff. sowie BECK u. a. 2010, S. 87 ff.

Kaufhäuser sind den Warenhäusern verwandte Einzelhandelsbetriebe. Ihr Sortiment umfasst nicht so viele Warengruppen, ist jedoch auch tief ausgeprägt und es fehlen Lebensmittelabteilungen. Kaufhäuser finden sich besonders im Bereich Bekleidung und Textilien *(C&A, Peek u. Cloppenburg)*. Auch die großen Möbelhäuser mit Verkaufsflächen bis zu 70.000 m² können als Kaufhäuser bezeichnet werden *(Walther AG, Möbel Inhofer, XXXLutz)*. Die Standorte sind im textilen Bereich in den Innenstädten, während die Möbelkaufhäuser, wegen ihrer Abholmärkte, reichlich Parkplätze benötigen und sich daher meist am Stadtrand befinden.

– Gruppe II → Merkmal Sortimentstruktur und Verkaufsform

Supermarkt

Supermärkte sind Einzelhandelsbetriebe, die in der Form der Selbstbedienung auf einer Verkaufsfläche von mindestens 400 m² neben einem vollen Lebensmittelsortiment auch ergänzende problemlose Waren des täglichen Bedarfs anbieten. Haupt- und Nebenstraßen der Städte sind der bevorzugte Standort für einen Supermarkt. In geschlossenen Wohngebieten finden sich diese Märkte in Nachbarschaftszentren, in denen sich mehrere Einzelhandelsbranchen zusammenfinden. Aber auch Einkaufszentren sind ein gut geeigneter Standort. Bei den Supermärkten werden zwei Haupttypen unterschieden:

Servicesupermarkt → Eine oder auch mehrere Bedienungsabteilungen, stilvolle Ladeneinrichtung, umfassendes Frischesortiment. Neben dem Warenkauf gewinnt der „Verzehr vor Ort" an Bedeutung *(Stehkaffee, „heiße Theke")*.

Diskontsupermarkt → Reine Selbstbedienung, einfache Ladengestaltung und ein sehr begrenztes Frischesortiment. Eine klare Abgrenzung zu Discountgeschäften ist nicht möglich.

Verbrauchermärkte und Selbstbedienungs-Warenhäuser

Foto: Metro Group

Verbrauchermärkte (ab 1.500 m² Verkaufsfläche) und die aus ihnen hervorgegangenen **SB-Warenhäuser** (ab 3.000 m² Verkaufsfläche) sind **Großraumläden** mit einem umfassenden Lebensmittel- und darüber hinaus einem Warenhaus ähnlichen Non-Food-Sortiment zu aggressiven Preisen. Es herrscht das Selbstbedienungssystem vor. SB-Warenhäuser haben nicht nur mehr Fläche, sondern zeichnen sich i. d. R. auch durch eine bessere Ausstattung und Warenpräsentation aus. Besonders bei größeren SB-Warenhäusern wird viel Wert auf Dienstleistungs- und Serviceangebote gelegt. So erhöhen z. B. Banken, Restaurants, Reinigungen, Frisöre und Reisebüros die Attraktivität dieser Handelsbetriebe für den Kunden *(E-Center, Kaufland)*. Mit zunehmender Fläche steigt jeweils der Non-Food-Anteil am Sortiment. Verbrauchermärkte und SB-Warenhäuser befinden sich nicht nur „auf der grünen Wiese", sondern auch in innerstädtischen Lagen, wobei eine ausreichende Zahl an Parkmöglichkeiten gewährleistet sein muss.

Discounter (Diskontgeschäft)

Discounter *(Aldi, Lidl, Norma)* sind kleine bis mittelgroße Handelsbetriebe, die Lebensmittel – und in einem beschränkten Umfang auch Non-Food-Artikel – zu besonders günstigen Preisen nach dem Prinzip der Selbstbedienung anbieten. Service, Ladenausstattung und Warenpräsentation spielen keine nennenswerte Rolle (Verkauf aus dem Karton). Das Sortiment ist breit und flach. Ein typisches Kennzeichen für diese Betriebsform ist der hohe Werbeaufwand mit einer Vielzahl an Sonderangeboten. Um das niedrige Preisniveau gewährleisten zu können, sind große Einkaufsmengen bei den Herstellern Voraussetzung. Deshalb wird das Discountgeschäft fast ausschließlich von großen Einzelhandelsunternehmen nach dem Filialprinzip betrieben. Discountgeschäfte finden sich

Foto: J. Beck

in innerstädtischen Zentren, an Einkaufszentren angegliedert und wegen der günstigen Parkmöglichkeiten auch in Stadtrandgebieten, wobei günstige Ladenmieten eine wesentliche Rolle spielen.

Fachmärkte

Fachmärkte ähneln im Sortiment den Fachgeschäften, aber hinsichtlich der aggressiven Preispolitik, der Anwendung des SB-Prinzips und der besonders für Autokunden attraktiven Standorte, den Verbrauchermärkten. Die Verkaufsflächen sind meist ebenerdig und die Ladeneinrichtung einfach.

Serviceorientierte Fachmärkte bieten zusätzlich ein umfangreiches Angebot an Dienstleistungen, während der discountorientierte

Foto: Metro-Group

Fachmarkt zugunsten niedrigerer Preise darauf verzichtet. Der Standort befindet sich, je nach Sortiment, am Stadtrand *(Baumärkte)* oder in der Innenstadt *(Drogeriefachmärkte)*. Oft sind Fachmärkte räumlich an ein Einkaufszentrum angebunden. Werden Waren aus mehreren Branchen angeboten, spricht man von einem **Mehrfachmarkt**; wird dagegen das Sortiment sehr eng gehalten *(Fliesen- oder Holzmarkt)*, spricht man von einem **Spezialfachmarkt**.

Beispiel	für Fachmärkte nach Bedarfsbereich und Kundengruppen:
Bedarfsbereich	→ – Baumärkte *(OBI, Praktiker)*,
	– Bekleidungsmärkte *(Adler)*,
	– Drogeriemärkte *(DM-Drogerie, Rossmann)*
	– Garten-Center,
	– Autozubehörmärkte *(Auto-Teile-Unger)*,
	– Märkte für Unterhaltungselektronik *(Mediamarkt, Saturn)*,
	– Getränkeabholmärkte.
Kundengruppen	→ – Ostasienmarkt,
	– Spielwarenfachmarkt *(TOYS"R"US)*,
	– Möbelmarkt mit Waren im skandinavischen Stil.

Fachmärkte bilden eine besonders dynamische Betriebsform, die überdurchschnittlich zunehmen wird. Das Fachmarktkonzept ist praktisch auf jede Branche anwendbar und als Träger kommen sowohl Fachgeschäftsinhaber, aber auch Filialunternehmen und Verbundgruppen in Frage, was zu einem noch schärferen Wettbewerb führen wird.

Kleinbetriebsformen

Gemischtwarengeschäft (Nachbarschaftsgeschäft)

Es dient zur Deckung des kurz- und mittelfristigen Bedarfs und orientiert sich an den Kaufgewohnheiten eines engen und abgegrenzten Einzugsbereichs (hoher Stammkundenanteil). Das Sortiment ist breit und flach. Man kann ein Gemischtwarengeschäft als „kleines Warenhaus" bezeichnen. Meist befindet es sich in ländlichen Gegenden oder Kleinstädten. Das Preisniveau ist ziemlich hoch. Daher werden sich Gemischtwarengeschäfte wohl nur dort halten, wo es für Mitbewerber mit günstigerer Preisgestaltung uninteressant ist zu investieren. Gemischtwarengeschäfte, die sich bei der Sortimentsgestaltung auf Lebensmittel und einen sehr begrenzten Non-Food-Bereich beschränken, haben bessere Überlebenschancen. Sie haben sich meist einer Verbundgruppe *(Freiwillige Kette, Einkaufsverband)* angeschlossen und können so die Preisvorteile, durch Warenbezug in großen Mengen bei der Verbundgruppe, an die Kunden weitergeben.

Convenience Store (convenience = Bequemlichkeit)

Diese Betriebsform ist ein moderner „Tante Emma-Laden". An Standorten mit hoher Verkehrsfrequenz (Tankstellen, Bahnhöfe, Flughäfen) bietet er ein breites, flaches Sortiment

Foto: Aral AG

für den täglichen Bedarf auf einem relativ hohen Preisniveau. Viele Tankstellen erzielen mit dem Shop-Geschäft mehr Umsatz, als mit dem Verkauf von Mineralölprodukten. Die „bequeme" Art des Einkaufs besteht nicht nur in autokundenorientierten Standorten, sondern auch darin, dass für diese Betriebe das Ladenschlussgesetz nicht in vollem Umfang gilt und so in einigen Fällen ein Einkauf „rund um die Uhr" möglich ist.

Boutique

Die Boutique ist ein zumeist kleiner Einzelhandelsbetrieb, der ein begrenztes, auf die jeweilige Kundengruppe ausgerichtetes, Sortiment anbietet. Meist sind es modische Waren aus den Bereichen Bekleidung, Schmuck und Wohnungseinrichtung. Boutiquen finden sich auch als Fachabteilungen in Waren- und Kaufhäusern.

● Bedeutung des Einzelhandels als Distributionspartner für Hersteller

Durch den immer stärker fortschreitenden **Konzentrationsprozess** im Einzelhandel (Im Jahr 2006 sind über 30.000 Einzelhandelsbetriebe aus dem Markt geschieden), sehen sich viele Hersteller sehr starken Handelsorganisationen gegenüber, die aufgrund ihrer Marktmacht erheblichen Einfluss auf die Gestaltung der Verkaufskonditionen ausüben. So entfallen zz. über 80 % des Umsatzes im deutschen Lebensmittelhandel auf nur zehn Großunternehmen. Allerdings sind auch die Hersteller nicht ganz unschuldig an dieser Verschiebung der Markseitenverhältnisse. Durch ihre großzügige Rabattpolitik gegenüber Großabnehmern begünstigten sie das stetige Wachstum von Verbundgruppen, die ihrerseits nun wieder über eine erhebliche Einkaufsmacht verfügen.

Wollen Hersteller beim Listen ihrer Produkte im Handel nachhaltig erfolgreich sein, müssen sie von der lange gepflegten Einstellung „wir produzieren und liefern, ihr Einzelhändler verkauft" Abschied nehmen. Die **Zukunft** gehört **vertikalen Kooperationsformen** zwischen Herstellern und Händlern mit dem Ziel, dass die gesamte Wertschöpfungskette, von der Produktion über die Zwischendistribution bis zum POS, einheitlich geplant, koordiniert und gesteuert wird (vgl. dazu AHLERT, 1999, S. 334 ff.).

Infobox

Marktanteile im Einzelhandel

Verbrauchermärkte und SB-Warenhäuser konnten ihren Anteil am Einzelhandelsumsatz von 1995 bis zum Jahr 2000 von 17,5 auf 21 Prozent ausweiten. Einen Sprung nach vorn machten auch die Fachmärkte. Sie legten in den fünf Jahren von 13,8 auf 14,9 Prozent zu. Verlierer waren die traditionellen kleinen und mittleren Fachgeschäfte, deren Umsatzanteil von 36,1 auf 31,6 Prozent schrumpfte. Auch die Zukunft sieht für sie nicht gerade rosig aus. Für das Jahr 2005 prognostiziert das Münchner ifo Institut einen Marktanteil von nur noch 27,7 Prozent. Weiter wachsen wird dagegen der Anteil der Verbrauchermärkte und SB-Warenhäuser sowie der Fachmärkte und Filialisten.

Handel im Wandel
Marktanteile im Einzelhandel in Deutschland in %

	1995	2000	2005* Schätzung
Versandhandel	5,5	6,0	6,3
Kleine u. mittlere Fachgeschäfte	36,1	31,6	27,7
Filial-Fachgeschäfte	21,8	21,8	22,7
Warenhäuser	5,3	4,7	4,8
Fachmärkte	13,8	14,9	16,5
Verbrauchermärkte, SB-Warenhäuser	17,5	21,0	22,3

G 8581 © Globus   Quelle: ifo   *rundungsbedingt über 100

3.4.5 Management der Vertriebskanäle

Damit ein Hersteller seine Marketingstrategie erfolgreich umsetzen kann, ist er bei der Entscheidung für eine indirekte Distribution über den Handel auf dessen **Kooperation** angewiesen. Je ungünstiger die Marktseitenverhältnisse für den Hersteller sind, desto wichtiger ist es für ihn eine aktive Rolle bei der Gestaltung der Zusammenarbeit zu spielen um mögliches Konfliktpotenzial zu minimieren.

▶ Zielkonflikte zwischen Hersteller und Händler

Die Abbildung zeigt typische **Zielkonflikte** zwischen Herstellern und Händlern bei der angestrebten Verwirklichung ihrer jeweiligen Marketingstrategie.

Marketingstrategische Ziele		
aus Herstellersicht		**aus Händlersicht**
• Ständige Produktinnovationen,	⟷	• Listung neuer Produkte nur bei Aussicht auf Markterfolg,
• Distribution des gesamten Produktionsprogramms,	⟷	• Bildung kundenspezifischer Sortimente,
• fortlaufender Absatz großer Mengen,	⟷	• bedarfsorientierte Lieferung auch in kleinen Mengen,
• Verlagerung der Serviceleistungen an den Handel,	⟷	• erwartete Serviceleistungen durch den Hersteller,
• Markenimage im Vordergrund,	⟷	• Imagebildung für die eigenen Einkaufsstätten,
• Preisbildungsführerschaft,	⟷	• Einfluss auf Konditionen,
• Herausgehobene Platzierung der eigenen Produkte.	⟷	• Platzierung gemäß unternehmenseigener Konzeption.

(Quelle: in Anlehnung an BECKER, 2002, S. 595)

▶ Vertikales Marketing

Vertikales Marketing bedeutet kooperative Gestaltung der Beziehungen zwischen Herstellern und Handel. Dabei sind **herstellerintegrierte** *(Zara, Hennes & Mauritz)* und vertikal **nicht integrierte Systeme** *(Vertragshändler, Franchisenehmer)* anzutreffen.

In vertikalen Marketingsystemen handeln die Distributionspartner *(Hersteller, Großhandel, Einzelhandel)* als einheitliches System (vgl. dazu KOTLER / ARMSTRONG / SAUNDERS / WONG, 2003, S. 1021 ff.). Hauptziel ist es für alle Beteiligte „Win-Win-Situationen" zu schaffen. Einmal durch die **Vermeidung** von **Konflikten** im Distributionskanal, dann durch die **Nutzung** gemeinsamer **Ressourcen** und nicht zuletzt, um durch gemeinsam organisierte **endkundengerichtete Marketingmaßnahmen** Markterfolge zu erzielen *(Sprungwerbung von Herstellern, Sonderkonditionen für Händler, gemeinsame Verkaufsförderungsmaßnahmen)*.

| **Fallbeispiel** | H&M – ZARA – Pimkie und Co. – Erfolg durch vertikales Marketing in Filialsystemen |

Welchen Vorteil vertikale Marketingstrukturen bedeuten, zeigt der überdurchschnittliche Erfolg der voll vertikal integrierten Filialisten im Bekleidungshandel. Äußerlich zeigt sich dies am Erscheinungsbild vieler 1A Lagen in den Großstädten, die weitestgehend von Bekleidungsfilialisten dominiert werden und die inhabergeführten Häuser aus den Innenstädten fast verdrängt haben.

Die Systemfilialisten gestalten und organisieren die gesamte Lieferkette (Supply-Chain-Management) selbst. Design, Beschaffung der Stoffe, Produktion der Kollektionen, Transport und Präsentation der Ware in der Filiale, alles vollzieht sich in Eigenregie. So sind bei H&M über 600 Mitarbeiter in Produktionsbüros weltweit tätig, um mit fast 1.000 Herstellern die Produktion von über 500 Millionen Textilien zu organisieren. Über Daten aus dem Abverkauf wird die Produktion gesteuert, das reduziert erheblich die Kapitalbindungskosten und ermöglicht außerdem ein schnelles und äußerst flexibles Reagieren auf Kundenwünsche (Efficient-Consumer-Response).

ZARA betrachtet Mode als etwas „interaktives", d. h. eine konstante Reaktion auf die Wünsche seiner Kunden und deren Akzeptanz auf die präsentierten Kollektionen. Diese Unternehmensphilosophie führt dazu, dass ZARA z. B. zweimal die Woche Teile seines Sortiments austauscht, während H&M nahezu jeden Monat im hochmodischen Bereich eine neue Kollektion anbietet.

Strategien innerhalb des vertikalen Marketings

Die **Steuerung** des **Wertschöpfungsprozesses** kann in vertikal determinierten Systemen nach zwei **Grundprinzipien** erfolgen:

1. Pull-Strategie → Der Hersteller kommuniziert direkt mit dem Endkunden und baut somit Präferenzen für seine Produkte auf. Dies führt zu Nachfragesteigerungen beim Käufer und zwingt den Distributionspartner die Artikel in seinem Sortiment zu listen. Die Produkte werden über die Kundennachfrage gewissermaßen in den Absatzkanal „**hineingezogen**".

2. Push-Strategie → Der Hersteller übt Einfluss auf den Distributionspartner aus, indem er durch besondere Vergünstigungen *(Konditionen, Ver-*

kaufsförderungsmaßnahmen) den Händler animiert, seine Produkte ins Sortiment aufzunehmen und den Verkauf zu fördern. Bei dieser Strategie wird das Produkt durch den Absatzkanal zum Kunden **„gedrückt"**.

In der Textil- und Bekleidungsbranche ist der Grad der Integration der verschiedenen Vertriebsstufen am weitesten fortgeschritten. In anderen Branchen dominiert noch eine mehr oder weniger intensiv gestaltete Kooperation auf Grund vertraglicher Bindungssysteme. Es deutet sich jedoch auch hier ein Paradigmenwechsel in der Betrachtung der Wertschöpfungskette an: Ausgangspunkt aller unternehmerischen Aktivitäten ist die intensive Erforschung der Kundenzielgruppen mit ihren jeweiligen Nutzenvorstellungen. Darauf bauen dann alle weiteren Prozesse bis zur Produktion auf (Category Management).

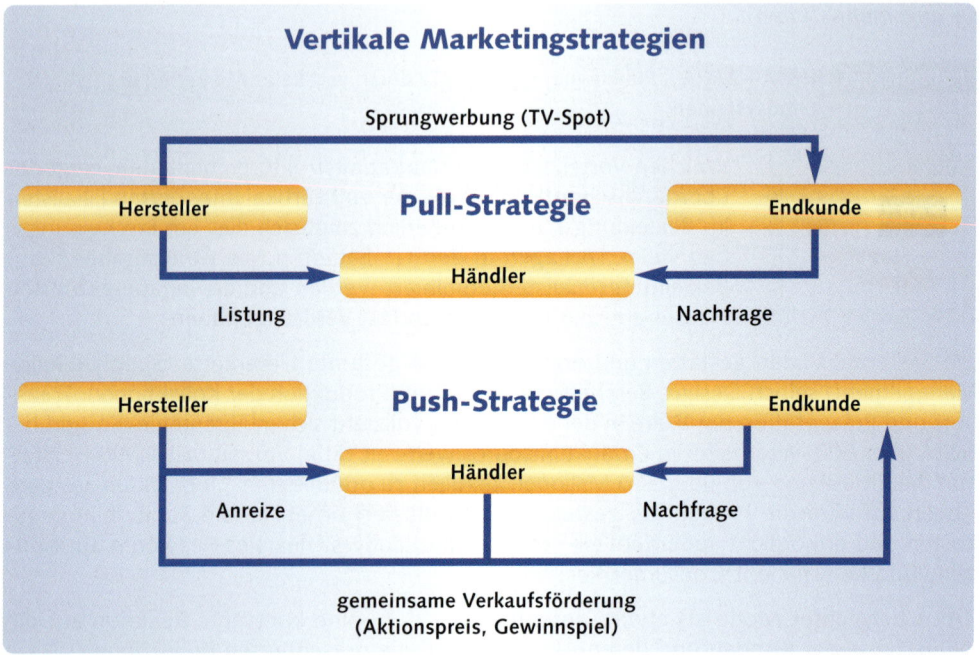

Anzahl der Vertriebspartner

Bei der Entscheidung, wie viele Vertriebspartner die Produkte am Markt anbieten sollen, lassen sich drei Strategien unterscheiden (vgl. KOTLER, ARMSTRONG / SAUNDERS / WONG, 2003, S. 1045 ff.)

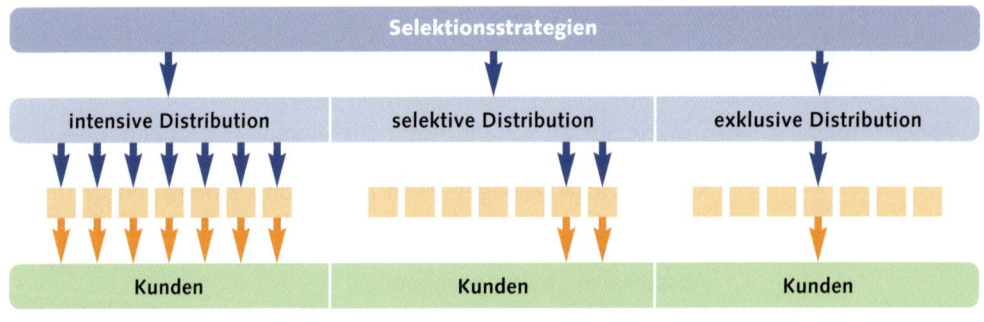

Abb. *Breite des Distributionssystems, (* *= Absatzpartner)*

Bei der **intensiven Distribution** bemüht sich der Hersteller, so viele wie mögliche Absatzmittler mit dem Verkauf seiner Produkte zu betrauen. Für den Endkunden gibt es keinen erhöhten Beschaffungsaufwand, da er diese Artikel nahezu überall erwerben kann **(Ubiquität / Überallerhältlichkeit)**. Es handelt sich meist um Artikel des täglichen Bedarfs, wie Süßigkeiten, Zigaretten, Zeitschriften u. a. Die Marktpräsenz und der Wettbewerb sind hoch, was in vielen Fällen zu umfangreichen kommunikationspolitischen Maßnahmen der Hersteller führt.

Vorteilhaft bei der intensiven Distribution ist das hohe Maß an Spontan- und Wiederholungskäufen, **nachteilig** wirkt sich jedoch die geringe Kontrolle des Lieferanten auf die Vermarktung seines Angebotes aus. Eine intensive Distribution bedarf erheblicher logistischer Anstrengungen. Das bedeutet u. U. eine erhöhte Kapitalbindung durch die Gewährung eines hohen Servicegrades den Abnehmern gegenüber sowie den Aufbau und die Unterhaltung aufwändiger Zustellsysteme.

Für die **selektive Distribution** ist typisch, dass ein Hersteller seine Produkte über ausgewählte Partner vertreibt, die seinen besonderen Anforderungen genügen *(bestimmte Umsatzhöhe, Beratungskompetenz, Standort)*. Der Hersteller behält in weiten Bereichen „das Heft in der Hand". Selektiven Vertrieb findet man bei relativ hochwertigen und / oder modischen Gebrauchsgütern *(Unterhaltungselektronik, Einrichtungsgegenstände, Kosmetik, Uhren, Textilien)*.

> **Beispiel** Produkte der WMF können in Stuttgart außer im eigenen WMF-Shop bei weiteren zehn Handelsunternehmen gekauft werden.

Exklusivvertrieb liegt vor, wenn der Hersteller die Zahl seiner Vertriebspartner auf sehr wenige Exklusivhändler begrenzt, die als Alleinanbieter innerhalb eines bestimmten Gebietes (Gebietsschutz) tätig sind. Im Gegenzug für diesen Schutz müssen sich die Händler meist verpflichten, keine Wettbewerbsprodukte in ihrem Sortiment zu führen. An die Partner werden nicht nur sehr hohe Anforderungen gestellt, sondern der Hersteller spricht auch bei der Warenpräsentation „vor Ort" ein gewichtiges Wort mit *(Ladenlayout)*. Der Exklusivvertrieb **sichert** Herstellern in besonders großem Umfang die **Kontrolle** über den Vertrieb seiner Produkte *(Preisgestaltung, Verkaufsförderung)*. Es besteht aber der **Nachteil** einer nur sehr **begrenzten Marktabdeckung**.

Der Exklusivvertrieb findet sich hauptsächlich bei Gütern, die nur aperiodisch oder gar einmalig nachgefragt werden *(Luxusautomobile)* und im Premiumbereich lifestyle-orientierter Gebrauchsgüter *(Designermode, hochwertige Haushaltsgeräte, exklusive Kosmetikprodukte)*.

> **Beispiel** Bentley Automobile können in Baden-Württemberg nur bei einem Händler in Stuttgart erworben werden. Deutschlandweit besteht das Händlernetz nur aus zehn Autohäusern.

Anreize zur Produktlistung

Mithilfe sogenannter **Stimulierungsstrategien** bemühen sich die Hersteller bei den Händlern sowohl eine Listung ihrer Produkte zu erreichen, als auch durch händlerunterstützende Marketingmaßnahmen den Absatz zu fördern.

Zu **monetären Stimulierungsstrategien** zählen vor allem Maßnahmen im Rahmen der Konditionenpolitk (vgl. dazu Kapitel „Der Preis", S. 400). Besondere Bedeutung kommt hierbei der Gewährung von Rabatten und Zahlungszielen zu.

Die folgende Übersicht zeigt, wie vielfältig **Rabatte** als Stimulierungsstrategie eingesetzt werden können.

Rabattarten in Hersteller- / Händlerbeziehungen	
Art	**Erläuterung**
Mengenrabatte →	Preisvergütung für die Abnahme bestimmter Mengen eines Produkts oder mehrerer Produkte. Die Rabattsätze sind um so höher, je größer die Bezugsgröße ist (Rabattstaffel). Der Hersteller spart bei wenigen großen Bestellungen Transport-, Lager-, und Verwaltungskosten.
Umsatzrabatte →	Preisvergütung für das Erreichen einer bestimmten Umsatzhöhe (Bonus). Damit entsteht eine „Sogwirkung" in Form von Mehrbestellungen, um die nächsthöhere Bonusstaffel zu erreichen.
Listungsrabatte →	Anreiz für den Handel, ein bisher nicht geführtes Produkt in das Sortiment aufzunehmen, gleichzeitig eine Risikoprämie für das Absatzrisiko bei neuartigen Produkten.
Sortimentsrabatte →	Vergütung für die Abnahme ganzer Sortimente bzw. Sortimentsteile eines Herstellers. Ebenso ein Ausgleich bei der Listung von Artikeln mit nur geringer Lagerumschlagshäufigkeit (Problem der Kapitalbindung).
Platzierungsrabatte →	Vergütung für das Recht des Herstellers seine Produkte an besonders umsatzträchtigen Regalplätzen zu präsentieren.

Finanzielle Unterstützung erfolgt in vielen Fällen in der Form der sogenannten **Werbekostenzuschüsse**, mit der die Industrie die Handelswerbung unterstützt und durch **Hilfen** bei der Ladengestaltung *(Umbau, Neubau)*.

Nichtmonetäre Anreize bestehen vor allem im Angebot besonderer **Vertriebs- und Serviceleistungen** *(bevorzugte Belieferung, hoher Servicegrad, kulante Retourenregelungen, Schulungen, Einbindung in die Produktentwicklung, Aufbau persönlicher Bindungen zum Hersteller durch regelmäßige Besuche von Werksrepräsentanten oder Einladung zu Werksbesuchen)*.

Gestaltung vertraglicher Vertriebssysteme

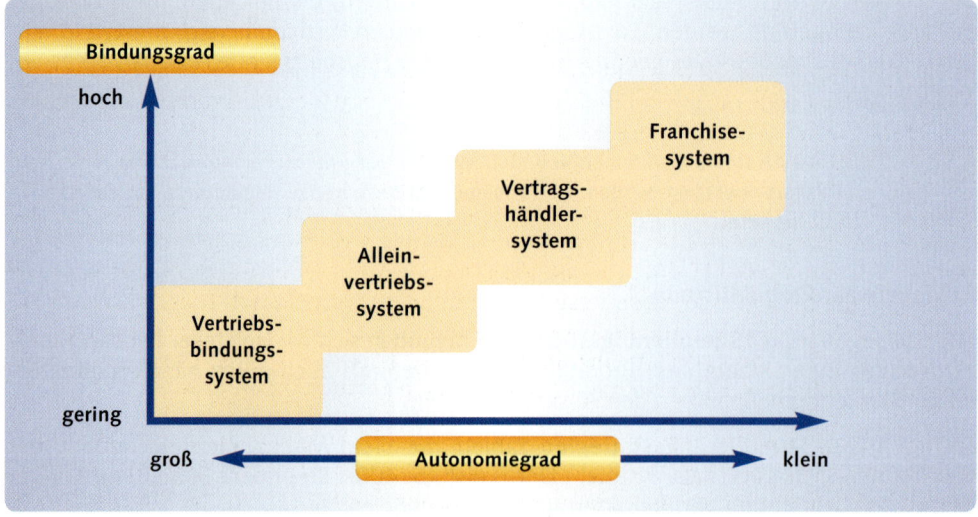

Neben der Bestimmung der Anzahl seiner Handelspartner, ist es für den Hersteller wichtig seine **Kooperationsvereinbarungen** vertraglich abzusichern. Dabei handelt es sich um eine vertikale, auf Dauer angelegte Zusammenarbeit selbstständig bleibender Unternehmen verschiedener Distributionsstufen.

Die Zahl der **Gestaltungsmöglichkeiten** ist groß, sie unterscheiden sich vor allem durch den **Bindungsgrad** an den Hersteller.

– Vertriebsbindungssysteme

Sie dienen zur **Absicherung** eines **Selektivvertriebskonzeptes**. Durch vertragliche Bindungsklauseln verpflichtet z. B. der Hersteller seinen direkten Abnehmer **(Großhandel)** seinerseits nur bestimmte Abnehmergruppen **(Einzelhandel)** oder ausgewählte Firmen zu beliefern. Man will damit erreichen, dass das Leistungsangebot nur solchen Partnern zugänglich gemacht wird, die über vom Lieferanten festgelegte Voraussetzungen verfügen *(Fachkompetenz, Sortiment, Ausstattung, Service)*. Für den Handelspartner ergibt sich u. a. besonders bei beratungsintensiven Produkten der Vorteil, dass es durch die Beschränkung auf ausgewählte Distributoren nicht zum weitverbreiteten „Trittbrettfahrer-syndrom," kommt („der Fachhändler berät und repariert, gekauft wird aber im günstigeren Fachmarkt"). Vertriebsbindungssysteme finden sich hauptsächlich bei Möbeln, Textilien, Kosmetik und Unterhaltungselektronik.

– Alleinvertriebssysteme

Bei ihnen ist die **Vertriebsbindung** noch **stärker** zwischen den Distributionspartnern ausgeprägt. Sie dienen der Durchsetzung des **Exklusivbetriebes**. Neben der an anderer Stelle bereits beschriebenen qualitativen Selektion (vgl. dazu S. 229) spielt die quantitative Selektion, also die Begrenzung auf ein bestimmtes Absatzgebiet, eine maßgebliche Rolle.

Das Absatzgebiet wird in Verkaufsbezirke aufgeteilt und der dort ansässige Händler erhält für diesen Bezirk das Alleinvertriebsrecht. Dafür übernimmt er eine umfangreiche Lagerhaltung des von ihm betreuten Sortiments und garantiert für einen hohen Servicegrad.

Fallbeispiel   **Alleinvertrieb im Pressegroßhandel**

Der deutsche **Pressegroßhandel** repräsentiert mit einem Marktanteil von ca. 54 % den dominierenden Vertriebskanal für Zeitungen und Zeitschriften. Er zeichnet sich in der Ausübung seines aus Artikel 5 des Grundgesetzes abgeleiteten Auftrages, Pressefreiheit und Pressevielfalt zu gewährleisten, durch mehrere Charakteristika aus:

Die Verlage haben die Vertriebsrechte ihrer Objekte jeweils für ein bestimmtes, von ihnen festgelegtes Territorium, in der Regel einem Presse-Grossisten in **Alleinauslieferung** übertragen. Zur Zeit sind dies 80 Unternehmen, die das gesamte Bundesgebiet durch die Belieferung von rund 115.000 Verkaufsstellen mit Presseerzeugnissen versorgen. Jeder Presse-Großhändler hat somit ein festes Gebiet, das nur er beliefert. Dieses Alleinauslieferungsrecht verpflichtet den Presse-Großhändler gleichzeitig, auch Einzelhändler mit äußerst geringem Presseumsatz anzufahren und zu beliefern – selbst wenn dies unrentabel ist. Die Überallerhältlichkeit des Presse-Angebotes ist dadurch garantiert.

Der Presse-Grossist muss sowohl alle Verlage, als auch alle durch ihn belieferten Einzelhändler, prinzipiell gleichbehandeln. Es stellt den **freien Marktzutritt** aller Anbieter sicher. Der Grossist darf nur innerhalb der ihm vom Verlag vorgegebenen Grenzen an **Einzel-**

händler vertreiben. Diese wiederum sind ihrerseits gebietsbezogen tätig und müssen die bundesweit vorgegebenen Erstverkaufstage der Presseerzeugnisse gegenüber den Endverbrauchern einhalten.

Beispiel   **Pressegrossist Umbreit in Bietigheim-Bissingen (Region Stuttgart)**

Das **Exklusiv-Vertriebsgebiet** (s. Abb.) hat eine Fläche von über 6.000 km² mit fast 1.5 Millionen Einwohnern. Zu den Kunden gehören ca. 1.800 Einzelhandelsgeschäfte aus über 30 verschiedenen Branchen. Das Sortiment umfasst ca. 4.000 Ordertitel (Zeitungen, Zeitschriften, Sonderpublikationen, Romane, Comics, Rätsel) und wird von über 160 Verlagen geliefert.

Täglich liefert Umbreit über 250.000 Exemplare an Zeitungen und Zeitschriften an seine Kunden aus.

– Vertragshändlersystem

Ein **Vertragshändler** hat das Recht, die vom Vertragspartner hergestellten und vertriebenen Produkte im eigenen Namen und auf eigene Rechnung zu verkaufen. Er ist in die Verkaufsorganisation des Lieferanten eingegliedert und muss dessen Interessen wahrnehmen. Oft wird auch ein **Alleinvertriebsrecht** des Vertragshändlers vereinbart. Dabei ist der **Einfluss** des Herstellers auf den jeweiligen Handelspartner außerordentlich groß. Dies zeigt sich z. B. daran, dass der Händler i. d. R. keine Konkurrenzprodukte führen darf und sich an die Preisgestaltung des Herstellers halten muss. Dafür erhält er häufig einen Gebietsschutz. Der Händler verpflichtet sich außerdem alle Werbe- und Verkaufsförderungsaktionen des Herstellers mitzutragen. Viele Vertragshändler firmieren nach außen unter dem Namen des Herstellers und erscheinen auf den ersten Blick als Verkaufsfiliale. Dies geschieht vor allem unter dem Aspekt der Bildung, Durchsetzung und Verankerung einer Corporate Identity des Herstellers. Deshalb wird in vielen Verträgen auch genau festgelegt, wie die Verkaufsstätten zu gestalten sind. Dies geht von der Gestaltung der Außenbereiche und der Verkaufsräume bis zur Kleidung des Verkaufspersonals.

Infobox

Eine **Sonderform** des Vertragshändlersystems ist das **Depotgeschäft.** Dabei verpflichtet sich ein Händler ein Depot mit Produkten eines Herstellers in seinen Verkaufsräumen zu unterhalten. Das Eigentum der Ware bleibt beim Hersteller und damit trägt dieser auch das Absatzrisiko, behält aber vollen Einfluss auf die Sortiments- und Preisgestaltung. Warenpräsentation und Platzierung nimmt ebenfalls der Hersteller vor und stellt in vielen Fällen das Verkaufspersonal. Für den Händler entfällt das Absatzrisiko und er erhält aus dem Verkauf der Waren nur eine Provision. Das Depotgeschäft kommt hauptsächlich im Kosmetikbereich und Kaffeevertrieb vor.

Reine **Vertragshändlersysteme** finden sich z. B. im Vertrieb von Baumaschinen, Maschinen und Fahrzeugen für die Land- und Forstwirtschaft und im KFZ-Handel.

Besonders in der **Automobilindustrie** ist das Vertragshändlersystem weit verbreitet („Ihr AUDI-Partner"). Durch EU-Richtlinien (Gruppenfreistellungsverordnung = GVO), sind die Rechte der Händler jedoch gestärkt worden.

> ## GVO: Wichtiges in Stichworten
>
> Die **Gruppenfreistellungsverordnung** GVO, die nach einjähriger Übergangszeit am 1. Oktober 2003 verbindlich in Kraft hat, gilt für den Handel mit neuen Automobilen (einschl. Nutzfahrzeuge), mit neuen Ersatzteilen und für Werkstattverträge.
>
> Die GVO schafft die Möglichkeit der Trennung von Vertrieb und Kundendienst. Der Unternehmer entscheidet, ob er neben dem Automobilhandel einen Service betreibt und Ersatzteile verkauft oder nicht. Die Verordnung erlaubt Vertragshändlern und autorisierten Werkstätten, ihre Rechte und Pflichten aus dem jeweiligen Vertrag ohne Zustimmung des Herstellers an einen Markenkollegen zu verkaufen. Vertragskündigungen müssen vom Hersteller schriftlich und ausführlich dargelegt werden.
>
> Der Hersteller darf den Handel mit verschiedenen Marken nicht verbieten.
>
> Der Händler darf jedes Fahrzeug des Herstellers an jeden Kunden aus der EU verkaufen.
>
> Die GVO unterscheidet zwischen exklusivem und selektivem Vertrieb. Beim exklusiven Vertrieb weist der Hersteller dem Händler ein exklusives Vertragsgebiet zu, in dem er seine Produkte aktiv und passiv verkaufen darf. Dies schließt den Verkauf an fabrikatsfremde Wiederverkäufer – wie zum Beispiel Supermärkte – mit ein. Beim selektiven Vertrieb gibt der Hersteller qualitative und quantitative Standards, die der Händler erfüllen muss. Vertragsgebiet ist die gesamte EU. Den Vertrieb an nicht autorisierte Wiederverkäufer – wie Supermärkte – kann der Hersteller verbieten.
>
> Ein Hersteller ohne Werkstatt muss seinem Kunden einen reibungslosen Service durch eine autorisierte Werkstatt vermitteln.

Franchisesystem

Franchising ist die engste Form der vertraglichen Bindung zwischen Herstellern und Händlern. Diese Vertriebskooperation ist dadurch gekennzeichnet, dass der Leistungsanbieter **(Franchise-Geber)** selbstständige Unternehmer **(Franchise-Nehmer)** sucht, die mit eigenem Kapitaleinsatz Produkte anbieten, die vom Franchisegeber gestellt werden *(Textilien, Lebensmittel, Schuhe)*. Außer Waren, können Franchisegeber auch Einrichtungen zur Distribution von Dienstleistungen zur Verfügung stellen, die dann der Franchisenehmer seinen Kunden anbietet *(Autowaschstraße, Sonnenstudio)*. Dabei wird ein einheitliches Marketingkonzept zugrunde gelegt und die jeweiligen Rechte und Pflichten der Partner werden im **Franchisevertrag** geregelt. In Deutschland gibt es zz über 45.000 Franchisenehmer, die ca. 900 Systeme repräsentieren. Franchiseunternehmen beschäftigten 2004 über 400.000 Mitarbeiter und erzielten einen Umsatz von über 28 Milliarden €. Prognosen aus der Trendforschung sagen voraus, dass Franchising bis zum Jahre 2010 die erfolgreichste Vertriebsform werden wird.

Leistungen der Franchisepartner

Franchisegeber ← **Vertrag** → **Franchisenehmer**

Leistungen und Vorgaben:
- zentraler Einkauf,
- Sortiments- und Preis-vorgaben,
- Platzierungs- und Präsentationsvorgaben
- Betriebs-know-how,
- Marketingidee,
- einheitliches Erscheinungsbild,
- Finanzhilfen,
- Schulung.

Vorteile
- schnelle Expansion ohne großen Kapitalbedarf,
- geringe Kapitalbindung,
- geringes Absatzrisiko,
- Kontrolle über Produkte, Leistungen und Absatz-system,
- hohe Arbeits-Motivation der Franchisenehmer.

Beispiele für Franchisebetriebe

im Einzelhandel:
- Eismann
- OBI
- Quick-Schuh
- Benetton
- Fressnapf
- Apollo-Optik

im Gastronomiebereich:
- Mc Donald's
- Kochlöffel GmbH
- Joey's Pizzaservice

im Wellness- und Beautybereich:
- Sunpoint Sonnenstudio
- Injoy Fitnessanlagen

im Bildungsbereich:
- Schülerhilfe
- Musikschule Fröhlich

Leistungen und Verpflichtungen:
- Kapitaleinsatz,
- Bereitstellung des Grundstücks,
- Mindestumsatz,
- Einhaltung des Franchise-konzepts,
- Anerkennung der Preis-vorgaben,
- einmalige Abschlussgebühr,
- Gewinn-/Umsatzabgabe.

Vorteile
- häufig eingeführtes Marken-produkt mit hohem Bekanntheitsgrad,
- Finanzierungshilfen,
- Gebietsschutz,
- Unterstützung und Beratung *(Gründung, Werbung, Schulung),*
- weitgehend selbstständig.

Fallbeispiel   „Coffee to go" – Wenn der Ober Pause macht!

Coffee-Shops und Coffee-Bars liegen im Trend des „Außer-Haus-Verzehrs". So ist es nicht verwunderlich, dass es in diesem Gastronomiebereich zahlreiche Franchiseangebote gibt. Dazu zählt z. B. das Wiener Unternehmen „Coffeeshop Company GmbH" (www.schaerf.at / coffeeshop).

Es bietet ein umfangreiches Franchise-paket zum Betreiben von Coffee-Shops in Österreich und Deutschland.

Die folgende Tabelle zeigt, welche Anforderungen das Unternehmen an potenzielle Partner stellt und wie es diese unterstützt.

Branche:	Systemgastronomie
Tätigkeit:	Coffeeshops
Geschäftskonzept:	Die Coffeeshop Company betreibt Coffeeshops nach amerikanischer Machart. Mit der besten verfügbaren Espressotechnik und dem feinsten Kaffee, schaffen unsere Barista „das" Kaffeeerlebnis für unsere Kunden. Egal ob der Kunde unterschiedliche Kaffeeröstungen, Milchsorten, Zuckervarianten, speziellen Süßstoff oder exotische Flavours wünscht, bei uns bekommt er alles in bester Qualität. Selbstverständlich alles im isolierten Spezialbecher „To Go" serviert – für perfekten Kaffeegenuss am Weg nach Hause, in der Straßenbahn, auf der Parkbank oder nach dem Motto „sit down and relax" bei uns im Shop. Für den Hunger zwischendurch servieren wir Bagels, Wraps, Muffins, Donuts und vieles mehr. Zur Abrundung gibt's topaktuelle Infos an den Internet Surfstationen und der Info Lounge.
Benötigte Investitions-summe:	EUR 110.000,– bis EUR 220.000,–
Einstiegsgebühr:	EUR 14.600,– Darin u. a. eingeschlossen: • Unterstützung bei der Auswahl geeigneter Standorte • Mithilfe bei der Durchführung von Standortanalysen • Vermittlung von Bankkontakten für fremdkapitalfinanzierte Investitionen • Grundschulung der Mitarbeiter des Franchisenehmers (theoretisch & praktisch)
Barmittel:	ca. EUR 36.300,–
laufende Franchisegebühr:	5 % des Nettoumsatzes
zusätzliche Gebühren:	keine
Vertragsdauer:	5 Jahre mit Verlängerungsoption
Werbegebühr:	1 % des Nettoumsatzes

(Quelle: Österreichischer Franchiseverband, Salzburg)

Absatzmittlergerichtete Strategien

Macht und Einfluss innerhalb der Absatzkette hängen für Hersteller oder Handel letztlich davon ab, über welche **Marktposition** man jeweils verfügt. Die **wachsende** Bedeutung des **Handels** ist dabei nicht zu übersehen. Ein Überangebot an Produkten, enorme Sortenvielfalt, knappe Regalflächen und die wachsende Macht des Handels als Folge einer stetig fortschreitenden Konzentration, lassen auf Handelsseite eine immer bedeutender werdende Nachfragemacht entstehen. Diese zeigt sich nicht nur in **Abhängigkeiten** der Hersteller gegenüber wenigen großen Einkaufsmanagern, sondern auch durch die wachsende Bedeutung von eigenständigen **Marketingaktivitäten** des Handels. So kommt es zu einer Einschränkung herstellerbezogener Marketingmaßnahmen (vgl. MEFFERT, 2000, S. 288 ff.).

Infobox

Der Handel als Filter

Der Handel nimmt gegenüber den Erzeugnissen der Hersteller eine vierfache **Filterfunktion** war, denn er bestimmt darüber, ob:

1) das Produkt überhaupt im Einzelhandel erhältlich ist,
2) das Produkt in für Kunden attraktiven und imageträchtigen Unternehmen geführt wird,
3) quantitativ und qualitativ ausreichende Regalplatzfläche zur Verfügung gestellt wird,
4) qualifizierte Beratungs- und Serviceleistungen angeboten werden.

Aufgrund dieser Filterfunktion kann der Handel als **„Torwächter"** (gate keeper) in einem entscheidenden Maß die Absatzkanäle kontrollieren.

Mit **vier absatzmittlergerichteten Basisstrategien** versuchen Hersteller ihre Position innerhalb der Absatzkette „Hersteller-Handel-Verbraucher" zu stärken bzw. zu erhalten.

Ausweichstrategie

Besonders kleinere Hersteller oder Hersteller, deren Produkte nur eine geringe oder mittlere Marktbedeutung haben *(Nischenprodukte)*, verzichten entweder ganz auf eine Zusammenarbeit mit dem Handel oder sie suchen eine Zusammenarbeit mit ungebundenen Fachhändlern bzw. mit kleinen nicht marktbeherrschenden Handelsorganisationen. Die Wahl des Direktabsatzes in Form stationären Vertriebs *(Fabrikverkauf)*, mobiler Distribution *(Messen, Verkaufswagen)* oder über Medien *(Internet, Telefonverkauf)* ist eine gute Möglichkeit durch Umgehen des Handels Umsatzpotenziale zu erzielen.

Anpassungsstrategie

Bei dieser Strategie passen sich die Hersteller dem Handel an und akzeptieren dessen Machtposition. Man tut dies, um mögliche Auslistungen der eigenen Produkte in den Sortimenten des Handels zu vermeiden. Hersteller, die sich auf diese Strategie einlassen, müssen sich allerdings der Gefahr bewusst sein, dass sie sich u. U. in eine völlige Abhängigkeit des Handels begeben.

Kooperationsstrategie

Beide Partner verfolgen **gleichartige Zielsetzungen**. Durch eine intensive Zusammenarbeit wollen alle Beteiligten bestmögliche Erträge erwirtschaften. Kooperationskonzepte wie ECR-Projekte mit Supply-Chain-Management und Category Management sind geeignet diese Strategie wirksam umzusetzen. Die Position des Herstellers ist hierbei umso stärker, je unverzichtbarerer die Listung seiner Produkte für den Handel ist, z. B. starke Marken von Henkel, Beiersdorf oder Nestlé.

Konfliktstrategie

Wer nach dieser Strategie handelt, **ignoriert** bewusst **Marktmacht** und Marketingaktivitäten der Handelsunternehmen. Man will die „Nr. 1" im Absatzkanal werden und den Handel zwingen, sich an die eigene Geschäftspolitik anzupassen. So könnte ein bedeutender Hersteller – auch auf die Gefahr einer Auslistung – versuchen ihm genehme Preis- und Konditionenstrategien beim Handel durchzusetzen. Dies mag für Großunternehmen möglich sein, kleinere Hersteller würden ihre Existenz gefährden. Konfliktstrategien können aber selbst von den Marktführern aus finanziellen Gründen nur begrenzt angewandt werden und dienen oft als eine Art „Versuchsballon". Man will sehen, was ist durchsetzbar und was nicht.

3.5 Verkaufspolitik

Kernaufgabe des **Vertriebs** ist das **Anbieten** und **Verkaufen** des eigenen Leistungsangebotes an die Kunden. Eine **Verkaufshandlung** kann als persönlicher Kommunikationsvorgang bezeichnet werden, bei dem mindestens zwei Personen beteiligt sind: Anbieter und potenzieller Abnehmer eines Produkts und / oder einer Dienstleistung.

Im Rahmen dieses **Transaktionsvorganges** sind von Anbieterseite vielfältige Maßnahmen und Entscheidungen zu treffen, um die verkaufsbezogenen Aktivitäten zielgerichtet auf einen erfolgreichen Abschluss zu lenken (vgl. WEIS, Verkauf, 2000, S. 21 ff.).

Foto: Guido Adolphs

3.5.1 Gestaltungsmöglichkeiten der Verkäufer-Käufer-Beziehung

Zu den verkaufspolitischen **Aktivitäten** eines Leistungsbieters gehören grundsätzlich:

1. Herstellung des Kundenkontakts,
2. Kunden zum Kaufabschluss veranlassen,
3. Auftragsabwicklung,
4. Kunden betreuen und Kunden binden.

Die Art der **Kundengewinnung**, der **Kontaktaufnahme** sowie der Durchführung der eigentlichen **Verkaufshandlung** hängt maßgeblich von der Form des **Kundenkontakts** ab.

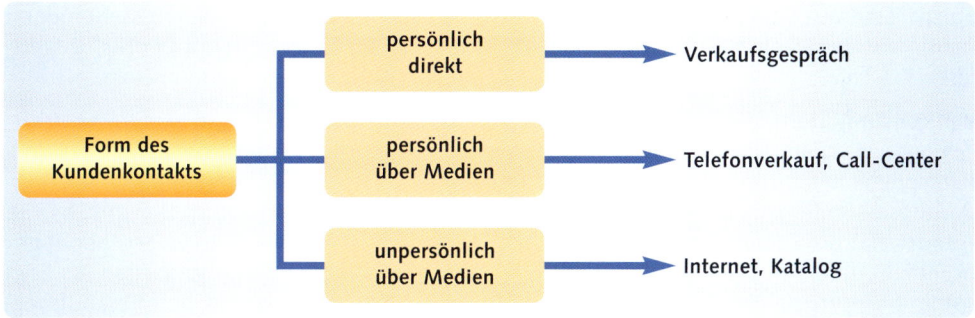

Außerdem spielt die **Stellung der Beteiligten im Distributionsprozess** eine wichtige Rolle.

> **Beispiel** Beim Verkauf von Investitionsgütern treffen sich i. d. R. professionelle Gesprächspartner bei einem persönlichen Verkaufsgespräch. Dagegen findet der Verkauf von Gütern des täglichen Gebrauchs im Einzelhandel häufig ohne jegliches Verkaufsgespräch in der Form der Selbstbedienung statt.

Die folgende Abbildung zeigt, am Beispiel eines Kühlgeräteherstellers, die möglichen Beziehungen von Distributionspartnern untereinander.

Je nachdem, ob der Partner Gewerbetreibender (B-to-B) oder privater Endverbraucher ist (B-to-C), kommt es zu sehr unterschiedlichen Ausprägungen der Verkaufsaktivitäten des Leistungsanbieters.

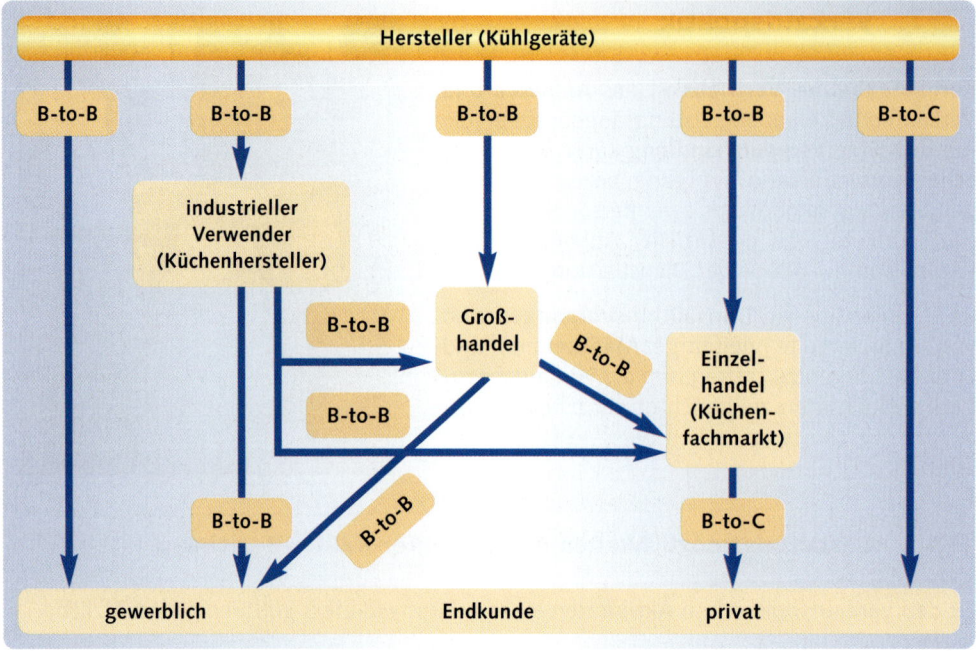

Das **Produktprogramm** bestimmt im Wesentlichen darüber, ob man mit eigenen Verkäufern im Direktvertrieb, autorisierten Vertriebspartnern oder bei Konsumgütern einem Händlernetz die Verkaufsaufgabe überträgt. Je komplexer und beratungsintensiver die Produkte sind **(Investitionsgüter)**, desto eher wird man sich für einen persönlichen Verkauf z. B. mit Außendienstmitarbeitern entscheiden. Beim Verkauf von Großanlagen oder ganzer Systeme erfolgt der Verkauf häufig durch ein sogenanntes „Selling-Center", dem Spezialisten aus verschiedenen Unternehmensbereichen angehören. Ihnen stehen dann häufig auf der Nachfragerseite ebenfalls mehrere Einkäufer als „Buying Center" gegenüber.

Bei **Konsumgütern**, die über Handelspartner vertrieben werden, erfolgt der Verkaufsabschluss i. d. R. im Rahmen der Jahresgespräche zwischen Handel und Hersteller. Verkaufspolitik heißt dort vor allem auch Verhandlungen über Konditionen und Verkaufsförderungsmaßnahmen. Durch den sehr weit fortgeschrittenen Konzentrationsprozess im Handel, hat die Zahl der Kontakte zwischen Herstellern und Einkäufern zwar stark abgenommen, dafür ist der Wert des einzelnen Auftrages aber erheblich gestiegen. Es liegt somit im Interesse der Anbieter besonders qualifiziertes Personal mit den Verkaufsverhandlungen zu betrauen (vgl. dazu Nieschlag u. a., 2002, S. 935).

Finden Verkaufsgespräche zwischen Anbietern und Endverbrauchern **(Ladenhandel)** statt, ergibt sich der Kontakt in erster Linie aufgrund der Anbietform der Waren *(Bedienung, Vorwahl, Selbstbedienung)*.

3.5.2 Persönlicher Verkauf

Beim **persönlichen Verkauf** geht vom Verkäufer eine direkte Einwirkung auf den Käufer aus, mit dem Ziel einen Verkaufabschluss zu erzielen.

Gegenüber anderen Kontaktformen zeichnet sich der persönliche Verkauf dadurch aus, dass der Verkäufer seinen Kunden i. d. R. sieht und dadurch dessen sprachliche und körperspachliche Äußerungen sofort erkennt und sein eigenes Verhalten entsprechend darauf abstellen kann. Verkaufsgespräche können somit sehr individuell, situationsgerecht und flexibel geführt werden.

▶ Formen des persönlichen Verkaufs

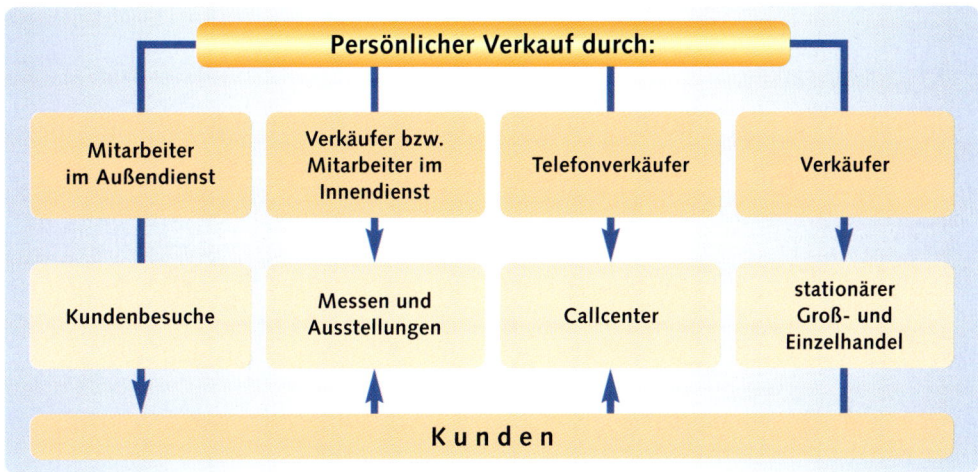

Die unterschiedlichen **Formen** des persönlichen Verkaufs ergeben sich aus dem „Treffpunkt" von Verkäufer und Kunde. Zwar kommt es bei allen Formen zu einem Zusammentreffen zwischen Verkäufer und Kunde, jedoch gibt es Unterschiede in der Kontaktaufnahme. So erfolgen Kundenbesuche durch **Außendienstmitarbeiter** normalerweise auf der Basis eines Besuchsmanagements. Kunden werden entweder regelmäßig im Rahmen eines organisierten Besuchsprogramms oder auf ihre Bitte hin aufgesucht. Auch bei **Messen und Ausstellungen** werden viele Gesprächstermine bereits vorher abgesprochen. Der Verkauf unter Einbeziehung eines **Call-Centers** ist in zwei Richtungen möglich: Entweder werden Kunden gezielt angerufen und für das Leistungsangebot interessiert, oder die Kaufinitiative geht vom Kunden aus. Im stationären **Handel** geht das Kaufinteresse nahezu ausschließlich vom Kunden aus.

Infobox

Kundenkontakt und Verkaufsgespräch im Einzelhandel

Die **Aktivitäten** eines **Verkäufers** hängen im stationären Einzelhandel maßgeblich von der **Anbietform** des jeweiligen Einzelhandelsbetriebes sowie den **Kundenansprüchen** ab[1].

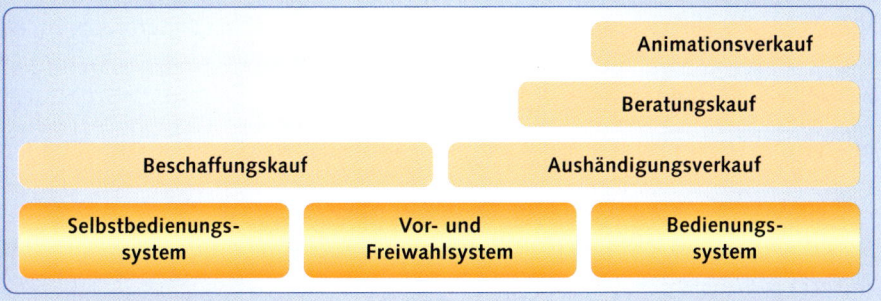

---

[1] vgl. Kompetenz Einzelhandel, 2007, S. 174

Infobox

Art	Kundenverhalten	Beispiel
Beschaffungskauf	Kunde erwartet weder Ansprache noch Beratung.	Entnahme eines Duschgels aus dem Regal eines Drogeriemarkts.
Aushändigungsverkauf	Kontakt beschränkt sich auf Wunsch nach bestimmter Ware.	Kauf von 200 g jungem Gouda an der Käsetheke eines Supermarkts.
Beratungskauf	Kunde lässt sich Ware zeigen und erwartet dazu eine Beratung.	Kauf einer Kamera in einem Fotofachgeschäft.
Animationskauf	Kunde kommt ohne genau spezifizierten Kaufwunsch und erwartet Anregungen, die zu konkreten Kaufabsichten führen.	• Kundin benötigt festliche Kleidung für eine Hochzeit. Sie erwartet passende Vorschläge vom Verkaufspersonal. • Kaufstimulierende Warenpräsentation, z. B. durch Verteilung von Proben und Mustern, Vorführungen von Waren.

▶ Kommunikation in der Verkäufer-Käufer-Beziehung

Im **Mittelpunkt** der Kommunikation zwischen dem Verkäufer als Leistungsanbieter und dem Kunden als potenziellem Leistungsabnehmer steht das **Verkaufsgespräch**.

▬ Phasenbezogene Verkaufsformeln zur Führung von Verkaufsgesprächen

Zahlreiche Ansätze und Techniken wurden entwickelt, um „richtiges" Verkaufen zu trainieren. Zu den bekanntesten und ältesten zählen Modelle, die den **Verkaufsvorgang** in einzelne, genau voneinander unterscheidbare **Verkaufsphasen** zerlegen.

Aus dem Ende des 19. Jahrhunderts stammt die in den USA entwickelte **AIDA-Methode** (Attention oder Aufmerksamkeitserregung, Interest oder Interessenweckung, Desire oder Drang zum Kauf und Action oder Abschlussdurchführung). Ein weiteres Beispiel ist die **DIBABA-Formel** (Definition des Kundenwunsches, Identifizierung des Angebots, Beweisführung, Annahme durch den Kunden, Begehren des Kunden, Abschluss erreichen).[1]

Solchen Verkaufsformeln ist jedoch mit Vorsicht zu begegnen, da sie den Verkaufsvorgang als einen schematisch ablaufenden Kommunikationsprozess interpretieren. Besonders personengebundene Einflussfaktoren finden bei diesen Modellen keine Berücksichtigung.

▬ Verkaufen als Interaktionsprozess

Verkaufen als zweiseitiger **interaktiver Kommunikationsprozess** zwischen Verkäufer (Sender / Empfänger) und Kunde (Empfänger / Sender) wird durch vielfältige kommunikative Zeichen geprägt. Dabei werden die Beteiligten nicht als isoliert voneinander agierende Parteien betrachtet, sondern als eine soziale Gruppe (Dyade).

---

[1]   vgl. dazu ausführlich WEIS, Verkauf, 2000, S. 166 ff.

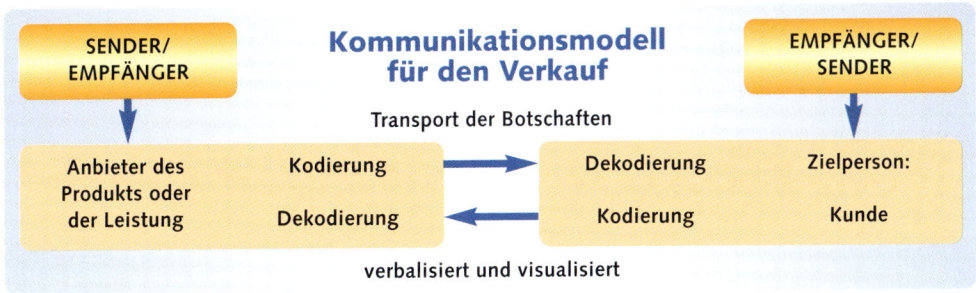

SENDER/ EMPFÄNGER	**Kommunikationsmodell für den Verkauf**	EMPFÄNGER/ SENDER
	Transport der Botschaften	
Anbieter des Produkts oder der Leistung	Kodierung → Dekodierung ←	Dekodierung Kodierung	Zielperson: Kunde

verbalisiert und visualisiert

Ein Verkaufsgespräch wird umso erfolgreicher verlaufen, je größer die Übereinstimmung ist zwischen dem, was und wie die Akteure es sagen (verbale Kommunikationszeichen) und wie sie es ausdrücken (nonverbale Kommunikationszeichen). Durch ein hohes Maß an **Kongruenz** senden und empfangen beide Gesprächspartner „echtes" Verhalten. Dadurch wird eine Vertrauensbasis geschaffen, die nicht nur den Abschluss von Kaufverträgen erleichtert, sondern auch einen wesentlichen Beitrag zu einer langfristigen Kundenzufriedenheit leistet.

Dazu trägt auch bei, wenn sich Käufer und Verkäufer hinsichtlich ihrer sozialen, demographischen und physischen Merkmale ähneln *(Geschlecht, Alter, Kleidung, Mimik und Gestik, Einkommen, Konfession, Schulbildung, politische Überzeugungen)*.

Bei der **kommunikativen Umsetzung** der inhaltlichen Aussagen *(Produkteigenschaften, Nutzenvorstellungen, Einzigartigkeit des versprochenen Vorteils, usw.)* steht einem Verkäufer ein beträchtliches Repertoire an **Sprachvariablen** zur Verfügung, die er im Verkaufsgespräch einsetzen kann.

> **Beispiel**
> - Wortwahl *(Verzicht auf Fachausdrücke oder bewusstes Verwenden einer Expertensprache für Insider)*,
> - Sprechtempo *(Kunstpause, Tempowechsel)*,
> - Lautstärke *(Wechsel zwischen laut und leise fördert Aufmerksamkeit)*,
> - Modulation *(dynamisch, pathetisch, pastoral)*,
> - Aussprache *(deutlich)*.

Neben der verbalen Kommunikation, verdeutlichen und verstärken **nonverbale Zeichen** (Körpersprache) die gesendete Botschaft. Zur **Körpersprache** zählen **Mimik** *(Ausdrucksformen mit Stirn, Nase, Augen und Mund)*, **Gestik** *(Bewegungen von Kopf, Arm, Hand und Fingern)* sowie die **Körperhaltung** *(Bewegung des Körpers und der Beine)*.

Körpersprache

| **Freundlichkeit** | **Selbstsicherheit** | **Unsicherheit** | **Ablehnung** |

Foto: Guido Adolphs

Beispiel	• Reiben des Nasenrückens	→ Nachdenklichkeit,
	• offener, zugewandter Blick	→ Interesse, Freundlichkeit,
	• Spannungen in den Lippen	→ Unbehagen, Unzufriedenheit,
	• Hand am Kinn	→ Unsicherheit,
	• Gehobener Zeigefinger	→ Belehrung, Bestrafung,
	• Abwendung des Körpers	→ Desinteresse, negative Einstellung.

▶ Planung und Ablauf eines Verkaufsvorgangs

Ein **Verkaufsvorgang** lässt sich in mehreren aufeinander aufbauenden **Schritten** abbilden.

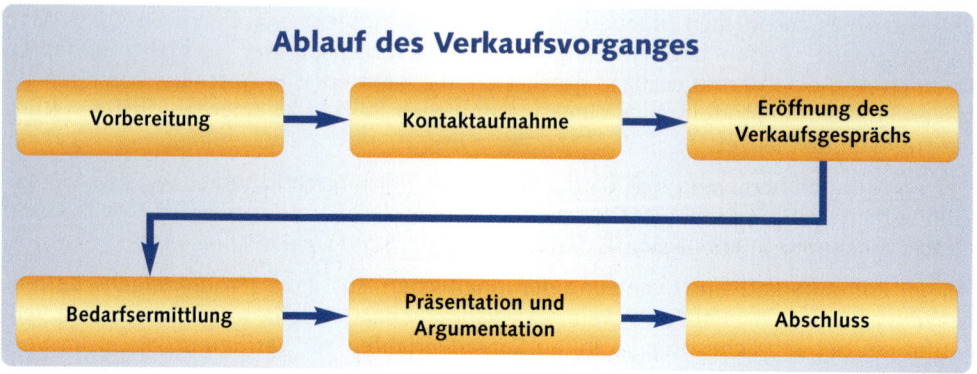

Vorbereitung des Verkaufsgesprächs

Die **Vorbereitung** für ein Verkaufsgespräch verläuft unterschiedlich, je nachdem ob der Verkäufer den Kunden oder der Kunde den Verkäufer aufsucht.

– Verkaufsgespräch im Einzelhandel

Damit **Verkaufsgespräche** im Einzelhandel **erfolgreich** geführt werden können, ist es für den Verkäufer unerlässlich über **Fach- und Methodenkompetenz** zu verfügen.

Fachkompetenz	Methodenkompetenz
Fähigkeiten, Fertigkeiten und Kenntnisse zur Bewältigung konkreter beruflicher Aufgaben.	Fähigkeit, bei vorgegebenen Arbeitsaufgaben Lösungswege eigenständig zu finden.
Beispiel Kenntnisse über die Rohstoffzusammensetzung einer Ware und die Fähigkeit, diese Materialien anhand bestimmter Kriterien bestimmen zu können.	**Beispiel** Beschaffung warenkundlicher Informationen, wie z. B. durch Lesen von Gebrauchsinformationen und besonderer Herstellerhinweise.

Allerdings sind die Zeiten eines vornehmlich technologischen Warenverständnisses vorbei. Vielmehr erwartet ein anspruchsvoller Kunde, der seinen Bedarf an Waren und Dienstleistungen heutzutage sehr individuell decken möchte, einen Kundenberater, der auf Wünsche und Probleme kompetent eingehen kann.

Daher sind im Verkaufsgespräch zusätzlich verstärkt verkaufs- und kundenorientierte Aspekte **(Sozial- und Humankompetenz)** zu berücksichtigen. Damit sind Fähigkeiten gemeint, mit anderen Menschen kommunikativ und kooperativ zusammenarbeiten zu können und gemeinsam nach Problemlösungen zu suchen.

Das folgende Schaubild zeigt den Zusammenhang zwischen **Fach- und Methodenkompetenz** und **Sozial- und Humankompetenz** in seiner Bedeutung für das Führen von Verkaufsgesprächen im Einzelhandel.

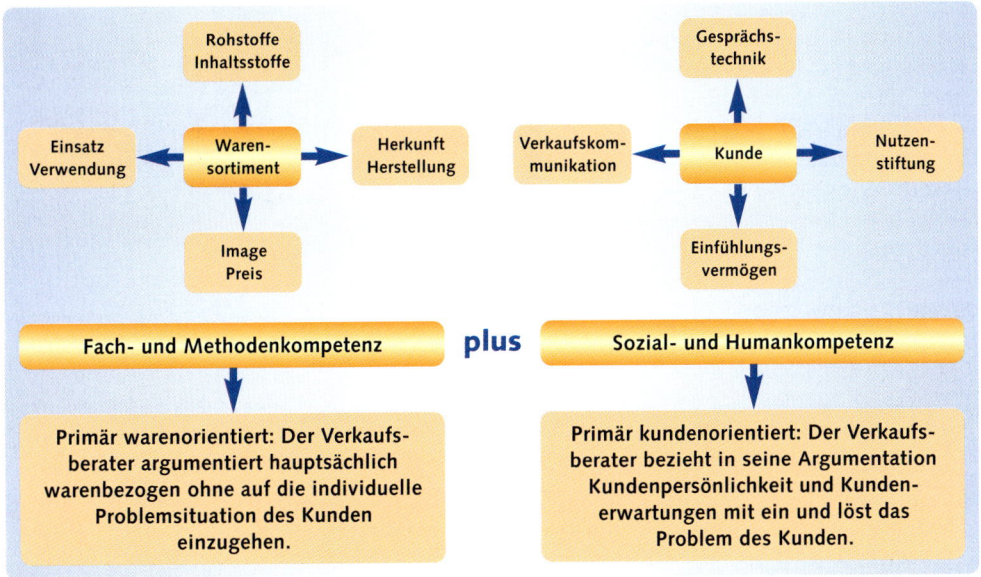

Abb. *Notwendige Verkäuferkompetenzen im Einzelhandel*

– Verkauf durch Kundenbesuch

Wenn der **Verkäufer**, z. B. als **Außendienstmitarbeiter**, seine Kunden in deren Unternehmen aufsucht, kann er sich durch Beantwortung folgender **Fragen** auf seine Produktpräsentation vorbereiten.

  1. Wer ist mein Gesprächspartner?
  2. Wie ist seine Stellung im Unternehmen und welche Kompetenzen hat er?
  3. Welche Stärken und Schwächen hat er?
  4. Welche Gründe hat mein Kunde sich für unsere Produkte zu interessieren?
  5. Wie gestalteten sich die Geschäftsbeziehungen bisher?
  6. Welche Argumente kann ich benutzen um mein Ziel zu erreichen?
  7. Welche Daten und Fakten unterstützen meine Argumentation?
  8. Sind meine Unterlagen vollständig und auf dem neuesten Stand?
  9. Was spricht für und was gegen mein Angebot?
10. Wie sind Vorzüge und Nachteile von Konkurrenzprodukten?
11. Wie kann ich auf Schwierigkeiten reagieren und welche Kompromisse kann ich eingehen?

Diese **Checkliste** ist nur ein Beispiel und kann von Fall zu Fall variiert werden. Nach Abschluss des Verkaufsgesprächs sollte sie nochmals überprüft und u. U. ergänzt werden.

Kontaktaufnahme

Mit der **Kontaktaufnahme** beginnt die eigentliche Verkaufshandlung. Ob Verkauf eines Produkts oder das Anbieten einer Dienstleistung, in dieser Phase geht es darum eine **positive Beziehung** zwischen Kunde und Verkäufer aufzubauen. Für den Verkäufer bedeutet dies vor allem, dass der **erste Eindruck** auf seinen Gesprächspartner **positiv** wirkt. Der Einsatz nonverbaler Kommunikationsmittel ist hierbei von besonderer Bedeutung, da diese das Unterbewusste unmittelbar ansprechen und es so sehr schnell zu einer positiven und harmonischen Grundstimmung zwischen den Partnern kommen kann, die dann entscheidend für den weiteren Verlauf ist. Aber auch das **äußere Erscheinungsbild** des Verkäufers entscheidet u. U. über Erfolg oder Misserfolg einer Verkaufshandlung.

Foto: Guido Adolphs

Infobox

Kontaktaufnahme im Einzelhandel

Wenn der Kunde zu erkennen gibt, dass er angesprochen werden will *(suchender Blick nach Verkäufer, geht zielgerichtet auf Verkäufer zu)*, dann ist eine sofortige Zuwendung notwendig. Beschäftigt sich der Kunde bereits mit einer Ware, empfiehlt es sich ihn über die Ware anzusprechen *(„Guten Tag, ich sehe, Sie interessieren sich für eine Gesichtspflege. Haben Sie schon eine bestimmte Vorstellung oder darf ich Sie beraten?")*.

Eröffnung des Verkaufsgesprächs und Bedarfsermittlung

Damit man dem Kunden ein zu ihm passendes Angebot präsentieren kann, benötigt man ausreichende Informationen, die über **Fragestellungen** gewonnen werden. Nutzenvorstellungen, Motive und Probleme des Kunden werden so für den Verkäufer sichtbar. Nicht zuletzt stellen **Fragen** ein Lenkungsinstrument im Verkaufsgespräch dar und verkürzen es in Richtung Kaufentscheidung.

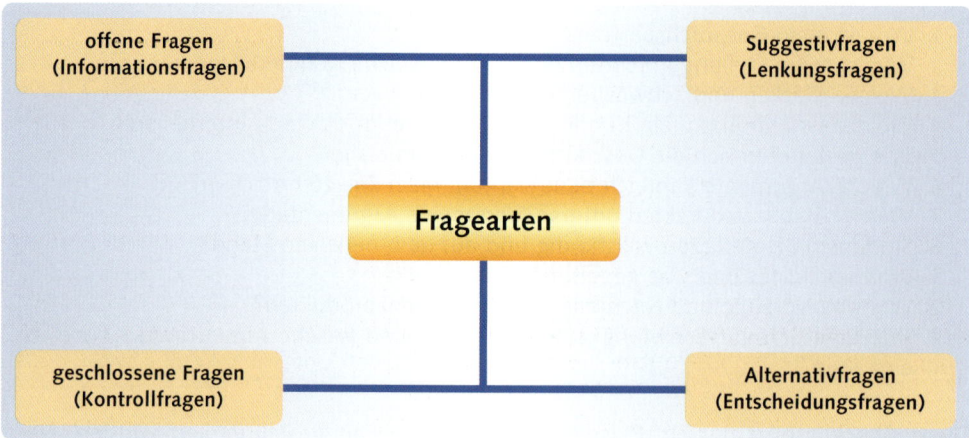

Offene Fragen wirken als „Türöffner" und sind daher vor allem für den Beginn eines Verkaufsgesprächs geeignet. Offene Fragen beginnen häufig mit einem Fragewort („W-Fragen"). Sie werden als „offen" bezeichnet, da der Gesprächspartner nicht nur mit „ja" oder „nein" antworten kann. Mit ihnen werden für den Fortgang des Verkaufsgesprächs wichtige Informationen eingeholt. Im Rahmen der Bedarfsermittlung sind sie besonders gut geeignet um die Vorstellungen und Wünsche des Kunden kennen zu lernen.

> **Beispiel** „Welche Duftrichtung bevorzugen Sie ...?"
> „Warum haben Sie Bedenken gegen ...?"
> „Wie waren Sie mit der bisherigen Software zufrieden?"

Geschlossene Fragen beginnen mit einem Verb und können vom Gesprächspartner i. d. R. nur bejaht oder verneint werden. Bei der Bedarfermittlung kann man damit schnell einen bestimmten Sachverhalt klären und überprüfen.

> **Beispiel** „Sind Sie beruflich zur Zeit stark beansprucht?"
> „Möchten Sie die Muster gleich behalten?"
> „Haben Sie daran gedacht, dass ...?"

Mit **Suggestivfragen** sollen die Gesprächspartner in eine bestimmte Richtung gelenkt und damit durch den Frager beeinflusst werden. Der Verkäufer möchte mit solchen Fragen Gemeinsamkeiten mit dem Kunden unterstreichen oder eine Meinung bestätigen lassen. Bei ihrer Anwendung ist Vorsicht geboten, denn sie können vom Gesprächspartner leicht als Überredung oder gar Manipulationsversuch verstanden werden.

> **Beispiel** „Sie möchten doch sicher nicht ...?"
> „Sind Sie nicht auch der Meinung, dass man in dieser Zeit ...?"

Alternativfragen zwingen den Gesprächspartner zu einer **Entscheidung**. Der Kunde kann sich zwischen zwei Möglichkeiten entscheiden. Entscheidungsfragen sorgen für klare Verhältnisse und unterstützen eine ziel- und ergebnisorientierte Gesprächsführung.

> **Beispiel** „Bevorzugen Sie einen frischen oder einen intensiveren Duft?"
> „Ist das Geschenk für eine eher sportliche oder modisch-elegante Dame?"

Damit im Verkaufsgespräch keine „Verhöratmosphäre" wie bei der Polizei entsteht, sollten die Fragen sachlich gestellt werden und nicht neugierig wirken. Taktvolles und höfliches Fragen sollte stets selbstverständlich sein.

Präsentation und Argumentation

In dieser Phase der Verkaufshandlung sind die Kundenwünsche bereits bekannt. Es gilt nun darauf adäquat zu reagieren und das Angebot *(Ware, Dienstleistung, Projekt)* überzeugend zu präsentieren. Dazu ist eine **wirkungsvolle Argumentation** unerlässlich. Mithilfe von **Verkaufargumenten** (Begründungen, Beweise) werden dem Kunden die persönlichen Vorteile (= Kundennutzen) verdeutlicht, die er durch den Kauf des Produkts erlangt. Neben einer verbalen Beschreibung der Kundenvorteile, unterstützt eine anschauliche **Produktdemonstration** *(Vorführung, Verkostung)* das Gesagte. Als besonders verkaufsfördernd erweist sich, den Kunden aktiv in die Verkaufshandlung einzubeziehen (*„Bitte probieren Sie selbst, wie leicht ...!"*).

Eine **Verkaufsargumentation** sollte, wann immer möglich, als **„Merkmal-Erklärung-Nutzen-Kette"** formuliert werden. Dabei ist zu beachten, dass der Nutzen, den das Produkt oder die Dienstleistung bietet, persönlich im sogenannten „Sie-Stil" formuliert wird. Bei dieser Art der Argumentation versetzt sich der Verkäufer in die Problemsituation des Kunden und argumentiert aus dessen Sicht.

Beispiele für Nutzenformulierungen aus der Kosmetikbranche:

Merkmal		Erklärung		Nutzen
Dieses neue 24-Stunden Deo enthält einen ganz neuen Wirkstoff.	→	Er ist nicht nur geruchs-hemmend, sondern beseitigt bereits vorhan-denen Geruch.	→	Sie fühlen sich den ganzen Tag sicher und frisch.
Dies ist eine Tages-pflege für besonders empfindliche Haut.	→	Die Lotion bildet sofort auf der Haut einen Film, der bis in die Tiefe eindringt.	→	Ihre Haut erhält schon kurz nach dem Auftragen ein samtiges Aussehen.
Der Tiegel ist aus satinier-tem Glas.	→	So ist das Produkt beson-ders gut gegen Temperatur-schwankungen geschützt und braucht daher weniger Konservierungsstoffe.	→	Sie können es bis zum letzten Rest einwandfrei und ohne Qualitätsverlust entnehmen.

▬ Einwandbehandlung und Abschluss

Trotz einer fundierten Verkaufsargumentation muss man immer damit rechnen, dass der Kunde nicht sofort ein zustimmendes Kaufsignal sendet. **Fragen** und **Einwände** signalisie-ren, dass noch ein weiterer Informationsbedarf besteht oder der Kunde vom Angebot noch nicht vollständig überzeugt ist. Einwände sollten nicht negativ gesehen werden, zei-gen sie doch ein Interesse des Kunden an der angebotenen Leistung. Man überwindet Kundeneinwände durch weitere Nutzen-Argumente, bei denen man sich spezieller **„Widerlegungs-Methoden"** bedienen kann. Aus der Vielzahl dieser Methoden seien bei-spielhaft aufgeführt:

Ja-Aber-Methode	→	Zuerst wird für die Kundenaussage Zustimmung signalisiert, dann erfolgt aber durch Gegenargumente die Entkräftung des Einwandes.
Vorwegnahme-Methode	→	Mögliche Einwände *(zu hoher Preis)* werden durch Vorwegnahme entkräftet, indem schon vor einer Kundenäußerung Gegen-argumente genannt werden.
Gegenfrage-Methode	→	Dadurch wird der Kunde aufgefordert seinen Einwand zu begründen. Gleichzeitig gewinnt man Zeit zur Beantwortung.
Bumerang-Methode	→	Ein vermeintlicher Nachteil wird in einen Vorteil umgeformt.
Minus-Plus-Methode	→	Ein tatsächlicher Nachteil wird offen eingestanden, aber es wird gezeigt, dass die Vorteile überwiegen.
Pro und Kontra-Methode	→	Es werden alle positiven und negativen Argumente zusammen-gefasst. Dabei wird so argumentiert, dass die Pro-Argumentation gegenüber der Kontra-Argumentation eindeutig überwiegt.
Falsche-Wahl-Methode	→	Bei alternativen Möglichkeiten lenkt der Verkäufer vermeintlich das Interesse auf Produkte, die der Kunde mit Sicherheit gar nicht möchte. Auf die erwartete Ablehnung erfolgt vom Verkäufer eine Hinwendung zu dem von ihm favorisierten Produkt.

Zu den größten Problemen, die einen Kaufabschluss verzögern, zählen **Einwände** gegen den **Preis**. Wenn es während des Verkaufsgesprächs nicht gelungen ist dem Kunden gegen-über den Produktwert aufzubauen und zu verdeutlichen, dann kann der Preis zum größten **Abschlusshindernis** im Verkaufsgespräch werden. Um dieser Gefahr erfolgreich begegnen zu können, gibt es spezielle **Methoden** zur Entschärfung bei der Preisargumentation.

Verzögerungs-Methode	→	Zuerst nennt man sämtliche Produktvorteile und baut so den Kundennutzen auf. Der Preis wird erst zum Schluss genannt. Je größer der Produktwert empfunden wird, desto gerechtfertiger erscheint der Preis. Preisschocks werden so vermieden.
Zerlegungs-Methode	→	Die Gesamtleistung wird in Teilleistungen zerlegt. Dadurch erscheinen deren Preise optisch niedriger.
Verkleinerungs-Methode	→	Der Preis des Leistungsangebots wird auf die gesamte Nutzungsdauer verteilt oder auf eine kleinere Menge oder Anzahl zurückgeführt.
Qualitäts-Methode	→	Ein höherer Preis wird mit höherer Qualität gegenüber vergleichbaren Produkten gerechtfertigt. Produktvorteile gegenüber preiswerteren Angeboten werden herausgestellt nach der Devise „Qualität hat eben ihren Preis".
Sandwich- oder Hamburger-Methode	→	Der Preis wird nicht „nackt" genannt, sondern „verpackt", indem dem Kunden zuerst Produktvorteile, dann der Preis und danach wieder Produktvorteile genannt werden.

Beispiel

Nachdem eventuelle Einwände ausgeräumt werden konnten, ist der **Abschluss** der Verkaufshandlung herbeizuführen. Sowohl sprachliche *(Kunde fragt nach Liefer- und Zahlungsbedingungen)*, als auch nicht-sprachliche **Kaufsignale** *(zustimmendes Nicken, zufriedener und entspannter Gesichtsausdruck)* leiten die Abschlussphase ein. Zu den gängigen **Abschlussmethoden** zählen:

Kontrollfragen stellen	→	Es werden solche Fragen gestellt, die der Kunde mit größter Wahrscheinlichkeit mit „ja" beantwortet. Dabei werden nochmals die wichtigsten Argumente wiederholt und vom Kunden durch seine Bejahung positiv bestärkt.
Alternativfragen stellen	→	Dem Gesprächspartner werden zwei oder mehrere Alternativen zur Auswahl gestellt. Durch die Fragestellung „entweder-oder" wird das Angebot auf für den Kunden positiv betrachtete Produkte und Leistungen eingeschränkt. Diese Methode eignet sich auch zur Beschleunigung des Abschlussvorganges.
Kaufempfehlung durch den Verkäufer	→	Bei unsicheren Kunden ist eine Kaufempfehlung durch den Verkäufer u. U. angebracht, die allerdings stichhaltig begründet werden sollte.

▬ Nachabschlussphase

Nach **Abschluss** eines Verkaufsgespräches oder nach erfolgter Ausführung einer Dienstleistung, sollte der Kunde in seiner Wahl ein Produkt gekauft oder eine Dienstleistung in Anspruch genommen zu haben bestärkt werden. Dazu dienen **Abschlussverstärker,** bei denen die wichtigsten Produktvorteile nochmals angesprochen werden.

> **Beispiel**
> - „Ihre Entscheidung ist deshalb richtig, weil die kurzen Haare ihr Gesicht wirkungsvoll unterstreichen."
> - „Der Skianzug wird Ihrem Mann sicher gefallen. Er ist modisch aktuell, bequem und außerdem sehr pflegeleicht."

Auf die große Bedeutung des ersten Eindrucks bei der Kontaktaufnahme wurde bereits hingewiesen. Der **letzte Eindruck** ist aber bleibend.

Die **Verabschiedung** des Gesprächspartners sollte bei ihm zu einer positiven Nachwirkung führen, denn: **Nach dem Kauf ist vor dem Kauf**!

Foto: Guido Adolphs

3.6 Marketinglogistik

Die produzierten Güter finden mithilfe der **physischen Distribution** ihren Weg zu den Konsumenten. Dies geschieht durch die Inanspruchnahme **logistischer** Systeme.

> Unter Logistik versteht man die Planung, Steuerung und Kontrolle sowie die materielltechnische Durchführung des Warenumschlages unter Einsatz geeigneter Informationssysteme.

Die **Aufgaben** der **Logistik** bestehen in

- der Bereitstellung von Waren,
- in vorgegebener Art, Qualität und Menge,
- zur vereinbarten Zeit,
- am gewollten Ort und
- zu möglichst niedrigen Kosten.

Die **Kernfunktionen** der Logistik sind Transport und Lagerung; hierzu gehören weiter die Verpackung der Waren *(Um- und Transportverpackungen)*, die Ein- und Auslagerung, die Warenpflege, die Altersüberwachung, die Kommissionierung (Bearbeitung und Abwicklung von Aufträgen), die Bestimmung der Lager sowie die Wahl der Transportwege und -mittel[1].

Es ist Aufgabe der Marketinglogistik alle an den Logistikprozessen beteiligten Systeme und Subsysteme so zu koordinieren, dass dem Kunden ein seine Bedürfnisse voll zufriedenstellender **Lieferservice** geboten werden kann. Ein guter Lieferservice der Unternehmung kann sich absatzfördernd auswirken. Er bewirkt Kundenpräferenzen, wenn sich das Unternehmen gegenüber seinen Mitbewerbern durch Zuverlässigkeit und Schnelligkeit profilieren kann.

---

[1] vgl. Katalog E, 1995

Eine auf den Kundennutzen orientierte Bewältigung der logistischen Aufgabe ist Teil operativer Marketingmaßnahmen, und daher ist es zulässig von einer speziellen Marketinglogistik zu sprechen (vgl. MEFFERT, 2000, S. 656).

Infobox

Efficient-Consumer-Response (ECR) – Kooperation zwischen Industrie und Handel

Schon Mitte der 1980-er Jahre versuchten große Konsumgüterhersteller in den USA mithilfe computergestützter Systeme mit ihren Handelspartnern zu einer Optimierung ihrer Logistiksysteme zu gelangen. Aus diesen (vertikalen) Kooperationsbemühungen entwickelte sich zu Beginn der 1990-er Jahre der Managementansatz des „Efficient-Consumer-Response" (= ECR). Efficient-Consumer-Response heißt auf Deutsch „Effiziente Reaktion auf die Kundennachfrage". Es handelt sich um eine kundenorientierte und ganzheitliche Betrachtungsweise der gesamten Wertschöpfungskette von der Produktion bis zum Endverbraucher. Um schnell auf Kundenwünsche reagieren zu können, sind Handel und Hersteller bestrebt die Zeit zwischen Kundennachfrage, Bestellung und Lieferung einer Ware so kurz wie möglich zu halten.

3.6.1 Efficient Consumer Response (ECR)

Durch ECR bemühen sich Hersteller und Handel ihre Umsätze und Erträge durch eine Maximierung der Kundenzufriedenheit zu verbessern und dabei gleichzeitig die Kosten, die im Rahmen logistischer Aufgabenbewältigung anfallen, zu reduzieren.

▶ Elektronischer Geschäftsverkehr (Electronic Data Interchange)

Voraussetzung für den **Erfolg** der ECR-Strategie ist ein schneller, aktueller und genauer **Informationsfluss** zwischen den Partnern. Dazu eignet sich besonders der elektronische Geschäftsverkehr. Dabei hilft die moderne Informationstechnologie. Erst durch EDI („Electronic Data Interchange"), der zwischenbetriebliche, elektronische Datenaustausch zwischen Geschäftspartnern, ist es möglich relevante Rationalisierungpotenziale auszuschöpfen. EDI eignet sich z. B. für Empfang und Versand von Bestellungen, Auftragsbestätigungen, Lieferscheinen und Rechnungen. Ebenso werden alle relevanten logistischen Informationen zwischen Lieferant, Transporteur und Endkunde auf diesem Wege ausgetauscht.

Neben der Schnelligkeit der Datenübermittlung gehört zu den **Vorteilen** des **EDI**, dass man die Daten nur einmal generiert und danach weiter verwenden kann (vgl. BECK u. a., 2003, S. 262).

Neben Web-basierten Plattformen, die vornehmlich für kleinere Unternehmen geeignet sind, haben sich in der Praxis Systeme etabliert, die auf internationalen Übertragungs-Standards beruhen *(EDIFACT, EANCOM®)*.

Die folgende Abbildung zeigt den **Informationsfluss** innerhalb einer logistischen Kette mithilfe standardisierter Datenübertragung zwischen Hersteller, Logistikdienstleister und Handel. Alle am Distributionsprozess Beteiligten haben jederzeit Kenntnis über den aktuellen Status des zu bearbeitenden Auftrags.

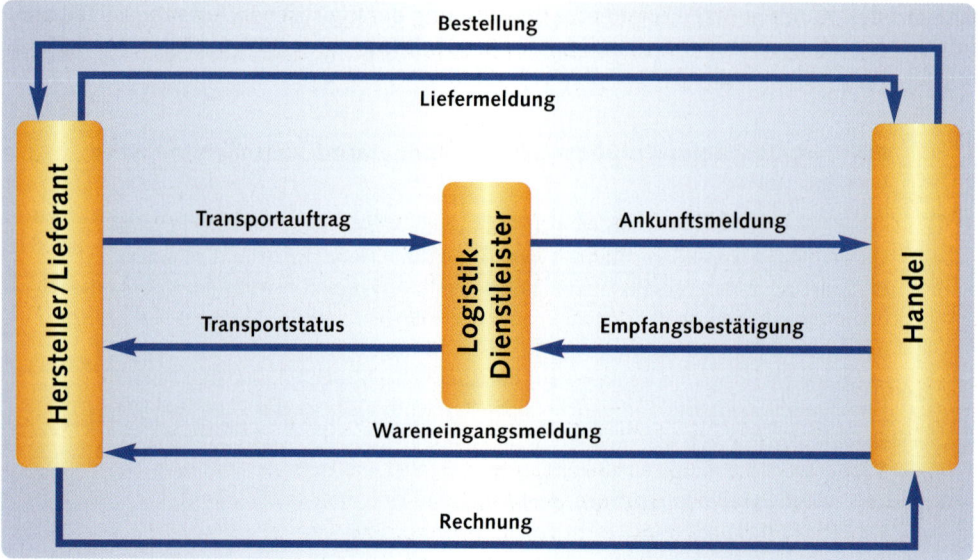

(Quelle: CCG, Köln, 2006)

▶ Supply-Chain-Management

Im Rahmen einer ECR-Strategie gilt es den Warenfluss einerseits und den dazu gehörenden Informationsfluss andererseits effizient zu organisieren. Dies geschieht durch das sogenannte Supply-Chain-Management (supply-chain = Lieferkette). Als ein wesentliches **Ziel** wird eine Reduzierung der Kosten angestrebt, die durch Transport und vor allem durch die Lagerhaltung verursacht werden. Man will dies durch einen möglichst kontinuierlichen Warenfluss zwischen Herstellern, Distributionsorganen und dem Endverbraucher erreichen. Im Lebensmittelfilialhandel werden dazu z. B. die benötigten Nachschubmengen auf der Grundlage täglicher Abverkaufszahlen bestimmt *(Scanning am POS)* und so zeitnah wie möglich den Auftraggebern (Filialen) zugestellt. Ein weiteres Ziel ist die Vermeidung von leeren Lagern beim Handel. So wird z. B. im Textileinzelhandel großer Wert darauf gelegt, dass Standardartikel (Basics) stets verfügbar sein müssen *(NOS-Ware → „Never out of stock" = „darf nicht ausgehen").*

3.6.2   Teilsysteme der Logistik im Rahmen der Supply-Chain

Die folgenden **vier** logistischen **Teilsysteme** bestimmen im Wesentlichen, ob die für die Distribution notwendigen Warenverteilungsprozesse reibungslos ablaufen.

▶ Auftragsbearbeitung

Die Bearbeitung eingegangener Aufträge wird i. d. R. computergestützt vorgenommen. Eine zügige Abwicklung führt zu Wettbewerbsvorteilen. Für den Kunden ist es besonders wichtig, sofort darüber Auskunft zu bekommen, wie Verfügbarkeiten und Lieferzeiten bei den gewünschten Artikeln sind. Online-Abfragemöglichkeiten – auch von Außendienstmitarbeitern – sind heutzutage selbstverständlich. Ebenso wichtig ist die Möglichkeit des Kunden, sich stets über den Fortschritt der Auftragsbearbeitung informieren zu können (Bestellstatusabfrage). Damit im Unternehmen die Zeit vom Auftragseingang bis zum

Warenversand so kurz wie möglich gehalten werden kann, sind möglichst umfassende, auf den Kunden bezogene, Informationen hilfreich, wie sie z. B. in integrierten Warenwirtschaftssystemen zur Verfügung stehen.

▶ Lagerhaltung

Eine Lagerhaltung ist notwendig, da kein Anbieter verläßlich voraussagen kann, wann und in welchen Mengen die Kunden ein Produkt kaufen möchten. Da folglich zwischen Produktions- und Verbrauchsmengen i. d. R. keine Synchronität besteht, dient die Lagerhaltung zur Überbrückung sich der aus dieser Situation ergebenden Mengen- und Zeitdiskrepanz (vgl. Beck u. a., 2003, S. 278 ff.).

Lagerarten

Im Rahmen der Lagerpolitik sind folgende Grundsatzentscheidungen zu treffen:

- Einrichtung von Eigen- oder Fremdlagern,
- Wahl der Lagerstandorte *(zentral, dezentral)*,
- Funktion als Aufbewahrungs- oder Auslieferungslager *(Warenverteilzentren)*,
- Lagereinrichtung und Lagersystem *(Hochregallager, feste oder chaotische Lagerhaltung)*.

Fallbeispiel Kostensenkung mit Cross-Docking

Unter Cross-Docking versteht man ein Distributionsverfahren, bei dem die Durchschleusung von Waren durch zentrale oder dezentrale Verteilzentren eines Handelsunternehmens erfolgt. Die Hersteller liefern Waren an den Eingangsrampen der Verteilzentren an, dort erfolgt eine filialbezogene Kommissionierung (Zusammenstellen der Filialbestellungen), anschließend wird neu verladen und an die Filialen weiter transportiert. Teilweise wird die Ware vom Hersteller bereits filialweise zusammengestellt, so dass im Verteilzentrum ein Aus- und Umpacken der Ware aus Versandpackungen entfällt. Puffer- und Sicherheitsbestände, wie man sie bei herkömmlichen Zentrallagerlösungen findet, können weitgehend entfallen.

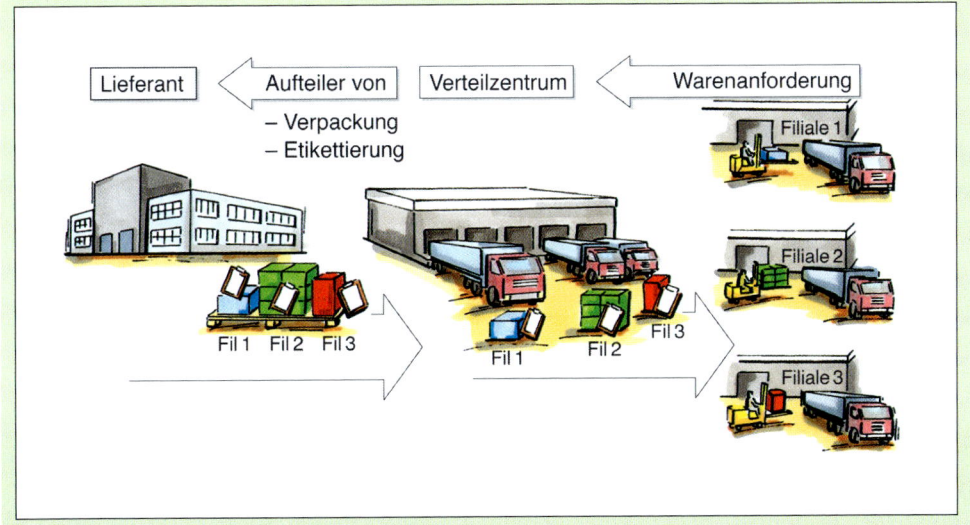

Abb. Cross-Docking (Quelle: SAP AG, Warenwirtschaftssystem R / 3).

Neben der Einsparung von Lagerhaltungskosten bietet dieses Anlieferungssystem weitere Vorteile:

- Filialen werden weniger angefahren → Einsparung von Transportkosten, Umweltschutz

- Filialen werden nach Bedarf angefahren → Bessere Abstimmung mit den Abverkäufen
- Personal der Filialen wird entlastet → Verkaufsvorbereitende Maßnahmen werden im Warenverteilzentrum zentral erledigt.

- Lieferanten sparen Kosten → Durch den Wegfall der Filialbelieferung entfallen Transportkosten

Lagerbestandshaltung

Die Höhe des Lagerbestands entscheidet maßgeblich über die **Lieferfähigkeit** des Anbieters (Servicegrad). Unter dem Gesichtspunkt der Kundenzufriedenheit und Kundenbindung wäre eine 100-prozentige Lieferbereitschaft wünschenswert, was aber zu einer außerordentlich hohen Kapitalbindung in Lagervorräten führte. Die Folge wären Preise, die kein Kunde bezahlen würde. Die Lösung des Zielkonflikts zwischen hohem Servicegrad einerseits und angemessener Kapitalbindung andererseits, ist eine der schwierigsten unternehmerischen Aufgaben im Rahmen logistischer Entscheidungsprozesse.

Bei Unternehmen, die sich vornehmlich an die Nachfragemuster ihrer Kunden anpassen müssen, wird die **Lagerhaltung** durch **verbrauchsorientierte Dispositionsverfahren** bestimmt *(automatische, rhythmische, stochastische Disposition)*. Zusätzlich finden Sicherheitsbestände und die Wiederbeschaffungszeit sich nicht am Lager befindender Produkte ihre Berücksichtigung bei der Festlegung der notwendigen Lagerbestände (vgl. ausführlich dazu BECK u. a., 2003, S. 232 ff.).

▶ Verpackung

Die für Lagerung und Transport erforderliche Verpackung der Produkte dient dem Schutz der Ware, ihrer Lagerfähigkeit, gibt Auskunft über das Handling *(gefährliche Inhaltsstoffe, Zerbrechlichkeit)* und spielt eine wesentliche Rolle bei der Bildung von Transport- und Lagereinheiten (Kommissionierung). Dabei ist zwischen Primärverpackungen *(Dose, Flasche)*, Sekundärverpackungen *(Kästen, Säcke, Tray)* und Tertiärverpackungen *(Palette, Container)* zu unterscheiden. Sie können als Einwegoder Mehrwegverpackungen zum Einsatz kommen.

Quelle: QVC

Abb. *Handelsware palettiert und in Gitterboxen*

So sind nach Angaben der CCG in Deutschland über 400 Millionen Flaschenkästen, über 50 Millionen Obst- und Gemüsekästen sowie mehr als 5 Millionen Euro-Gitterboxen im Umlauf (Stand 2004).

Die Entscheidung, welche Verpackung für welches Produkt zu wählen ist, hat nicht nur unter reinen Kostengesichtspunkten zu erfolgen, sondern neben diesen ökonomischen Kriterien, sind stets auch ökologische Aspekte zu beachten *(Recycling, Rücknahmepflichten)*.

 Clever kommissionieren spart Zeit und Geld!

In modernen Warenverteilzentrum werden die für die einzelnen Filialen bestimmten Waren so auf Paletten, Rollbehältern und Gitterboxen angeordnet (s. folgende Abb.), dass die Packreihenfolge eine Entnahme des Verkaufspersonals ermöglicht, die dem Platzierungslayout des dafür bestimmten Regals entspricht.

Das Einräumen geht erheblich schneller und das Personal hat z. B. mehr Zeit für die Kundenberatung.

▶ Transport

Der Transport der Produkte zu den Käufern wirkt sich auf deren Preis, ihren Zustand sowie den Zeitpunkt der Zustellung aus.

Die Wahl der Transportmittel *(LKW, Bahn, Schiff, Flugzeug)* und die der damit betrauten Organisationen *(Eigen- bzw. Fremdtransport)* beeinflusst die Transportkosten. Sie sind ein wichtiger Faktor bei der Preiskalkulation. Für Entscheidungen im Rahmen der Marketinglogistik spielen jedoch nicht ausschließlich monetäre Überlegungen eine Rolle, wenn es darum geht den bestmöglichen Lieferservice für die Kunden zu gewährleisten. Zuverlässigkeit durch Einhaltung vorgegebener Fristen und eine sachgerechte Behandlung des Transportgutes sind ebenso zu berücksichtigen. Zunehmend müssen bei Transport-Lagerentscheidungen, neben den beschriebenen ökonomischen Gesichtspunkten, ökologische Aspekte beachtet werden. Wer eine umweltverträgliche Logistik anstrebt, bezieht Größen wie Energiebilanz, Schadstoffausstoß und Geräuschemissionen in seine Planungen und Entscheidungen mit ein.

Beispiel Das Düsseldorfer Chemieunternehmen Henkel führt einen gebündelten Transport seiner Produkte mit dem ressourcensparenden Transportmittel Bahn über lange Strecken von der Produktionsstätte zu regionalen Zentrallagern durch und beliefert von dort aus, mit den örtlichen Gegebenheiten angepaßten Transportmitteln (kurze Entfernungen, hohe Flexibilität), seine Artikel zu den Einzelhändlern.

3.6.3 Lieferservice

Die Bedeutung des Lieferservice als ein wichtiges Profilierungsinstrument gegenüber Mitbewerbern ist unbestritten. Je nach Güterart bewerten jedoch Hersteller und Handel seinen Stellenwert unterschiedlich (vgl. PFOHL, 1994, S. 120).

> **Beispiel** Ohne Warenpräsenz am POS sind Spontankäufe nicht möglich. Daher ist der Lieferservice bei den entsprechenden Artikeln für Hersteller und Handel von besonderer Bedeutung.
>
> Anders beim Kauf langlebiger Gebrauchsgüter: Wenn Kunden die Angebote in mehreren Geschäften vergleichen und nachfragen, ist es für das einzelne Handelsunternehmen wichtig diese Produkte anbieten zu können, während es für den Hersteller ausreicht in einem der betreffenden Geschäfte gelistet zu sein.

▶ Stellenwert des Lieferservice als Marketinginstrument

Der hohe Stellenwert des **Lieferservices** für ein Unternehmen zeigt sich auch darin, dass viele Kunden bei der Lieferantenentscheidung ihn neben den Produkteigenschaften als besonders wichtiges Kriterium für ihre Einkaufsentscheidung ansehen. Dabei sind folgende **Einflussfaktoren** zu beachten:

- Wenn das Leistungsangebot einen hohen Grad der Substituierbarkeit aufweist, besteht eine erhöhte Gefahr für das anbietende Unternehmen, dass Kunden zu einem Lieferantenwechsel bereit sind. Ein guter Lieferservice sichert Kundentreue.
- Produkte, die auf Grund ihrer Eigenschaften *(Empfindlichkeit, Gefahr des Verderbs)* eine werterhaltende Behandlung während der Lagerung und des Transports benötigen, können zu Erhöhung der Logistikkosten führen.
- Das Lieferserviceniveau der Mitbewerber bildet Maßstab und Grundlage für die Kundenerwartungen an das eigene Unternehmen.
- Viele Kunden wollen die eigenen Lagerbestände so klein wie möglich halten und erwarten vom Hersteller daher eine weitgehende Übernahme der Lagerhaltungsfunktion.
- Je besser diese Ansprüche an den Lieferservice zu erfüllen sind, desto bedeutender wird der Lieferservice als Instrument im Marketingmix.

▶ Bestandteile des Lieferservice

Der **Lieferservice** als Ergebnis einer optimierten Kombination aller logistischen Teilsysteme besteht aus folgenden **Elementen**:

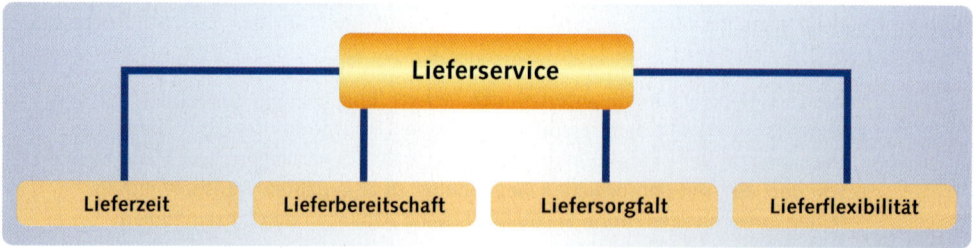

▶ Lieferzeit

Die **Lieferzeit** berechnet sich aus der Sicht eines Kunden wie folgt:

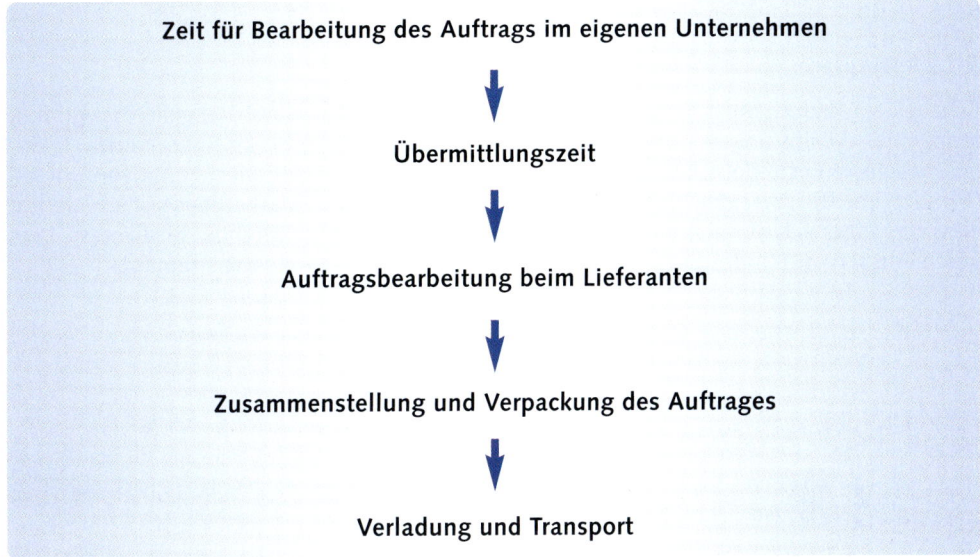

Zeit für Bearbeitung des Auftrags im eigenen Unternehmen

↓

Übermittlungszeit

↓

Auftragsbearbeitung beim Lieferanten

↓

Zusammenstellung und Verpackung des Auftrages

↓

Verladung und Transport

Die **Nutzung** elektronischer Systeme und der auf ihnen basierenden Bestellverfahren (s. a. Supply-Chain-Management, S. 250) kann zu einer signifikanten **Verkürzung** der Lieferzeit führen. Dies reduziert nicht nur Kosten, sondern fördert die Kundenzufriedenheit, da durch die Sicherstellung eines hohen Servicegrads die Gefahr von Fehlmengen minimiert werden kann.

Infobox

Just-in-Time-Lieferung

Zur Senkung der durch ausgeprägte Lagerhaltung verursachten Kapitalbindungskosten praktizieren viele Industrieunternehmen eine weitgehend lagerlose Produktion. Das bedeutet, benötigte Rohstoffe und Vorfabrikate werden so angeliefert, dass sie zum Zeitpunkt des tatsächlichen Bedarfs für die Produktion zur Verfügung stehen. Bei diesem Verfahren müssen Lieferzeiten exakt eingehalten werden, da es sonst zu Störungen im Produktionsprozess kommen kann. Im Handel dagegen wird das Just-in-Time-Konzept nur in sehr beschränktem Umfang angewendet, da eine zeitlich und mengenmäßig genau vorherzubestimmende Kundennachfrage i. d. R. nicht möglich ist. Ausnahme sind z. B. die kontinuierliche Belieferung von Backfilialen mit Standardprodukten, bei denen auf Grund von Erfahrungswerten der Bedarf bekannt ist.

■ Lieferbereitschaft (Servicegrad)

Die Lieferbereitschaft gibt den prozentualen Anteil der Bestellungen an, die in der branchenüblichen Zeit vollständig aus Lagervorräten des Lieferers ausgeführt werden können. Je höher die Lieferbereitschaft beim Lieferanten, desto höher sind seine Sicherheitsbestände, was zu erheblichen Kapitalbindungskosten führt. Umgekehrt bedeutet ein hoher Servicegrad für einen Kunden, dass er seine eigenen Bestände niedrig halten kann. Letztlich entscheidet der Endkunde, ob er durch entsprechende Preise bereit ist eine hohe Lieferbereitschaft zu finanzieren. Dies hängt auch sehr stark vom Charakter des nachgefragten Produkts ab.

> **Beispiel** Der Pharmagroßhandel garantiert einen Servicegrad, der über 90 % liegt. Dafür halten die Apotheken nur kleine Lagervorräte. Wird ein Arzneimittel benötigt, erhält es der Kunde im Regelfall noch am selben Tag. Auch Buchhandlungen bieten durch Einschaltung des Buchgroßhandels eine vergleichbare hohe Lieferbereitschaft.

⬤ Liefersorgfalt

Was bestellt wurde, muss in der gewünschten Art, Qualität und Menge geliefert werden. Mangelhafte Lieferungen führen nicht nur zu erheblichen Kosten im Rahmen des Reklamationswesens, sondern können auch zu Kundenverlusten mit allen negativen Folgen *(Umsatzverluste, Imageverluste)* führen. Für Maßnahmen der Marketinglogistik bedeutet dies, das eigene Unternehmen als zuverlässigen Leistungsanbieter zu profilieren. Dies geschieht z. B. durch das Etablieren eines umfassenden **Qualitätsmanagements**.

> **Beispiel** Auszug aus dem Qualitätsmanagement-Handbuch einer Großbäckerei zur Sicherstellung, dass ihre Produkte in einwandfreiem Zustand am Bestimmungsort ankommen:
>
> „Die Backwaren werden auf den Blechen in entsprechenden Wagen belassen. Nach der Abkühlung werden sie in Transportkisten kommissioniert und für die Filialen und Großkunden bereitgestellt. Die Konditoreiwaren werden je nach Konsistenz nach Einzelvorschrift verpackt. Größtenteils sind Pappkartons zu verwenden. Die Kennzeichnung erfolgt mit einem DIN A 4 Blatt mit der Aufschrift der Filiale bzw. des Kunden, das auf den obersten Korb gelegt wird. Mit eigenen Kleintransportern erfolgt die Lieferung zu den Filialen bzw. Kunden. Die Transportbehälter werden nach jeder Verwendung gewaschen. …"
>
> *(Quelle: BEHRENS, 2001, S. 150–151)*

⬤ Lieferflexibilität

Mit der Lieferflexibilität beweist das Unternehmen in welchem Maß es auf individuelle Kundenwünsche eingehen kann (und will). Ein für den Kunden passgenauer Lieferservice umfasst z. B. spezielle Abnahmemengen, die Möglichkeit die bestelle Ware in Teilmengen abzurufen *(Kauf auf Abruf, Sukzessivlieferung)*, die Verpackung *(Art, Gebindegröße)* festzulegen und den Transport nach den Kundenwünschen durchzuführen.

▶ Zukunft der Marketinglogistik

Die **Bedeutung** der Marketinglogistik wird in Zukunft weiter **zunehmen**. Zwar werden logistische Dienstleistungen zunehmend an externe Spezialunternehmen ausgegliedert *(Kostenersparnis, spezielles Know-how)*, das entbindet jedoch die Produzenten nicht von Anstrengungen einen guten Lieferservice zu garantieren. Wenn die Produktqualität stimmt, es aber zu erheblichen Problemen bei der Warenzustellung kommt, wird der Kunde im Regelfall letztlich den Hersteller für diese Schwierigkeiten verantwortlich machen. Eine sorgfältige Auswahl der externen Dienstleister und eine enge Zusammenarbeit mit ihnen ist daher von großer Wichtigkeit. Gerade bei Produkten, bei denen es auf dem Markt eine Vielzahl in Funktion und Qualität ähnlicher Erzeugnisse gibt, bietet ein schneller und zuverlässiger Lieferservice u. U. den entscheidenden Vorteil gegenüber den Angeboten der Konkurrenz.

Aufgaben und Übungen

① Nennen und beschreiben Sie vier Wirkungsfaktoren, die die Wahl eines Distributionssystems beeinflussen.

② Welche Vor- bzw. Nachteile sehen Sie bei der Entscheidung für einen Direktvertrieb?

③ Zeigen Sie mögliche Absatzwege für Produktions- und für Konsumgüter.

④ Machen Sie für die Hersteller der folgenden Produkte einen begründeten Vorschlag, welchen Absatzkanal sie wählen sollten.
  a) Süßwarenhersteller (Bonbons und Schokolade),
  b) Maschinenbauunternehmen (Fertigungsstraßen),
  c) Landwirt (Obst und Gemüse).

⑤ Eine der wichtigsten Absatzmittler für Hersteller stellt der Handel dar. Erläutern Sie vier Funktionen, die er im Rahmen des Distributionsprozesses übernimmt.

⑥ Die Firma Kochgut-GmbH hat ihre hochwertigen Töpfe und Pfannen bisher über ausgewählte Fachgeschäfte und in entsprechenden Fachabteilungen großer Warenhäuser angeboten. Untersuchungen zeigen, dass aber immer mehr Verbraucher diese Produkte in SB-Warenhäusern und Verbrauchermärkten kaufen möchten. Daher will die Kochgut GmbH mit dieser Warengruppe, die unter dem Markenamen „Primus" geführt wird, auch in diesen Betriebsformen des Einzelhandels präsent sein.
  a) Welche Probleme sehen Sie für die Kochgut GmbH, wenn es zur beabsichtigen Erweiterung des bisherigen Absatzkanals kommt?
  b) Wir kann die Kochgut GmbH diese Probleme minimieren?

⑦ Ein großer Hersteller preisgünstiger Uhren, die er in Ostasien fertigen lässt, wählt für den Absatz seiner Produkte bisher hauptsächlich die Uhren- und Schmuckabteilungen der großen Warenhäuser sowohl in Europa, als auch in Übersee.
  Das Unternehmen lässt nun eine Premiummarke „Exacto" bei einem kleinen Schweizer Unternehmen in geringen Stückzahlen zu einem Preis zwischen zehn- und zwanzigtausend Euro herstellen. Der Kauf der Uhren soll ausschließlich über den direkten Absatzweg (Katalogbestellung) erfolgen.
  a) Ist diese Wahl aus Ihrer Sicht sinnvoll? Begründen Sie Ihre Entscheidung.
  b) Bei einer Entscheidung für einen indirekten Absatz sollte dabei Ihrer Meinung nach der Großhandel zwischengeschaltet werden? Begründen Sie Ihre Meinung.

⑧ Ein französischer Hersteller sehr hochwertiger und innovativer Investitionsgüter im Bereich numerisch gesteuerter Spindelbohrmaschinen produziert nun in einem neuen Werk auch in Deutschland. – Wie sollte der Vertrieb dieser Produkte organisiert werden. Begründen Sie Ihre Wahl.

⑨ Skizzieren Sie ein mögliches Mehrkanal-Vetriebssystem für einen Hersteller für Wintersportartikel.

⑩ Sie haben als Leiter der Verkaufsabteilung die Entscheidung zu treffen, ob eine neue Produktgruppe indirekt oder direkt vertrieben werden soll.
  Für eine Entscheidung stehen Ihnen die folgenden Informationen zur Verfügung:
  Direkter Absatz:
  Es ist dabei der Aufbau eines ca. 10 Verkaufsstützpunkten umfassenden Filialnetzes (notwendige Serviceleistungen) erforderlich. Die dabei entstehenden Fixkosten betragen 409.500 €. Zusätzlich sind pro Stück variable Kosten in Höhe von 1.875 € zu berücksichtigen. Der vom Unternehmen vorgegebene Verkaufspreis soll 2.550 € je Stück betragen.

Aufgaben und Übungen

Bei der Entscheidung für indirekten Absatz sinkt der Fixkostenanteil um die Hälfte. Allerdings erhöhen sich die variablen Kosten um 75 € je Stück. Bei indirektem Absatz soll der Verkaufspreis pro Stück 2.325 € betragen.

In der Firmenleitung rechnet man bei beiden Absatzarten mit einem Absatz von ca. 4.200 Stück. – Berechnen Sie, welche Vertriebsart kostengünstiger für das Unternehmen ist.

⑪ Ein Reisender erhält 3 % Provision, ein Fixum von 1.800 € und monatlich 1.200 € Aufwandsentschädigung; die Personalzusatzkosten betragen 60 % des Fixums.

Ein Vertreter erhält 5 % Provision.

Ermitteln Sie, ab welchem Monatsumsatz es sich lohnt, einen Reisenden zu beschäftigen.

⑫ Um Zielkonflikte zwischen Herstellern und Händlern zu vermeiden, bzw. zu minimieren, hat die Bedeutung vertikalen Marketings stark zugenommen. – Nennen Sie Vorteile dieses Kooperationssystems und beschreiben Sie die dabei hauptsächlich angewandten Marketingstrategien.

⑬ Erläutern Sie das Vertriebssystem „Franchising" und zeigen Sie die Vorteile sowohl aus der Sicht des Franchisegebers, als auch aus der des Franchisenehmers.

⑭ Beschreiben Sie die in der Praxis vorkommenden Selektionsstrategien und geben Sie dazu je zwei Beispiele.

⑮ Beschreiben Sie den Kommunikationsprozess in der Anbieter-Kunden Beziehung.

⑯ Warum sollten Verkaufsgespräche zwischen Leistungsanbieter und potenziellem Kunden sorgfältig geplant werden?

⑰ Beschreiben Sie Situationen, die einen erfolgreichen Verlauf eines Verkaufsgespräches stören können. – Zeigen Sie Möglichkeiten, wie diese Schwierigkeiten überwunden werden können.

⑱ Zeigen Sie an zwei Beispielen auf, wie für den Vertrieb Zielkonflikte auftreten bezüglich einer Abwägung zwischen Kunden- und Kostenorientierung.

⑲ Welche Vorteile bietet der elektronische Geschäftsverkehr im Rahmen logistischer Entscheidungsprozesse?

⑳ Erläutern Sie, was man unter Supply-Chain-Management versteht.

㉑ Warum hat der Lieferservice als Marketinginstrument eine außerordentlich hohe Bedeutung? – Nennen Sie dazu Beispiele aus der Praxis.

㉒ Warum hat die Bedeutung unternehmerischer Entscheidungen im Rahmen der Marketinglogistik stetig zugenommen?

4   Die Kommunikation – Kommunikationspolitik

Dieses Kapitel führt in die Grundlagen der Kommunikationspolitik ein. Im Mittelpunkt steht die Betrachtung des **Kommunikationsprozesses** und des sich daraus ergebenden **Kommunikationskonzepts**. Ausführlich werden die **Kommunikationsinstrumente** beschrieben, mit denen die von den Unternehmen festgelegten Kommunikationsziele und -strategien realisiert werden können.

4.1   Grundlagen der Kommunikationspolitik

Unter **Kommunikationspolitik** versteht man die Gestaltung und Übermittlung von **Informationen** (Botschaften) an für ein Unternehmen relevante **Zielgruppen** *(Kunden, Absatzmittler, Öffentlichkeit)* mit dem Zweck, entsprechend den Unternehmenszielen, Meinung, Einstellungen und Verhaltensweisen der Zielgruppe zu beeinflussen. Umgekehrt benötigen Unternehmen aber auch darüber Informationen, wie ihre Angebote bei den potenziellen Kunden „ankommen". Die bei der Übermittlung genutzten Informationswege werden als **Kommunikationskanäle** bezeichnet.

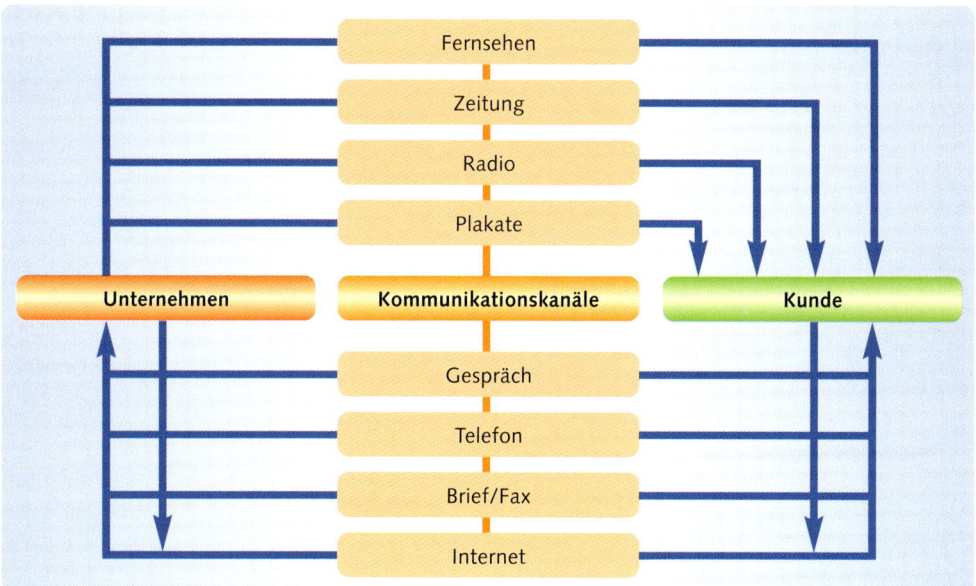

Abb. *Ein- und Zweiweg-Kommunikationskanäle*

4.1.1   Kommunikationsmodell

Kommunikation lässt sich allgemein als eine Übermittlung von Botschaften (sinnhafte Informationen) zwischen einem „Sender" *(Werbetreibender)* und einem „Empfänger" *(Werbeempfänger)* kennzeichnen.

▶ **Bestandteile und formaler Ablauf des Kommunikationsprozesses**

Jeder Kommunikationsprozess zeigt einen typischen **Ablauf**, der, um störungsfrei ablaufen zu können, sorgfältig geplant werden muss.

Voraussetzungen

Zur Übermittlung einer Botschaft bedarf es des „Senders", der Informationssignale ausstrahlt und des „Empfängers", der diese Signale empfangen und verarbeiten kann.

Botschaft

Die vom Sender verbreitete Botschaft kann vom **Inhalt** und der beabsichtigten **Wirkung** sehr unterschiedlich sein.

Vermittlung von Sachinformationen	→ Firmenprospekt mit detaillierter Beschreibung der Leistungs- und Ausstattungsmerkmale einer Fräsmaschine.
Vermittlung einer emotionalen Botschaft	→ TV-Spot eines Autoherstellers, der Spaß, Freude und Erlebnis beim Fahren eines bestimmten Modells kommuniziert.
Appell zu direkten Aktionen	→ Lautsprecherdurchsage in einem Supermarkt, bei der zum Kauf bestimmter Produkte aufgefordert wird.

Codierung der Botschaft

Die zu vermittelnde **Botschaft** muss für den Transport zum Empfänger **verschlüsselt** (codiert) werden.

> **Beispiel**
> • Eine Warenpräsentation in Sprache,
> • eine Anzeige in Schrift,
> • ein Marken- oder Firmenlogo als Zeichen,
> • ein Foto oder ein Film als Bild.

Gestaltungsform der Botschaft

Wendelin Wiedekings Handelsblatt

Handelsblatt

Nutzen Sie die Informationsquelle der Entscheider.
Ihr Probeabo unter 0180.2792762 oder unter www.handelsblatt.com/probeabo

Substanz entscheidet.

Quelle: Verlagsgruppe Handelsblatt

Damit die codierte Botschaft die Zielpersonen erreichen kann, muss sie in für die spätere Übermittlung geeignete Kommunikationsformen (= Werbemittel) gebracht werden, wie z. B. eine Anzeige, die aus Bildern und Texten besteht.

> **Beispiel** Anzeige in einer Fachzeitschrift, die sich an „Entscheider" wendet. Die Anzeige ist bewusst einfach gehalten. Das „Produkt" Wirtschaftszeitung wird bildlich dargestellt und durch einen sehr stark reduzierten Text ergänzt, der aus nur drei Wörtern besteht. Allein durch die Namensnennung eines der erfolgreichsten Manager Deutschlands, wird die Botschaft transportiert: Erfolgreiche lesen das Handelsblatt bzw. der Umkehrschluss, wer das Handelsblatt liest, hat geschäftlichen Erfolg.

Transport der Botschaft

Die **Sendung** der durch ein Werbemittel verkörperten Werbebotschaft erfolgt über einen vom Empfänger genutzten **Übertragungskanal** (Werbeträger); dies kann z. B. eine Tageszeitung sein, in der eine Anzeige geschaltet ist oder ein TV-Spot.

Empfang der Botschaft

Zur **Aufnahme** der Botschaft benötigt der Adressat ein **„Empfangsgerät"**. Dazu dienen die **Sinnesorgane** des Menschen.

Beispiel	• Auge:	TV-Spot, Anzeige, Plakat, Schaufenster,
	• Ohr:	Radiowerbung, Verkaufsgespräch,
	• Nase:	Kosmetikprodukte, Lederwaren,
	• Zunge:	Lebensmittelverkostung,
	• Hände:	Weichheit eines Handtuches nach Benutzung eines Weichspülers.

Decodierung der Botschaft

Die gesendete und rezipierte Botschaft wird durch Decodierung interpretiert und verarbeitet und u. U. abgespeichert.

Beispiel	• Aufgrund einer Anzeige kauft ein Leser das dort beworbene Produkt,
	• ein Telefongespräch eines Herstellers veranlasst den angerufenen Kunden zum Besuch des Messestands dieser Firma.

Rückmeldung (Feed-back)

In den meisten Fällen erfährt der Sender der Botschaft nicht unmittelbar, ob und wie seine Botschaft beim Empfänger angekommen ist. Eine **sofortige** Rückmeldung kommt nur dann zustande, wenn ein **direkter Rückmeldekanal** vorhanden ist.

Beispiel	Ein TV-Shoppingsender bietet fünfzig Reisen nach Mallorca zu einem besonders günstigen Preis an. Durch Buchen der Reise über das Telefon als Rückmeldekanal kann sofort die Wirksamkeit dieser Präsentation festgestellt werden.

Fehlt ein direkter Rückmeldekanal, dann dient in vielen Fällen eine Werbeerfolgskontrolle dazu, um die Wirksamkeit der kommunikativen Maßnahmen nachweisen zu können.

▶ Mögliche Störungen im Kommunikationsprozess

Der Kommunikationsprozess kann nur dann störungsfrei ablaufen, wenn die Kommunikationspartner über gleiche Übersetzungs- und Interpretationsregeln verfügen (vgl. ROGGE, 2000, S. 25 ff.). Ist dies nicht der Fall, kann es zu so erheblichen Störungen in der Kommunikation kommen, dass sich die Maßnahmen weder finanziell noch von der intendierten Wirkung her gelohnt haben.

Ursachen für Kommunikationsstörungen		
Falsche bzw. fehlerhafte Codierung der Botschaft.	→	Bei der anzusprechenden Zielgruppe handelt es sich um Jugendliche zwischen 14 und 18 Jahren. Die Botschaft wird in einer Sprache codiert, die in keiner Weise auf die altersspezifischen Sprachgewohnheiten der Zielgruppe eingeht.
Mangelhafte Decodierung der Botschaft.	→	Es wird eine für den Empfänger nicht zu verstehende Sprache gewählt, z. B. Fachausdrücke, Fremdwörter.

Ursachen für Kommunikationsstörungen		
Wahl eines ungeeigneten Werbemittels	→	Das völlig neuartige 3D-Design eines Computerspiels wird mittels eines Rundfunkspots beschrieben.
Wahl eines ungeeigneten Werbeträgers	→	Schaltung einer Anzeige in einer Zeitschrift, die von der Zielgruppe nicht gelesen wird.
Zu geringer Bedeutungs- gehalt der Botschaft	→	Der Inhalt der Botschaft wird wegen der Konkurrenz anderer Informationen nicht ausreichend wahrgenommen, d. h. es fehlen die Voraussetzungen für eine selektive Wahrnehmung.

▶ Kommunikationsformen

Der **Kommunikationsprozess** läuft zwischen Sender und Empfänger in unterschiedlichen Ausprägungen ab.

● Ein- und mehrstufige Kommunikation

Bei der **einstufigen** Kommunikation wird der Empfänger direkt vom Sender angesprochen. Bei der **zwei- und mehrstufigen** Kommunikation erfolgt eine Zwischenschaltung von sogenannten Multiplikatoren, die als Botschaftsvermittler dienen. Ihre Aufgabe ist es, z. B. durch eine persönliche Kommunikation, die Botschaft beim eigentlichen Empfänger zu verstärken.

Dabei ist jedoch zu beachten, dass ein über mehrere Stufen hinweg transportierter Informationsgehalt durch Filterung seinen Inhalt verändern kann. Eine mehrstufige Kommunikation findet man sehr oft bei Verkaufsförderungsmaßnahmen innerhalb indirekter Distributionssysteme (vgl. Seite 209).

Abb. Ein- und zweistufige Kommunikation für ein neues kosmetisches Produkt

● Persönliche und unpersönliche Kommunikation

Persönliche Kommunikation liegt dann vor, wenn Sender und Empfänger von Angesicht zu Angesicht kommunizieren *(Verkaufsgespräch im Einzelhandel)*. Von unpersönlicher Kommunikation spricht man, wenn die Botschaftsvermittlung räumlich und zeitlich getrennt zwischen Sender und Empfänger stattfindet *(Fernsehspot, Anzeige)*.

● Direkte und indirekte Kommunikation

Ziel der direkten Kommunikation ist die unmittelbare Beeinflussung des Kaufverhaltens, wie dies z. B. bei einer Weinprobe beabsichtigt ist. Der Regelfall ist allerdings die indirekte Kommunikation. Dabei führt die Decodierung der Botschaft nicht immer zu einer sofortigen Reaktion des Empfängers.

> **Beispiel** In den Werbepausen einer Spielfilmvorführung im Fernsehen am Sonntagabend wirbt ein Suppenhersteller für ein neues Produkt. Die durch die Werbung erzeugte Kaufabsicht kann aber erst beim nächsten Einkauf realisiert werden.

4.2 Ziele der Kommunikationspolitik

Ziele legen einen erwünschten Zustand fest, der durch den Einsatz der Kommunikations-instrumente angestrebt wird. Mithilfe der Kommunikationspolitik versucht ein Unternehmen **ökonomische Zielvorgaben** *(Steigerung des Umsatzes um 10 %, Erhöhung des Markt-anteils um 5 %)* zu erreichen. Der Vorteil solcher **Zielformulierungen** besteht in ihrer Nach-prüfbarkeit durch monetäre oder wirtschaftliche Größen (vgl. dazu Bruhn 2002, S. 133 f.). Der Nachteil: Es ist kein direkter Nachweis zu führen, ob die ökonomischen Zielvorgaben ausschließlich den durchgeführten kommunikationspolitischen Maßnahmen zuzurechnen sind, oder ob der angestrebte Zielerreichungsgrad im Verbund mit anderen Marketing-instrumenten erreicht wurde (vgl. Lötters, 1998, S. 189, Köln). Daher finden in der Praxis **außerökonomische Zielvorgaben** mehr Beachtung und Anwendung. Sie werden auch als psychografische oder psychologische Ziele bezeichnet, da sie beim Empfänger kommuni-kativer Maßnahmen eine Verhaltensänderung auslösen sollen, die dann später zu einer konkreten Kaufhandlung führt (vgl. dazu Bruhn, 2002, S. 135).

▶ Psychografische Ziele der Kommunikation

Zu den wichtigsten dieser Ziele zählt die **Erreichung** bzw. **Erhöhung des Bekanntheitsgrades** von Leis-tungsangeboten und / oder Unternehmen. Ohne im Markt bekannt zu sein, ist die Erreichung weiterer Ziele nahezu unmöglich.
Gerade bei der Neueinführung eines Produkts wird diesem Ziel besondere Priorität, z. B. durch intensive Werbung, eingeräumt.
Der Aufbau eines **positiven Unternehmensimages,** eine **Leistungsprofilierung** zur Differenzierung Mit-bewerbern gegenüber und Informationen zu **aktuali-**

Quelle: Apple Comp. Inc.

sierten bzw. **differenzierten** Produkten, stellen weitere zentrale Ziele der Kommunikation dar.
Mit psychografisch definierten Kommunikationszielen wollen Unternehmen außerdem das bisherige **Kaufverhalten** der eigenen Kunden festigen und zu **Wiederholungskäufen** anregen. Eine wichtige Rolle spielen dabei **Kundenbindungsmaßnahmen**, wie z. B. die Mit-gliedschaft in einem Kundenclub oder die Abonnierung eines Newsletters.

Mit den zu transportierenden **Kommunikationsinhalten** sollen **Informationen** vermittelt und / oder **Emotionen** geweckt werden. In jedem Fall geht es um eine Beeinflussung des

Beispiel für eine Imagekampagne eines Unternehmens

McDonald's engagierte sich durch eine Vielzahl von Aktionen bei der FIFA Fußball-Weltmeisterschaft 2006 in Deutschland.
Durch die sogenannte Fußball-Eskorte bot McDonald's Deutschland Kindern die Chance, an den Händen ihrer Stars ins Stadion einzulaufen.
Pate der Aktion ist Nationalmannschafts-kapitän Michael Ballack

(Quelle: McDonald's Deutschland Inc.).

Beispiel zur Leistungsprofilierung   für Produktdifferenzierung

(Quelle: Lebensmittelpraxis)

Kaufverhaltens. Bei gleichartigen Produkten mit einem geringen Involvement *(Wasch-mittel, Bier, Shampoo)* wird man eher eine emotionale Ausrichtung der geplanten Kommunikationsmaßnahmen anstreben, als bei Produkten, bei denen der Wunsch nach einer objektiven und umfassenden Information des potenziellen Käufers vorherrscht *(PKW, Unterhaltungselektronik, Haushaltsgeräte, Finanz- und Versicherungsdienstleistungen)*.

Fallbeispiel   **Mit einem Joghurtdrink Abwehrkräfte stärken**

Verdeutlichung des Kommunikationsprozesses am Beispiel der Werbung für den probiotischen Joghurtdrink Actimel der Danone Gruppe.

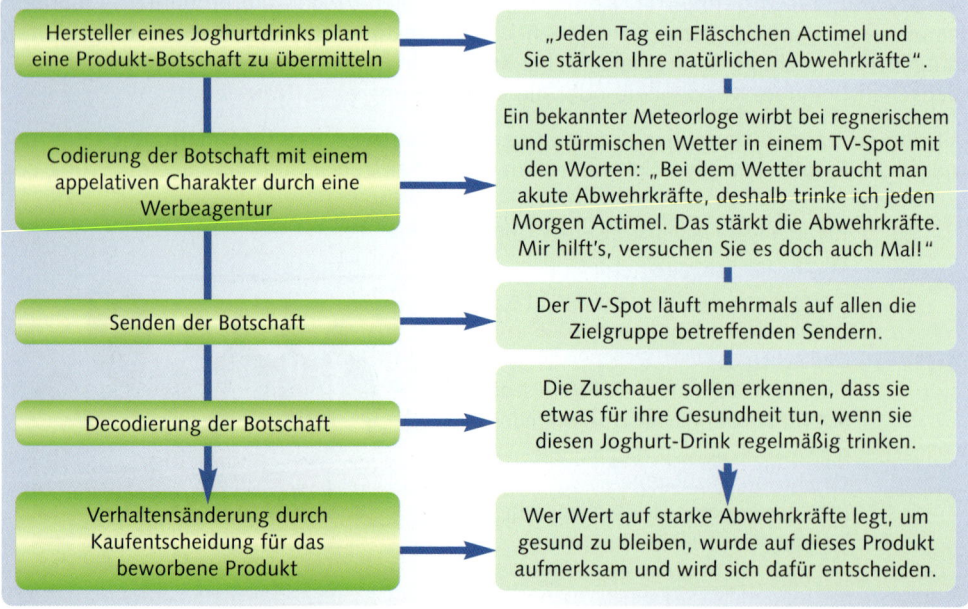

In diesem Beispiel einer zweistufigen Kommunikation wird der potenzielle Kunde durch einen vom Fernsehen bekannten „Wetterfrosch" zum Kauf animiert, der im Spot als überzeugender und kompetenter Multiplikator (Jörg Kachelmann als Testimonial) eingesetzt wird. Die Botschaft lautet hier: Wenn ein naturwissenschaftlich orientierter Produktverwender überzeugend das Produkt empfiehlt, dann kann man als Konsument von dessen Wirksamkeit ausgehen.

4.3 Strategien der Kommunikationspolitik

Kommunikationsstrategien dienen zur Festlegung der mittel- bis langfristig geplanten Kommunikationsmaßnahmen (BRUHN, 2003, S. 175 ff.). Bei der Entwicklung dieser Strategien muss beachtet werden, dass sie nicht im Widerspruch zu den für das gesamte Unternehmen gültigen Zielen und Werten stehen. Als **Ausgangspunkt** für die Formulierung der **Strategien** kann die **Corporate Identity** des Unternehmens dienen (FRETER, 2004, S. 131).

4.3.1 Corporate Identity (CI) – Ausgangspunkt zur Entwicklung einer Kommunikationsstrategie

Corporate Identity (CI) ist die Selbstdarstellung und Verhaltensweise eines Unternehmens nach innen und außen auf der Grundlage einer formulierten Unternehmensphilosophie, einer langfristigen Unternehmenszielsetzung und eines definierten Unternehmensimages. Beabsichtigt ist alle Handlungsinstrumente des Unternehmens in einem einheitlichem Rahmen nach innen und außen zur Darstellung zu bringen.

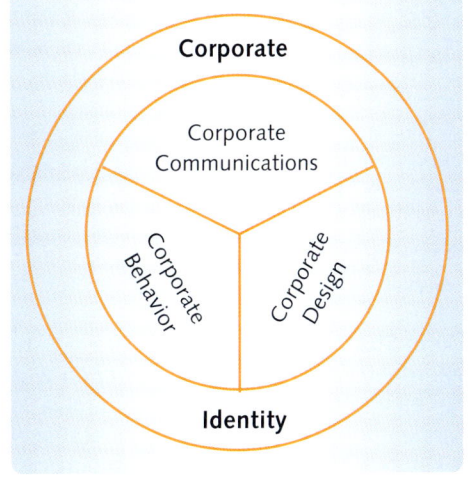

Im Mittelpunkt steht die „**Persönlichkeit**" des Unternehmens, die durch die drei **Elemente** der **CI** Kommunikation, Verhalten und Erscheinungsbild „Gestalt" annehmen soll.

Mit **Corporate Communications** vermittelt man die **Unternehmensidentität** durch eine einheitliche und widerspruchsfreie Kommunikation nach innen *(Mitarbeiter)* und außen *(Werbung, Öffentlichkeitsarbeit, Verkaufsförderung, Sponsoring)*.

Um eine „visuelle Identität" zu bilden, stehen viele Mittel zur Verfügung, die unter dem Begriff **Corporate Design** zusammengefasst werden. Dazu gehören z. B. Firmenzeichen (Logo) oder spezifische Farbgebungen, die sich überall im Unternehmen wiederfinden *(Fassade, Firmenfahrzeuge, Mitarbeiterbekleidung)*.

Mit **Corporate Behavior** beschreibt man die vorherrschende Unternehmenskultur. Sie definiert Benehmen und Umgang der Mitarbeiter und Führungskräfte untereinander sowie gegenüber Lieferanten, Kunden und der Öffentlichkeit.

Gegenüber den **Mitarbeitern** zeigt sich dies z. B. im praktizierten Führungsstil, in der Motivierung und Förderung der Mitarbeiter sowie in der Entgeltpolitik.

Ein kundenfreundliches Beschwerdemanagement und über die gesetzlichen Vorgaben hinausgehende Garantie- und Serviceleistungen sind Beispiele für **Kundenorientierung** als ein Ziel im Rahmen der angestrebten Unternehmenskultur.

Auch der Umgang mit **staatlichen** Institutionen und der **Öffentlichkeit** wird durch Regeln der Corporate Behavior festgelegt. Als Beispiele seien das Verhalten gegenüber gesellschaftlichen und sozialen Interessen sowie gegenüber ökologischen Problemen genannt *(finanzielle Unterstützung öffentlicher Projekte, Bau einer eigenen Kläranlage)*.

Die angestrebte Corporate Identity wird nur dann erfolgreich und vor allem glaubwürdig sein, wenn die beschriebenen Elemente (Design, Kommunikation, Verhalten) übereinstimmen und in sich schlüssig sind.

4.3.2 Dimensionen und Bedeutung von Kommunikationsstrategien

▶ Beschreibung und Ausrichtung der Kommunikationsstrategien

Kommunikationsstrategien können durch verschiedene Dimensionen genauer beschrieben werden (vgl. Bruhn, 2003, S. 176 und Meffert, 2003, S. 709).

Dimension		Ausrichtung
Objekte	→	Unternehmen als Ganzes, Produktgruppen, bzw. einzelne Produkte, Dienstleistungsangebote.
Art	→	Informativ rational und / oder emotional.
Instrumente	→	Werbung, Public Relations, Verkaufsförderung, Sponsoring.
Ziele	→	Individuum oder Masse, national oder global, Konsument oder Handel.
Gestaltung	→	Farbe, Musik, Text, Bild.

Diese **Strategien** stellen nach Meffert strategische **Verhaltenspläne** dar, die in ein übergeordnetes CI-Konzept eingebunden werden müssen.
Bei einer Ausrichtung der Kommunikationsstrategie auf die Objektdimension spielt die Markenpolitik eine besonders herausgehobene Rolle. Dazu zählen strategische Festlegungen hinsichtlich der Positionierung des Unternehmens bzw. seines Leistungsangebotes sowie Entscheidungen hinsichtlich des Brandings von Produkten.

> **Beispiel**   Toyota entwickelte speziell für den amerikanischen Markt seine Edelmarke Lexus, die über ein ausgesuchtes Händlernetz vertrieben wird und eine Klientel ansprechen soll, die bisher bei Importfahrzeugen Mercedes oder BMW favorisierte.
> Die strategische Festlegung war ein Auto zu verkaufen, das zwar aus dem Hause Toyota stammt, aber nicht als „Japaner" von der angesprochenen Zielgruppe identifiziert werden sollte.

Ein über viele Jahrzehnte oder gar Jahrhunderte anhaltender Erfolg eines Markenartikels liegt oft auch darin begründet, dass die Gestaltung des Produktes bewusst nicht oder nur sehr gering modifiziert wird. Man spricht in diesem Zusammenhang von **Werbekonstanten**, d. h. das Produkt zeichnet sich in seiner Gestaltung durch einen hohen Wiedererkennungsgrad über einen langen Zeitraum aus.

▶ Kommunikationspolitische Teilstrategien

Kommunikationsstrategien teilt man in verschiedene Teilstrategien.

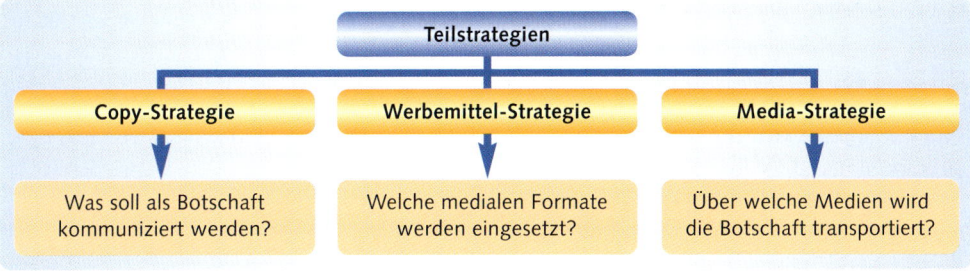

	Teilstrategien	
Copy-Strategie	Werbemittel-Strategie	Media-Strategie
Was soll als Botschaft kommuniziert werden?	Welche medialen Formate werden eingesetzt?	Über welche Medien wird die Botschaft transportiert?

▬ Copy-Strategie

In der **Copy-Strategie** werden **schriftlich** in Kurzform die verschiedenen **Elemente** für eine bestimmte **Kampagne** festgelegt. Die bestimmenden Elemente sind:

1. Zielgruppe

Sie stellt den **Adressaten** der Botschaft dar. Es ist wichtig die Zielgruppe möglichst genau zu bestimmen, damit die beabsichtigte Wirkung auch erzielt wird.

Beispiel Eltern, die zur Ernährung ihrer Babys und Kleinkinder Fertignahrung verwenden.

2. Kommunikationsziel

Die Formulierung des Kommunikationsziels erfolgt eng abgestimmt auf die Zielgruppe. Typische Kommunikationsziele sind:

- Umsatzsteigerung,
- Erhöhung des Bekanntheitsgrades,
- Imageänderung,
- Erhöhung des Marktanteils.

3. Consumer Benefit (Nutzenversprechen)

Der mit dem Erwerb eines Produktes bzw. einer Dienstleistung verbundene „einmalige" **Nutzen** muss festgelegt und herausgestellt werden. Nur durch die Formulierung eines **Nutzenversprechens** kann man einen Konsument davon überzeugen, sich von einem Teil seines Einkommens zu trennen.

Beispiel Bis ein Baby mit ca. einem Jahr mit dem Rest der Familie mitessen kann, haben die fertigen Gläschen eindeutig ihre Vorteile. Fertigkost ist hygienisch einwandfrei, schadstoffkontrolliert und nach den neuesten ernährungswissenschaftlichen Erkenntnissen zusammengesetzt. So erhält das Baby alle lebensnotwendigen Stoffe in einer optimalen Kombination.

---

[1] Fotos von: Cosmopolitan Cosmetics GmbH, UHU GmbH, Semper Idem Underberg AG, Glaxosmithkline GmbH

> Außerdem lohnt es sich nicht für diese geringen Mengen, die ein Baby isst, extra zu kochen (Zeit- und Kostenersparnis).

4. Reason Why (Begründung für Nutzenversprechen)

Das Nutzenversprechen muss dem Konsumenten gegenüber begründet werden. Viele Verbraucher stehen Werbeaussagen kritisch gegenüber und befürchten nicht informativ, sondern eher manipulativ durch Werbemaßnahmen angesprochen zu werden. Die Glaubhaftmachung, dass ein formuliertes Nutzenversprechen auch tatsächlich eingehalten wird, ist daher bei der Formulierung der Copy-Strategie von besonderer Bedeutung.

Beispiel Informationen zu Produkten des Babykostherstellers Hipp:

„Woher stammt die BIO-Milch für HiPP Milchnahrungen?
HiPP verwendet ausschließlich Milch von Bauernhöfen, die streng nach den Richtlinien des organisch-biologischen Landbaues arbeiten. Die Kühe werden artgerecht gehalten und weiden an mehr als 200 Tagen im Jahr auf naturbelassenen Wiesen, die ohne Mineraldünger und ohne chemisch-synthetische Spritzmittel bewirtschaftet werden. Diese natürliche Fütterung der Tiere mit Gras, Heu oder Getreide garantiert beste BIO-Qualität, aus der unsere nährstoffreiche, gesunde Milch entsteht. Das macht die BIO-Milch für HiPP Milchnahrung so wertvoll.
HiPP BIO-Milch wird streng kontrolliert!
All dies wird ständig durch unabhängige Kontrollinstitute bei unangekündigten Besuchen nachgeprüft. Zudem kontrolliert HiPP alle Produkte in eigenen Labortests, die noch strenger sind, als es der Gesetzgeber vorschreibt. Damit ist sichergestellt, dass für Ihr Baby nur beste BIO-Milch verarbeitet wird."

(Quelle: www.hipp.de)

5. Tonality (Grundton der Botschaft)

Nicht nur „Was" in einer Botschaft übermittelt wird ist wichtig, sondern auch das „Wie". Tonality ist der Grundton der Werbebotschaft, den man konsequent einhalten sollte. Dabei wird die **Atmosphäre**, in der das Produkt bzw. die Dienstleistung strategisch „verpackt" werden soll, im Rahmen der Copy-Strategie beschrieben *(jugendlich, sportlich, dynamisch, vertrauenswürdig, persönlich)*.

Die Tonality gibt die Richtung für die spätere konkrete visuelle und / oder verbale Umsetzung zur Gestaltung der Botschaft an.

Beispiel Schaffung einer Vertrauensbasis zwischen Produzent und Konsument durch das persönliches Garantieversprechen von Claus Hipp zur Bio-Qualität seiner Produkte:

„Seit über 40 Jahren widmen wir uns aus Überzeugung und mit größter Sorgfalt dem organisch-biologischen Landbau. Aus Verantwortung für die natürliche und gesunde Entwicklung Ihres Babys ist dies für mich eine Aufgabe fürs Leben. Dafür stehe ich mit meinem Namen."

Mit der Konzipierung einer Copy-Stragie eng verbunden ist das Anstreben einer Alleinstellung für das Leistungsangebot am Markt. Über den Consumer-Benefit hinaus soll durch den **USP** (Unique Selling Proposition = einzigartiger Verkaufsvorteil) eine nachhaltige **Verkaufsstimulierung** erzeugt werden.

Man unterscheidet zwischen **echtem** USP (nachprüfbare Einzigartigkeit des Produktes gegenüber Konkurrenzprodukten) und **künstlichem** USP, einem durch Kommunikationsmaßnahmen geschaffenen vermeintlichen Produktvorteil (auch **UAP** = Unique Advertising Proposition genannt).

Da bei sehr vielen Produkten eine weitgehende Homogenität vorzufinden ist, kommt dem künstlichen USP (UAP), der vornehmlich über Produktzusatznutzen generiert wird, größte Bedeutung zu *(angebliche gesundheitsfördernde Wirkung von Grünem Tee-Extrakt in kosmetischen Produkten)*.

⬤ Werbemittel-Strategie

Mit der **Werbemittel-Strategie** legt man die **Auswahl** der **Werbemittel** fest *(Anzeige, TV-Spot, Plakat)*.

Die Auswahl des Werbemittels ist in der Praxis wesentlich vom Inhalt bestimmt, von der zu umwerbenden Zielgruppe und von der beabsichtigten Reichweite der Botschaft.

Werbemittel sind die **Gestaltungsformen** von Botschaften, die der Werbende den Umworbenen (Zielgruppe) mitteilen möchte.

Man kann auch sagen: Werbemittel sind „verkörperte Werbebotschaften" um bei Konsumenten Kaufreaktionen auszulösen. Ein Werbemittel entsteht durch eine Verknüpfung inhaltlicher Aussagen *(„Die Creme mildert ausgeprägte Falten")* mit sprachlichen, schriftlichen und bildlichen Gestaltungselementen *(Foto eines faltenfreien Gesichtes)*.

Quelle: Cosmétique Active Deutschland GmbH

Abb. *Werbemittel Anzeige mit Text- und Bildelementen*

Bei der Gestaltung der Werbemittel ist zu beachten, dass Vorstellungen, Meinungen und Ansichten der Konsumenten einem z. T. schnellen Wandel unterliegen. Jeweils gerade aktuelle Trends im gesellschaftlichen Diskurs *(Harmoniebestreben, Sicherheit, Familie)* sind ebenso zu berücksichtigen, wie gegenwärtige Modeströmungen *(dunkle Farben bei Möbeln und Textilien)*.

Die visuelle und verbale Gestaltung der Werbemittel sollte sich dann dem gerade herrschenden Zeitgeist anpassen, wenn Botschaften als neu und zeitgemäß von der Zielgruppe empfunden werden sollen.

⬤ Werbeträger-Strategie

Werbeträger sind die **Medien**, durch welche die zu kommunizierende Botschaft an die Zielgruppe überbracht wird. Bei ihrer **Auswahl** (Mediaplanung) steht im Vordergrund, wie die Zielgruppe möglichst optimal **quantitativ** (Anzahl der Botschaftsempfänger) und **qualitativ** (Genauigkeit hinsichtlich der Zielgruppe) zu erreichen ist. Ebenso von Bedeutung ist es die **räumliche** Reichweite festzulegen *(örtlich, regional, national)* und das Ganze auf einer möglichst kostengünstigen Basis.

> **Beispiel** Ein Möbelhaus mit einem Kundeneinzugsbereich von ca. 50 km wird hauptsächlich in den Printmedien *(Lokalzeitungen)* werben und auf TV-Werbung (Ausnahme

Regionalsender!) verzichten. Dagegen ist die Nutzung elektronischer Medien (Internet) durchaus sinnvoll, wie z. B. durch die Möglichkeit sich über Anfahrtsweg, Öffnungszeiten und aktuelle Angebote zu informieren.

Abb. *Homepage eines mittelständischen Möbelhauses*

4.4   Gegenwärtige Bedingungen und Probleme der Kommunikationspolitik

Seit Mitte der 1990er Jahre hat sich die Situation der Unternehmen erheblich verändert, wenn es darum geht eine erfolgreiche Kommunikationspolitik zu betreiben. Vorbei die „goldenen Zeiten" der 50er und 60er Jahre des vergangenen Jahrhunderts, in denen sich kommunikative Maßnahmen fast ausschließlich auf das Bekannt machen des vorhandenen Produktangebots beschränkten. Bei den damals herrschenden Marktverhältnissen (Verkäufermarkt) erfolgte der Absatz nahezu von selbst. So genügte es bei Waschmitteln darauf hin zu weisen, dass sie Wäsche strahlend weiß waschen (siehe nebenstehende Anzeige aus den 1950er Jahren).

In den letzten Jahren müssen sich Unternehmen Herausforderungen unterschiedlicher Art stellen: Produkte und Dienstleistungen gleichen sich einander immer mehr an und sind zunehmend austauschbar; dies gilt in sehr vielen Fällen auch für kommunikationspolitische Maßnahmen (Werbung).

Quelle: Brigitte (Nachdruck Nr. 1)

Zu einem besonderen **Problem** entwickelt sich durch die stetig gewachsene Zahl von Informationsträgern und Medien, mit denen Botschaften an die Konsumenten transportiert werden, eine zunehmende **Reizüberflutung** bei den Zielgruppen. Werbemaßnahmen können den werbenden Unternehmen nicht mehr eindeutig zugeordnet werden und im schlimmsten Fall führt „Werbefrust" zur Verweigerung der Informationsaufnahme („Wegzappen" bei Werbesendungen im Fernsehen).

4.4.1 Kommunikationsbedingungen

▶ Informationsüberlastung

Unter Informationsüberlastung versteht man den Anteil nicht beachteter Informationen an der Gesamtheit der über die Medien angebotenen Informationen (vgl. KROEBER-RIEL / ESCH, 2000, S. 9 ff.). Untersuchungen zeigen, dass z. B. nur bis zu 5 % der angebotenen gedruckten Werbeinformationen ihre Empfänger erreichen.

Der Grad der Informationsüberlastung nimmt stetig zu, da die Zahl der Anbieter von Informationen und der sie transportierenden Medien immer größer wird. Die Aufnahme von Informationen ist jedoch auf Grund biologischer Determinanten beim Konsumenten begrenzt.

> **Beispiel** Damit ein Leser alle Informationen einer Anzeige in Zeitschriften aufnimmt, müsste er zwischen 30 und 40 Sekunden Lesezeit aufwenden. Beobachtungen haben ergeben, dass dafür jedoch nur ca. zwei Sekunden aufgewendet werden.

Wer mit Werbemaßnahmen Erfolg haben will, muss daher sicherstellen, dass die Werbebotschaft in wenigen Sekunden aufgenommen wird. Angesichts eines für die nächsten Jahre prognostizierten starken Anstiegs der Werbemaßnahmen, scheint die Kluft zwischen Angebot und möglicher Nachfrage von Informationen immer größer zu werden.

▶ Vorrang von Bildinformationen

Da zur Aufnahme einer Werbebotschaft nur wenig Zeit zur Verfügung steht, werden zunehmend Bilder als Transport der Botschaften eingesetzt. Aus der Hirnforschung ist seit langem bekannt, dass der Mensch Bildinformationen schneller aufnimmt und verarbeitet, als Textinformationen.
Bildliche Informationen lassen sich auch mit weniger Anstrengung des Gehirns verarbeiten, als dies bei auf Sprache basierenden Informationen der Fall ist.
Die Folge ist eine Informationsreduzierung auf wenige prägnante Aussagen, die in bildlicher Form vermittelt werden.

Bei der Werbung für Low-Involvement-Produkte, denen die Konsumenten ohnehin nur wenig Interesse entgegenbringen, spielt die Bildkommunikation die entschei-

Quelle: Unilever GmbH

dende Rolle um sich gegenüber gleichartigen Produkten zu profilieren und beim Konsumenten einen nachhaltigen Eindruck zu erzeugen.

> **Beispiel** **Anzeige für neuartigen Joghurt-Drink**
>
> Die Information „Senkung des Cholesterinspiegels", und damit eine für das Herz gesundheitsfördernde Wirkung, wird in der vorstehenden Anzeige durch die Darstellung des Verschlusses in Herzform deutlich. Erst durch diese Bildgestaltung mit der Assoziation „Herz" wird der Betrachter auf das Produkt aufmerksam.

4.4.2 Marktbedingungen

Die **Kommunikationspolitik**[1] wird maßgeblich durch die vorherrschenden **Marktbedingungen** beeinflusst. In nahezu allen westlichen Konsumgesellschaften findet man gesättigte Märkte vor. Weil Marktpotenziale weitgehend ausgeschöpft sind, ist ein verstärkter Verdrängungswettbewerb die Folge. Von besonderer Bedeutung ist, dass sich immer mehr Produkte sowohl in Funktion, als auch in der Gestaltung, angleichen. Für Konsumenten wird so eine objektive **Produktdifferenzierung** und eine damit verbundene Erzeugung von Wettbewerbsvorteilen im Markt erheblich **erschwert**. Da Konsumenten überdies zwischen den einzelnen Produkten kaum noch Unterschiede erkennen (*„die sind doch alle gleich!"*), lässt das Interesse an Informationen zu diesen Produkten nach.

Um gegenüber dem **Leistungsangebot** der Mitbewerber **wahrgenommen** zu werden, ist eine **wirksame Positionierung** nötig, die in zwei Richtungen geht:

> 1. Zunehmende Emotionalisierung der Werbebotschaften durch Schaffung von Erlebnisszenarien, die vorwiegend über Bildkommunikation erfolgen.

Beispiel Mit der Kampagne „Deutschland hat GesCMAck" werden Lebensmittel der deutschen Land- und Ernährungswirtschaft produktübergreifend durch die CMA (Centrale Marketing-Gesellschaft der deutschen Agrarwirtschaft mbH) beworben.

Damit soll Vertrauen in die Erzeugnisse der heimischen Landwirtschaft gewonnen werden. Die Botschaft wird nicht als reine Produktbotschaft (Qualität, Reinheit, Güte u. s. w.) vermittelt, sondern es erfolgt eine stark bildbetonte emotionale Ansprache.

Dazu greift die CMA in ihrer Kampagne Lebenssituationen auf, in denen Lebensmittel auf ungewöhnliche Weise im Mittelpunkt stehen.

---

1   ausf. dazu KROEBER-RIEL-ESCH, 2000, S. 18 ff.

2. Zunehmende Marktdifferenzierung über die Einführung zusätzlicher Produktvarianten, die zielgruppengerecht positioniert werden.

Beispiel Werbung für das Vollwaschmittel Persil in einer Variante, die speziell für Menschen mit empfindlicher Haut entwickelt wurde.

Die Zielgruppe sind Mütter mit kleinen Kindern, die sicher gehen wollen, dass sie kein „scharfes" Waschmittel benutzen, das unter Umständen ihren Kindern durch eine allergische Hautreaktion schadet.

4.4.3 Gesellschaftliche Bedingungen

Die jeweils in einer Gesellschaft aktuell geltenden Bedingungen *(Rechtslage, öffentliche Meinung, Wertvorstellungen)* beeinflussen stark kommunikationspolitische Maßnahmen.

▶ Rechtliche Rahmenbedingungen

Bei der Planung kommunikationspolitischer Maßnahmen sollte sichergestellt werden, dass es bei ihrer Durchführung zu keinen Konflikten mit den geltenden Rechtsvorschriften kommt.

▬ Gesetz gegen den unlauteren Wettbewerb

In Deutschland kommt dem **UWG** (Gesetz gegen unlauteren Wettbewerb) eine wichtige Rolle zu, wenn es zu entscheiden gilt, ob Wettbewerbshandlungen zulässig sind oder nicht. Das Gesetz erfüllt eine **Schutzfunktion** gegenüber dem Mitbewerber, den Verbraucherinnen und Verbrauchern sowie der Allgemeinheit.

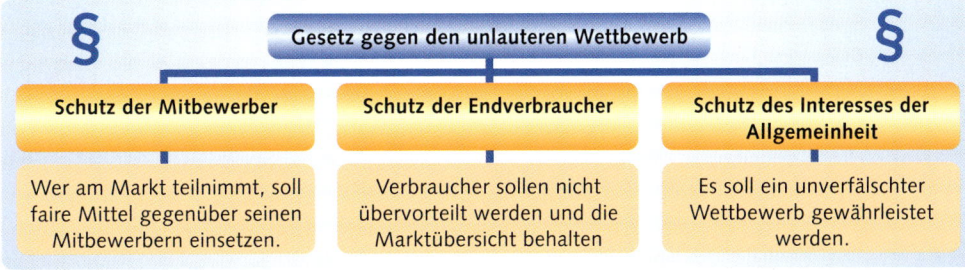

§ Gesetz gegen den unlauteren Wettbewerb §		
Schutz der Mitbewerber	Schutz der Endverbraucher	Schutz des Interesses der Allgemeinheit
Wer am Markt teilnimmt, soll faire Mittel gegenüber seinen Mitbewerbern einsetzen.	Verbraucher sollen nicht übervorteilt werden und die Marktübersicht behalten	Es soll ein unverfälschter Wettbewerb gewährleistet werden.

Der wichtigste Paragraf des UWG (Generalklausel, § 3) lautet:

> „Unlautere Wettbewerbshandlungen, die geeignet sind, dem Wettbewerb zum Nachteil der Mitbewerber, der Verbraucher oder der sonstigen Marktteilnehmer nicht nur unerheblich zu beeinträchtigen, sind unzulässig."

Da es unmöglich ist alle möglichen Verstöße aufzuzählen, zählt das Gesetz unlautere Wettbewerbshandlungen in relativ allgemeiner Form auf. Kommt es zum Streit, ob ein Verstoß gegen das Gesetz vorliegt, so ist es möglich Einigungsstellen der Industrie- und Handelskammern oder die Gerichte anzurufen.

Bei Verstößen gegen das UWG können Gerichte veranlassen, dass die beanstandete Maßnahme unterlassen bzw. beseitigt wird. Auch die Leistung von Schadenersatz und in schweren Fällen Geld- oder gar Freiheitsstrafen sind möglich.

Vergleichende, belästigende und irreführende Werbung

Vergleichende Werbung: Sie ist erlaubt, wenn die zum Vergleich herangezogene Leistung auch der Wahrheit entspricht. Dabei ist zu beachten, dass Mitbewerber nicht herabgesetzt oder verunglimpft werden dürfen.

Belästigende Werbung: Sie liegt dann vor, wenn Marktteilnehmer in unzumutbarer Weise belästigt werden. So ist es z. B. nicht zulässig sich mit Telefonanrufen, Fax-Sendungen, E-Mails oder SMS an Privatpersonen zu wenden, ohne deren vorheriges Einverständnis eingeholt zu haben.

Irreführende Werbung: Werbemaßnahmen dürfen nicht auf nachweislich falschen Aussagen beruhen. Auch Werbung mit sogenannten Mondpreisen ist unlauter. Als Mondpreis ist ein Preis zu verstehen, der überhöht angesetzt wurde um dann mit einem hohen Preisnachlass werben zu können.

Beispiel **Schadensersatz wegen irreführender Werbung mit staatlich nicht anerkanntem Studienabschluss**

Wirbt eine private Fachhochschule mit dem Hinweis auf einen „national und international bekannten Abschluss", so wird damit der Eindruck erweckt, dass es sich auch um einen staatlich anerkannten Abschluss handelt. Mit dieser Begründung hat das Oberlandesgericht Frankfurt am Main einer Klage auf Rückzahlung von Studiengebühren und Schadensersatz wegen Verdienstausfalls stattgegeben. Die beklagte Privatschule hatte in einem Prospekt einen „Doppelabschluss in drei Jahren zum Internationalen Betriebswirt (IBS) und Bachelor of Arts (BA)" beworben, womit „ein national wie international bekannter Abschluss zu erreichen und die idealen Voraussetzungen für eine nationale und internationale Berufstätigkeit zu erlangen seien".

Tatsächlich war der Titel nicht staatlich anerkannt. Der Kläger hatte deshalb den Ausbildungsvertrag wegen arglistiger Täuschung angefochten und Rückzahlung der gezahlten Studiengebühren sowie Schadensersatz wegen Verdienstausfalls verlangt.

Seine Klage hatte beim Oberlandesgericht Erfolg. Der Senat hat dem Kläger einen Anspruch auf Rückzahlung der geleisteten Studiengebühren zuerkannt und darüber hinaus festgestellt, dass der Kläger auch den Schaden, der ihm infolge eines durch das nutzlose Studium verzögerten Eintritts in das Berufsleben entsteht, von der Beklagten ersetzt verlangen kann.

(Quelle: Oberlandesgericht Frankfurt am Main, Urteil vom 9. März 2005 – 2 U 99 / 04 –)

Selbstkontrolle der werbetreibenden Wirtschaft

Der Deutsche Werberat, eine Gründung der werbetreibenden Wirtschaft, hat in einigen Bereichen freiwillige Verhaltensregeln aufgestellt, die den lauteren und leistungsgerechten Wettbewerb in besonders gesellschaftsrelevanten Bereichen unterstützen sollen. Bei Beschwerden kann der Werberat z. B. um eine Stellungnahme des Werbetreibenden bitten oder eine Rüge aussprechen. In vielen Fällen unterlässt der Werbetreibende daraufhin die beanstandete Maßnahme.

Beispiel
- **Frauendiskriminierung**
  Ein Autohaus warb in seinem Kinospot für ein Automodell mit einer halbnackten Frau in einem Feld. Bedeckt wurde ihr nackter Oberkörper mit einem Preisschild als Hinweis auf die Höhe der Leasingrate. Die Beschwerdeführerin befand die Darstellung der Frau in dem Spot als herabwürdigend.
  Vom Werberat zur Stellungnahme aufgefordert, teilte das Autohaus mit, es werde den Spot nicht mehr schalten.

- **Gewaltverherrlichung**
  Ein Hersteller für Druckerzubehör warb in seinen Anzeigen mit einem aus menschlichen Totenschädeln geformten Berg, auf dessen Spitze ein Kreuz steckte. Überschrieben war das Bildmotiv mit dem Text „Tödlich günstig. Kopfschuss für die Mitbewerber." Ebenso wie die Beschwerdeführer sah der Werberat hierin ein grausames und gewaltverherrlichendes Anzeigenmotiv. Darüber hinaus würden durch den Bildhintergrund, der offenbar ein Massengrab darstellen sollte, Gewaltopfer verhöhnt. Nach Intervention durch den Werberat erklärte sich der Werbungstreibende bereit, die Anzeigenkampagne zu stoppen.

▶ Öffentliche Meinung

Bei der Planung von kommunikationspolitischen Maßnahmen sollte stets als eine der zu beachtenden Einflussgrößen die öffentliche Meinung berücksichtigt werden. Es ist allerdings außerordentlich schwer genau zu bestimmen, was nun „die" öffentliche Meinung ist. Wenig Sinn macht es, wenn man sich ausschließlich am „Mainstream" der Gesamtgesellschaft orientieren möchte. Vielmehr ist es sinnvoll, die in der abgesprochenen Zielgruppe herrschende „öffentliche Meinung" zu berücksichtigen und danach die kommunikationspolitischen Maßnahmen auszurichten.

Beispiel Gesamtgesellschaftlich betrachtet ist die Öffentlichkeit gegenüber Werbemaßnahmen, die gegen die Würde und Emanzipation der Frau verstoßen, zunehmend kritisch eingestellt.
Trotzdem gestaltet Europas größter Versender für sportliches Autozubehör „D&W" seit vielen Jahren seinen Katalog sowie den Online-Shop immer auch mit zahlreichen Abbildungen spärlich bekleideter „Girls". Für die Zielgruppe des Unternehmens scheint das dort vermittelte Frauenbild keine auf den Umsatz sich schädlich auswirkenden Folgen zu haben, ganz im Gegenteil.

Infobox

Zu viel Werbung!?
Knapp zwei Drittel der Deutschen finden, dass es zu viel Werbung gibt. Allerdings gibt es je nach Zielgruppe spürbare Unterschiede. Ein Zuviel an Werbung bemängeln eher die Älteren (67 Prozent). Bei den Jüngeren sind es dagegen 57 Prozent. Auch in den neuen Bundesländern ist die Abneigung mit 70 Prozent deutlich höher als im Westen (64 Prozent). Zu viel Werbung beklagen zudem eher Frauen (66 Prozent) als Männer (63 Prozent).

Zu diesem Ergebnis kommt das Marktforschungsinstitut IMAS International, München, für das HORIZONT-Kommunikationsbarometer.

Jeder Fünfte (21 Prozent) ist immerhin der Meinung, dass die Werbung richtig dosiert ist. Männer (22 Prozent) und Frauen (20 Prozent) liegen hier ebenso dicht beieinander wie West (21 Prozent) und Ost (19 Prozent). Lediglich zwischen den 16- bis 29-Jährigen (26 Prozent), und den über 50-Jährigen (19 Prozent) besteht ein größerer Unterschied. Wenn auch die deutliche Mehrheit der Bundesbürger den Werbedruck beklagt, so sind es jedoch nur 8 Prozent, die glauben, ohne Werbung sei das Leben viel schöner. Das bedeutet im Umkehrschluss, dass die überwältigende Mehrheit von 92 Prozent Werbung grundsätzlich akzeptiert und als Teil des modernen Lebens begreift. 12 Prozent der Bundesbürger bestätigen zudem, dass Werbung mehr Farbe und Abwechslung in das Leben bringt. Bei den jungen Konsumenten steigt der Wert sogar auf 16 Prozent. Indes können sich nur noch 10 Prozent der Generation 50plus mit dieser positiven Aussage anfreunden. Immerhin setzt sich die Erkenntnis durch, dass Werbung zu einem wichtigen Finanzfaktor für kulturelle oder sportliche Veranstaltungen geworden ist, ohne den viele Events nicht mehr durchführbar wären. Jeder Vierte (26 Prozent) sieht inzwischen in der Werbung einen wichtigen Kultur- und Veranstaltungssponsor.

(Quelle: Horizont.net, März 2005)

▶ Wertewandel

Normen und **Überzeugungen**, die das Verhalten in einer Gesellschaft determinieren, ändern sich im Lauf der Zeit und haben erheblichen Einfluss auf die Marktkommunikation. Dieser **Wertewandel** manifestiert sich in einigen sogenannten **Mega-Trends**, die Zukunftsforscher prognostizieren. Dazu zählen seit den 1990er Jahren Erlebnis- und Genussorientierung, ein verstärktes Umwelt- und Gesundheitsbewusstsein sowie eine starke Freizeitorientierung der Konsumenten.

Um kommunikationspolitische Maßnahmen auf diese Wertvorstellengen abzustimmen, kam es zu einer starken **Emotionalisierung** bei der inhaltlichen und äußeren Gestaltung kommunikationspolitischer Maßnahmen. Die reine Information über ein Produkt oder eine Dienstleistung stand dabei im Hintergrund und machte Platz für ein Ansprechen der Gefühle, die selbst zum Inhalt der Botschaft wurden (vgl. dazu KLAUS BRANDMEYER „Wenn die Werbeblase platzt" in brand eins 06 / 05).

Die in den letzten Jahren stark am emotionalen Zusatznutzen ausgerichtete Werbung scheint aber bei vielen Konsumenten nicht mehr die erwünschte Wirkung zu zeigen. Konsumforscher prognostizieren einen erneuten Wertewandel für die Zeit bis 2010 mit einer Abkehr von zu betonter emotionaler Werbung hin zu mehr Sachlichkeit. Das Produkt und seine Funktionalität sollen in den Focus der zu vermittelnden Botschaft rücken. Gleichzeitig erwarten die Trendforscher, dass die Spaltung des Marktes in die Extreme „Billigkonsum" einerseits und „Luxus um fast jeden Preis" andererseits durch eine Wiederbelebung der „Mitte" ergänzt wird.

Verlässliche Prognosen sind allerdings nahezu unmöglich, da sich die wirtschaftlichen Rahmenbedingungen unerwartet schnell ändern können.

Beispiel　Der Geländewagenboom in den USA und Deutschland, der in den 1990er Jahren begann, wurde nicht durch verkehrsbedingte Verhältnisse ausgelöst, sondern die Kaufmotive für diese Autos sind vor allem im Wunsch nach Selbstverwirklichung, Gefühlen der Überlegenheit usw. zu sehen.

Kaum kommt es jedoch zu einem extremen Ansteigen der Benzinpreise, bricht der Markt für diese Fahrzeuge ein (2005 gegenüber 2004 um über 40 %!), was einen Autokonzern wie General-Motors in große Schwierigkeiten bringt.

4.5 Werbung

4.5.1 Begriff und Ziele der Werbung

Werbung ist eine Form der **Unternehmenskommunikation**. Sie gilt als wichtigstes Instrument um mit den „Märkten" zu kommunizieren.

▶ Begriff der Werbung

Eine eindeutige Definition des Begriffs Werbung existiert nicht (vgl. WEIS, 2001, S. 419). Unstrittig ist in der Wissenschaft jedoch, dass **Werbung** ein kommunikativer **Beeinflussungsprozess** ist, bei dem es um eine Änderung von **Einstellungen** und **Verhaltensweisen** (Attitüden) geht. Der Werbende lässt dem Umworbenen mithilfe eines Mediums eine Botschaft übermitteln, die vom Empfänger rezipiert und verarbeitet wird, mit dem Ziel eine vom Werbenden intendierte Handlung vorzunehmen *(Kauf eines Produkts, Buchen einer Reise, Besuch eines Films)*.

▶ Ökonomische Werbeziele

Aus der Definition für Werbung lässt sich das allgemeine **Hauptziel** ableiten: Konsumenten sollen die beworbene Leistung *(Produkt, Dienstleistung)* des Anbietenden und nicht ein Konkurrenzangebot erwerben. Damit wird dem obersten Marketingziel Rechnung getragen, nämlich den Absatz bzw. Umsatz nachhaltig zu steigern. Im Rahmen dieses Oberziels lassen sich weitere **Subziele**, je nach spezifischer Unternehmenssituation, postulieren:

▬ Einführungswerbung

Zur Einführungswerbung zählen alle Werbemaßnahmen, um **neue** Produkte im Markt bekannt zu machen. **Ziel** ist es eine Erstnachfrage zu generieren, die zu einer dauerhaften Marktpräsenz mit nachhaltiger Nachfrage der Zielgruppe führt. Einführungswerbung ist meist sehr kostenintensiv, da es in einem umkämpften Markt eines massiven Einsatzes werblicher Aktivitäten bedarf, um auf das eigene Produkt aufmerksam zu machen. Dabei setzt man häufig mehrere Werbemittel gleichzeitig ein.

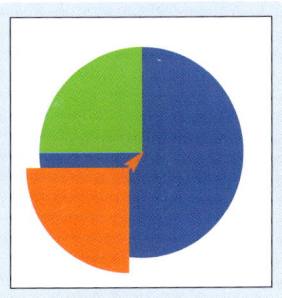

Bei Einführungswerbung ist es unabdingbar, dass vor der Realisierung der Werbemaßnahmen eine intensive und sorgfältige **Marktforschung** betrieben wurde, damit sich der finanzielle Aufwand gelohnt hat und es zu einer dauerhaften Nachfrage nach dem beworbenen Leistungsangebot kommt.

▬ Erhaltungswerbung

Mit Erhaltungswerbung will man die bisher gehaltene **Marktposition** sichern. Die aktuellen Absatzzahlen sollen stabilisiert werden. Jetzt ist es möglich die Werbekosten zu reduzieren, ohne dabei aber die erreichte Marktposition zu gefährden. Eine besondere Form der Erhaltungswerbung ist die **Erinnerungswerbung**. Hierbei beschränkt man sich darauf, dass die Konsumenten durch wenige Werbemaßnahmen an bereits in ihrem Gedächtnis verankerte Werbung erinnert werden.

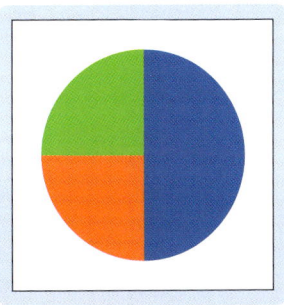

Expansionswerbung

Expansionswerbung erfolgt aus unterschiedlichen Motiven. Bisherige Produktverwender sollen dazu animiert werden vom gleichen Produkt **mehr** zu kaufen. Eine weitere Möglichkeit ist die Gewinnung **neuer** Kunden, die bisher keine Produktverwender sind. Es ist außerdem möglich das Produkt auf geografisch **neuen Märkten** zu platzieren. Expansionswerbung findet natürlich auch dann Anwendung, wenn die **Absatzzahlen** eine **rückläufige** Tendenz aufweisen.

Kommunikative Werbeziele

Kommunikative Werbeziele (vgl. dazu Kotler / Armstrong / Saunders / Wong, 2003, S. 902) stehen gleichberechtigt neben den ökonomischen Zielen, denn ohne ihre Erreichung wird es nur schwerlich zu ökonomischen Erfolgen kommen.

Kommunikative Werbeziele	
Werbung soll informieren →	• Beschreibung des Angebots an Produkten und Dienstleistungen, • Aufbau eines Unternehmensimages, • Produkterklärung und Produktverwendung.
Werbung soll überzeugen und veranlassen →	• Überzeugung vom Nutzen des Leistungsangebotes mit dem Ziel es zu erwerben, • Bereitschaft zum Markenwechsel, • Präferenz des Kunden für eine Marke aufbauen.
Werbung soll unterhalten →	• Konsumenten wünschen witzige und kreative Werbung, bei der aber die Glaubwürdigkeit darunter nicht leiden darf.

Die **Basis** zur Formulierung kommunikativer Werbeziele bilden **Werbewirkungsmodelle** (vgl. dazu S. 66), die sich wie folgt verkürzt darstellen lassen:

kognitive Ebene	→	kennen, wissen	→	Vertrautheit mit einem Produkt
affektive Ebene	→	empfinden, akzeptieren	→	Präferenz für ein Produkt
konative Ebene	→	**überzeugt sein, handeln**	→	**Auslösung des Kaufaktes für ein Produkt.**

Beispiel	Eine Hausfrau betrachtet in einem TV-Shoppingkanal die Präsentation eines innovativen Schnellkochtopfs durch einen Meisterkoch (kognitive Ebene). Dazu äußern sich in Interviews Hausfrauen, die das Gerät bereits erworben haben, wie einfach und zeitsparend die Arbeit mit diesem Gerät sei und wie sie nun mehr Zeit für die Familie hätten (affektive Ebene). Das Produkt wird mit einem Einführungsrabatt von 25 % und einem vierwöchigen Rückgaberecht angeboten. Darauf bestellt es die Hausfrau (konative Ebene.)

4.5.2 Werbeobjekte

Mit der Festlegung des Werbeobjekts entscheidet der Werbetreibende, was er in den Vordergrund seiner Werbemaßnahmen stellen möchte.

Leistungsangebot	Merkmale	Beispiele
Produkt	• einzelnes Produkt: • Produktart: • Produktgruppe: • Produktbereich:	HP Laserjet 2420, alle HP Laserdrucker, alle HP Drucker, alle HP Produkte für den PC-Bereich.
Dienstleistung	• einzelne Leistung: • Leistungsverbund: • Unternehmen:	Haftpflichtversicherung der Allianz, alle Versicherungsgebote, Versicherungskonzern als Anbieter für sämtliche Angebote für Versicherung, Vorsorge und Vermögensanlage.
Industriegüter	• Anlagegüter: • Produktionsgüter:	Güter, die nicht zur direkten Produktion benötigt werden (Lagereinrichtung, Telefonanlage, Fahrzeuge) Produktionsmaschinen und – einrichtungen (Drehbank, Schweißroboter, Presse).
Konsumgüter	• Verbrauchsgüter: • Gebrauchsgüter:	Lebensmittel, Pflege- und Reinigungsprodukte, DVD-Recorder, Möbel, PKW.

Werbeobjekt bei **Handelsunternehmen** ist in erster Linie das Unternehmen selbst, wenn es allgemein für seine Leistungsfähigkeit, Größe und Preiswürdigkeit wirbt. Die **Kernaussage** der Werbebotschaft ist die Vermittlung, **wo** eine bestimmte Ware erworben werden kann.

> **Beispiel** „Hofmeister, wohin denn sonst? Die größte Wohnschau unter einem Dach in Baden-Württemberg."

Ebenso stellen Handelsunternehmen in ihrer Werbung sehr oft ihr umfangreiches Sortiment oder Verkaufsaktionen in den Vordergrund.

> **Beispiel** „100 Küchen im Angebot, nur bei „Küchen-Meister" dem größten Fachmarkt in der Region."

Die **Werbung** für **einzelne** Artikel (Produktwerbung) übernehmen i. d. R. im Handel die Hersteller. Ihr Bestreben ist es bei den Händlern gelistet zu werden. Sie versuchen dies durch die sogenannte **Sprungwerbung**:
Mit Werbung in den Massenmedien wenden sie sich direkt an die Verbraucher und machen sie gewissermaßen zu ihren Verbündeten. Die Verbraucher sollen darauf hin im Handel die beworbenen Produkte nachfragen (Pull-Konzept). So wird der Handel veranlasst, diese Artikel in sein Sortiment aufzunehmen. Die Ware, deren Verkauf auf diese Weise gefördert wird, wir auch als vorverkaufte Ware bezeichnet.

4.5.3 Werbearten

Je nachdem auf welche Weise eine Werbemaßnahme durchgeführt wird und wer Werbesubjekte und Werbetreibende sind, unterscheidet man verschiedene Werbearten.

▶ Werbesubjekte (Umworbene)

Bei der Werbung nach **Zahl** der **umworbenen** Konsumenten unterscheidet man:

Einzelwerbung (Einzelumwerbung, Direktwerbung) →	Bei der Einzelwerbung spricht man einen oder mehrere genau festgelegte potenzielle Kunden direkt mit einer auf sie abgestimmten individuell gestalteten Werbebotschaft an *(Prospekt, Werbebrief, Messepräsentationen)*. Je präziser die Zielgruppenbestimmung möglich ist *(Teetrinker, Golfspieler, Krimileser)*, desto erfolgversprechender sind die Werbemaßnahmen.
Massenwerbung (Mehrheits- umwerbung) →	Bei der Massenwerbung wird ein sehr großer Personenkreis über die Massenmedien angesprochen. Die Werbung muss so gestaltet sein, dass sie möglichst viele Konsumenten anspricht. Da es sich aber hierbei um einen u. U. sehr heterogenen Personenkreis handelt, kann dies hinsichtlich einer möglichst effektiven Ansprache zu Problemen führen *(Radio-Fernsehwerbung, Plakatwerbung, Werbung in und auf Verkehrsmitteln)*. Bevorzugt findet Massenwerbung für Konsumgüter statt.

▶ Werbetreibende

Nach der **Zahl** der Werbetreibenden, die Werbemaßnahmen durchführen, kann man die im Folgenden beschriebenen **Werbearten** unterscheiden:

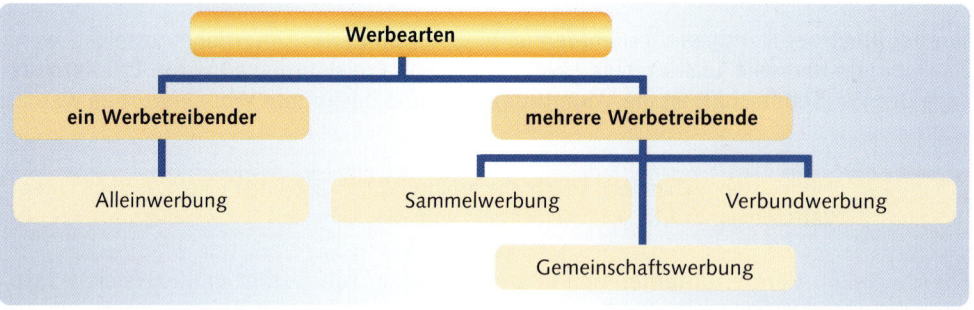

▬ Alleinwerbung

Ein **einzelner** Anbieter wirbt für sein Leistungsangebot unter **Nennung** seines **Namens**. **Werbeziele** können eine Verbesserung des Unternehmensimages, Präsentation des Sortiments oder einer Dienstleistung sowie die Einführung eines neuen Produktes sein. Die Alleinwerbung bietet die größte **Freiheit** bei der **Gestaltung** der Werbemaßnahmen, da man auf andere Beteiligte keine Rücksicht nehmen muss. Allerdings sind auch die **Kosten** alleine zu tragen.

Beispiel • Ein Getränkehersteller wirbt für neue Produkte in seinem Segment Erfrischungsgetränke.

Quelle: Winkels GmbH

- Ein Handelskonzern stellt sich in einer Imageanzeige im Rahmen einer städtischen Werbebroschüre vor.

Sammelwerbung

Sammelwerbung liegt vor, wenn sich **mehrere** Firmen zu **gemeinsamer** Werbung unter **Namensnennung** oder Nennung ihrer **Markennamen** zusammentun. Dabei kann zwischen **branchengleicher** Sammelwerbung *(mehrere Winzer werben gemeinsam in einer Anzeige für ein Weindorf)* und **branchenungleicher** Sammelwerbung differenziert werden *(mehrere Unternehmen verschiedener Branchen, z. B. aus derselben Einkaufsstrasse oder eines Stadtteils, schließen sich zusammen und werben unter Namensnennung gemeinsam für sich bzw. ihre Leistungen).*

Beispiel Branchenungleiche Sammelwerbung: Im Rahmen einer Stadtmarketing-Aktion für ein Einkaufswochenende werben Heilbronner Autohäuser und Weingüter gemeinsam mit einem Flyer.
Zusätzlich werden die Hauptsponsoren dieser Veranstaltung namentlich aufgeführt.

Verbundwerbung

Man spricht von Verbundwerbung, wenn sich Unternehmen aus **verschiedenen** Branchen für eine **gemeinsame** Werbeaktion zusammenschließen. Das Gemeinsame sind nicht gleiche Produkte oder Dienstleistungen, sondern ein anderer Zusammenhang.

Beispiel Ein Waschmittelhersteller wirbt für eines seiner Produkte und zeigt in einem Werbespot dabei die Namen von Herstellern von Waschmaschinen, die dieses Produkt empfehlen *(„Calgon, von führenden Waschmaschinenherstellern empfohlen!")*.

Eine **Sonderform** der Verbundwerbung liegt vor, wenn ein Unternehmen Leistungen eines anderen branchenfremden Unternehmens befristet anbietet und damit für beide ein nachhaltiger Werbeerfolg angestrebt wird.

Beispiel Der einmalige Verkauf von Fahrkarten der Deutschen Bahn beim Discounter Lidl zu einem äußerst günstigen Preis.

▬ Gemeinschaftswerbung

Bei Gemeinschaftswerbung arbeiten entweder mehrere Unternehmen einer Branche *(Pharmakonzerne)* oder eines gemeinsamen Interessenbereichs *(Vermarktung landwirtschaftlicher Produkte durch die CMA)* zusammen. Ihr Ziel ist es, durch gemeinsam durchgeführte Kommunikationsmaßnahmen ihren Markt zu stabilisieren oder auszuweiten. Bei den **Werbemaßnahmen** erfolgt **keine Namensnennung** der beteiligten Unternehmen, wohl aber werden entweder deren **Produkte** erwähnt *(„Kenner trinken Württemberger!")* oder es wird für das **Image** der werbenden Unternehmen bzw. deren Branche geworben.

Gemeinschaftswerbung kann in **zwei** Ausprägungen vorkommen:

horizontal: Hier schließen sich Werbetreibende der gleichen Wirtschaftsstufe zusammen *(CMA für Agrarprodukte, Beton- oder Chemieindustrie)*.

vertikal: Hier erfolgt eine Kooperation von Unternehmen aus unterschiedlichen Wirtschaftsstufen *(Gütezeichen „Wollsiegel", das sowohl von Herstellern, als auch Handelsunternehmen werblich genutzt wird)*.

Fallbeispiel Imagekampagne der Pharmaindustrie als Gemeinschaftswerbung

Der Verband Forschender Arzneimittelhersteller e. V. (VFA) ist der Wirtschaftsverband der forschenden Arzneimittelhersteller in Deutschland. Er vertritt die Interessen von 39 weltweit führenden forschenden Arzneimittelherstellern und über 100 Tochter- und Schwesterfirmen in der Gesundheits-, Forschungs- und Wirtschaftspolitik. Nach Aussagen des Verbandes gewährleisten sie den therapeutischen Fortschritt bei Arzneimitteln und sichern das hohe Niveau der Arzneimitteltherapie. Auf Grund der problematischen Situation im Gesundheitswesen sehen sich Pharmaunternehmen immer wieder dem Vorwurf ausgesetzt, sie würden zu hohe Preise für ihre Produkte fordern und damit einen nicht unerheblichen Anteil an der Kostenexplosion im Gesundheitswesen tragen. Um diesem Vorwurf zu begegnen, wirbt der VFA in einer großen Kampagne für seine Mitgliedunternehmen. In TV-Spots und Anzeigen werden Forscherinnen und Forscher aus VFA-Mitgliedsunternehmen vorgestellt. Sie sollen der Kampagne ein Gesicht geben. Am Beispiel einzelner Indikationen zeigen sie, stellvertretend für die gesamte Branche, welche Fortschritte für die Patienten bereits erreicht wurden und an welchen derzeit intensiv gearbeitet wird. Ziel ist es die Patienten davon zu überzeugen, dass Forschung sehr viel Geld kostet. Letztlich soll erreicht werden, dass die Patienten erkennen, wer gute und wirksame Medikamente will, muss bereit sein, dafür einen entsprechenden Preis zu bezahlen.

(Quelle: www.die-forschenden-pharma-unternehmen.de)

4.5.4 Werbeplanung

Um eine vorgesehene **Werbekampagne** erfolgreich durchzuführen, ist eine genaue **Planung** aller beabsichtigten Aktivitäten unter Beachtung der Rahmenbedingungen unerlässlich. KOTLER / BLIEMEL (2001, S. 934) weisen darauf hin, dass am Anfang einer Kampagnenentwicklung die Ermittlung des Zielmarktes und der Kaufmotive der Zielgruppe steht.

▶ Die fünf „M" einer Werbekampagne

Nach der Klärung von Zielmarkt und Kaufmotiven der Zielgruppe sollte sich der Werbetreibende mit den folgenden fünf **Teilschritten** der Werbeplanung auseinandersetzen.

Mission (Werbeziele)	→ Welche Ziele werden mit der geplanten Werbung verfolgt?
Money (Werbebudget)	→ Welche finanziellen Mittel werden benötigt, bzw. stehen zur Realisierung der Ziele zur Verfügung?
Message (Werbebotschaft)	→ Welche Botschaft soll der Zielgruppe vermittelt werden?
Media (Werbemittel und Werbeträger)	→ Welche Werbemittel und welche Werbeträger sollen eingesetzt werden?
Measurement (Werbeerfolgskontrolle)	→ Wie kann die Werbewirkung überprüft und analysiert werden?

Aus der Beantwortung dieser Fragen ergibt sich der **Planungsprozess** der **Werbung**, der in der folgenden Darstellung vereinfacht abgebildet ist.

Abb. *Prozess der Werbeplanung*

Werbeziele

Für die konkret geplante **Werbemaßnahme** sind so weit wie möglich **operationalisierte** Ziele festzulegen. Nur dadurch ist eine effektive Kontrolle möglich, ob die formulierten Zielinhalte auch erreicht wurden.

Operationalisierte Werbeziele sind durch die vier Kriterien
- Zielgruppe,
- Aufgabenstellung,
- Zielinhalt,
- Zeitraum,

gekennzeichnet.

Beispiel	**Neue Spielkonsole mit besonders leistungsfähiger Grafikkarte**
Zielgruppe:	Jugendliche, die ihren PC hauptsächlich zum Spielen nutzen.
Aufgabenstellung:	Die Zielgruppe soll zum Kauf der neuesten Konsolen-Generation ermuntert werden, da die neue Grafikkarte Spiele in noch besserer Qualität darstellt.
Zielinhalt:	Erhöhung der bisherigen Absatzzahlen um 50 %.
Zeitraum:	Werbekampagne innerhalb zwei Monate.

Das **Ziel** einer **Werbekampagne** wird nur dann erreicht, wenn es gelingt, das der Zielgruppe kommunizierte **Versprechen** (Consumer benefit) auch **einzulösen**.
Nur so ist es möglich, dass die Adressaten der Werbung zum Werbenden Vertrauen aufbauen.

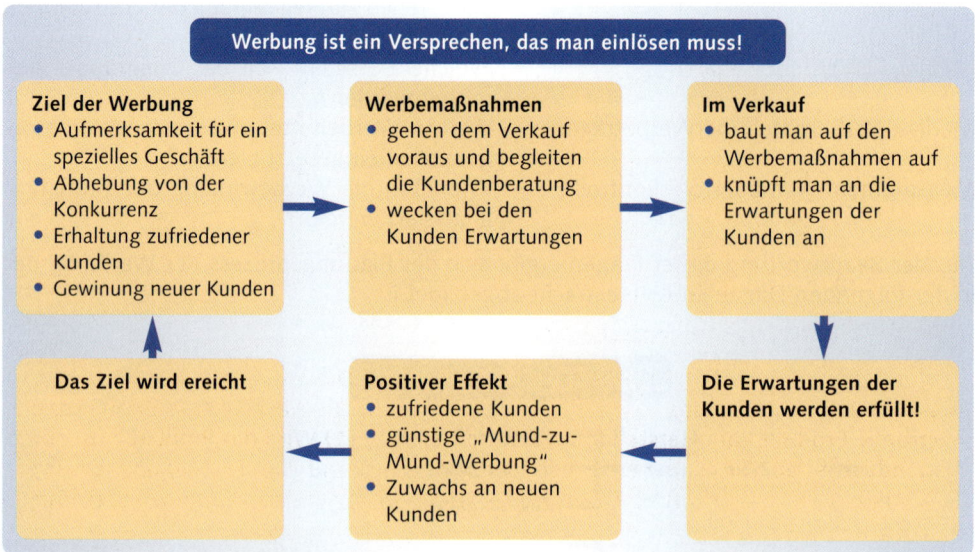

Abb. *Regelkreismodell für erfolgreiche Werbung im Einzelhandel*[1]

Zielgruppe

Wenn geklärt ist, **wofür** (Werbeobjekt) und **warum** (Werbeziel) eine Werbemaßnahme durchgeführt werden soll, ist zu entscheiden, **wer** mit der Werbung angesprochen werden soll (Zielgruppe).
Bei einer **Zielgruppe** handelt es sich um eine möglichst genau definierte Anzahl von Marktteilnehmern, die von einem Unternehmen oder einer Institution mit einer Werbebotschaft

---

[1] vgl. Kompetenz Einzelhandel, 2005, S. 381

angesprochen werden sollen. Je genauer eine Zielgruppe bestimmt und abgegrenzt wird, desto besser kann man eine Werbemaßnahme auf die anzusprechenden Adressaten der Werbung abstimmen. Es wird so zu sagen eine „maßgeschneiderte" Werbung möglich.

Beispiel Text einer Anzeige eines Haus- und Gartencenters für die Zielgruppe Gartenbesitzer:
„Die Rasenberater kommen! Ihr Rasen ist unsere Aufgabe... Moos und Unkraut? ... Braune oder kahle Stellen? ... Wir beraten Sie gerne: Besuchen Sie unsere Rasenberatungstage vom ... bis ...
Sie wollen einen schönen grünen Rasen? Wir haben die Lösung! ..."

Berücksichtigt man welcher Wirtschaftsstufe die Zielgruppe zuzuordnen ist, ergeben sich unterschiedliche **Konzepte**, wie die Werbemaßnahmen zielgruppengerecht projektiert und realisiert werden.
Die **Zielgruppenansprache** kann dabei in **drei** Richtungen erfolgen (vgl. Freter, 2005, S. 135 f.).

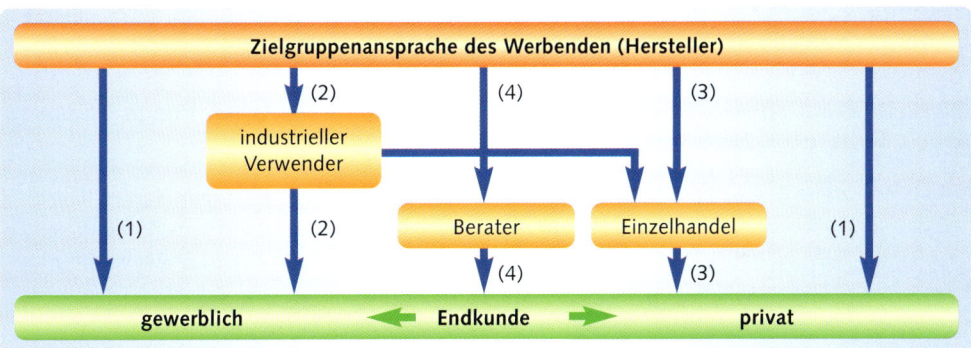

Abb. *Möglichkeiten der Zielgruppenansprache*

1. Vertikal (nachgelagerte Wirtschaftsstufe)

Hier muss sich der Werbetreibende entscheiden, wie er sich an den Endkunden wendet. Bei einem gewerblichen oder privaten Adressaten geschieht dies direkt, wenn dieser das beworbene Produkt vom **Hersteller** unverändert erwirbt **(1)**. Wird das Produkt z. B. durch einen **industriellen Verwender** erworben, der seinerseits Produkte herstellt und diese verkauft, dann kommt sehr oft eine **Sprungwerbung** durch die Ansprache des Endkunden infrage **(2)**.

Beispiel Werbekampagne der Intel Corporation, die die Vorteile der Intel® Centrino® Mobiltechnologie für digitale Unterhaltung unterwegs zeigt. Mit dabei sind internationale Stars aus Film, Musik und Sport. Die Kampagne dauert mehrere Monate, umfasst acht Länder und wird eingesetzt in TV, Print, Online, Außenwerbung sowie am Point-of-Sale. Mit dieser Werbung sollen potenzielle Nachfrager von Notebooks sich für Hersteller entscheiden, die diese Technologie in ihre Geräte eingebaut haben.

Sprungwerbung findet ebenfalls dann statt, wenn der private Endkunde das Produkt über den **Einzelhandel** kauft **(3)**.

Es ist aber auch möglich, dass sich Werbemaßnahmen an Zielpersonen richten, die das beworbene Produkt überhaupt nicht kaufen oder nutzen wollen. Sie fungieren als eine Art „**Kaufberater**", denn das Produkt wird von einer dritten Person *(Patient)* gekauft und genutzt **(4)**.

> **Beispiel** Pharmaunternehmen werben für verschreibungspflichtige Arzneimittel durch Anzeigen in Fachpublikationen für Ärzte, führen Informationsveranstaltungen durch und suchen den persönlichen Kontakt durch den Besuch von Pharmareferenten in der Praxis.

2. Horizontal (gleiche Wirtschaftsstufe)

Das werbetreibende Unternehmen wählt innerhalb der gleichen Wirtschaftsstufe die Zielgruppe aus.

> **Beispiel** Entscheidung für Durchführung einer Werbeaktion ausschließlich in unabhängigen Fachgeschäften oder nur in den Outlets filialisierter Großbetriebe.

3. Personal (Einzelperson oder Gruppe)

Als Zielgruppe kann eine Einzelperson als Endkunde festgelegt werden.

> **Beispiel** Mailingaktion einer Bausparkasse an ausgewählte Mitglieder, um diese für neue Produkte (Lebensversicherung) zu interessieren.

Ebenso ist es auch denkbar die Werbung an eine möglichst genau identifizierte Gruppe zu richten. Dabei ist zu entscheiden, an wen die Werbung zu adressieren ist.

> **Beispiel** • Eine Brauerei führt eine neue Biersorte ein. Werbespots im Fernsehen werden hauptsächlich in von Männern gesehenen Sendungen platziert *(Formel-Eins Rennen)*.
> • Ein neuer Herrenduft wird in Anzeigen in Frauenzeitschriften vorgestellt. Zielgruppe sind die Partnerinnen, die diesen Duft für ihren Partner kaufen sollen.

▶ Werbebudget

Nach Festlegung der Werbeziele und der Zielgruppe erfolgt die **Planung** des **Werbebudgets**. Dabei ist es wichtig, dass von vornherein ein festgelegter Werbeetat existiert, der den für die Werbemaßnahme geplanten Medien zugeteilt wird.

> Die Budgetierung in der Kommunikationspolitik beinhaltet eine Festlegung notwendiger finanzieller Mittel zur Deckung der Planungs-, Durchführungs- und Kontrollkosten sämtlicher kommunikationspolitischer Aktivitäten einer Planungsperiode, um vorgegebene kommunikationspolitische Ziele zu erreichen.
> (BRUHN, 2003, S. 187)

Bei der Aufstellung des Budgets muss entschieden werden, ob „so viel Geld wie möglich", oder „so viel Geld wie nötig" als Handlungsmaxime gelten soll.
Es ist außerordentlich schwierig exakt zu planen, wie viele finanzielle Mittel benötigt werden, um die geplanten Werbeziele optimal zu erreichen.
Dazu muss die sogenannte **Werbewirkungsschwelle** erreicht werden. Erst nach ihrem Überschreiten ist ein Werbeerfolg festzustellen (ein Grundabsatz ohne Werbemaßnahmen wird zugrunde gelegt).

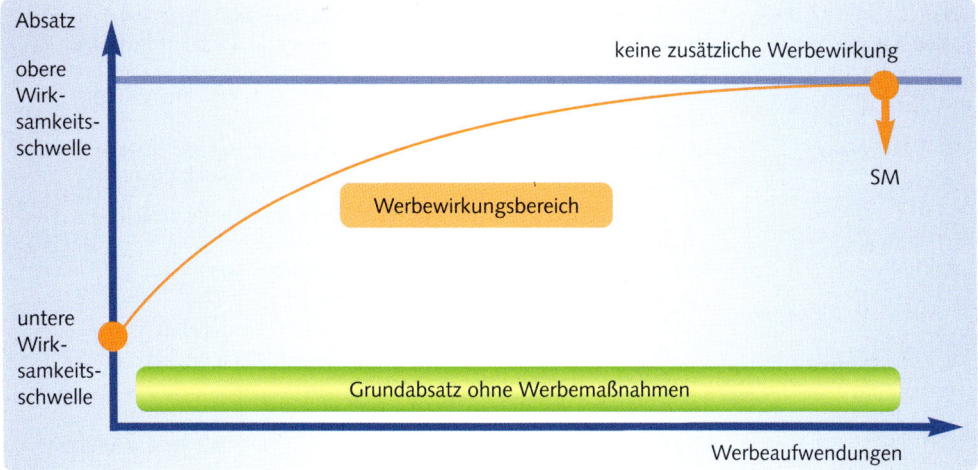

Abb. *Werbewirkungsfunktion*

Allerdings verhält es sich nicht so, dass durch den Einsatz eines immer höheren Werbe-etats auch immer eine höhere Werbewirkung erzielt wird. Es existiert ein Punkt, ab dem zusätzliche Aufwendungen keinen zusätzlichen Erfolg mehr bringen (SM = Sättigungs-menge). Die Verwendung von Werbewirkungsfunktionen kann die Budgetplanung opti-mieren und gewinnt vor allem dann an Bedeutung, wenn bei bereits abgeschlossenen Werbekampagnen durch eine vergleichende Werbeerfolgskontrolle ausreichend Daten-material zur Verfügung steht (vgl. Bruhn, 2003, 198 f.).

Zur **Bestimmung** des **Werbebudgets** finden in der Praxis vor allem die folgenden Metho-den Anwendung, die hauptsächlich auf **Erfahrungswerten** (heuristische Methoden) basie-ren und daher einen entsprechend subjektiven Charakter haben.

Um Budgetentscheidungen in der Kommunikationspolitik nachvollziehbarer und damit auch transparenter zu gestalten, entwickelten sich eine Reihe von analytischen Ansätzen, die meist nur von Großunternehmen eingesetzt werden, da ein sehr hoher Informations-und Planungsbedarf notwendig ist (vgl. dazu ausf. Bruhn, 2003, 196 bis 227).

Prozentsatz von … Methode →	Das Werbebudget wird auf der Basis eines in der Branche üblichen Prozent-satzes von erzielten oder geplanten Umsätzen bzw. Gewinnen ermittelt. Problematisch ist bei dieser Methode, dass man nicht weiß, ob die Basis-zahlen auch erreicht werden. In der Folge bedeutete dies, dass sinkende Umsätze zu niedrigeren Budgets führen müssten mit der Folge erneut rückläufiger Umsätze.
Ausgabenorientierte Methode →	Alles, was man sich an finanziellen Mitteln leisten kann (und will), fließt in das Werbebudget. Grundlage ist der in der vorangegangenen Periode erzielte Gewinn. Allerdings besteht kein Zusammenhang zwischen erzieltem Gewinn und geplantem Werbebedarf. Positiv ist hier zu werten, dass sämtliche benötigten Finanzmittel ausschließlich aus dem realisierten Gewinn stammen. So kommt es zu keinen zusätzlichen finanziellen Belastungen *(Kreditaufnahme)*.
Konkurrenzorientierte Methode →	Hier geht man von der Höhe des Werbeetats bei vergleichbaren Unter-nehmen aus. Jedoch ist die Informationsbasis oft sehr gering, und es wird außerdem die eigene Unternehmenssituation nicht berücksichtigt. Häufig verfolgen die Mitbewerber mit ihren Werbeaktivitäten andere Ziele, als man selbst. So kann es zu sowohl unnötig hohen, aber auch zu geringen Werbeausgaben kommen um die eigenen Ziele zu erreichen.

Werbeanteils-Markt-anteils-Methode →	Diese Methode ist eine Variante des konkurrenz-orientierten Verfahrens. Das Werbebudget wird in Abhängigkeit vom Marktanteil festgelegt. Orientierungsgröße sind die gesamten Werbeaufwendungen aller Teilnehmer dieses Marktes. Untersuchungen zeigen, dass ein deutlich höherer Anteil an den Werbeaufwendungen als der Marktanteil sich positiv für den Unternehmenserfolg auswirkt. Ein Nachteil dieser Methode besteht darin, dass es oft an genauen Daten zum eigenen Marktanteil fehlt.
Ziel-Aufgaben-Methode →	Bisher beschriebene Verfahren weisen einen gravierenden Nachteil auf: Sie berücksichtigen nicht die angestrebten Werbeziele. Bei der Ziel-Aufgaben-Methode[1] wird das Budget anhand der geplanten Marketingziele festgelegt. Dabei ist folgender Ablauf einzuhalten: (1) Werbeziele möglichst genau und spezifisch formulieren, (2) Bestimmung und Beschreibung der Teilaufgaben, die zur Zielereichung führen, (3) Schätzung der Kosten, die zur Aufgabenerfüllung anfallen. Diese Methode hat den Vorteil, dass sie einen unmittelbaren Zusammenhang von Werbeaufwand und Werbeergebnis herstellt. Aber auch bei dieser Methode wird eine erwartete Absatzsteigerung durch die Werbemaßnahme erst einmal unterstellt. Ob sie tatsächlich eintritt, kann zum Zeitpunkt der Budgetaufstellung nicht mit Sicherheit prognostiziert werden.

Trotz erprobter Verfahren verspüren viele Unternehmen eine gewisse **Unsicherheit**, ob sie nicht zu viel oder zu wenig Geld für Werbung ausgeben. Besonders in hart umkämpften Märkten wird auch in wirtschaftlich schwierigen Zeiten sehr viel Geld für Werbemaßnahmen ausgegeben, um sich nicht den Vorwurf gefallen lassen zu müssen, man habe nicht ausreichend für das Leistungsangebot geworben.

Abb. Die werbestärksten Branchen in Deutschland

---

[1]   vgl. dazu Kotler / Armstrong / Saunders / Wong, 2003, S. 867 und 868)

Die nebenstehende Abbildung zeigt, dass Handelsorganisationen am meisten für Werbung ausgeben. Die Top Drei in der Werbung sind im Jahr 2004 Lidl, Aldi und Media Markt. Sie gaben zwischen 166 und 115 Millionen € für klassische Werbung aus. An zweiter Stelle folgen die Autohersteller, bei denen heutzutage kein neues Modell mehr ohne aufwändige Kampagne auskommt.

▶ Werbebotschaft

Mit der **Werbebotschaft** soll das Angebot zum Mitbewerber abgegrenzt werden, um bei den Konsumenten eine **Positionierung** zu erreichen, die möglichst zu einer **Alleinstellung** führt (USP = Unique Selling Proposition). Da heutzutage nahezu alle Märkte dicht besetzt sind, fallen viele Produkte unter die Kategorie der Me-too Angebote und sind damit austauschbar. Statt einen USP anzustreben, bemüht man sich zur Etablierung eines **UAP** (Unique Advertising Proposition).
Damit meint man die Erreichung einer zumindest **werblichen Alleinstellung**, die aber in der Vorstellung der Zielpersonen als tatsächliche Alleinstellung empfunden werden soll. Es wird somit durch die Kommunikationsmaßnahmen ein einzigartiger subjektiver Produktvorteil geschaffen.

Beispiel | **Mit „Premium" Massenprodukte differenzieren und Qualität kommunizieren!**

Nach dem Reinheitsgebot von 1516 sind zur Bierherstellung ausschließlich Wasser, Gerstenmalz, Hopfen und Hefe erlaubt. Durch die Bezeichnung „Premium" soll dem Verbraucher suggeriert werden, dass es sich bei solchen „Premium-Bieren" um Biere von besonders hoher Qualität handeln soll. Der Zusatz „Premium" ist allerdings kein Nachweis für eine bestimmte Qualitätsstufe beim Bier und ist außerdem auch nicht gesetzlich geschützt. In der Brauwirtschaft geht die Premium-Definition auf den früheren Chef der König-Brauerei in Duisburg, Dr. Leo König, zurück. Diese lautet: „Premium ist die Synthese aus Spitzenqualität, Marktdurchdringung in entsprechendem Preisniveau, Beliebtheit beim Konsumenten und markenartikelgemäßem Auftreten mit entsprechend bundesweiter Akzeptanz."

Mit Premium-Bieren will sich die Brauwirtschaft demnach mit Marketingmaßnahmen von den Billigbieren abgrenzen und tut dies durch z. T. sehr aufwändige Werbekampagnen und Sponsoringaktivitäten *(Bitburger Kampagne „Bolzplätze für Deutschland")*. Wer z. B. Hasseröder Premium Pils trinkt, der signalisiert Qualitätsbewusstsein und dass er sich etwas Besonderes leisten kann.

Waren es früher hauptsächlich Brauereien, die für ihre Produkte den Begriff „Premium" reklamierten, so findet man heute in nahezu jeder Branche „Premium-Angebote", die von Premium-Schokolade, über Premium-Gemüse sowie Premium-Toilettenpapier bis zur Premium-Edition eines Softwarepaketes reichen.

Eine Werbebotschaft soll nicht nur die Besonderheit und Einzigartigkeit des Angebotes transportieren, sondern sie ist nach KOTLER auch die „Leitidee, die der Kommunikation zugrunde liegt". Dabei ist die Positionierung der Marke im Hinblick auf die anzusprechende Zielgruppe stets zu beachten.

Fallbeispiel | **„Ich liebe es!" McDonald's Engagement gegen zunehmende Fettleibigkeit junger Menschen durch einen emotionalen Markenauftritt**

Mit der weltweiten Kampagne „Es geht darum, was ich esse und was ich tue – ich liebe es" will McDonald's seine vorwiegend jungen Kunden dazu motivieren, mehr auf ihr eigenes Wohlbefinden zu achten. Ziel der Kampagne ist die Förderung einer ausgewogenen,

Quelle: McDonald's Deutschl.

aktiven Lebensweise. Damit will McDonald´s sich als Lifestyle-Marke für lebensfrohe und aktive Menschen positionieren. Dazu wirbt McDonald´s in TV-Spots, schaltet Print- und Außenwerbung und nutzt Verpackungen und Tablettsets zum Transport der Werbebotschaft. Informationsbroschüren liefern zusätzliche Hintergrundinformationen. Das alles geschieht, ohne den pädagogischen Zeigefinger eines Sportlehrers oder einer Ernährungsberaterin zu erheben.

Sportliche Leitfiguren *(Olympiateilnehmer, Nachwuchstalente)* sollen mit ihren persönlichen Erfahrungen und Erlebnissen junge Menschen ansprechen und dabei kommunizieren, wie man ausgewogen und aktiv lebt.

Die unternehmenseigene Website „GoActive.com" spricht vor allem Mütter und Familien an. Hier werden nützliche Tipps für eine ausgewogene, aktive Lebensweise und ein Fitness-Ratgeber für die ganze Familie angeboten.

Für McDonald´s stellt sich zunehmend das Problem, in weiten Teilen der Öffentlichkeit durch seine Produkte als ein Verursacher der immer stärker bei Jungendlichen zu beachtenden Fettleibigkeit zu gelten.

Mit der Kampagne „ich liebe es" verfolgt das Unternehmen vor allem daher zwei Ziele:

1. Imageverbesserung durch Profilierung als kompetenter Ansprechpartner in Sachen ausgewogene Ernährung nach der Devise „Hamburger ja, aber nicht ausschließlich und in Maßen".
2. Eventuellen Befürchtungen der Kunden („Schade ich meiner Gesundheit, wenn ich McDonald´s Produkte esse?") soll dadurch begegnet werden, dass Möglichkeiten aufgezeigt werden, wie man mit „gutem" Gewissen Big Mac und Pommes verzehren kann.

Die Glaubwürdigkeit der in der Kampagne verbreiteten Botschaft wird durch die Einbeziehung anerkannter Organisationen, wie dem Internationalen Olympischen Komitee, als Partner bei dieser Kampagne gestärkt.

Wirkung der Werbebotschaft

Damit eine **Werbebotschaft** die gewünschte **Wirkung** erzeugt, sollte sie die folgenden **Bedingungen** erfüllen:

- Die Botschaft muss bei der Zielgruppe Aufmerksamkeit, Interesse und Sympathie auslösen *(besonders originelle Formulierung, Werbung mit in der Öffentlichkeit bekannten Persönlichkeiten)*.
- Gegenüber vergleichbaren Leistungsangeboten der Mitbewerber müssen die Unterschiede und Besonderheiten verdeutlicht werden *(Problemlösung, Leistungsspektrum, Design)*.
- Die Botschaft sollte nicht nur glaubhaft wirken, sondern die Versprechungen sollten nachprüfbar sein *(Testergebnisse, vertrauenswürdige Personen)*.
- Die Botschaft sollte ein Nutzenversprechen enthalten *(Arbeitserleichterung, Prestigegewinn, Gesundheitsförderung)*.

Nicht nur „was" transportiert, sondern auch „wie" die Botschaft transportiert wird entscheidet in erheblichem Maß über den Erfolg einer Kampagne. Die Werbebotschaft kann auf sehr unterschiedliche Art und Weise umgesetzt werden.

Umsetzungs- und Gestaltungstechniken einer Werbebotschaft

Eine der grundlegenden Fragen bei der Werbeplanung lautet: Wie kann ich die zentralen Botschaftsinhalte so gestalten, dass diese bei den definierten Zielgruppen zu den geplanten Kommunikationszielen führen? Durch das Ansprechen der vermuteten bzw. durch Marktforschung ermittelten **Kaufmotive** der Zielgruppe, ist es möglich die Werbebotschaft „zielgenau" zu platzieren. Die folgenden Beispiele sollen verdeutlichen, wie durch Werbeslogans die der Botschaft zu Grunde liegende Leitidee kommuniziert wird.

Motiv	Beispiele
Sicherheit, Vertrauen	• Bausparkasse Schwäbisch Hall: „Auf diese Steine können Sie bauen!" • Württembergische Versicherung: „Der Fels in der Brandung". • Henkel: „Persil, da weiß man, was man hat". • Hexal: „Hexal, Arzneimittel Ihres Vertrauens".
Kompetenz	• Dresdner Bank: „Dresdner Bank – Die Beraterbank". • AWD: „AWD – Ihr unabhängiger Finanzoptimierer". • Bosch: „Bosch – Technik fürs Leben".
Traditionalität	• Asbach: „Im Asbach ist der Geist des Weines". • Radeberger: „ Radeberger Pilsner aus der Brauerei, die als erste in Deutschland Bier nach Pilsner Brauart braute und noch bis heute braut."
Innovation	• Audi AG: „Vorsprung durch Technik." • Apple: „1000 Songs. Unglaublich klein. Der iPod nano".
Bildung, Kultur	• Meier`s Weltreisen : „Der Spezialist für alles Ferne". • Frankfurter Allgemeine Zeitung: „Dahinter steckt immer ein kluger Kopf!"
Ehrlichkeit, Moral	• GEZ: „Schon GEZahlt?"
Sparsamkeit	• Henkel: „Spee, das ist die schlaue Art zu waschen". • Fielmann: „Topmodische Brillen zum Nulltarif". • Deichmann: „Kaum zu glauben, Markenschuhe so günstig".
Wohlfühlen	• Jade: „Ich fühl mich schön mit Jade". • Guhl: „Genuss für mein Haar". • Schneekoppe: „Gesund leben und genießen".

Neben der verbalen Gestaltung einer Werbebotschaft spielt auch die **Präsentation** der Werbebotschaft durch Vermitteln einer **Stimmung** oder als Darstellung in einem bestimmten **Lebenszusammenhang** eine wichtige Rolle (vgl. KOTLER / ARMSTRONG / SAUNDERS / WONG, 2003, S. 907).

Ausschnitt aus dem alltäglichen Leben („Slice-of-Life-Technik")	→	Werbespot, der zufriedene Nutzer des Produkts in einer Alltagssituation zeigt *(Familie beim Frühstück mit Kellog`s Cornflakes)*.
Lifestyle-Werbung	→	Genuss eines alkoholischen Getränks am Strand auf einer karibischen Insel *(Bacardi Rum)*.
Stimmungsbild	→	Bergpanorama als Hintergrund für die Werbung für Molkereiprodukte *(Bärenmarke, Milkaschokolade)*.
Musik zur Produkterkennng oder Untermalung	→	• Erkennungsmelodie der Telekom-Werbung, • „Sail away" bei Beck`s Bier.
Kompetenz	→	Glaubhafte Personen, die die Werbeaussage bestätigen *(Benzinwerbung mit Michael Schumacher: „Shell V-Power ist der beste Kraftstoff, den ich je gefahren habe")*.

Symbolfiguren	→	• Zeichenfiguren *(Meister Proper, Fuchs der Bausparkasse Schwäbisch Hall)*,
		• fiktive Personen *(Herr Kaiser von der Hamburg-Mannheimer, Frau Antje für holländischen Käse)*,
		• reale Personen *(Klaus Hipp für Hipp-Babykost, Albert Darboven für Idee-Kaffee)*,
Testimonialwerbung (bekannte Persönlichkeiten)	→	• Sportler *(Franz Beckenbauer für O2)*,
		• Showstars *(Thomas Gottschalk und Günter Jauch für Quelle und DHL)*.

Die **„Verpackung"** der **Werbebotschaft** in ein für die Zielgruppe interessantes Umfeld sollte in einer möglichst **positiven** Grundstimmung erfolgen, die durch Schlüsselbegriffe wie Glück, Erfolg, Spaß, Freude und Liebe definiert werden kann.

> **Beispiel**
> • Werbung für das Vitamin E- Präparat Optovit: „Optovit – für Aktivität und Lebensfreude". Unter diesem Motto wirbt der Arzneimittelhersteller mit einem TV-Spot, in dem ältere Menschen gut gelaunt beim Radfahren oder Wandern gezeigt werden.
> • „Aus Liebe zum Automobil". Mit diesen vier Worten versucht Volkswagen sich durch diesen Slogan gegenüber seinen Mitbewerbern abzugrenzen und der Dachmarke ein positives und freundliches Image zu geben. Volkswagen will damit die besonders in Deutschland stark ausgeprägte emotionale Beziehung vor allem männlicher Käufer zu ihrem Automobil werblich nutzen.

Um die Werbebotschaft bei der Zielgruppe längerfristig zu verankern ist es notwendig, dass die eingesetzten Elemente *(Schrift, Musik, Logo, Jingle usw.)* über einen längeren Zeitraum als sogenannte **Werbekonstante** unverändert bleiben.

> **Fallbeispiel** „Quadratisch. Praktisch. Gut" – Konstanz bei Ritter Sport Schokolade

Seit den Zwanziger Jahren des vorigen Jahrhunderts wird Schokolade unter dem Markennamen „Ritter" produziert. Das Schokoladenquadrat wird 1932 aus der Taufe gehoben. Erfunden wurde es von Clara Ritter, der Ehefrau des Firmengründers. Ihr Argument: „Machen wir doch eine Schokolade, die in jede Sportjackettasche passt, ohne dass sie bricht, und das gleiche Gewicht hat wie die normale Langtafel."

Das Schokoladequadrat bekam den Namen Ritter's Sport Schokolade. Bis heute haben sich Form und Schriftzug nicht verändert. Seit 1974 erhält jede Sorte eine eigene Packungsfarbe. Die Schlauchbeutelverpackung und der Knick-Pack werden 1976 eingeführt und entwickeln sich zu kennzeichnenden Markenbestandteilen von Ritter Sport. Durch das nunmehr dreißigjährige gleichbleibende Erscheinungsbild und den ebenso lange ver-

wendeten Slogan „Quadratisch. Praktisch. Gut", hat es Ritter Sport geschafft ein unverwechselbares Markenbild mit hohem Bekanntheitsgrad zu schaffen. Dies zeigt auch ein Marken-Erkennungstest, der im Frühjahr 2005 durch die MW Research, Hamburg, durchgeführt wurde. Den Testpersonen wurde eine heterogene Auswahl von zehn Slogans bekannter und erfolgreicher Marken zur Beurteilung vorgelegt, zunächst ohne Nennung der Marke. Fast 90 % der Befragten konnten hier bereits spontan den Slogan von Ritter Sport korrekt zuordnen.

▶ Werbemittel

Werbemittel stellen **materialisierte** Werbebotschaften dar, indem sie diese in verbalisierte oder nichtverbalisierte Zeichen inhaltlich und formal umsetzen. Die Vielfalt der Werbemittel lässt sich nicht durchgängig systematisch darstellen. Die folgende Abbildung zeigt eine mögliche (unvollständige) Systematik mit häufig vorkommenden Werbemitteln. Dabei ist zu beachten, dass in der Praxis sehr oft eine Mischung verschiedener Ausprägungsformen Verwendung findet.

Abb. *Werbemittel im Überblick*

Die **Gestaltung** von Werbemitteln ist ein **kreativer** Prozess. Um für die zu vermittelnden Botschaften Aufmerksamkeit und Interesse zu wecken, benötigt man die Fähigkeit neue und innovative Ideen produzieren zu können. Diese umzusetzen erfordert zusätzlich künstlerische und technische Kenntnisse und Fähigkeiten.

■ Gestaltungsprozess von Werbemitteln

Am Beispiel einer **Anzeige** sollen die wesentlichen **Gestaltungselemente** eines **Werbemittels** näher betrachtet werden.

Am Anfang des **kreativen Prozesses** steht die Umsetzung der **Werbeidee** durch ein **Layout**. Das Layout kann von einer ersten skizzenhaften Darstellung (Scribble) bis zum fast fertigen Produkt reichen, das heutzutage meist am PC entworfen wird. Das Layout zeigt vorab die Gestaltung des Werbemittels mit Schrift, Text, Bild, Farbe und Form sowie die Anordnung dieser Elemente[1].

---

[1] vgl. dazu Broschüre „Abenteuer Kommunikation", Deutscher Sparkassen Verlag Stuttgart, 2003.

Abb. *Anzeige der Brauerei Beck & Co in einer Fachzeitschrift für Lebensmittel*

Gestaltungselemente von Anzeigen

Untersuchungen haben gezeigt, dass beim Betrachten einer Anzeige zuerst Bild- und dann Textelemente wahrgenommen werden.

Headline

Die **Headline** bringt die Botschaft „auf den Punkt", d. h. sie formuliert den **Nutzen** (Benefit).

> **Beispiel**   Wer Beck's Green Lemon als Lebensmittelhändler in sein Sortiment aufnimmt, wird dadurch seinen Umsatz erhöhen.

Für den Erfolg einer Anzeige ist es wichtig, dass die **Headline** eine **treffende** Formulierung enthält, die so interessant ist, dass der folgende Text vom Betrachter gelesen wird. Dabei bedient man sich gerne einprägsamer Sätze, die in einem inhaltlichen Bezug zum Blickfang stehen (Grundsatz der Kongruenz von Blickfang und Headline).

> **Beispiel**   Anzeige eines Softwarehauses mit dem Firmeninhaber Carl-Jürgen Brandt von der Brandt Zwieback-Schokoladen GmbH als Blickfang und der Headline: „Nur mit einem starken Partner bekommt man Erfolg gebacken."

Blickfang

Der **Blickfang** zählt zu den **optischen** Gestaltungselementen. Er sollte eine so starke Aufmerksamkeit beim Umworbenen erzeugen, dass dieser auch den anderen Elementen der Werbebotschaft Interesse entgegenbringt. Der Blickfang **visualisiert** die Headline.

> **Beispiel**   Die Limonenfrucht symbolisiert, wie erfrischend das Biermischgetränk ist.
> Die rote „No. 1" verdeutlicht, dass es sich bei dem beworbenen Produkt um den Marktführer in diesem Produktsegment handelt.

Text

Der eigentliche **Werbetext** formuliert und begründet den **Nutzen** des Produkts oder der Dienstleistung. Inhaltlich und formal sollte der Text zum Weiterlesen anregen und die Argumente enthalten, die den Adressaten zur Annahme des Leistungsangebotes veranlassen sollen.

> **Beispiel**
> - Die Brauerei Beck & Co profiliert sich als umsatzstarke Marke. Die Headline wird konkretisiert durch den Hinweis auf die Marktführerposition, die bereits nach nur wenigen Monaten erreicht wurde.
> - Die Gestaltung mit den Zeileneinzügen führt dazu, dass die Begriffe „Marktführer", „profitieren" und „Innovationskraft" als wichtige Schlüsselbegriffe sich nachhaltig beim Leser einprägen.

Logo

Das **Logo** soll die **Wiedererkennung** bei allen Kommunikationsmaßnahmen gewährleisten. Ein gutes Logo bleibt im Idealfall bereits nach der ersten Betrachtung im Gedächtnis haften. In den meisten Fällen ist das Logo zum geschützten **Markenzeichen** geworden und trägt als Werbekonstante zum Erfolg der Marke bei (vgl. dazu Kap. 2, S. 177).

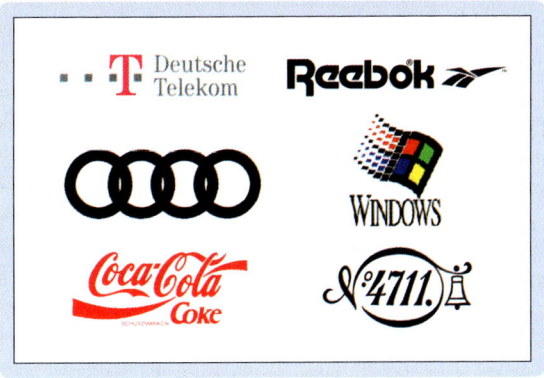

Abb. *Firmen- und Produktlogos*

Logos gibt es in den Ausprägungen Text, Grafik, Bild oder in einer Kombination dieser Elemente. Sie kennzeichnen sowohl das Unternehmen oder einzelne Produkte dieses Unternehmens *(Windows ist eines der Produkte des Softwarehauses Microsoft)*.

Slogan

Ein Slogan (Schlagwort) dient neben der Werbeerinnerungsfunktion vor allem auch dazu in einer komprimierten Form den Anspruch bzw. den Wert einer Marke oder eines Produktes zu kommunizieren. Der Slogan zählt ebenfalls zu den Werbekonstanten und sollte über einen längeren Zeitraum unveränderter Bestandteil aller Kommunikationsmaßnahmen sein.

> **Beispiel**
> Der Slogan von Beck´s Bier „The beck´s experience" soll zur „Entdeckungsreise in die Welt von Beck´s" einladen. Mit diesem Slogan will sich die Brauerei als führende deutsche Exportbrauerei mit Weltgeltung profilieren. Aufgrund der internationalen Bedeutung der Marke ist der Slogan – wie bei vielen international präsenten deutschen Unternehmen – in englischer Sprache abgefasst.

> **Infobox**
>
> **Aktuelle Werbetrends**
>
> Um zu untersuchen, wie die Konsumenten von heute „ticken", haben das Hamburger Trendbüro und die Werbedatenbank Slogans.de gemeinsam die aktuellen Trends in Gesellschaft und Werbung analysiert.
> Danach sind nach deren Untersuchung gegenwärtig drei Trends festzustellen:
> **1. Ich-AG – Das Ich wird neu definiert!**
> In Zeiten, in denen persönliche Bindungen und Beziehungen immer brüchiger werden und der Staat vom einzelnen Bürger immer mehr Selbstverantwortung einfordert, wird

von vielen das eigene Ich als die noch einzig verlässliche Instanz empfunden. Auf eine solche Phase der Neuorientierung regiert die Werbung mit Slogans, die das „Ich" in den Mittelpunkt der Werbeaussage stellen:

- Der wahre Sieger bin ich (DWS Investments)
- 3 … 2 … 1 … meins! (Ebay)
- Form follows you (Falke)
- Für alle meine Ichs (Fiat Idea)
- Folge deinem eigenen Stern (Mercedes-Benz A-Klasse)

2. Vergangenheit ist in!

Die Verunsicherung in der Gesellschaft lenkt bereits seit einiger Zeit die Aufmerksamkeit zurück auf längst vergangene Tage. Immer häufiger wird die Vergangenheit idealisiert und neu inszeniert. Auch in der Werbung erinnern sich immer mehr Marken an die gute alte Zeit und nutzen wieder alte Werbeslogans:

- Ein Platz an der Sonne (ARD Fernsehlotterie)
- Der Kuss der Kokosnuss (Batida de Coco)
- Gutfried ist gut für mich (Gutfried)
- Substanz entscheidet (Handelsblatt)
- Keine Sorge, Volksfürsorge (Volksfürsorge)

3. Man spricht wieder Deutsch!

Der Trend zu englischen Slogans scheint gebrochen. Zunehmend besinnen sich auch Werbetreibende wieder auf die deutsche Sprache.

Werbeslogan		
Marke	**früher**	**heute**
AUDI TT	driven by instinct	Pur und faszinierend
Douglas	*Come in and find out*	Douglas macht das Leben schöner
SAT 1	Powered by emotion	SAT.1 zeigt's allen

Quelle: http://www.slogans.de/magazine.php

Spotwerbung im Fernsehen und Rundfunk

Mit einem Spot wirbt man für Waren und Dienstleistungen in **audiovisuellen** Medien. Kennzeichen für dieses Werbemittel ist eine zeitlich kurze und i. d. R. auf eine zentrale Aussage hin ausgerichtete Werbebotschaft.

Werbespots müssen wegen ihrer geringen Länge (zwischen 10 und 60 Sekunden) schnell und sicher auf den Punkt kommen. In dieser Zeit werden nicht nur Produkte angepriesen und Marken platziert, sondern auch ganze „Geschichten" erzählt.

Gestaltungshinweise	
Fernsehspot	**Hörfunkspot**
• Eine zentrale Botschaft ist besser als viele Argumente, • zu viele verschiedene Szenen verwirren den Betrachter, • längere Dialoge sind zu vermeiden, • Einsatz von Musik und Sprache verstärken die emotionale Wirkung der Bilder, • der Spot sollte produktbezogen enden.	• leicht verständlicher Text, • kurze und einfache Sätze, • bildhafte Beschreibungen, • appellativer Textcharakter, • Charakter der Sprecherstimmen muss zum Inhalt der Werbebotschaft passen, • Einsatz von Geräuschen und Musik erhöht die emotionale Wirkung.

Plakate

Plakate werden überwiegend in der **Außenwerbung** eingesetzt. Sie werden meist an eigens für sie platzierten Werbeträgern *(Tafeln, Litfasssäulen)* angebracht. Die **Wirkung** eines Plakates hängt davon ab, in welchem Maße es den Gestaltern gelingt den Betrachter auf den ersten Blick so zu interessieren, dass er die Werbebotschaft in ihrer Gesamtheit aufnimmt.

Foto: J. Beck

Abb. *City-Light-Plakat (von innen bei Nacht beleuchtet)*

Ein **erfolgreiche** Plakatgestaltung orientiert sich an den folgenden **Leitlinien**:

- Der Blickfang und / oder Slogan sollte möglichst groß abgebildet werden, da man Plakate bereits aus größerer Entfernung wahrnimmt,
- der beabsichtigte Wiedererkennungseffekt wird erhöht, wenn es zu einer Verbindung bestimmter Farben und dem beworbenen Produkt kommt *(Farbe Magenta und Telekom)*,
- Plakate werden meist von einer mobilen Bevölkerung gesehen. Der Betrachter hat im Durchschnitt nur wenige Sekunden um die Botschaft zu erfassen. Daher sind die Texte kurz und prägnant zu formulieren,
- es sollten nur wenige und gut lesbare Schriften eingesetzt werden,
- bei Produkteinführungen empfiehlt es sich das Produkt in der Verpackung zu zeigen; so wird es z. B. im Supermarktregal dann leicht wiedererkannt.

Werbeformen im Internet

Kommunikationsangebote im Internet erfolgen in verschiedenen Erscheinungsformen auf **Websites** und in Form von **E-Mails**. Rein webbasierte Werbeformen werden von vielen Nutzern allerdings zunehmend als unangenehm und störend empfunden. Außerdem sind sie nicht auf die Persönlichkeit des Internetnutzers zugeschnitten und verkünden daher meist nur allgemeine und banale Informationen (vgl. ALBERS / CLEMENT, PETERS, 2001, S. 298 ff.).

Werbebanner

Die älteste Werbeform im Internet ist die Bannerwerbung. **Banner** sind Werbeflächen auf einem Online-Werbeträger. Sie können statisch oder animiert gestaltet sein und sind meist im Kopf- oder Fußbereich der Internetseite platziert.

Quelle: Kicker.de

Abb. *Bannerwerbung für mobiles Telefonieren auf der Website des Kicker-Magazins*

Microsites

Eine **Microsite** ist ein eigenständiger und von der eigentlichen Website abgekapselter **kleiner** Internetauftritt. Meist dient sie als Anlaufpunkt von **Promotion-Maßnahmen** und ist als Werbung in eine andere Website eingebunden. In vielen Fällen ist sie ein interaktives Bestell- und / oder Informationsinstrument.

Beispiel Startseite der Tourismusinformation für das österreichische Bundesland Vorarlberg. Beim Klicken auf „Reiseführer" öffnet sich ein Content-Menü, das zu verschiedenen Microsites, wie z. B. zur Buchung von Hotels und Unterkünften führt.

Quelle: Vorarlberg Tourismus

Interstitial

Die Werbung mit sogenannten „Interstitials" (Unterbrecherwerbung) kann mit den Werbeunterbrechungen im Fernsehen verglichen werden. Beim Aufruf der gewünschten HTML-Seite wird dem Besucher zuerst eine zusätzliche Werbeseite präsentiert, die mit der eigentlichen Website nichts zu tun hat. Erst durch Wegklicken kann der Nutzer die gewünschte Seite betrachten.

E-Mail und Newsletter

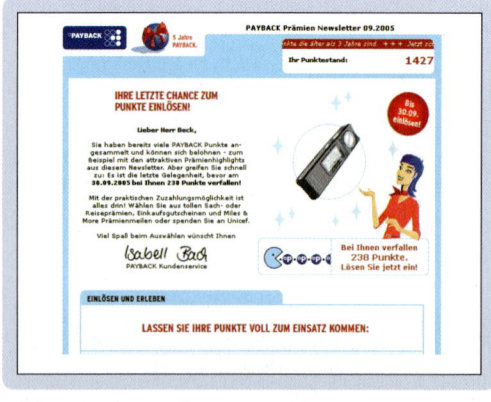

Abb. Newsletter als HTML-Dokument

Im Gegensatz zu den ausschließlich webbasierten Werbeformen bietet die E-Mail Werbung eine **zielgruppenorientierte** Ansprache zu günstigen Preisen. Zu beachten ist die rechtliche Zulässigkeit der Übermittlung von E-Mail und Newsletter. Nur wenn ein Einverständnis des Empfängers *(Eintrag auf Mailingliste, Bitte um Zusendung eines Newsletters)* vorliegt, ist diese Werbeform rechtmäßig. Da sich viele Versender von Massen-E-Mails aber daran nicht halten, kann es bei den Empfängern zu einer „Zumüllung" mit (unerwünschten) Mails kommen („Spam"). Die Werbewirkung ist daher eher gering einzuschätzen.

Dagegen haben sich Newsletter als wirkungsvolles Instrument zur Information und Kundenbindung bewährt, da sie i. d. R. nur mit dem Einverständnis des Empfängers zugeschickt werden (Permission-Marketing).

Wer mit Newsletter wirbt, muss aber gewährleisten auch tatsächlich Neuigkeiten mitzuteilen, sonst läuft der Werbende Gefahr, dass sein Informationsangebot abbestellt wird.

▶ Werbeträger

Werbeträger sind **Medien**, durch die **Werbemittel** an die umworbene **Zielgruppe** herangetragen werden können. Sie lassen sich in die drei großen Gruppen Printmedien, elektronische Medien und die Außenwerbung einteilen.

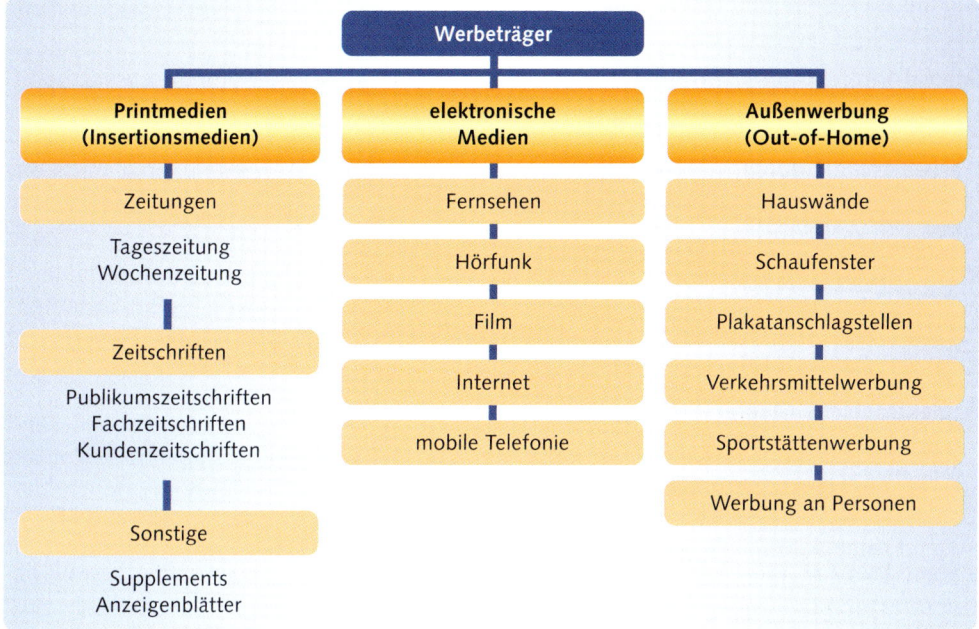

Abb. *Übersicht zu verbreiteten Werbeträgern*

▬ Printmedien

Tageszeitungen *(Bildzeitung, Süddeutsche Zeitung, Die Welt)* als klassische Werbeträger für **Anzeigen** dienen hauptsächlich zur Information der Leser über das aktuelle Geschehen und erscheinen regional, national und / oder international. Je nach Verbreitungsgebiet nutzt z. B. der örtliche Handel Lokalzeitungen, um auf seine aktuellen Angebote aufmerksam zu machen, und in internationalen Zeitungen wird im Wirtschaftsteil z. B. für Kapitalanlagen geworben. Tageszeitungen eignen sich auch vorzüglich um Beilagen und Prospekte zu streuen.

Wochen- und Sonntagszeitungen bieten ihren Lesern ausführliche Information und Hintergrundberichte. Je nach Leserschaft *(Bild am Sonntag / Die Zeit)* eignen sie sich für sehr unterschiedliche Werbebotschaften.
Wochen- und Sonntagszeitungen enthalten oft ein sogenanntes **Supplement**. Dabei handelt es sich um kostenlose Beilagen in Heftform entweder zu Spezialthemen *(Reise, Literatur, Essen und Trinken, Bildung u. s. w.)* oder als Beilage für das Hörfunk- und Fernsehprogramm *(RTV)*. Die Verlage sehen in diesen Beilagen eine gute Möglichkeit ihr Anzeigengeschäft zu steigern, da viele der Supplements eine stark zielgruppenbezogene Werbung ermöglichen *(Verlagswerbung für neue Bücher in einer Literaturbeilage anlässlich der Frankfurter Buchmesse)*.

Ein Basismedium mit überragender Bedeutung für Anzeigen stellen **Zeitschriften** dar. **Publikumszeitschriften** dienen hauptsächlich zur Unterhaltung und wenden sich an eine breite Leserschaft *(Die Bunte, Stern, Brigitte, TV-Movie)*. Sie eignen sich sowohl zur Erinnerungswerbung bei Markenartikeln, als auch für Neueinführungen. Sie zeichnen sich außerdem durch die bei ihnen häufig anzutreffende Mehrfachnutzung durch eine hohe Kontaktzahl aus.

Fachzeitschriften *(Ärztezeitung, Absatzwirtschaft, VDI-Nachrichten)* richten sich insbesondere an bestimmte Berufsgruppen *(Ärzte, Marketer, Ingenieure)* und ermöglichen die Platzierung von Produkten und Dienstleistungen, die zur Ausübung der Berufstätigkeit von diesen Lesern genutzt werden *(Arzneimittel, Fachbücher, Fort- und Weiterbildungsangebote)*.

Special-Interest-Zeitschriften wenden sich ebenfalls an eine bestimmte Lesergruppe. Diese ist in diesem Fall nicht durch ihre Berufstätigkeit, sondern durch ihre Lebensweise bzw. ihr Freizeitverhalten definiert *(Sport, Urlaub, Wohnen, Autos, Computer)*. Da hier die Leserschaft durch Marktforschung sehr genau identifiziert werden kann, muss der Inserent nur mit wenig Streuverlusten rechnen *(Kicker, Schöner Wohnen, Auto-Motor-Sport, PC-Welt)*.

Kundenzeitschriften dienen vor allem der Kundenbindung. Sie helfen dem Unternehmen ein Gesicht zu geben und eröffnen eine relativ preiswerte Möglichkeit für ein Unternehmen wichtige Botschaften zielgruppengenau zu kommunizieren *(Tip der Woche von Kaufland, Schlecker-Revue)*.

Elektronische Medien

Das **Fernsehen** spielt für die werbetreibende Wirtschaft eine herausragende Rolle. Besonders für die Hersteller von Markenartikeln dient es als wichtigstes Werbemedium. Geworben wird in erster Linie für Artikel des Massenbedarfs aus den Bereichen Lebensmittel, Kosmetik, Hygiene, Waschmittel und Haushaltsgeräte. Aber auch die Autohersteller nutzen dieses Medium sehr intensiv, um vor allem neue Fahrzeugtypen zu präsentieren. Fernsehwerbung wendet sich zwar an ein breites Publikum, kann aber dennoch sehr zielgruppenspezifisch platziert werden. Auf Grund von Mediadaten ist es möglich, sehr präzise Angaben zu den Sehgewohnheiten der Fernsehzuschauer zu machen.

Beispiel	Wer mit seinen Produkten Jugendliche zwischen 14 und 20 Jahren ansprechen möchte, wirbt auf Sendern, die von dieser Zielgruppe bevorzugt eingeschaltet wird *(RTL, PRO 7, RTL 2)* sowie in Sendungen, die diese Gruppe besonders favorisiert *(Daily Soaps, Popmusik, Talksendungen, Actionfilme)*. Dagegen sieht man Werbung für Arzneimittel und zur Gesundheitsvorsorge (Zielgruppe 50plus) sehr oft im ZDF vor der Hauptnachrichtensendung um 19.00 Uhr.

Rundfunkwerbung eignet sich zur Bekanntmachung neuer Produkte und zur Werbung für Aktionen und Events. Da in Deutschland die meisten Sender ein bestimmtes Sendeformat haben, ist es relativ leicht die gewünschte Zielgruppe, z. B. altersmäßig, anzusprechen.

Beispiel   Werbeträgerprofil der Radiosender des SWR Stuttgart *(Quelle: www.swr.de/werbung)*:

Sender	Kernzielgruppe	Musikformat	Programmschwerpunkte
SWR 1	Gesamtbevölkerung 30–55 Jahre	Die größten Hits der letzten 40 Jahre	Nachrichten, Information, Service, Sport.
SWR 2	Erlebnis- und Leistungsorientierte zwischen 14 und 49	Aktuelle Pophits von heute und die größten Hits der 80er und 90er	Information, Gespräche mit Studiogästen, Comedy, Service.
SWR 3	Gesamtbevölkerung 50 Jahre und älter	Deutsch-orientiert und melodiös	Regionale Information, Musiksendungen.

Die **Online-Medien** werden in den nächsten Jahren zu einer verstärkten Konkurrenz für Fernsehen, Radio und Printmedien. Der Grund: Sie sind schneller und erreichen den Nutzer auch am Arbeitsplatz. Untersuchungen zeigen, dass vor allem jüngere Zielgruppen ihr Informationsbedürfnis zuerst im Internet und erst dann bei den klassischen Medien decken. So zeigt eine Untersuchung der Prognos AG (vgl. dazu www.mediareports.de), dass in Deutschland, Österreich und der Schweiz bis 2009 dreißig Millionen Haushalte in der Lage sein werden ihre Informationen über das Internet zu beziehen. Als Werbeträger eignen sich besonders die großen „General-Interest-Portale" wie Spiegel-Online, Focus-Online, Bild.de und RTL.de. Man geht davon aus, dass Online-Werbung eine jährliche Steigerungsrate von über 20 % aufweisen wird.

Fallbeispiel **Werben mit SPIEGEL ONLINE**

Mit durchschnittlich 30 Millionen Besuchen pro Monat zählt SPIEGEL ONLINE zu den führenden Nachrichten-Portalen im deutschsprachigen Internet und ist somit ein interessanter Werbeträger.

Abb. Anzeigen- und Bannerwerbung auf
SPIEGEL ONLINE

Für Werbekunden sind die SPIEGEL-ONLINE-Nutzer eine attraktive und qualifizierte Zielgruppe:

- 73 % sind zwischen 20 und 49 Jahre alt,
- 52 % haben leitende oder qualifizierte berufliche Positionen,
- 33 % haben ein Haushalts-Netto-Einkommen von mehr als 3000 €,
- 74 % nutzen das Internet an mindestens fünf Tagen pro Woche,
- 79 % sind Online-Shopper,

Nach Nielsen Netratings 04 / 2003 verweilen die SPIEGEL-ONLINE-Nutzer fast 40 Minuten in diesem Angebot.

Zu den meist gebuchten Werbeformaten zählen Banner- und Anzeigenwerbung. Die Platzierung der Werbebotschaften erfolgt passend zum aufgerufenen Inhalt (Ressort) des Nutzers *(Politik, Wirtschaft, Sport, Kultur, Reise u. s. w.)*

(Quelle: www.spiegel.de, 2005)

Mobiltelefone entwickeln sich mehr und mehr zu einem Werbeträger (Mobile-Marketing). Die Möglichkeiten Mobiltelefone als Werbeträger zu verwenden sind vielfältig. Vor allem zur Kundenbindung und Neukundengewinnung kann dieses Medium auf wirksame und einfache Weise eingesetzt werden *(Versand von SMS, Klingeltönen, Bildern, Nachrichten, Produktinformationen)*. Zu beachten ist dabei aber die rechtliche Situation, die grundsätzlich solche Werbemaßnahmen nur zulässt, wenn eine Einwilligung des Nutzers vorliegt.

Außenwerbung

Durch die zunehmende Mobilität der Gesellschaft hat die Außenwerbung an Bedeutung gewonnen. Neben den **klassischen** Werbeträgern für Plakat- Verkehrsmittel- und Bandenwerbung haben sich die sogenannten **Ambient-Medien** etabliert. Sie befinden sich im direkten Umfeld der Zielgruppen („Ambiente") und werden primär nicht zu Werbezwecken eingesetzt. Der Vielfalt der Möglichkeiten, Objekte als Ambient-Medien einzusetzen, sind fast keine Grenzen gesetzt und man kann die Kunden gezielt in nahezu jeder Arbeits- und Freizeitsituation erreichen.

Beispiele für Ambient-Medien sind Eintrittskarten, Pizzadeckel, Einkaufstüten, Einkaufs-wagen, Treppen, Parkscheine, Toilettentüren, Skiliftbügel, Zuckerbeutel und Zapfpistolen an Tankstellen. Wer mit Ambient-Medien wirbt, nutzt einen Überraschungseffekt, denn der Umworbene rechnet in seiner Situation nicht mit Werbung. Außerdem kann eine spe-zielle Situation genutzt werden, in der er für Werbung empfänglich ist *(Mit der Werbung an Zapfpistolen wird die Wartesituation der Autofahrer beim Tanken genutzt)*.

■ Auswahl der Werbeträger (Mediaselektion)

Bei der Auswahl der Werbeträger muss der Werbende sich darüber Klarheit verschaffen, mit welchen Medien die Zielgruppe sowohl räumlich als auch möglichst wirtschaftlich erreicht werden kann.

Man unterscheidet die **Intermediaselektion**, d. h. die Auswahl unter den verschiedenen Werbeträgergruppen *(Zeitungen, Zeitschriften, Hörfunk, Fernsehen)* und die **Intramedia-selektion**, d. h. die Wahl unter den einzelnen Werbeträgern innerhalb einer Werbeträger-gruppe *(ARD, ZDF, RTL)*.

Durch Auswertung von Media-Analysen und der Nutzung zunehmend computergestützter Mediaselektionsprogramme will man ein optimales Kosten-Nutzen-Verhältnis erreichen.

Dazu werden die ermittelten Daten *(Reichweiten, Kontaktzahlen)* mit den Schaltkosten der einzelnen Medien in Beziehung gesetzt.

Infobox

Was ist eine Media-Analyse?

Eine Media-Analyse ist eine empirische Datenerhebung zur Untersuchung der Nutzer-schaft von Werbeträgern. Die bedeutendste Media-Analyse wird in Deutschland durch die Arbeitsgemeinschaft Media-Analyse e. V. (ag.ma) durchgeführt. Die ag.ma ist eine Non-Profit-Organisation, deren Mitglieder Medienunternehmen sind. In deren Auftrag ermittelt die ag.ma, wie die Verbraucher die gesamte Palette der Mediengattungen nutzen. Die halbjährigen Veröffentlichungen umfassen die aktuellen Nutzungsdaten für die Mediengattungen TV, Radio, Zeitungen / Zeitschriften, Kino, Lesezirkel, Plakat und Online. Durch die „ma" (Media-Analyse) wird das Mediennutzungsverhalten der Bevölkerung ab 14 Jahren in Deutschland abgebildet.

▶ Wichtige Kennzahlen zur Auswahl der Werbeträger

Reichweite

Die Reichweite eines Werbeträgers gibt an, wie viel Prozent der Bevölkerung, bzw. einer Zielgruppe Kontakt zum ausgewählten Werbeträger haben bzw. hatten. Die Berechnung der Reichweite erfolgt nach folgender Formel:

$$\text{Reichweite} = \frac{\text{Zahl der Kontakte mit dem Werbeträger} \cdot 100}{\text{Gesamtzahl der Zielgruppe}}$$

Beispiel Die Top Ten der Zeitschriften 2005
Basis: Gesamtbevölkerung > 14 Jahre = 64,89 Mio.

Titel	Leser in Mio.	Reichweite in %
ADAC Motorwelt	19,46	30,0
RTV (TV-Beilage)	12,20	18,8
Bild am Sonntag	10,90	16,8
Prisma (TV-Beilage)	8,75	13,5
Stern	7,84	12,1
TV Spielfilm	7,06	10,9
TV Movie	6,42	9,9
Focus	6,03	9,3
Der Spiegel	5,96	9,2
Bild der Frau	5,69	8,8

Leseprobe: Die Reichweite des Spiegels berechnet sich wie folgt:
RW = 5,96 Mio. Leser / 64,89 Mio. $\cdot$ 100 $\rightarrow$ 9,2 %.

Es lassen sich verschiedene **Arten** der **Reichweite** unterscheiden, die an folgendem Beispiel erläutert werden:

Beispiel In einer Kleinstadt und deren Umland (insgesamt 50.000 Einwohner) wird ein Anzeigenblatt in einer Auflage von 30.000 Stück verbreitet. 80 % der Einwohner lesen das Anzeigenblatt, davon interessieren sich 40 % für den Automobilmarkt.

Für ein werbendes Autohaus ergeben sich in diesem Fall folgende Reichweiten:

- **Quantitative Reichweite** $\rightarrow$ Welcher Teil der Gesamtbevölkerung kann erreicht werden? $\rightarrow$ 80 % von 50.000 Einwohnern = 40.000 Kontakte

- **Räumliche Reichweite** $\rightarrow$ Decken sich Absatzgebiet und Verbreitungsgebiet des Werbeträgers ? $\rightarrow$ Sämtliche Gemeinden, in denen das Anzeigenblatt verteilt wird.

- **Qualitative Reichweite** $\rightarrow$ In welchem Maß wird die Zielgruppe erreicht? $\rightarrow$ 40 % von 40.000 = 16.000 Kontakte

Es sollte beachtet werden, dass die Reichweite des ausgewählten Mediums meist größer ist als die für die Berechnung verwendete Grundgesamtheit. Printmedien werden von mehreren Personen gelesen und TV-Werbung in vielen Fällen von mehreren Personen vor dem Fernseher aufgenommen.

Werbeträgerkontakte

Unter einem **Werbeträgerkontakt** versteht man jeden **Kontakt** zwischen **Person** und **Werbeträger**. Dabei spielt es keine Rolle, ob dieser Kontakt nur flüchtig *(Durchblättern einer Zeitschrift)* oder intensiv war *(aufmerksames Lesen der Zeitschrift)*. Die Feststellung der Kontakthäufigkeit ist nur möglich, wenn die im Werbemittel konkretisierte Werbebotschaft bereits der Zielgruppe präsentiert wurde. Mithilfe von Befragungen und / oder Beobachtungen werden Erst- und Mehrfachkontakte ermittelt, die für die Media-Planung wichtige Rückschlüsse zulassen.

Werbeträger-Kosten

Ein entscheidendes Kriterium zur Werbeträgerauswahl sind die damit verbundenen Kosten. Je nach Medium fallen unterschiedliche **Einschaltkosten** an. Die Wahl des Werbeträgers bestimmt in vielen Fällen auch den Einsatz des Werbemittels. Daher kommen zu den Einschaltkosten noch die Kosten für die Produktion des Werbemittels, die bei einer Anzeige sehr niedrig liegen können, dagegen bei der Produktion eines Werbespots für das Fernsehen sich schnell im Millionenbereich bewegen.

Beispiel	**Einschaltkosten für eine ganze Seite im Vierfarbdruck (bundesweit):**	
	BILD	→ 328.000 €
	ADAC Motorwelt	→ 102.800 €
	Spiegel	→ 50.600 €
	Brigitte	→ 46.900 €
	Die Zeit	→ 32.736 €

Einschaltkosten für Fernseh- und Hörfunkwerbung (Durchschnittspreis für 30 Sekunden):

ARD	→	13.500 € (Vorabend)
RTL	→	18.000 € (Vorabend)
SWR 1	→	520 €

Damit man die verschiedenen Medien unter Kostengesichtspunkten vergleichen kann, bedient man sich als **Kennzahl** des sogenannten **Tausendkontaktpreises** (TKP). Diese Kennzahl gibt an, wie viel es kostet, um 1.000 Leser, Hörer oder Seher mit der Werbebotschaft zu erreichen.

Beispiel Der Anzeigenpreis einer Zeitschrift beträgt 80.000 €. Die Zahl der Kontakte beträgt 400.000 Leser.

Berechnung $$TKP = \frac{\text{Anzeigenkosten} \cdot 1.000}{\text{Zahl der Leser}} = \frac{80.000 \cdot 1.000}{400.000} = 200 \text{ €}$$

Bedeutung Die Erreichung von 1.000 Kontakten (Leser) kostet den Inserenten 200 €.

Bei den Kontakten ist zwischen allgemeinen und gruppenspezifischen Kontakten zu differenzieren. Da von den Werbeträgern durch Media-Analysen sehr genaue Angaben zu den Sehern, Hörern oder Lesern existieren, ist es möglich einen zielgruppenspezifischen TKP zu ermitteln.

▶ Werbeerfolgskontrolle

Werbung verursacht erhebliche Kosten. Daher muss man kontrollieren, welches Ergebnis eine Werbemaßnahme gebracht hat. Werbeerfolgskontrolle heißt vor allem zu überprüfen, ob und in welchem Umfang die angestrebten Werbeziele erreicht werden konnten.

Man unterscheidet zwischen einer **ökonomischen** Erfolgskontrolle und einer **außeröko-nomischen** (kommunikativen) Erfolgskontrolle (vgl. NIESCHLAG, DICHTL, HÖRSCHGEN, 2002, S. 1105 ff.). Außerdem ist zwischen kurzfristigen Erfolgen und langfristigen Auswirkungen zu differenzieren.

Ökonomische Werbeerfolgskontrolle

Die ökonomische Werbeerfolgskontrolle versucht in erster Linie Erkenntnisse darüber zu gewinnen, wie groß der **Beitrag** einer **Werbemaßnahme** zur **Erhöhung** des Umsatzes oder des Gewinns war. Dabei ist jedoch kritisch zu bemerken, dass es nicht eindeutig nachweisbar ist, in welchem Umfang eine Werbemaßnahme zu einer Umsatzerhöhung beigetragen hat.

> **Beispiel** Ein Kaufhaus führt in der Adventzeit eine groß angelegte Werbeaktion durch, um das Weihnachtsgeschäft anzukurbeln. Im Rahmen der Werbeerfolgskontrolle wird festgestellt, dass der Umsatz sich nur unwesentlich erhöht hat. Die Werbemaßnahme scheint fehlgeschlagen zu sein. Andererseits hat in der Nachbarschaft ein Konkurrent rechtzeitig zum Weihnachtsgeschäft nach einem Umbau wieder eröffnet und das Wirtschaftsministerium beobachtet eine allgemeine Konsumschwäche. Wäre das Weihnachtsgeschäft ohne Werbeaktion noch schlechter gewesen? Die Analyse des Umsatzes wird hier sicher keine endgültige Klärung bringen.

Trotz der Schwächen einer Umsatzanalyse kann man mit den folgenden **Methoden** versuchen einen **Werbeerfolg** zu ermitteln.

Gebietsverkaufstest

Bei einem Gebietsverkaufstest wird der Erfolg einer Werbeaktion auf einem beworbenen, mit einem nicht beworbenen und möglichst ähnlichen Teilmarkt untersucht. Damit lässt sich die Wirkung bestimmter Werbemittel und Werbeträger feststellen.

BuBaW-Verfahren (Bestellung unter Bezugnahme auf das Werbemittel)

Wenn Werbemittel, wie Kataloge oder Direktwerbeaktionen *(Mailings)*, eingesetzt werden, kann man anhand der eingegangenen Bestellungen den Werbeerfolg ermitteln. Gradmesser des Werbeerfolgs ist hierbei die **Rücklaufquote**.

> **Beispiel** Ein Unternehmen startet eine Mailingaktion und verschickt 5.000 Werbebriefe an mögliche Kunden. Die Kosten pro Brief belaufen sich auf 3,00 €.
> Die Rücklaufquote beträgt 25 %; es gehen also 1.250 Bestellungen ein. Mit jeder Bestellung ist ein Gewinn von 20,00 € verbunden.
>
> | | |
> |---|---:|
> | Kosten der Mailingaktion (5.000 Briefe x 3,00 €) | = 15.000,00 € |
> | Gewinn auf Grund der Bestellungen | |
> | (20,00 € x 1.250 Bestellungen) | = 25.000,00 € |
> | wirtschaftlicher Werbeerfolg | = 10.000,00 €. |

Direktbefragung

Wenn es möglich ist *(Handelsunternehmen, Außendienstbesuche)*, dann können Käufer direkt befragt werden, welche Werbemaßnahme zum Kauf geführt hat. Bei dieser Methode muss jedoch einschränkend darauf hingewiesen werden, dass Kunden zum einen nicht bereit sind ihre Kaufmotive offen zu legen, und zum anderen ist es auch sehr gut möglich, dass die befragten Kunden nicht sagen können, ob die Werbemaßnahme ihre Kaufentscheidung beeinflusst hat.

Außerökonomische Werbeerfolgskontrolle

Auf der außerökonomischen Ebene versucht man zu erforschen, wie sich durch eine **Werbemaßnahme** das **Image** des Unternehmens, sein **Bekanntheitsgrad** oder die **Einstellung** der Konsumenten zu den Produkten und zum Unternehmen selbst verändert haben. Eine Messung dieser Veränderungen ist nur begrenzt möglich und erfordert einen hohen Aufwand an Feldforschung (vgl. Nieschlag, Dichtl, Hörschgen, 2002, S. 1111 ff.).
Ein in der Marketing-Literatur weitverbreitetes Konzept zur Darstellung und Messung außerökonomischer Werbeerfolge ist das Konzept der **Wirkungsstufen** der Werbung (vgl. S. 278).

1. Wirkungsstufe: Wahrnehmung

Wer eine Aussage über die Wirkung einer Werbemaßnahme erfahren möchte, muss zuerst feststellen, ob die **Werbebotschaft** vom Adressaten überhaupt **wahrgenommen** wurde. Dies ist durch die Zahl der Kontakte zwischen Werbeträger und Zielgruppe festzustellen sowie durch Erinnerung (Recall) und Wiedererkennung (Recognition) der Werbebotschaft durch die beworbenen Zielgruppe.

> **Beispiel** Mithilfe eines sogenannten Recall-Tests versucht ein Unternehmen durch eine Telefonbefragung in Erfahrung zu bringen, ob sich eine Person an eine bestimmte Werbebotschaft erinnert. Dies kann mit oder ohne Erinnerungshilfen geschehen. So werden z. B. dem Probanden verschiedene Werbespots aus dem Fernsehen verbal beschrieben und danach gefragt, ob er sich daran erinnert.

2. Wirkungsstufe: Verarbeitung

Hier soll festgestellt werden, wie die Werbung gewirkt hat, d. h., ob nach der Wahrnehmung eine Verarbeitung im Sinne einer **Verankerung** im **Bewusstsein** des potenziellen Kunden stattgefunden hat (Lerneffekte). Um dies zu ermitteln, kann man z. B. die Markenbekanntheit testen oder das Image des beworbenen Produktes erfragen. Auch dies geschieht mithilfe von Marktforschungsmethoden.

> **Beispiel** Der Proband wird nach dem Image einer deutschen Großbank gefragt. Dabei werden ihm verschiedene Aussagen vorgelesen, die nach einem Skalierungsverfahren zu beantworten sind:
> „Die ABC Bank ist besonders kundenfreundlich". Stimmen Sie dieser Aussage
> a) voll zu   b) zu   c) bedingt zu   d) nicht zu.

3. Wirkungsstufe: Verhalten

Ziel jeder Werbemaßnahme ist letztlich eine **Verhaltensänderung**, die sich in einem Kaufakt des beworbenen Produkts bzw. der Dienstleistung zeigt oder in einer Imageveränderung dem Unternehmen gegenüber. Es gilt in der dritten Wirkungsstufe zu ermitteln, wie die Werbemaßnahme das Kaufverhalten der Zielgruppe beeinflusst hat. Auch dazu sind Befragungen möglich sowie im Einzelhandel Auswertungen von Scannerdaten, die z. B. Kaufakte für beworbene Artikel dokumentieren. Um Einstellungsveränderungen zu messen, müssen zwei Untersuchungen (Vorher-Nachher-Design) vorgenommen werden.

> **Beispiel** Messung der Einkaufsbereitschaft in einem bestimmten Unternehmen
> **Frage:** Sie beabsichtigen einen neuen Fernseher zu kaufen. Würden Sie diesen im ABC-Markt kaufen?
> **Antwort:** ☐ Auf jeden Fall kaufe ich ihn dort.
> ☐ Wahrscheinlich kaufe ich ihn dort.
> ☐ Wahrscheinlich kaufe ich ihn dort nicht.
> ☐ Auf keinen Fall kaufe ich ihn dort.

4.6 Verkaufsförderung

Durch **Verkaufsförderung** (Sales Promotion) unterstützt ein Unternehmen seine eigenen Verkaufsorgane und / oder Absatzmittler durch kommunikative Maßnahmen, mit dem **Ziel** den Endkunden zum Erwerb des Leistungsangebotes des Unternehmens zu bewegen. Mit Verkaufsförderungsmaßnahmen will ein Unternehmen kurzfristig eine Erhöhung des Absatzes erreichen, während Werbemaßnahmen eine mittel- und langfristige Profilierungswirkung vom Leistungsangebot bewirken sollen.

4.6.1 Zielgruppen und Arten verkaufsfördender Maßnahmen

Verkaufsförderung findet durch Ansprache von drei Zielgruppen statt:

1. Zielgruppe → Mitarbeiter des eigenen Unternehmens
- Verkaufsleitung,
- Key Account Manager,
- Innendienstmitarbeiter (Telefonverkauf),
- Außendienstmitarbeiter,
- Absatzhelfer (Reisende, Vertreter).

2. Zielgruppe → Handel (hauptsächlich Einzelhandel, weniger Großhandel)
- Einkäufer,
- Verkaufspersonal.

3. Zielgruppe → Endabnehmer (privat / gewerblich / öffentlich).

▶ Mitarbeiterorientierte Verkaufsförderung

Im Mittelpunkt der hierbei eingesetzten Maßnahmen steht die Steigerung der Verkaufsleistungen des eigenen Personals in der Verkaufabteilung und im Außendienst. Diese auch als **Staff-Promotion** (staff = Personal) bezeichnete Form der Verkaufsförderung erfolgt nach der Push-Strategie (vgl. S. 227).

Das Ziel ist das Leistungsangebot in den Handel „hinein zu verkaufen", d. h. der Handel soll veranlasst werden entsprechende Produkte in sein Sortiment aufzunehmen (listen).

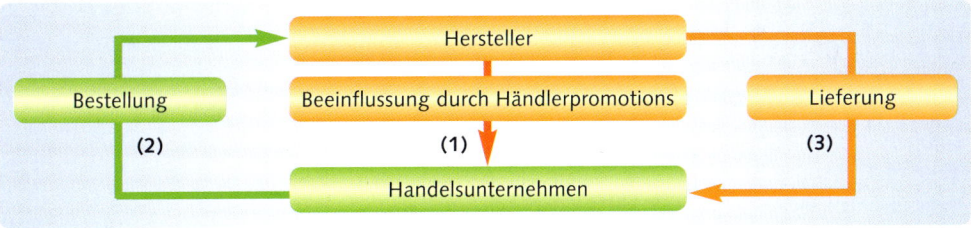

▶ Handelsorientierte Verkaufsförderung

Bei der handelsorientierten Verkaufsförderung (**Dealer Promotions**) werden vom Hersteller die Maßnahmen des Händlers unterstützt, die dieser ergreift, um die Produkte an die Endabnehmer zu verkaufen.

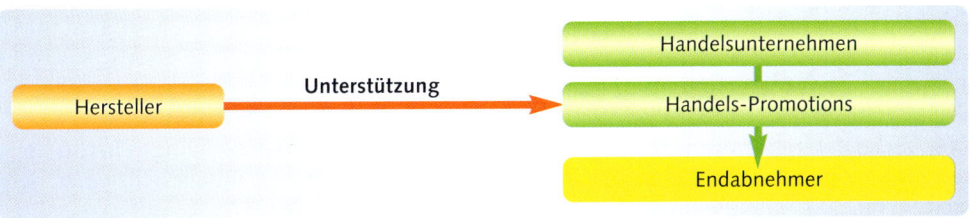

▶ **Endabnehmerorientierte Verkaufsförderung**

Weitverbreitet sind Verkaufsförderungsmaßnahmen der Hersteller, die sich direkt an den Endabnehmer richten **(Consumer Promotions)**. Man will den Verbraucher auf das Produkt oder die Dienstleistung aufmerksam machen und ihn zum Kauf bewegen. Die dabei zugrunde liegende Strategie ist die Pull-Strategie (vgl. S. 227). Die Nachfrage des Verbrauchers beim Händler wird durch Werbung (Sprungwerbung) geschaffen. Der Handel muss nun das Produkt listen, damit er die Kundenwünsche erfüllen kann.

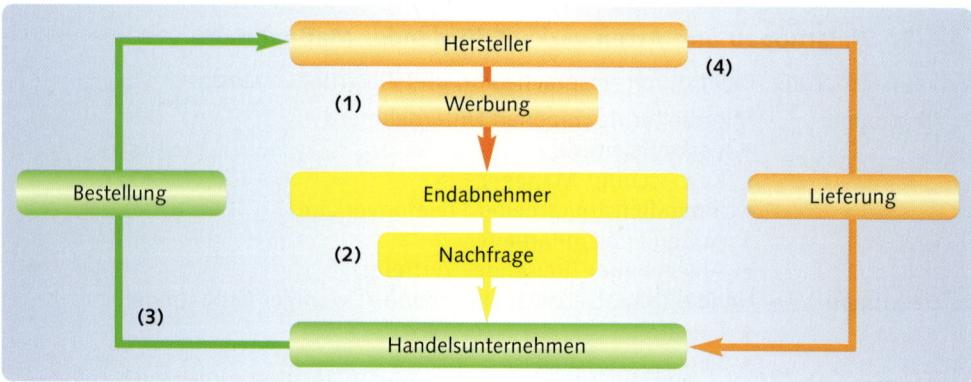

4.6.2 Ziele und Maßnahmen der Verkaufsförderung

▶ **Ziele**

Das **Hauptziel** der Verkaufsförderung ist eine Umsatzsteigerung der für Maßnahmen und Aktionen ausgewählten Produkte oder Dienstleistungen. Aus diesem Hauptziel lassen sich weitere **Unterziele** ableiten, die, je nach Zielgruppe, unterschiedlich formuliert werden können.

Zielgruppe		
Mitarbeiter	**Handel**	**Endabnehmer**
• Kundenpflege, • Neukundengewinnung, • Produktinformationen.	• Produktlistung, • Produktplatzierung.	• Neukundengewinnung, • Mehrkauf, • Zusatzkauf, • Impulskauf.

Verkaufsförderung ist ohne vorangegangene oder begleitende Werbemaßnahmen wenig effektiv. Der angestrebte höhere Umsatz ist nur dann zu generieren, wenn es gelingt ein durch Werbung verändertes Verhalten im Sinne einer Kaufbereitschaft durch die Verkaufsförderungsmaßnahmen beim Endabnehmer in eine konkrete Kaufhandlung umzusetzen.

▶ **Maßnahmen der Verkaufsförderung**

Wer Verkaufsförderungsmaßnahmen umsetzen will, dem steht ein vielfältiges **Instrumentarium** bezogen auf die Zielgruppe zur Verfügung. Die folgende Tabelle gibt einen (bei weitem nicht vollständigen) Überblick.

Zielgruppe: Mitarbeiter	Zielgruppe: Handel	Zielgruppe: Endabnehmer
Maßnahmen zur Optimierung der Beratungsleistung: • Ausbildung und Schulung, • Verkaufshilfen *(Handbücher, Musterbücher, Musterstücke, PC-Präsentationen),* **Maßnahmen beim Erreichen vorgegebener Ziele:** • Prämie und Bonus, • Geschäftswagen, • Reisen, • Sachwerte *(Laptop, Uhr),* • Auszeichnungen *(Verkäufer des Monats, Pokal).*	• Unterstützung bei Dekoration und Regalpflege, • Bereitstellung von Displays, • Preisausschreiben und Wettbewerbe für Verkaufspersonal, • Verkaufs- und Argumentationshilfen für das Verkaufspersonal, • Preisnachlässe für Aktionsware, • Betriebsbesichtigungen, • Werbedurchsagen über den Ladenfunk.	• Wettbewerbe und Gewinnspiele, • Warenvorführungen, • Degustationen, • Rabattmarken, Treueprämien, • Abgabe von Mustern und Proben, • Prominentenaktion, • „3 für 2-Aktionen", • Gutscheine, • Sammelaktionen: Punkte, Bilder etc., • Verpackungen mit Zweitnutzen, • Abgabe von Werbegeschenken.

(in Anlehnung an: www.marketing-checkliste.de von absatzwirtschaft-online)

▶ Umsetzung der Verkaufsförderung

Eine **Verkaufsförderungsaktion** bedarf einer sorgfältigen Planung, die lange vor Aktionsbeginn ihren Anfang nimmt.
Die folgende Abbildung zeigt die verschiedenen Schritte, die bei der **Konzeption** einer Verkaufsförderungsaktion zu unternehmen sind.

Konzeption einer Verkaufsförderungsaktion	
1. Schritt	Entwicklung einer Idee
2. Schritt	Festlegung der Zielgruppe
3. Schritt	Entwicklung einer konzeptionellen Grundlage
4. Schritt	Festlegung des Aktionszeitraums
5. Schritt	Entwicklung von Slogan und visuellem Motiv
6. Schritt	Auswahl der Werbemittel und Werbeträger für die ausgewählte Zielgruppe
7. Schritt	Produktion der Werbemittel, Terminplanung
8. Schritt	Durchführung der Aktion
9. Schritt	Kontrolle des Aktionserfolgs

Fallbeispiel   Verkaufsförderungsaktion „Sooo ein Bier" von Stuttgarter Hofbräu

In den letzten zehn Jahren ist der Bierausstoß in Deutschland um 11 % gesunken. Bis 2009 erwarten die Brauereiunternehmen ein weiteres Absatzminus von rund 5 %.
Diese Entwicklung steht im Zusammenhang mit dem sinkenden Anteil der jungen Bevölkerung an der Gesamtbevölkerung und mit veränderten Trinkgewohnheiten. Zusätzlich erschwert wird die Absatzsituation für Markenbiere durch die wachsende Bedeutung von sogenannten Billigbieren.

Um diesem Trend zu begegnen führte Stuttgarter Hofbräu 2005 eine über sechs Monate gehende Sonderverkaufsaktion in ausgewählten Getränkemärkten durch.
Jeweils Donnerstag bis Samstag präsentierte sich die Brauerei mit ihrem Produktangebot. Als Kaufanreize galten während der Aktionstage nicht nur günstigere Preise, sondern es wurden außerdem Kombiangebote (eine Kiste Bier plus eine Kiste Mineralwasser) den Kunden offeriert. Als Zugaben gab es u. a. Gläser und Minitrucks.

Als „Highlight" winkte ein Rover Mini, den man über die Teilnahme an einem Preisausschreiben gewinnen konnte. Insgesamt wurden 15 für diese Zeit geleaste Minis als Werbeträger vor den Märkten eingesetzt und wirkten als Blickfang für diese Aktion, die zudem medial durch Anzeigenschaltung in der jeweiligen örtlichen Presse begleitet wurde. Geplant und durchgeführt wurde die Aktion von einer Werbeagentur, die auch die Damen und Herren gecastet hatte, die als Hofbräurepräsentanten die Aktion vor Ort durchführten.

Fotos: J. Beck

4.7   Öffentlichkeitsarbeit

Unter **Öffentlichkeitsarbeit** (Public Relations, PR) versteht man die Gesamtheit der systematischen Aktivitäten, die Unternehmen für die **Pflege** ihrer **Beziehungen** zur **Öffentlichkeit** mit dem Ziel einsetzen, Verständnis, Vertrauen und Wohlwollen zu gewinnen. Das primäre **Ziel** der Öffentlichkeitsarbeit liegt nicht direkt darin den Absatz eines Produktes zu steigern, sondern in der **Information** der Öffentlichkeit über das Unternehmen.
Große Unternehmen unterhalten eine eigene PR-Abteilung, man kann aber auch die Dienste einer PR-Agentur in Anspruch nehmen.
Eine PR-Abteilung sollte sich stets als Dienstleister verstehen. In vielen Fällen ist sie als Stabstelle der Unternehmensleitung unterstellt und arbeitet eng mit ihr zusammen. Als Angehörige des Unternehmens kann man davon ausgehen, dass sich die PR-Mitarbeiter ihrem Unternehmen eng verbunden fühlen und die Unternehmensphilosophie kommunizieren. Zu

enge Identifikation kann aber zum berüchtigten „Tunnelblick" führen und gerade in Situationen in denen ein Unternehmen eine „gute Presse" braucht, ist es u. U. sinnvoll externe Fachkräfte mit PR-Maßnahmen zu betrauen.

4.7.1 Aufgaben der Öffentlichkeitsarbeit

Eine **PR-Abteilung** bzw. **PR-Agentur** hat vor allem fünf **Aufgaben** zu erfüllen:

- Herstellung und Pflege von Beziehungen zu Medieneinrichtungen,
- Ansprechpartner für Anfragen zum Unternehmen aus Reihen der Öffentlichkeit,
- Förderung der internen Kommunikation auf allen Unternehmensebenen,
- Interessenvertretung gegenüber Politik, Verbänden und Verwaltung,
- Beratung der Unternehmensleitung bezüglich Image, Bekanntheitsgrad und Darstellung der Unternehmensrepräsentanten in der Öffentlichkeit.

PR-Arbeit ist nur dann **erfolgreich**, wenn sie **ehrlich** und **glaubwürdig** betrieben wird. Wer vertuscht oder die Unwahrheit sagt, fügt dem Unternehmen sehr leicht einen Schaden zu, der – wenn überhaupt – nur mühsam wieder behoben werden kann.

4.7.2 Maßnahmen der Öffentlichkeitsarbeit

Öffentlichkeitsarbeit ist sowohl unternehmensextern, als auch unternehmensintern möglich.

▶ Externe Öffentlichkeitsarbeit

Ziel der externen PR-Maßnahmen ist das Unternehmen positiv in der Öffentlichkeit darzustellen.

Zielgruppen bei externen PR-Maßnahmen

Dabei kann man sich an sehr unterschiedliche Zielgruppen wenden. Dies kann z. B. die breite Öffentlichkeit sein, um das Unternehmen als besonders innovativ oder sozial darzustellen.

> **Beispiel** Imagekampagne von Bayer „Science For A Better Life": Mit der neu entwickelten Imagekampagne präsentiert sich Bayer als Erfinder-Unternehmen mit einer großen Vergangenheit, das auch in Zukunft in forschungsintensiven Bereichen Zeichen setzt. So stellt die Kampagne anschauliche Beispiele aus den drei Teilkonzernen Bayer HealthCare, Bayer Crop-Science und Bayer Material-Science vor. Sie zeigen, wie Produkte und Entwicklungen des Konzerns dazu beitragen, die Lebensqualität der Menschen zu verbessern, wie die An-zeige für Fahrradhelme, die aus einem besonders schlag- und bruchfestem Kunststoffmaterial von Bayer hergestellt werden. (Quelle: http://www.science-forabetterlife.bayer.de)

Fotos: J. Beck

PR-Maßnahmen wenden sich in vielen Fällen auch an ausgewählte Zielgruppen, die dann als Multiplikatoren die in den PR-Maßnahmen übermittelte „Message" weitertragen sollen *(Journalisten, Politiker, Verwaltungsbeamte, Lehrer).*

Beispiel Lehrerportal der Firma Pelikan, die dort Unterrichtshilfen für Lehrer zum downloaden anbietet. Lehrer und Schüler sollen so zum Unternehmen Pelikan eine positive Beziehung aufbauen, die sich letztlich im Kauf von Produkten dieses Unternehmens niederschlägt.

Externe PR-Maßnahmen

Zur Durchführung von PR-Maßnahmen bieten sich, je nach Zielgruppe unterschiedlich, folgende Maßnahmen an:

* Pflege und Herstellung guter Kontakte zu Presse, Funk und Fernsehen *(Einladung zu Pressegesprächen, Durchführung von Journalistenreisen),*
* Veranstaltung von Pressekonferenzen *(Vorstellung des Geschäftsberichtes oder bestimmter Aktionen),*
* Herausgabe von Publikationen *(Geschäftsbereichte, Broschüren, Pressemappen),*
* Betriebsbesichtigungen und Tage der offenen Tür für die Öffentlichkeit,
* Imagekampagnen in den Massenmedien,
* Einsatz des Internet *(spezielle Pressebereiche mit Text- und Bildmaterial),*
* soziales Engagement *(Vereinsförderung, Spenden, Stipendien, Stiftung).*

Fallbeispiel **Die Vodafone-Stiftung sucht Deutschlands sozialste Schüler**

Die Vodafone Stiftung Deutschland ist eine gemeinnützige Gesellschaft zur Förderung von sozialer und gesellschaftlicher Verantwortung. Sie steht für soziales Engagement, Förderung von Bildung und Gesundheit sowie für Unterstützung von Kunst und Kultur. Das Hauptaugenmerk richtet sich hierbei auf Projekte und Hilfestellungen, die Kinder und Jugendlichen zugute kommen. Eines der Hauptprojekte ist das sogenannte „Buddy-Projekt".

Unter Tauchern gibt es den Begriff „Buddy-System". Das heißt, es werden Gruppen gebildet, in denen die einzelnen Mitglieder sich gegenseitig in gefährlichen Situationen unterstützen. Ein solcher Grundgedanke steckt auch hinter dem Buddy-Projekt der Vodafone Stiftung Deutschland. Das Buddy-Projekt ist ein pädagogisches Modell zum Thema „Soziales Lernen" in der Schule. Das von Anfang an vorhandene Modul „Straßenkinder" wurde 2003 durch die Themenbereiche „Streit",

„Gewalt" und „Schulverweigerung" zu einem bedarfsorientierten Präventionspaket ergänzt. Ein System von Hilfen für den praktischen Einsatz ermöglicht es, das Buddy-Projekt den eigenen Möglichkeiten und Bedürfnissen entsprechend in Schule und Unterricht zu integrieren. Das Buddy-Projekt wendet sich an Lehrer und Jugendliche aller Schulformen.

(Quelle: Vodafonestiftung Deutschland gGmbH)

▶ Interne Öffentlichkeitsarbeit (Human Relations)

Das Bild, das andere von einem Unternehmen haben, wird auch maßgeblich durch das Verhalten der dort Tätigen im Kontakt mit Außenstehenden bestimmt. Zufriedene und motivierte Mitarbeiter sind für das Erscheinungsbild eines Unternehmens nach außen nicht hoch genug einzuschätzen. Daher ist es die **Hauptaufgabe** einer PR-Abteilung nach **innen** so zu wirken, dass sich ein positives **„Wir-Gefühl"** der Mitarbeiter entwickelt und diese sich mit ihrem Unternehmen und dessen Zielen identifizieren und dies durch ihr Verhalten untereinander sowie nach außen kommunizieren.

● Interne PR-Maßnahmen

Unternehmensleitbild

Ein **Unternehmensleitbild** verdeutlicht schriftlich die allgemeinen **Grundsätze** eines Unternehmens, die sich nach innen an die Mitarbeiterinnen und Mitarbeiter richten und nach außen an seine Kunden bzw. die gesamte Öffentlichkeit. In knappen Worten und plastischen Bildern werden die **Werte**, **Ziele** und **Aufgaben** für die Tätigkeit des Unternehmens formuliert.

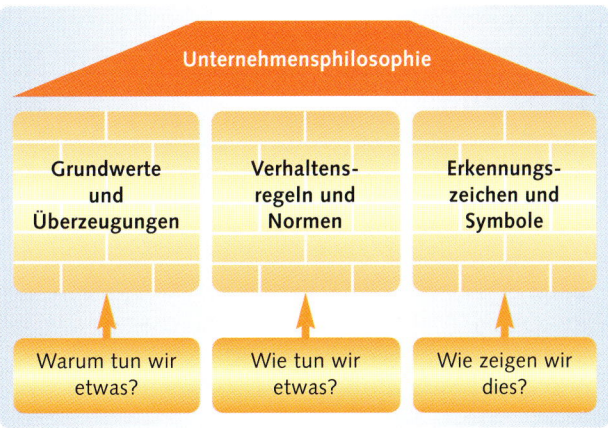

Mit der Formulierung von Zielen, Werten und Aufgaben will man die **Motivation** der Mitarbeiter stärken für ihr Unternehmen zu arbeiten. Außerdem möchte die Unternehmensleitung durch diese Grundsätze die **Identifikation** von den Mitarbeitern und Kunden mit dem Unternehmen fördern. Die **Inhalte** der Leitbilder legt jedes Unternehmen selbst fest. Es entsteht so eine schriftlich festgelegte **Unternehmensphilosophie**, die gewissermaßen als „Weltanschauung" das Tun und Handeln aller Mitarbeiter bestimmen soll. Die obige Abbildung zeigt, welche „Bausteine" die im Unternehmen geltenden Grundsätze bilden. Je stärker die Mitarbeiter bei der Erstellung und Formulierung dieser Grundsätze eingebunden und beteiligt sind, desto eher werden sie sich auch daran halten und sie praktizieren.

> **Beispiel** **dm-Mitarbeitergrundsätze**
>
> Wir wollen allen Mitarbeitern helfen, Umfang und Struktur unseres Unternehmens zu erkennen und jedem die Gewissheit geben, in seiner Aufgabe objektiv wahrgenommen zu werden. Wir wollen allen Mitarbeitern die Möglichkeit geben,
> - gemeinsam voneinander zu lernen
> - einander als Menschen zu begegnen
> - die Individualität des anderen anzuerkennen, um die Voraussetzungen zu schaffen
> - sich selbst zu erkennen und entwickeln zu wollen und
> - sich mit den gestellten Aufgaben verbinden zu können.
>
> *(Quelle: dm drogeriemarkt, Karlsruhe)*

Kommunikationsmaßnahmen

Das Unternehmen tritt bei **internen** PR-Maßnahmen mit seinen Mitarbeitern in Kontakt.

Dies kann über hauseigene Medien erfolgen *(Mitarbeiterzeitschrift, hauseigenes TV, Intranet)* oder auch durch Möglichkeiten einer direkten Kommunikation mit den Mitarbeitern *(Betriebsversammlung, Sprechstunden, Mitarbeitergespräche, Förderung der informellen Kommunikation, Betriebsfeste, Ausflüge)*.

Firmeneigene Einrichtungen

Durch gemeinsame Aktivitäten, die unabhängig vom Status innerhalb des Unternehmens ausgeübt werden, wird das **Zusammengehörigkeitsgefühl** gestärkt. So gibt es in vielen größeren Unternehmen sportliche *(Fußballmannschaft, Skigruppe)* und kulturelle Einrichtungen *(Theatergruppe, Chor und Orchester)*. Eine besondere Bedeutung haben Einrichtungen, die der beruflichen Fort- und Weiterbildung dienen *(hauseigene Bücherei, Bildungseinrichtungen)*.

Soziale Maßnahmen

Auch im **sozialen** Bereich sind eine Vielzahl von Maßnahmen möglich, die sich positiv auf Motivation und Engagement der Mitarbeiter auswirken *(Betriebskindergarten, Kantine)*. Die Beziehung zwischen Unternehmen einerseits und Mitarbeitern andererseits kann auch durch eine **personalisierte** Kommunikationsebene verstärkt werden. In diesen Bereich fallen Maßnahmen wie Geburtstagsgrüße und / oder -geschenke durch das Unternehmen sowie Zuwendungen (finanziell / Sachwerte) für langjährige Betriebszugehörigkeit und damit verbundene Ehrungen durch das Unternehmen *(goldene Firmennadel)*.

> **Beispiel**   In der Lokalzeitung erscheint ein Bericht mit Bild über eine Ehrung für langjährige Mitarbeiter durch die Unternehmensleitung anlässlich eines festlichen Abendessens für die Jubilare und ihre Familien.

4.8   Sponsoring

Unter Sponsoring versteht man die Zuwendung von Geld, Sachgütern oder Dienstleistungen eines **Förderers** *(Sponsors)* an einem oder mehrere **Förderungsempfänger** (der / die Gesponserte / n)[1]. Als Gegenleistung erhält der Sponsor vom Gesponserten das Recht für vertraglich festgelegte Werbemöglichkeiten. Eine vertragliche Beziehung zwischen Sponsor und Gesponsertem bezeichnet man als **Sponsorship**.

4.8.1   Ziele und Bedeutung des Sponsorings

Untersuchungen zeigen, dass Absatzsteigerung und Neukundengewinnung nicht zu den hauptsächlichen Ziele gehören. Vielmehr möchte der Sponsor mit Sponsoringmaßnahmen die **Bekanntheit** seines Unternehmens bzw. der von ihm angebotenen Leistungen erhöhen.
Ein weiteres Ziel ist die Verbesserung des Unternehmensimages durch einen **Imagetransfer** vom Gesponserten auf den Sponsor.

---

[1]   Definition nach Katalog E 1995, Köln

Unternehmen, die sich finanziell durch Sponsoring engagieren, demonstrieren damit auch ihre **Leistungsfähigkeit**.

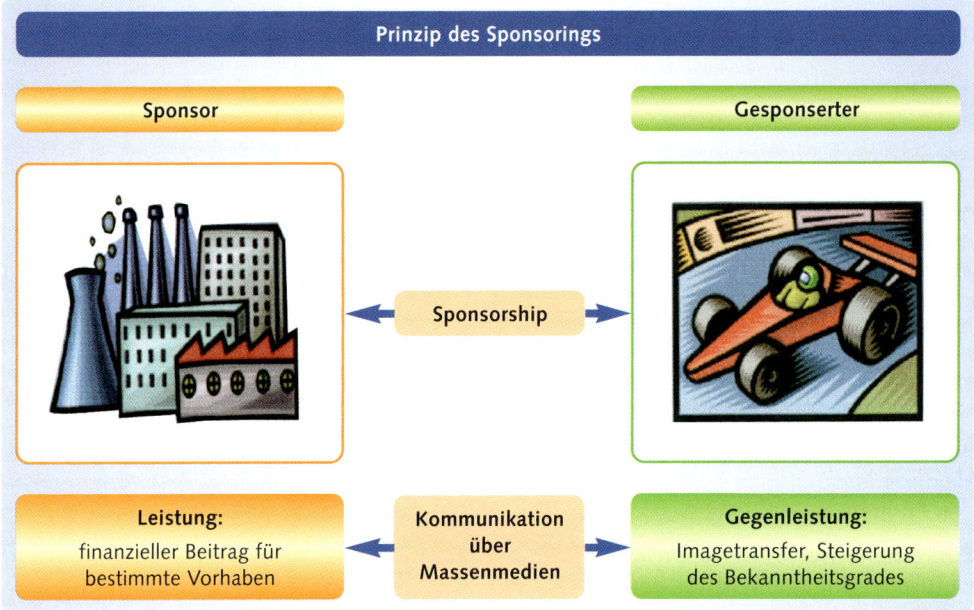

Engagiert sich das Unternehmen bei seinen Aktivitäten auch im sozialen und ökologischen Bereich, zeigt es damit seine Bereitschaft in der Gesellschaft **Verantwortung** zu übernehmen.
Unternehmen, die sich durch Sponsoringmaßnahmen auszeichnen, fördern damit auch die **Mitarbeitermotivation** („Wir" tun Gutes!)

Kommerzielles Sponsoring ist natürlich mit Kosten für den Sponsor verbunden. Er erwartet daher, dass das Geld, das er ausgibt, ihm mehr bringt, als es ihn kostet. Insofern unterscheidet sich Sponsoring vom Mäzenatentum, das oft ohne Erwartung einer geldwerten Gegenleistung praktiziert wird.

Die **Ausgaben** für Sponsoring steigen in den letzten Jahren stetig an. Nach Angaben des Fachverbands für Sponsoring & Sonderwerbeformen e. V. (FASPO) zählt Sponsoring mit einem Volumen von ca. 3,4 Milliarden Euro zu den bedeutendsten und überdurchschnittlich wachsenden Bereichen im Kommunikationsmarkt. Die meisten Sponsoring-Investitionen fließen in die Bereiche Sport (1,9 Mrd.) Medien (0,8 Mrd.), Kultur (0,4 Mrd.) und Soziales (0,3 Mrd.).

Eine Untersuchung der Bob Bomliz Group Bonn GmbH[1] belegt, dass ca. 74 % aller Unternehmen Sponsoring als Instrument in ihrem Kommunikations-Mix einsetzen. Durchschnittlich entfallen ca. 16 % des Kommunikationsbudgets der Unternehmen auf das Sponsoring.

---

[1] Bob Bomliz Group Bonn GmbH, Untersuchung Sponsoring Trends 2004

4.8.2 Bereiche des Sponsorings

Es haben sich im Lauf der Zeit vier Bereiche herausgebildet, in denen Sponsoring betrieben wird (vgl. BRUHN, 2002, S. 312 ff.).

▶ **Sportsponsoring**

Die Budgets für Sponsoring gehen zu über 45 % in das Sportsponsoring. Die Gründe sind vor allem, dass **Sportereignisse** einen **Großteil** der **Bevölkerung** ansprechen und im Fernsehen für hohe **Einschaltquoten** sorgen. Es ist somit häufig sichergestellt, dass das sponsernde Unternehmen von einem Millionenpublikum wahrgenommen wird. Zudem verbinden die meisten Menschen mit Sport Assoziationen wie Jugend, Dynamik und Leistungsbereitschaft. Es ist somit möglich, dass es zu einer Übertragung dieser Werte auf den Sponsor und seine Produkte kommt *(Erfrischungsgetränke, Sportartikel)*.

Sportsponsoring kommt sowohl für ganze **Mannschaften** *(Fußballvereine, Olympiamannschaften)* oder für **Einzelpersonen** *(Sebastian Vettel, Lukas Podolski)* vor.

Bei Mannschaften und Einzelpersonen gehören Trikotwerbung und Ausstattung mit Bekleidung und Schuhen bestimmter Sportartikelhersteller zu den am häufigst vorkommenden Formen.

Zusätzlich erwartet der Sponsor als **Gegenleistung** für die finanzielle Unterstützung ein werbliches Engagement für den Sponsor *(Autogrammstunde, Kontaktpflege mit wichtigen Kunden auf Veranstaltungen des sponsernden Unternehmens)*.

Fallbeispiel **Gerolsteiner Mineralwasser als Radsport-Sponsor**

Quelle: Gerolsteiner Brunnen GmbH

Was 1997 als kleines Familienunternehmen in einem Fahrradgeschäft im schwäbischen Herrenberg begann, ist heute eine feste Größe im weltweiten Radzirkus. Vor allem seit 1999 der Mineralwasserproduzent Gerolsteiner als Hauptsponsor beim Rennstall Holczer eingestiegen ist, führt der Weg fortgesetzt nach oben. Das Titelsponsoring beim Team Gerolsteiner ist für die Gerolsteiner Brunnen GmbH & Co. KG zur Erfolgsgeschichte geworden: Der Bekanntheitsgrad des Teams Gerolsteiner stieg im Laufe von drei Jahren von 22 % auf 70 %. Analog dazu nahm auch der Bekanntheitsgrad der Marke Gerolsteiner durch Auftritte und Erfolge des Teams bei zahlreichen Radsport-Events deutlich zu. Gerolsteiner nutzt sein Radsport-Engagement zudem insbesondere zur Intensivierung seiner Kundenbeziehungen und lädt die Kunden im Rahmen der Tour de France zu verschiedenen Veranstaltungen ein. So können radsportbegeisterte Kunden eine Teil der Strecke selbst fahren, werden Geschäftspartner zum Finale der Tour de France nach Paris gebracht oder Absatzmittler aus dem Ausland zum Prolog der Tour eingeladen. Das Radsport-Engagement von Gerolsteiner fand allerdings Ende 2008 ein jähes Ende aufgrund von Doping-Verfehlungen einzelner Fahrer des Teams bei der Tour de France. Ein weiteres Engagement hätte zu einem beträchtlichen Imageschaden führen können.

▶ Kultursponsoring

In Zeiten knapper öffentlicher Kassen bietet sich mit **Kultursponsoring** ein großes Betätigungsfeld für Unternehmen an, die für sich wichtige und attraktive Zielgruppen ansprechen möchten. Die **Gegenleistung** für das finanzielle Engagement besteht z. B. im Nennen des Namens im Titel der Veranstaltung *(Nokia Night of the Proms)* in Programmheften oder auf Plakaten, die solche Veranstaltungen ankündigen. Typische **Beispiele** für Kultursponsoring sind die Unterstützung von Konzerten und Ausstellungen. Besonders Banken und Sparkassen unterstützen eine Vielzahl kultureller Veranstaltungen auch dann, wenn sie nur lokale Bedeutung haben *(örtliche Kreissparkasse unterstützt ein Konzert der städtischen Musikschule)*.

▶ Sozio-und Umweltsponsoring

Beim **Sozio-** und **Umweltsponsoring** steht die Unterstützung von Einrichtungen und Projekten im Mittelpunkt, die sich mit **sozialen** und **umweltrelevanten** Fragestellungen beschäftigen. Dazu zählt z. B. die Gründung von Stiftungen, die Unterstützung von Umweltorganisationen und ein direktes Engagement bei Veranstaltungen, die einen sozialen Bezug aufweisen. In vielen Fällen arbeiten die Unternehmen mit Medien zusammen, um dann mit diesen gemeinsam soziale und umweltbezogene Projekte zu fördern.

Zum Sozio-Sponsoring zählen auch Engagements der Unternehmen in den Bereichen **Wissenschaft** und **Bildung**.

Beispiel	Otto Beisheim, der Metro-Gründer und Gesellschafter der Metro AG, finanziert nahezu vollständig zwei Lehrstühle für Marketing und Unternehmensgründung an der Wissenschaftlichen Hochschule für Unternehmensführung (WHU) in Vallendar bei Koblenz.

Sozio- und **Umweltsponsoring** muss **glaubwürdig** sein, d. h. die Ziele der geförderten Maßnahmen müssen mit den Unternehmenszielen des Sponsors in Einklang gebracht werden können. Würde z. B. ein Waffenhersteller sich bei der „Aktion gegen Landminen" beteiligen, hätte dies sicher negative Kommunikationswirkungen für dieses Unternehmen, da es an Glaubwürdigkeit für das Engagement fehlt.

▶ Mediensponsoring

Unternehmen nutzen das **Mediensponsoring** zunehmend als Alternative zum klassischen Werbespot. Im Gegensatz zum Spot, der unabhängig vom laufenden Programm in einer Werbeinsel präsentiert wird, wird beim Mediensponsoring ein direkter Bezug zum vergangenen oder folgenden Programminhalt hergestellt.

Beispiel	• „Diese Sendung wurde ihnen präsentiert von Rotkäppchen-Sekt", • „das Wetter im Ersten wird Ihnen präsentiert von Yello-Strom!"

4.9 Event Marketing

Event Marketing ist eigentlich keine eigenständige Ausprägung von Marketingmaßnahmen im Rahmen des Kommunikations-Mix, sondern vielmehr eine Kombination der bereits besprochenen Instrumente. Bei einem **Event** handelt es sich um ein **außergewöhnliches** Ereignis, das entweder mithilfe klassischer Werbeformen der Zielgruppe präsentiert wird oder sie unmittelbar als aktive Teilnehmer mit einbezieht.

Events reichen von der Modenschau eines kleinen Textilfachgeschäfts für die Stammkundinnen bis zu weltweiten Aktionen großer Konzerne.

Eventmaßnahmen zielen darauf ab die **emotionale** Beziehung zwischen Zielgruppe und Produkt bzw. Unternehmen zu stärken. Durch den Charakter des Einmaligen und Außergewöhnlichen soll eine besonders hohe und langanhaltende **Erinnerungswirkung** erzeugt werden, die dann beim späteren Kontakt mit dem Produkt zu einer positiven Stimulans führt, d. h. das Produkt wird gekauft.

Beispiel

- **Event ohne Beteiligung der Zielgruppe:**
Kopfwäsche am Mount Rushmore: Mitarbeiter der Firma Kärcher aus Winnenden haben mit Hochdruckreinigern vom 4. Juli bis 1. August 2005 die steinernen amerikanischen Präsidentenporträts am Mount Rushmore gesäubert. Sechs Fachkräfte befreiten das nationale Monument im US-Bundesstaat South Dakota von Flechten, Algen und Moosen. Sie seilten sich von der Haarpracht der Präsidenten aus mit ihrem Reinigungsgerät ab – und lieferten saubere Arbeit *(Quelle: Stuttgarter Zeitung)*.

- **Event mit Beteiligung der Zielgruppe:**
Besonders zahlreiche Events veranstaltet der österreichische Getränkehersteller Red Bull. Sie reichen vom Seifenkistenrennen über Breakdance-Wettbewerbe bis zum Red Bull Flugtag, bei dem sich die Teilnehmer in selbstgebauten Fluggeräten von einer Rampe ins darunter liegende Wasser stürzen. Durch die aktive Teilnahme der Zielgruppe soll die emotionale Bindung an das Produkt verstärkt werden.

Aufgaben und Übungen

1 Beschreiben Sie anhand der Bestandteile des Kommunikationsmodells den formalen Ablauf eines Kommunikationsprozesses.

2 Zeigen Sie an einem Beispiel den Unterschied zwischen ein- und mehrstufiger Kommunikation.

3 Erläutern Sie am Beispiel der Marke „Persil", welche kommunikationspolitischen Maßnahmen der Hersteller nutzt.

4 Diskutieren Sie Vor- und Nachteile ökonomischer Zielvorgaben im Rahmen kommunikationspolitischer Maßnahmen.

5 Formulieren Sie drei psychografische Ziele der Kommunikation. Untersuchen Sie aktuelle Werbekampagnen im Hinblick auf die von Ihnen genannten Ziele.

6 Grenzen Sie die Begriffe Corporate Communications, Corporate Behavior und Corporate Design gegeneinander ab. Führen Sie eine Internetrecherche zu diesen Begriffen durch und stellen Sie Beispiele dar.

7 Beschreiben Sie die bestimmenden Elemente einer Copy-Strategie und erläutern Sie diese an einer Werbemaßnahme Ihrer Wahl.

8 Mit welchen Schwierigkeiten muss ein Unternehmen rechnen, wenn es unter den gegenwärtigen Bedingungen kommunikationspolitische Maßnahmen durchführen möchte?

9 Zeigen Sie an einem aktuellen Beispiel, wie bei kommunikationspolitischen Maßnahem auf in der Gesellschaft z. Z. herrschende Werte und Vorstellungen Bezug genommen wird.

10 Grenzen Sie ökonomische und kommunikative Werbeziele gegeneinander ab und geben Sie jeweils ein Beispiel dazu.

11 Zeichnen Sie mehrere Werbesendungen in unterschiedlichen Fernsehprogrammen auf. Führen Sie eine Untersuchung nach den Kriterien Werbeobjekte und Werbearten durch.

12 Beschreiben Sie die einzelnen Schritte der Planung einer Werbekampagne.

13 Wodurch sind operationalisierte Werbeziele gekennzeichnet?

14 Eine in der Praxis weit verbreitete Methode zur Festlegung eines Werbebudgets ist die „Prozentsatz von … Methode".
a) Begründen Sie mit zwei Argumenten, warum diese Methode so häufig anzutreffen ist.
b) Beurteilen Sie diese Methode hinsichtlich ihrer Eignung ein optimales Werbebudget festzulegen.

15 Welche Bedingungen muss eine Werbebotschaft erfüllen, damit sie bei den Adressaten die gewünschte Wirkung erzeugt?

16 Sie haben die Aufgabe für den Hersteller eines neuartigen Erfrischungsgetränks eine Werbebotschaft zu formulieren. Die Botschaft soll im Fernsehen in einem Spot präsentiert werden, der das Produkt in einem bestimmten Lebenszusammenhang zeigt.Entwickeln Sie zwei Szenarien, die Ihnen für diesen Spot geeignet erscheinen.

17 Entwickeln Sie eine Anzeige zur Einführung eines neuen Handys. Formulieren Sie dazu neben einer Headline einen mindestens vierzeiligen Text. Kreieren Sie einen Blickfang und einen Slogan.

Aufgaben und Übungen

18 Welche Vorteile bietet das Werbemedium Fernsehen für emotional zu positionierende Produkte?

19 Nennen Sie vier Richtlinien, die bei der Gestaltung von Werbeplakaten zu berücksichtigen sind.

20 Was versteht man unter Mediaselektion und welche Arten können Sie grundsätzlich unterscheiden?

21 Beschreiben Sie drei wichtige Kennzahlen, die zur Auswahl der Werbeträger herangezogen werden können.

22 Wie unterscheidet sich die ökonomische von der kommunikativen Werberfolgskontrolle?

23 Worin bestehen die wesentlichen Aufgaben der Verkaufsförderung?

24 Sie haben den Auftrag eine Verkaufsförderungsaktion im einem großen Möbelhaus für einen Relax-Sessel zu entwerfen. Entwickeln Sie die entsprechende Konzeption.

25 Grenzen Sie Werbung von Öffentlichkeitsarbeit ab.

26 Formulieren Sie mindestens drei Ziele, die ein Unternehmen mit externer und interner PR-Arbeit verfolgt.

27 Warum investieren Unternehmen zunehmend in Sponsoringaktivitäten?

28 In welchen Bereichen engagieren sich Unternehmen beim Sponsoring?

29 Was versteht man unter einem „Event"?

30 Entwickeln Sie eine Event-Aktion eines Autoherstellers zum Thema „Wir präsentieren unseren neuen Mittelklassewagen Ascari".

5 Der Preis – Preispolitik

Kapitel 5 behandelt das **vierte P** im **Marketingmix** – die **Preise**. Neben vornehmlich wirtschaftlichen Grundlagen, die zum Verständnis der Preispolitik notwendig sind, geht es um die Frage, welche Faktoren bei Preisentscheidungen grundsätzlich zu beachten sind und welche Methoden der Preisfindung in der Praxis eine Bedeutung haben. Im Rahmen eines **dynamischen** Preismanagements werden langfristige Wirkungen des Preises sowie Preisstrategien – speziell für die Einführung neuer Produkte, vorgestellt. Den letzten Teil bilden ausgewählte taktisch-operative Preisinstrumente, die im modernen Pricing eine besondere Rolle spielen.

5.1 Grundlagen

5.1.1 Aufgabe und Bedeutung der Preispolitik im Marketing

Die **Kernaufgabe** der **Preispolitik** besteht darin, für die angebotenen Produkte und Dienstleistungen des Unternehmens Preise festzulegen und im Markt um- und durchzusetzen. Neben dem Preis im engeren Sinne – als dem monetären Gegenwert für die Unternehmensleistung – geht es auch um die weiteren Bedingungen *(Konditionen, Absatzkredite, Zahlungs- und Lieferbedingungen)*, die mit der Leistungsinanspruchnahme verbunden sind.

 Bedeutung des Preises im Marketing

Die Bedeutung des Preises hat in der Unternehmenspraxis in den vergangenen Jahren ständig zugenommen. Wie empirische Untersuchungen zeigen, steht die Preisfindung auf der Sorgenskala des Managements ganz vorn (vgl. SIMON / DOLAN, 1997, S. 15).
Die folgende Abbildung zeigt, in welchen Bereichen das Management den größten Problemdruck im Marketing spürt.

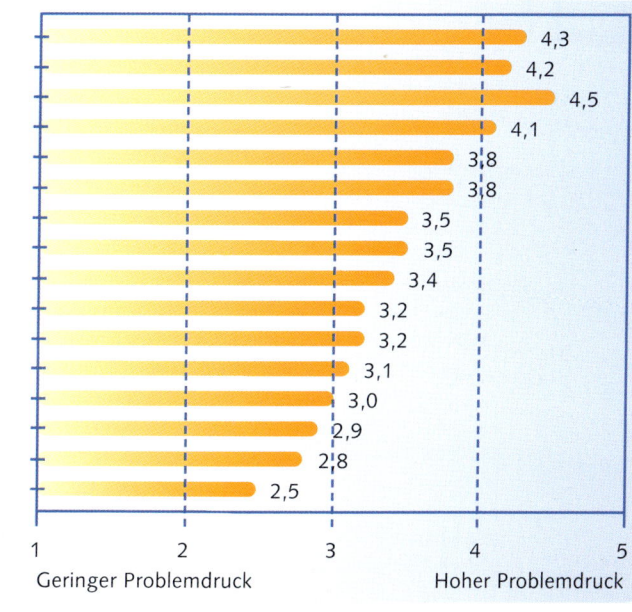

▶ Gründe für zunehmenden Preisdruck

Die **Gründe** für den wachsenden Preisdruck auf die Leistungsanbieter lassen sich vor allem auf folgende **sieben** Entwicklungen zurückführen.

⬤ Einkommenssituation der Konsumenten

Viele Konsumenten kaufen preisbewusster ein, z. B. aufgrund stagnierender und rückläufiger Einkommen oder weil es als clever angesehen wird, preisgünstig einzukaufen.

Fallbeispiel   Rabatte, Rabatte über alles! Stimmt das wirklich?

Beispiel   1: Billig, billiger am billigsten!

Einzelhandel / Immer mehr Rabatt-Jäger
Experten warnen: Preisschlacht richtet auch Schaden an

Billig, billiger, am billigsten:
Die Schnäppchenjagd gehört in Deutschland längst zum Alltag. Diese Entwicklung ist in dem Tempo, in dem sie verläuft, europaweit einzigartig. Während anderswo zum Beispiel noch auf Service geachtet wird, zählt in Deutschland nur noch der Preis.

Hamburg: In keinem anderen Land Europas werden nach Einschätzung des Nürnberger Marktforschers GfK so erbitterte Preiskämpfe ausgefochten wie in Deutschland.
„Die Deutschen lieben den Preis", sagt GfK-Marktforscher Wolfgang Twardawa, Briten legten stattdessen tendenziell eher Wert auf Service, Schweizer und Franzosen auf Qualität.
„Mehr als die Hälfte der europäischen Discounter sind in Deutschland."
Twardawa macht mehrere Ursachen dafür verantwortlich: So schaffe das deutsche Baurecht Filialen im Format von Lidl, Aldi oder Schlecker viel

leichtere Bedingungen als größeren Märkten.
Immer mehr günstige Elektrogeräte oder Kosmetikartikel haben zudem ähnliche Eigenschaften wie Markenartikel, wie die Stiftung Warentest auch immer wieder betont – wozu, so scheint die Mehrheit zu glauben, dann noch auf Marken oder „Made in Germany" Wert legen?

Vorreiter in Europa

„Deutschland ist Vorreiter bei der Konsumfixiertheit auf den Preis unter Vernachlässigung anderer Aspekte", sagt auch Handelsforscher Daniel Staib vom renommierten Zürcher Gottlieb Duttweiler Institut. Schnäppchenjäger rechnen sich altmodisch mit Anzeigenvergleich oder modern mit Preismaschinen im Internet in ihre Kaufräusche. Bücher wie „Super-Schnäppchen" oder „Fabrikverkauf in Deutschland" haben Konjunktur.
Doch die Rechnung dürfte langfristig nur selten auf-

gehen. „Die Händler spielen mit der Irrationalität der Konsumenten", sagt Staib. „Die Konsumenten berücksichtigen nicht alle Kosten." Nach Schnäppchen zu jagen, koste enorm viel Zeit, oft genug auch reichlich Benzin oder Verkehrstickets zu den Anbietern. Doch auch aus gesamtgesellschaftlicher Sicht wird privates Profitstreben im Puls purzelnder Preise zunehmend argwöhnisch betrachtet. GfK Forscher Twardawa sagt: „Es gibt eine wachsende Verunsicherung, weil zu viele Aktionen zunehmend beliebig erscheinen und es keine Normalpreise mehr gibt".
[ ] ... „Auch die Anführer der Rabattschlachten werden an ihren Bilanzen erkennen, dass die Erhöhung des Marktanteils und das Verdrängen von Mitbewerbern wenig erbaulich sind, wenn die Rendite gefährdet ist" sagte der Hauptgeschäftsführer des Deutschen Textileinzelhandels, Siegried Jacobs. dpa

(Quelle: Südwestpresse, 13.01.2004)

Beispiel 2: Schluss mit billig! Geiz ist nicht mehr geil!

Die Geiz-ist-geil-Mentalität war lange Zeit aktuell. Als Folge dieser Konsumhaltung haben zwischen 1995 und 2008 Markenprodukte in mittleren Preislagen stark an Bedeutung verloren. Nach Untersuchungen der Gesellschaft für Konsumforschung (GfK) hat sich dieser lang anhaltende Trend nun umgekehrt. Erstmals seit vielen Jahren ist der Marktanteil der Billigmarken geschrumpft, während Produkte in mittleren Preislagen zulegen.

Die Deutschen geben wieder mehr Geld für einzelne Produkte aus und das auch gerne. Offenbar haben die Verbraucher in der Finanz- und Wirtschaftskrise festgestellt, dass sie beim Kauf von Billigprodukten zwar kurzfristig sparen, ihr Geld aber langfristig „in den Sand setzen". Zwar achtet der Großteil der Verbraucher noch auf die Preise, möchte aber zunehmend auch eine gute Qualität und ein nachhaltiges Produkt haben.

Marken der Mitte treffen hier genau den Nerv der Verbraucher, weil sie oft rational begründete Qualitätsversprechen geben und den Preis-Leistungsaspekt betonen. Meist haben sie eine lange Tradition und fokussieren auf ein bestimmtes Marktsegment, zum Beispiel auf ein Nutzensegment wie die Ökologie bei der Marke Frosch, oder auf bestimmte Zielgruppen bzw. Regionen wie bei den Ostmarken Vita Cola und Bautzener Senf. Bei Billigmarken hingegen wissen Verbraucher oft nicht, welcher Hersteller hinter dem Produkt in der Verpackung steckt und wie die Qualität der Ware ist. Teure Premium-Produkte können sich viele Konsumenten wiederum nicht leisten. Deswegen gewinnen die Marken in den mittleren Preislagen zunehmend an Bedeutung (vgl. www.gfk-verein.de).

Zunehmender Verdrängungswettbewerb

Marktsättigung und Überkapazitäten führen in weiten Bereichen der Wirtschaft zu einem steigenden Verdrängungswettbewerb, bei dem der Preis aktiver eingesetzt wird.

Beispiel Ruinöser Wettbewerb internationaler Fluggesellschaften untereinander auf Routen mit hohem Passagieraufkommen *(Nordatlantik)*.

Globalisierung des Wettbewerbs

Internationale Wettbewerber, insbesondere aus Niedriglohnländern *(Südkorea, China, Taiwan, Länder Mittel- und Osteuropas)*, erkämpfen sich den Markteintritt gegenüber den etablierten Anbietern gezielt über extreme Niedrig- und Dumpingpreise.

Beispiel Auf dem deutschen Schuhmarkt gewinnen Anbieter aus Asien seit Jahren verstärkt an Bedeutung. Bereits mehr als jedes dritte in Deutschland verkaufte Paar Schuhe ist in Asien gefertigt worden. Mit dem Vormarsch der Schuhe aus Niedriglohnländern geraten Produzenten in Westeuropa immer mehr unter Druck. Der Weltmarktanteil asiatischer Hersteller liegt inzwischen bei 75 %.

Preiswettbewerb verstärkt im Hochpreissegment

Lange Zeit stand für traditionelle Hochpreisanbieter der Preis nicht im Mittelpunkt marktstrategischer Überlegungen. Um wettbewerbsfähig bleiben zu können, setzen sie ihn jedoch zunehmend als Marketinginstrument ein.

Beispiel Taxiunternehmer waren bisher die treuesten Kunden von Mercedes-Benz. Doch aus Kostengründen entscheiden sich beim Kauf eines Neuwagens immer mehr Taxiunternehmen für andere, preisgünstigere Marken, die vor allem mit hohen Rabatten und kostenloser Taxigrundausstattung für sich werben. Allerdings wehrt sich auch Mercedes-Benz mit Nachlässen und Zugaben, wie kostenlosen Taxipaketen, Sonderfinanzierungen und Gratisüberführungen. Dem Premiumanbieter geht es dabei nicht nur um Marktanteile, sondern auch um das Prestige, denn Taxifahrten sind verkappte Vorführfahrten.

Fallbeispiel Rabattschlacht im Automarkt

In der Vertriebsstrategie für Autos bilden Incentives („Belohnung") einen zunehmend wichtigen Pfeiler. Die Phantasie kennt keine Grenzen. Neben den schon klassischen Rabatten, Produktzugaben, überhöhten Preisen für Gebrauchtwagen, reduzierten Sondermodellen, günstigen Finanzierungs- und Leasingangeboten sowie Reimporten, gibt es ständig neue Gags: Tausend Liter Sprit gratis, Steuern und Versicherung für zwei Jahre, ein Fahrrad als Zugabe, eine Reise in den Süden und so weiter. Herstellerrabatte von 25 % und mehr gegenüber dem Listenpreis sind keine Seltenheit.

Die Frage ist, ob diese kostspieligen Kaufanreize sich auch rechnen. Bedeuten die Käufe aufgrund der Preisanreize tatsächlich echte Mehrnachfrage und nicht nur „Borgen von der Zukunft"? Steht die eigentliche Krise noch bevor? Wird es zu einer Marktbereinigung kommen, wie es zum Beispiel in der Stahlbranche bereits geschehen ist?

Eine überzeugende Strategie ist hinter all den Preisanreizen nicht zu erkennen. Vielmehr erscheint das Verhalten als konkurrenzgetriebene Reaktion auf Konsequenzen aus Fehlern der Vergangenheit. So wurde es viele Jahre lang versäumt, Produktionskapazitäten zu begrenzen und Überkapazitäten abzubauen. Mit massiven Preissenkungen wird nun versucht, das Volumen möglichst konstant zu halten. Aber dafür müssen die Hersteller auch einen hohen Preis bezahlen. Drastisch gesunkene Margen, Verluste in Rekordhöhe und Imageeinbußen könnten das Aus für den ein oder anderen Autohersteller schneller bringen als erwartet.

Kostensparpolitik industrieller Einkäufer

Die Wettbewerbssituation in nahezu allen Branchen zwingt die Hersteller so kostengünstig wie möglich zu produzieren. Daher ergibt sich die Forderung nach möglichst niedrigen Beschaffungspreisen der für den Produktionsprozess notwendigen Vorprodukte und Dienstleistungen. Industrielle Einkäufer zeigen in Preisverhandlungen gegenüber ihren Zulieferern eine viel größere Härte als früher („im Einkauf liegt der Gewinn!").

> **Beispiel** Die Autokonzerne wälzen ihren Kostendruck auf ihre Lieferanten ab, welche ihrerseits diesen Druck an ihre Teillieferanten weiter reichen. Kleine mittelständische Zulieferer, die sich keine Monopole in lukrativen Nischen gesichert haben, halten dem Preiswettbewerb nicht stand und bleiben auf der Strecke oder werden gekauft. Mittlerweile wurde die López-Methode[1] noch verfeinert. Volkswagen schickt ganze Teams zu den Lieferanten, die in Workshops nach weiteren Einsparpotenzialen suchen. Den Gewinn teilen sich offiziell Volkswagen und Zulieferer auf.

Steigende Marktmacht des Handels

Auf Handelsebene kommt es aufgrund immer stärkerer Konzentrationsprozesse (90 % des Umsatzes im deutschen Lebensmitteleinzelhandel wird von 15 Unternehmen generiert) zu einem extrem scharfen Preiswettbewerb. Auch der Wegfall bzw. die Novellierung wettbewerbshemmender Gesetze und Verordnungen sowie das fast völlige Verschwinden der Preisbindung – in fast allen Ländern und für fast alle Produktkategorien – verstärkt den Preiskampf.

Besonders erfolgreich sind preisaggressive Betriebsformen mit ihrem stetig wachsenden Filialnetz *(Discounter)*. Die durch die Konzentration enorm gewachsene Einkaufsmacht des Handels wirkt sich bei den Herstellern in einem starken Druck auf die Preise aus.

> **Beispiel** Die deutschen Mineralwasserbrunnenbetriebe leiden seit Jahren unter Preisdruck. Besonders schwer zu schaffen macht den kleineren Quellen der Vormarsch der Discounter. So kostet der Liter Mineralwasser bei Aldi nur knapp 17 Cent. Nur die auf Handelsmarken spezialisierten Abfüller profitieren von dieser Entwicklung. Ein weiteres Problem für die Mittelständler ist auch das Vordringen internationaler Konzerne *(Nestlé u. a. mit Vittel, Contrex, San Pellegrino, Perrier, Klosterquelle; Danone mit Volvic, Evian)*.

Zunehmende Preistransparenz

Der Euro und das Internet führen zu einer besseren **Preistransparenz** und erleichtern den Konsumenten den Vergleich der Preise nicht nur national, sondern auch weltweit.

Mit Hilfe von **Preissuchmaschinen** kann man im Netz günstige Angebote finden. Sogenannte **Preisrobots** oder **Preisagenten** vergleichen die Preise, indem sie Internet-Shops, Preisdatenbanken oder Internet-Auktionen durchkämmen. Neben allgemeinen Preisrobots *(Vivendo, Preisauskunft)* gibt es auch auf bestimmte Produktgruppen *(Elektronik-, Buch-, CD-, Hardware- oder Software)* spezialisierte Agenten *(Angebot-info, GünsTiger)*. Fast jeder Preisagent bietet auch einzelne Sonderangebote an.

---

[1] benannt nach dem früheren Volkswagen-Einkaufschefs López, der durch seine rigorose Kostensparpolitik im Beschaffungsbereich bekannt und gefürchtet wurde.

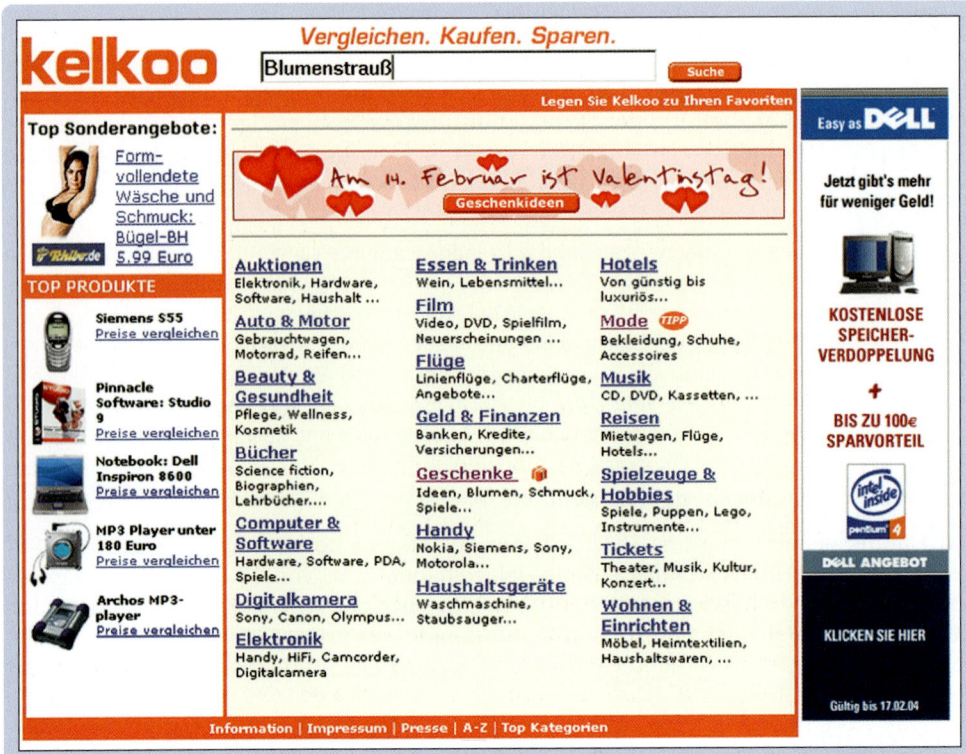

Preisagenturen (*Kelkoo*) suchen nach einem noch günstigeren Angebot, als vom Kunden angegeben. Beim **Co- oder Powershopping** (*Letsbuyit, Atrada*) kaufen mehrere Kunden, die das gleiche Produkt wollen, gemeinsam ein. Dadurch erhalten sie einen Mengenrabatt des Anbieters. Jeder Interessierte lässt sich registrieren. Sobald die für einen Gruppenrabatt geforderte Menge erreicht ist, kommt das Geschäft zustande.

Beim **Target-Pricing** (*IhrPreis, Order8*) gibt der Kunde einen Preis vor, den er bereit ist zu zahlen. Die Anbieter überlegen sich, ob sie zu dem Preis verkaufen wollen. Andere Verkäufer können dann den billigsten Anbieter noch unterbieten. Auf **Informationsbörsen** (*Dooyoo, Ciao*) können Verbraucher ihre Meinungen zu Produkten abgeben oder Statements zum Wunschprodukt abrufen.

▶ Der Preis als Gewinntreiber

Viele Unternehmen versuchen dem Wettbewerbsdruck stand zu halten, indem sie sich auf Kostensenkungsprogramme und Ausweitung der Absatzmenge konzentrieren. Der Optimierung des Preises wird dagegen vergleichsweise wenig Aufmerksamkeit geschenkt, obwohl Preishebel das wirkungsvollste Instrument zur Gewinnsteigerung sind.

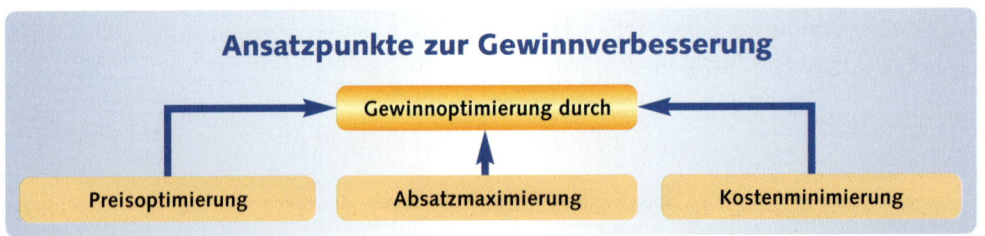

Preisverbesserungen lohnen sich!

Der Preis ist unter den Gewinntreibern derjenige mit der höchsten Hebelwirkung. So stellte sich in Untersuchungen heraus, dass Preisverbesserungen im allgemeinen den Gewinn stärker beeinflussen als entsprechende Mengensteigerungen. Schätzungen gehen davon aus, dass eine Preiserhöhung um 2 % den Gewinn bei Siemens um 28 %, bei BMW um 29 %, bei der Deutschen Lufthansa um 28 %, bei Adidas um 25 % und bei Henkel um 21 % steigern würde, vorausgesetzt die Absatzmengen bleiben gleich (vgl. SIMON/FASSNACHT, 2009, S. 5.)

▶ Fehlentscheidungen in der Preispolitik

Der zunehmende **Druck** auf die **Preise** macht es notwendig, Preisspielräume gezielt und systematisch auszunutzen. In der Praxis des Preismanagements dominieren jedoch häufig noch Fingerspitzengefühl, Faustregeln und Intuition. Damit verschenken Unternehmen die im Preis liegenden Gewinnsteigerungspotenziale. **Fehlentscheidungen** in der Unternehmenspraxis resultieren häufig aus folgenden **Gründen**:

- Die Preise sind ausschließlich kostenorientiert.
- Die Preise vernachlässigen den wahrgenommenen Kundennutzen.
- Die Wirkung der Preise auf die Absatzmenge wird nicht beachtet.
- Die Preise werden nicht ausreichend oft überprüft und an Marktveränderungen *(veränderte Kosten, Kundenwünsche und Wettbewerbsangebote)* angepasst, um daraus Vorteile zu ziehen.
- Der Preis wird isoliert betrachtet, ohne die übrigen Elemente des Marketingmix *(Produkt-, Kommunikations- und Distributionspolitik)* einzubeziehen.
- Die Preise werden nicht ausreichend nach Produkten, Marktsegmenten und Kaufsituationen differenziert. Gewinnsteigerungspotenziale können deshalb nicht optimal ausgeschöpft werden.

▶ Systemzusammenhänge der Preisentscheidung

Da Preisentscheidungen äußerst komplex und mit hohen Unsicherheiten verbunden sind, ist es zweckmäßig, sich die Systemzusammenhänge und wirtschaftlichen Grundlagen für den Preis zu verdeutlichen. Der **Gewinn** ergibt sich definitionsgemäß als Differenz von Umsatz (auch Umsatzerlös oder einfach Erlös genannt) und Kosten. Der **Umsatz** wiederum ist das Produkt aus Preis und Absatzmenge. Die **Kosten** bestehen aus variablen und fixen Bestandteilen.

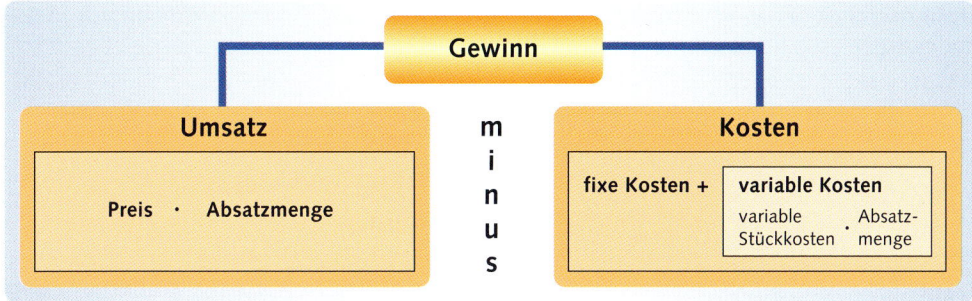

Kennzeichen der **variablen** Kosten ist ihre direkte Abhängigkeit von der Produktions- bzw. Verkaufsstückzahl. Je mehr (weniger) produziert bzw. verkauft wird, um so höher (geringer) fallen auch die variablen Kosten an. Beispielsweise werden für jedes produzierte Fahrrad zwei Räder, eine Lenkstange, ein Sattel, zwei Pedale usw. benötigt. Diese Kosten fallen für jede produzierte Einheit in gleicher Höhe an.

Die **Fixkosten** fallen im Gegensatz zu den variabeln Kosten unabhängig von der Produktions- oder Verkaufsstückzahl an. Sie werden daher auch als Kosten der Betriebsbereitschaft bezeichnet. Beispiele sind der Aufwand für Miete, Heizung, die Zinszahlungen für die Bank, die Gehälter der Angestellten. Sie fallen jeden Monat in gleicher Höhe an, gleichgültig wie viel produziert oder abgesetzt wird. Die Kosten einer zusätzlichen Einheit werden als Grenzkosten bezeichnet.

Die **Kernrelationen** des Systems der Preisentscheidung bilden die in der folgenden Abbildung durch die dicken Pfeile symbolisierten Verhaltensgleichungen, nämlich die Preis-Absatzfunktion und die Kostenfunktion.

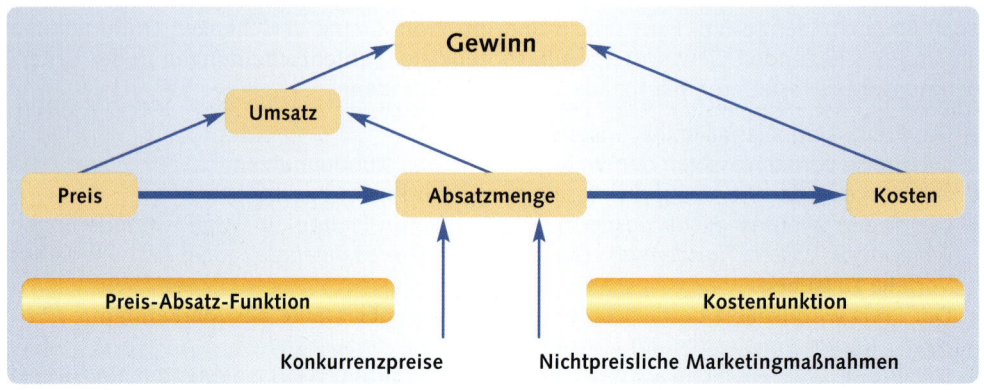

Die **Preis-Absatzfunktion** gibt die Absatzmenge eines Produktes in Abhängigkeit vom Preis des Produktes an. Im Unterschied zur Kostenfunktion kann die Preis-Absatzfunktion nur mit einiger Unsicherheit quantitativ erfasst werden, weil sie das Verhalten der Nachfrager berücksichtigen muss. Die Bestimmung der Preis-Absatzfunktion bildet daher eines der zentralen Probleme des Preismanagements.

Die **Kostenfunktion** gibt die Höhe der Kosten in Abhängigkeit von der Absatzmenge wieder. Sie lässt sich relativ einfach aus unternehmensinternen Daten *(Rechnungswesen, Kostenrechnung)* bestimmen.

Die Verkaufsmenge wird aber noch von weiteren Faktoren beeinflusst, vor allem von den produkt-, kommunikations- und distributionspolitischen Marketingmaßnahmen des Unternehmens sowie von den Preisen der Konkurrenz und ihren Reaktionen auf Preisänderungen des Unternehmens.

Obwohl die wirtschaftlichen Grundlagen für den Preis in der Theorie recht einfach erscheinen, erweist sich die Praxis schwierig, weil der **Preis** den **Gewinn** in mehrfacher Hinsicht **beeinflusst:**

- Ein höherer Preis hat normalerweise eine geringere Verkaufsmenge zur Folge und damit eine negative Wirkung auf den Gewinn.
- Ein höherer Preis bedeutet aber auch einen höheren Deckungsbeitrag (= Preis des Produktes minus variable Kosten des Produktes) pro verkaufter Einheit und erhöht den Gewinn für eine gegebene Absatzmenge.
- Ein niedriger Preis kann neue Käufer anziehen, die in Zukunft Stammkäufer werden, und auf diese Weise die Gewinne steigern.

- Preissenkungen können einen Preiskampf auslösen, der die Profitabilität der gesamten Branche langfristig beeinträchtigt.
- Eine Preissenkung bzw. ein niedriger Preis führt im allgemeinen zu einer größeren Absatzmenge, welche aufgrund von Größendegressions-, Lern- und Erfahrungskurveneffekten langfristig die Stückkosten verringern kann.

Infobox

Lern- und Erfahrungskurve

Erfahrungskurven sind grafische Darstellungen, die den Rückgang der Produktionskosten darstellen. Dieser ergibt sich aus den sogenannten Lernvorteilen. Damit ist gemeint, dass durch zunehmende Erfahrung aller am Produktionsprozess Beteiligter, die Stückkosten für ein Produkt sinken. Voraussetzung für den Eintritt dieses Lerneffektes ist eine kontinuierliche Qualifizierung und Motivierung der Mitarbeiter auf allen Stufen des Leistungserstellungsprozesses (Qualitätsmanagement).

5.1.2 Preis, Kunde und Wettbewerb

Aus Sicht des Kunden bestimmt der **Preis** eines Produktes das wirtschaftliche **Opfer**, das er erbringen muss, um in den Genuss des mit dem Produkt verbundenen Nutzens zu kommen.

Infobox

Aus Kundensicht zählen zum Preis im weitesten Sinne auch die begleitenden Beschaffungs- und Transaktionskosten, z. B. für Einkaufsfahrten, Informationseinholung, Parkgebühren, Kreditierung des Kaufbetrages, Auslieferung usw.
Bei Gebrauchsgütern sind zusätzlich auch die Folgekosten des Produktkaufs zu berücksichtigen, z. B. beim Kauf eines Kühlschranks der Stromverbrauch und Recyclingkosten; beim Kauf eines Autos die Reparaturkosten; bei der Anschaffung eines PC's die Kosten für Aktualisierung, Wartung und Anwenderschulung.

▶ Preis und Produktnutzen

Der Kunde trifft seine Kaufentscheidung jedoch nie allein aufgrund des Preises, sondern er vergleicht den von ihm subjektiv wahrgenommenen Produktnutzen *(Haltbarkeit, Zuverlässigkeit, Service, Prestige, Exklusivität)* mit dem zu zahlenden Produktpreis. Aus diesem Grund ist der Preis nicht isoliert, sondern immer in Relation zur Produktleistung zu betrachten **(Preis-Leistungsverhältnis)**.

Nur wenn der Produktnutzen für den Kunden größer ist als der zu zahlende Preis (= positiver Nettonutzen), wird er das Produkt kaufen. Wenn der Kunde unter verschiedenen Produktalternativen auswählen kann, bevorzugt er das Angebot mit dem größten Nettonutzen. Die Abwägungen, die der Kunde zwischen Preis und Nutzen vornimmt, sind in nachfolgender **Abbildung** dargestellt.

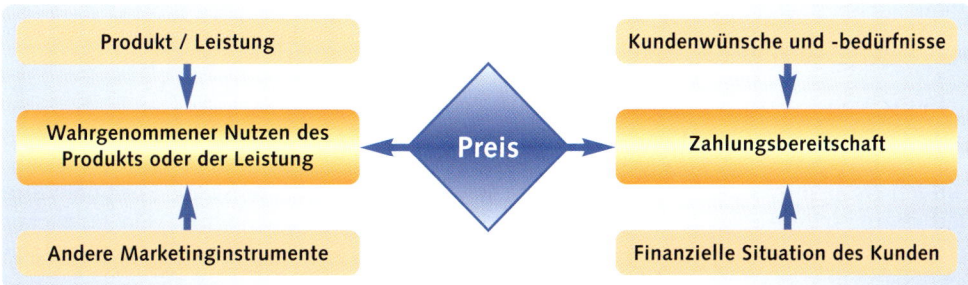

▶ **Maximalpreis**

Wichtig für das Preismanagement ist die Kenntnis des Preises, den der Kunde maximal zu zahlen bereit ist. Dieser sog. **Maximalpreis** spiegelt die **Zahlungs- und Preisbereitschaft** des Kunden wider. Er hängt ab von dem subjektiven Wert und Nutzen des Produktes für den Kunden sowie seinen Wünschen und finanziellen Möglichkeiten.

Was der Kunde als Nutzen empfindet, wird durch die wertschaffenden Elemente des Marketingmix bestimmt, also durch das Produkt, die Kommunikationsmaßnahmen und den Vertrieb. Neben der Produktqualität und zusätzlichen Serviceangeboten, spielen dabei in hohem Maße emotionale Aspekte eine Rolle *(ein bestimmtes Lebensgefühl, das dieses Produkt vermittelt, die Befriedigung von persönlichen Eitelkeiten oder Prestigeansprüchen).*

> **Beispiel** Bei einem Buch sind der Content, die Reputation des Autors, die Aktualität des Themas, die Marke des Verlags und die Rolle des Buchhändlers die Faktoren, die die Zahlungsbereitschaft des Verbrauchers bestimmen. Die Kosten des Buches interessieren den Kunden nicht. Er zahlt ausschließlich für den wahrgenommenen Nutzen.

Liegt der geforderte Preis des Produktes über dem individuellen Maximalpreis, kauft der Kunde gar nicht. Liegt er dagegen deutlich niedriger, verschenkt die Unternehmung Gewinnchancen. Deshalb sollte die **Preisforderung** möglichst dicht unter dem Maximalpreis des Kunden liegen. Je besser dies gelingt, desto höher sind auch die Gewinne.

In der Regel sind die Maximalpreise von Kunde zu Kunde und von Marktsegment zu Marktsegment verschieden. Außerdem können sie im Zeitablauf schwanken. Bei Preiserhöhungen muss die Unternehmung unbedingt Wege finden, um die Kunden davon zu überzeugen, dass die Produkte es wert sind.

Fallbeispiel Bekleidungsmarke comma – Erfolgreich mit neuem Konzept und Preissenkungen

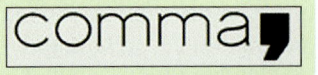

Die Preise und Ansprüche der Bekleidungsmarke Comma waren in der Vergangenheit so hoch geschraubt, dass das Unternehmen scheiterte. Da die Marktforschung jedoch festgestellt hatte, dass jede vierte Frau den Markennamen Comma kannte und ihn mit hochwertiger, designorientierter Damenmode assoziierte, kaufte der Bekleidungsspezialist S. Oliver Group die herrenlos gewordene Marke auf.

Mit einigen geschickten Kniffen gelang es dem Management, die Marke neu aufzuladen. Das Topmodel Heidi Klum wurde engagiert und vermittelte den Käuferinnen das Gefühl, Kleider zu tragen, die sonst nur auf den Laufstegen der internationalen Modesalons zu sehen sind. Die Händler wurden in schnellerem Rhythmus beliefert und die einzelnen Kleidungsstücke aufeinander abgestimmt. Gleichzeitig entschloss man sich, den zu hohen Preis zu senken. Damit konnte S. Oliver innerhalb kurzer Zeit die Marke wieder zum Erfolg führen.

▶ **Preisliche Positionierung im Wettbewerbsumfeld**

Für den Erfolg im Wettbewerb ist letztlich entscheidend, welche preisliche Positionierung und strategische Ausrichtung das Produkt des Unternehmens einnimmt. Ein nützlicher gedanklicher Rahmen für solche Überlegungen bietet das **strategische Dreieck** mit den Eckpunkten eigenes Unternehmen, Zielkunden und Konkurrenz.

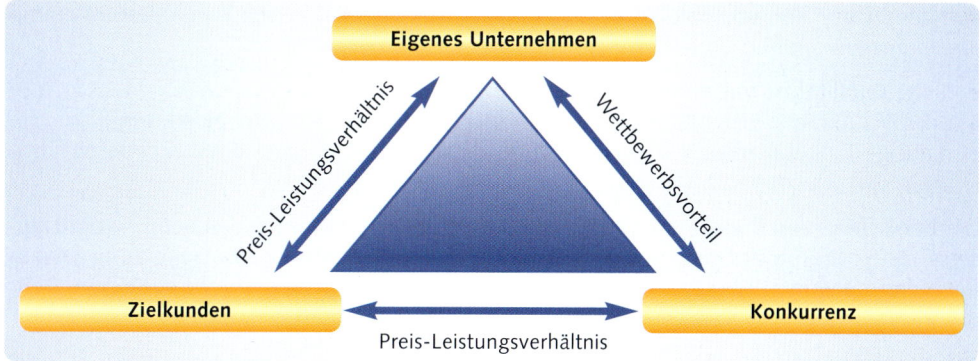

Die Unternehmung muss alle drei Eckpunkte sowie die Beziehungen zwischen diesen möglichst gut kennen. Sie muss die Wünsche der Kunden ermitteln, die Wettbewerbsangebote untersuchen, um Differenzierungsmöglichkeiten zu identifizieren, und sie muss wissen, wie die Kunden Preis und Nutzen wahrnehmen.

Positionierung des Unternehmens im Wettbewerbsumfeld

Für die **Wettbewerbsstrategie** des Unternehmens ergeben sich im Grunde nur zwei Möglichkeiten:

- Entweder bietet es **mehr Leistung** bzw. einen **höheren** Nutzen *(verbesserte Qualität, veränderte Produktverpackung, mehr Kundenservice, größere Markenkompetenz, intensivere Kundenbeziehung, verbreiterte Distribution)* zum **gleichen Preis** an (Nutzenstrategie).
- Oder es verlangt für die **gleiche Leistung niedrigere Preise** (Wirtschaftlichkeitsstrategie). Ein preislicher Wettbewerbsvorteil lässt sich jedoch auf Dauer nur halten, wenn die Unternehmung gleichzeitig auch eine günstigere Kostenposition besitzt. Ist dies nicht der Fall, kann der Konkurrent bei Bedarf schnell nachziehen und einen Preiskampf auslösen.

Offeriert das Unternehmen im Vergleich zur Konkurrenz den gleichen Nutzen zum gleichen Preis, bedeutet dies eine **Me-too-Strategie**, die oft mit einem Fehlschlag endet. Ein höherer Nutzen in Verbindung mit einem niedrigeren Preis ist in der Regel nicht erreichbar und scheidet daher aus.

Positionierung bezüglich relativem Preis und relativer Leistung

Eine etwas andere Form der **strategischen** Positionierung bezieht sich auf die gleichzeitige Betrachtung von Preis und Leistung in Relation zur Konkurrenz (vgl. SIMON, 1992, S. 64)

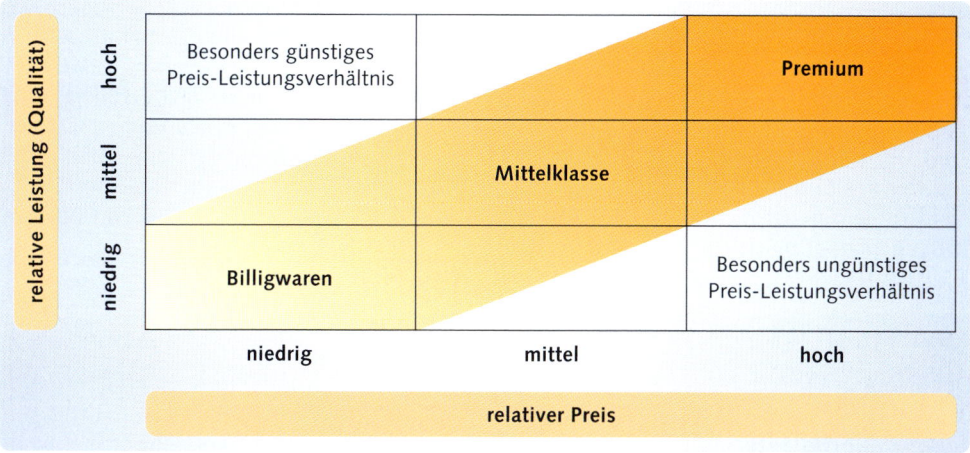

Auf der Diagonalen von links unten nach rechts oben befinden sich Positionierungen mit einem ausgewogenen Verhältnis von Preis und Qualität. Das heißt:

- Hohe Qualität ist mit hohen Preisen („Premiumstrategie"),
- durchschnittliche Qualität mit durchschnittlichen Preisen („Mittelfeldstrategie"),
- niedrige Qualität mit niedrigen Preisen („Billigwarenstrategie" oder „Economy-Strategie") verbunden.

Die Konsistenz von Preis und Leistung ist in vielen Fällen erfolgversprechend – vorausgesetzt, es existieren auf dem Markt Käuferschichten, die ihre Kaufentscheidung jeweils nach den Kriterien hohe Qualität (oberer Markt), ausgeglichene Kombination von Preis und Qualität (mittlerer Markt) oder niedrigster Preis (unterer Markt) treffen.

Es können aber durchaus ungünstige Entwicklungen *(Konkurrenz holt qualitativ auf, die eigenen Kosten und Preise steigen stärker als die der Konkurrenz)* auftreten, die dazu führen, dass das Unternehmen in eine inkonsistente Position gerät. In diesem Fall ist, um wieder ins richtige Lot zu kommen, eine Repositionierung erforderlich.

Unternehmen, die neu in einen Markt eintreten, ihren Marktanteil ausweiten oder Wettbewerber angreifen wollen *(japanische oder koreanische Anbieter)*, entscheiden sich häufig für eine Positionierung, die einen niedrigen Preis mit einer mittleren oder hohen Qualität verbindet („Vorteilsstrategie"). Um diese Strategie allerdings auf Dauer durchhalten zu können, sind Kostenvorteile erforderlich.

> **Beispiel**   Der Lexus des Autoherstellers Toyota bietet den Kunden eine hohe Qualität zu mittleren Preisen und damit einen höheren Nettonutzen, als ein Produkt mit hoher Qualität und hohen Preisen *(Mercedes, AUDI, BMW)*. Der Kunde spart deshalb beim Kauf der gewünschten Qualität Geld. Strahlt der hohe Preis jedoch einen Snob-Appeal aus, der durch den niedrigeren Preis verloren ginge, würde der Kunde, wenn er auf Exklusivität Wert legt, bei dem hochpreisigen Produkt bleiben.

Eine Positionierung auf der Basis überteuerter Produkte im Verhältnis zur Qualität funktioniert allenfalls nur kurzfristig („Jahrmarktstrategie" oder „Übervorteilungsstrategie"). Kennt der Kunde die Angebote der betreffenden Produktkategorie, wird er nicht kaufen. Greift er dennoch aus Zeitnot oder Unkenntnis zu, wird er sich hinterher übervorteilt fühlen und sich vielleicht beschweren oder negativ über das Produkt kommunizieren.

5.1.3   Preispolitik und Marketingmix

Die Preispolitik ist nur ein Element des Marketingmix. Sie darf daher nicht isoliert optimiert werden, sondern ist möglichst wirkungsvoll in diesem Mix einzuordnen. Da der Preis letztlich das Spiegelbild der Produkt- und Serviceleistungen, der Kommunikation und der Position im Distributionskanal ist, verwundert es nicht, dass die Ursache für ein Preisproblem meist nicht im Preis selbst begründet liegt, sondern in Schwächen bei den übrigen Marketinginstrumenten.

Fallbeispiel   Warum ist Aldi so erfolgreich?

Der Erfolg des Discounters Aldi ist nicht allein durch die niedrigen Preise zu erklären. Aldi ist es vielmehr gelungen, ein für die Kunden attraktives Preis-Leistungsverhältnis mit nahezu Kultcharakter aufzubauen. Cool sein und bei Aldi kaufen verträgt sich – nicht zuletzt, weil Aldi ein gewisser Qualitäts-mythos umgibt. Produkte, die in Qualitäts-kontrollen der Stiftung Warentest eine schlechtere Note als „befriedigend" erhal-ten, werden aus dem Sortiment heraus-genommen.

Während sonst im Lebensmittelhandel der Verbraucher durch die Angebotsflut, durch ständig neue Sortimente und häufiges Um-räumen überfordert wird, bietet Aldi Ein-kaufsentlastung. Das Sortiment (ca. 600 – Aldi-Süd- bzw. 750 – Aldi Nord-Artikel) ist überschaubar, übersichtlich und standardisiert. Hinzu kommt eine kundenfreundliche Umtauschregelung. Damit wird das Einkaufen als schneller und problemloser erlebt.

Zusätzlich locken Sonderangebote – mit dem Hinweis auf eine begrenzte Stückzahl – Schnäppchenjäger an. Ein Effekt dieser Politik der Aktionsverkäufe ist, dass fast in sämt-lichen Sparten, in denen noch vor kurzem Fachhändler die größten Warenmengen umsetzten, sich nun Aldi auf einem der vorderen Plätze befindet, so z. B. bei PCs und elektrotechnischen Geräten sowie bei Textilien. So nimmt Aldi bezogen auf den Umsatz inzwischen Platz sieben unter den zehn größten Textilhandelsunternehmen der Bundes-republik ein.

Besonderheiten des Preises

Gegenüber den übrigen Marketinginstrumenten weist der Preis einige Besonderheiten auf, die ihn zu einem wirksamen Instrument zur Steuerung von Absatz, Marktanteil und Gewinn, gleichzeitig aber auch zu einem sehr „gefährlichen" Marketinginstrument machen.

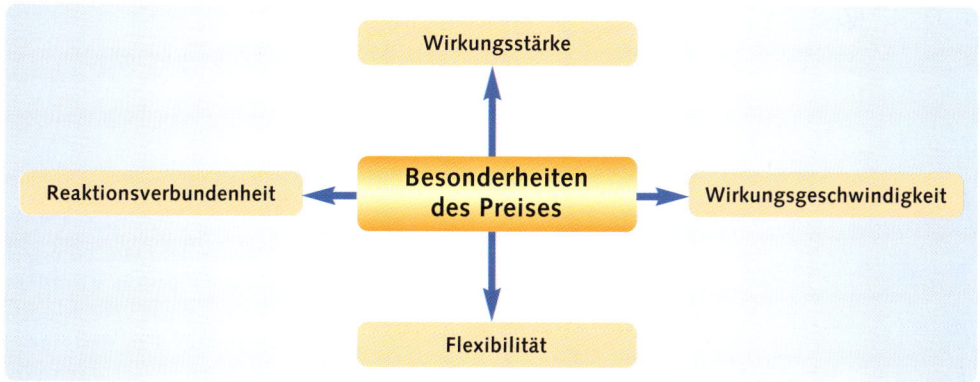

Wirkungsstärke

Preisänderungen rufen **starke** Absatzreaktionen bei den Nachfragern hervor. Empirische Untersuchungen zeigen, dass die Preiselastizität im Durchschnitt 10- bis 20mal so hoch ist wie die Werbeelastizität, d. h. eine Änderung des Preises hat die 10- bis 20fache Wir-kung einer entsprechenden Änderung des Werbebudgets.

Wirkungsgeschwindigkeit

Preisänderungen bewirken bei den Nachfragern auch eine **schnelle** Verhaltensreaktion. Bereits innerhalb weniger Stunden *(Tankstellen)* oder weniger Tage *(Sonderangebote)*, kann es zu erheblichen Absatz- und Marktanteilsveränderungen kommen. Andere Marketinginstrumente, wie z. B. Werbung, wirken dagegen oft erst mit mehrmonatiger zeitlicher Verzögerung.

Flexibilität

Preisänderungen können in der Regel **kurzfristig** umgesetzt werden. Die Änderung einer Preisliste kann innerhalb von Minuten erfolgen – im Gegensatz zu Aktivitäten der Produkt- und Kommunikationspolitik sowie Änderungen der Vertriebskanäle, die meist lange Vorbereitungen und Vorlaufzeiten benötigen.

Reaktionsverbundenheit

Die Kehrseite der Medaille ist, dass auch die **Konkurrenz** genauso schnell mit dem Preis zurückschlagen kann. Zumeist reagiert sie nicht nur schneller, sondern noch viel stärker auf Preismaßnahmen als auf Werbemaßnahmen.

▶ Risiken preispolitischer Aktivitäten

Wegen der oft ungewissen und schwer einschätzbaren Reaktionen der Kunden und der Wettbewerber auf eigene Preisaktivitäten, gehört die **Preispolitik** zu den **schwierigsten** und **risikoreichsten** Marketinginstrumenten. Fehleinschätzungen und „Schnellschüsse" können zu langfristigen und schwer reversiblen **Problemsituationen** *(Preiskämpfe, Gewinneinbrüche)* führen.

Beispiel	**Marktanteil kontra Kostensenkung im Mobilfunkgeschäft**

Die Zeit der Kampfpreise schien eigentlich vorbei. Um Vertriebskosten zu senken, hatten die Mobilfunkbetreiber T-Mobile, Vodafone, E-Plus und O2 die Händlerprämien zurückgefahren. Der Marktführer T-Mobile unternahm den vorerst letzten Vorstoß, die Subventionsspirale zurückzudrehen und kürzte die Händlerprämie bei Abschluss eines Zweijahresvertrages um etwa 40 € auf rund 170 €. Doch Vodafone, E-Plus und O2 zogen nicht mit, sondern hielten an ihren Prämien von 200 € fest, um über preiswertere Handys Marktanteile von T-Mobile zurückzugewinnen.

5.1.4 Organisatorische Komplexität der Preisentscheidung

Preisentscheidungen weisen organisatorisch eine große **Komplexität** auf, weil meist verschiedene **Bereiche** des Unternehmens, mit z.T. erheblich **unterschiedlichen** Auffassungen, über den Preis und sein Zustandekommen beteiligt sind.

Die folgende **Übersicht** verdeutlicht die unterschiedlichen Zielsetzungen.

Unternehmensbereich	Vorstellungen zur Preisbildung
Controlling bzw. Finanz- und Rechnungswesen	Man vertraut typischerweise auf „harte" Kostendaten und akzeptiert eher höhere als niedrige Preise. Ziel sind in erster Linie hohe Deckungsbeiträge.
Marketing	Es setzt dagegen auf „weiche" Marktdaten wie Durchsetzbarkeit des Preises im Markt, Preiselastizität und Verhältnis zu den Konkurrenzpreisen.
Außendienst	Er setzt den Preis als taktisches Instrument ein und bevorzugt einen möglichst großen Spielraum nach unten um beim Kunden schnell zum Abschluss zu kommen. Im Vergleich zum Marketing präferiert er niedrigere Preise. Absatz- oder Umsatzziele stehen meist im Vordergrund.
Unternehmensleitung	Sie hat häufig das letzte Wort bei der Preisentscheidung.

Meist haben die einzelnen Unternehmensbereiche keine vollständigen Informationen über die Gesamtsituation der Preisfindung. Das heißt, das Controlling weiß zum Beispiel wenig über die Wirkung des Preises auf den Absatz, und das Marketing ist nicht ausreichend über den Zusammenhang von Absatzmengen und Kosten informiert. Keiner fühlt sich verantwortlich, alle Einzelaspekte der Preisentscheidung zusammenzuführen. Zielkonflikte bei der Preisfindung sind daher eher der Normalfall.

Zu welchen ernsthaften Problemen eine mangelnde Koordination in der Preisentscheidung führen kann, zeigt folgendes Beispiel (vgl. SIMON / DOLAN, 1997, S. 330):

Beispiel In einem Chemieunternehmen gehörte es zu der Aufgabe des Marketings, den Listenpreis für die Produkte festzusetzen. Der Außendienst hatte die Kompetenz über die Gewährung der Rabatte. Obwohl das Marketing innerhalb von vier Jahren die Listenpreise um 22 Prozent erhöhte, stieg der Erlös nur um 3,5 Prozent. Der Grund lag darin, dass die Verkaufsorganisation auf die höheren Listenpreise mit höheren Rabatten reagierte und sogar neue Rabatte kreierte, um dem Wettbewerbsdruck standzuhalten. Die Geschäftsleitung bemerkte diese Zusammenhänge erst spät und schränkte daraufhin die Entscheidungskompetenz des Außendienstes ein.

Infobox

Preisfindungsteams und Preismanager

Ein professionelles Pricing erfordert, dass die Informationen und Erfahrungen aller an der Preisentscheidung beteiligten Personen bewusst genutzt und koordiniert werden. Zu diesem Zweck können sog. Preisfindungsteams, z. B. in der Konsumgüterindustrie, eingesetzt werden, die sich aus Mitgliedern sämtlicher Funktionsbereiche des Unternehmens zusammensetzen *(Techniker, Vertriebsmitarbeiter, Marktforscher, Produktmanager, Experten aus dem Finanz- und Rechnungswesen und bei Großaufträgen ggf. auch ein Mitglied der Geschäftsführung).*
Bewährt haben sich auch Preismanager z. B. bei Fluggesellschaften, Telekommunikation, Dienstleistungen, Pharmazeutika oder Industriegütern, die die Informationen der verschiedenen Unternehmensseiten koordinieren, über genügend Macht verfügen und ihre eigene Preisempfehlung abgeben. An den Außendienst sollte eher zu wenig, als zu viel Preisentscheidungskompetenz delegiert werden.

5.1.5   Preisentscheidung

Auf Preisentscheidungen hat eine Vielzahl von unternehmensinternen und unternehmens-externen Faktoren Einfluss, deren zukünftige Entwicklung mit erheblichen Unsicherheiten und Risiken behaftet ist.

▶ Planungsschritte der Preisentscheidung

Um **Preisentscheidungen** möglichst zuverlässig **abzusichern**, empfiehlt es sich, das Preis-problem von möglichst vielen Seiten und mit unterschiedlichen Methoden zu beleuchten. Einfache Berechnungsformeln oder Patentrezepte, wie z. B. die Kosten-plus-Preisregel, alleine reichen meist nicht aus.

So ist z. B. die Preispolitik in High-Tech-Märkten besonders riskant, weil die Dynamik dieser Märkte kaum Spielraum zum Ausmerzen von Preisfehlern zulässt.

Folgende **Schritte** sind bei **Preisentscheidungen** zu beachten:

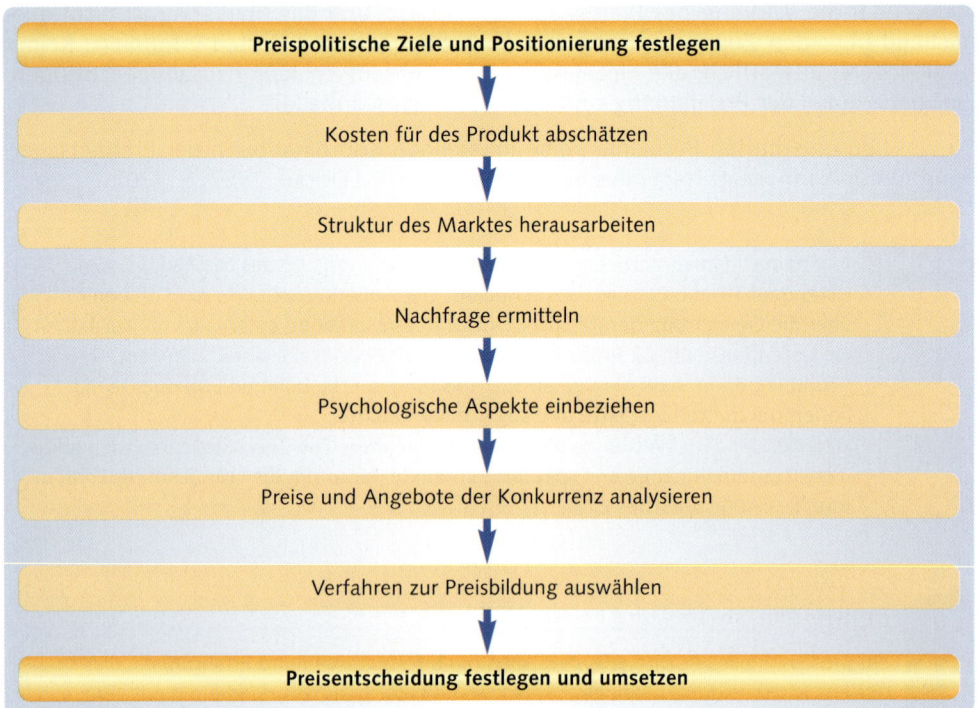

Preispolitische Ziele und Positionierung festlegen

↓

Kosten für des Produkt abschätzen

↓

Struktur des Marktes herausarbeiten

↓

Nachfrage ermitteln

↓

Psychologische Aspekte einbeziehen

↓

Preise und Angebote der Konkurrenz analysieren

↓

Verfahren zur Preisbildung auswählen

↓

Preisentscheidung festlegen und umsetzen

▶ Der preispolitische Spielraum der Unternehmung

Der Preis, den die Unternehmung verlangen wird, liegt zwischen einem Preis, der zu niedrig ist, um überhaupt Gewinne zu erzielen, und einem Preis, der zu hoch ist, als dass eine Nachfrage sich noch entfalten könnte.

Während die **Kosten** des Produkts ein absolutes **Tiefstlimit** (Preisuntergrenze) darstellen, ist die Einschätzung des **Produktwertes** durch die Kaufinteressenten eine absolute **Höchstgrenze** (Preisobergrenze).

Orientierungsrahmen für die eigenen Preise sind außerdem die Preise für konkurrierende und Substitutionsprodukte sowie weitere interne und externe Bestimmungsgrößen, wie Produktionskapazität der Unternehmung, psychologische Faktoren, Marktverhältnisse, staatliche Restriktionen usw.

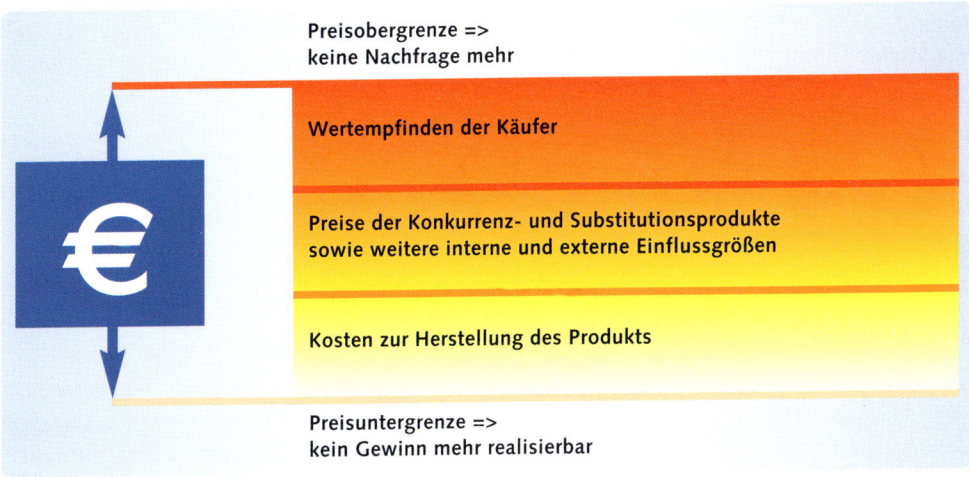

Abb. *Preisrahmen für die Preisfestsetzung bei eigenen Produkten*

5.2 Bestimmungsfaktoren der Preisbildung

Die **Bildung** der **Verkaufspreise** für das unternehmenseigene Leistungsangebot wird durch eine Vielzahl von Faktoren determiniert. Die folgende Abbildung gibt eine Übersicht der wichtigsten Größen, die Einfluss auf die Preisentscheidung haben.

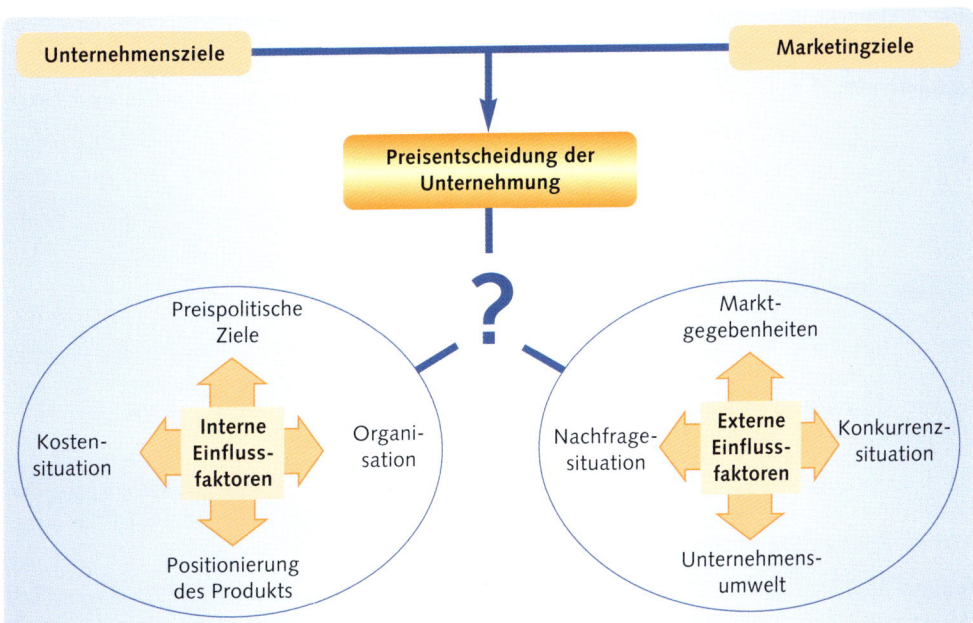

5.2.1 Preispolitische Ziele und Produktpositionierung

Preispolitische Entscheidungen müssen an einem Maßstab, den preispolitischen Zielen, gemessen werden. Preispolitische Ziele können aber nicht autonom festgelegt werden, sondern sind aus den übergeordneten Unternehmens- und Marketingzielen abzuleiten. Ausgehend von dem langfristigen Gewinnziel lassen sich mehr markt- oder mehr betriebsgerichtete preispolitische Ziele betonen (vgl. MEFFERT, BURMANN, KIRCHGEORG, 2008, S. 483).

Beispiel	**Marktgerichtete Ziele der Preispolitik** sind Gewinnung neuer und Bindung bestehender Kunden, Gewinnung von Marktanteilen, Aufbau eines Preisimages *(preiswertester Anbieter im Markt, exklusives Produkt)*, Preiszufriedenheit und Preisvertrauen der Kunden, Ausschaltung der Konkurrenz. **Betriebsgerichtete Ziele der Preispolitik** sind z. B. die Auslastung der Produktionskapazität, Kostensenkung sowie die Sicherung der eigenen Arbeitsplätze.

▬ Zielkonflikte

In die Preissetzung können noch **aktuelle Zielvorstellungen** hineinwirken. Wenn es beispielsweise um das „nackte Überleben" des Unternehmens geht, sind Gewinne weniger wichtig. Die Preise werden gesenkt, in der Hoffnung, dadurch den Absatz anzukurbeln.

Oft stehen Unternehmen auch vor dem Dilemma, sich entscheiden zu müssen, ob sie mit ihrem Produkt einen **kurzfristigen** oder einen **langfristigen Erfolg** anstreben wollen. Bei kurzfristigen Zielen bieten sich eventuell Handlungsmöglichkeiten an, die langfristige Ziele der Unternehmung negativ tangieren. So wäre es zum Beispiel nicht sinnvoll, jede sich kurzfristig bietende Gewinnchance maximal auszunutzen (in Versorgungsengpässen die Käufer „schröpfen" und erhöhte Preise fordern), weil dies langfristig zu nicht optimalen Ergebnissen führen kann, wenn die Abnehmer sich nach Beendigung des Engpasses der Konkurrenz zuwenden.

▬ Zielmarkt und Positionierung für das Leistungsangebot

Sind **Zielmarkt** und **Produktpositionierung** genau festgelegt, lässt sich daraus eine eindeutige Marketingmix-Strategie, einschließlich des Preises, ableiten.

Handelt es sich zum Beispiel um ein Luxusgut mit hohem Imageprofil *(Rolex-Uhren, Mercedes S-Klasse, Haute Couture von Dior)*, impliziert das einen hohen Preis.

Wenden sich Unternehmen dagegen an preisbewusste Kunden *(Hotelkette Ibis, Air Berlin, Fielmann Brillen)*, ist ein eher niedriger Preis erforderlich.

5.2.2 Kosten für das Produkt

Um richtige Preisentscheidungen treffen zu können, müssen die Kosten für das Produkt abgeschätzt und in variable und fixe Kostenbestandteile getrennt werden. Direkt aus den Kosten lässt sich die **Preisuntergrenze** bestimmen. Dies ist der niedrigste Preis, zu dem das Produkt noch angeboten werden kann.

Da das Unternehmen auf Dauer nur überlebensfähig, wenn die Verkaufserlöse sämtliche Kosten decken, das heißt sowohl die variablen, als auch die fixen Kosten, wird die **langfristige Preisuntergrenze** durch die Vollkosten bestimmt.

Anders stellt sich die Situation bei kurzfristiger Betrachtung dar. Speziell in absatzpolitisch schwierigen Fällen oder wenn es darum geht, in Märkte einzudringen und eine starke

Position in erfolgversprechenden Märkten aufzubauen, kann es sinnvoll sein, nicht an den vollen Stückkosten festzuhalten, sondern durch die Umsätze nur die variablen Kosten abzudecken.

Die fixen Kosten werden in diesem Fall nicht berücksichtigt, weil sie kurzfristig nicht abgebaut werden können. Sie belasten das Ergebnis, ob produziert wird oder nicht. Die **kurzfristige Preisuntergrenze** liegt demnach bei den variablen Stückkosten.

5.2.3 Marktformen

Die Möglichkeiten und Gestaltungsspielräume der Preispolitik werden in beträchtlichem Maß durch die Marktform beeinflusst. Aus diesem Grund muss die Unternehmung, bevor sie preispolitische Überlegungen anstellt, zuerst den für sie relevanten Markt bestimmen.

 Einteilung der Märkte

Die Einteilung und Charakterisierung, der in der Realität auftretenden Märkte, kann mit Hilfe der beiden Kriterien „Vollkommenheitsgrad der Märkte" und „Anzahl und relative Größe der Anbieter und Nachfrager im Markt" erfolgen.

Vollkommene und unvollkommene Märkte

Ein **Markt** gilt als **vollkommen**, wenn folgende **Bedingungen** erfüllt sind:

Homogenität der Produkte.	→ Die Produkte sind sachlich gleichartig; aus Sicht der Nachfrager gibt es keine Unterschiede in Qualität, Marke, Verpackung, Aufmachung usw.
Keine persönlichen Präferenzen von Käufern für bestimmte Verkäufer und umgekehrt.	→ Die Käufer haben keine Sympathien für bestimmte Verkäufer. Für die Verkäufer gibt es keine Stammkunden, die bevorzugt behandelt werden.
Keine räumliche Differenzierung zwischen den einzelnen Anbietern bzw. Nachfragern.	→ Anbieter haben keine Standortvorteile. Räumliche Entfernungen und Transportkosten spielen keine Rolle.
Keine zeitliche Differenzierung zwischen den einzelnen Anbietern bzw. Nachfragern.	→ Alle Anbieter bedienen und liefern gleich schnell.
Vollständige Markttransparenz.	→ Sowohl Anbieter als auch Nachfrager sind vollständig über alle Marktvorgänge und Marktbedingungen *(Qualität und Preise der Produkte)* informiert.

Ist nur **eines** dieser Merkmale **nicht** erfüllt, liegt ein **unvollkommener** Markt vor.

In der **Realität** bilden **vollkommene** Märkte eine **Ausnahme** und haben eher hypothetischen Charakter. Börsen *(Waren-, Devisen- und Wertpapierbörsen)* kommen dem Modell am nächsten.

Gezielte Marketingaktivitäten der Unternehmen führen dazu, dass beinahe alle Märkte in der Realität unvollkommen sind. Mit Hilfe von Produktdifferenzierung, Markenauf-

bau, Maßnahmen der Kundenbindung und Werbung lassen sich Kundenpräferenzen aufbauen. Dieser Aspekt hat für das Preismanagement wichtige Konsequenzen: Während auf vollkommenen Märkten keine eigenständige Preispolitik für die Unternehmung möglich ist, besteht auf unvollkommenen Märkten ein mehr oder minder großer Gestaltungsspielraum für die Preissetzung.

Anzahl und Größe der Anbieter und Nachfrager

Auf jeder Marktseite können entweder ein Großer oder wenige Mittlere oder viele Kleine auftreten, so dass sich daraus die neun Möglichkeiten des folgenden **morphologischen Marktformenschemas** ergeben.

Anbieter / Nachfrager	einer	wenige	viele
einer	Bilaterales Monopol	Beschränktes Nachfragemonopol	Nachfragemonopol = Monopson
wenige	Beschränktes (Angebots-)Monopol	Bilaterales Oligopol	Nachfrageoligopol = Oligopson
viele	(Angebots-)Monopol	(Angebots-)Oligopol	(Bilaterales) Polypol

> **Infobox**
>
> Das aufgeführte **Marktformenschema** geht von der Symmetrieannahme aus, das heißt, die Marktteilnehmer einer Marktseite unterscheiden sich nicht oder nur unwesentlich in ihrer Größe. Lässt man auch asymmetrische Größenverteilungen zu, so existieren z. B. neben einem großen Anbieter viele kleine Anbieter (das sog. Teilmonopol) oder neben wenigen mittleren Anbietern viele kleine Konkurrenten (das sog. Teiloligopol). Ihre Berücksichtigung führt zu dem vollständigen Marktformenschema mit 25 Marktformen (vgl. hierzu OTT, 1974, S. 41).

Auf **Konsumgütermärkten** stehen den Unternehmen in den meisten Fällen sehr viele kleine Nachfrager gegenüber. Auf **Investitionsgütermärken** haben es die Anbieter dagegen sehr häufig nur mit wenigen, aber dafür relativ großen Abnehmern zu tun.

▶ Typische Marktstrukturen

Aus der Kombination des Marktformenschemas mit dem System vollkommener und unvollkommener Märkte entsteht eine ganze Reihe von **Markttypen**, von denen die folgenden **vier** eine besondere Relevanz haben:

- vollständige Konkurrenz (= Polypol auf dem vollkommenen Markt),
- monopolistische Konkurrenz (= Polypol auf dem unvollkommenen Markt),
- Oligopol,
- Monopol.

Vollständige Konkurrenz und Monopol können als extreme Ausprägungen von Marktstrukturen aufgefasst werden. Monopolistische Konkurrenz und Oligopol fallen zwischen
die beiden Extremfälle und bilden den Großteil aller heute anzutreffenden Marktformen.

Vollständige Konkurrenz

Ein **Markt** mit **vollständiger Konkurrenz**
(Polypol auf dem vollkommenen Markt,
atomistische Konkurrenz, vollständiger
oder freier Wettbewerb, Wettbewerbs-
oder Konkurrenzmarkt) hat **zwei** charakte-
ristische Eigenschaften.

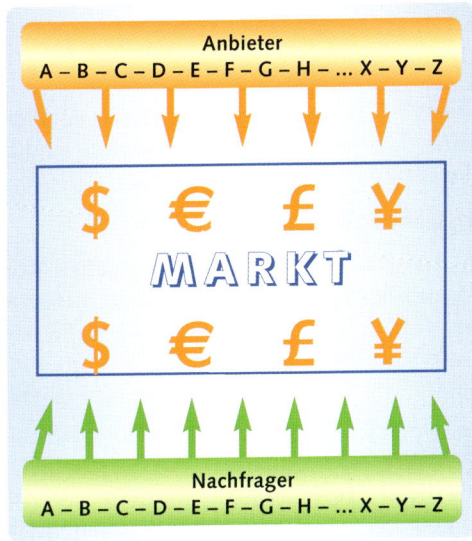

Erstens viele Teilnehmer, d. h. auf diesem
Markt operieren viele Anbieter und Nachfrager, die jeweils nur einen verschwindend
geringen Anteil am gesamten Marktvolumen haben.

Zweites die angebotenen Produkte sind
völlig homogen, d. h. es bestehen keinerlei
Unterschiede in Qualität, Marke, Image,
Service usw.; es existieren keine persönlichen Präferenzen und auch keine Stand-
ort- oder Liefervorteile *(Märkte für Getreide wie z. B. Weizen oder Devisen)*. Da es
keine Basis für eine Differenzierung gibt,
sind die Preise der Wettbewerber identisch.

Abb. *Markt mit vollständiger Konkurrenz*

Jeder Verkäufer betrachtet den **Marktpreis**, der sich aus dem Zusammenspiel von Gesamtangebot und Gesamtnachfrage bildet, als gegeben und nicht strategisch beeinflussbar.

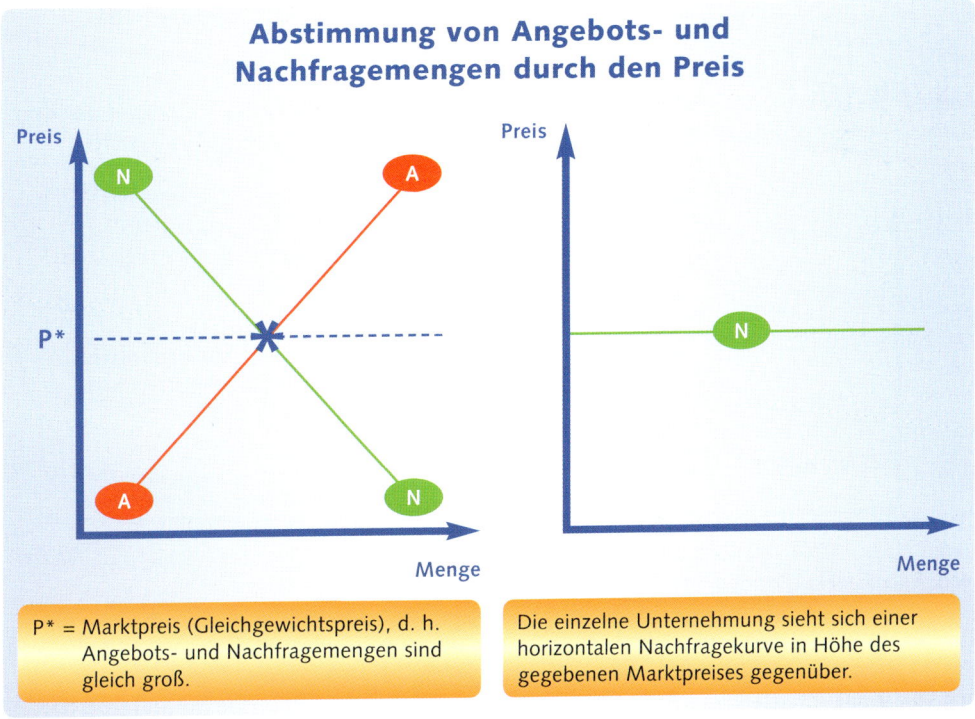

Abstimmung von Angebots- und Nachfragemengen durch den Preis

P* = Marktpreis (Gleichgewichtspreis), d. h.
Angebots- und Nachfragemengen sind
gleich groß.

Die einzelne Unternehmung sieht sich einer
horizontalen Nachfragekurve in Höhe des
gegebenen Marktpreises gegenüber.

Jeder **Anbieter** hat einen so verschwindend **kleinen** Marktanteil, dass er über **keinerlei** Marktmacht verfügt. Deshalb braucht er sich auch keine Gedanken darüber zu machen, wie seine Konkurrenten auf sein Marktverhalten reagieren werden. Verlangt er nur wenig mehr als den gängigen Marktpreis, verliert er alle seine Kunden an die Konkurrenz, denn er bietet den Kunden kein Äquivalent für den höheren Preis.

Andererseits braucht er seinen Kunden auch keine Preisnachlässe oder Sonderangebote zu gewähren, weil er jede beliebiger Menge zum herrschenden Marktpreis verkaufen kann. Aus diesem Grund bezeichnet man ihn als **Mengenanpasser** oder **Preisnehmer**. In Marketingstrategien investiert er weder Zeit noch Geld, weil Marktforschung, Produktentwicklung, Preissetzung, Werbung und Verkaufsförderung keinen oder nur wenig Einfluss haben.

● Monopolistische Konkurrenz

Die Marktform der **monopolistischen Konkurrenz** (Polypol auf dem unvollkommenen Markt) hat große praktische Bedeutung, was die Anzahl der Unternehmen angeht. Wie bei der Marktform der vollständigen Konkurrenz, gibt es viele Anbieter, von denen jeder nur einen kleinen Marktanteil hat. Sie konkurrieren mit ihrem Angebot um die gleiche sehr große Gruppe von Nachfragern (Polypol).

Im Unterschied zur Marktform der vollständigen Konkurrenz, stellt jedoch jede Unternehmung ein Produkt her, das aus der Sicht der Kunden zumindest geringfügig anders ist, als die Angebote der Konkurrenten. Beispielsweise bestehen Unterschiede in Qualität, Marke, Service, freundlicher Bedienung, räumlicher Nähe zu den Kunden oder Lieferzeit (unvollkommener Markt).

> **Beispiel**   Handels- und Handwerksbetriebe: Die Ursache der Produktdifferenzierung liegt hier häufig in Standortvorteilen. So wird ein bestimmter Händler oder Dienstleister *(Lebensmittelgeschäft, Bäcker, Bank, Friseur, Restaurant, Tankstelle etc.)* einfach deshalb bevorzugt, weil er gleich um die Ecke liegt und damit bequemer und zeitsparender zu erreichen ist.

Wegen der Vielzahl der Konkurrenten muss der einzelne Anbieter die Strategien der Konkurrenz nicht besonders beachten, denn für ihn zählt nur das Nachfragerverhalten.

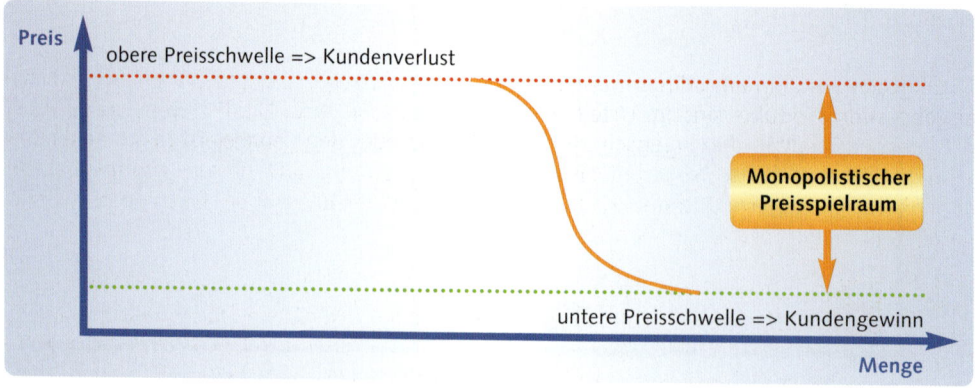

Abb. *Nachfragekurve bei monopolistischer Konkurrenz*

Die **Anbieter** konzentrieren sich auf bestimmte Marktsegmente und bauen mit Hilfe von Produkt- und Markenpolitik, Werbung und Außendienst Präferenzen bei den Kunden auf. Die **Konsumenten** schätzen die Vielfalt und Qualität solcher Produkte und sind bereit, einen höheren Preis zu bezahlen. Je größer die Präferenzen der Kunden und die Bindung an das Unternehmen sind, um so größer ist auch der preispolitische Spielraum des Anbieters.

Innerhalb dieses **monopolistischen Bereiches** kann der Anbieter preispolitisch wie ein Monopolist agieren. Er kann die Preise verändern, ohne Gefahr zu laufen, seine Kunden zu verlieren. Er ist damit Nutzer einer fallenden Nachfragekurve.

Verlässt der Anbieter jedoch seinen monopolistischen Spielraum und hebt den Preis über den oberen Grenz- bzw. Schwellenpreis hinaus an, wandern seine Kunden ab und decken ihren Bedarf bei Konkurrenten.

So wird beispielweise eine Tankstelle vor allem deshalb aufgesucht, weil sie bequem auf dem Weg zur Arbeit liegt. Die leicht höheren Preise werden dafür in Kauf genommen. Ziehen die Preise aber so stark an, dass sie merklich über denen des Konkurrenten liegen, muss die Tankstelle mit kräftigen Umsatzrückgängen rechnen. Die Kunden haben nämlich zahlreiche andere Tankstellen in der Umgebung zur Auswahl, und viele kaufen sofort anderswo ein.

Senkt der Anbieter seinen Preis unter den unteren Grenz- bzw. Schwellenpreis, kommt es bei unverändertem Preisverhalten der Konkurrenten zu einer massiven Abwerbung von Kunden der Konkurrenz. Die meisten Unternehmen scheuen sich aber davor, die untere Preisbarriere zu durchbrechen, weil sie ihre Betriebsgröße erweitern müssten, um die zusätzliche erhebliche Nachfrage zu befriedigen.

Oligopol

Die Marktform des Oligopols kommt in der Realität häufig vor und hat eine große wirtschaftliche Bedeutung. **Kennzeichnend** für ein **Oligopol** ist, dass es nur einige wenige Anbieter mit einem mittelgroßen Marktanteil gibt. Ihnen stehen auf der Marktgegenseite vergleichsweise viele Nachfrager gegenüber. Der einfachste Fall eines Oligopols ist ein Dyopol oder Duopol mit nur zwei Anbietern *(im Flugzeugbau EADS – Airbus und Boeing)*.

In Abhängigkeit vom Vollkommenheitsgrad des betreffenden Marktes lassen sich **zwei Formen des Oligopols** unterscheiden:

1. **Oligopol** auf dem **vollkommenen Markt** (= homogenes Oligopol), das bedeutet die Unternehmungen bieten gleiche oder sehr ähnliche Produkte an.

> **Beispiel** Weltmarkt für Rohöl (einige wenige Länder im Nahen Osten kontrollieren die Ölbestände der Welt), die Märkte für Stahl, Aluminium, Kunststoffe oder Chemikalien.

2. **Oligopol** auf dem **unvollkommenden Markt** (= heterogenes Oligopol**)**, das bedeutet die angebotenen Produkte sind im Urteil der Käufer unterschiedlich. Die Differenzierung kann z. B. bei der Qualität, den Eigenschaften, dem Styling oder den Serviceleistungen ansetzen. Jeder Wettbewerber könnte bei einem dieser Hauptmerkmale eine Führungsposition anstreben, um dadurch Kunden zu gewinnen, die dieses Merkmal bevorzugen und dafür bereit sind einen höheren Preis zu bezahlen.

> **Beispiel** Auf dem Automobilmarkt gibt es nur einige wenige Autohersteller, obwohl diese zahlreiche verschiedene Modelle verkaufen. Dasselbe gilt für den Haushaltsgerätemarkt. Die Läden sind voll von zahlreichen verschiedenen Kühlschrank- und Geschirrspülermodellen, die jedoch von wenigen Herstellern produziert werden. Auch die diversen Zigarettenmarken sind in der Hand einiger großer Zigarettenfirmen. Die Differenzierung der Produkte gelingt hier durch den Aufbau von Marken. Ebenso verhält es sich auf den Märkten für Flugzeuge, Motorräder, Reifen, Computer und Waschmittel.

Ob es sich nun im Einzelfall um 2, 10 oder 15 Anbieter handelt, spielt letztlich keine Rolle. Wichtig ist nur, dass die Anzahl der Verkäufer so gering ist und damit der Anteil des Einzelnen am Gesamtmarkt so hoch, dass sich die Maßnahmen jedes einzelnen Oligopolisten deutlich spürbar auf Absatz und Gewinne aller anderen auswirken.

Deshalb muss jeder Oligopolist bei all seinen Aktionen nicht nur das Verhalten der Nachfrager, sondern zusätzlich die Reaktionen der **Konkurrenz** berücksichtigen. Zwischen den Unternehmungen besteht eine ausgeprägte **Interdependenz** oder wechselseitige Abhängigkeit, wie sie Unternehmungen im Polypol nicht empfinden. Diese Interdependenzsituation erhöht die Komplexität der Preisentscheidungen erheblich.

Wenn z. B. ein Oligopolist seine Preise um 10 % senkt, wird er Kunden der Konkurrenz anlocken, die nun bei ihm kaufen. Da die Konkurrenten einen Großteil ihres Absatzes verlieren, haben sie keine andere Wahl, als entweder ihr Angebot mit zusätzlichen Dienstleistungen und Nutzen zu verbessern oder ebenfalls mit Preissenkungen nachzuziehen. Die Konsequenz ist, dass jeder Anbieter sich eine Preissenkung sehr genau überlegen muss; vor allem, da er nicht sicher sein kann, dass sich nicht aus der ursprünglichen Preissenkung ein ruinöser Preiskampf entwickelt.

> **Beispiel**   In der Luftfahrt kann die Entscheidung einer einzigen Airline, ihre Ticketpreise zu senken, einen Preiskrieg auslösen, der auch zu einer Senkung der Flugpreise aller Konkurrenten führt.

Auch bei einer Preiserhöhung z. B. um 10 % kann der Oligopolist nicht absolut sicher sein, dass die Konkurrenten die Preiserhöhung mitmachen. Lassen sie ihre Preise unverändert, bedeutet das für ihn deutliche Absatz- und Gewinnrückgänge. Will er seine Kunden nicht an die Konkurrenz verlieren, ist er gezwungen, seine Preiserhöhung wieder rückgängig zu machen. Daher muss auch eine Preiserhöhung vom Anbieter gründlich überlegt sein.

Aus dieser Unsicherheit über die Reaktion der Konkurrenten ergeben sich Risiken für denjenigen Anbieter, der mit der Preisänderung beginnt. Dies ist eine Erklärung dafür, dass man auf oligopolistischen Märkten häufig lange Perioden fester Preise beobachten kann, auch wenn sich Kosten und Nachfrage verändern (**Preisstarrheit**). In der Regel sind Konkurrenten für Preissenkungen sensitiver, während sie bei Preiserhöhungen zunächst die Reaktionen der Nachfrager abwarten. Grundsätzlich ist eine preispolitische Maßnahme im Oligopol nur sinnvoll, wenn der agierende Oligopolist nach erfolgter Konkurrenzreaktion besser dasteht als vor der Maßnahme.

Der Wettbewerb zwischen einer geringen Anzahl von Mitbewerbern führt somit ein ganz neues Element in die Wirtschaft ein: Er zwingt die Unternehmen, bei all ihren Planungen die Reaktionen der Mitbewerber mit einzukalkulieren.

Konkurrenzintensität und Kooperationswahrscheinlichkeit

Konkurrenten reagieren sehr wahrscheinlich, wenn ihre Anzahl klein und das Produkt gleich ist und die Kunden über die Angebote gut informiert sind. Da keiner der Oligopolisten irgendeinen Vorsprung vor dem anderen besitzt, ist die Konkurrenzintensität außerordentlich hoch. Diese kann aber durch die Schaffung von Kundenpräferenzen dem eigenen Unternehmen gegenüber gemildert werden.

> **Fallbeispiel**   **„Sind Sie on?" – Ein Stromkonzern wird zur Marke**

Obwohl es sich im Strommarkt um Produkte handelt, die keine Unterschiede aufweisen, ist es einigen Energieversorgern gelungen, durch Markenaufbau Präferenzen gegenüber Abnehmern aufzubauen und damit Spielraum für differenzierte Preise zu schaffen. Eine

der erfolgreichsten Kampagnen war die „On" Kampagne
von E.ON, die zu einer der größten Web-Communities
in Deutschland führte. In der Kampagne, die Ende
2003 gestartet wurde, stand vor allem das Leistungsspektrum des Energieversorgers im Mittelpunkt.

Unter der Überschrift „Wir bei E.ON sind on", präsentierte das Unternehmen acht Mitarbeiterinnen und Mitarbeiter in- und ausländischer Konzerngesellschaften. Sie brachten
in Tageszeitungen, Publikumszeitschriften, Wirtschaftsmagazinen und auf Plakaten
beispielhaft das breite Leistungsspektrum des E.ON-Konzerns zum Ausdruck. Ziel all
dieser Kampagnen war es, den Konzern bei den Verbrauchern als den leistungsfähigen
Energieversorger zu kommunizieren und damit letztlich auch die Akzeptanz der Energie-
nutzer zur eigenen Tarif- und Preisgestaltung zu erlangen.

Eine andere Möglichkeit die Konkurrenz zu vermeiden, ist **Koalitionen** zu bilden.
Dabei ergeben sich vor allem zwei **Kooperationsmöglichkeiten**.

Kooperationsmöglichkeiten bei homogenen Oligopolen	
Anerkennung eines Preisführers	**Direkte Preisabsprachen (Kartelle)**
Ein Anbieter erhöht seine Preise und gibt seinen Konkurrenten damit das Signal zu Preis-erhöhungen ihrerseits. Es ist schwer nachzu-weisen, dass es sich bei solchen Abläufen um eine unerlaubte Zusammenarbeit handelt – die Untenehmen behaupten einfach, dass sie auf ähnliche Marktkräfte reagieren (*„Einläuten"* *einer neuen Preiserhöhung bei Kraftstoffen* *durch einen Anbieter; die anderen folgen* *umgehend*).	Bei einem Kartell wird der Markt wie von einem Monopol beliefert. Abgesehen davon, dass sie verboten sind, hat jeder Oligopolist letztlich nur seinen eigenen Gewinn im Auge, so dass es starke Anreize gibt, aus der Verein-barung auszuscheren und gewissen Kunden günstigere Preise zu gewähren. Da alle so denken und handeln, wird die produzierte und angebotene Gesamtmenge steigen, der Preis sinken und das Kartell zusammenbrechen.

In **heterogenen Oligopolmärkten** dagegen hat die Unternehmung mehr Reaktionsspiel-
raum bei Preisänderungen eines Konkurrenten. Jeder Oligopolist besitzt einen monopolistischen Bereich, in dem er unabhängig von seinen Konkurrenten ist und insoweit frei
schalten und walten kann.

Am Ende können Oligopolmärkte – das hängt von der Zahl der Unternehmungen und
von ihrer Neigung zu kooperativen Verhalten ab – entweder mehr einem Monopolmarkt
oder mehr einem Konkurrenzmarkt ähneln.

Infobox

Die Globalisierung verstärkt den Wettbewerb

Der zunehmende internationale Handel führt dazu, dass viele Unternehmen einem
intensiven Wettbewerb durch ausländische ebenso wie durch inländische Mitbewerber
ausgesetzt sind. Würde jedes Land den Außenhandel zum Beispiel mit Autos unter-
binden, hätte jedes Land ein Oligopol mit nur wenigen Mitgliedern und das Marktergebnis wäre weit entfernt vom Konkurrenzergebnis.
Bei Freihandel jedoch gibt es nur einen Welt-Automobilmarkt und ein Oligopol mit
mehr Mitgliedern und verstärktem Wettbewerb.

Monopol

Ein Unternehmen hält ein **Monopol** oder ist ein Monopolist, wenn es der **Alleinanbieter** eines Produktes ist, für das es keine nahen Substitutionsprodukte (gleiche oder ähnliche Produkte) gibt. Der Monopolist beherrscht den gesamten Markt, es gibt somit keine Konkurrenten.

> **Beispiel** Die Firma Kabel Baden-Württemberg – kurz Kabel BW – betreibt als einziger Anbieter das TV- und Hörfunkkabelnetz in Baden-Württemberg.

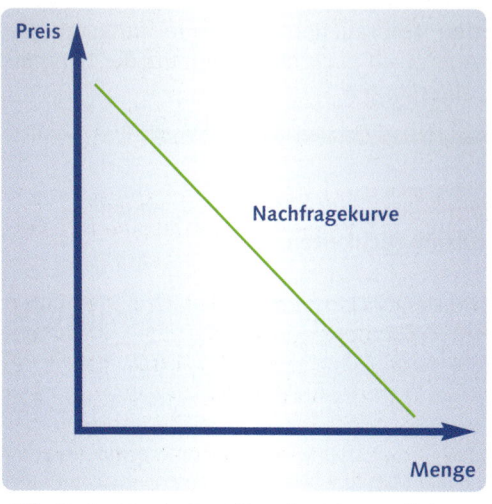

Abb. *Preis-Absatz-Funktion des Monopolisten*

Da ein Monopolist den gesamten Markt versorgt, ist sein Handlungsrahmen die fallende Markt-Nachfragekurve.

Der **Monopolist** ist Preismacher oder Preissetzer, weil er über **Marktmacht** verfügt und daher den Marktpreis seines Produkts entscheidend beeinflussen kann. Im Vergleich zur Unternehmung bei vollständiger Konkurrenz erzielt der Monopolist einen Extragewinn (Monopolrente), denn er kann einen geringeren Output zu einem höheren Preis verkaufen. Auch wird er kaum oder keine Werbung betreiben und nur ein Minimum an Serviceleistungen bieten. Die Nachfrager haben nur die Möglichkeit, die gesetzten Bedingungen zu akzeptieren oder ganz zu verzichten.

Allerdings kann der Monopolist nicht beliebig hohe Gewinne durch beliebig hohe Preise einstreichen. Der Grund liegt im Zusammenhang von Preis und nachgefragter Menge. Hohe Preise vermindern die abgesetzte Menge.

Außerdem konkurrieren Produkte miteinander, die zwar nicht völlig gleichartig sind, aber doch in etwa den gleichen Zwecken dienen *(früheres staatliches Zündholzmonopol)*. In Wohlstands- und Überflussgesellschaften, in denen die Grundbedürfnisse der Konsumenten weitestgehend gedeckt sind, konkurrieren sogar ganz unterschiedliche Produkte *(Einrichtungsgegenstände gegen Urlaubsreisen)* um die Kaufkraft der Konsumenten („totale Substitutionskonkurrenz").

Markteintrittsbarrieren als Monopolursachen

Normalerweise locken hohe Gewinne andere Anbieter auf den Markt. Dadurch wird verhindert, dass Unternehmen langfristig übermäßige Gewinne abschöpfen. Die Folgen sind mehr Wettbewerb, ein erhöhtes Angebot, niedrigere Preise und eine Rentabilität normaler Größenordnung. Offensichtlich muss es aber beim Monopol Faktoren geben, die verhindern, dass neue Unternehmen in der Branche Fuß fassen.

Solche **Markteintrittsbarrieren** sind vor allem das Alleineigentum an einem wichtigen Rohstoff, staatlich legitimierte und geschützte Monopole sowie natürliche Monopole.

– Alleineigentum an einem Schlüsselrohstoff

Theoretisch ist das **Alleineigentum** einer Unternehmung an einem wichtigen Rohstoff der einfachste Weg zum Monopol. In der Praxis entstehen Monopole jedoch sehr selten aus diesem Grund. Die Beispiele *(Ölquelle, Wasserquelle in einer Oase)* sind eher von lokaler oder regionaler Relevanz.

Fallbeispiel **Das Diamantenmonopol von DeBeers**

Die südafrikanische Diamantenfirma DeBeers kontrolliert ungefähr 80 % der Welterzeugung an Diamanten und kann damit das Marktergebnis (Preis und Menge) bestimmen. Genau genommen hat DeBeers ein Teilmonopol mit einigen als Konkurrenten unmaßgeblichen Mitanbietern.

Quelle: De Beers SA

Wie viel Marktmacht DeBeers tatsächlich hat, hängt insbesondere davon ab, ob es nahe Substitute für dieses Produkt gibt. Wenn die Menschen Saphire, Smaragde und Rubine als brauchbare Substitute für Diamanten betrachten und die Industrie genügend technische Alternativen für Diamanten hat, dann verfügt DeBeers über wenig Marktmacht. In diesem Fall würden Preiserhöhungen von DeBeers die Konsumenten veranlassen, auf andere Edelsteine auszuweichen.

Wenn die Konsumenten jedoch andere Edelsteine als sehr verschieden von Diamanten einstufen, dann kann DeBeers den Preis seines Produkts ganz wesentlich gestalten. DeBeers gibt deshalb viel Geld für Werbung („A diamond is forever") aus, damit die Diamanten in den Augen der Konsumenten einzigartig und völlig verschieden von anderen Edelsteinen gelten. Diese Wahrnehmung und Verankerung von Diamanten in der subjektiven Präferenzordnung der Konsumenten verleiht DeBeers größere Marktmacht.

– Staatlich legitimierte Monopole

Häufig entstehen Monopole dadurch, dass der Staat einzelnen Unternehmen eine **Lizenz** bzw. **Genehmigung** erteilt, bestimmte Waren und Dienstleistungen alleine herzustellen und zu verkaufen.

Beispiel **Patentschutz für ein neues Arzneimittel**

Ein Pharmaunternehmen, das ein neues Medikament entwickelt, hat für die Dauer des Patentschutzes das alleinige Recht, die Forschungsergebnisse zu nutzen. Erst mit dem Auslaufen des Patents können andere Anbieter in den gewinnträchtigen Markt eintreten, so dass sich nach und nach der Monopolmarkt zu einem Konkurrenzmarkt wandelt und der Preis sinkt. Neben dem bisherigen Markenartikel des Alleinanbieters treten pharmakologisch äquivalente Generica anderer Hersteller.

Ohne Patentschutz hätte das Pharmaunternehmen keinen wirtschaftlichen Anreiz zu forschen und zu entwickeln. Jede neue Erfindung würde sofort kopiert, so dass das Unternehmen selbst nur wenig daran verdienen könnte.

– Natürliche Monopole

Ein natürliches Monopol liegt dann vor, wenn aufgrund der Produktionstechnologie eine **einzelne** Unternehmung ein bestimmtes Gut für den gesamten Markt zu **niedrigeren** Kosten produzieren kann als zwei oder mehr Unternehmen. Dies ist der Fall, wenn die Bereitstellung des Gutes mit großen Investitionen in ein Infrastrukturnetz verbunden ist und erst mit zunehmender Betriebsgröße die Durchschnittskosten geringer werden.

> **Beispiel**   Erfolgt in einer Stadt die Versorgung mit Trinkwasser nur durch ein Unternehmen, so muss nur ein Leitungsnetz durch die Stadt angelegt werden. Würde die Produktion dagegen auf mehrere Anbieter verteilt, müsste jeder Anbieter in ein eigenes Leitungsnetz investieren und jeweils die hohen Fixkosten aufbringen. Die durchschnittlichen Gesamtkosten von Trinkwasser wären deshalb höher.

Hat ein Unternehmen ein natürliches Monopol, braucht es nicht zu befürchten, dass Newcomer seine Marktmacht gefährden. Die Eintrittskandidaten wissen ja, dass sie unmöglich dieselben niedrigen Kosten wie der Monopolist erreichen können.

Weitere Beispiele für natürliche Monopole sind die Leitungsnetze für Kabel-Fernsehen, Telefon, Gas und elektrischen Strom sowie die Schienennetze für die Bahn. Alles, was dagegen durch die Leitungen fließt, bzw. über die Schienen rollt, gilt als wettbewerbsfähig. Vor der Liberalisierung dieser Branchen war dem Staat die entsprechende Produktion übertragen. Bei der Preisfestsetzung spielten versorgungs- und gesellschaftspolitische Gründe eine wichtige Rolle, um z. B. eine gleichmäßige und flächendeckende Versorgung der Bevölkerung mit existenznotwendigen Gütern zu angemessenen Preisen sicherzustellen.

▬ Übersicht der vier typischen Marktstrukturen

Die folgende Übersicht zeichnet abschließend ein Bild der skizzierten vier typischen Marktstrukturen mit ihren wichtigsten Merkmalen.

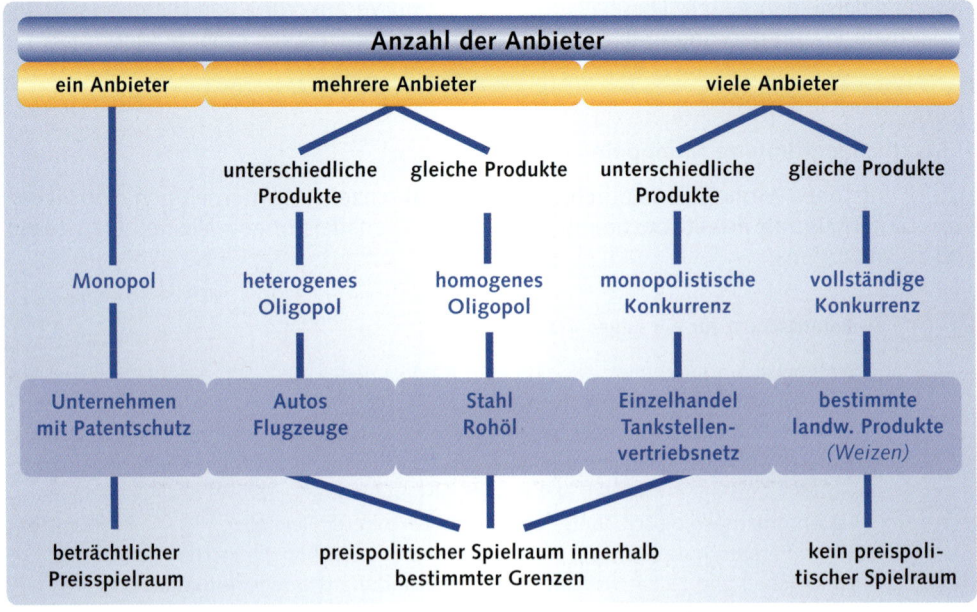

5.2.4   Nachfrage

Nur wenn die Unternehmensleitung weiß, wie die Kunden auf die Preise und Preisänderungen reagieren, kann sie eine rationale Preisentscheidung treffen. **Zentrale** Aufgabe bei der **Preisfindung** ist es daher, die Preis-Absatz-Funktion und die Preiselastizität der Nachfrage zu ermitteln.

▶ Preis-Absatz-Funktion

Die **Preis-Absatz-Funktion** gibt die Beziehung zwischen dem verlangten Preis und der daraus resultierenden Nachfrage wieder. Im **Normalfall** hat die Preis-Absatz-Funktion eine **negative** Neigung. Das bedeutet, dass bei höheren Preisen weniger und bei niedrigeren Preisen mehr gekauft wird.

Bei einem **Höchstpreis** (Prohibitivpreis) besteht gar keine Nachfrage mehr. Ist dagegen die **Sättigungsmenge** erreicht, kann auch bei einem noch so geringen Preis keine Absatzsteigerung mehr erreicht werden.

In der Praxis verlaufen Preis-Absatz-Funktionen häufig nicht linear, sondern weisen „Knicke" auf.

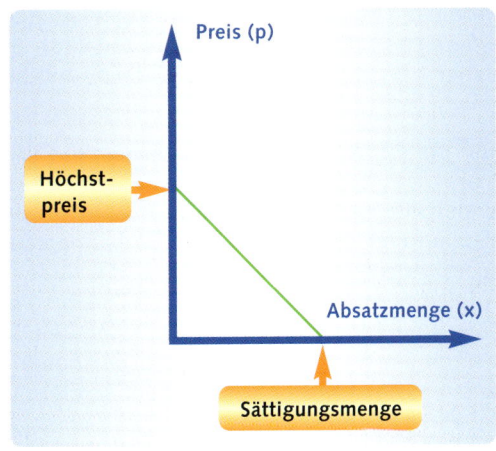

Abb. *Lineare Preis-Absatz-Funktion*

Die **doppelt geknickte Preis-Absatz-Funktion** hat einen steilen (und damit unelastischen) mittleren Abschnitt (= monopolistischer Preisspielraum) und zwei recht flache (und damit unelastische) Randbereiche.

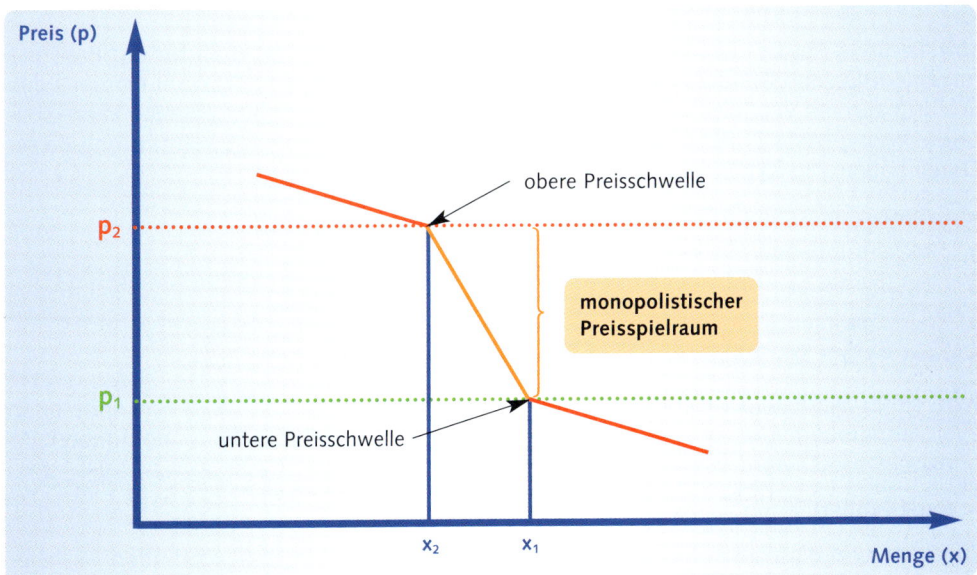

Abb. *Doppelt-geknickte Preis-Absatz-Funktion*

Der **monopolistische Spielraum** ist aus preisstrategischer Sicht besonders relevant, denn er markiert das akquisitorische Potenzial des Unternehmens. Innerhalb dieses Bereiches kann sich der Anbieter unter Konkurrenzbedingungen wie ein Monopolist verhalten, d. h. er kann die Preise bis zur oberen Preisschwelle setzen, ohne dass die Nachfrage wesentlich zurückgeht. Der Preisspielraum ist das Ergebnis gezielter Präferenz- und / oder Segmentierungsstrategien und entsprechender Marketingmaßnahmen *(Werbung, Imageaufbau, Produktqualität, serviceintensive Absatzkanäle usw.)*, mit deren Hilfe bei den Abnehmern Vorzugsstellungen (Präferenzen) aufgebaut wurden. Wird der preispolitische Spielraum verlassen, reagiert die Nachfrage sehr preisempfindlich.

Neben der fallenden Preis-Absatzfunktion (Normalfall) gibt es auch Spezialfälle, bei denen der Zusammenhang zwischen Preis und nachgefragter Menge gleichläufig ist. Bei Produkten mit einem hohen Prestigewert zum Beispiel sehen die Kunden im höheren Preis ein Zeichen für eine exklusivere Qualität. Bei einem höheren Preis kann in diesem Fall daher – bis zu einer gewissen Grenze – mehr abgesetzt werden, anstatt weniger.

Fallbeispiel   **Wie eine falsche Beurteilung der Preisentwicklung zum Desaster führen kann.**

Viele Unternehmen haben nur mangelnde Informationen über die Reaktionen der Kunden auf den Preis. Zu welchen Problemen das führen kann, zeigt das Beispiel eines englisches Mobiltelefonunternehmens, das unbegrenztes kostenloses Telefonieren in der nachfrageschwachen Zeit von 19 bis 7 Uhr einführte. Der Erfolg der Kampagne übertraf sämtliche Erwartungen. In kürzester Zeit konnten über 300.000 neue Kunden hinzu gewonnen werden. Die meisten der neuen Kunden telefonierten jedoch nie tagsüber, wenn sie dafür bezahlen mussten, sondern nur nachts, wenn das Telefonieren kostenlos möglich war. Die Nachtstunden wurden sogar zu den Hauptstoßzeiten. Somit wurde das kostenlose Angebot für das Unternehmen zum wirtschaftlichen Albtraum (vgl. SIMON / DOLAN, 1997, S. 61).

Ermittlung der Preis-Absatzfunktion

Um die Preis-Absatz-Funktion quantifizieren zu können, benötigt man für das Preismanagement Daten über die Absatzmengen bei alternativen Preisen. Obwohl man aus den Erfahrungen mit vergleichbaren Produkten gewisse „Empfehlungen" ableiten kann, sollte die Preis-Absatz-Funktion produktspezifisch analysiert werden. Zur Ermittlung dieser Daten haben sich folgende **Methoden** bewährt:

- Expertenbefragung,
- direkte Kundenbefragung,
- Conjoint Measurement,
- Preisexperimente / Preistests,
- Analyse von Marktdaten.

Jede dieser Methoden weist bestimmte Vor- und Nachteile auf. Keine ist den anderen in allen Situationen vorzuziehen. Deshalb sollten möglichst mehrere Methoden nebeneinander eingesetzt werden, um die Ergebnisse abzusichern.

– Expertenbefragung

Die erste und einfachste Methode ist, mit Hilfe von Experten herauszufinden, welcher Zusammenhang zwischen Preisforderung des Unternehmens und Nachfragemenge der Kunden besteht. Falls möglich, sollten mindestens zehn Experten mit unterschiedlichen Funktionen und aus unterschiedlichen Hierarchieebenen des Unternehmens von einem neutralen Interviewer befragt werden. Die Experten *(Manager, Marketingexperten, Vertriebsleute oder auch Händler)* sollten mit dem Markt bestens vertraut sein und die Kunden sehr gut kennen.

Den **Experten** könnten zur Ermittlung der Preis-Absatzfunktion folgende **Fragen** gestellt werden:

- „Wo setzen Sie die realistische Obergrenze für den Preis und die bei diesem Preis zu erwartende Absatzmenge?"

- „Wo setzen Sie die realistische Untergrenze für den Preis und die bei diesem Preis zu erwartende Absatzmenge?"
- „Wo setzen Sie die erwartete Absatzmenge bei einem mittleren Preis?"

Die – möglicherweise stark voneinander abweichenden – Ergebnisse aus der Befragung werden anschließend in einer gemeinsamen Sitzung aller Experten diskutiert. Wichtig ist, eine Übereinstimmung zu erreichen, denn dies führt zu besseren Ergebnissen als eine einfache Berechnung von Durchschnittswerten aus den einzelnen Schätzungen.

Vorteile: Schnell und kostengünstig durchführbar. Besonders geeignet, wenn für das Unternehmen eine neue Situation eintritt, wie zum Beispiel die Einführung eines neuen Produktes oder der Markteintritt eines Konkurrenten.

Nachteile: Allein angewandt besteht das Risiko gemeinsamer interner Fehleinschätzungen, politischer Urteile und des Wunschdenkens.

– Direkte Kundenbefragung

Eine weitere Möglichkeit die Preis-Absatz-Beziehung zu ermitteln, sind direkte Befragungen der Kunden zu bestimmten Preisen, Preisänderungen oder Preisunterschieden. Zu diesem Zweck werden die Kunden zum Beispiel mit folgenden Fragestellungen konfrontiert:

- Würden Sie das Produkt bei einem Preis von x Euro kaufen?
- Zu welchem Preis würden Sie das Produkt ganz bestimmt kaufen?
- Wie viel wären Sie bereit, für das Produkt maximal zu zahlen?
- Wie viel würden Sie von dem Produkt bei einem Preis von x Euro kaufen?
- Bei welchem Preisunterschied würden Sie von Produkt A zu Produkt B wechseln?

Aus den Antworten der Kunden leitet man dann die Preis-Absatz-Funktion ab.

Vorteile: Einfach, schnell und kostengünstig durchführbar.

Nachteile: Die Aufmerksamkeit der Befragten wird zu stark und zu einseitig auf den Preis gelenkt. In realen Kaufsituationen entscheidet der Kunde aber nie allein aufgrund des Preises, sondern er wägt stets Preis und Nutzen des Produktes gegeneinander ab.

Nicht klar ist, inwieweit man von der verbalen Angabe auf das tatsächliche Kaufverhalten schließen kann. Aufgrund von Prestigeeffekten kann es z. B. zu Verzerrungen bei den Antworten kommen. Die Befragten geben nicht zu, dass sie sich ein teures Produkt nicht leisten können oder nur billige Produkte kaufen. Ihre Preisbereitschaft wird daher zu hoch angegeben.

Wegen dieser Probleme kann die Methode der direkten Preisbefragung, alleine angewendet, zu Fehlentscheidungen führen und ist deshalb nur eingeschränkt geeignet.

– Conjoint Measurement

Die **beste Methode** herauszufinden, wie viel dem Kunden ein Produkt wert ist, bildet das **Conjoint Measurement** (Verbundmessung). Im Unterschied zur direkten Preisbefragung wird der Kunde nicht isoliert zum Preis befragt, sondern er wird mit dem Gesamtangebot (Endprodukt) konfrontiert. Dies kommt einer realen Kaufsituation sehr nahe. Zum Beispiel sind beim Kauf eines Autos außer dem Preis, auch die Marke, Fahrleistung, Kraftstoffverbrauch, Service und Umweltfreundlichkeit relevante Kaufkriterien.

Die dem Kunden zur Beurteilung vorgelegten alternativen Produkt-Preis-Profile dürfen nicht nur positive Produkteigenschaften beinhalten, sondern es müssen positive und negative Eigenschaften enthalten sein. Auf diese Weise wird der Kunde gezwungen, zwischen Vorteilen und Nachteilen bzw. Nutzen und Preis abzuwägen. Das „Weihnachtswunschdenken", das heißt, dass der Kunde jede Produkteigenschaft als wichtig einstuft, wird dadurch verhindert.

Conjoint Measurement kann mit Hilfe des **Computer-Interviewing** durchgeführt werden.

| **Beispiel** | Eine befragte Testperson muss sich zwischen zwei Autoalternativen entscheiden. |

Auto A	Auto B
Preis: 30.000 €	Preis: 40.000 €
Höchstgeschwindigkeit: 190 km / h	Höchstgeschwindigkeit: 240 km / h
Benzinverbrauch: 10 l / 100 km	Benzinverbrauch: 15 l / 100 km

Bevorzugt die befragte Person zum Beispiel Auto B, dann weiß man, dass die höhere Geschwindigkeit den höheren Preis und den Benzinverbrauch kompensiert. Durch weitere Paarvergleiche werden zusätzliche Informationen über die Präferenzstruktur der Testperson gewonnen.

Aus den **Antworten** über **Präferenzen** und **Kaufabsichten** der Befragten lassen sich mit Hilfe eines Computermodells vor allem folgende **Erkenntnisse** ableiten:

- Wie wichtig sind einzelne Produktmerkmale *(Preis, Qualität, Design, technische Ausstattung, Service)* für die Kaufentscheidung? Wie unterscheiden sich die Kunden in ihrer Bewertung dieser Produkteigenschaften?
  Da die Gewichtungen der Produkteigenschaften von Kunde zu Kunde verschieden ausfallen, können diese Informationen auch für die Marktsegmentierung genutzt werden.

- Wie viel sind dem Kunden das Produkt und einzelne Ausprägungen von Produkteigenschaften in Geldeinheiten wert?
  Auf Eigenschaften, auf die der Kunde keinen Wert legt, sollte verzichtet werden.

- Wie viel ist der Kunde bereit, für Leistungsverbesserungen *(schnellere Geschwindigkeit, geringerer Benzinverbrauch oder ein Mehr an Service)* zu bezahlen?
  Nur wenn der Kundennutzen größer ist als die Kosten, sollte die Produkteigenschaft verbessert werden.

- Wie beeinflussen unterschiedliche Preise oder andere Eigenschaften den Gesamtnutzen des Produktangebotes?
  Daraus können die optimalen Ausprägungen für alle Eigenschaften ermittelt werden.

- Welche nutzensteigernden Faktoren sollten im Mittelpunkt der F&E stehen, um den zukünftigen Wert des Produkts zu erhöhen und zukünftige Preise abzusichern?

Vorteile: Realitätsnahe Methode und in den verschiedensten Produktbereichen und Branchen *(Bekleidung, Computer, Autos, Textilmaschinen, Industrieanlagen, Hotels, Informationsservice)* einsetzbar. Mit ihren Einblicken in den Kundennutzen und in das Kundenverhalten kann das Unternehmen bessere Entscheidungen über die Festlegung der Preise, der Positionierung und der Produktpolitik treffen.

Nachteile: Komplexe Methode, die umfassendes Know-how und viel Erfahrung erfordert.

Fallbeispiele Anwendungsmöglichkeiten des Conjoint Measurements

Beispiel 1 Ein französischer Arzneimittelhersteller hat ein neues innovatives Präparat entwickelt und will es zu einem Preis, der geringfügig über dem Preis der Wettbewerber liegt, in den Markt einführen. Zur Überprüfung dieses Preises wird eine Analyse mit Conjoint Measurement durchgeführt. Sie kommt zu dem Ergebnis, dass Ärzte dem neuen Produkt einen viel höheren Wert beimessen als den Konkurrenzprodukten und der dreifache Preis gerechtfertigt ist.

Die Innovation wird deshalb zu diesem höheren Preis eingeführt und erzielt großen Erfolg, obwohl der Preis dreimal höher ist als vom Management ursprünglich geplant. Der Grund für den Markterfolg besteht darin, dass die Ärzte das Produkt nicht mit den vorhandenen Substitutionsprodukten vergleichen, sondern es als eigene „Wertklasse" ansehen. Es wäre ein Fehler gewesen, das Produkt in der Nähe der etablierten Produkte zu positionieren; dem Unternehmen wären große Gewinne entgangen (vgl. SIMON / DOLAN, 1997, 81 f.).

Beispiel 2 Ein Dienstleister ist davon überzeugt, dass er eine bessere Leistung als die Konkurrenz anbietet und will daher Spitzenpreise verlangen. Eine Conjoint Measurement-Analyse legt offen, dass sich die Überlegenheit nur auf Bereiche bezieht, die für die Zielkunden eher einen geringen oder gar keinen Wert haben. In den Kernleistungen dagegen verfügt der Dienstleister über keine Wettbewerbsvorteile. Der eigentliche Nutzen des Produkts liegt somit niedriger als vom Management vermutet. Aus diesen Gründen wird der Preis auf das Niveau der Konkurrenten gesenkt. Das Unternehmen ist mit dieser Strategie sehr erfolgreich und kann seinen Marktanteil ausweiten (vgl. SIMON / DOLAN, 1997, S. 82).

– **Preisexperimente bzw. Preistests**

Eine weitere Methode um Preis-Absatzdaten zu ermitteln, stellen **Preisexperimente** dar. Sie können entweder anhand nachgestellter Kaufsituationen (simulierte Einkäufe im Labor) oder – was eine größere Realitätsnähe aufweist – unter realen Einkaufsbedingungen durchgeführt werden. Testpersonen sind im letzteren Fall ganz normale Kunden, die unter Alltagsbedingungen einkaufen und vom Preisexperiment nichts wissen. Die Kunden werden nicht befragt, sondern ihr tatsächliches Kaufverhalten wird nur beobachtet. Zu diesem Zweck werden die Preise in einem oder mehreren Geschäften variiert und die Auswirkungen auf den Absatz registriert.

Beispiel Für eine Konfitürenmarke werden sieben verschiedene Preise in sieben Geschäften während sieben Wochen überprüft. Für eine Handymarke werden drei Preisstufen in einem Zeitraum von drei Monaten in drei verschiedenen Regionen getestet.

Vorteile: Mit Hilfe der Scanner-Technologie lassen sich die Preiswirkungen kostengünstig und schnell messen. Besonders geeignet im Direktmarketing und im Versandhandel, wo es ohne großen Aufwand möglich ist, unterschiedliche Preise für Teilauflagen eines Kataloges oder einer Versandaktion auszudrucken. Ergeben sich Unterschiede im Verkauf, so sind diese eindeutig den Preisunterschieden zuzuordnen.

Nachteile: Bei manueller Durchführung sind Preisexperimente sehr aufwändig.

– Analyse von Marktdaten

Die Preis-Absatz-Funktion lässt sich auch mit Hilfe von **Vergangenheitsdaten** über Preise und Absatzmengen zu verschiedenen Zeitpunkten (Zeitreihendaten) oder zu verschiedenen Absatzregionen (Querschnittsdaten) ermitteln. Voraussetzung ist allerdings, dass die Preise auch Schwankungen unterworfen waren und dass die Bedingungen der Vergangenheit, z. B. das Verhalten der Nachfrager und der Wettbewerber, auch für die Zukunft gelten. Das Datenmaterial lässt sich gut mit Hilfe von Scannerkassen im Einzelhandel erheben. Weitere Quellen sind Verbandsstatistiken, öffentliche Statistiken und Erhebungen von Marktforschungsinstituten.

Vorteile: Nützlich für eingeführte Produkte.

Nachteile: Prognosen der Preis-Absatzfunktion auf der Basis von Vergangenheitsdaten sind riskant, wenn die Nachfrage- und Konkurrenzbedingungen auf diesem Markt wenig stabil sind.

▶ Preiselastizität der Nachfrage

Manchmal haben **Preisänderungen** einen großen **Einfluss** auf die nachgefragte **Menge** der Käufer (**elastische Nachfrage**), manchmal reagiert die Nachfrage fast gar nicht (**unelastische Nachfrage**).

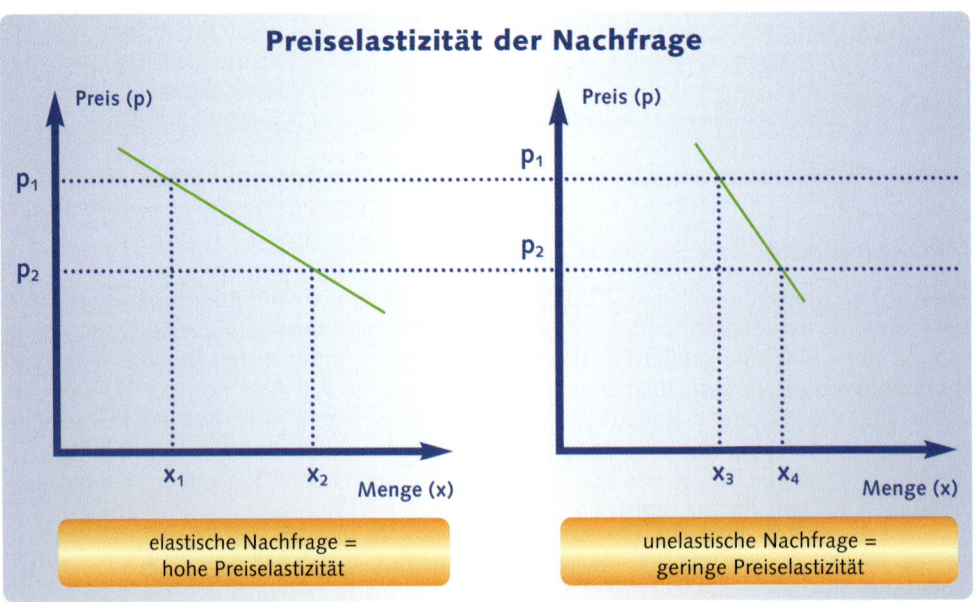

Abb. *Preiselastizität der Nachfrage (vgl. KOTLER / BLIEMEL, 2001, S. 827)*

Um vorab abschätzen zu können, ob sich eine Preisänderung lohnt, ist die **Preiselastizität** der Nachfrage zu ermitteln. Sie misst die **Reaktionsempfindlichkeit** der Nachfrager auf Preisänderungen.

Formel: Preiselastizität eines Produkts =	$\dfrac{\text{Änderung der nachgefragten Menge in \%}}{\text{Preisänderung in \%}}$

Die Preiselastizität gibt Antwort auf die Frage, um wie viel sich die abgesetzte Menge prozentual ändert, wenn die Unternehmung den Preis des Produktes um einen bestimmten Prozentsatz verändert.

Die Preiselastizität nimmt in der Regel negative Werte an, da die Kunden normalerweise auf eine Preiserhöhung (Preissenkung) mit einer Nachfragereduzierung (Nachfragesteigerung) reagieren. Häufig wird aus Vereinfachungsgründen das Minuszeichen weggelassen.

> **Beispiel** Angenommen die Nachfrage nach einem Produkt fällt um 2 % als Folge einer Preiserhöhung von 2 %, dann beträgt die Preiselastizität 2 % : 2 % = 1. Das bedeutet: Was der Anbieter auf der einen Seite an Absatzmenge verliert, kommt auf der anderen Seite über den höheren Preis genau wieder herein. Der Umsatz bleibt daher gleich.

Elastische Nachfrage

Reagiert die **Nachfrage** sehr empfindlich auf Preisänderungen, so liegt eine hohe Preiselastizität der Nachfrage vor (Preiselastizität > eins). Man spricht auch von elastischer Nachfrage.

> **Beispiel** Eine Preiserhöhung von 2 % hat einen merklichen Rückgang der Absatzmenge um 10 % zur Folge. Preiselastizität = 10 % : 2 % = 5.
> Die prozentuale Mengenänderung beträgt somit das Fünffache der sie auslösenden prozentualen Preisänderung.

So ist beispielsweise die Nachfrage nach Apfelsinen eher elastisch, denn dieses Produkt kann bei einer Preiserhöhung leicht durch anderes Obst ersetzt werden; die Notwendigkeit des Konsums ist gering. Auch bei Städtereisen ist die Nachfrage eher elastisch. Sind die Preise hoch, macht man gar nicht oder nur selten eine solche Reise, bei niedrigen Preisen erfreut man sich dagegen häufiger eines Städteausflugs.

Auch die Nachfrage nach einer bestimmten Zigarettenmarke kann bei Preiserhöhungen stärker zurückgehen, weil man die Möglichkeit hat, auf eine andere Marke auszuweichen.

Für das Preismanagement lässt sich daraus der Schluss ziehen: Je elastischer, also empfindlicher, die Nachfrage auf Preisänderungen reagiert, desto eher kommen Preissenkungen bzw. ein niedrigerer Preis in Frage.

Unelastische Nachfrage

Reagiert die **Nachfrage** nicht bzw. nur geringfügig auf Preisänderungen, so liegt eine niedrige Preiselastizität der Nachfrage vor (Preiselastizität < eins). Die Nachfrage wird als unelastisch bezeichnet.

> **Beispiel** Eine Preiserhöhung von 2 % hat eine Verringerung der Absatzmenge von nur 1 % zur Folge.
> Preiselastizität = 1 % : 2 % = 0,5.
> Die prozentuale Mengenänderung beträgt damit lediglich die Hälfte der prozentualen Preisänderung.

Eine eher unelastische Nachfrage findet sich bei Gütern, die notwendig sind und nicht durch andere ersetzt werden können. Bei Salz zum Beispiel werden die Konsumenten auch bei starker Preissteigerung kaum darauf verzichten können. Umgekehrt wird selbst bei merklichen Preissenkungen die Nachfrage nach Salz nicht sonderlich ansteigen. Ein starker Raucher wird seine Nachfrage nach Zigaretten auch bei starken Preiserhöhungen nicht einschränken. Eine absolut unelastische Nachfrage ist bei lebensnotwendigen Medikamenten gegeben, für die es keine Substitute gibt.

Für das **Preismanagement** bedeutet das: Je unelastischer die Nachfrage auf Preisänderungen reagiert, desto mehr profitiert der Anbieter von Preiserhöhungen bzw. einem hohen Preis, da die Absatzmenge nicht in gleichem Maße zurückgeht, wie der Preis steigt.

> **Infobox**
>
> Will man die Preiselastizität ermitteln, so ist es wichtig, dass der Preis die einzige Größe ist, die über den Zeitraum der Messung verändert wird. Ist dies nicht der Fall, sondern wird im gleichen Zeitraum zum Beispiel eine Werbe- und Imagekampagne durchgeführt, kann nicht zweifelsfrei festgestellt werden, auf welcher Maßnahme der Mehrabsatz beruht. So senkte Philips für kleine Zweitfernsehgeräte die Preise und führte gleichzeitig noch eine Werbekampagne durch. Es konnte nicht festgestellt werden, auf welcher Maßnahme nun der Mehrabsatz beruhte (vgl. KOTLER / ARMSTRONG / SAUNDERS / WONG, 2003, S. 783).

Empirische Werte der Preiselastizität

In der Praxis weisen **Preiselastizitäten** eine große Schwankungsbreite auf. Die Werte variieren je nach Produkten, Wettbewerbssituation, einzelnen Kunden und Zeitpunkten. Dazu einige Beispiele (vgl. SIMON / FASSNACHT, 2009, S. 107):

Produktgruppe	Preislastizität
Industriegüter:	
Standardprodukte	2–100
Spezialitäten	0,3–2
Konsumgüter:	
Kurzlebige Konsumgüter	1,5–5
Langlebige Konsumgüter	1,5–3
Arzneimittel – innovative Produkte	0,2–0,7
Arzneimittel – Nachahmerprodukte	0,5–1,5
Freiverkäufliche Arzneimittel	0,5–1,5
Kaffee	5,3
Joghurt	1,2
Personenkraftwagen – Luxussegment	0,7–1,5
Personenkraftwagen – Normalpreissegment	> 1,5
Dienstleistungen:	
Fluggesellschaften	1–5
Eisenbahn	> 1
Telekommunikation (Mobiltelefon) – laufende Gebühr – Grundgebühr	 0,3–1 2–5
Computerservice	0,5–1,5

Obwohl die typische Preiselastizität für kurzlebige Konsumgüter zwischen 2 und 6 liegt, wurde für eine Preissenkung der Zigarettenmarke West von ca. 13 % eine Preiselastizität von über 100 festgestellt. Für verschreibungspflichtige Arzneimittel waren in der Vergangenheit die Preiselastizitäten traditionell gering; durch den Kostendruck im Gesundheitswesen kam es jedoch nach und nach zu einem Anstieg der Elastizitäten.

Während bei industriellen Massengütern zum Teil Elastizitäten von 100 und mehr festgestellt wurden, zeigten sich bei industriellen Spezialitäten extrem niedrige Werte.

Für das Preismanagement stellt sich die Frage, unter welchen Bedingungen die Preiselastizität eher hoch oder niedrig ist. Obwohl keine allgemeingültigen Aussagen möglich sind, lassen sich folgende Tendenzaussagen treffen:

Hohe Preiselastizitäten und damit starke Reaktionen der Nachfrager auf Preisveränderungen sind im allgemeinen unter folgenden Bedingungen zu erwarten:

- Die Produkte sind sehr ähnlich und substituierbar, d. h. es ist leicht Ersatz für sie zu finden, denn sie weisen keine Differenzierung, Einzigartigkeit und Alleinstellung auf.
- Die Produkte sind nicht dringlich oder lebensnotwendig.
- Die Abnehmer haben hohe Preistransparenz, hohes Preisbewusstsein und gute Produktkenntnis.
- Die Kunden haben nur eine geringe Risikowahrnehmung.
- Die Kunden haben kein Markenbewusstsein und keine starke Markenbindung.
- Image, Prestige, Exklusivität spielen kaum eine Rolle.
- Die Produkte sind im Massenmarkt positioniert mit Massenqualität und Massendistribution.
- In der Produktgruppe wird intensive Preiswerbung betrieben.
- Die Produkte sind teuer *(Kaviar)*, so dass bei einer merklichen Preissenkung neue Käufergruppen hinzukommen, die es sich vorher nicht leisten konnten.
- Die Produkte werden häufig gekauft.

Diese **Verallgemeinerungen** stellen jedoch nur eine **grobe** Richtschnur für die Beurteilung von Preiselastizitäten dar. Da es immer Ausnahmen gibt, sind die Preiselastizitäten in jedem Einzelfall zu untersuchen.

5.2.5 Psychologische Aspekte

Die Reaktion der Nachfrager auf Preise wird in einem nicht unerheblichen Maße auch von **psychologischen** Faktoren beeinflusst. Dazu zählen zum Beispiel Preiserlebnisse, Preisinteresse, Preiswahrnehmung und preisorientierte Qualitätsbeurteilung.

 Preiserlebnisse

Preise haben nicht nur einen rationalen, zahlenhaften Charakter, sondern auch eine stark **emotionale** Seite. Die Empfindungen, die vom Preis oder anderen Preisbestandteilen *(Rabatte, Preissysteme, Serviceentgelte usw.)* ausgehen, werden als Preiserlebnisse, Preisgefühle oder Preisemotionen bezeichnet. Ebenso wie der Konsument Preisfreude z. B. an einem Sonderangebot hat, kennt auch jeder Einkaufsleiter das befriedigende Gefühl, wenn er bei einer harten Preisverhandlung erfolgreich gewesen ist. Preiserlebnisse können das Preisimage des Anbieters mit positiven Gefühlen aufladen und Sympathie und Anziehungskraft bewirken.

Die nachfolgende **Übersicht** zeigt einige Beispiele für angenehme und unangenehme Preiserlebnisse (vgl. DILLER, 2008, S. 97 f.):

☺ **Preisfreude** → Beim Kauf eines besonders preisgünstigen oder vorübergehend im Preis herabgesetzten Ware (*„Preisschnäppchen"* *bei Einführungs- oder Jubiläumsangeboten*).

☺ **Preisprestige** → Bei Freunden oder Kollegen über besondere Einkaufserfolge aufgrund günstiger Beschaffungsquellen.

☺ **Preisbelohnung** → Durch tatsächlich erhaltene Preisvorteile für besondere Einkaufsmühen wie der Fahrt zu einem weit entfernten Outlet-Center.

☹ **Preisneid** → Über die Begünstigungen, die andere durch besondere Einkaufsberechtigung (*VIP-Status*) oder Beziehungshandel erhalten.

☹ **Preisärger** → Über nicht mehr erhältliche Sonderangebote, wegen denen der Kunde speziell ein bestimmtes Geschäft aufgesucht hat.

☹ **Preisstress** → Bei preisbezogenen Auseinandersetzungen mit dem Verkaufspersonal bezüglich Preisreklamationen oder fehlerhafter Preisauszeichnung.

Preiserlebnisse können den Kunden durch spezifische Anreize wie außergewöhnliche Preisstellungen, kurzfristige Preisgelegenheiten sowie durch eine preiserlebnisbetonte Kommunikationspolitik *(Preisgegenüberstellung mit drastischen Preisnachlässen, Preisdisplays im Laden, Preis-Events wie Sonderverkäufe)* vermittelt werden.

Geschäfte, die Restposten und Konkurswaren anbieten, vermitteln den anspruchslosen Schnäppchenjägern Preiserlebnisse durch spezifische Anreize wie „teures billig!" und kurzfristigen Preisgelegenheiten. Der Fabrikverkauf von Boss spricht dagegen eher smarte Yuppies und eine modisch anspruchsvolle und preisbewusste Zielgruppe an z. B. durch Preisgegenüberstellungen mit Preisnachlässen.

▶ **Preisinteresse**

Das **Preisinteresse** ist das Bedürfnis des Nachfragers, nach Preisinformationen zu suchen und diese bei den Kaufentscheidungen zu berücksichtigen (vgl. DILLER, 2000, S. 113). Je stärker das Preisinteresse, desto geringer fällt tendenziell auch die Bereitschaft aus, einen höheren Preis zu bezahlen. Zu einem nicht unerheblichen Teil ist das Preisinteresse vom Preismarketing des Handels selbst aktiviert worden, wie die Niedrigpreiskampagnen der großen Elektronikfachmärkte Saturn und Media-Markt zeigten (*„Geiz ist geil"*, *„Bin doch nicht blöd"*).

Die **Motive** für das **Preisinteresse** können ganz unterschiedlich sein (vgl. im Einzelnen DILLER, 2008, S. 109 ff.) wie die folgende Übersicht zeigt.

Konsumentenmotive für das Interesse an Preisen	
Konsumbedürfnisse	Preisgünstige Einkäufe sollen die Versorgung des Haushalts mit Produkten und Dienstleistungen verbessern.
Leistungsmotivation	Preisinteresse wird nicht als belastendes, sondern als persönlich lohnenswertes Verhalten empfunden. Der Verbraucher ist stolz auf seine Preiskenntnisse und sieht es als Spaß und Sport an, Preisunterschiede am Markt auszunutzen (Schnäppchenjäger).

Konsumentenmotive für das Interesse an Preisen	
Soziale Bedürfnisse	Prestigebedürfnisse bei der reichen Bevölkerung, aber auch bei der mittleren sozialen Schicht, die an sozialem Aufstieg interessiert ist, sollen durch Luxus- und Premiummarken befriedigt werden. Verbunden damit sind zum Teil auch narzisstische Bedürfnisse, sich selbst zu beschenken und zu verwöhnen (*„Man gönnt sich ja sonst nichts"*). Andererseits kann die soziale Akzeptanz durch preisinteressiertes Verhalten gesteigert werden, d. h., wenn man wegen seiner Preis-Expertise als „schlauer Fuchs" im Freundes- und Bekanntenkreis geschätzt wird.
Entlastungsstreben	Bequemlichkeitsgründe wie stressbedingte Zeitnot, schwächen das Preisinteresse ab. Bevorzugt wird ein schneller und einfacher Einkauf (*Convenience-Handel bei Tankstellen, Versand- und Internethandel*). So akzeptieren über 90 % der Konsumenten in Tankstellen 30 bis 50 % höhere Preise als im „normalen" Lebensmittelhandel.

Infobox

Drei Verbrauchersegmente nach dem Preisinteresse

DILLER stellte in Studien folgende **drei Verbrauchersegmente** nach dem Preisinteresse fest (vgl. DILLER, 2008, S. 112 ff.):

„Sparer" verfolgen das Ziel, weniger Geld auszugeben, entweder aus Geldnot („Muss-Sparer") oder aus Geiz bzw. Lust am preisorientierten Einkauf („Kann-Sparen").

„Optimierer" („Smart Shopper") sind oft preisachtsamer als die „Sparer" und suchen intensiv nach günstigen Einkaufsquellen für qualitativ hochwertige Marken. Im Mittelpunkt ihrer Preisbeurteilung steht die Preiswürdigkeit, das heißt, sie vergleichen den Preis in Relation zum erwarteten Nutzen des Produktes (Preis-Leistungsverhältnis).

„Tiefpreismeider" wollen Qualitätsrisiken umgehen („Risikobewusster") oder bewusst anderen demonstrieren, dass sie sich Teures leisten können („Hochpreissucher").

Polarisierung des Preisinteresses

In Bezug auf das **Preisinteresse** der Konsumenten lassen sich **zwei** gegenläufige Entwicklungen beobachten.

Der eine Trend geht hin zu einem stärkeren **Preisinteresse**. Dies dokumentiert sich z. B. im zunehmenden Markterfolg von Handelsmarken und preisaggressiven Handelsbetriebsformen *(Discounter, Fabrikverkaufsläden usw.)*. Gründe für diese Entwicklung sind vor allem die aus Verbrauchersicht besseren Informationen über Preise wie z. B. in Form von Preisanzeigen des Handels oder via Internet sowie eine zunehmende Produkterfahrung und damit geringerem Preisrisiko.

Der andere Trend führt zu mehr **Luxuskonsum** und Akzeptanz von **Premium-Produkten**, d. h. Gütern mit besonders hoher Qualität und einem hohen Preisaufschlag. Bei diesen Käufen besteht ein hohes Involvement (Ich-Beteiligung), da z. B. Selbstwertgefühle und Sozialprestige tangiert werden. Außerdem behindert der zunehmende subjektive Zeitstress bestimmter Bevölkerungsschichten das Preisinteresse und macht die Kunden für Convenience-Angebote aufgeschlossen.

Die **Polarisierung** des Preisinteresses bezieht sich nicht nur auf ein gleichzeitiges Wachstum des Hochpreis- und des Niedrigpreissegments, sondern auch auf den einzelnen Verbraucher. Je nach Produktgruppe und Konsumsituation agiert ein und derselbe

Konsument sowohl stark preisinteressiert als auch preisdesinteressiert. Dieser sog. **hybride Konsument** scheut z. B. bei Produkten für den täglichen Bedarf keine Mühen, um auch nur geringe Preisunterschiede auszunutzen, ist aber gleichzeitig relativ preisunempfindlich beim Kauf von Luxusgütern (vgl. hierzu auch MÜLLER, 2001, S. 29–51).

Infobox

Vereinfachte Einkaufsregeln

Das Preisinteresse äußert sich nicht nur in extensiven Kaufentscheidungsprozessen mit aktiven und umfassenden Informationsbemühungen des Konsumenten.
Aufgrund des Entlastungsstrebens kommt es vielfach zu Vereinfachungsstrategien des Preisverhaltens:

- Der Verbraucher verlagert seine Informationsaktivitäten von der Kaufvorbereitungs- in die Kaufdurchführungsphase. Damit wird der Point of Sale (POS) zum wichtigsten Informationspunkt – auch für Preisinformationen.
- Der Verbraucher begnügt sich, besonders beim Kauf von Gütern des kurzfristigen Bedarfs, mit Preisinformationen, die er passiv, d. h. ohne aktive Bemühungen erhalten kann.
- Gekauft wird deshalb, was vom Händler als besonders preisgünstig angepriesen wird.
- Der Verbraucher begnügt sich mit generalisierenden Einkaufsregeln (*größere Packungen sind preiswerter als Kleine; die Qualität von Markenartikeln ist besser als von unmarkierten Waren, deshalb ist ein höherer Preis gerechtfertigt; Handelsmarken sind billiger als Herstellermarken*).

▶ **Preiswahrnehmung**

Aufgrund der Vielzahl der Angebote und Preise ist der Konsument rasch überfordert, will er vollständig rational urteilen. Er wird daher die Preise – bewusst oder unbewusst – nach vereinfachenden Regeln wahrnehmen. Für eine wirkungsvolle Preispolitik ist die Kenntnis sogenannter **Preiswahrnehmungseffekte** besonders wichtig.

■ **Preisschwelleneffekt**

Der Kunde orientiert sich nicht an exakten Preisen, sondern greift auf einige wenige **Preisstufen** im Sinne von z. B. „teuer" / „normal" / „billig" zurück. An den Schnittstellen dieser Kategorien entstehen sog. **Preisschwellen**, bei denen sich die Preisbewertung sprunghaft verändert.
Überschreitet der Preis absolute **Preisobergrenzen,** kauft der Kunde nicht, weil einfach sein Budget für die Produktgruppe überschritten wird.

Unterschreitet der Preis absolute **Preisuntergrenzen**, kauft der Kunde ebenfalls nicht mehr, weil aufgrund der extrem niedrigen Preise Zweifel an der Qualität aufkommen und er ein Kaufrisiko empfindet.

Starke **Preisschwellen** dürften vermutlich bei glatten Preisen (volle € bzw. 10 € bzw. 100 €) liegen. Schwache Preisschwellen bei halben (0,5 Euro) oder anderen runden Preisen (0,80 €). Anbieter setzen daher bevorzugt ihre Preise knapp unter diese Preisschwellen. (vgl. DILLER / BRIELMAIER, 1996).

Psychologie bei Preiserhöhungen

Preisschwellen spielen vor allem für Preiserhöhungen eine wichtige Rolle. Oft fürchten nämlich die Anbieter, dass es bei Überschreitung der Preisschwellen zu einem überproportionalen Absatzrückgang kommt. Aus diesem Grund wird nicht der Preis geändert, sondern einfach die Verpackung verkleinert wie z. B. bei Fruchtsäften. Oder es wird die Zahl der enthaltenen Produkteinheiten verringert wie dies bei der Zahl der Zigaretten pro Packung geschah. Auch die Telefongebühren werden durch Verkürzung des Zeittaktes „erhöht".

Solche Maßnahmen können allerdings auch unerwünschte Publicity hervorrufen, wie im Falle der Firma Montblanc, die den Preis für Minen zwar konstant hielt, die Minen jedoch verkürzte und das fehlende Stück durch einen Plastikaufsatz ersetzte.

Preisrundungseffekt

Viele Anbieter, besonders im Lebensmittelhandel, vertreten die Auffassung, dass ihre Preise nicht auf volle Euro- oder 10-Cent-Beträge (runde Preise) enden sollten. Gängig sind vielmehr gebrochene Preise *(0,99 €, 99 € usw.)*.

So weisen nach einer Auswertung der GfK die zehn im Lebensmitteleinzelhandel am häufigsten eingescannten Preise alle die Endziffer 9 auf (= 73,2 % aller verkauften Artikel).

Für diese **Preistaktik** werden u. a. folgende **Gründe** angeführt:

- Bei einem Preis von z. B. 599 € ordnet der Kunde ihn eher dem 500 € Bereich als dem 600 € Bereich zu.
- Der Anbieter vermittelt den Eindruck, bei seiner Kalkulation alles herausgeholt zu haben, um dem Kunden ein besonders günstiges Angebot zu unterbreiten.

Ob gebrochene Preise tatsächlich eine absatzfördernde Wirkung haben, ist umstritten. So fanden DILLER und BRIELMEIER in einer Studie im Drogeriewarenmarkt heraus, dass knapp zwei Drittel der Befragten runde Preise lieber haben und der Aussage widersprechen, dass gebrochene Preise knapper kalkuliert seien. Drei Viertel der Befragten fanden runde Preise sogar ehrlicher (vgl. DILLER / BRIELMAIER, 1996, S. 695–710). Außerdem besteht bei gebrochenen Preisen die Gefahr, dass der Käufer eine mindere Qualität vermutet.

Eckartikeleffekt

Aus Vereinfachungsgründen achtet der Kunde, speziell wenn es um die Wahl der Einkaufsstätte geht, nicht auf alle bei einem Einkauf relevanten Preise, sondern beschränkt sich nur auf bestimmte Preise. Einzelhändler greifen deshalb diese selektive Preiswahrnehmung auf und stellen in ihrer Preiswerbung bestimmte Eck- und Schlüsselartikel als besonders günstig heraus. Sie werden mit unterdurchschnittlichen Kalkulationsaufschlägen versehen und häufig in Preisaktionen angeboten.

Eckartikel im Konsumgüterbereich, die für das Preisimage vermutlich eine überdurchschnittliche Bedeutung haben, sind einerseits führende Markenartikel und andererseits standardisierte Waren des täglichen Bedarfs *(Butter, Milch, Mehl usw.)*. Sie werden von vielen Geschäften angeboten und sind daher von den Konsumenten gut vergleichbar. Darüber hinaus werden sie von den Konsumenten häufig gekauft oder stoßen aufgrund ihrer absoluten Preishöhe auf besonderes Preisinteresse.

Beispiel

Markenprodukt als Eckartikel   Standardprodukte als Eckartikel

Preisfärbungseffekt

Auch die Preisoptik kann den Angebotspreis in ein günstigeres Licht rücken. Allein schon die Kennzeichnung als Sonderangebot kann den Absatz stimulieren, ohne dass tatsächlich eine Preisreduktion vorliegt. Allerdings dürfte dieser nicht ungebräuchliche „Trick" auf Dauer die Glaubwürdigkeit, das Vertrauen und das Image des Einzelhändlers beeinträchtigen.

Weitere **Möglichkeiten** für die optische **Herausstellung** von **Preisen**, um den Kunden Preisgünstigkeit zu suggerieren, sind:

Preisbrechersymbole	→ Blitze, Sterne, Fäuste, rote Preisschilder.
Sprachliche Etikettierung	→ Kennzeichnung als „Sonderangebot", „Fabrikpreis", „Gelegenheit", „Knüllerpreis", „Selbstkostenpreis".
Optische Aufmachung	→ Schriftgröße (eine um mehr als 10 % verbesserte Preisbeurteilung wurde allein aufgrund einer veränderten Schriftgröße festgestellt), plakative Aufmachung, Platzierung der Preisangabe.
Preisurteil des Verkäufers	→ Preislobende Worte des Verkäufers in Verkaufsgesprächen können das Preisempfinden beeinflussen.
Platzierung im Verkaufsraum	→ Zweitplatzierung und Sonderplatzierung. Zum Teil reichen bereits Sonderplatzierungen für eine günstige Preisanmutung aus, weil der Konsument gelernt hat, dass sonderplatzierte Artikel preisreduziert sind.

Preisfärbungseffekte

Preisverankerungseffekte

Die Reaktion des Kunden auf einen Preis hängt nicht nur von der absoluten Höhe des Preises ab, sondern auch von der Differenz zu einem Preisanker, der als Referenzgröße dient. Einfluss auf diesen **Referenzpreis** haben frühere und aktuelle Preiserfahrungen *(früher bezahlte Preise, Preise der Konkurrenzprodukte, Preisimage des Anbieters)*, in der Zukunft erwartete Preise – besonders in dynamischen Märkten wie Computer, Unterhaltungselektronik usw. – und die jeweiligen situativen Gegebenheiten des *Kaufs (Preisoptik, Zeitdruck, finanzielle Situation des Käufers)*.

Beispiele
- Handelsgeschäfte platzieren ihre Eigenmarken direkt im Regal neben teureren Markenartikeln („Preisplatzierungseffekt"), um auf diese Weise beim Kunden den Eindruck zu erwecken, dass ihre Produkte in die gleiche Klasse fallen
  → siehe folgende Abbildung Bild „A".
- Durchgestrichene Preise, d. h. (angeblich) früher übliche Preise, die vom aktuellen Preis unterschritten werden, sollen beim Kunden eine Preisgelegenheit signalisieren („Preisgegenüberstellungseffekt")
  → siehe folgende Abbildung Bild „B".
- Der gleiche Effekt soll erzeugt werden, wenn der Handel neben dem eigenen Angebotspreis hohe Preisempfehlungen des Herstellers („Mondpreise") oder hohe Preise der Konkurrenten stellt
  → siehe folgende Abbildung Bild „C".
- Bei höherpreisigen Produkten wie Notebooks, hat die Angabe der absoluten Preissenkung günstigere Effekte („Preisauslobungseffekt"). Bei niedrigpreisigen Produkten wie z. B. CD-Rohlingen empfiehlt es sich eher mit einer prozentualen Preissenkung zu werben; nur wenn es sich um eine relativ große Preissenkung handelt, kann auch die Angabe der absoluten Preisabsenkung zu positiven Anmutungen führen.

▶ Preisorientierte Qualitätsbeurteilung

Für viele Kunden zeigt der Preis die Produktqualität an – nach dem Motto „was nichts kostet, ist auch nichts wert". Eine derartige preisabhängige Qualitätsbeurteilung braucht nicht irrational zu sein, sondern sie dient als vereinfachte Entscheidungsregel. Aufgrund der Vielfalt des Produktangebotes ist der Kunde aus Kompetenz-, Zeit- oder Kostengründen nämlich häufig nicht in der Lage, sich ein zutreffendes Urteil über die Qualität sämtlicher Produktalternativen zu verschaffen.

Er glaubt daher, durch die Wahl höherpreisiger Produkte auf „Nummer sicher" zu gehen und das Qualitätsrisiko zu reduzieren.

Die **preisabhängige Qualitätsbeurteilung** wird vor allem dann wirksam, wenn:

- andere Qualitätsindikatoren *(Markenname, Herstellerfirma, das anbietende Geschäft)* fehlen,
- keine Produkterfahrungen und Produktinformationen vorliegen *(erstmaliger Kauf, neue Produkte)*,
- die objektive Qualität schwer abzuschätzen ist *(technisch komplexe Produkte)*,
- größere Qualitätsunterschiede vermutet werden,
- der Preis selbst ein wichtiges Produktattribut darstellt *(Snob-Effekt, Produkte mit sozialem Risiko wie Modeartikel, Bekleidung)*,
- situative Faktoren *(Zeitdruck beim Einkauf, Vertrauen in den Anbieter der Preisinformation)* oder
- personenbezogene Faktoren *(Wunsch nach bequemem und schnellem Einkauf, mangelhaftes Selbstvertrauen)*

von Bedeutung sind (vgl. SIMON / FASSNACHT, 2009, S. 172 f.).

Sobald Lernprozesse, Erfahrungen usw. auftreten, verliert der Preis in der Qualitätsein-schätzung an Bedeutung.

> **Beispiel** Der Markterfolg der Discounter zeigt, dass die Verbraucher zunehmend qualitäts-erfahren sind und deshalb heute weniger stark zur preisorientierten Qualitäts-beurteilung neigen, wie noch in den 1960er und 1970er Jahren. Der deutsche Konsument hat seine Skepsis gegenüber der unteren Preislage deutlich abgebaut und kauft dort in bestimmten Warengruppen unabhängig von sozialer Schicht, Lebensstil und Soziodemographie sogar bevorzugt ein. Allerdings geht er davon aus bzw. wird durch Warentests bestätigt, dass er zumindest mittlere oder gar hohe Qualität erhält (bei Aldi werden selbst Champagner und hochwertige Bordeauxweine zu relativ günstigen Preisen angeboten).

▶ Snob-Effekt

Bestimmte Verbraucher bevorzugen höherpreisige Produkte deshalb, weil sie damit einen höheren **Prestigenutzen** verbinden. Dabei handelt es sich um Produkte, die stark auf das Ego des Käufers einwirken bzw. deren Gebrauch und Darbietung mit sozialem Risiko ver-bunden ist *(Parfüms, Luxus-Autos, Bekleidung, Kosmetika, Sektmarken für Bewirtungs-oder Geschenkzwecke)*. Der Preis wird hier zu einem wichtigen **Qualitätsmerkmal** des Produktes, d. h. er bestimmt den Wert des Produktes als Status- oder Prestigesymbol. Der „Snob" wird daher trotz fallender Preise weniger kaufen, weil er sich sonst in seiner Exklusivität beeinträchtigt sieht.

> **Fallbeispiel**   **Edeluhren – verärgerte Kunden wegen gelockerter Limitierung**

Der Schweizer Uhrenmacher Audemars Piguet hat zum Segelwettbewerb America's Cup die Segeluhr „Royal Oak Offshore Alinghi" in einer limitierten Auflage von nur 750 Exemplaren zu einem Stückpreis von 22.900 € angeboten. Da die Nachfrage so groß war, entschloss man sich kurzerhand, die Limitierung zu lockern und anstelle der ver-sprochenen 750 nun 1.000 Stück anzubieten. Die bisherigen Käufer wurden in einem Schreiben gebeten, das ursprüngliche Zertifikat zu vernichten, in dem eine Auflage von 750 Stück garantiert wurde. Dem Brief wurde eine neue Bescheinigung beigelegt, nach der die Edition 1.000 Stück umfasste. Daraufhin forderten mehrere Sammler ihr Geld zurück und drohten gar mit Klage. Erst als andere Schweizer Hersteller aus Sorge um die Reputation der Branche Druck machten, lenkte der Edeluhrenmacher ein. Um die Kunden nicht zu verärgern, wurden die falsch zertifizierten Uhren auf Wunsch wieder zurück-genommen.

5.2.6   Wettbewerber

Preisentscheidungen werden auch durch die **Preise** der **Konkurrenten** beeinflusst. Das Unternehmen muss genau Bescheid wissen, wie Kaufinteressenten Preise und Qualitäts-merkmale der Konkurrenzprodukte beurteilen. Dazu befragt man z. B. Testkunden, beschafft Preislisten der Konkurrenz, kauft deren Produkte und zerlegt und analysiert sie genau.

> **Beispiel**   Im Einzelhandel ist es üblich den Mitbewerber durch den sogenannten „C-Gang"
> (= Konkurrenzgang) kontinuierlich zu beobachten. Besonders der Vergleich mit
> den eigenen Preisen spielt eine wichtige Rolle.
> Fachgeschäfte aus der Unterhaltungselektronikbranche, die in ihrer Nähe einen
> oder mehrere der großen Elektronikketten zum Konkurrenten haben, sind – um
> wettbewerbsfähig bleiben zu können – oftmals gezwungen sich preislich an den
> Angeboten der großen Märkte zu orientieren.

Wichtig darüber hinaus sind **Informationen** über **Kosten** und Kostenstruktur der **Konkurrenz**, um feststellen zu können, ob das eigene Unternehmen Kostenvorteile oder -nachteile besitzt. Außerdem sind die möglichen Reaktionen der Konkurrenz auf eigene Preisänderungsschritte einzuschätzen. Das Wissen sollte gegenwärtige und potenzielle Konkurrenten einschließen. Diese **Informationen** können dann für die eigene **Preisgestaltung** genutzt werden und zu folgendem **Ergebnis** führen:

- Ist das eigene Produkt dem Konkurrenzprodukt überlegen z. B. aufgrund einer Innovation oder besserer Qualität, sollte ein höherer Preis verlangt werden.
- Ist das eigene Produkt dem Konkurrenzprodukt sehr ähnlich, darf es nicht wesentlich teurer sein.
- Ist das eigene Produkt dem Konkurrenzprodukt unterlegen, lässt sich vermutlich nicht derselbe Preis wie ihn die Konkurrenz fordert, durchsetzen.

Die Unternehmung muss sich auch darüber im Klaren sein, dass eine Strategie hoher Preise bei hohen Gewinnspannen Nachahmer anlockt. Eine Strategie niedriger Preise bei niedrigen Gewinnspannen kann dagegen Konkurrenten vom Markteintritt fernhalten oder zur Aufgabe der Aktivitäten veranlassen.

5.3   Methoden der Preisbildung in der Praxis

Die verschiedenen Möglichkeiten der Preisbildung und- findung in der Praxis lassen sich vereinfacht in die in der folgenden Abbildung dargestellten Gruppen unterteilen.

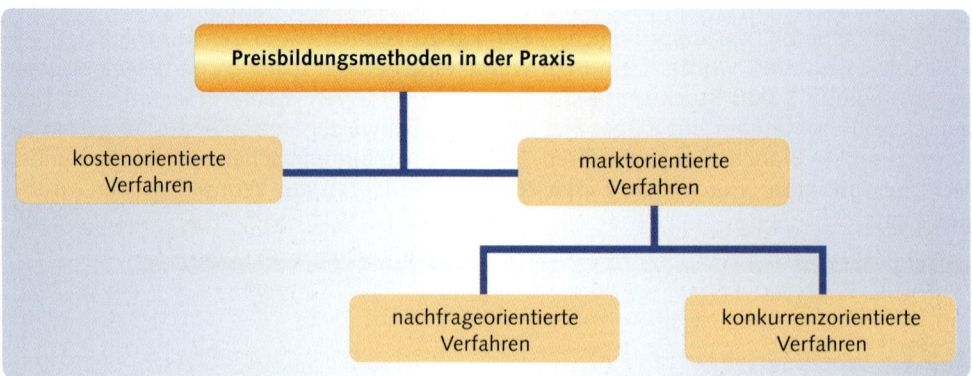

Während **kostenorientierte** Verfahren die Preise auf der Basis von Kosteninformationen treffen, stellen **marktorientierte** Verfahren vor allem auf Reaktionen der Marktteilnehmer ab. Ausgangspunkt der Überlegungen sind die am Markt wahrscheinlich zu erzielenden Preise. In Form einer Rückrechnung werden dann die Auswirkungen unterschiedlicher Preisforderungen auf ihre Erfolgswirkungen überprüft.

Da alle Verfahren bestimmte Vor- und Nachteile besitzen, die situationsabhängig von mehr oder minder großem Gewicht sind, lässt sich keines generell als optimal empfehlen. Sie schließen sich auch nicht gegenseitig aus, sondern ergänzen sich, so dass es durchaus sinnvoll ist, gleichzeitig auf mehrere Analysemethoden zurückzugreifen. Nachfolgend werden einige wichtige **Verfahren** der **Praxis** vorgestellt.

Infobox

Beitrag der Mikroökonomie zur Preisforschung

Die Theorie (Mikroökonomie) beschäftigt sich intensiv mit der Preisbildung und Preisfindung. Obwohl sie wertvolle theoretische Erkenntnisse liefert, spielen diese Überlegungen und Erkenntnisse in der Unternehmenspraxis, wegen ihrer Komplexität und ihres stark auf idealtypische Modelle abgestimmten Charakters und der damit weitgehend fehlenden Umsetzbarkeit in konkretes unternehmerisches Handeln, kaum eine Rolle.

5.3.1 Kostenorientierte Verfahren der Preisbildung

Eine der am meisten praktizierten Methoden der Preisfindung ist das **Cost-plus-Pricing**. Die Vorgehensweise dieses Verfahrens zur Ermittlung des Verkaufspreises ist relativ einfach. Auf die vorkalkulierten (bzw. ermittelten) Stück- oder Selbstkosten eines Produktes kommt ein prozentualer Gewinnzuschlag. Somit gilt:

$$\text{Verkaufspreis} = \text{Stückkosten} \left(\frac{1 + \text{Gewinnzuschlag}}{100} \right)$$

Die prozentualen Aufschlagsätze beruhen auf der jeweiligen Branchentradition, individueller Erfahrung oder aus der Praxis entnommenen Faustregeln.

Beispiel In einem Restaurant beträgt der Aufschlag bei Speisen etwa das Dreifache, bei Bier das Vierfache und bei Spirituosen das Sechsfache der direkten Kosten.

Infobox

Wie hoch sind die Aufschlagsätze?

Die Aufschläge sind überdurchschnittlich hoch bei saisonalen Produkten, um sich gegen das Risiko abzusichern, die Ware nicht verkaufen zu können; ebenso bei selten gekauften Produkten mit einem geringen Warenumschlag; bei Spezialerzeugnissen; bei Produkten mit einem absolut niedrigeren Preis; bei Artikeln mit hohen Lagerkosten und bei weniger nachfrageelastischen Produkten.
Für Produkte mit besonders starker Preiswahrnehmung seitens der Verbraucher (*„politische" Produkte wie Brot, Milch, Butter*) sind die Aufschlagsätze dagegen sehr niedrig.

Die Preisforderung soll die Kosten, die durch das Produkt verursacht werden, schnell wieder einspielen und darüber hinaus für das Unternehmen einen Gewinn erwirtschaften, um damit langfristig die Existenz des Unternehmens zu sichern.

Preisbestimmung nach der Vollkostenrechnung

Bei einer **Preiskalkulation** auf Vollkostenbasis müssen die gesamten Kosten durch den Verkaufspreis gedeckt werden.

Rechenbeispiel Für die Festlegung eines Produktpreises stehen folgende Angaben zur Verfügung:

- variable Kosten / Stück: 10,00 €
- Fixkosten: 200.000,00 €
- erwarteter Absatz: 10.000 Stück
- Gewinnzuschlag: 100 %

Lösung:

1. Schritt → **Berechnung der Stückkosten**
Stückkosten = variable Kosten + anteilige Fixkosten
Rechnung: 10,00 € / Stück + 20,00 € / Stück = 30,00 € / Stück

2. Schritt → **Berechnung des Verkaufspreises**
Der Verkaufspreis ergibt sich aus den Gesamtstückkosten plus einem vorher bestimmten Gewinnzuschlag

$$\text{Verkaufspreis} = \text{Stückkosten} \cdot \frac{(1 + \text{Gewinnzuschlag in \%})}{100}$$

Rechnung: 30,00 € / Stück (1 + 1) = 60,00 € / Stück

Ergebnis: Nach diesen Berechnungen wird der Hersteller dem Handel das Produkt für 60,00 € / Stück verkaufen und dabei einen Gewinn von 30,00 € / Stück erzielen.

Der Händler seinerseits hat wiederum bestimmte Vorstellungen bezüglich der Handelsspanne (= Differenz des Verkaufs- und Einstandspreises des Handels ausgedrückt in %). Die **Handelsspanne** soll die Handlungskosten *(Personal, Raum, Fuhrpark, Werbung, Zinsen, Abschreibungen, Verwaltung usw.)* und die Gewinnansprüche des Handels abdecken. In der Praxis wird die Handelsspanne meist als Prozentsatz vom Verkaufspreis ausgedrückt.

Infobox

Bei Wiederverkäufern *(Industrie, Großhandel)* wird mit der Handelsspanne gerechnet. Ihre Basis ist stets der Nettoverkaufspreis (ohne MwSt.). Für den Einzelhandel ist der Verkaufspreis stets einschl. MwSt. Um auf den Einstandspreis zurückrechnen zu können, verwendet man den Kalkulationsabschlag, der die MwSt. berücksichtigt. Aus Vereinfachungsgründen wird in den Beispielen dieses Kapitels auf diese Unterscheidung verzichtet.

Will der **Händler** eine Handelsspanne von z. B. 50 % realisieren, ergibt sich lt. Beispiel ein Endverbraucherpreis von 120,00 €. Die Handelsspanne von 50 % des Endverbraucherpreises entspricht einem Kalkulationsaufschlag von 100 % auf die Einstandskosten des Händlers (= 60,00 €). Die Kalkulationsaufschläge sollten möglichst nach Artikeln und Artikelgruppen differenziert werden *(Umschlagsgeschwindigkeit, Umsatz pro Regal- oder Verkaufsflächeneinheit, Preisinteresse der Abnehmer, Lockkraft des Artikels, artikelspezifische Preiselastizität)*.

Vorteile der Preisbestimmung nach der Vollkostenrechnung

Die Preisbestimmung auf der Basis der **Vollkostenrechnung** bietet eine Reihe von **Vorteilen**. Dazu zählen u. a.:

- Die Methode kann einfach und schnell anhand fester Kalkulationsschemata durchgeführt werden.
- Der Informationsbedarf zur Anwendung des Verfahrens ist gering. Die Kostendaten können – ohne Einsatz der Marktforschung – relativ problemlos aus dem Unternehmen *(Rechnungswesen bzw. Kostenrechnung, speziell Kostenträgerrechnung)* beschafft werden.
- Die Preisfindung stützt sich auf überprüfbare, „harte" Kostendaten. Damit überwindet man scheinbar die Unsicherheiten des Marktes z. B. bei der Abschätzung der Zahlungsbereitschaft der Kunden.
- Wenn alle Wettbewerber das Verfahren mit branchenüblichen Aufschlagsätzen anwenden, kann ein Preiskrieg vermieden werden. Dieser Fall gilt besonders für oligopolistisch strukturierte Märkte mit ähnlichen Kostenstrukturen und Kostensteigerungen.
- Bei Unternehmen, die für viele Produkte Preise ermitteln müssen, z. B. große Supermärkte mit durchschnittlich 8.000, SB-Warenhäuser mit rund 30.000 Artikeln im Sortiment, besteht allein schon aus Praktikabilitätsgründen ein Zwang zur Anwendung eines einfachen schematischen Verfahrens.

Nachteile der Preisbestimmung nach der Vollkostenrechnung

Trotz der genannten Gründe, die für das Verfahren sprechen, ist die einseitige Anwendung – besonders in rezessiven Wirtschaftsperioden sowie auf stagnierenden Märkten mit verschärftem Wettbewerb – doch sehr problematisch und deshalb alleine angewandt nicht akzeptabel.

Der **gravierende Nachteil** der Methode besteht darin, dass sie die Marktseite, das heißt die Nachfrage- und Wettbewerbssituation, einfach außer Acht lässt. Die Bereitschaft des Kunden, den geforderten Preis tatsächlich zu bezahlen, hängt nicht von den Kosten des Produktes ab, sondern von der Leistung und dem daraus resultierenden Wert und Nutzen für den Kunden.

Fatal kann eine Strategie hoher Aufschläge auch deshalb sein, wenn die Wettbewerber mit einem niedrigen Preis dagegenhalten. Als Philips seine Videorecorder mit einem hohen Aufschlag einführte, um an jedem Gerät möglichst viel zu verdienen, konnten japanische Konkurrenten mit niedrigen Preisaufschlägen schnell hohe Absatzmengen erreichen, dadurch ihre Stückkosten erheblich verringern und den gewünschten Marktanteil ausbauen (vgl. Kotler / Keller / Bliemel, 2007, S. 608).

Im ungünstigsten Fall kalkuliert sich der Anbieter sogar aus dem Markt.

Beispiel Kann der Hersteller in der vorangegangenen Modellrechnung nicht die geplante Absatzmenge von 10.000 Stück erreichen, sondern lassen sich z. B. nur 5.000 Stück verkaufen, dann erhöhen sich die Stückkosten auf 50,00 €, weil nun jedes Produkt einen entsprechend höheren Fixkostenanteil tragen muss.

Stückkosten =   Variable Kosten + anteilige Fixkosten

Rechnung: 10,00 € / Stück + 40,00 € / Stück = 50,00 € / Stück.

Jedes einzelne Produkt muss nun einen entsprechend höheren Fixkostenanteil tragen. Hält der Hersteller an seinem Gewinnaufschlag von 100 % fest, ist er gezwungen preispolitisch zu reagieren.

Lösung: Verkaufspreis = Stückkosten $\dfrac{(1 + \text{Gewinnzuschlag in \%})}{100}$

Rechnung: 50,00 € / Stück (1 + 1) = 100,00 € / Stück

Ergebnis: Der Verkaufspreis muss je Stück auf 100,00 € erhöht werden.

Geht die Nachfrage aufgrund des höheren Preises erneut zurück und reagiert der Anbieter daraufhin wieder mit Preissteigerungen, weil die Fixkosten nun auf eine noch kleinere Anzahl von Produkteinheiten verteilt werden müssen, hat dies weitere Absatzrückgänge zur Folge. Der Anbieter kalkuliert sich auf diese Weise aus dem Markt. Die **Kosten-plus-Preisbildung** auf Basis der Vollkosten funktioniert nur, wenn der geplante Absatz auch tatsächlich erreicht wird.

Wichtig ist, auch zu erkennen, dass die Fixkosten nicht in die Bestimmung des optimalen Preises einfließen sollten. Sie sind bei jedem betrachteten Preis gleich und haben daher keinen Einfluss auf den optimalen Preis und den Gewinn.

Die Kosten-plus-Preisbildung wird von vielen Unternehmen nicht so streng und konsequent wie im aufgeführten Beispiel angewandt. Häufig wird der Gewinnaufschlag je nach Absatzsituation variiert, so dass ein marktbezogenes Element in die kostenorientierte Preisfindung mit einfließt.

▶ **Preisbestimmung nach der Teilkostenrechnung (Deckungsbeitragsrechnung)**

Die Preiskalkulation auf Teilkostenbasis weist gegenüber der Bestimmung der Preise auf Vollkostenbasis einige Vorteile auf. In den Verkaufspreis gehen nicht die gesamten Stückkosten (fixe und variable Kosten) ein, sondern nur die variablen Kosten, d. h. die Kosten, die in direktem Zusammenhang mit dem Produkt *(Entwicklung, Produktion und Vermarktung)* stehen.

Das bei diesem Verfahren zugrunde liegende **Kalkulationsprinzip** lautet:

> Verkaufspreis – variable Stückkosten = **Deckungsbeitrag** / Stück

Infobox

Deckungsbeitragsrechnung (Direct Costing)

Bei der Deckungsbeitragsrechnung geht man davon aus, dass nicht in jedem Fall über den Verkaufspreis die gesamten fixen Kosten gedeckt werden müssen. Vom erzielten Umsatz eines Produkts werden die variablen Kosten abgezogen. Was mit dem Artikel über die variablen Kosten hinaus erwirtschaftet wird, ist sein Beitrag zu Deckung der Fixkosten und gegebenenfalls sein Betrag zur Gewinnerzielung.

Beispiel	Ermittlung des Deckungsbeitrages eines Artikels:	
	Nettoverkaufspreis einer Flasche Champagner	: 19,90 €
	– Einstandspreis	: 10,90 €
	= Deckungsbeitrag	: 9,00 €

Ergebnis: Jeder Verkauf einer Flasche Champagner trägt mit 9,00 € zur Deckung der Fixkosten des Unternehmens bei. Das Unternehmen erzielt erst dann einen Gewinn, wenn die Summe aller Deckungsbeiträge höher als die Summe der fixen Kosten ist.

Die **Anwendung** der **Deckungsbeitragsrechnung** eignet sich besonders beim kostenbasierten **retrograden Kalkulationsverfahren**. Dabei bildet ein primär auf Kostenüberlegungen beruhender geplanter Verkaufspreis die Basis zur Berechnung der Umsatzerlöse (Verkaufspreis · geplante Absatzmenge). Von diesen werden die variablen Kosten der geplanten Absatzmenge abgezogen und so der Deckungsbeitrag ermittelt. Das Produkt kann dann zum geplanten Verkaufspreis angeboten werden, wenn der Deckungsbeitrag neben den Fixkosten auch zumindest einen Teil des geplanten Gewinns abdeckt.

Infobox

Die **Deckungsbeitragsrechnung** findet auch **Anwendung** als Instrument bei der **Zuschlagskalkulation** (progressive Kalkulation). Dabei benutzt man einen prozentualen Deckungsbeitragsaufschlag.
Die **Formel** lautet für diesen Fall:

$$\text{Verkaufspreis} = \text{variable Stückkosten} \cdot \frac{(1 + \text{Deckungsbeitragsaufschlag})}{100}$$

Dieser Aufschlag fällt bei der Teilkostenrechnung höher als bei der Vollkostenrechnung aus, denn er muss zusätzlich neben der teilweisen Deckung der Fixkosten auch den geplanten Gewinnanteil abdecken. Die genaue Höhe ist offen und kann flexibel an die jeweilige Marktsituation angepasst werden.

Fallbeispiel   **Aus fünf mach vier?**

Vereinfachtes Beispiel der Deckungsbeitragsrechnung zur Gewinnermittlung und Sortimentsoptimierung in einem Handelsbetrieb:

In einem Handelsunternehmen werden innerhalb einer Warengruppe fünf Artikel angeboten. Mithilfe der Deckungsbeitragsrechnung wird das Betriebsergebnis (Gewinn) der Warengruppe ermittelt.

Artikel	A	B	C	D	E
Umsatz	80.000	90.000	100.000	24.000	72.000
– variable Kosten Wareneinsatz sonstige variable Kosten	50.000 5.000	70.000 10.000	65.000 10.000	23.000 3.000	54.000 4.000
Deckungsbeitrag (DB)	25.000	10.000	25.000	– 2.000	14.000
Summe DB – Fixkosten			72.000 62.000		
Gewinn			10.000		

Das Beispiel zeigt, dass zwar insgesamt ein Gewinn (positiver Deckungsbeitrag) erzielt wurde, aber Artikel D einen negativen Deckungsbeitrag aufweist.

Daraus ergeben sich für das Management folgende Fragestellungen:

1. Ist es möglich durch eine Erhöhung des Verkaufspreises einen positiven Deckungsbeitrag zu erzielen oder wird dadurch die Absatzmenge so reduziert, dass diese Maßnahme kontraproduktiv verläuft?
2. Soll der Artikel aus dem Sortiment genommen werden? Dabei sind aber sortimentspolitische Überlegungen zu berücksichtigen *(mögliche Verbundwirkung)*.

▬ Vorteile der Preisbestimmung nach der Teilkostenrechnung

Das Problem der mehr oder weniger „willkürlichen" Verrechnung des Fixkostenblocks auf die Produkte stellt sich nicht. Da nur entscheidungsrelevante Kosten berücksichtigt werden, eignet sie die Methode als **Entscheidungshilfe** für taktische Preisänderungen, wie z. B. die Bestimmung kurzfristiger **Preisuntergrenzen**. Allgemein sind Preisuntergrenzen Preise, unterhalb derer ein Produkt nicht verkauft werden sollte.

Bei der kurzfristigen Preisuntergrenze wird davon ausgegangen, dass es für ein Unternehmen bei gegebener Kapazität in absatzpolitisch kritischen Situationen durchaus zweckmäßig sein kann, ein Produkt zu einem Preis zu verkaufen, der nicht die vollen Stückkosten deckt. Da die Fixkosten kurzfristig nicht abbaubar sind und in jedem Fall den Gewinn belasten, gleichgültig, ob produziert wird oder nicht, trägt jedes Produkt, dessen Preis seine variablen Kosten übersteigt, zur Deckung der fixen Kosten und zur Verbesserung der Gewinnsituation bei. Die **kurzfristige Preisuntergrenze** liegt daher bei den **variablen Stückkosten**.

▬ Nachteile der Preisbestimmung nach der Teilkostenrechnung

Macht der Anbieter seinen Kunden gegenüber jedoch zu große Preiszugeständnisse und verlangt mittel- und langfristig zu niedrige Preise, besteht die Gefahr, dass er sich aus der Gewinnzone herauskalkuliert. Deshalb sollten in die Analyse zusätzlich langfristige Überlegungen zur Deckung der Fixkosten einbezogen werden.

Langfristig muss der Preis die gesamten Stückkosten eines Produktes voll decken, sonst macht das Unternehmen keinen Gewinn und kann nicht überleben. Daher wird die **langfristige Preisuntergrenze** durch die gesamten Stück- bzw. **Vollkosten** (d. h. fixe und variable Kosten) bestimmt.

Den Unterschied zwischen langfristiger und kurzfristiger Preisuntergrenze beschreibt nachfolgendes Beispiel (vgl. SIMON / DOLAN, 1997, S. 51).

> **Beispiel**   In einem Hotel betragen – bei einer durchschnittlichen Auslastung von 60 % – die Vollkosten 110,00 € und die variablen Kosten 20,00 € *(Wäsche, Reinigung)* jeweils pro Zimmer und pro Übernachtung. Die langfristige Preisuntergrenze, unterhalb derer ein Zimmer nicht vermietet werden sollte, liegt daher bei einem Durchschnittspreis von 110,00 €. Ein Gewinn wird nur erzielt, wenn ein höherer Durchschnittspreis als 110,00 € pro Übernachtung verlangt werden kann. Kurzfristig sieht die Situation anders aus: Die kurzfristige Preisuntergrenze beträgt 20,00 €. Jeder Gast, der mehr als 20,00 € pro Nacht bezahlt, trägt positiv zur Deckung der Fixkosten und zum Gewinn bei. Das Hotel bietet daher zu nachfrageschwachen Zeiten *(Wochenende, Nebensaison)* Zimmer für 80,00 € an. Dies ist richtig, obgleich das Hotel auf Dauer gesehen mit einem Durchschnittspreis nicht überleben kann.

5.3.2   Nachfrageorientierte Preisbestimmung

Bei der nachfrageorientierten Preisbildung interessiert vor allem die Frage, was der Kunde vermutlich für das Produkt bzw. die Leistung zu zahlen bereit ist. Eine starke Nachfrage erlaubt einen hohen Preis, während eine schwache Nachfrage einen niedrigen Preis erzwingt.

▶ **Preisfestlegung nach der Break-Even-Analyse**

Ein sehr einfaches Verfahren zur Preisbestimmung ist die Break-Even-Analyse.

Sie berechnet bei dem zu überprüfenden Preis diejenige Absatzmenge, die erforderlich ist, um die **Gewinnschwelle** (Break-Even-Point) zu erreichen. Dies ist dann der Fall, wenn die Kosten gleich dem Umsatz sind:

Fixkosten + variable Kosten = Preis · Absatzmenge

Die kritische Absatzmenge, bei welcher der Gewinn der Unternehmung genau Null ist, lässt sich durch folgende Gleichung ermitteln:

$$\textbf{Break-Even-Absatz} = \frac{\text{Fixkosten}}{\text{Preis} - \text{variable Stückkosten}}$$

Falls die Absatzmenge den Break-Even-Absatz überschreitet, erbringt das Produkt einen Gewinn, bei Unterschreitung entsteht ein Verlust.

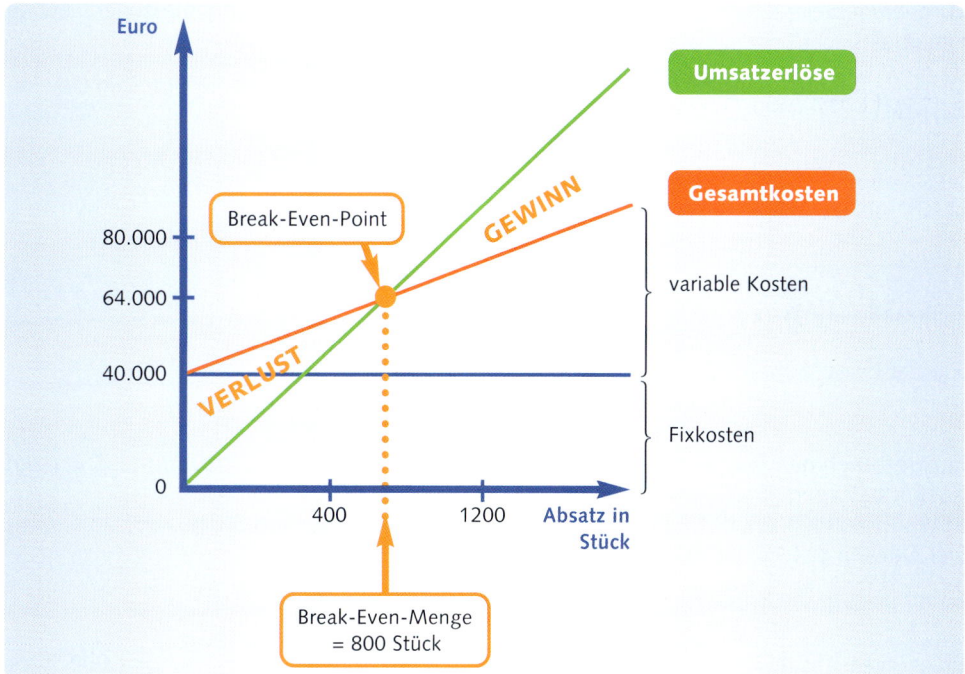

Abb. *Break-Even-Diagramm*

Beispiel mit Lösung

Ein Hersteller beabsichtigt ein neues Produkt auf den Markt zu bringen. Die fixen Kosten betragen insgesamt 40.000,00 €, die variablen Kosten 30,00 € pro Stück. Verkauft werden soll das neue Produkt zu einem Preis von 80,00 € pro Stück. – Wie hoch ist der Break-Even-Absatz?

Die für das Erreichen der Gewinnschwelle notwendige kritische Absatzmenge berechnet sich nach der Formel:

$$\text{Break-Even-Absatz} = \frac{\text{Fixkosten}}{\text{Preis} - \text{variable Stückkosten}}$$

$$= \frac{40.000,00\ €}{80,00\ €\ /\ \text{Stück} - 30,00\ €\ /\ \text{Stück}} = \frac{40.000,00\ €}{50,00\ €\ /\ \text{Stück}} = \textbf{800 Stück}$$

Bei den gegebenen Kosten und einem Preis von 80,00 € / Stück werden bei einer Absatzmenge von mehr als 800 Stück Gewinne, bei weniger als 800 Stück Verluste erzielt.

Die Berechnung der kritischen Absatzmenge wird nicht nur bei einem Preis, sondern für alternative Preise vorgenommen. Die endgültige Preisentscheidung hängt davon ab, welche Absatzmengen das Management als realistisch ansieht und welches Risiko man akzeptiert, um mit den verschiedenen Preisen bestimmte Gewinnaussichten zu realisieren.

◼ Erweiterte Break-Even-Analyse

Über die einfache Break-Even-Analyse hinaus, bei der man nur die Schwelle sucht, ab deren Überscheiten ein Unternehmen in die Gewinnzone kommt, ist es auch möglich, von vornherein diejenige Absatzmenge zu berechnen, bei der auch ein angemessener Gewinn erzielt wird.

Der Umsatz muss dann nicht nur die Kosten, sondern zusätzlich den geforderten Gewinn decken:

Fixkosten + variable Kosten + angemessener Gewinn = Preis · abgesetzte Menge

Die **Formel** für die **kritische Absatzmenge** lautet:

$$\text{Break-Even-Absatz} = \frac{\text{Fixkosten} + \text{angemessener Gewinn}}{\text{Preis} - \text{variable Stückkosten}}$$

Beispiel mit Lösung

Ein Unternehmen beabsichtigt ein neues Produkt auf den Markt einzuführen. Die fixen Kosten betragen 40.000,00 €, die variablen Kosten 30,00 € pro Stück.
Verkauft werden soll das Produkt zu einem Preis von 80,00 € pro Stück.
Der Gewinn soll 10.000,00 € betragen.

Somit beträgt die **kritische Absatzmenge**:

$$\text{Break-even-Absatz} = \frac{40.000,00\ € + 10.000,00\ €}{80,00\ €\ /\ \text{Stück} - 30,00\ €\ /\ \text{Stück}} = \frac{50.000,00\ €}{50,00\ €\ /\ \text{Stück}} = \textbf{1.000 Stück}$$

Bei einem Preis von 80,00 € und den gegebenen Kosten wird bei mehr als 1.000 verkauften Stück ein Gewinn von über 10.000,00 € erzielt, bei weniger als 1.000 verkauften Stück ist ein Gewinn von 10.000,00 € nicht möglich.

◼ Vor- und Nachteile der Break-Even-Analyse

Der Vorteil der Break-Even-Analyse liegt in ihrer einfachen Handhabung. Nachteilig ist jedoch, dass die Preise nur in relativ grober Weise bestimmt werden können. Zwar wird auf eine exakte Spezifizierung der Preis-Absatz-Funktion aus Praktikabilitätsgründen verzichtet, aber zumindest implizit kommen durch Schätzung von Absatzmengen, bei gegebenen Preisen, Preis-Absatz-Funktionen zur Geltung.

▶ Target Pricing und Target Costing

Die Methode des Target Pricing bzw. Target Costing verknüpft den traditionellen kostenorientierten Ansatz mit modernen marktorientierten Überlegungen der Preisbestimmung. Ausgangspunkt bildet nicht die Frage, was das Produkt aufgrund der betrieblichen Voraussetzungen kosten wird, sondern was das Produkt aufgrund der Marktbedingungen maximal kosten darf („Was dürfen einzelne Merkmale, Funktionen, Komponenten und Prozesse eines Produktes bzw. einer Kundenlösung kosten?").

Mit Hilfe der Marktforschung wird deshalb der am **Markt erzielbare** bzw. durchsetzbare **Preis** (Target Price oder Zielverkaufspreis) abgeschätzt. Dazu werden die von den Zielkunden gewünschten Produkteigenschaften, deren Preisbereitschaften sowie die Preise der Wettbewerbsprodukte ermittelt. Nach Abzug der gewünschten Gewinnspanne ergeben sich die Zielkosten (target costs), die unbedingt eingehalten werden müssen. Daraus folgt:

Marktbedingter Zielverkaufspreis (target price)
– gewünschte Gewinnspanne

= vom Markt erlaubte Kosten (target costs)

Zur Erreichung der Zielkosten müssen alle Kostengruppen wie Design, Entwicklung, Fertigung, Verkauf usw. auf Kostensenkungspotenziale überprüft und unnötige Produktfunktionen gestrichen werden. Bei den Zulieferern wird versucht, niedrigere Einkaufspreise durchzusetzen. Gelingt es nicht, die Zielkosten einzuhalten, dann kann die Entscheidung gegen die Entwicklung des neuen Produktes fallen.

Beispiel
- Bei Swatch-Uhren identifizierte man ein Kundensegment, das ein preisgünstiges modisches Accessoire suchte, das auch noch die Zeit anzeigen sollte. Aus den relativ niedrigen Preisvorstellungen der Kunden und nach Abzug der gewünschten Gewinnspanne der Geschäftsleitung wurden dann die maximal zulässigen Kosten als Zielvorgabe für die Entwicklung abgeleitet. Das Ergebnis waren Uhren, die weniger Teile als frühere Modelle hatten und hoch automatisiert gefertigt werden konnten. Das Produkt aus einer Mischung von Funktion, Zuverlässigkeit und Chic wurde ein voller Erfolg (vgl. KOTLER / ARMSTRONG / SAUNDERS / WONG, 2007, S. 771).
- Ein deutscher Hersteller von numerisch gesteuerten Bearbeitungszentren mit automatischem Werkzeugwechsel verlor einen holländischen Kunden an einen italienischen Wettbewerber mit der Begründung, dass der Preis um 60 % höher läge als der Preis eines italienischen Konkurrenten. Der höhere Nutzen des deutschen Produktes und der bessere Service wurden zwar anerkannt, aber das Angebot wurde nicht um 60 % besser eingestuft.

5.3.3 Konkurrenzorientierte Verfahren der Preisfindung

Bei der konkurrenzorientierten Preisbestimmung verzichtet das Unternehmen auf eine eigene aktive und autonome Preispolitik und orientiert sich stattdessen mit seinen Preisforderungen an wettbewerbsbezogenen Leitpreisen. Beim **Leitpreis** handelt es sich entweder um den Preis des Marktführers oder um den durchschnittlichen Marktpreis der Branche.

Der festzulegende Preis muss nicht genauso hoch sein wie der Leitpreis, sondern er kann auch etwas darüber oder darunter liegen. Typisch für die konkurrenzorientierte Preisbildung jedoch ist, dass solange der Leitpreis konstant bleibt, auch der eigene Preis beibehalten wird, auch wenn sich die eigene Kosten- und Nachfragesituation verändert hat. Umgekehrt zieht die Unternehmung bei einer Variation des Leitpreises mit dem eigenen Preis mit, unabhängig von der eigenen Kosten- und Nachfragesituation.

Arten der Preisführerschaft

Grundsätzlich können **zwei** Arten der **Preisführerschaft** unterschieden werden.

– Dominierende Preisführerschaft

In der Branche existieren ein marktführendes Unternehmen sowie viele kleine Unternehmen, die gezwungen sind, sich dem Großen preispolitisch unterzuordnen. Sie nehmen Preisänderungen daher nur vor, wenn der Markführer seine Preise ändert. Der eine oder andere kleine Anbieter nimmt ein bisschen mehr oder weniger, aber sie sind darauf bedacht, den Abstand zum Marktführer nicht zu groß werden zu lassen. Typisch sind solche Verhaltensmuster im Handel.

– Barometrische Preisführerschaft

Im Unterschied zur dominierenden Preisführerschaft besteht die Branche aus einigen Unternehmen mit etwa gleich großem Marktanteil. Einer von ihnen wird als Preisführer akzeptiert. Verändert er den Preis, ziehen die anderen mit entsprechenden Preisänderungen nach. Ruinöse Preiskämpfe werden dadurch verhindert. Von Zeit zu Zeit wechselt das Unternehmen, das als Preisführer fungiert. Beispiele für dieses Verhalten finden sich in der Automobil-, Mineralöl- und Zigarettenindustrie. Dieses Verhalten ist in eine Grauzone einzuordnen zwischen einem kartellrechtlich nicht zu untersagenden „bewussten Parallelverhalten" und einem kartellrechtlich untersagten „abgestimmten Verhalten".

Die **Konkurrenzorientierung** hat bei der Preisbestimmung eine zunehmende Bedeutung, weil in zahlreichen Branchen sich eine steigender Konzentration und damit eine Tendenz zu oligopolistischen Marktstrukturen (vgl. Kapitel 5.2.3) abzeichnet.

5.4   Dynamisches Preismanagement und Preisstrategien

Preispolitische Entscheidungen stellen nicht nur ein wirksames kurzfristiges und damit taktisches Marketinginstrument dar, sie haben darüber hinaus erhebliche langfristige Wirkungen und damit auch eine strategische Bedeutung für die Unternehmung.

5.4.1   Dynamische Wirkungen der Preispolitik

Die Unternehmung muss sich bewusst sein, dass heutige Preisentscheidungen Einfluss auf zukünftige Preisentscheidungen nehmen. Werden diese dynamischen Effekte ignoriert, geht das zwangsläufig zu Lasten des langfristigen Gewinns. Es ist daher immer abzuwägen zwischen der Mitnahme kurzfristiger Gewinne und der Investition in die zukünftige Marktposition. Mit folgenden drei **Zukunftseffekten** der **Preispolitik** ist grundsätzlich zu rechnen.

▶ Bezugs- und Ankerpreise bei den Kunden

Bei den Kunden entwickeln sich aufgrund der gegenwärtigen Preise sog. **Anker-** bzw. **Bezugspreise**, die ein Maßstab dafür sind, wie zukünftige Preise beurteilt und akzeptiert werden.

Beispiel Wird ein Produkt zu einem niedrigen Preis eingeführt und dann auf den Normalpreis angehoben, dann kann diese Preiserhöhung eine stark negative Wirkung
auf den Absatz haben, weil bei einigen Kunden der niedrige Einführungspreis zum
Bezugspreis geworden ist. Sie empfinden nun den Normalpreis als Verlust oder
Nachteil, denn sie müssen mehr Geld ausgeben als erwartet. Um die Bildung der
Bezugspreise zu steuern, sollte der Markt daher vorab informiert und die Preiserhöhung begründet werden.

Wie der Kunde den Bezugspreis entwickelt, hängt vor allem von der Marktsituation und
den Maßnahmen des Unternehmens ab. **Zwei** Fälle lassen sich dabei **unterscheiden** (vgl.
SIMON / DOLAN, 1997, S. 312):

- In Wettbewerbsmärkten mit vielen Alternativen, unter denen der Kunde auswählen
  kann, und Preisinformationen leicht verfügbar sind, spielen die **Konkurrenzpreise** die
  entscheidende Rolle für die Bildung des Bezugspreises („Ein Sony-Fernsehgerät darf
  5 % mehr kosten als ein vergleichbares Gerät von Hitachi oder RCA").

- In Märkten, in denen der Verkäufer zu seinen Kunden eine Beziehung aufgebaut
  hat und es wenig gleichartige Wettbewerber gibt oder Preisinformationen nur schwer
  zu beschaffen sind, übernehmen die **eigenen Preise** der Unternehmung in der Vergangenheit die Bezugsfunktion.

▶ Markteintritt von Konkurrenzunternehmen

Die gegenwärtigen Preise beeinflussen die Attraktivität einer Branche. Sind die Preise
hoch und bestehen keine Markteintrittsbarrieren *(Patente, Kosten- oder Differenzie-
rungsvorteile)*, dann werden aufgrund der Gewinnchancen neue Wettbewerber in den
Markt eintreten, in Kapazitäten investieren und dadurch künftig den Wettbewerb ver-
schärfen.

Beispiel Die Reynolds International Pen Corporation hatte den Kugelschreiber als
Pionierunternehmen eingeführt. Der Preis von 12 Dollar und mehr – damals das
15fache der Herstellkosten – veranlasste etwa 100 Wettbewerber in den Markt
einzutreten. Ähnliche Fälle gab es in den verschiedensten Branchen – angefangen
bei Kartoffelpüree bis zu Aluminium. Die Folge war, dass sich die Wettbewerbs-
intensität und der Preisdruck in der Branche massiv verstärkten (vgl. SIMON /
DOLAN, 1997, S. 317).

▶ Kostenposition des Unternehmens

Die gegenwärtige Preispolitik hat auch Einfluss auf die zukünftige Kostenposition des
Unternehmens. Verlangt eine Unternehmung niedrige Preise, dann können über hohe
Absatzmengen **Lern- oder Erfahrungskurveneffekte** realisiert werden, die zu sinkenden
Kosten führen. Allerdings sind mit Niedrigpreisen auch einige Gefahren verbunden.
Anfängliche Hoffnungen auf Kosteneinsparungen werden nicht erfüllt, das Produkt kann
bei den Kunden das Image eines minderwertigen Produkts vermitteln. Die Konkurrenten
reagieren unter Umständen mit vergleichbaren Preissenkungen oder setzen auf eine neue
Technologie der nächsten Generation zu wesentlich günstigeren Kosten.

4.2 Preisstrategien

Wenn es um die **längerfristige** Bestimmung von Preisen für ein Produkt im Zeitablauf geht, spricht man von der Entwicklung einer **Preisstrategie**. Den Rahmen dafür bildet die übergeordnete Unternehmens- und Marketingplanung. In der **Praxis** wendet man folgende Faustregeln bzw. Hilfsverfahren an.

▶ Dauerhafte Gestaltung und Festlegung des Verkaufspreises

Bei einer auf Dauer angelegten Festlegung der Verkaufspreise kommen vor allem die **Prämienpreispolitik** und die **Promotionspreispolitik** in Frage. Welche der beiden Strategien von einem Unternehmen präferiert wird, hängt zu einem erheblichen Teil vom **Preisimage** ab, das dieses Unternehmen bei seinen Kunden bisher hat. Ein Wechsel in der Preispolitik – besonders in Richtung niedrigerer Preise – ist mit erheblichen Risiken verbunden. Entscheidet sich ein Unternehmen trotzdem zu einem solchen Schritt, entwickelt man häufig Produktlinien bzw. Sortimente, die die bisherige preispolitische Ausrichtung nicht direkt tangieren *(Smart als eigenständige Produktlinie ohne einen direkten Bezug zu DaimlerChrysler)*.

■ Hochpreisstrategie

„Es gibt nur wenige Orte, die absolutes Glück verheißen. Und nur einen Champagner."

CHAMPAGNE **KRUG** REIMS FRANCE

96 Punkte und „Highly recommended" Magazin Wine Spectator Oktober 2002

Bei der **Hochpreisstrategie** legt die Unternehmung auf Dauer einen im Vergleich zur Konkurrenz hohen Preis fest. Zentrale Voraussetzung für den Erfolg der Prämienpreisstrategie ist ein überragendes Qualitätsimage. Die hohe Produktqualität ist meist mit höheren Kosten verbunden. Die **Exklusivität** muss durch die anderen Instrumente des Marketingmix *(eingesetzte Vertriebskanäle, kommunikativer Auftritt)* unterstrichen werden.

> **Beispiel** Der renommierte Champagnerhersteller Krug wirbt für sein Premiumprodukt „Grande Cuvée" (0,75 l Flasche ca. 120,00 €) vornehmlich in internationalen Gourmet-Journalen, deren Leser über eine überdurchschnittliche Kaufkraft verfügen.

Hochpreisstrategie		
Ziele	➤	Hoher Gewinn pro Stück bei vergleichsweise geringen Verkaufszahlen.
Zielgruppe	➤	Kaufkräftig, prestigebewusst, benutzt die Marke zum demonstrativen Konsum, kleines Marktsegment.
Produktpolitik	➤	Hohe bzw. höchste Produktqualität, hohes Markenimage.
Kommunikationspolitik	➤	Betont die Exklusivität z. B. über Lifestyle- oder Erlebnis-orientierung *(Mont Blanc Uhren: „Is that you?", Sicily von Dolce & Gabbana (Parfüm): „Feel the Passion")*.
Distributionspolitik	➤	Exklusiver oder selektiver Vertrieb.
Beispiele	➤	Prestige- und Luxusmarken wie Rolls-Royce, Porsche, Mercedes S-Klasse (Autos), Bang und Olufsen (Hifi-Geräte), IBM (Computer), Hermes (Accessoires), McKinsey (Unternehmensberatung), Chanel, Dior, (Parfüms und Kosmetik), Piaget, Cartier, Rolex (Uhren), Bally (Schuhe), Kenzo, Jil Sander (Haute Couture), Davidoff (Zigarren), Pommery (Champagner), Berluti (Lederwaren).

Eine **Preissenkung** für solche Produkte kann zwar den kurzfristigen Gewinn steigern. Damit ist aber die **Gefahr** verbunden, dass die Exklusivität und damit der Wert für die engere Zielgruppe verloren gehen.

Fallbeispiel **Das Geschäft mit dem automobilen Luxus brummt**

Käufer teurer Autos haben immer ausgefallenere Wünsche. In ihrem Streben nach Exklusivität reicht ihnen ein individuell angepasstes Modell der Großserienhersteller häufig nicht mehr aus. Sie bevorzugen vielmehr eines der raren Manufakturprodukte: Das sind Autos, die überwiegend von Hand gebaut und nach Maß konfektioniert werden.

Den Grund dafür sehen Experten in der Spirale der Exklusivität. Danach wird die Wahrscheinlichkeit für einen Käufer aufzufallen und Aufmerksamkeit zu erregen, um so geringer, je mehr Autos Hersteller wie Porsche und Ferrari verkaufen. Mancher Käufer greift dann lieber zu Kleinserienmodellen, auch wenn er bei diesen teilweise Einschränkungen in Bezug auf ABS oder Airbag hinnehmen muss.

Wer beispielsweise ein Luxusauto der britischen Sportwagenschmiede TVR kauft, muss auf derlei Extras verzichten. Die Käufer haben aber ganz andere Präferenzen, sie wollen auffallen. Der Kostenpunkt des Einstiegsmodells Chimaera, ein kleines Cabrio mit Kulleraugen, das bis zu 257 Kilometer in der Stunde läuft, liegt bei 60.000 €. Auch das Geschäft mit den Luxusautos der deutschen Manufaktur Wiesmann läuft bestens. Die Renner werden in kleinster Serie genau nach den Wünschen der Besitzer gebaut und sind ab 83.900 € zu haben.

Dass solche Spezialitäten von den Kosten her überhaupt möglich sind, dazu hat auch die Zulieferindustrie beigetragen. So nimmt die Fertigungstiefe bei den Autokonzernen ständig ab. Immer mehr Komponenten werden direkt von den Zulieferern hergestellt. Deshalb wird es für die Manufakturen immer leichter, Motoren und Fahrwerksteile einzukaufen (vgl. KATZENSTEINER / RAUWALD, 2003, S. 110–111).

Niedrigpreisstrategie

Foto: J. Beck

Die Niedrigpreisstrategie zeichnet sich durch – im Vergleich zur Konkurrenz – niedrige Preise auf Dauer aus. Dem Kunden wird das Image eines Niedrigpreisproduktes vermittelt.

Die Marketingaktivitäten, insbesondere die Kommunikationspolitik, betonen die Preiswürdigkeit des Produktes als größten Kaufanreiz.

Niedrigpreisstrategie	
Ziele	Hohe Gesamtdeckungsbeiträge aufgrund hoher Verkaufszahlen bei geringen Stückdeckungsbeiträgen.
Zielgruppe	Preisbewusst, zeigt hohe Preiselastizität, großes Marktsegment.
Produktpolitik	Niedrige(re) Qualität im Sinne von (Mindest-)Standardqualität.
Kommunikationspolitik	Betont die Preiswürdigkeit und Preisgünstigkeit *(Aldi: „Dauerhaft billiger!", Saturn: „Geiz ist geil", Woolworth: „Viel mehr als günstig").*
Distributionspolitik	Massenabsatzkanäle.
Beispiele	ALDI, Lidl&Schwarz, Norma (Discounter), Schlecker, Rossmann (Drogerie), MediaMarkt, Saturn (Elektrofachmarkt), Targo-Bank, ING-DiBa (Banken), IKEA, Roller (Möbel), Fielmann, Apollo (Brillen), H&M, KIK, Takko (Bekleidung), Air-Berlin, German-Wings (Airlines), No Names.

▶ Preisstrategien bei neuen Produkten

Im Ablauf des **Lebenszyklusses** können unterschiedlich hohe Preise für ein Produkt gefordert werden. Dabei wird zwischen der **Skimming-** und der **Penetrationsstrategie** unterschieden, die besonders in der Einführungs- und Wachstumsphase von Bedeutung sind.

Welche der beiden Strategien vorteilhafter ist, kommt auf den Einzelfall an und muss von der Situation der Unternehmung abhängig gemacht werden *(Risikoneigung des Managements, technologische Risiken, zukünftige Kosten- und Wettbewerbsverhältnisse).*

Während die Skimmingstrategie den kurzfristigen Aspekt betont und auf relativ sichere kurzfristige Gewinne setzt, soll die Penetrationsstrategie langfristig höhere Gewinne bringen.

Skimmingstrategie (Abschöpfungspreisstrategie)

Bei der Skimmingstrategie wird das neue Produkt zu einem vergleichsweise **hohen** Preis **eingeführt**. Dieser Hochpreis wird allerdings nicht über den gesamten Lebenszyklus aufrechterhalten, sondern mit **zunehmender** Markterschließung und **aufkommender** Konkurrenz im Zeitablauf sukzessive **gesenkt**. Auf diese Weise soll die unterschiedliche Preisbereitschaft der Kunden abgeschöpft werden.

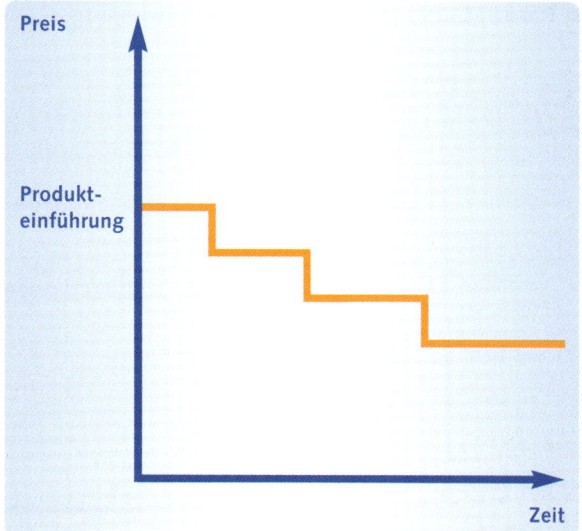

Abb. Preisverlauf bei der Skimmingstrategie

Skimmingstrategie		
Ziele / Chancen	→	Abschöpfen des Marktes, indem sukzessive neue Konsumentenschichten angesprochen werden. Realisierung kurzfristig hoher und damit relativ sicherer Gewinne. Schnelle Amortisation der Innovationskosten.
Zielgruppe	→	In der Einführungsphase eine exklusive, elitäre, preisunempfindliche Zielgruppe, Innovatoren mit hoher Zahlungsbereitschaft. Mit sukzessiver Preissenkung dann auch breitere und preiselastisch reagierende Konsumentenschichten (Massenmarkt).
Marketingmix	→	Darauf abgestimmter Einsatz der Produkt-, Kommunikations- und Distributionspolitik. Die Distributionspolitik z. B. setzt in der Einführungsphase auf ausgewählte Fachgeschäfte, später im Zuge der Preissenkungen auch auf Warenhäuser und Supermärkte.
Gefahren	→	Hohe Preise und damit verbundene gute Gewinnaussichten locken neue Wettbewerber auf den Markt und nehmen dem Unternehmen die Chance, die hohen Investitionskosten in das Produkt zu amortisieren. Wichtig ist daher der Aufbau von Markteintrittsbarrieren *(Patente, Know-how, Kontrolle über Beschaffungsmärkte oder Absatzkanäle, hoher Kapitalbedarf für die Produktion und Vermarktung der Produkte)*.
Anwendung	→	Echte Innovationen und Produkte mit hohem Neuigkeitsgrad und Alleinstellung, geringer Substituierbarkeit, wenig Konkurrenz und rascher Veralterungsgefahr (kurzer Lebenszyklus).
Beispiele	→	• Freizeitartikel *(Snowboards, In-Line-Skates, Kickboard)*, • Medikamente, • Bücher *(zunächst teure gebundene Ausgabe, später dann günstigere Paperback- oder Sonder-Ausgabe und noch später eine billige Taschenbuch-Ausgabe)*, • Computerspiel-Konsolen, • Digitalkameras, • Mobilfunk-Telefone.

■ Penetrationsstrategie (Marktdurchdringungsstrategie)

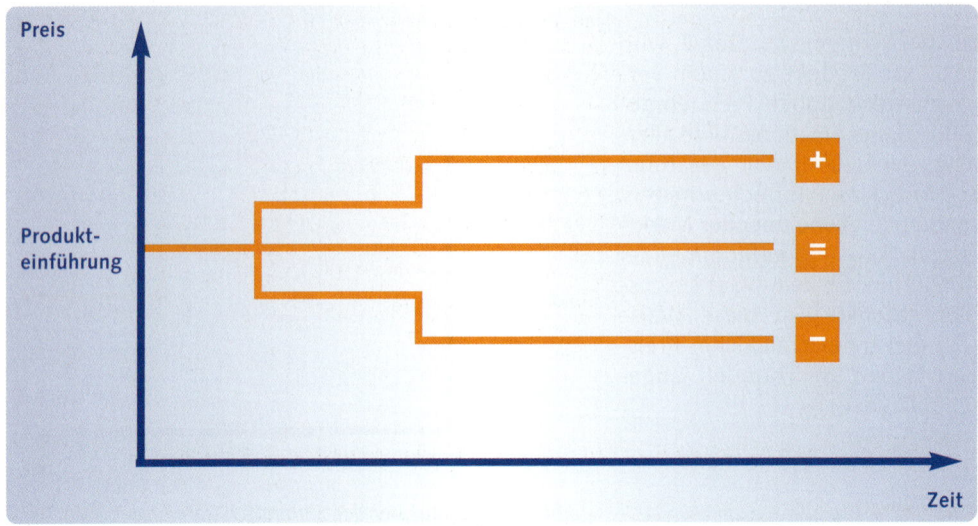

Abb. *Preisverlauf bei der Penetrationsstrategie*

Bei der **Penetrationsstrategie** wird das neue Produkt zu einem besonders **niedrigen Anfangspreis** eingeführt. Über die Preisentwicklung in den späteren Lebenszyklusphasen werden in der Literatur meist keine präzisen Aussagen gemacht.

Grundsätzlich kommen eine **Preiserhöhung**, eine **Preissenkung** (in der Regel besteht jedoch nur ein geringes Preissenkungspotenzial) oder ein **unveränderter Preis** in Betracht.

Ziel der **Penetrationsstrategie** ist es, mit niedrigen Preisen schnell Märkte zu erschließen und Marktanteile zu gewinnen. Durch großes Absatzwachstum sollen Kostensenkungspotenziale (Stückkostendegression) genutzt und eine langfristig starke und überlegene Marktposition aufgebaut werden.

Penetrationsstrategie		
Ziele / Chancen	➞	Schnelles Absatzwachstum, Aufbau einer langfristig starken und überlegenen Marktposition, langfristig höhere Gewinne, Abschreckung der Konkurrenz durch niedrigen Preise.
Zielgruppe	➞	Hauptsächlich preisempfindliche Konsumenten.
Marketingmix	➞	Bei Markteinführung Vorrang der Preispolitik gegenüber anderen Instrumenten. Im Rahmen kommunikativer Maßnahmen Betonung der Preisgünstigkeit. In späteren Phasen (meist nach einer Preiserhöhung) steht die Produktpolitik im Mittelpunkt durch Fokussierung auf den Produktnutzen.
Gefahren	➞	Investitionen können nicht geerntet werden wegen zu frühem Konkurrenzeintritts und weiterer Preissenkungen oder weil der Produktlebenszyklus zu kurz ist. Nur geringer preispolitischer Spielraum nach unten, minderwertiges Produktimage aufgrund des niedrigen Preises. Geplante Preiserhöhungen sind bei den Kunden nur schwer durchsetzbar; Voraussetzung sind steigende Wertschätzungen der Kunden *(verbesserte Leistungen, mehr Service in Verbindung mit Kommunikation)*.

Penetrationsstrategie		
Anwendung	→	Produkte mit langen Lebenszyklen, ausreichend große Märkte. Märkte, auf denen funktional gleiche oder ähnliche Produkte zu höheren Preisen angeboten werden, so dass die Kunden die Qualität des Neuproduktes leichter bewerten können und ein geringeres Kaufrisiko empfinden.
Beispiele	→	• Preisstrategie verschiedener japanischer Auto- und Kamerahersteller in Europa, • Softwareprodukte im Internet *(zunächst kostenlose Abgabe, später dann Ergänzungen und Upgrades gegen Bezahlung),* • Finanzdienstleistungen *(Gebührenentwicklung bei Giro-Konten; als Jugendlicher zahlt man z. B. noch keine Gebühren).*

Fallbeispiel Mit günstigen Einführungspreisen Kunden gewinnen und binden

Beispiel 1 **Der „Lexus" – erfolgreiches Luxusauto eines Massenherstellers**

Obwohl Toyota den Ruf eines Massenherstellers hatte, führte das Unternehmen den Lexus in den USA im Segment der Luxusautos ein. Zwar wurde der Lexus als völlig neuer Markenname losgelöst vom Unternehmen Toyota aufgebaut, den Konsumenten war aber klar, dass das Auto aus dem Hause Toyota stammte, dem Unternehmen, das Spitzenumsätze mit dem Corolla und dem Camry erzielte. Deshalb hatte man Zweifel, ob Toyota in der Lage war, auch ein Luxusauto herzustellen. Der Einführungspreis des Lexus von 35.000 Dollar war außergewöhnlich niedrig. Die Strategie des niedrigen Anfangspreises in Verbindung mit hoher Produktqualität erleichterte es jedoch, schnell in den Markt einzudringen, Aufmerksamkeit und Wertschätzung zu erlangen und Kunden zu gewinnen.
Auf diese Weise wurde die Basis für den Ausbau der künftigen Marktposition geschaffen. Nach und nach wurde der Preis erhöht und der Absatz ausgeweitet. Regelmäßig führte der Lexus die Ranglisten der Kundenzufriedenheit an. Frühere Käufer machten positive Mundpropaganda. Autofachzeitschriften lobten den Lexus für seine fort-
geschrittene Technik in Verbindung mit hohem Komfort, Sicherheit und Ausstattung. Dadurch verschwand die anfängliche Unsicherheit der Kunden, ob Toyota denn ein wirkliches Luxusauto bauen könnte. Der Lexus wurde zum Standard für ein günstiges Preis-Leistungsverhältnis im Luxuswagensegment.

Beispiel 2 **Prunk und Pracht am Potsdamer Platz zum Kennenlernpreis**

Mit dem „Ritz-Carlton" am Potsdamer Platz hat Berlin jetzt sein siebzehntes Fünf-Sterne-Hotel. Obwohl die über 50 Hotels dieser Gruppe weltweit bekannt sind und mit Luxus und Komfort auf höchstem Niveau verbunden werden, bietet man für kurze Zeit verbilligte Zimmerpreise an. In den ersten 3 Monaten nach der Eröffnung

Einführungsrate

Im Januar 2004 eröffnet The Ritz-Carlton, Berlin am pulsierenden Potsdamer Platz und offeriert eine spezielle Einführungsrate:

Superior Zimmer 165,00 Euro
Deluxe Zimmer 195,00 Euro

gibt es im „Ritz-Carlton" Kennenlernpreise von 165 bis 195 € pro Zimmer. Später sollen die Standardzimmer 330 bis 370 € in der Nebensaison und ab 450 € in der Hauptsaison kosten. Kritiker warnen jetzt bereits vor einem ruinösen Wettbewerb der Luxushotels untereinander. Deshalb ist es für die „Ritz-Carlton" Hotelkette wichtig, sich möglichst schnell bedeutende Marktanteile eines sehr begrenzten und z. Z. eher stagnierenden Marktes zu sichern. Um das Interesse auf das eigene Leistungsangebot zu lenken, sollen mit den Einführungspreisen potenzielle Gäste von Nobelherbergen wie dem „Adlon" am Brandenburger Tor oder dem „Four Seasons" am Gendarmenmarkt gewonnen werden.

(Quelle: Toyota Corp., Deutsche Welle, Ritz-Carlton Berlin, 2004)

5.5 Ausgewählte taktisch-operative Instrumente der Preispolitik

Zu den taktisch-operativen Instrumenten, die im modernen Pricing eine besondere Bedeutung haben, zählen vor allem Preisdifferenzierung, nichtlineare Preisbildung, Preisbündelung, kurzfristige Preisaktionen und dauerhafte Preissenkungen sowie die Preislinienpolitik und Konditionenpolitik. Teilweise ergeben sich zwischen diesen Instrumenten Überschneidungen.

5.5.1 Preisdifferenzierung

DER SPIEGEL

SPIEGEL-Leser wissen mehr.

Abonnementpreise

Inland: zwölf Monate € 145,60
Sonntagszustellung per Eilboten Inland: € 465,40
Studenten Inland: zwölf Monate € 101,92
Europa: zwölf Monate € 200,20
Außerhalb Europas: zwölf Monate € 278,20
(Quelle: Der Spiegel, Nr. 3/12.1.04)

Bei der **Preisdifferenzierung** verlangt die Unternehmung von verschiedenen Kunden für im Prinzip **gleiche** Produkte **unterschiedlich** hohe **Preise**. Dabei geht man von der Überlegung aus, dass Nutzen und Wert ein und desselben Produktes je nach Kunde und Marktsegment verschieden hoch sind und daher auch unterschiedlich hohe Preis- bzw. Zahlungsbereitschaften (Maximalpreise) bestehen.

Beispiel Unterschiedliche Bezugspreise für das Nachrichtenmagazin „Der Spiegel" (s. Abb.).

Kundenindividuelles Preismanagement

Variieren die Nutzwerte, so liegt es nahe, auch die Preise zu differenzieren, weil auf diese Weise die Konsumentenrente (= Differenz zwischen Maximalpreis des Kunden und tatsächlichem Preis) abgeschöpft und dadurch die Gewinne erhöht werden können.

Versucht der Anbieter bei jedem einzelnen Kunden genau den Preis zu erzielen, der seiner maximalen Preisbereitschaft entspricht, liegt ein **kundenindividuelles** (individualisiertes) **Preismanagement** vor.

Beispiel Feilschen auf dem Basar und auf Flohmärkten, Preisverhandlungen bei Industriegütern, wenn diese in Auftrags- oder Einzelfertigung erstellt werden, bei Antiquitäten, Kunstgegenständen, Immobilien, Gebrauchtautos, Rohstoffbörsen.
Neue Impulse für individuelle Preisaushandlungen entstehen durch den Wegfall hemmender Gesetze und Verordnungen, außerdem durch das Internet. So können Gegenstände aller Art in Internetauktionen gehandelt werden *(ebay)*.

In vielen Fällen ist eine gezielte käuferindividuelle Preissetzung allerdings praktisch nicht umsetzbar oder zu aufwändig, z. B. bei Unternehmen, die viele Produkte führen. Aus diesem Grund werden Nachfrager mit ähnlichen Maximalpreisen – oder anders ausgedrückt mit ähnlichen Preiselastizitäten – nach bestimmten Kriterien zu Teilmärkten bzw. Segmenten (Zielgruppen) zusammengefasst und durch spezifische Marketingprogramme und differenzierte Preise angesprochen.

In der Praxis wird häufig der Fehler gemacht, allen Käufern das Produkt zum gleichen Preis zu verkaufen (Einheitspreispolitik). Damit verschenkt das Unternehmen wesentliche Gewinnmöglichkeiten.

Infobox

Was bei der Preisdifferenzierung noch zu beachten ist

Im Vergleich zur Einheitspreispolitik werden für die Preisdifferenzierung wesentlich mehr Informationen benötigt. Die Unternehmung muss den kundenspezifischen Produktnutzen kennen, um daran den Preis möglichst genau anzupassen.
In der Praxis dürfte eine vergleichsweise kleine Zahl von Segmenten zum höchsten Gewinn führen, weil mit steigender Anzahl der Segmente die Kosten der Preisdifferenzierung *(für Marktforschung, getrennte Preislisten, Kontrollen, Verpackungsdifferenzierung, Kommunikation usw.)* überproportional ansteigen. Wichtig ist auch, in jedem Einzelfall die rechtliche Zulässigkeit der Preisdifferenzierung zu überprüfen. Je nach Land gibt es hier große Unterschiede.

▶ Arten der Preisdifferenzierung

Die Möglichkeiten zur **Preisdifferenzierung** sind vielfältig und können auch kombiniert eingesetzt werden. Folgende **Arten** werden üblicherweise unterschieden:

- Zeitliche Preisdifferenzierung,
- kundenbezogene Preisdifferenzierung,
- räumliche Preisdifferenzierung mit dem Sonderfall der internationalen Preisdifferenzierung,
- nichtlineare Preisbildung bzw. Preisdifferenzierung nach der gekauften Menge (vgl. Kapitel 5.4.2).

Zeitliche Preisdifferenzierung

Bei der zeitlichen Preisdifferenzierung werden für die gleiche Leistung, je nach Kaufzeitpunkt bzw. Inanspruchnahme der Leistung, z. B. Tageszeit, Wochentag, Jahreszeit, unterschiedliche hohe Preise verlangt.

Möglichkeiten der zeitlichen Preisdifferenzierung	
Differenzierung nach:	**Beispiele**
Tageszeit	Unterschiedlich hohe Telefontarife *(in den Abend- und Nachtstunden günstiger als am Tag)*, elektrischer Strom, Fernseh-Werbespots, Kino *(günstigere Nachmittags- oder Spätvorstellung)*, Restaurant *(billigerer Mittagstisch)*, Tennisplätze.
Wochentag	Flug- und Bahnreisen, Kurzreisen, Hotels, Autovermietung, Kino, Musical *(am Wochenende teurer)*, lokale Freizeiteinrichtungen.
Saison	In der Vor- und Nachsaison günstigere Preise als in der Hauptsaison für Pauschalreisen, Skiausrüstung, Badebekleidung, modische Artikel. Saisonal unterschiedliche Preise für frisches Obst und Gemüse.
Zeitpunkt des Kaufs	Last-Minute-Buchungen für Flüge, Hotelzimmer, Konzertkarte (Nachfrage soll kurzfristig durch Preisnachlässe stimuliert werden, um Fixkosten zu decken). Frühbucherrabatte für Bahntickets und Reiseangebote (Kunde soll für frühzeitige Buchung und für langen Dispositionsspielraum belohnt werden).

Die zeitliche Preisdifferenzierung hängt eng zusammen mit zeitabhängigen Kostenunterschieden *(Überstundenzuschläge, Transport- und Beschaffungskosten für saisonabhängige Lebensmittel)* sowie mit zeitbedingten Präferenzunterschieden der Abnehmer. So hat zum Beispiel eine Familie mit schulpflichtigen Kindern für ein Hotelzimmer an einem Urlaubsort in der Hauptsaison während der Schulferien eine höhere Wertschätzung und ist daher bereit, mehr zu bezahlen, als zu anderen Zeiten. Reiseveranstalter, Hotels, Airlines und andere Dienstleister erhöhen oder senken daher ihre Preise unter Berücksichtigung der sich verändernden Nachfrage. Auf diese Weise können sie auch ihre Kapazitäten gleichmäßiger auslasten.

Kundenbezogene Preisdifferenzierung

Bei der kundenbezogenen (personellen), Preisdifferenzierung nimmt der Anbieter für die gleiche Leistung in Abhängigkeit von bestimmten Käufermerkmalen *(Alter, Einkommen, Beruf)* unterschiedlich hohe Preise.

Liftpreise für die Winter-Saison				
Preise in EUR	**Erw.**	**Senioren**	**Junioren**	**Kinder**
1 Tageskarte	25,50	20,75	20,75	13,00
1 Tageskarte erm. *	24,50	20,00	20,00	12,50
11 Uhr Karte	20,00	16,00	16,00	10,00
11.30 Uhr Karte	19,00	15,25	15,25	9,50
12.00 Uhr Karte	18,00	14,50	14,50	9,00
12.30 Uhr Karte	17,00	13,75	13,75	8,50
13.00 Uhr Karte	16,00	13,00	13,00	8,00
13.30 Uhr Karte	15,00	12,25	12,25	7,50
2. Tageskarte (nur Stein)	44,00	36,00	36,00	22,50
2 Tageskarte (D-F-S)	58,00	51,50	49,00	31,50
Saisonkarte Stein	150,00	120,00	110,00	50,00

(Quelle: Gemeinde Sonntag, Großes Walsertal, Österreich.)

Beispiel   Die Abbildung zeigt die unterschiedlichen Preise zur Skiliftnutzung abhängig vom Alter. Zusätzlich erfolgt hier noch eine zeitliche Differenzierung.

Möglichkeiten der personellen Preisdifferenzierung	
Differenzierung nach:	**Beispiele**
Alter	Ermäßigte Eintritts- und Fahrpreise für Kinder und Senioren *(Bahn, Museen, Theater)*, Preisnachlässe bei Pauschalreisen für mitreisende Kinder bis zu einem bestimmten Alter.
Einkommens- / Ausbildungs-Situation	Preisreduktion für Schüler und Studierende bei Zeitungsabonnements, Krankenversicherungen, Bankgirokonten (Aufbau und Festigung der langfristigen Kundenbeziehung).
Berufliche Merkmale	Sonderpreise bei Werkswagen für Betriebsanghörige, Vorzugspreise bei Büchern für Lehrer, spezielle Versicherungstarife für Beamte, Sonderpreise für Wiederverkäufer, höhere Arzthonorare für Privatpatienten im Vergleich zu Kassenpatienten.
Kundentreue	Erstkäufer oder Stammkunde.
Vergünstigung durch Gebührenzahlung	Preisnachlässe bis 50 % durch Erwerb der Bahncard, ADAC-Mitglieder erhalten z. B. verbilligt Eintrittskarten für kulturelle Veranstaltungen *(Musical)*.

Räumliche Preisdifferenzierung

Bei der räumlichen (regionalen) Preisdifferenzierung werden identische bzw. ähnliche Produkte auf geografisch unterschiedlichen Märkten *(Ländermärkte, Regionen, Städte, Stadtteile)* zu verschieden hohen Preisen angeboten. Die internationale Preisdifferenzierung gilt als Sonderfall.

Beispiel Unterschiedliche Preise für Mietwagen, Hotels, Restaurants, Benzin, Baustoffen, Wintersportausrüstung, Bier.

Auslöser dieser Preisdifferenzierung können Kostenunterschiede, vor allem Transportkosten und Präferenzunterschiede, wie z. B. regionenspezifische Geschmacksunterschiede bei Lebensmitteln sein.

Im Zusammenhang mit der geografisch-regionalen Preisdifferenzierung spielt eine wichtige Rolle, wie die Preise für die Kunden in unterschiedlich entfernten Regionen festgesetzt werden sollen. Kann das Unternehmen von weiter entfernten Kunden wegen der Transportkosten höhere Preise verlangen, oder läuft es dann Gefahr, die Kunden an dort ansässige Konkurrenten zu verlieren? Oder sollte das Unternehmen von allen Kunden, unabhängig von ihrem Standort, die gleichen Preise nehmen?

Fallbeispiel Sollen Transportkosten in die Preise eingehen?

In einem Unternehmen der Baustoffindustrie wurden vom Vertrieb Tagespreise für ein austauschbares Produkt in einem äußerst dynamischen Marktumfeld gemacht. Die Kunden zeigten eine hohe Preissensibilität und eine ausgeprägte Preisverhandlungsmentalität. Außerdem bestand für das Unternehmen ein starker Druck, die Kapazitäten auszulasten. Aus diesen Gründen variierten die Preise sehr stark und waren für die Kunden nicht berechenbar.

Um der sich massiv verschlechternden Ertragslage entgegenzuwirken, führte das Unternehmen ein System einer deckungsbeitragsorientierten Preissteuerung ein. Dadurch verbesserte sich die Situation erheblich. Das System ermöglichte, was vorher unmöglich schien: eine Preisdifferenzierung bei einem homogenen Massenprodukt. Die Preise wurden kundenbezogen differenziert und individuelle Preisspielräume maximal ausgeschöpft. Merkmale der Preisdifferenzierung waren vor allem die Distanz zwischen Fertigungswerk und Lieferort sowie die Kundengröße. Die Preismodule umfassten neben den Herstellkosten auch die Frachtkosten sowie kundenspezifische Erlösschmälerungen wie Rabatte und Boni (vgl. SIMON / SEBASTIAN / MAESSEN, 2003, S. 24).

◼ Internationale Preisdifferenzierung als Sonderfall der räumlichen Preisdifferenzierung

Preisdifferenzierung im internationalen Geschäft bedeutet, dass in jedem Ländermarkt der höchst mögliche Preis verlangt wird, um auf diese Weise Gewinnpotenziale voll auszuschöpfen. Da sich Kaufkraft, Kundenpräferenzen, Absatzwege, Wettbewerbs- und Kostensituation von Land zu Land stark unterscheiden, resultieren aus der Preisdifferenzierung zum Teil große internationale Preisunterschiede.

Die folgende Übersicht zeigt z. T. gravierende Unterschiede. In der letzten Spalte ist der Unterschied in Prozent zwischen dem höchsten und dem niedrigsten Preis (in €) für das entsprechende Produkt in den untersuchten Ländern ausgewiesen.

Produkt	Deutschland	Frankreich	USA	Untersch.
Tischlampe IKEA Porfylit	19,96	12,04	31,51	162 %
Aftershave von Calvin Klein „Eternity", 100 ml	39,51	36,29	56,06	54 %
Timberland Cargo-Hosen Model 387	97,96	72,71	52,94	85 %
Pokemon Sammelkarten Start-Set	13,56	12,32	7,56	79 %

Besonders extreme internationale Preisunterschiede finden sich bei Arzneimitteln (in Europa von bis zu 500 %), bei Sportbekleidung und Autovermietung (bis zu 100 %). Die Preisunterschiede resultieren allerdings nicht nur aus einer bewussten Preisdifferenzierung der Hersteller, sondern auch aus unterschiedlichen Fabrikabgabepreisen aufgrund der differierenden Steuerbelastung.

Fallbeispiel   **Vereintes Europa? Nicht bei Möbel- und Autopreisen!**

Beispiel 1   **Europäischer IKEA-Preisvergleich**
Obwohl das Angebot an Wohn-, Küchen- und Kinderzimmermöbeln der IKEA-Einrichtungshäuser im Katalog weitgehend identisch ist, gibt es in europäischen Ländern nach einer Untersuchung des Europäischen Verbraucherzentrums Preisunterschiede bis zu 100 %. Während sich für Schnäppchenpreisjäger Holland bei 12 der insgesamt 35 untersuchten Produkte als besonders attraktiv erwies, entpuppte sich England bei mehr als der Hälfte der Produkte als Hochpreisland. So müssen die Kunden beispielsweise für die Eckbank „Strömstad" in englischen IKEA-Häusern 1.420,64 € bezahlen, in Österreich sind es dagegen nur 689 €.

Auch die „Sultan Mansken" Federkernmatratze ist in England mit 126,98 Euro mehr als doppelt so teurer wie in Deutschland mit 49 €. Bei anderen Einrichtungsgegenständen wie dem „Karlskrona Ruhesessel" ist Deutschland dagegen der Spitzenreiter. Aber auch in Holland schlagen gewisse Produkte preislich stärker zu Buche als wiederum in Deutschland. Der europäische Schnäppchenjäger muss also Produkt für Produkt vergleichen, will er die günstigsten Angebote nutzen.

(Quelle: www.europaeischesverbraucherzentrum.de).

Beispiel 2 **Preisunterschiede bei Autos**

In Deutschland lässt sich im Vergleich zu anderen europäischen Ländern ein wesentlich höheres Preisniveau für weitestgehend identische Produkte durchsetzen. Die Autohersteller können deshalb mit Hilfe der Preisdifferenzierung hohe Zusatzerlöse erzielen. Die nachfolgende Übersicht – Stand 1.10.2010 – weist für einige ausgewählte Automodelle die Preise ohne Steuern (in Euro) in sechs europäischen Ländern aus.

Land	Volvo S40	VW Golf	Mercedes C 220	Mazda 2
Deutschland	20.378,00 €	13.992,00 €	30.225,00 €	12.569,00 €
Frankreich	20.919,00 €	13.123,00 €	27.263,00 €	–
Italien	19.833,00 €	13.666,00 €	29.228,00 €	11.548,00 €
Großbritannien	14.556,00 €	13.156,00 €	21.213,00 €	10.220,00 €
Dänemark	16.417,00 €	11.222,00 €	23.448,00 €	10.397,00 €
Polen	16.592,00 €	11.449,00 €	25.641,00 €	10.272,00 €

(Quelle: www.europa.eu-int/comm/competition/car_sector)

Der **Hauptgrund** für die **Preisunterschiede** liegt in den unterschiedlichen Steuersätzen. Da in den skandinavischen Ländern und Holland hohe Luxussteuern erhoben werden, senken vor allem Massenhersteller die Nettopreise in diesen Ländern, um die Autos für die Käufer in diesen Ländern erschwinglich zu machen. So ist der Vorsteuerpreis des Nissan Primera in Dänemark um ca. 30 Prozent günstiger als in Deutschland, und der Peugeot 307 wird um rund 25 Prozent billiger angeboten.

Mit der **Gruppenfreistellungsverordnung** (GVO), nach der Autohändler überall in Europa Filialen eröffnen und auch Marken unterschiedlicher Hersteller gleichzeitig verkaufen dürfen, entsteht jedoch zunehmend der Druck, die Preise anzugleichen. Vor allem die Spitzenmodelle der Premiumhersteller wie Mercedes und BMW bemühen sich, die Preise zu vereinheitlichen. Bei Porsche wird überall in der Europäischen Union derselbe Nettopreis verlangt. Das kostet zwar Millionen, aber langfristig geht man davon aus, dass sich diese Investition lohnt, denn die Kunden merken, wenn sie abgezockt werden. Bei bereits eingeführten Modellen ist eine Einebnung der Preise nahezu unmöglich, weil die Kunden Preissprünge von bis zu 50 % kaum akzeptieren.

Anbieter, die ihre Preise international stark variieren, geraten zunehmend unter Druck. Allzu große Preisunterschiede sind immer weniger möglich. Die Gründe dafür sind Reimporte, Internationalisierung von Kunden, Absatzmittlern und Wettbewerbern, Preistransparenz durch Internet und Euro sowie das Zusammenwachsen von Märkten *(Europäische Union)*. Die Unternehmen sind dadurch gezwungen, ihre **Preise stärker** zu **koordinieren und** zu **standardisieren**.

Beispiel Der Filmhersteller Kodak kam unter Preisdruck, als die internationale Handelskette Metro einheitliche Konditionen für alle europaweit bedienten Märkte forderte. Kodak musste daher die Preise um durchschnittlich 20 % senken, und zwar auf das Niedrigpreisniveau, das auf einem kleinen südeuropäischen Ländermarkt gegeben war. Die Folge für Kodak war ein drastischer Gewinneinbruch.

Fallbeispiel Reimporte nicht nur bei Autos, sondern auch bei Arzneimitteln

Viele Pharmakonzerne verfolgen die Strategie, in jedem Land den höchstmöglichen Preis und insgesamt den maximalen Umsatz herauszuholen. Obwohl die Arzneimittel überall gleich sind, unterscheiden sich die Preise erheblich. Dies nutzen einige Arzneimittelhändler aus: Sie kaufen zu sehr günstigen Preisen Arznei im Ausland *(Frankreich, Portugal oder Griechenland)* und beliefern damit Apotheken in Deutschland. Sogar bei Arzneien deutscher Hersteller wie Bayer oder Schering lohnt sich der Reimport.

Als Branchenführer in Sachen Arzneimittel-Reimporte gilt die Firma Kohlpharma aus Merzig im Saarland. Jeden Tag bringen Lastwagen 100.000 Arzneischachteln in das Logistikzentrum von Kohlpharma, wo sie zumeist von Hand umverpackt und nur noch um deutsche Beipackzettel ergänzt werden. Durch solche Reimporte entgehen den Pharmafirmen enorme Gewinne. Wenn die Hersteller die Umpacker wirklich loswerden wollen, müssen sie ihre Preise – zumindest in den Industrieländern – angleichen (vgl. HOFFRITZ, 2002, S. 23).

Infobox

Wie Preisdifferenzierung durch die übrigen Marketinginstrumente flankiert werden kann.

Häufig ist es notwendig, Preisdifferenzierung noch durch Differenzierungsmaßnahmen bei den anderen Marketinginstrumenten *(Vertriebskanal, Produkt, Markenname, Werbung)* zu unterstützen. Die einfachste Form der **Vertriebskanaldifferenzierung** besteht darin, in einem Vertriebskanal *(Fachgeschäft)* dass Produkt zu einem höheren Preis als in einem anderen Kanal *(Supermarkt oder Discounter)* zu verkaufen. Wie unterschiedlich die Preise für ein identisches Produkt je nach Vertriebskanal ausfallen können, zeigt sich am Beispiel einer 0,33-l-Dose Coca-Cola in neun verschiedenen Verkaufsstellen in Bonn.

Verkaufsstelle	Preisindex
Großer Supermarkt	100
Nachbarschaftsgeschäft	108
Bäckerei	125
Verkaufsautomat (Universität)	141
Tankstelle	188
Verkaufsautomat (Straße)	243
Zeitungskiosk-Straße	250
Zeitungskiosk-Flughafen	312
Zeitungskiosk-Bahnhof	344

Infobox

Während die Kunden im großen Supermarkt den niedrigsten Preis (Index 100) zahlten, wurde am Bahnhofskiosk der höchste Preis (Index 344) verlangt. Das heißt, der Preis war dort 3,44 mal höher als im Supermarkt. Im Eingangsbereich des Bahnhofs war der Preis sogar noch höher als an einer anderen Verkaufsstelle im Bahnhof. Zwar wurden die Preise durch die Geschäfte unabhängig voneinander bestimmt, doch deutlich ist, dass für die Höhe des geforderten Preises der Zeitdruck der Kunden eine wesentliche Rolle spielt. Haben die Kunden wenig Zeit, um andere Geschäfte aufzusuchen, sind die Preise höher. Können die Kunden dagegen das Produkt ohne großen Zeitdruck kaufen und mit nach Hause nehmen, sind die Preise niedriger.

Um differenzierte Preise besser durchsetzen zu können, kommt außerdem im Rahmen der Produktpolitik eine **Differenzierung der Verpackung** in Betracht. Zum Beispiel wird ein Kosmetikprodukt in einer Exklusivpackung erheblich teurer verkauft als in einer normalen Verpackung. Bier in edel aussehenden Flaschen wird teurer verkauft als in Standardflaschen. Damit noch von Preisdifferenzierung gesprochen werden kann, ist es erforderlich, dass sich die Produktversionen substanziell und in den Produktionskosten nur unwesentlich voneinander unterscheiden. Ein völlig anderes Produkt darf nicht vorliegen.

Typische Beispiele für ausgeprägte Preisunterschiede, obwohl sich die Produktversionen nur unwesentlich unterscheiden, finden sich bei den verschiedenen Modellvarianten von Autos, bei Bahnfahrten und Flugreisen in der ersten und der zweiten Klasse. Eine weitere Möglichkeit innerhalb der Produktpolitik besteht darin, das gleiche Produkt nur unter einem anderen **Markennamen** zu verkaufen. In Warentests kommen fast immer Produktgruppen mit nahezu blaugleichen Marken vor *(Haushaltsgroßgeräten)*.

5.5.2 Nichtlineare Preisbildung

Bei der **nichtlinearen** Preisbildung (Preisdifferenzierung nach der gekauften Menge, quantitative oder mengenmäßige Preisdifferenzierung) zahlen Kunden, je nachdem, ob sie mehr oder weniger Einheiten kaufen, **unterschiedlich** hohe Preise. Da der Rechnungsbetrag mit steigender Abnahmemenge nicht linear (proportional), sondern unterproportional steigt, wird von nichtlinearen Preisen gesprochen.

Ziel ist es – wie auch bei den anderen Formen der Preisdifferenzierung – durch ein gezieltes Abschöpfen der Zahlungsbereitschaft der Kunden höhere Gewinne zu erreichen als bei einem Einheitspreis. Ausgangspunkt des nichtlinearen Pricing bildet die Überlegung, dass die Zahlungsbereitschaft eines Kunden für zusätzliche Einheiten eines Produktes im Allgemeinen abnimmt.

Beispiel Einem durstigen Wanderer stiftet das erste Glas Wasser einen höheren Nutzen als das zweite Glas, das zweite wiederum einen höheren Nutzen als das dritte Glas usw. Entsprechend ist er bereit, für das erste Glas mehr zu bezahlen als für das zweite Glas, und für das zweite Glas mehr als für das dritte Glas usw.
Ein Gastwirt kann deshalb seinen Gewinn erhöhen, wenn er für das erste Glas einen höheren Preis nimmt als für das zweite, und für das zweite mehr als für das dritte usw. Auf diese Weise kann der unterschiedliche Kundennutzen abgeschöpft werden.

Nichtlineares Pricing kommt in der Praxis in einer Vielzahl von Ausprägungen vor.

Dazu gehören Mengenrabatte und Bonusregelungen (vgl. Kap. 5.4.5) sowie unterschiedliche Tarifgestaltungen bei der Inanspruchnahme von Dienstleistungen.

Ausprägungen des nicht-linearen Pricing		
Art	**Beschreibung**	**Beispiele**
Mengenrabatt	Wird eine bestimmte Menge überschritten, zahlt der Kunde den niedrigeren Preis für alle Einheiten (= durchgerechneter Rabatt).	• Mengenrabatte für Anzeigenraum in Printmedien und für Werbezeit im Fernsehen, • Mengenrabatte für Großkunden, die ihre Einkaufsmacht zu günstigeren Einkaufspreisen nutzen.
Zweiteiliger Tarif	Er besteht aus einer festen Gebühr und einem zusätzlichen nutzungsabhängigen Preis pro Einheit.	• Telefonkunde muss für die Telefonnutzung eine feste, monatliche Grundgebühr und eine nutzungsabhängige Gebühr für jede Gesprächseinheit bezahlen. • Autovermieter verlangen für ihre Mietwagen häufig eine feste Grundgebühr pro Tag und eine Gebühr pro gefahrenen Kilometer.
Blocktarif	Der Kunde kann zwischen zwei, drei oder mehr Blöcken wählen, die jeweils aus einer fixen und einer variablen Preiskomponente bestehen.	• Energieunternehmen bieten die Wahl zwischen mehreren Tarifen. Je höher dabei die Grundgebühr ist, desto niedriger fällt der variable Preis pro Verbrauchseinheit aus. • Bei Mobiltelefonen zahlen Intensivnutzer zwar eine höhere monatliche Grundgebühr, dafür aber niedrigere variable Preise pro Minute.
Preispunkte	Bestimmten Absatzmengen wird ein Gesamtpreis zugeordnet, der pro Stück degressiv ist.	• Passbilder beim Fotografen (2 € für 1 Foto, 8 € für 6 Fotos). • Oberhemden („kaufe drei, bezahle zwei!").
Pauschalpreise („flat rates")	Der Kunde bezahlt einen Einheitspreis für beliebig viele Einheiten eines Produktes.	• Internetbenutzung, • Tageskarten bei öffentlichen Verkehrsmitteln, • Dauerbesucherausweise in Museen, • Frühstücksbuffet im Hotel.
Bonus	Der Kunde erhält mengenabhängige nachträgliche Gutschriften oder Prämien.	• Naturalrabatte *(Bonusmeilen bei Fluggesellschaften für Freiflüge)*, • Sachprämien ab Erreichen bestimmter Abnahmemengen bzw. entsprechender Punktwerte *(Betreiber von Versandhausagenturen erhalten, je nach erreichter Umsatzhöhe, Sachprämien wie Espressomaschine oder Fernsehgerät).*

5.5.3 Preisbündelung

Bei **Mehrproduktunternehmen** und besonders im **Handel** stellt sich die Frage, ob die Produkte einzeln zu getrennten Preisen oder aber in einem Bündel (Paket) zu einem Bündelpreis **(Paketpreis)** verkauft werden sollen. **Ziel** der **Preisbündelung** ist es, die unterschiedliche Preisbereitschaft der Kunden besser abzuschöpfen als durch den Verkauf von Einzelpreisen, um dadurch den Gewinn zu steigern. Meist ist der Bündelpreis niedriger als die Summe der Einzelpreise.

▶ **Formen der Preisbündelung**

Es lassen sich in der Praxis **drei** Formen der **Preisbündelung** antreffen.

▬ Reine Preisbündelung

Nur das gesamte Paket wird angeboten, die einzelnen Produkte können nicht einzeln gekauft werden.

> **Beispiel**
> - Tchibo-Reisen bietet ein Reisepaket an, das aus einem Skiaufenthalt mit Übernachtung, Frühstück, Skiausrüstung, Auslands- und Notfallversicherung besteht.
> - In der Filmindustrie sind Blockbuchungen üblich. Der Filmverleiher bietet dem Kinobetreiber nicht einzelne Filme, sondern ganze Blöcke von Filmen an, die aus attraktiveren und weniger attraktiveren Filmen bestehen. Die Kinobetreiber würden sonst wahrscheinlich nur die attraktiven Filme ausleihen.

▬ Gemischte Preisbündelung

Sowohl das Paket als auch die einzelnen Produkte werden nebeneinander angeboten, so dass der Kunde die Auswahl hat.

> **Beispiel**
> - McDonald's verkauft seine Hamburger in einem Angebotspaket zusammen mit Pommes Frites und einem Getränk (Sparmenü). Die Produkte können aber auch einzeln zu einem höheren Preis gekauft werden.
> - Bundesligaclubs offerieren Jahreskarten für Fußballspiele (Spitzenspiele und Alltagsbegegnungen) an, die günstiger sind als die Einzelkarten. Auch Theater- und Konzertabonnements werden billiger angeboten als die entsprechenden Einzelkarten.
> - Zeitungs- und Zeitschriftenverlage offerieren ihren Werbekunden Titelkombinationen an. Der Kunde kann in verschiedenen Zeitschriften des gleichen Verlages Anzeigen schalten und erhält dafür beträchtliche Rabatte.

Eine besondere Variante der gemischten Preisbündelung findet sich bei hochwertigen und sich ergänzenden Artikeln im Einzelhandel. Dabei werden die einzelnen Produkte relativ hoch kalkuliert, während das Paket mit einem erheblichen Nachlass offeriert wird. Dadurch entsteht der Eindruck eines besonders günstigen Komplettangebotes. Die Folge ist meist, dass fast ausschließlich das Set erworben wird.

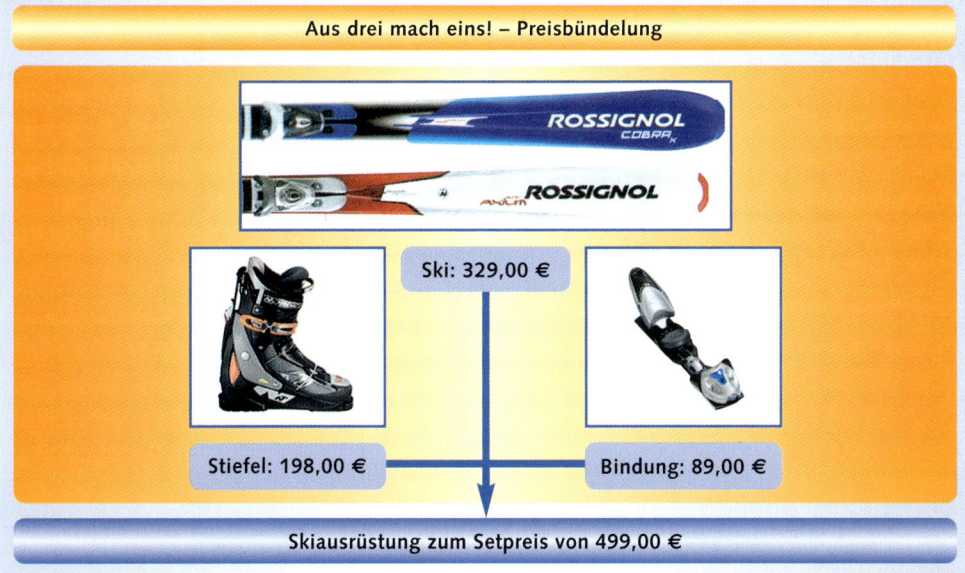

Abb. Sportartikelausrüstung zu Einzelpreisen und zum Setpreis

Koppelgeschäfte

Der Käufer verpflichtet sich, neben dem Hauptprodukt ein oder mehrere Komplementär-produkte zu kaufen, die notwendig sind, um das Hauptprodukt zu verwenden. Im allgemeinen handelt es sich beim Hauptprodukt um ein langlebiges Gut *(Kopiergerät)* und bei den Komplementärgütern um kurzlebige Güter *(Toner, Papier, Dienstleistungen)*.

Fallbeispiel **Multimediafunkbetreiber verschenken teure Spiele- und Fotohandys**

Im großen Stil senken Mobilfunkbetreiber, Diensteanbieter und Händler die Preise für wertvolle Multimediahandys. Damit wollen sie das Geschäft mit den mobilen Daten-diensten in Gang bringen. Während zuvor noch Geräte mit eingebauter Kamera, inte-griertem MP3-Spieler sowie zahlreichen Info- und Unterhaltungsangeboten für 100 € und mehr in Kombination mit einem Zweijahresvertrag angeboten wurden, gehen sie nun zum symbolischen Preis von einem Euro über den Ladentisch.

Sogar neue Modelle wie der N-Gage, Nokias erster mobiler Gameboy, der im Einkauf rund 300 € kostet, wird plötzlich von immer mehr Händlern zum Lockpreis von 1 € an-geboten. Der Diensteanbieter Talkline gibt sogar einen Laptop für 1 € ab. Der Dienste-anbieter Debitel, der Massenvertriebskanäle wie Saturn und Mediamarkt beliefert, legt ein Startguthaben von 20 € drauf. Die hochsubventionierten Angebote gibt es aber nur, wenn die Kunden einen 24-Monats-Vertrag abschließen. „Wir schenken den Leuten Öllampen, damit sie Öl kaufen", gibt ein Handyhändler zu, denn erst wenn die Kunden die Dienste kaufen, wird verdient.

Vor allem der Mobilfunkbetreiber Vodafone überschüttet den Markt mit Ein-Euro-Multi-mediahandys, die in der „Bild"-Zeitung (Slogan: „Jetzt aber los") beworben werden. Um seinen Marktanteil bei Vertragskunden und die Nutzung des Portals Vodafone live aus-zuweiten, bezahlt Vodafone Rekordprämien von bis zu 300 € für jede gewonnene Ver-tragsunterschrift, die die meisten Händler direkt als Gerätesubvention an ihre Kunden weitergeben. Zu der Akquisitionsprämie von rund 200 € kommen noch Werbekosten-zuschüsse von bis zu 100 € (vgl. BERKE, 2003, S. 54–55).

Was ist vorteilhafter: Preisbündelung oder Einzelpreisstellung?

Ob eine Einzelpreisstellung oder eine reine Preisbündelung oder eine gemischte Preisbünde-lung vorteilhafter ist, muss in jedem Einzelfall geprüft werden (vgl. SIMON, 1998, S. 132 ff.):

- Die Einzelpreisstellung ist tendenziell vorteilhafter, wenn die Präferenz der Kunden für eines der beiden Produkte dominiert und der Nutzen des anderen Produktes sehr gering ist.
- Die reine Preisbündelung empfiehlt sich, wenn die Präferenzen für beide Produkte und damit für das Bündel relativ hoch sind.
- Die gemischte Preisbündelung verbindet die Vorteile der beiden Preisstellungsformen. Sie ist am besten, wenn in einem Markt Kundensegmente auftreten, die zum Teil ex-treme und zum Teil ausgewogene Präferenzen haben.

Beispiel Die gemischte Preisbündelung wird häufig in Restaurants angewendet. Neben den einzelnen Komponenten Vorspeise, Hauptgericht, Dessert (à la carte) werden auch komplette Menüs angeboten, die billiger sind als die Summe der einzelnen Gänge. Die Kunden, die ausgeprägte Präferenzen nur für eine spezielle Komponente *(Desserts)* haben und andere Teile sehr gering schätzen *(Vorspeise)*, werden à la carte bevorzugen. Kunden, welche die Einzelkomponenten etwa gleich präferieren, werden sich für das Paketangebot entscheiden.

Da die Vor- und Nachteile der Preisbündelung sich im Zeitablauf verändern können, ist in regelmäßigen Abständen zu prüfen, ob Paketpreise beibehalten oder aufgegeben werden sollen. Im letzteren Fall sprich man auch von **Entbündelung**.

> **Beispiel** Aufgrund von Marktveränderungen wurde das Softwareprogramm SPSS (Daten-analyse, Data-Mining), das früher als Paket angeboten wurde, wieder entbündelt. Um dieselben Funktionen zu erhalten, mussten die Kunden beträchtlich höhere Preise bezahlen. Deshalb wurde, um Irritationen bei den Kunden zu vermeiden, das Produkt modifiziert.

5.5.4 Kurz- und langfristige Preissenkungen

Mithilfe von zeitlich befristeten Preissenkungen oder dauerhaften Preissenkungen versuchen Anbieter sich gegenüber Wettbewerbern als besonders „preisfreundlich" zu positionieren.

▶ **Preisaktionen**

Preisaktionen („Sonderangebote") sind un-regelmäßige und zeitlich befristete Preis-senkungen, die sowohl von Herstellern als auch vom Handel durchgeführt werden. Preisaktionen sind weit verbreitet.

In Deutschland betragen die Umsatzanteile typischer Sonderangebotsartikel wie Scho-kolade oder Kaffee häufig 60 % und mehr.

Bis zu 75 % elektrischer Haushaltsgroß-geräte werden zu Sonderpreisen abgesetzt, bei einigen Konsumgütern liegt der Umsatz-anteil von Preisaktionen sogar bei 90 %.

Sonderpreise liegen entweder nahe am Ein-kaufspreis oder sogar darunter. Besonders-gut geeignet sind bekannte und qualitativ unzweifelhafte Markenartikel. Bei **Untereinstandspreisen** können allerdings Konflikte mit den Herstellern auftreten, die ihr Markenimage gefährdet sehen. Außerdem kann es zu rechtlichen Problemen kommen (Verbot des dauerhaften Verkaufs unter Einstandspreis).

🔹 **Vorteile von Preisaktionen**

Kurzfristige Preisaktionen sind in der Lage, den **Gewinn** nachhaltig zu **steigern**. Sie kön-nen neue Kunden anziehen, bisherige Kunden binden, die Verbrauchsintensität steigern und Impulskäufe auslösen. Besondere Einführungspreise sollen die Anfangsnachfrage nach neuen Produkte stimulieren. Räumungsverkäufe werden durchgeführt, um „Laden-hüter" loszuwerden. Der Gelegenheitscharakter führt gerade auch bei dem Konsumen-tentyp der Smart Shopper zu einer überproportionalen Ausweitung des Absatzes.

🔹 **Nachteile von Preisaktionen**

Zu beachten sind aber auch negative Wirkungen, die mit kurzfristigen Preisaktionen verbunden sein können. Zum Beispiel besteht die **Gefahr**, dass sich die Kunden an Aktionspreise gewöhnen und nicht mehr zum Normalpreis kaufen. Der niedrige Aktionspreis kann somit zum neuen „Anker- bzw. Bezugspreis" werden, mit dem der Kunde die zukünftigen Preise vergleicht. Für die Unternehmung ist es dann schwierig, in Zukunft wieder höhere Preise durchzusetzen. Bei häufigen Preisaktionen *(Sekt, Süßwaren, Wasch- und Reinigungsmitteln, Kosmetika)* ist die Gefahr eines **Preisverfalls** besonders hoch.

Wenn **kurzfristige Preisaktionen** durchgeführt werden, besteht auch immer die **Gefahr**, dass Umsätze kannibalisiert werden, die die Unternehmung sonst zu höheren Preisen getätigt hätte. Das heißt, es kaufen nicht neue Kunden, durch die zusätzliche Umsätze erzielt werden, sondern Kunden, die sowieso gekauft hätten. Die vorgezogenen Käufe der Kunden beeinträchtigen damit entsprechend den späteren Absatz des Unternehmens **(Carryover-Effekt)**. Tatsächlich zeigen Untersuchungen, dass der Anlockeffekt neuer Kunden vergleichsweise gering ausfällt. (vgl. Diller, 2000, S. 477).

Außerdem können sogenannte negative **Spill-Over-Effekte** auf andere Produkte im Sortiment des Unternehmens auftreten, wenn Kunden aufgrund der Preissenkung anstatt des bisher für sie zu teuren Produktes *(VW Golf)* nun dieses anstelle eines anderen aus dem Programm des Anbieters *(VW Polo)* kaufen.

Erwartet der Kunde weitere Preisaktionen, wird er sein Kaufverhalten gezielt darauf einstellen und mit der Beschaffung bis zur nächsten Preisaktion warten. Damit mutiert der Aktionspreis immer mehr zum Normalpreis *(Bohnenkaffee, Margarine, Waschmittel)*. Sind die Qualitätsunterschiede der mit Sonderpreisen angebotenen Marken nicht allzu groß, kommt es leicht zur Markenilloyalität.

Langfristig wird durch häufige Preisaktionen und der damit verbundenen Werbung *(MakroMarkt „Es lebe billig!")* auch die Motivation zum preisbewussten Einkauf forciert. Bei Marken, deren Image stark vom Preis geprägt wird *(Kosmetika, Spirituosen, Einrichtungsgegenstände)*, können Aktionspreise die Glaubwürdigkeit der Exklusivität und des Prestigeanspruchs vermindern.

▶ Dauerhafte Preissenkungen

Anstelle wiederholter kurzfristiger Preisaktionen gehen Unternehmen vermehrt dazu über, die Preise dauerhaft abzusenken. Das bedeutet, es werden konstant niedrige Preise verlangt.

Im Normalfall sind **Dauerniedrigpreise** aber höher als Sonderaktionspreise *(Aldi: „Dauerhaft billiger", Wal-Mart: „Every Day Low Pricing", Migros / Schweiz, Procter & Gamble)*.

■ Vorteile von dauerhaften Preissenkungen

Gegenüber kurzfristigen Preisaktionen haben **dauerhafte Preissenkungen** folgende **Vorteile**:

- Da die Nachfrage stabilisiert wird und Belastungsspitzen wegfallen, können Kosten in Verwaltung und Logistik eingespart werden,
- die Werbung kann anstelle des Preises stärker Produktnutzen und Unternehmensimage betonen,
- der Ankerpreis wird nicht nach unten gedrückt,
- die Kunden schätzen das Unternehmen als glaubwürdiger und zuverlässiger ein, weil sie weniger Preisärger wegen verpasster Preisgelegenheiten haben.

Erfolgsvoraussetzungen für dauerhafte Preissenkungen

Voraussetzung für den Erfolg von dauerhaften Preissenkungen sind insbesondere folgende **Prinzipien** (vgl. DILLER / HAAS / HAUSRUCKINGER, 1997, S. 19–28):

- Kostenführerschaft, d. h. die Realisierung von Kostenvorteilen gegenüber den Wettbewerbern,
- Preisführerschaft, d. h. die Weitergabe der Kostenvorteile an die Kunden und das konsequente Streben nach tieferen Preisen,
- Leistungsvereinfachung, d. h. Konzentration auf Kernleistungen mit geringen Qualitätsrisiken für den Kunden.

Da **Sonderpreisaktionen** zumindest bei einem Teil der Kunden starke Anreizwirkungen und Werbeeffekte auslösen, sollte auf sie nicht völlig verzichtet werden. Es ist also möglichst die richtige Mischung aus Dauerniedrigpreisen, Sonderpreis- und Verkaufsförderungsaktionen zu finden und durch Werbung zu unterstützen.

5.5.5 Preislinienpolitik (Pricing für Produktgruppen)

Nahezu alle Unternehmen bieten am Markt nicht nur ein Produkt, sondern ein mehr oder weniger breites Sortiment an.

> **Beispiel** Autohersteller verkaufen verschiedene Automodelle *(Opel Corsa, Astra und Vectra)* in verschiedenen *Ausstattungsvarianten (Basic, Comfort, Sport)*. Supermärkte führen Lebensmittel, Haushaltsartikel, Bekleidung usw. Selbst eine Brauerei, die nur eine Biersorte herstellt, verkauft diese in unterschiedlichen Verpackungsformen *(Flasche, Dose, Fass)* und Gebindegrößen.

Sofern nun der Verkauf eines Produktes den Verkauf eines anderen Produkts des Unternehmens nicht beeinflusst, kann der Preis völlig frei festgelegt werden. Bestehen jedoch zwischen den einzelnen Produkten Nachfrage- und Kostenzusammenhänge, müssen Produktlinie bzw. Produktprogramm als Ganzes betrachtet werden. Die **Preislinienpolitik** hat dabei die **Aufgabe**, die Preise produktübergreifend zu **optimieren**. Dabei sind komplementäre und substitutive Verbundbeziehungen zu unterscheiden.

▶ Komplementäre Verbundbeziehungen

Stehen die **Produkte** des Unternehmens in einem **komplementären** Verhältnis zueinander *(PC-Drucker und Druckpatronen)*, dann steigert die Erhöhung der Nachfrage für ein Produkt auch den Absatz des anderen Produktes. In solchen Fällen ist es vernünftig, bei einem Produkt auf Gewinn zu verzichten oder sogar einen Verlust in Kauf zu nehmen, um insgesamt einen höheren Gewinn zu erzielen. Im Mittelpunkt steht nicht der Produkt-Deckungsbeitrag, sondern wie viel man aus einer Kundenbeziehung „herausziehen" kann. Die folgenden Ausführungen verdeutlichen, wie Unternehmen diese Angebotspolitik realisieren.

Hauptprodukt und Folge- oder Zusatzprodukte

Hauptprodukt und Folge- oder Zusatzprodukte können nur **zusammen** verwendet werden *(Staubsauger und Staubsaugerbeutel, Fotoapparat und Filme, Nassrasierer und Rasierklinge, Auto und Reparatur / Service)*.

Hersteller der Hauptprodukte (PC-Drucker) verlangen für diese häufig nur niedrige Preise, um deren Absatz zu fördern. Sie kommen erst durch den Verkauf der Folgeprodukte *(Tinte, Toner)*, für die sie hohe Aufschläge nehmen, auf ihre Kosten.

Beispiel   Tintenstrahldrucker von Hewlett-Packard (HP) werden schon ab ca. 50 € angeboten. Dazu passende Tintenfarbpatronen (8 ml) kosten pro Stück ca. 20 €, (Stand: Januar 2005).

Hersteller, die keine Folgeprodukte verkaufen, haben nicht diese Möglichkeit und müssen daher den Preis für das Hauptprodukt höher ansetzen. Auch Buchclubs bieten ihr erstes Buch praktisch kostenlos an. Gewinne erzielen sie erst, wenn der Kunde weitere Bücher kauft. Bei verschleißintensiven Anlagegütern wie Dieselmotoren oder Baumaschinen können Folgeprodukte wertmäßig ein Mehrfaches des Anschaffungspreises des Hauptproduktes ausmachen.

Hauptprodukt und Extras, Sonderausstattungen, Zubehör

Viele Unternehmen bieten neben dem Hauptprodukt *(Auto)* auch Sonderausstattungen *(Klimaanlage, Standheizung, Navigationssystem)* an. Sie müssen deshalb entscheiden, welche Sonderausstattungen im Preis eingeschlossen und welche als Extras angeboten werden sollen. Liegen die Preise für Sonderausstattungen zu hoch, werden die Kunden darauf verzichten oder auf billigere Wettbewerber ausweichen. Sind die Preise zu niedrig, verdient das Unternehmen nicht mehr viel daran.

Beispiel   Japanische Autohersteller verfolgten von Anfang an die Strategie, die meisten Extras in das Hauptprodukt einzubauen und sozusagen gratis mitzuliefern. Dadurch konnten sie durch Standardisierung Kostenvorteile in der Produktion erzielen und sich von den europäischen Kleinautoherstellern differenzieren. Diese betrachteten das Zubehör traditionell als unabhängige Gewinnquelle und verkauften es eher zu hohen Preisen.

Einkaufsverbund

Aus Zeit- und Bequemlichkeitsgründen ist es für den Kunden häufig vorteilhaft, die Einkäufe örtlich und zeitlich zu konzentrieren (one-stop-shopping). Typische Beispiele für solche **Verbundkäufe** finden sich im Lebensmittelhandel, bei Bekleidung *(zum Anzug Hemd und Krawatte)* und bei Tankstellen *(neben Benzin auch Snacks, Getränke und Zeitungen)*.

Viele Anbieter kalkulieren daher aus werblichen und akquisitorischen Gründen bestimmte Produkte sehr niedrig, um damit den Absatz höher kalkulierter Produkte anzukurbeln. Nicht den Deckungsbeitrag jeden einzelnen Artikels gilt es zu maximieren, sondern den Deckungsbeitrag für das ganze Sortiment (Strategie des preispolitischen Ausgleichs durch eine Mischkalkulation mit Ausgleichsgeber und Ausgleichsnehmer).

Fallbeispiel   **Manchmal ist weniger mehr**

In einem Geschäft für Herrenbekleidung wurde mit Hilfe von Scannerdaten festgestellt, dass der Verkauf eines Anzugs zusätzliche Verkäufe von Oberhemden und Krawatten auslöst. Durchschnittlich führte der Kauf eines Anzugs zum Kauf von 0,8 Oberhemden und 1,2 Krawatten. In der Ausgangssituation waren die Preise der Artikel nicht aufeinander abgestimmt, sondern isoliert voneinander optimiert worden. 86 % des Gesamtdeckungsbeitrags wurden vom Hauptartikel – den Anzügen – erzielt. Die Deckungsbeiträge der Zusatzartikel waren im Vergleich zu den Anzügen sehr niedrig.

Nachdem der Anzugspreis ungefähr 5 % unter den optimalen isolierten Preis gesenkt wurde, verkaufte das Unternehmen 24 mehr Anzüge pro Tag. Der Gewinn mit den Anzügen ging infolge des niedrigeren Deckungsbeitrages leicht zurück. Der niedrigere Anzugpreis führte jedoch dazu, dass die Komplementärprodukte *(Oberhemden und Krawatten)* verstärkt nachgefragt wurden. Der Gewinnverzicht bei den Anzügen wurde durch höhere Gewinne mit Oberhemden und Krawatten mehr als ausgeglichen (vgl. SIMON / DOLAN, 1997, 215 f.).

Imageverbund

Aus Imagegründen werden häufig bestimmte **Leit- oder Einstiegsprodukte** besonders preisgünstig angeboten. Auf diese Weise sollen den Kunden positive Erfahrungen vermittelt und Goodwill auf die übrigen Produkte des Anbieters übertragen werden.

> **Beispiel** Startpackungen bei Modellbahnen von Märklin: Nach dem Motto „auspacken, aufbauen, spielen", sind die Startpackungen mit Zug, Trafo, Gleisen und Anschluss- zubehör komplett ausgestattet und werden zu einem günstigen Einsteigerpreis angeboten.

▶ Substitutive Verbundbeziehungen

Produkte stehen in einer substitutiven Beziehung zueinander, wenn sie sich gegenseitig ersetzen oder sogar ausschließen. In diesem Fall fördert eine Preiserhöhung bei dem einen Produkt *(Opel-Corsa)* den Absatz des anderen Produktes *(Opel-Astra)*. Auch bei substitutiven Beziehungen ist es ratsam, auf einen Teil des Gewinns bei einem einzelnen Produkt zu verzichten, um einen höheren Gesamtgewinn für die Produktgruppe zu erzielen.

> **Fallbeispiel** Neu „frisst" alt

Ein Chemieunternehmen führte eine neue Spezialchemikalie ein. Man ging davon aus, dass das neue Produkt das alte, etablierte Produkt teilweise substituieren würde. Das neue Produkt hatte gegenüber dem alten Produkt klare Leistungsvorteile in Bezug auf den Umweltschutz, aber die Herstellkosten lagen höher. Es stellte sich heraus, dass bei isolierter Preisoptimierung das neue Produkt zwar einen hohen Marktanteil erreichte, der aber größtenteils zu Lasten des alten Produktes ging. Der Verkauf des alten Produktes wurde durch das neue Produkt beeinträchtigt. Zwischen beiden Produkten fand eine starke Kannibalisierung statt.

Deshalb wurde der Preis des neuen Produkts produktübergreifend, das heißt unter Berücksichtigung der Kannibalisierungseffekte, optimiert. Dabei ergab sich für das neue Produkt ein höherer optimaler Preis als bei isolierter Optimierung. Obwohl man auf einen Teil des Gewinns des neuen Produkts verzichtete, war der Zusatzgewinn für das alte Produkt und damit auch der Gewinn für die Produktgruppe insgesamt größer. Zur Unterstützung der Preismaßnahme wurden begleitend Kommunikationsmaßnahmen durchgeführt, um die beiden Produkte möglichst weit auseinander zu positionieren (vgl. SIMON / DOLAN, 1997, S. 233 ff.).

Gefährliche **Kannibalisierungseffekte** können auch bei Erweiterung der Produktgruppe um Premium-Produkte, Zweit- und Kampfmarken, preiswerteren Alternativen und Einstiegsprodukten eintreten. Werden die Preise nicht produktübergreifend optimiert, besteht die Gefahr, dass die neuen Produkte den Verkauf der alten Produkte beeinträchtigen.

5.5.6 Konditionenpolitik

Während sich die Bestimmung des Grundpreises (Listenpreis) auf die vom Anbieter zu erbringende Standard-Hauptleistung sowie ein übliches Maß an Services bezieht, knüpfen die sog. Konditionen an kunden- bzw. auftragsspezifische Modifikationen der sonst üblichen Standardleistungen an (vgl. STEFFENHAGEN, 2003, S. 577).

> **Beispiel** Manche Kunden wickeln beim Verkäufer ein „normales" Geschäftsvolumen in einer „normalen" Auftragsstruktur mit „normalen" Services ab und zahlen dafür auch „normale" Preise. Andere Kunden weichen vom Standard ab, was in kundenspezifischen Modifikationen vom Preis berücksichtigt wird.
> Konditionen führen als Abschläge vom Grundpreis oder als Aufschläge auf den Grundpreis zum Nettopreis für das jeweilige Geschäft. Konditionen beinhalten neben Geld- auch Sachwerte, Dienstleistungen, Absatzkredite und Liefer- und Zahlungsbedingungen (vgl. auch BRUHN, 2002, S. 168 f., MEFFERT, 2000, S. 581 ff.).

▶ Preisnachlässe

Unter bestimmten Bedingungen werden von der geforderten (Brutto-)Preishöhe Preisnachlässe bzw. direkte Preisermäßigungen gewährt.

▬ Rabatte

Rabatte sind **Preisnachlässe**, die ein Verkäufer seinen Käufern für bestimmte Leistungen gewährt. In der Praxis werden meist verschiedene Rabattarten in kombinierter Form eingesetzt (Rabattsysteme). Die Übersicht zeigt die wichtigsten Rabattarten

Mengenrabatte →	Für Käufer, die eine große Abnahmemenge beziehen. Der Verkäufer profitiert von Kosteneinsparungen in Produktion, Lagerhaltung, Vertrieb, Transport und Auftragsabwicklung.
Treuerabatte →	Für Käufer, die ausschließlich oder überwiegend eine Ware von einem bestimmten Lieferanten beziehen und zwar unabhängig von der Umsatzhöhe. Der Anbieter bezweckt damit Kundenbindung und kontinuierlichere Auftragseingänge.
Funktionsrabatte →	Für Händler durch die Übernahme bestimmter Absatzfunktionen *(Lagerung, Präsentation der Produkte, Beratung der Kunden, Übernahme des Verkaufs- und Preisrisikos, Aufzeichnung von Warenflüssen)*.
Zeitrabatte →	• **Einführungsrabatte** sollen den Handel motivieren, ein neues Produkt frühzeitig in das Sortiment aufzunehmen. • **Saisonrabatte** bezwecken, dass der Handel bei Produkten mit saisonalem Absatzverlauf *(Ski, Snowboard)* früher bestellt bzw. der Kunde außerhalb der Saison kauft *(Nachsaison- oder Vorsaison-Rabatte)*. Der Hersteller will damit die Produktion über das ganze Jahr auf stabilerem Niveau halten. • **Ausverkaufsrabatte** sollen den Abverkauf veralteter Produkte fördern.

Boni

Boni ähneln in ihrem Charakter Mengenrabatten. Es sind **rückwirkende Nachlässe** für sämtliche Leistungsinanspruchnahmen am Ende einer bestimmten Abrechnungsperiode *(Gewährung eines prozentualen Nachlasses auf das Auftragsvolumen nach Überschreitung einer vorher vereinbarten Auftragshöhe).*

Skonti (Barzahlungsrabatte)

Für die unverzügliche bzw. innerhalb einer vereinbarten Frist geleistete Zahlung des Rechnungsbetrages erhält der Kunde einen Preisnachlass. Beispielsweise hat die Zahlung innerhalb von 30 Tagen zu erfolgen. Bezahlt der Käufer jedoch innerhalb von 10 Tagen, kann er 2 % vom Rechnungsbetrag abziehen. Skonti sollen die Liquidität des Anbieters verbessern und die Kosten für das Eintreiben der Forderung (Inkasso) reduzieren.

▶ Absatzkredite

Absatzkredite sind vor allem dann von Interesse, wenn die Kunden zwar kaufwillig, aber derzeit nicht kaufkräftig sind. Kredite können entweder direkt gewährt oder vermittelt werden. Auch die meisten Kreditkarten (sofern nicht Kreditinstitute als Emittenten fungieren – mit Ausnahme der herstellereigenen Kreditinstitute wie die Volkswagenbank) und Leasingangebote (sofern das Produkt am Ende der Leasingdauer auch gekauft wird) zählen hier dazu. Da bei der Anschaffung von hochwertigen Gütern *(Autos, Möbel, Haushaltsgroßgeräte)* beim Käufer oft ein Liquiditätsproblem auftritt, können zinsgünstige Finanzierungsangebote äußerst stimulierend sein.

> **Beispiel**   Ein Haushaltswarenhersteller konnte deutliche Preiserhöhungen durchsetzen, weil er Finanzierungsangebote und Zahlungsziele offerierte.

▶ Liefer- und Zahlungsbedingungen

Liefer- und Zahlungsbedingungen (Allgemeine Geschäftsbedingungen) spezifizieren Inhalt und Ausmaß der Leistungen. Werden die Allgemeinen Geschäftsbedingungen für eine ganze Branche festgelegt *(Banken, Tourismus, Textilwirtschaft)*, dann gelten sie für alle dort agierenden Unternehmen und bieten keine eigenständige Profilierungsmöglichkeit. Bei individueller Ausgestaltung dieser Regelungen hat die Unternehmung damit jedoch ein beträchtliches akquisitorisches Potenzial.

Lieferbedingungen

Lieferbedingungen **regeln** im allgemeinen:

- Ort und Zeit der Warenübergabe,
- Modalitäten der Warenzustellung und die Berechnung von Verpackung, Fracht, Porti, Versicherungskosten,
- Umtauschrecht und evtl. Garantieleistungen,
- Konventionalstrafen bei verspäteter Lieferung,
- das Recht auf nachträgliche Änderungen im Lieferungsumfang.

Mit der Ausgestaltung der Lieferungsbedingungen kann das Kaufrisiko unterschiedlich weit auf die Kunden abgewälzt werden.

Im **internationalen Geschäftsverkehr** legen die von der internationalen Handelskammer herausgegebenen **Incoterms** (International Commercial Terms) die Pflichten des Verkäufers und Käufers genau fest.

▪ Zahlungsbedingungen

Die **Zahlungsbedingungen** in einem **Kaufvertrag** bestimmen vor allem:

- Zahlungsweise, d. h. die Zahlungsmittel *(Bargeld, Scheck, Kreditkarte, Überweisung in in- oder ausländischer Währung)* und ob Gesamt- oder Teilzahlung erfolgen soll. Eine Besonderheit stellen sog. Kompensations- und Gegengeschäfte (Bartergeschäfte) dar, bei denen nicht mit Geld, sondern mit Sachgütern *(Agrarprodukte, Textilien im Falle eines Entwicklungslandes)* oder anderen Leistungen *(Flugtickets gegen Anzeigenraum und Fernsehzeit)* bezahlt wird.
- Länge der Zahlungsfristen *(„Kauf heute, bezahle in sechs Monaten")*. Besonders Versandhandelsunternehmen bieten ihren Kunden hinsichtlich der Rückzahlung viele Möglichkeiten.
- Inzahlungnahme gebrauchter Güter *(Autos, Fernsehgeräte)*.

▶ Zugaben durch Geld- und Sachwerte sowie Dienstleistungen

In manchen Branchen, wie z. B. im Lebensmittelbereich, ist es üblich, dass Hersteller dem Handel eine **indirekte Preisermäßigung** in Form von Geld- und Sachwerten sowie Dienstleistungen gewähren. Damit soll die Akzeptanz der geforderten Preise erhöht werden.

> **Beispiel**
> - Geldzuwendungen: Werbekosten-, Platzierungszuschüsse, Regalmieten,
> - Sachzuwendungen: kostenlose Testware, Naturalrabatte, Bereitstellung von Displaymaterial und anderer Verkaufsunterstützung,
> - Dienstleistungen: Regalpflege, Preisauszeichnung im Handel, Verkostungsservice.

▶ Preisaufschläge

Teilweise verlangt der Verkäufer über den Preis hinaus noch Zuschläge. Dies wird ein Anbieter vorzugsweise dann tun, wenn er gegenüber dem Kunden in einer starken Position ist. Dies ist z. B. dann der Fall, wenn der Kunde das Produkt bzw. die Dienstleistung dringend benötigt oder kein anderer Anbieter zur Verfügung steht.

> **Beispiel**
> - Entgelt für Sonderleistungen *(Spezialanfertigungen, besondere Serviceleistungen)*,
> - Mindermengenzuschläge *(Negativrabatte, z. B. Einzelzimmerzuschlag im Hotel, Bestellung unter üblicher Mindestmenge)*,
> - Preiszuschläge in Abhängigkeit von bestimmten Zeiten *(Nacht- und Feiertagszuschläge)*,
> - Verzugszinsen im Falle der Überschreitung eines Zahlungszieles.

▶ Ziele und Probleme der Konditionengewährung

Die Gewährung von Konditionen soll den Absatz stimulieren und Kunden binden.

Konditionen sollten aber nicht mit der Gießkanne verteilt werden, sondern auf die Leistungen des Verkäufers und die Gegenleistungen des Käufers zugeschnitten sein. Da sich die Verkäufer häufig gar nicht bewusst sind, wie stark Konditionen ihren Gewinn schmälern, sollten die entstehenden Kosten den Auswirkungen auf die Absatzmenge gegenübergestellt werden.

Viele Hersteller sehen sich auch gezwungen, großzügige Konditionen zu gewähren, weil die Preisverhandlungen auf Grund intensiver Nachfragemacht des Handels, starkem

Konkurrenzkampf und gesättigter Märkte immer härter geworden sind. Die folgende Abbildung zeigt ein Beispiel für ein Konditionensystem eines Herstellers technischer Gebrauchsgüter.

Die Klassifikation der Händler ergibt sich dabei aus dem Vorjahresumsatz, Lagerhaltung des Herstellersortiments, Bereitschaft zur Werbekooperation und einem Mindestauftragswert (vgl. HOMBURG / DAUM, 1997, S. 100).

Preisvergünstigung	Händlerkategorie		
	A	B	C
Normaler Händlerrabatt	21–25 %	18–21 %	15–17 %
Mengenrabatt	ab 50.000 € 2 %	ab 100.000 € 3 %	--------
Aktionsbezogener Sonderrabatt	3–5 % abhängig von Dauer und Volumen der Aktion		--------
Einzelrabatte, vergeben durch den Außendienst	4–5 %	3 %	--------
Bonus für Erreichen des Steigerungsziels*	mind. 20 %-ige Umsatzsteigerung: 7 % mind. 15 %-ige Umsatzsteigerung: 6 % mind. 10 %-ige Umsatzsteigerung: 5 %		
Treuebonus	4–5 %	3 %	--------
Werbekostenzuschuss	bis zu 50 % der nachgewiesenen Kosten	bis zu 30 %	--------
Exklusivitätsbonus	5 %	4 %	--------
Bonus für die Unterstützung bei Neuprodukteinführungen	2–3 % (Basis: Umsatz mit neuem Produkt)		--------

* Basis: Umsatz des Vorjahres, Bonusprozente bezogen auf die Steigerung gegenüber Vorjahr.

Aufgaben und Übungen

1 Viele Unternehmen sind einem wachsenden Preisdruck ausgesetzt. Welche Gründe sind dafür verantwortlich?

2 Welche Fehler treten in der Praxis der Preispolitik häufig auf?

3 Erklären Sie die Systemzusammenhänge der Preisentscheidung. Welches sind die Kernrelationen in diesem System?

4 Auf welchen Wegen beeinflusst der Preis den Gewinn?

5 Wie schätzen Sie die Bedeutung des Preises als Gewinntreiber ein?

6 Welche anderen Ansatzpunkte bestehen, um den Gewinn eines Unternehmens zu verbessern?

7 Was zählt aus Kundensicht alles zum Preis?

8 Was ist unter der Zahlungs- bzw. Preisbereitschaft eines Kunden zu verstehen? Wovon hängt sie ab? Welche Bedeutung hat sie für das Preismanagement?

9 Was ist unter dem strategischen Dreieck zu verstehen?

10 Welche Wettbewerbsstrategien kann ein Unternehmen grundsätzlich verfolgen?

11 Welche Besonderheiten weist die Preispolitik innerhalb des Marketing-Mix auf?

12 Weshalb sind preispolitische Aktivitäten mit Risiken behaftet?

13 Wer trifft im Unternehmen die Preisentscheidung?

14 Welche Planungsschritte sind bei Preisentscheidungen grundsätzlich zu beachten?

15 Wodurch wird der preispolitische Spielraum der Unternehmung eingeengt?

16 Inwiefern hat die Marktform Einfluss auf die Preisentscheidung?

17 Nach welchen Kriterien lassen sich Märkte unterteilen?

18 Welche typischen Marktstrukturen lassen sich unterscheiden? Was sind ihre Merkmale? Welche Möglichkeiten ergeben sich jeweils für die Preispolitik?

19 Aus welchen Gründen kommt es bei Airlines häufig zu Preiskämpfen?

20 Welche Bedeutung hat die Preis-Absatz-Funktion für die Preisfestsetzung?

21 Mit welchen Methoden kann die Preis-Absatz-Funktion ermittelt werden?

22 Welche wichtigen Erkenntnisse lassen sich mit Hilfe des Conjoint Measurements ableiten?

23 Mit welchem Instrument kann man feststellen, wie sensibel die Nachfrage auf Preisänderungen reagiert? Erklären Sie dieses Instrument und geben Sie Beispiele an.

24 Welche Bedeutung hat eine starke Markenbindung auf die Reaktion der Nachfrager auf Preisveränderungen?

25 Überlegen Sie, welche spezifischen Anreize bei Ihnen angenehme oder auch unangenehme Preiserlebnisse ausgelöst haben?

26 Nach welchen vereinfachten Regeln nimmt der Konsument Preise wahr?

27 Warum gibt es im Handel so häufig gebrochene Preise wie z. B. 99,99 Euro? Wie beurteilen Sie diese Preise?

Aufgaben und Übungen

28 Was ist unter dem Eckartikeleffekt zu verstehen?

29 In welchen Fällen ziehen Kunden den Preis als Qualitätsindikator heran?

30 Welche Methoden der Preisbildung kann man in der Praxis unterscheiden?

31 Wie funktioniert das Cost-plus-Pricing? Wie beurteilen Sie dieses Verfahren?

32 Welche wichtige Information geben die Kosten für taktische Preisentscheidungen?

33 Was sagt der Break-even-Absatz aus?

34 Aus welchen Gründen kann es beim Target Pricing zu einer Entscheidung gegen die Entwicklung eines neuen Produktes kommen?

35 Was ist bei der konkurrenzorientierten Preisbestimmung unter Leitpreisen zu verstehen?

36 Inwiefern haben heutige Preisentscheidungen Einfluss auf zukünftige Preisentscheidungen?

37 Welche Voraussetzungen müssen für eine Prämienpreispolitik erfüllt sein? Geben Sie Anwendungsbeispiele an.

38 Welche Preisstrategie bei der Einführung eines neuen Produktes empfehlen Sie, wenn davon auszugehen dass der Produktlebenszyklus kurz ist? Welche Gefahren sind mit dieser Strategie verbunden?

39 Welche Preisstrategie bei der Einführung eines neuen Produktes empfehlen Sie, wenn das Unternehmen schnell Massenmärkte erschließen will? Welche Probleme können mit dieser Strategie verbunden sein?

40 Welchen Vorteil bietet die Preisdifferenzierung im Vergleich zur Einheitspreispolitik?

41 Nennen Sie Arten der Preisdifferenzierung und geben Sie Beispiele an.

42 Was bedeutet nichtlineare Preisbildung? Geben Sie Beispiele an.

43 Welches Ziel verfolgt man mit Preisbündelung? Suchen Sie nach Beispielen.

44 Welche Gefahren können mit kurzfristigen Preisaktionen verbunden sein?

45 Nennen Sie Elemente der Konditionenpolitik.

6 Funktion und Wirkungsweise des Marketingmix

6.1 Grundlagen des Marketingmix

Die verschiedenen Marketinginstrumente, mit ihren unterschiedlichen Wirkmöglichkeiten auf die Zielgruppe, kommen im sogenannten **Marketingmix** zum Einsatz.

Marketingmix kann definiert werden als **Kombination** und **Abstimmung,** der vom Unternehmen verwendeten **Marketinginstrumente,** unter Beachtung qualitativer, quantitativer und zeitlicher Aspekte, um die **Marketingziele** zu erreichen.

Infobox

Man nehme ...

Der Begriff des Marketingmix geht auf den amerikanischen Wirtschaftswissenschaftler Neil H. Borden zurück. Das Planen und Organisieren von Marketingmaßnahmen vergleicht er mit Kuchen backen. Der Marketing-Manager ist für ihn ein „mixer of ingredients" (Mischer von Bestandteilen). Nur wenn die „Mischung" (Kombination der Marketinginstrumente) stimmt, wird das Ergebnis (Marketingmaßnahme) gelingen.

▶ **Kombination der Marketinginstrumente**

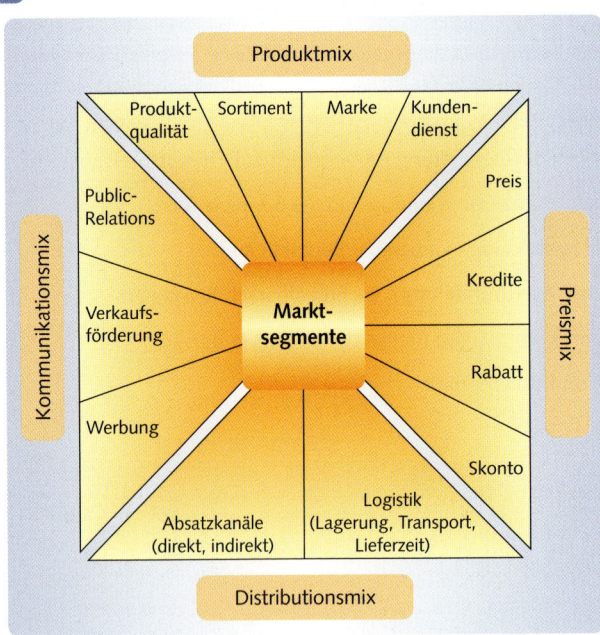

Die **Kombination** der Marketinginstrumente hängt entscheidend von der vorgefundenen Marktsituation ab.

Die nebenstehende Abbildung zeigt das mögliche Zusammenwirken der klassischen vier Marketinginstrumente mit den unterschiedlichen **Mixfaktoren**.

Abb. Marketingmix als Zusammenwirken der Marketinginstrumente, in Anlehnung an MEFFERT, 2000, S. 955

▬ **Mixfaktoren**

Die Mixfaktoren im Rahmen der **Produktpolitik** sind die Produktqualität, die Sortimentsgestaltung, die Marken- und Imagebildung *sowie zusätzliche Service-Dienstleistungen (Garantiedienstleistungen, Lieferservice).*

Zur Produktpolitik zählt auch die Gestaltung der Verpackung, z. B. mit der zusätzlichen Leistung der Gestaltung eines Handbuchs oder einer Betriebsanleitung.

Mixfaktoren bei der **Preispolitik** sind die Preisgestaltung als solche sowie die Möglichkeiten, dem Kunden unterschiedliche Zahlungsbedingungen oder Rabatte einzuräumen. Im Rahmen der **Vertriebspolitik** können unterschiedliche Vertriebswege (einstufig oder mehrstufig, direkter oder indirekter Vertrieb u. a.) sowie unterschiedliche Merkmale der Lieferung und Logistik im Marketingmix eingesetzt werden.

Die verschiedenen Mixfaktoren der **Kommunikationspolitik** umfassen die klassische Werbung, die Verkaufsförderung und Public Relations Maßnahmen.

Abb. *Aktivitäten eines Unternehmens im Markt durch das Marketingmix*

Mit Hilfe der einzelnen **Marketinginstrumente** kann ein Unternehmen den Markt aktiv beeinflussen. Dabei geht es darum, durch ein Mix verschiedener Aktivitäten die Ziele der Marketingstrategie, wie z. B. Segmentierung des Marktes, das Erreichen einer neuen Zielgruppe, die Einführung eines neuen Produktes, die Entwicklung einer langfristigen Kundenbeziehung oder den Aufbau eines Images usw. zu erreichen.

Bestimmung des Marketingmix

Der erste Schritt zur Bestimmung des Marketingmix besteht darin, entsprechend der im Unternehmen verfolgten Marketingstrategie, die Handlungsmaßnahmen des Marketings als Instrumente anzuwenden.

Beispiel Vermarktung einer Produktinnovation durch:
- Festlegung eines befristeten Einführungspreises,
- verstärkte Werbung,
- Verkaufsförderungsmaßnahmen,
- neuartige Vertriebsstruktur.

Die Kombination der Marketingaktivitäten zum Marketingmix geschieht stets unter Beachtung der zu verfolgenden **Marketingstrategien**, die wiederum festlegen, welche Teilmärkte oder Kundensegmente erreicht werden sollen. Dies bedeutet, dass z. B. bei einem Strategiewechsel ein anderes Marketingmix zum Einsatz kommen kann.

Abb. *Marketingstrategie und Marketingmix in ihrer Wirkung auf den Zielmarkt*

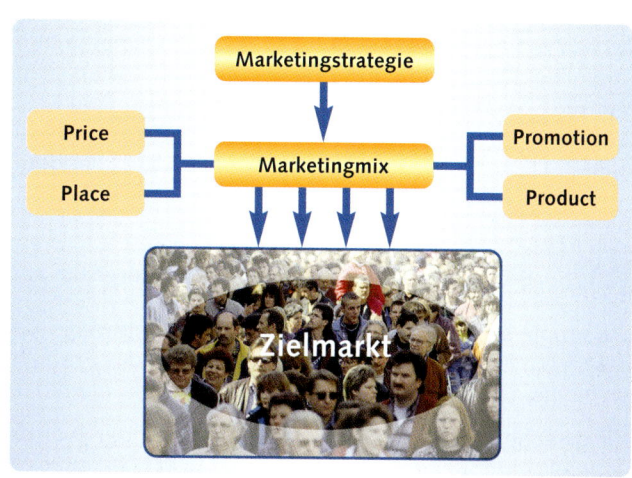

> **Beispiel** Die Zielgruppe eines Markenherstellers zeigt seit einiger Zeit ein verändertes Kaufverhalten. Nicht mehr die Produktqualität ist in erster Linie für den Kauf entscheidend, sondern der Preis.
>
> Das Unternehmen verändert darauf hin seine strategische Ausrichtung bei dieser Produktgruppe und damit auch das Marketingmix. So werden die entsprechenden Produkte nicht nur im Preis gesenkt, sondern auch über andere Vertriebskanäle (Discounter) angeboten.

▬ Interdependenzen der Marketinginstrumente

Die einzelnen **Marketinginstrumente** stehen im Marketingmix in bestimmten **Abhängigkeiten**, die ihre Funktion, den zeitlichen Einsatz und die Abhängigkeit der Instrumente selbst betreffen.

Eine **funktionale Abhängigkeit** der Marketinginstrumente ist dann gegeben, wenn der Einsatz verschiedener Marktingmix-Elemente sich ergänzt, ersetzt oder gegenseitig in seiner Wirkung aufhebt.

Eine **zeitliche Abhängigkeit** der Marketinginstrumente ist zum Beispiel dann gegeben, wenn bestimmte Marketingaktivitäten *(Kommunikationspolitik)* erst später ihre Wirkung entfalten.

Die **hierarchische Abhängigkeit** der Marketingmixelemente besteht darin, dass ein Marketingmixelement *(Sonderpreis)* dominanter wirkt als ein anderes.

6.2   Methoden zur Festlegung des Marketingmix

Die Entscheidung, welche Marketingmixfaktoren zum Einsatz kommen, wird zunächst unter einem Kosten-Nutzen-Aspekt gefällt. Ausgangspunkt sind dabei die Ziele, die ein Unternehmen für das Marketing für einen bestimmten Zeitraum *(Jahr, Quartal)* festlegt, wie zum Beispiel:

- Festlegung einer bestimmten Absatzmenge,
- Produktneueinführung,
- Produktrelaunch,
- Markterschließung,
- Steigerung der Bekanntheit oder der Kundenzufriedenheit.

Um diese Ziele zu erreichen, kommen die Marketinginstrumente mit ihren jeweils spezifischen Marketingmixfaktoren zum Einsatz, die eine möglichst hohe Wirkung im Marketingmix entfalten und i. d. R. die geringsten Kosten verursachen. Ein Grenzwert ist dabei die Höhe des Marketingbudgets. Ergänzend zu dem Kosten-Nutzen-Aspekt, gibt es noch weitere Überlegungen, die zu einem unterschiedlichen Einsatz der Marketinginstrumente führen. Dazu zählen die situative und die branchenorientierte Gestaltung des Marketingmix.

6.2.1   Situative Gestaltung des Marketingmix

Die situative Gestaltung des Marketingmix (vgl. dazu MEFFERT, 2000, S. 977) berücksichtigt Einflussfaktoren, wie zum Beispiel die Art des Produkts, die Besonderheit eines Marktsegments, den Produktlebenszyklus oder die konjunkturelle Situation bzw. Entwicklung.

Für manche Märkte sind die Einflussfaktoren der **Produktpolitik** von besonderer Bedeutung, wie zum Beispiel im Sportartikelmarkt.

Puma – vom schlichten Fußballschuh zur Kultmarke!

Pressemitteilung Oktober 2005: „Management erwartet neue Rekorde für 2005 in allen Bereichen und hebt Ergebnisprognose an!"

Solche Meldungen gab es nicht immer bei Puma. Durch eine verfehlte Produkt- und Preispolitik verlor man in den 1990er Jahren erhebliche Marktanteile an die Konkurrenz. Puma stand kurz vor dem Aus. Durch massive Kosteneinsparungen, wie Entlassungen und Produktionsverlagerung ins Ausland, suchte man den Weg aus der Krise.
Entscheidend für den Erfolg und den sensationell anmutenden Wiederaufstieg zu den Top-Unternehmen der Sportartikelbranche, waren allerdings nicht die Kosteneinsparungen, sondern die strategische Neuausrichtung bei Puma.

Der neue Vorstand entwickelte ein völlig neues Marken-Image durch die Ausrichtung auf **Life-Style-Produkte**. Zwar sollten Schuhe und Sportbekleidung nach wie vor ihren Zweck bei sportlichen Aktivitäten erfüllen, zusätzlich wollte man nun aber vor allem modisch, trendy und cool sein.

Die Verpflichtung junger amerikanischer Werbe- und Marketingexperten, die wussten, was bei Gleichaltrigen „in" ist, machte aus dem einst eher biederen Hersteller von Sportschuhen eine weltweit anerkannte Kultmarke *(Bildquelle: Puma, Herzogenaurach)*.

Auf anderen Märkten, wie zum Beispiel dem Lebensmittelmarkt, sind **distributionspolitische** Entscheidungen für ein erfolgreiches Marketingmix von großer Bedeutung. Schnelligkeit kann hier zum wesentlichen Wettbewerbsvorteil gegenüber der Konkurrenz werden. Gerade bei saisonalen Lebensmitteln spielt es eine wichtige Rolle, wer als Erster die Produkte auf dem Markt anbieten kann *(neuer deutscher Spargel)*.

Wiederum für andere Märkte sind die Marketingmixfaktoren der **Kommunikationspolitik** entscheidend. So lassen sich die Angebote von Hotels oder Ferienwohnungen sowie Urlaubsorte am besten mit kommunikationspolitischen Maßnahmen *(Kataloge, Werbefilme, Internetauftritt)* darstellen.

Einen weiteren wichtigen Einfluss auf die Gestaltung des Marketingmix nimmt der **Lebenszyklus** eines Produktes. Je nach Phase *(Einführungs-, Wachstums-, Reife- oder Sättigungsphase)*, in der sich ein Produkt befindet, kommen die unterschiedlichen Marketingmixfaktoren zum Einsatz.

So spielt massive Werbung in der Einführungsphase eine besondere Rolle, um die Marke aufzubauen und zu positionieren, während in der Sättigungsphase kaum noch eine werbliche Unterstützung vorgenommen wird.

6.2.2 Branchenorientierte Gestaltung des Marketingmix

Einen ebenfalls wichtigen **Einfluss** auf die Gestaltung des Marketingmix nimmt die **Branche**. So müssen z. B. im Bereich der Dienstleistungsbranche die Marketingmaßnahmen eine größere Berücksichtigung finden, die durch das persönliche Mitarbeiterverhalten zu einer besseren Kundenzufriedenheit führen.

▶ **Marketingmix fördert Kundenzufriedenheit**

Um den speziellen Bedürfnisse im **Dienstleistungsbereich** gerecht zu werden, sind die „klassischen " Faktoren um die folgenden ergänzt worden: Personal-, Ausstattungs- und Prozesspolitik (vgl. dazu Seite 116). **Marketingmix** heißt in der **Dienstleistungsbranche** z. B. bestmögliche Vorbereitung der Mitarbeiter im Kundenkontakt für ihre Aufgaben durch intensive Schulungen.

Aber auch die Beherrschung von Umgangsformen und eine gepflegte äußere Erscheinung sind Wirkfaktoren, die es gilt im Rahmen von Marketingmaßnahmen einzusetzen. Findet das Anbieten der Dienstleistung in eigenen Räumen statt, dann kommt z. B. auch dem Ambiente der Räume und der Gestaltung des Interieurs und des Equipments eine bedeutsame Rolle zu.

Eine **optimale** Kombination dieser **Wirkfaktoren** können vom Kunden als sichtbares Zeichen für die **Dienstleistungsqualität** wahrgenommen werden und so die Kundenzufriedenheit festigen und steigern.

▶ **Veränderung der Marketingmixfaktoren**

Die einzelnen Marketingmixfaktoren können je nach Branche ergänzt und verändert werden. So kommen beim **Marketingmix** des **Mobilen Marketings** zusätzliche Marketingmixfaktoren zum Einsatz.

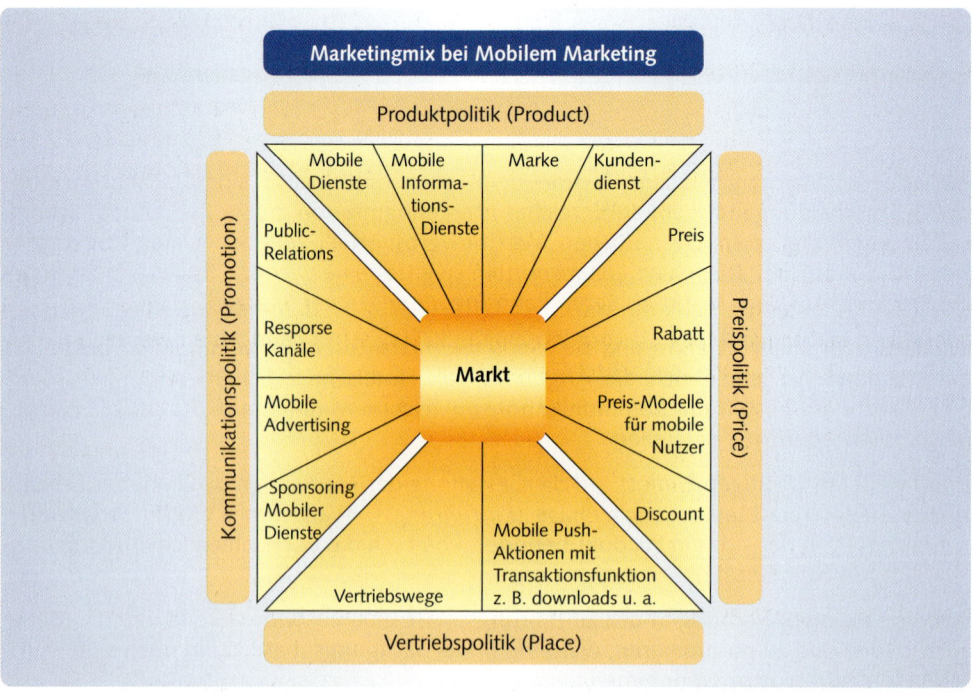

Marketingmix bei Mobilem Marketing

Produktpolitik (Product)

Kommunikationspolitik (Promotion)

Preispolitik (Price)

Mobile Dienste · Mobile Informations-Dienste · Marke · Kundendienst

Public-Relations

Preis

Resporse Kanäle

Markt

Rabatt

Mobile Advertising

Preis-Modelle für mobile Nutzer

Sponsoring Mobiler Dienste

Discount

Mobile Push-Aktionen mit Transaktionsfunktion z. B. downloads u. a.

Vertriebswege

Vertriebspolitik (Place)

Dazu zählen u. a. im Bereich der **Preispolitik** mobile Pushaktionen mit Transaktionsfunktionen, wie z. B. Downloads von Bildern, Angebote von Informationsdienstleistungen *(Börsennachrichten, Sportergebnisse)* oder Klingeltöne für das Handy.

Im Rahmen **kommunikationspolitischer** Maßnahmen zählt die indirekte Finanzierung durch das Sponsoring mobiler Dienste zum Marketingmix. Die nebenstehende Abbildung zeigt einige Möglichkeiten des Marketingmix bei Mobilem Marketing.

6.3 Planung des Marketingmix

▶ Problem Vorhersehbarkeit

Eine besondere Problematik besteht darin, dass bei der Auswahl der einzelnen Mixfaktoren deren Zusammenwirken im Marketingmix schwer vorherzusagen ist. Dies liegt vor allem an der Menge der Kombinationsmöglichkeiten: Werden pro Marketinginstrument nur vier Möglichkeiten eingesetzt, dann potenzieren sich die Möglichkeiten der Wirkungen im Marketingmix auf die Zahl 256 (4^4 = 256 Marketingmixwirkungen (vgl. Meffert, 2000, S. 971).

▶ Verfahren zur Gestaltung des optimalen Marketingmix

Bei der Ausgestaltung des Marketingmix lassen sich grundsätzlich zwei Ansätze unterscheiden (vgl. Meffert, 2000, S.982 ff.).

▬ Analytische Verfahren

Durch die Anwendung mathematischer Verfahren (Optimierungsalgorithmen), soll der Einsatz der Marketinginstrumente mit ihren gegenseitigen Wirkungsimpulsen rechnerisch optimiert werden. Dabei wird zum einen aus dem Optimum der Kombination von Preis und Werbung, und zum anderen aus dem Optimum der Kombination von Preis und Produktqualität, das Optimum der Verknüpfung beider Optima abgeleitet (Dorfman-Steiner-Theorem).

▬ Heuristische Verfahren

Bei der Anwendung heuristischer Verfahren[1] wird vorwiegend auf Erfahrungswerte im Marketing zugegriffen. Der Einsatz der Marketinginstrumente im Marketingmix beruht hier vor allem auf den **Erfahrungen**, die mit dem Einsatz und der Kombination von Marketinginstrumenten bereits gemacht wurden.

Eine praktische, an Erfahrungen ausgerichtete, Vorgehensweise für die Planung des Marketingmix kann nach dem Unterscheidungskriterium „**strategisch**" und „**operativ/taktisch**" erfolgen. Als Erster hat Kühn die Planung des Marketingmix unter strategischen und unter operativen taktischen Aspekten vorgenommen. Strategische Maßnahmen werden im Blick auf eine langfristige, operativ-taktische Maßnahmen im Blick auf eine kurz- bis mittelfristige Wirksamkeit getroffen.

Beispiel	• Strategische Maßnahmen im Marketingmix: Produktentwicklung oder Änderung der Vertriebswege.
	• Operativ-taktische Maßnahmen im Marketingmix: Änderung von Werbemaßnahmen, befristete Sonderpreise.

Kühn definiert **sieben Schritte** für die **Planung des Marketingmix** (vgl. Kühn, 1989, S. 19 ff.):

---

[1] Heuristik = Lehre zur methodischen Gewinnung neuer Erkenntnisse, mithilfe der Erfahrung.

Schritt 1:   **Vorgaben der Marketingstrategie**

- Entscheidung, wie und welcher Markt bearbeitet werden soll.
- Entscheidung zwischen einer „undifferenzierten Gesamtmarktbearbeitung" (Massenmarketing) oder der Bearbeitung von Teilmärkten (Marktsegmentierung).
- Bei der Bearbeitung von Teilmärkten muss weiter entschieden werden, welche Teilmärkte und mit welcher Priorität diese Teilmärkte bearbeitet werden sollen.

Schritt 2:   **Einsatzrichtung des Marketingmix**

- Entscheidung über die Möglichkeiten einer „Markt-Entwicklungsstrategie, Teilmarkt-Entwicklungsstrategie oder Wettbewerbsstrategie".
- Bei der Entscheidung für eine Wettbewerbsstrategie muss die Wahl zwischen „aggressiver Preisstrategie, Me-too-Produktstrategie oder Profilierungsstrategie" getroffen werden.
- Bei der Entscheidung für einer Teilmarktentwicklungsstrategie besteht die Wahl zwischen einer „Profilierungsstrategie durch Qualität" oder einer „Preisstrategie".
- Bei einer Marktentwicklungsstrategie, muss die Wahl zwischen einer „Nachfrage- Ausweitungsstrategie und einer Nachfrage-Intensivierungsstrategie" getroffen werden.

Schritt 3:   **Positionierung des Angebotes**

- Bei einer Konkurrenz- und Teilmarkt-Entwicklungsstrategie ist eine Feinpositionierung gegenüber der Konkurrenz vorzunehmen, z. B. durch die Festlegung der primär anzugreifenden Konkurrenzpositionen und durch die Konkretisierung der Positionierungsziele, durch die ein Angebot im Blick auf Leistung, Identität und Preis sich unterscheidet.
- Bei der Markt-Entwicklungsstrategie muss eine psychologische Feinpositionierung im Blick auf eine Einstellungsänderung, Imageposition u. a. vorgenommen werden.
- Bestimmung der wirtschaftlichen Grobziele.

Schritt 4:   **Bestimmung der Marktbearbeitungsstrategie**

- Festlegung des Absatzweges bzw. der Absatzkanäle.
- Wird der Handel miteinbezogen, dann müssen Wirkungsziele gegenüber dem Handel, und die Ziele gegenüber den externen Beeinflussern festgelegt werden und es sind Push- und Pull-Marketingmaßnahmen zu definieren.

Schritt 5:   **Bestimmung der Maßnahmenschwerpunkte des Marketingmix**

- Festlegung des „Teilmix" im Blick auf den Produktverwender durch die Bestimmung der relativen Bedeutung der Instrumente und Maßnahmenkategorien, der Gestaltungsideen und der Einsatzintensität für die dominierenden und komplementären Instrumente.

Schritt 6:   **Bestimmung nötiger Änderungen und Anpassungen der Marketing-Infrastruktur**

- Bestimmung von Änderungen des einzusetzenden Potenzials.
- Bestimmung von Änderungen im Führungs- und Informationssystems.

Schritt 7:   **Bestimmung des Marketing-Grobbudgets**

6.4 Unerwünschte Effekte bei der Marketingplanung

Innerhalb des Marketingmix kann es zu zwei **Wirkungsweisen** kommen, die **nicht** erwünscht sind.

Der **Spill-over-Effekt** (sachliche Ausstrahlungseffekte) bezeichnet die Ausweitung der Wirkung eines Marketinginstruments über die eigentliche Zielbestimmung hinaus. Damit tritt eine Planungsunsicherheit ein, durch die die Wirkungsweise eines einzelnen Marketinginstruments nur ungenau bestimmt werden kann.

Beispiel Ein Waschmittelhersteller produziert die Vollwaschmittel „A" und „B". Da beide in enger substitutiver Beziehung zueinander stehen, kann eine erfolgreiche Werbekampagne für das Waschmittel „A" unter Umständen nur zu Lasten des Waschmittels „B" durchgeführt werden.

Der **Carry-over-Effekt** (zeitliche Ausstrahlungseffekte) bezeichnet die zeitliche Verlagerung der Wirkungsweise eines Marketinginstruments, z. B. die zeitliche Verzögerung der Wirkung von Werbemaßnahmen. Auch dieser Effekt ist im Marketingmix unerwünscht. Deshalb werden in der Planung des Marketingmix solche Kombinationsmöglichkeiten kritisch geprüft, die zu diesen Effekten führen können.

Beispiel Ein Unternehmen ist am Markt durch eine langanhaltende Niedrigpreisstrategie positioniert. Es wird außerordentlich schwer sein einen Normalpreis gegenüber den Verbrauchern kurzfristig erfolgreich zu kommunizieren.

Aufgaben und Übungen

❶ Erklären Sie Marketingmix im Rahmen einer Definition.

❷ Beschreiben Sie Methoden zur Festlegung des Marketingmix.

❸ Was versteht man unter einer situativen Gestaltung der Marketingmix?

❹ Nennen Sie Beispiel für eine branchenorientierte Gestaltung des Marketingmix

❺ Erklären Sie das Verhältnis von Marketingstrategie und Marketingmix.

❻ Worin besteht der Unterschied zwischen einer strategische und taktischen Bestimmung des Marketingmix?

❼ Nennen Sie sieben Schritte zu Bestimmung des Marketingmix!

❽ Bringen Sie die folgenden Begriffe (Prozessstufen) in die richtige Reihenfolge:
– Geschäftsziele, – Kundenorientierung, – Marketingmix, – Umsetzung,
– Entscheidung, – Abstimmung.

❾ Entwickeln Sie ein Marketingmix für eine Volkshochschule unter Berücksichtigung der Produkt-, Preis-, Kommunikations- und Distributionspolitik.

❿ Ein Reiterhof, der sich auf die Betreuung von Kinder und Jugendlichen ohne Erwachsene spezialisiert hat, möchte über das Internet seine Angebote vermarkten. Entwickeln Sie ein Marketingmix, das auf die Kundenzielgruppe zugeschnitten ist. Es stehen zwanzig Pferde zur Verfügung. Der Unterricht wird von qualifiziertem Personal vorgenommen. Reitwiese und Reithalle sind vorhanden. Unterkunft in Zwei- und Mehrbettzimmern mit Vollpension.

Literaturverzeichnis

Albers, S., Clement, M., Peters, K., Skiera, B., (HG.), Marketing mit Interaktiven Medien, Frankfurt 2001

Ahlert, D., Distributionspolitik, Stuttgart 1999

Backhaus, K., Büschken, J., Voeth, M., Internationales Marketing, 4. überarb. u. erw. Aufl., Stuttgart 2001

Beck, J., Ulshöfer, W., Leimser, U. u.a., Zukunft im Einzelhandel, 2. Aufl., Haan-Gruiten 2010

Beck, J., Lungershausen, H., Löbbert, R. u. a., Kompetenz Einzelhandel, Band 1 und 2, Haan-Gruiten 2005 u. 2007

Becker, J., Marketing-Konzeption, 9. Aufl., München 2009

Behrens, J., Erfolgsfaktor Qualitätsmanagement, Nürnberg 2001

Beisheim, O., Distribution im Aufbruch, München 1999

Berekoven, L., Eckert, W., Ellenrieder, P., Marktforschung, Wiesbaden 2000

Berke, J., Nur ein Euro, in: Wirtschaftswoche Nr. 47 vom 13.11.2003, S. 54–55

Bruhn, M., Kommunikationspolitik, München 2003

Bruhn, M., Marketing, Grundlagen für Studium und Praxis, 10., überarb. Aufl., Wiesbaden 2010

Czech-Winkelmann, S., Handbuch Trademarketing, Berlin 2002

Diller, H. (Hrsg.), Der moderne Verbraucher. Neue Befunde zum Verbraucherverhalten, Nürnberg 2001

Diller, H. / Herrmann A. (Hrsg.), Handbuch Preispolitik. Strategien – Planung – Organisation – Umsetzung, Wiesbaden 2003

Diller, H., Preispolitik, 4.,überarb. Aufl., Stuttgart 2008

Diller, H., Preisinteresse und hybrider Kunde, in: Diller, H. / Herrmann A. (Hrsg.), Handbuch Preispolitik. Strategien – Planung – Organisation – Umsetzung, Wiesbaden 2003, S. 241–258

Diller, H., Brielmaier, A., Die Wirkung gebrochener und runder Preise: Ergebnisse eines Feldexperiments im Drogeriewarensektor, in: Zeitschrift für betriebswirtschaftliche Forschung, 48. Jg., Nr. 7 / 8, 1996, S. 695–710

Diller, H.,Haas, A.,Hausruckinger, G., Discounting: Erfolgreich nicht nur im Handel, in: Harvard Business Manager, Nr. 4, 1997, S. 19–28.

Freter, H., Marketing, München 2005

Gordon, J. Relationship Marketing: New Strategies, Techniques and Technologies to Win the Customers You Want & Keep Them Forever, Ontario 1998

Guckelsberger, U., Unger, F., Statistik in der Betriebswirtschaftslehre, Wiesbaden 1999

Gummesson, E., Relationship Marketing, Landsberg 1997

Hanssens, D. M., Parsons, L. J.,Schultz, R. L., Marketing Response Models: Econometric and Time Series Analysis, Boston 1990

Höschl, M., Diss.: Diversifizierungsprojekte mittelständischer Unternehmen – Eine empirische Analyse in der Automobilindustrie, München 1994

Hoffritz, J., Aspirin aus Griechenland, in: Die Zeit, Nr. 46 vom 7.11.2002, S. 23

Homburg, C., Daum, D., Auf der Suche nach den entgangenen Erlösen, in: Absatzwirtschaft, 1997, Nr. 4, S. 96–100

Horizont, Zeitung für Marketing, Werbung und Medien, Nr. 40, 42, 43, Frankfurt 2004

Katalog E, Begriffsdefinitionen aus der Handels- und Absatzwirtschaft, Köln 1995

Katzensteiner, T., Rauwald, C., Vermutlich unblitzbar, in: Wirtschaftswoche, Nr. 38 vom 11.9.2003, S. 110–111

Kollat, D.T., Blackwell, R. D., Robeson, J. F., Strategic Marketing, New York 1972

Kotler,P., A Generic Concept of Marketing, in Journal of Marketing, Vol. 36, 1972 pp 46–54

Kotler, P., 1978, Marketing für Nonprofit-Organisationen, Stuttgart 1978

Kotler, P., Bliemel, F., Marketing Management, 12., überarb. und aktualisierte Aufl., Stuttgart 2007

Kotler, P., Levy, S. J., Broadening the Concept of Marketing, in Journal of Marketing, Vol. 33 1 / 1969

Kotler, P., Armstrong, G., Saunders, J. Wong, V., Grundlagen des Marketing, 3., überarb. Aufl., München 2003

Kotler, P., Jain, D. C., Maesincee, S., Marketing der Zukunft, Frankfurt / New York 2002

Kroeber-Riel, W., Esch, F., Strategie und Technik der Werbung, 5. Aufl., Stuttgart 2000

Kühn, R., Marketing-Mix, Schweizerische Volksbank, Die Orientierung Nr. 83, Bern 1984.

Kuß, A., Marketing-Einführung, Wiesbaden 2003

Löbbert, R., Hanrieder, D., Berges, U., Beck, J., Lebensmittel – Waren, Qualitäten, Trends, Haan-Gruiten 2009

Lötters, C., Grundlagen des Marketing, Köln 1998

Lungershausen, H., Kilgus, R., Fachwissen Textileinzelhandel, 5. Aufl., Haan-Gruiten 2010

McCarthy, J, (1960) Basic Marketing. A managerial approach, 13th ed., Irwin, Homewood II, 2001

Magrath, A. J., When Marketing Services, 4 Ps are not enough, in Business Horizons Vol 29, 1986

Maslow, A ., Toward a Psychology of Being, 3. überarb. Auflage, New-York 1988

Meffert, H., Marketing, Grundlagen marktorientierter Unternehmensführung. Konzepte – Instrumente – Praxisbeispiele, 10. Aufl., Wiesbaden 2003

Meyer, A., Dienstleistungsmarketing, Stuttgart 1990

Meyer, P. W., Integrierte Marketingfunktionen, Stuttgart 1990

Müller, I., Der hybride Verbraucher. Ende der Segmentierungsmöglichkeiten im Konsumgütermarketing?, in Diller, H. (Hrsg.): Der moderne Verbraucher. Neue Befunde zum Verbraucherverhalten, Nürnberg 2001, S. 29–51

Musgrave, R., Principles of Budget Determination, in: Joint Economic Commitee, Federal Expenditure Policy for the Economic Growth and Stability, Washington 1957

Nieschlag, R., Dichtl, E., Hörschgen, H., Marketing, 19. Aufl., Berlin 2002

Oehme, W., Handels-Marketing, Vom namenlosen Absatzmittler zur markanten Retail Brand, 3. Aufl., München 2001

Pfohl, H. Logistikmanagement, Heidelberg 1994

Rogge, H., Werbung, Ludwigshafen 2000

Simon, H., Preismanagement, Analyse – Strategie – Umsetzung, 2., vollst. überarb. und erw. Aufl., Wiesbaden 1992

Simon, H. / Sebastian, K. H. / Maessen, A., Zurück zur Marge, in: Absatzwirtschaft, Nr. 8 / 2003, S. 22–28

Simon, H. / Dolan, R. J., Profit durch Power Pricing: Strategien aktiver Preispolitik, Frankfurt / Main, New York 1997

Simon, H., Fassnacht, M., Preismanagement, 3. vollst. überarb. und erw. Aufl., Wiesbaden 2009

Steffenhagen, H., Konditionensysteme, in: Diller, H. (Hrsg.), Handbuch Preispolitik, Strategien – Planung – Organisation – Umsetzung, Wiesbaden 2003, S. 575–595

Theis, H. J., Handels-Marketing, Frankfurt 1999

Weis, H. C., Marketing, 15. Aufl., Ludwigshafen 2009

Weis, H. C., Verkauf, Ludwigshafen 2000

Weis, H. C., Steinmetz, P., Marktforschung, Ludwigshafen, (1999) 6. Aufl., Ludwigshafen 2006

Wied-Nebbeling, S., Das Preisverhalten in der Industrie, Tübingen 1985

Winkelmann, P., Vertriebskonzeption und Vertriebssteuerung, 2. Aufl., München 2003

Zentes, J., Swoboda, B., Profilierungsdimension des Tankstellen-Shopping, Lekkerland Studie in Zusammenarbeit mit Institut f. Handel und Int. Marketing der Universität des Saarlandes, Saarbrücken / Frechen 1998

Stichwortverzeichnis